岩土工程安全监测手册

第三版

下　册

国家电力监管委员会大坝安全监察中心　主编

中国水利水电出版社
www.waterpub.com.cn

内 容 提 要

本书是由长期从事岩土工程安全监测技术工作多位专家教授共同编写的。本书收集了岩土工程安全监测的最新技术，全面总结了当前岩土工程安全监测的成果和经验，以可靠性理论为基础，以工程实际应用为主线，并以监测工程的形式提出了比较系统的技术原则和方法。同时，还编入了大量可供类比的工程实例。

本书第三版分上、下册共七章。主要内容为：概论、岩土工程安全监测设计、监测仪器选型及使用方法、监测资料的分析方法，并重点介绍了水电大坝、边（滑）坡、交通隧道、尾矿库（坝）、市政工程等安全监测的方法。

本书可供水利水电、交通隧道、市政、矿山等建筑工程领域中从事岩土工程安全监测设计、施工、监测、研究、管理和教学的人员参考。

图书在版编目（CIP）数据

岩土工程安全监测手册：全2册／国家电力监管委员会大坝安全监察中心主编. -- 3版. -- 北京：中国水利水电出版社，2013.10

ISBN 978-7-5170-1327-3

Ⅰ．①岩…　Ⅱ．①国…　Ⅲ．①岩土工程－安全监察－技术手册　Ⅳ．①TU43-62

中国版本图书馆CIP数据核字（2013）第249812号

书　　　名	岩土工程安全监测手册　第三版（下册）
作　　　者	国家电力监管委员会大坝安全监察中心　主编
出版发行	中国水利水电出版社
	（北京市海淀区玉渊潭南路1号D座　100038）
	网址：www.waterpub.com.cn
	E-mail：sales@waterpub.com.cn
	电话：（010）68367658（发行部）
经　　　售	北京科水图书销售中心（零售）
	电话：（010）88383994、63202643、68545874
	全国各地新华书店和相关出版物销售网点
排　　　版	北京金奥都科技发展中心
印　　　刷	三河市鑫金马印装有限公司
规　　　格	184mm×260mm　16开本　67.25印张（总）　1664千字（总）　18插页（总）
版　　　次	1999年8月第1版　1999年8月第1次印刷 2013年10月第3版　2013年10月第1次印刷
印　　　数	0001—3000册
总　定　价	**238.00元（上、下册）**

目　　录

第三版　前言

第一版　序

第一版　前言

第二版　前言

上　　册

第一章　概论 ……………………………………………………………………（1）

第一节　岩土工程安全监测的必要性 …………………………………（1）

第二节　岩土工程安全监测工作的发展 ………………………………（2）

第三节　岩土工程安全的条件 …………………………………………（3）

一、岩土工程安全的自然条件 ………………………………………（3）

二、岩土工程安全的工程条件 ………………………………………（4）

三、岩土工程安全的监测条件 ………………………………………（4）

第四节　岩土工程安全监测的设计 ……………………………………（6）

一、确定工程条件 ……………………………………………………（7）

二、确定监测目的 ……………………………………………………（7）

三、监测变量选择 ……………………………………………………（8）

四、预测运行性状 ……………………………………………………（10）

五、仪器选择 …………………………………………………………（10）

六、监测系统布置 ……………………………………………………（11）

七、监测系统设计 ……………………………………………………（12）

八、监测系统自动化设计 ……………………………………………（12）

第五节　岩土工程安全监测仪器 ………………………………………（13）

一、选择仪器的基本原则 ……………………………………………（13）

二、仪器的技术性能和质量标准 ……………………………………（14）

三、监测仪器的适用范围及使用条件 ………………………………（14）

第六节　监测工程施工与观测 …………………………………………（19）

一、监测工程的内容 ……………………………………………… （19）

二、监测工程施工组织设计 …………………………………… （19）

三、观测仪器设备安装埋设 …………………………………… （20）

四、观测方法 …………………………………………………… （21）

五、观测频率 …………………………………………………… （22）

第七节　监测工程的质量控制 …………………………………… （22）

一、质量控制的环节 …………………………………………… （22）

二、质量控制的保证 …………………………………………… （22）

三、质量控制的步骤和方法 …………………………………… （23）

第八节　观测数据处理与分析 …………………………………… （24）

一、数据的处理与分析 ………………………………………… （24）

二、岩土工程稳定性的评估 …………………………………… （26）

第二章　岩土工程安全监测设计 ……………………………… （27）

第一节　监测设计的基本原则和标准 …………………………… （27）

一、设计基本资料的确定 ……………………………………… （27）

二、监测工程设计假定 ………………………………………… （27）

三、监测目的与监测项目的确定原则 ………………………… （27）

四、仪器选择与质量标准 ……………………………………… （28）

五、监测系统布置原则 ………………………………………… （29）

六、监测系统设计要求 ………………………………………… （30）

七、编制观测计划的要求 ……………………………………… （30）

八、自动化系统的一般设计原则 ……………………………… （31）

九、监测系统更新改造设计原则 ……………………………… （31）

第二节　大坝与坝基安全监测设计 ……………………………… （32）

一、混凝土坝安全监测设计 …………………………………… （32）

二、堆石坝安全监测设计 ……………………………………… （57）

三、土坝安全监测设计 ………………………………………… （70）

第三节　边坡稳定性安全监测设计 ……………………………… （73）

一、监测设计的原则 …………………………………………… （73）

二、监测设计需要的基本资料 ………………………………… （74）

三、监测项目的选定及仪器的选型 …………………………… （74）

四、监测仪器布置 ……………………………………………… （78）

五、监测技术要求 ……………………………………………… （95）

第四节　地下工程安全监测设计 ………………………………… （97）

一、地下工程安全监测设计原则 ………………………………………… (97)

二、大型地下洞室安全监测设计 ………………………………………… (98)

三、隧道安全监测设计 …………………………………………………… (111)

四、水工隧洞安全监测设计 ……………………………………………… (116)

五、城市地铁的监测设计 ………………………………………………… (121)

第五节　工业与民用建筑安全监测设计 ………………………………… (123)

一、安全监测的设计原则 ………………………………………………… (124)

二、基坑边坡及对环境影响的安全监测设计 …………………………… (125)

三、基础及上部结构的安全监测设计 …………………………………… (128)

第六节　岩土工程安全监测设计的概预算 ……………………………… (138)

一、岩土工程安全监测设计概预算的意义 ……………………………… (138)

二、安全监测工程概预算的内容和方法 ………………………………… (139)

第三章　岩土工程安全监测常用仪器 …………………………………… (141)

第一节　概述 ……………………………………………………………… (141)

一、安全监测仪器的发展 ………………………………………………… (141)

二、安全监测仪器的基本要求 …………………………………………… (147)

第二节　常用传感器的类型和工作原理 ………………………………… (148)

一、差动电阻式传感器的基本原理 ……………………………………… (148)

二、振弦式传感器的基本原理 …………………………………………… (149)

三、电感式传感器的基本原理 …………………………………………… (152)

四、电阻应变片式传感器的基本原理 …………………………………… (154)

五、光纤传感器 …………………………………………………………… (156)

六、其他原理的传感器 …………………………………………………… (159)

第三节　变形观测仪器 …………………………………………………… (160)

一、仪器的类型及分类 …………………………………………………… (160)

二、变形监测控制网用仪器 ……………………………………………… (160)

三、激光测量仪器 ………………………………………………………… (163)

四、CNSS 地表位移监测系统 …………………………………………… (168)

五、位移计 ………………………………………………………………… (174)

六、收敛计 ………………………………………………………………… (188)

七、测缝计 ………………………………………………………………… (190)

八、测斜类仪器 …………………………………………………………… (198)

九、沉降仪 ………………………………………………………………… (212)

十、静力水准仪 …………………………………………………………… (218)

十一、垂线坐标仪 ·· (221)

十二、引张线仪 ·· (232)

十三、应变计 ·· (236)

第四节　压力测量仪器 ·· (243)

一、仪器类型及分类 ·· (243)

二、混凝土应力计 ·· (243)

三、土压力计 ·· (244)

四、孔隙水压力计 ·· (248)

五、钢筋(应力)计 ·· (258)

六、岩体应力观测仪器 ·· (261)

七、荷载(力)观测仪器 ·· (262)

第五节　水位、渗流量及温度测量仪器 ·································· (266)

一、水位观测仪器 ·· (266)

二、渗流量观测仪器 ·· (270)

三、温度测量仪器 ·· (274)

第六节　水力学原型观测仪器 ·· (278)

一、水流流态、水面线、流速和流量观测仪器 ································ (278)

二、动水压力观测仪器 ·· (279)

三、掺气观测仪器 ·· (279)

四、空蚀观测仪器 ·· (280)

五、通气观测仪器 ·· (280)

六、振动观测仪器 ·· (280)

七、雾化观测仪器 ·· (281)

八、消能和冲刷观测仪器 ·· (281)

第七节　岩体地球物理测试仪器 ·· (281)

一、地震反应观测仪器 ·· (281)

二、声波仪 ·· (285)

三、声波换能器 ·· (286)

第八节　测读仪表 ·· (287)

一、差动电阻式传感器测读仪表 ·· (287)

二、振弦式传感器测读仪表 ·· (293)

三、电容式传感器测读仪表 ·· (295)

四、电阻应变片式传感器接收仪表 ·· (296)

五、光电跟踪式传感器的接收仪表 ·· (297)

六、伺服加速度计式传感器的接收仪表 ·· (298)

七、电感式传感器的接收仪表 ·· (298)

八、光纤式传感器的接收仪表 ·· (299)

九、多用途读数记录仪 ·· (300)

第九节 安全监测自动化 ·· (301)

一、自动化的基本要求 ·· (301)

二、自动化系统的性能要求 ·· (302)

三、自动化监测内容 ·· (303)

四、自动化系统结构模式 ·· (303)

五、自动化采集系统的组成 ·· (305)

六、目前常用的数据采集单元(MCU) ·· (306)

第四章 岩土工程安全监测方法 ·· (317)

第一节 监测工程施工组织设计 ·· (317)

一、施工组织设计的依据和基本资料 ·· (317)

二、施工组织设计内容 ·· (317)

三、施工组织设计步骤 ·· (317)

四、基本资料分析和现场调查 ·· (318)

五、监测工程的施工特点和施工条件 ·· (318)

六、监测工程的施工程序和施工方案 ·· (319)

七、施工组织与作业循环流程 ·· (319)

八、施工进度计划 ·· (319)

九、施工技术规程 ·· (320)

十、施工组织设计的经济条件 ·· (321)

十一、监测工程施工监理要求 ·· (321)

第二节 监测仪器现场检验与率定 ·· (323)

一、监测仪器检验率定的目的 ·· (323)

二、监测仪器现场检验内容 ·· (324)

三、仪器的率定 ·· (324)

四、振弦式仪器率定 ·· (331)

五、锚杆测力计率定 ·· (335)

第三节 常用监测仪器安装埋设技术 ·· (335)

一、监测仪器安装埋设前的准备 ·· (335)

二、仪器安装埋设 ·· (339)

(一)应变计安装埋设 ·· (339)

(二)钢筋计安装埋设 ·· (340)

（三）测缝计安装埋设 ……………………………………………………… (341)

（四）压力计安装埋设 ……………………………………………………… (342)

（五）锚杆测力计安装 ……………………………………………………… (344)

（六）渗压计安装埋设 ……………………………………………………… (344)

（七）多点位移计安装埋设 ………………………………………………… (346)

（八）测斜管的安装埋设 …………………………………………………… (349)

（九）测斜仪的使用 ………………………………………………………… (352)

（十）固定式测斜仪、倾角仪的安装 ……………………………………… (355)

（十一）倾角计的安装埋设 ………………………………………………… (357)

（十二）梁式倾斜仪的安装 ………………………………………………… (358)

（十三）锚索计的安装 ……………………………………………………… (359)

（十四）振弦式反（轴）力计的安装 ……………………………………… (360)

（十五）静力水准仪的安装 ………………………………………………… (360)

（十六）位错计的安装埋设 ………………………………………………… (361)

（十七）脱空计的埋设 ……………………………………………………… (362)

（十八）温度计的安装埋设 ………………………………………………… (362)

三、观测电缆走线 …………………………………………………………… (363)

四、仪器安装埋设后的工作 ………………………………………………… (364)

第四节　常用监测仪器观测方法 …………………………………………… (366)

一、观测基准值的确定 ……………………………………………………… (366)

二、观测频率的确定 ………………………………………………………… (367)

三、观测读数方法 …………………………………………………………… (367)

四、观测物理量的计算 ……………………………………………………… (368)

五、观测成果图表的绘制 …………………………………………………… (371)

六、监测报告 ………………………………………………………………… (371)

第五节　大坝及坝基监测方法 ……………………………………………… (372)

一、混凝土坝及坝基监测方法 ……………………………………………… (372)

二、土石坝及坝基监测方法 ………………………………………………… (402)

三、尾矿坝的监测方法 ……………………………………………………… (421)

第六节　边（滑）坡工程监测方法 ………………………………………… (442)

一、监测设计 ………………………………………………………………… (442)

二、监测仪器的组装率定检验 ……………………………………………… (443)

三、监测断面和测点定位放样 ……………………………………………… (443)

四、监测仪器安装埋设的土建施工 ………………………………………… (443)

五、监测仪器安装埋设与观测 ……………………………………………… (444)

六、巡视检查 ………………………………………………………………… (456)

　　七、观测频率 ·· (457)

　　八、观测资料整理分析 ·· (459)

第七节　地下工程监测方法 ·· (459)

　　一、监测设计 ·· (459)

　　二、监测仪器的组装率定检验 ·· (459)

　　三、监测断面和测点的定位放样 ·· (460)

　　四、仪器安装埋设的土建工程施工 ·· (460)

　　五、监测仪器安装埋设与观测 ·· (460)

附录一　常用监测仪器、测点的代号及符号

附录二　国内外部分常用仪器图片

下　册

第五章　隧道及部分建筑工程的安全监测 ··· (481)

第一节　建筑工程安全监测方法 ·· (481)

　　一、基坑边坡及对环境影响的安全监测方法 ·· (481)

　　二、基础及上部结构的安全监测方法 ·· (484)

第二节　基坑变形监测 ·· (497)

　　一、基坑变形监测的基本原则 ·· (497)

　　二、垂直位移和水平位移测量 ·· (500)

　　三、围护墙体测斜和锚固测试 ·· (503)

　　四、孔隙水压力与土压力测试 ·· (506)

　　五、水位测试 ·· (509)

　　六、支撑轴力测试 ·· (510)

　　七、深层土体垂直和水平位移测试 ·· (512)

　　八、变形监测初步成果及注意事项 ·· (514)

　　九、基坑监测常用表格 ··· (517)

第三节　城市盾构工程施工监测 ··· (528)

　　一、盾构法施工的特点 ··· (528)

　　二、盾构法施工监测目的 ··· (529)

　　三、盾构法施工监测内容 ··· (529)

　　四、常规监测项目及方法 ··· (530)

　　五、盾构隧道管片的安全监测 ·· (538)

第四节　公路岩石隧道监测 ··· (540)

一、概述 …………………………………………………………… （540）

二、监控量测的内容和项目 ………………………………………… （541）

三、量测部位和测点的布置 ………………………………………… （543）

四、监控量测方法 …………………………………………………… （546）

五、监控量测的数据分析 …………………………………………… （557）

六、信息反馈与预测预报 …………………………………………… （559）

第五节　软土地基安全监测 …………………………………………… （561）

一、软基公路工程中的安全监测 …………………………………… （561）

二、港口工程中的软基安全监测 …………………………………… （573）

三、其他工程中的软基监测 ………………………………………… （580）

第六章　监测资料的整理分析和反馈 ………………………………… （585）

第一节　概述 …………………………………………………………… （585）

一、监测资料整理分析和反馈的目的意义 ………………………… （585）

二、监测资料整理分析反馈技术的发展 …………………………… （586）

三、监测资料整理分析反馈基本内容和方法 ……………………… （587）

四、监测资料整理分析和反馈的原则要求 ………………………… （588）

第二节　监测资料的搜集和整理 ……………………………………… （589）

一、监测资料的搜集和表示 ………………………………………… （589）

二、原始观测资料的检验和处理 …………………………………… （591）

三、物理量计算 ……………………………………………………… （593）

四、绘图制表和文字报告 …………………………………………… （595）

五、监测数据的处理 ………………………………………………… （597）

六、初步分析和异常值判识 ………………………………………… （599）

七、监测资料整编 …………………………………………………… （599）

八、监测资料整理的计算机化 ……………………………………… （601）

第三节　监测资料的分析方法 ………………………………………… （603）

一、监测资料分析方法概述 ………………………………………… （603）

二、监测资料分析的常规方法 ……………………………………… （604）

三、数值计算分析方法 ……………………………………………… （606）

四、数学物理模型法 ………………………………………………… （613）

第四节　岩土工程安全监测预报的基本方法 ………………………… （616）

一、概述 ……………………………………………………………… （616）

二、工程地质因素的定性分析法 …………………………………… （616）

三、警戒界线法 ……………………………………………………… （620）

四、数学物理模型法 ………………………………………………… （625）

第五节　岩土工程安全监测反馈的基本方法 ·········· (625)

一、安全监测反馈的概念 ·········· (625)

二、安全监测反馈的基本内容 ·········· (627)

三、安全监测反馈分析的方法和步骤 ·········· (628)

四、对安全监测反馈的基本要求 ·········· (631)

五、理论验算反馈分析法的工程实例 ·········· (632)

第六节　大坝和坝基安全监测资料分析和反馈 ·········· (634)

一、概述 ·········· (634)

二、监测资料的定性分析 ·········· (635)

三、大坝和坝基监测资料分析的数学物理模型法 ·········· (638)

四、大坝和坝基的安全评估和预报方法 ·········· (646)

五、大坝和坝基的监测资料反馈 ·········· (653)

第七节　边坡工程监测资料分析和反馈 ·········· (656)

一、监测资料整理的内容 ·········· (656)

二、监测成果曲线的解释 ·········· (664)

三、监测资料的分析内容 ·········· (671)

四、边坡工程的安全预报和反馈 ·········· (677)

五、安全预报系统 ·········· (681)

第八节　地下工程监测资料整理分析和反馈 ·········· (683)

一、监测资料的搜集和整理 ·········· (683)

二、测点观测值影响因素定性分析 ·········· (686)

三、地下工程监测资料的定量分析方法 ·········· (690)

四、地下工程的安全监测预报 ·········· (711)

五、地下工程安全监测反馈技术 ·········· (724)

第九节　建筑物地基和基坑围护监测资料的分析 ·········· (735)

一、监测资料相关因素分析 ·········· (735)

二、监测项目和资料整理表示 ·········· (736)

三、监测资料分析方法 ·········· (743)

四、安全预报问题 ·········· (748)

五、监测资料的反馈和信息化施工 ·········· (750)

第七章　工程安全监测实例 ·········· (751)

第一节　大坝安全监测工程实例 ·········· (751)

一、龙羊峡水电站坝基的安全监测 ·········· (751)

二、鲁布革电站心墙堆石坝的安全监测 ·········· (762)

三、二滩水电站混凝土双曲拱坝的安全监测 …………………………… (772)

四、天荒坪抽水蓄能电站混凝土面板堆石坝的安全监测 ………………… (774)

第二节 边(滑)坡工程的安全监测实例 …………………………………… (778)

一、隔河岩电站引水洞出口及厂房高边坡的安全监测 …………………… (778)

二、漫湾水电站左岸边坡安全监测 ………………………………………… (783)

三、隔河岩水库库岸茅坪滑坡稳定性(内观)的安全监测 ……………… (791)

四、天生桥二级电站厂房高边坡的加固监测 ……………………………… (798)

五、舟曲锁儿头自然滑坡的安全监测 ……………………………………… (800)

六、国内外边(滑)坡工程及安全监测统计 ……………………………… (818)

第三节 水电站地下工程安全监测实例 …………………………………… (823)

一、鲁布革水电站地下厂房的安全监测 …………………………………… (823)

二、二滩水电站地下建筑物安全监测 ……………………………………… (832)

三、小浪底水电站地下建筑物安全监测设计 ……………………………… (836)

第四节 交通岩石隧道安全监测实例 ……………………………………… (847)

一、南岭铁路隧道安全监测 ………………………………………………… (847)

二、特殊地质结构公路隧道的监控量测(一) …………………………… (850)

三、特殊地质结构公路隧道的监控量测(二) …………………………… (873)

四、小净距公路隧道的监控量测 …………………………………………… (898)

五、隧道远程自动监测 ……………………………………………………… (914)

第五节 城市软土深基坑及盾构隧道安全监测实例 ……………………… (920)

一、基坑支撑结构体系的监测 ……………………………………………… (920)

二、上海地铁二号线某车站施工监测 ……………………………………… (932)

三、上海地铁徐家汇车站施工安全监测 …………………………………… (939)

四、复杂环境条件下地铁车站的基坑监测 ………………………………… (941)

五、上海某地铁盾构隧道监测 ……………………………………………… (950)

第六节 软土地基的安全监测实例 ………………………………………… (955)

一、洋山深水港地基加固工程施工监测 …………………………………… (955)

二、储罐地基充水预压监测 ………………………………………………… (963)

三、软基公路监测 …………………………………………………………… (974)

四、某港口工程吹填陆域软基处理监测 …………………………………… (988)

五、长寿路面结构监测 ……………………………………………………… (1001)

参考文献 ……………………………………………………………………… (1026)

第五章　隧道及部分建筑工程的安全监测

第一节　建筑工程安全监测方法

一、基坑边坡及对环境影响的安全监测方法

本项监测涉及到基坑支护墙体、墙体支撑或锚固体系和周围建筑物的安全,其监测项目归纳起来可分为:周围建筑物和基坑支护墙体的沉降和位移;墙体外土层中不同深度的位移(墙体的倾斜);墙体外土层中的土压力和孔隙水压力;墙体支撑体系的轴力和拉杆、锚固钢筋的应力;基坑底部的地下水位和周围建筑物的裂缝观测等。上述监测项目在监测设计批准后,就需按监测设计拟定仪器设备和材料的购置计划进行准备或购置。许多建筑工程安全监测所使用的仪器是常用的,不论是购置的或已有的均需按下列步骤进行工作。

(一)监测仪器的组装率定

上述监测项目还可归纳为:使用水准仪和经纬仪监测地表面以上物体的沉降和位移;使用专用仪器监测特定部位的压力、位移和裂缝等。使用水准仪和经纬仪监测是一项专业性的工作,如有必要对水准仪和水准尺、经纬仪检验校正可参见《城市测量手册》有关内容。在使用水准仪和经纬仪等进行监测之前要进行检验,在使用过程中还应按照要求定期进行校正。使用的专门仪器有测斜仪、多点位移计、土压力计、渗压计、轴力计、应变计或应变片、水位计和裂缝计等,仪器的组装和率定可参见本书第四章第二节。

(二)监测断面和测点的定位放样

基坑边坡支护体系通常为四边形或多边形,其角点由于两边相交刚度比较大,位移相对较小,不是控制部位;而边的中部位移和沉降较大,相对比较危险,一般应选择边的中部一处或几处作为监测断面,在该断面上配套设置沉降、位移、土压力、孔隙水压力和土层中不同深度位移的监测,监测断面不宜沿边长均匀分布;如果为了摸清整体受力和变形的关系,也可适当均匀布置;在同一断面上不同深度的仪器布置数量是可以不同的,如土压力计和渗压计,因为水压力变化比较规律,渗压计相对于土压力计可以间隔布置;对于基坑四周的各条边,按其与邻近建筑物的相关程度可采取不同的布置。

基坑墙体的支撑体系,按基坑的大小可有不同的形式,其监测断面的选择宜与前项监测接近,并考虑其受力最大的控制断面。

选择基坑墙体锚固钢筋的监测断面同墙体监测断面的选择,并与之配套。

基坑底部地下水位的监测一般是在基坑开挖到底部后设置,在基础和地下室施工期间对地下水位变化和降水效果进行监测,保证基坑边坡支护的长期稳定性,指导降水点的抽水量大小。考虑基坑大小,抽水点的布置位置宜在基坑的中部和边部,设置2~3个即可。

基坑的开挖必然会对周围建筑物有所影响,监测的任务就是控制其影响在安全允许的范围之内。首先要对相关的周围建筑物在施工前作一次较为全面的沉降、位移和裂缝(如果有的话)监测,并请相关部门对这一初始结果予以确认。一般情况均应在施工过程中对

其发展变化进行监测,以便与初始情况进行对比得出由于基坑开挖对其影响的程度。实施过程中可按其相距远近,已损坏的程度和施工方式(如爆破时)等因素采取不同的观测频率。另外对于已开裂的裂缝发展监测宜采用不易被破坏或者盗走的简易方法监测,采取设置标志直接量测或者摄影量测的方法,因为裂缝长度的变化比裂缝宽度变化敏感,所以宜对两者都予以观测。

基坑边坡支护墙体和周围建筑物墙体等的沉降和位移均宜采用水准仪和经纬仪进行观测,在所设定断面上的测点只需设置监测觇标即可,该觇标因沉降和位移而有所不同。

在基坑边坡中,土压力计测试边坡中的水平压力;由于水压力计的侧压力系数为1,可以测试垂直压力,也可以测试水平压力,该类仪器的定位放样就需考虑其工作的受力方向,在所确定的断面上至少应有2个点,土压力计应该多一些,渗压计可以少一点。

对于边坡外土层中的沉降和位移常采用分层沉降仪和测斜仪测量,按照所设定的断面和标高钻孔埋管。对于边坡墙体的倾斜通常采用倾斜仪测量,在墙体浇注时按照所确定的断面和标高埋设。

支撑和锚固体系的轴压力计或应变计、应变片,按照所确定断面的杆件部位,将轴压力计焊接在杆件上,或者将应变片贴附于钢筋上,随着施工支撑或锚固体系予以安装。

所有上述的定位放样,包括设置测量觇标,均需将所监测的项目,使用的传感器(觇标),观测的断面、标高和方位绘制成图,以便照图施工,达到监测设计的要求。

(三) 监测仪器的安装埋设

仪器安装埋设是监测工作中很重要的,又是多工种交叉的环节。首先是埋设所选定的断面和测点、需要掌握现场施工进展情况和施工实施计划安排情况,才能及时予以埋设安装;其次,实施埋设安装需要施工单位的人员配合才能完成。所以在基坑边坡支护施工之前,或者在实施监测的断面和部位施工前一个月,要向工程师和工程业主提交仪器埋设安装报告,报告中需说明将要安装仪器所在的断面、高程和点位,仪器的种类和数量,埋设安装工序内容(如打钻孔或者就位,安装调试,注浆或者回填混凝土,保护和布线等),以及需要施工单位承担或配合的事项等。报告由工程师和业主同意后,召开业主、施工单位和监测单位的协调会议,进一步确认各方在仪器埋设安装前的准备工作和埋设安装时的工作内容。

基坑边坡支护中的仪器埋设安装一般不需要钻孔和注浆,边坡支护工程施工到所需监测的断面和标高后,按照监测仪器的技术要求做好垫层,安装就位,调试读数,保护布线和回填混凝土等。对于某些需要钻孔安装的仪器可参照第四章第七节地下工程中的监测仪器的安装埋设。

(四) 监测方法与技术要求

基坑边坡及对环境影响的安全监测项目有两方面的内容。

(1) 支护墙体和周围建筑物的沉降和水平位移 它通常均由测量仪器来进行,有关的方法和技术要求均可按《城市测量手册》中第十章城市地面沉降与建筑物变形观测的方法和要求,必要时可参阅该书 P1037~1076。其中特别需要注意的是:

1) 对于因支护墙体和周围建筑物的沉降和位移监测而设置的基准点,都要求保持稳定不动,即使不能完全不动,也要选择已经相对稳定的地面上可视物体作基准点。

2) 基坑支护墙体和周围建筑物的观测目的都是为了使变形值不超过某一允许数值而确保安全,其测量精度以观测中的误差应小于允许变形值的1/10~1/20来确定。

3）基坑支护墙体和周围建筑物的变形主要受施工进度和气候的影响,其观测周期一般可定期(如周、旬)观测,但当气候产生急骤变化时需增加观测。

4）观测觇标的埋设要注意通视和保护。

（2）观测仪器的数据分析 用专门的仪器来观测,这类观测在仪器安装调试完成后,读取参数换算成该监测项目的物理量,然后进行资料的整理分析。其技术要求为:

1）首先按监测设计的要求,选定该监测项目的观测断面、标高和方位。

2）严格按该监测仪器的技术要求进行安装埋设。

3）在安装就位之前进行预调试,将初选读数选在量程的合适位置上,以便充分发挥仪器效力。在安装后进行再调试再次读数,然后回填混凝土或者注浆。

4）在仪器回填混凝土或钻孔注浆之后,要求附近在 24h 之内不得放炮开挖,此间每隔3～5h 观测一次,分析测值变化情况,一般取最后一、两次且比较稳定的测值作为该仪器的初始值,并记入档案。

5）然后进行施工监测,按照定期和出现不良气候条件时进行加密观测。

（五）监测资料的整理分析

基坑支护墙体和周围建筑物的主要监测项目是为了使变形值不超过某一允许数值而确保其安全,土压力和水压力的观测也是为研究支护墙体受力和位移的关系提供实测数据。资料整理分析的项目和深度需围绕这一监测目的来进行。观测数据从采集到变为成果,一般要经过现场记录,成果计算和成果分析等几个步骤。

1）现场记录采取表格形式,可根据适用性和通用性统一或自行设计,表上必须有监测项目、仪器种类、监测编号、观测日期(测次)、观测读数和备注栏等,备注栏要与测次对应,可简要注明每次观测的情况。

记录表可采用"一点一页"或"多点一页"的形式,前者适用于测点数量少而布置分散的监测项目,后者适用于测点多而且相对集中的项目,并可在每页底留出一大格绘出监测点的位置示意图。

2）成果计算也宜采用表格形式,可以单独列表也可与现场记录综合列表,这取决于成果计算的简繁程度。单独列表的项目通常有监测项目、仪器种类、监测编号、观测日期、物理量计算(在该栏头内列出计算表达式,该项也包含有初始值和历时的计算成果)和备注栏等。每次计算的物理量要与前次物理量相比较,若发现有异常情况,下次测试时必须特别复查。

3）成果分析主要表达所测物理量随时间的变化关系和沿观测断面高度的变化关系,必要时也可表达该物理量与断面的关系,这些关系均以曲线的形式表示。

观测物理量与时间的关系曲线常称某物理量的过程曲线,通常横坐标为时间,纵坐标为某物理量,基本上概括了基坑开挖过程中的所有变化趋势。它可以判别基坑边坡支护墙体和周围建筑物的稳定情况和受影响最大的时间和因素,由此可以作出险情预报或跟踪加密监测的布置。

观测物理量沿断面高度的关系有位移、应变、土压力和水压力与高度(深度)的关系,可以得到沿高度的曲线分布图,该曲线是选择有代表性的(或者是当前的)沿断面高度该物理量的几根变化曲线,没有必要也不可能把每一时刻的沿高度变化的关系都绘出来。该曲线组可以说明施工阶段对边坡墙体和周围建筑物的影响最大的时刻或工序,边坡墙体某高度受力最大和位移危险的位置,由此可以合理的确定支撑体系或锚杆的设置高度,以及确定锚杆的合理长度等。

观测物理量与断面间的关系可以按物理量与边长的关系表示,也可以用物理量等值线的方式表示,加上前面的二组曲线可以了解由于基坑开挖所产生的变化的全面状态,这些成果对于指导基坑支护体系的设计和施工有重大的意义。

上述成果分析为最后提出结论准备了条件,结论首先说明支护体系的稳定性,如出现险情需改善的部位和方案;如果稳定保证了基础施工的安全,将设计预计和实测结果进行比较,对基坑支护体系的设计作出适当的评价。

二、基础及上部结构的安全监测方法

地基基础安全监测中的地基承载力和变形监测、单桩承载力和变形监测、用小桩试验推求大桩承载力和变形监测,以及桩基动测法监测都是短期试验,可列为单项测试方法介绍。对于建筑物(基础)沉降监测、建筑物水平位移(倾斜)监测、桩基和柱承载力及变形的原位监测等三项是较长期的监测,而且这三项往往组成整体的监测系统,我们首先按此系统来介绍其安全监测方法。

(一)监测仪器的组装率定

作为基础和上部结构较长期的原位监测项目确定之后,根据监测设计所定的测点数,选择仪器设备的种类和确定配件材料的要求,拟定购置仪器设备和配件材料的计划。

当埋设式应变计和水工比例电桥到货后需进行组装率定,均按第二节监测仪器现场检验与率定的要求进行。

对于建筑物的沉降监测和水平位移监测,需对水准仪、水准尺和经纬仪等主要仪器按规范要求进行检验,并定期进行校验。其检验的过程相当精细,本手册不作详述,水准仪、经纬仪和水准尺的检验校正参见《城市测量手册》有关内容。

(二)监测断面和测点的定位放样

基础和柱的承载力监测一般均在结构内进行,按照监测设计所确定的断面和测点定位,按照测力方向和仪器的技术要求定向。如工程实例中所确定的测桩和柱内承载力,要将应变计放在桩(柱)中心;测桩身弯曲应力在考虑应变计不受到边界条件影响的条件下,尽可能放在桩内的周边上。

对于建筑物的沉降和水平位移进行监测的测点,基本要设置在可视的地平面上,当还在施工基础时,只在同一平面位置的基础顶面设测点,然后转移至同一平面位置的地平面上。

(三)监测仪器的安装埋设

当应变计和水工比例电桥到货后进行了组装率定和检验验收,在使用之前还需按前述方式进行率定,然后将仪器编号和使用位置编号予以对应;并对引线电缆进行压水检验;对引线的接线盒进行防水处理。

应变计按监测设计确定的桩(柱)位就位后,将应变计顶面用水平尺校正,然后对其周围用混凝土手工回填密实,并以手工插杆的方式使混凝土密实;清理引线电缆加以包裹,从桩边引出地面,接入水工比例电桥,读取第一次读数。对于桩基来讲在桩身浇注混凝土后,它已经承受了桩身的自重,所以这第一次读数应该是桩基承载力测定的基准值。后面与柱端同时观测应变计的读数,是承受上部结构荷载的基准值。

当应变计埋设好后,填写安装埋设记录卡,并附有安装草图,标明埋设的桩位(柱位)、标高和位置,标明应变计的尺寸和距周边的距离。

当桩和柱内的应变计埋设后,将引线电缆接入引线盒内,并标明每根接线头代表的仪器和电极,同时绘制一幅引线头简图存入档案,以备必要时查阅。

其他仪器的安装埋设和上部结构倾斜观测与裂缝观测仪器的安装埋设,见第四章上述有关章节。

(四)监测方法与技术要求

1)对于建筑物的沉降和水平位移,其监测点的布置以满足规范要求的沉降量、沉降差和倾斜度来确定,在测点上埋设觇标。测点的变化通过测量与相对不变的基准点的比较得知,所以对于基准点的选择必须固定(至少是相对固定),才能作为观测的依据。建筑物开始兴建后,其周围地区的受力情况随着与它的水平距离和垂直距离(深度)的变大而减小,离开建筑物愈远,深度愈大,地基的受力就愈小,受建筑物的影响就愈小。由此可见,为了达到使基准点固定的要求,有两种选择,一是远离建筑物;二是深埋。但是远离建筑物通过中间测量,周转多、累积误差大,深埋基准点的费用又高。因此在城市中的建筑物可以选择附近已建成的有一定距离的中、高层建筑的基脚上面,既达到基准点固定的要求,费用又比较低廉。

2)沉降观测方法依据土建设计要求和地质条件选取合适的测量精度,既要考虑规范中要求的允许沉降量和沉降差,又要考虑地基受力后的变化,岩层地基变形量小,精度较高才能分辨沉降的变化;软土地基变形量大,精度低些也能分辨。根据上述要求可选择二、三或四等水准测量。其具体操作由专业人员进行,特别是二等水准测量要由熟练的测量人员操作,并按《城市测量手册》的有关要求执行。

3)水平位移观测方法较多,测量建筑物各层轴线的偏移和位移时,依据建筑物周围的情况灵活掌握,有三角测量法、后方交会法和前方交会法三种可供选择的方法。三角测量法就是在建筑物区域内建立一个短边的三角网,定期对此三角网进行观测,求出各观测点不同时期的坐标值,加以比较即得出观测点的位移值;后方交会法是将测站设在建筑物上的观测点 P,对 A、B 和 C 三点基准点观测,α 和 β 为观测值,其简图如图 5-1-1 所示,基准点的坐标为已知,精度根据实际情况确定,对比不同时期 P 点的纵横坐标的变化量就是 P 点的平面位移量,P 点的坐标计算公式为:

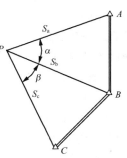

$$\left.\begin{array}{l} X_{\mathrm{P}} = X_{\mathrm{B}} + \Delta X_{\mathrm{BP}} = X_{\mathrm{B}} + \dfrac{a - kb}{1 + K^2} \\ Y_{\mathrm{P}} = Y_{\mathrm{B}} + \Delta Y_{\mathrm{BP}} = Y_{\mathrm{B}} + K\Delta X_{\mathrm{BP}} \end{array}\right\} \qquad (5-1-1)$$

其中 $K = \dfrac{a + c}{b + d}$

式中
$a = (X_{\mathrm{A}} - X_{\mathrm{B}}) + (Y_{\mathrm{A}} - Y_{\mathrm{B}})\,\mathrm{ctg}\alpha$;
$b = -(Y_{\mathrm{A}} - Y_{\mathrm{B}}) + (X_{\mathrm{A}} - X_{\mathrm{B}})\,\mathrm{ctg}\alpha$;
$c = -(X_{\mathrm{C}} - X_{\mathrm{B}}) + (Y_{\mathrm{C}} - Y_{\mathrm{B}})\,\mathrm{ctg}\beta$;
$d = (Y_{\mathrm{C}} - Y_{\mathrm{B}}) + (X_{\mathrm{C}} - X_{\mathrm{B}})\,\mathrm{ctg}\beta$

图 5-1-1 后方交会法简图

前方交会法是将测站设在基准点 A 和 B 上,对建筑物上的

P点进行观测，α和β为观测值，其简图如图5-1-2所示，基准点的坐标应为已知，精度根据实际情况确定，对比不同时期P点的纵横坐标变化量就是P点的平面位移量。P点的坐标计算公式为：

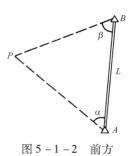

$$X_p = \frac{X_A \mathrm{ctg}\beta + X_B \mathrm{ctg}\alpha - Y_A + Y_B}{\mathrm{ctg}\alpha + \mathrm{ctg}\beta}$$

$$Y_p = \frac{Y_A \mathrm{ctg}\beta + Y_B \mathrm{ctg}\alpha + X_A - X_B}{\mathrm{ctg}\alpha + \mathrm{ctg}\beta}$$

(5-1-2)

图5-1-2 前方交会法简图

4）观测的技术要求主要是观测的精度和频率，以及观测记录和现场数据校核等。对于建筑物的沉降和水平位移监测，其精度取决于建筑物设计时预计的允许变形值和观测的目的。国际测量工作者联合会（FIG）第十三届会议（1971年）工程测量组提议："如果观测的目的是为了使变形值不超过某一允许的数值而确保建筑物的安全，则其观测中的误差应小于允许变形值的1/10~1/20；如果观测的目的是为了研究其变形过程，则观测中的误差应比这个数值小得多"。人们可以依据工程情况参照这一要求选择误差的大小。观测的频率取决于变形值的大小和变形速度，通常要求观测的次数既能反映出变化的过程，又不遗漏变化的时刻。如对于重庆菜元坝扬子江商城来说，考虑总施工时间大约持续二年左右，基本观测频率是一月一次，但考虑到施工开始第一个月内，加载比率变化大，确定为一周一次，相继的第二个月为两周一次，以后一月一次，施工结束后三个月一次。总计在30次左右，如果施工快，加载比率变化快，其周期可相应缩短。

5）建筑物沉降和水平位移监测的观测作业还需注意以下几点：①开始作业前或改变作业环境（如由室内迁至室外）时，须将仪器在作业场地架设20分钟后，方可进行观测；②观测时使用白布伞遮挡阳光，迁站时要用白布罩覆盖仪器；③在雨雪、大风天气或成像剧烈跳动时，应停止观测；④可采用固定作业人员、固定仪器装置、固定设置镜站和立尺点位置的"三固定"办法，借以提高观测的精度和速度；⑤每次观测还应附记施工进展情况或荷载增加情况；⑥二等水准测量的操作和记录比较复杂，需参照城市测量手册拟定；⑦水平位移记录依方法不同而有所变化，根据所测参数制定记录表格，但均须注意取左右盘读数；⑧每站观测结束后，需检查记录和计算，确认各项限差合格后，才能迁至下一个测站。

6）建筑物桩（柱）承载力和变形的原位监测，观测的精度和频率确定的原则和数值均与上相同。应变计经标定后已确定了应变和应力的关系。观测完后需在现场校核，及时记录施工进展，估算增加在柱和桩上的荷载，与应变计读数计算的内力值相比较，确认差值合理后才能结束。

（五）监测资料的整理分析

上述项目的监测，一是沉降和位移的测量，沉降测量的资料记录、整理和分析可参照《城市测量手册》P306~308进行，比较同一点不同时间的标高值，即得出沉降量，比较同一时间不同点的沉降量，即得出沉降差；位移测量依据实际情况采用不同的方法，拟定略有区别的记录表格，但均包括基准点的坐标、观测α和β读数、计算出观测点的坐标值等，然后比较不同时间观测点坐标值的变化，即得出该点的位移值；比较同一水平位置不同高程观测点位移变化值，即可认定建筑物的倾斜值。将上述的结果与规范要求允许值进行比较即可以得出监测的结论。二是桩（柱）承载力和变形的原位监测，观测值为应变计的读数，根据安装前的标定曲线算出相关的应力值，乘以桩（柱）的断面计算出内力值，同时与施工进度中增加荷载时估算的内力值比较，看观测结果是否正确或者出现异常，然后汇总为成果表，再与该测点的沉降观测资料结合，绘制出桩基或者柱端的承载力和变形的原位观测曲线，可以作出 $P—S$、$S—\lg P$ 和 $S—\lg t$ 三种曲线，由此能够得出当前（即使用条件下）桩（柱）所处的工作状态，预测建筑物的安全程度。

（六）监测方法的实际应用

通常情况下建筑物的沉降、水平位移监测，和桩（柱）承载力和变形的原位监测的结果表明，不会出现紧急的危险情况；但对于建筑物设计不当或地基出现难以预计的缺陷时，一般在监测的前期会有所反映。如果武汉市 18 层大楼产生偏差 2.88m 的建筑、四川省德阳市和广东省东莞市在 1995 年垮塌的建筑，在施工开始时进行沉降、水平位移和承载力的监测，早期就会发现问题，及时采取补救措施或予以拆除，其损失将大为降低。又如四川省泸州市东门口某八层住宅建筑，地处在早期回填的厚煤渣层上，采取换 3m 砂土的地基处理办法，在改善了的地基上作条形基础。由于是一种新的措施需谨慎从事，采取了随着施工进展进行沉降监测的方法，当施工到四层时，沉降值最大已超过 100mm，沉降值最小为 19mm，因此立即停工采取了加强基础的措施，处理好后再往上施工沉降量为 12mm 左右，安全施工到了预定的高度。由此说明工业与民用建筑已迫切需要采取监测措施，才能保证建筑物的安全施工与建成。特别对于有某些不可预见的因素时，监测具有报警和反馈控制，指导修改设计的作用。

实现上述监测的作用，结合每月的监测观察（施工初期每月观测 4 次或 2 次），编写建筑物的沉降、水平位移和桩（柱）承载力及变形的原位监测的阶段成果报告，也是监测的简报；施工结束后每三个月观测、编写一次成果报告，直至沉降、位移和承载力的读数稳定，最后编写监测成果的综合分析报告。在观测过程中出现不正常的情况，可以通过每月的阶段成果报告或者通报反映，当遇到特殊情况时，如暴风雨或地震时，可采取电话通报的方式。

工业与民用建筑建设中已知的因素很多，但未知的因素也有，而未知的因素往往威胁着工程的安全，特别是随着现代城市建设的发展，新的建筑不断出现，应该是制定法规在监理中加入监测要求的时候了。监理工作不仅对财务进行管理，通过监测工作更可对工程的质和量进行全面管理，保证建设工作安全、顺利地进行。

（七）地基基础短期安全监测方法

1. 土基承载力和变形监测方法

土基承载力监测方法采用一定大小承压板方式加载，试验装置已在监测设计中介绍，这里仅列出其试验要点：

（1）基坑　基坑宽度不应小于承压板宽度或直径的三倍。应注意保持试验土层的原状结构和天然湿度。宜在拟试压表面用不超过 20mm 厚的粗、中砂找平。

（2）加荷等级　加荷等级不应少于 8 级，最大加载量不应少于荷载设计值的两倍。

（3）间隔时间　每级加载后，按间隔 10、10、10、15 分钟，以后为每隔半小时读一次沉降值，连续两小时内，每小时的沉降量小于 0.1mm 时，则认为已趋稳定，可加下一级荷载。

（4）终止加载情况　当出现下列情况之一时，即可终止加载：

1）承压板周围土明显的从侧向挤出。

2）沉降量急骤增大,荷载—沉降(P—S)曲线出现陡降段。

3）在某级荷载下,24 小时内沉降速率不能达到稳定标准。

4）$s/b \geqslant 0.06$(b:承压板宽度或直径)。

满足前四种情况之一时,其对应的前一级荷载定为极限荷载。

（5）承载力基本值的确定:

1）当 P—S 曲线上有明确的比例界限时,取该比例界限所对应的荷载值。

2）当极限荷载能确定,且该值小于对应比例界限的荷载值的 1.5 倍时,取荷载极限值的一半。

3）不能按上述二点确定时,如承压板面积为 0.25 ~ 0.50m², 对低压缩性土和砂土,可取 $s/b = 0.01 \sim 0.015$ 所对应的荷载值;对中、高压缩性土可取 $s/b = 0.02$ 所对应的荷载值。

（6）土基承载力的标准值　同一土层参加统计的试验点不应少于三点,基本值的极差不得超过平均值的 30%,取有效值的平均值作为土基承载力的标准值。

2. 岩基承载力和变形监测方法

天然岩基和桩端岩基与土基的承载力和变形监测两种方法只在承压板的大小等方面稍有不同,现将其要点叙述如下:

（1）采用圆形刚性承压板　直径为 300mm,当岩石埋藏深度较大时,可采用 φ300mm 钢筋混凝土桩加载,但桩周需采取措施以消除桩身与土之间的摩擦力。

（2）力和变形的初始稳定读数观测　在加压前,每隔 10 分钟读数一次,连续三次读数不变可开始试验。

（3）加载方式　单循环加载,荷载逐级递增直到破坏,然后分级卸载。

（4）荷载分级　第一级加载值为预估承载力设计值的 1/5,以后每级为 1/10。

（5）沉降量测读　加载后立即读数,以后每 10 分钟读数一次。

（6）稳定标准　连续三次读数之差均不大于 0.1mm。

（7）终止加载条件　当出现下述现象之一时,即可终止加载:

1）沉降量读数不断变化,在 24 小时内,沉降速率有增大的趋势。

2）压力加不上或勉强加上不能保持稳定。

如果限于加载能力,荷载也应加到不少于设计要求的两倍。

（8）卸载观测　每级卸载为加载时的两倍,如为奇数,第一级可为三倍。每级卸载后,隔 10 分钟测读一次,测读三次后可卸下一级荷载。全部卸载后,当测读到半小时回弹量小于 0.01mm 时,即认为稳定。

（9）承载力的确定:

1）对应于 P—S 曲线上起始直线段的终点为比例界限。符合终止加载条件的前一级荷载即为极限荷载。对微风化岩及强风化岩,取安全系数为 3;对中等风化岩需根据岩石的裂隙发育情况确定,将所得值与对应于比例界限的荷载相比较取小值。

2）参加统计的试验点不应少于 3 点,取最小值为岩基承载力标准值。

除强风化的情况外,岩石地基不进行深、宽度修正,标准值即为设计值。

3. 单桩垂直静载监测方法

（1）监测目的　采取接近于桩的实际工作条件的试验方法,确定单桩的轴向受压承载力。当埋设有桩底反力和桩身应力、应变测量元件时,可直接测定桩侧各土层的极限摩阻力和端承力。

（2）试验加载装置 一般采用油压千斤顶加载,其加载反力装置可根据现场实际条件取下列三种形式之一(加载装置简图已在监测设计中介绍),下面分述其要点:

1）锚桩横梁反力装置:锚桩数量、锚桩长度和横梁尺寸均应按 1.2～1.4 倍预估试桩破坏荷载进行设计,锚桩按抗拔桩的有关规定计算确定。采用工程桩作锚桩时,锚桩数量不得少于 4 根,并应予以加强,在试验过程中对锚桩上拔量进行监测。

2）压重平台反力装置:压重不得少于预估试桩破坏荷载的 1.2 倍,压重应在试验开始前一次加上,并均匀稳固放置在平台上。

3）锚桩压重联合反力装置:当试桩最大加载重量超过锚桩的抗拔能力时,可在横梁上放置或悬挂一定重物,由锚桩和重物共同承受千斤顶加载反力。千斤顶应平放于试桩中心,当采用两个以上千斤顶加载时,宜将千斤顶并联同步工作,并使千斤顶的合力通过试桩中心。

（3）荷载与沉降的量测仪表 荷载可用放置于千斤顶上的应力环、应变式压力传感器直接测定,或采用串联于千斤顶的压力表测定油压,根据千斤顶率定曲线换算荷载。试桩沉降一般采用百分表测量,在桩的两个正交直径方向对称安置四个百分表,小桩径可安置两个或三个百分表。沉降测定平面离桩顶距离不应小于 0.5 倍桩径,固定和支承百分表的夹具和横梁,在构造上应确保不受千斤顶加载和气温影响而发生竖向变位。

（4）桩之间的中心距离 试桩、锚桩(压重平台支墩)和基准桩之间的中心距离应符合表 5-1-1 的规定。

表 5-1-1　　　　　　　　试桩、锚桩和基准桩之间的中心距离

反 力 系 统	试桩与锚桩 （或压重平台支墩边）	试桩与基准桩	基准桩与锚桩 （或压重平台支墩边）
锚桩平台反力装置 压重平台反力装置	≥3d, ≮1.5m	≥4d, ≮2m	≥4d, ≮2m

注　d 为试桩或锚桩的设计直径,取其较大者(如试桩或锚桩为扩底桩时,试桩与锚桩的中心距不应小于 2 倍扩大端直径)。

（5）试桩制作要求:

1）试桩顶部一般应予以加强,可在桩顶配置加密钢筋网 2～3 层,或以薄钢板圆筒做成,加劲箍与桩顶混凝土浇成一体,用高标号砂浆将桩顶抹平。

2）为安置沉降测点和仪表,试桩顶面露出试坑地面的高度不宜小于 60cm,试坑地面应与桩承台底设计标高一致。

3）试桩的成桩工艺和质量控制标准应与工程桩一致。为缩短试桩养护时间,混凝土标号可适当提高,或掺入早强剂。

（6）间歇时间 从浇注试桩混凝土到开始试验的间歇时间,在满足混凝土达到设计标号的前提下,对于砂类土,不应少于 10 天;对于一般黏性土,不应少于 20 天;对于淤泥或淤泥质土中的沉管灌注桩,不应少于 30 天。

（7）加载方式 一般采用慢速维持荷载法(逐级加载,每级荷载达到相对稳定后加下一级荷载,直至达到极限荷载,然后逐级卸载到零)。当考虑结合实际工程桩的荷载特性或为缩短试验时间,也可采用多循环加、卸载法(每级荷载达到相对稳定后卸载到零)和快速维持荷载法(一般采用每一小时加一级荷载)。

（8）慢速维持荷载法　按下列规定进行加、卸载和沉降观测：

1）加载分级，每级加载为预估极限荷载的 1/10 ~ 1/15。

2）沉降观测，每级加载后在第一小时内每隔 15 分钟测读一次，以后每隔半小时测读一次。每次测读值记入试验记录表。

3）沉降相对稳定标准，每 1 小时沉降不超过 0.1mm，并连续出现两次（由 1.5 小时内连续三次观测值计算），认为已达到相对稳定，可加下一级荷载，且每级荷载维持时间不得少于 2 小时。对于砂性土中的灌注桩，沉降相对稳定标准，可取为每半小时内不超过 0.1mm，并连续出现两次。

4）终止加载条件，当出现下列情况之一时，即可终止加载。①某级荷载作用下，桩的沉降量为前一级荷载作用下沉降量的 5 倍；②某级荷载作用下，桩的沉降量大于前一级荷载作用下沉降量的 2 倍，且 24 小时后尚未达到相对稳定；③荷载已超过按下述第（10）项规定所确定的极限荷载二级以上，或者荷载超过极限荷载 36 小时仍不稳定。

5）卸载与卸载沉降观测，每级卸载值为每级加载值的 2 倍。每级卸载后隔 15 分钟测读一次残余沉降，读两次后，隔半小时再读一次，即可卸下一级荷载，全部卸载后，隔 3 ~ 4 小时再读一次。

（9）单桩垂直静载试验　资料整理内容：

1）单桩垂直静载试验概况，整理成表格形式，并对成桩和试验过程中出现的异常现象作补充说明。

2）单桩垂直静载试验记录表。

3）单桩垂直静载试验荷载沉降汇总表。

4）绘制有关试验成果曲线，为确定单桩的极限荷载，一般绘制 P—S（按整个图形比例横：竖 = 2：3 取 P、S 的坐标比例），S—$\lg t$，S—$\lg P$ 曲线，以及其他辅助分析所需的曲线。

5）当进行桩身的应力、应变和桩底反力测定时，应整理出有关数据的记录表和绘制桩身轴力分布，摩阻力分布，桩底反力—荷载关系等曲线。

6）确定单桩轴向受压极限荷载，划分桩侧总极限摩阻力和总极限端承力，并由此求出桩侧平均极限摩阻力（当进行分层测试时，应求出各层土的极限摩阻力）极限端承力。

（10）单桩轴向受压极限荷载　按下列方法综合分析确定：

1）根据沉降随时间的变化特征确定极限荷载，取 S—$\lg t$ 曲线尾部出现明显向下弯曲的前一级荷载为极限荷载（图 5 - 1 - 3）。

2）根据沉降随荷载的变化特征确定极限荷载；取 P—S 曲线发生明显陡降的起始点（第二拐点）所对应的荷载为极限荷载（图 5 - 1 - 4）。取 S—$\lg P$ 曲线出现陡降直线段的起始点所对应的荷载为极限荷载（图 5 - 1 - 5）。

3）根据沉降量确定极限荷载，沉降量取值标准可根据各地区的经验确定。

（11）极限摩阻力和极限端承力　对于承载力以摩阻力为主的桩，桩侧极限摩阻力和桩底极限端承力可参照下述方法进行划分：将 S—$\lg P$ 曲线陡降直线段向上延伸与横坐标相交，交点左段为总极限摩阻力，交点至极限荷载的距离即为总极限端承力，再分别除以桩侧表面积和桩底面积即得单位面积上的极限摩阻力和极限端承力（图 5 - 1 - 5）。

（12）单桩承载力试验　当考虑桩周土的负摩擦力验算单桩的轴向受压承载力时，桩周沉降层范围的摩阻力可采用悬底桩静载试验（桩的入土深度与沉降土层底部深度一致）或在常规静载试验中埋设桩身测力元件测定。对于自重湿陷性黄土地基,桩的静载试验宜在天然状态下进行。

4. 单桩水平静载监测方法

(1) 监测目的　采取接近于桩的实际工作条件的试验方法确定单桩水平承载力和地基土的水平抗力系数,当埋设有桩身应力测量元件时,可测出桩身的应力变化,并由此求得桩身的弯矩分布。

(2) 试验设备监测方法　试验设备、仪表装置及其监测方法要点:

1) 采用千斤顶施加水平力,水平力作用线应通过地面标高处(地面标高应与实际工程桩基承台底面标高一致)。在千斤顶与试桩接触处安装一球形铰座,以保证千斤顶作用力能水平通过桩身轴线。

2) 桩的水平位移采用大量程百分表测量。每一试桩在力的作用水平面上和在该平面以上 50cm 左右各安装一或二支百分表(下表测量桩身在地面水平位移,上表测量桩顶水平位移,根据两表位移差与两表距离的比值求得地面以上桩身的转角)。如果桩身露出地面较短,可只在力的作用水平面上安装百分表测量水平位移。

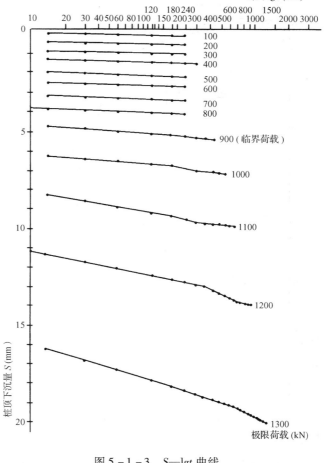

图 5 – 1 – 3　S—lgt 曲线

3) 固定百分表的基准桩宜打设在试桩侧面靠位移的反方向,与试桩的净距不少于 1 倍试桩直径。

(3) 加载方法　一般采用单向多循环加卸载法,对于个别长期承受水平荷载的桩基也可采用慢速连续加载法(稳定标准可参照垂直静载试验)进行试验。

(4) 多循环加卸载试验法　按下列规定进行加卸载和位移观测:

1) 荷载分级,取预估水平极限荷载的 1/10 ~ 1/15 作为每级荷载的加载增量。根据桩径大小并适当考虑土层软硬,如对于直径 300 ~ 1000mm 的桩,每级荷载增量可取 2.5 ~ 20kN。

2) 加载程序与位移观测,每级荷载施加后,恒载 4 分钟测读水平位移,然后卸载至零,停 2 分钟测读残余水平位移,至此完成一个加卸载循环,如此循环 5 次便完成一级荷载的试验观测。加载时间应尽量缩短,测量位移的时间应严格准确,试验不得中途停歇。

3) 终止试验的条件,当桩身折断或水平位移超过 30 ~ 50mm(软土取 40mm)时,可终止试验。

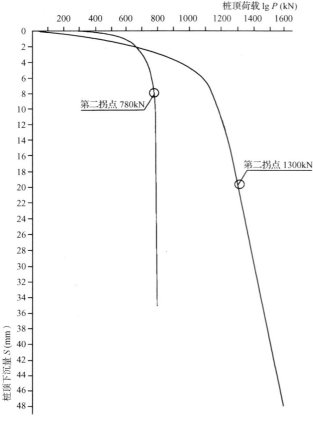

桩顶荷载 lg P (kN)

第二拐点 780kN

第二拐点 1300kN

图 5-1-4　P—S 曲线

（5）单桩水平静载试验　资料整理内容：

1）将单桩水平静载试验概况整理成表格形式，与垂直静载试验表格相同。对成桩和试验过程中发生的异常现象应作补充说明。

2）单桩水平静载试验记录表。

3）绘制有关试验成果曲线，一般绘制水平力—时间—位移（H_0—T—X_0）、水平力位移梯度$\left(H_0 - \dfrac{\Delta X_0}{\Delta H_0}\right)$或水平力—位移双对时数（$\lg H_0$—$\lg X_0$）曲线，当测量桩身应力时，尚应绘制应力沿桩身分布和水平力—最大弯矩截面钢筋应力（H_0—σ_g）等曲线。

（6）单桩水平临界荷载（桩身受拉区混凝土明显，退出工作前的最大荷载）　按下列方法综合确定：

1）取 H_0—T—X_0 曲线出现突变点（相同荷载增量的条件下，出现比前一级明显增大的位移增量）的前一级荷载为水平临界荷载（参见图 5-1-6）。

2）取 $H_0 - \dfrac{\Delta X_0}{\Delta H_0}$ 曲线第一直线段的终点（参见图 5-1-7）或 $\lg H_0$—$\lg X_0$ 曲线拐点所对应的荷载为水平临界荷载。

3）当有钢筋应力测试数据时，取 H_0—σ_g,曲线第一突变点对应的荷载为水平临界荷载（参见图 5-1-8）。

（7）单桩水平极限荷载　根据下列方法综合确定：

1）取 H_0—T—X_0 曲线明显陡降的前一级荷载为极限荷载（图 5-1-6）。

2）取 $H_0 - \dfrac{\Delta X_0}{\Delta H_0}$ 曲线第二直线段终点对应的荷载为极限荷载（图 5-1-7）。

3）取桩身折断或钢筋应力达到极限的前一级荷载为极限荷载。

有条件时，可模拟实际荷载情况，进行桩顶同时施加轴向压力的水平静载试验。

（8）地基土水平抗力系数　有关比例系数 m 可根据试验结果按下列公式确定：

$$m = \frac{\left(\dfrac{H_{cr}}{X_{cr}}\nu x\right)^{\frac{5}{3}}}{b_0(EI)^{2/3}} \qquad (5-1-3)$$

式中　m——地基土水平抗力系数的比例系数（kN/m^4），该数值为地面以下 $2(d+1)$ m 深度内各层土的综合值；

H_{cr}——单桩水平临界荷载,kN;

X_{cr}——临界水平荷载对应的水平位移,m;

νx——桩顶位移系数,按表 5-1-2 选用(先假定 m,试算 νx);

b_0——桩身计算宽度,m,按下式计算确定:

当 $d \leqslant 1\text{m}$ 时,$b_0 = 0.9$
$(1.5d + 0.5)$;

当 $d > 1\text{m}$ 时,$b_0 = 0.9(d + 1)$;

d——试桩直径。

5. 用小桩试验推求大桩承载力和变形的监测方法

用小桩试验推求大桩承载力和变形的监测方法,实际上是在相同地质条件下,用相同桩长的六或九根小桩试验的基础上,用数字处理的方法求得大桩的承载力。其监测方法可参照单桩垂直静载监测方法。如果在小桩桩底埋设应变计,转算为桩端的应力值,再求得桩端反力,就可求出桩周的摩阻力,最后求得小桩的单位面积的极限桩周摩阻力和桩端反力,也可以用来推求大桩的承载力。

6. 桩基动力监测方法

桩基动测法使用较普遍,既能检测桩身混凝土的完整性、又可推算单桩承载力的机械阻抗。

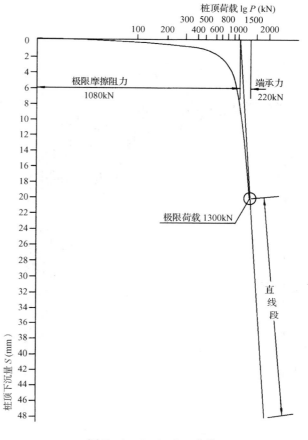

图 5-1-5　S—lgP 曲线

表 5-1-2　地基土水平抗力系数的比例系数 m 和竖向抗力系数的比例系数 m_0

地 基 土 类 别	m、m_0（kN/m^4）	相应桩顶水平位移（mm）
淤泥,淤泥质土,饱和湿陷性黄土	2500～6000	6～12
流塑($I_L > 1$)、软塑($0.75 < I_L \leqslant 1$)状一般黏性土,松散粉细砂,松散填土	6000～14000	4～8
可塑($0.25 < I_L \leqslant 0.75$)状一般黏性土,湿陷性黄土,稍密、中密填土	14000～35000	3～6
可塑($0 < I_L \leqslant 0.25$)、坚硬($I_L \leqslant 0$)状一般黏性土,湿陷性黄土,中密的中粗砂,密实老填土	35000～100000	2～5
中密、密实的砾砂,碎石类土	100000～300000	1.5～3

注　1. 当桩顶水平位移大于表列数值或当桩身配筋率较高时,m 值应当适当降低。

　　2. 当水平力为长期或经常出现的荷载时,应将表列数值乘以 0.4 降低采用。

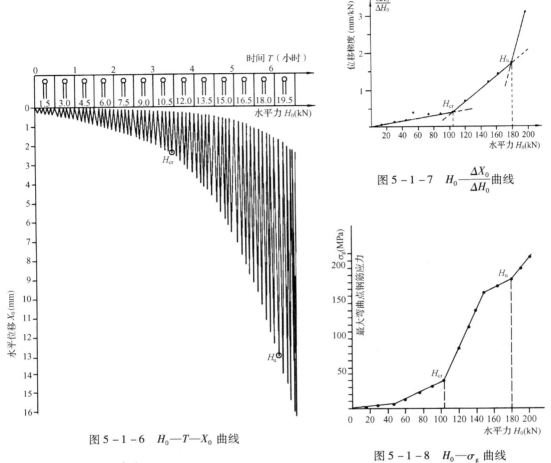

图 5-1-6 H_0—T—X_0 曲线

图 5-1-7 H_0—$\dfrac{\Delta X_0}{\Delta H_0}$ 曲线

图 5-1-8 H_0—σ_g 曲线

（A）现场仪器准备

1）为了减小横向振动的干扰,激振装置在初次使用及长距离运输后,正式使用前进行仔细调整,使横向振动系数(ξ)控制在 10% 以下,谐振时的最大值应不超过 25%。横向振动系数按下式计算：

$$\xi = \frac{1}{a_z} \sqrt{a_x^2 + a_y^2} \times 100\% \qquad (5-1-4)$$

式中　a_x——X 方向横向最大加速度值；

　　　a_y——与 ax 垂直的横向最大加速度值；

　　　a_z——竖向最大加速度值。

2）使用电子管功放时,一般要有半小时以上的预热时间。

3）使用模拟式仪器系统进行测试时,要注意选择合理的扫频速率,使桩的振动接近稳态。

（B）现场桩头准备

1）首先应进行桩头清理,去除桩头上的浮浆,露出密实的桩顶。将桩头顶面大致修凿平整,并尽可能与周围地面保持齐平。在桩顶面的正中和径向两侧边沿,用石工细凿,精心修整出直径约 20cm 的圆面一个和直径约 10cm 的圆面 1～4 个,使凹凸不平处的高差小

494

于 0.3mm。

2）粘贴在桩顶的钢板,必须将其放置激振装置和传感器的一面用摩床加工成 0.8 以上的光洁表面,接触桩顶的一面则应粗糙一些,以使其与柱头粘贴牢固。将加工好的圆形钢板用粘结剂进行粘贴。大钢板贴在柱头中心处,钢板圆心与桩顶中心重合。小钢板粘贴在桩顶边沿的 1~4 个小圆面上（参见图 5-1-9）。粘贴之前应先将粘贴处的表面清扫干净,再均匀涂满粘结剂,贴上钢板并挤压,使钢板和桩之间填满粘结剂。此时立即用水平尺反复校正,务使钢板表面水平。保护好校平的钢板,不使其移动变位。待粘结剂完全固化后,即可进行检测。如不立即检测可在钢板上涂上黄油。

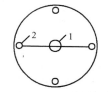

图 5-1-9　被测桩桩顶小钢板粘贴位置
1—桩顶;2—小圆面

3）桩径小于 60cm 时可布置一个测点,桩径在 0.6m 和 1.5m 之间时应布置两到 3 个测点,柱径大于 1.5m 时应在相互垂直的两个径向布置 4 个测点。

4）在桥梁桩基测试中,如只布置两个测点,则位于顺流向的两侧;如布置四个测点,则应在顺流向两侧和顺桥纵轴方向两侧各布置两个测点。

5）桩头上不要放置与检测无关的东西,主筋露出桩头部分不宜过长,应切割至可焊接和绑扎的最小长度,否则将产生谐振干扰。

（C）现场设备安装

1）半刚性悬挂装置和传感器,必须用螺丝紧固到桩头的钢板上。

2）在安装和联结测试仪器时,必须妥善设置接地线。要求整个检测系统一点接地,以减少电噪声干扰。传感器的连接电缆应采用屏蔽电缆并且不宜过长,以 30m 内为宜。速度传感器在标定时应使用测试时的长电缆连接,以减少测量误差。

（D）现场检测步骤

1）安装好全部测试设备,并确认各项仪器装置处于正常工作状态后,方可开始测试。

2）在正式测试前必须正确选定仪器系统的各项工作参数,使仪器能在设定的状态下完成试验工作。

3）在瞬态激振试验中,重复测试的次数应大于 4 次。

4）在测试过程中应注意观察各设备的工作状态,如未出现不正常状态,则测试有效。

5）在同一工地如果某桩实测的导纳曲线幅度明显过大,则有可能在接近桩顶部位存在严重的缺陷,此时应增大扫频频率上限,以判定缺陷位置。

（E）桩身混凝土完整性判断

1）根据测试的导纳曲线初步确定所测各桩的完整性,并计算波速和各完整桩的波速平均值。

2）计算所测各桩的测量桩长（L）,导纳几何平均值（Nm）,导纳的理论值（Nt）,最大幅峰值（Ap）,动刚度（K_d）,嵌固系数（ξ）,土的阻尼系数（c）,以及同一土地所测各桩的动刚度平均值和导纳几何平均值。

3）根据所计算的参数及导纳曲线形状,由表 5-1-3 和表 5-1-4 判断桩身混凝土的完整性,确定缺陷类型,计算缺陷在桩身中出现的部位。

表 5－1－3　　　　　　　　　　　　机械阻抗法桩身结构完整性判据表

导纳曲线形态	实测导纳 N_0	实测动刚度 K_d		测量桩长	实测桩身波速平均值 V_{pm} (m/s)	结　论
与典型导纳曲线接近	与理论值 N 接近	高于	工地动刚度平均值 K_{dm}	与施工长度接近	3500～4500	嵌面良好的完整桩
		接近				表面规则的完整桩
		低于				桩底可能有软层
呈调制状波形	高于 工地平均值 N_{dm}	低于	工地动刚度平均值 K_{dm}	与施工长度接近	＜3500	桩身局部离折,其位置可按主波的 Δf 估计
	低于	高于			3500～4500	桩身断面局部扩大,其位置可按主波的 Δf 估计
与典型导纳曲线类似,但共振峰频率增量 Δf 较大	高于理论值 N 很多	低于	工地动刚度平均值 K_{dm}	小于施工长度	—	桩身断裂,有夹层
	低于工地平均值 N_{om} 很多	高于			—	桩身有较大鼓肚
不规则	变化或较高	低于工地动刚度值 K_{dm}		无法由计算确定桩长	—	桩身不规划,有局部断裂或贫混凝土

注　$N = \dfrac{1}{V_p A_\rho}$,式中 ρ —混凝土密度; A —桩的截面积。

表 5－1－4　　　　　　　　　　　　机械阻抗法桩身结构缺陷状况判别表

初步辨别有无异常	可能的异常位置	异常性质的判断	异常程度的判断	
$V_p = 2 \cdot \Delta f \cdot L$ = 正常波速 只有桩底反射效应,桩身无异常		$N_0 \approx N$ 优质桩	波峰间隔均匀,整齐	全桩完整,混凝土质量优而均匀
			波峰间隔均匀,但不整齐	全桩基本完整,外表面不规则
		$N_0 \approx N$ $K_d \approx K_d$ 混凝土质量稍有不均匀	波峰间隔均匀,整齐	全桩完整,混凝土质量基本完好
			波峰间隔不大均匀,欠整齐	全桩基本完整,局部混凝土质量不太均匀
$\Delta f_1 < f_2$ $V_{p1} = 2 \cdot \Delta f_1 L$ = 正常波速, 有桩底反射效应,同时 $V_{p2} = 2 \cdot \Delta f_2 L_0 >$ 正常波速 表明有异常处反射效应		$N_0 < N$ $K_d > K_d$	波峰圆滑,N_p 值小	有中度扩径
			波峰圆滑,N_p 值大	有轻度扩径
		$N_0 > N$ $K_d < K_d'$ 缩颈或混凝土局部质量不均匀	波峰尖峭,N_p 值小	有中度裂缝或缩径
$V_{p2} \cdot \Delta f L_0 >$ 正常波速表明无桩底反射效应,只有其他部位的异常反射效应		$N_0 > N$ $K_d < K_d$ 缩颈或断裂	波峰尖峭,N_p 值小	有严重缩径
			波峰间隔均匀,尖峭,N_p 值大	严重断裂,混凝土不连续
		$N_0 > N$ $K_d > K_d$ 扩颈	波峰圆滑,N_p 值小	有较严重扩径
			波峰间隔均匀,圆滑,N_p 值小	有严重扩径

注　1. Δf_1 ——有缺陷桩,导纳曲线小峰之间的频率差。
　　2. Δf_2 ——有缺陷桩,导纳曲线大峰之间的频率差。
　　3. Δf ——相对谐振波的频率差。
　　4. L_0 ——桩身全长。

（F）单桩承载力的测定

1）机械阻抗法测定单桩承载力的原理是,按导纳曲线低频段确定的动刚度（K_d）除以动—静对比系数（η）,换算成静刚度,再乘以单桩允许沉降量（S）,求得单桩承载力标准值（R）。动—静对比系数的取值一般在 0.9～2.0 之间。但有的学者的试验结果略大于此范围。试验者可根据自己积累的数据进行合理地选择。对于同一地质条件,同一类型和外形尺寸的桩,动—静对比系数是相当接近的。通常桩底地基刚度较大时,该值趋向低限,桩底的地基刚度较小时,该值趋向高限。

2）机械阻抗法采用在允许荷载作用下的容许沉降来计算承载力标准值的推算值,在计算之前必须搜集本地区相似地质条件下桩的静荷载试验资料,确定在单桩外部尺寸相似情况下的容许沉降值。或根据上部结构物的类型及重要程度或设计要求,确定桩的允许沉降值。

3）桩的承载力标准值的推算值（R）可按下式计算：

$$R = [S]\frac{K_d}{\eta} \tag{5-1-5}$$

式中　K_d——单桩的动刚度,kN/mm；

　　　η——桩的动静刚度测试对比系数；

　　　$[S]$——单桩的允许沉降值,mm。

第二节　基坑变形监测

一、基坑变形监测的基本原则

基坑变形监测一般可分为基坑变形监测和周围环境变形监测两部分。

（一）基坑监测

基坑监测主要是测量与基坑围护支撑体系有关的变形量,其项目主要有：

1）围护墙体测斜。

2）围护墙顶水平、垂直位移测量。

3）支撑节点测量。

4）支撑轴力测试。

5）水位测试。

6）水压力、土压力测试。

7）基坑回弹测试。

8）深层土体垂直和水平位移测试。

9）其他测试。

（二）周围环境监测

周围环境监测主要是测量基坑周围环境的变形量,其项目主要有：

1）建筑物、构筑物沉降和倾斜测量。

2）地下管线垂直和平面位移测量。

3）地表土体沉降测量。

4）其他项目测量。

（三）巡检

变形监测除用先进的仪器设备测量监测点的变形量,还应配合巡检工作,可早期发现基坑不稳定素。巡检工作是变形监测中基本方法之一,配合先进仪器监测,是防止基坑及周围环境隐患事故发生的重要手段。

巡检主要依靠人的感觉器官(手、眼、鼻),对基坑及周围环境进行检查。巡检人员应由具高度责任感和丰富的监测经验的人员承担,并有一定分析能力。

1）巡检工作的频率与仪器监测频率相同,但监测点变形量达到报警地段应重点检查。检查地段主要在:

a）支撑差异沉降或支撑受力较大地段。

b）基坑渗水、流沙地段。

c）周围地表土体沉降段。

d）周围房屋沉降段。

e）管线变形报警地段。

f）在搅拌桩施工时,在施工段 30m 范围内,对地表、道路、地下管线、建筑物等进行裂缝观察。

g）其他异常段。

2）巡检应作记录归档。

3）裂缝观察的内容主要指裂缝的长度、宽度,其观察方法除了用裂缝计及仪器观察外,还可用下列方法测量裂缝的宽度与长度,供选择使用。

a）沿裂缝嵌入石膏粉。

b）裂缝拓片对比。

c）用厘米(或毫米)量板。

d）对裂缝定期照相。

（四）变形监测工作的基本程序

1）收集资料:包括上部工程概况、地下基础及施工、围护支撑体系、开挖深度、降水方法及深度、周围环境(含地下管线)、测量资料以及工程地质、水文地质等与监测有关的资料。

2）现场踏勘、调研:综合考虑变形监测方案,投入项目、监测点位布设。

3）编制变形监测设计方案。

4）实地布置变形监测点(孔)、工作点、基准点。

5）建立高程控制网。标定各监测项目的初始值。确定监测项目警戒值。

6）根据技术方案,结合工况实地进行监测,编制日报表、阶段小结,并正确、及时报警。

7）综合整理变形监测资料,编写成果报告。

（五）监测项目布设原则

1）监测项目布设是整个监测工作的基础和前提,应合理投入监测项目,布设监测点(孔)。

2）视工程及地质情况,综合考虑投入监测项目及监测点(孔)密度。监测项目布设原则,从总体上讲应遵循可靠、多层次、实用方便、经济合理,一般与重点相结合的原则。

a)根据工程及周围环境,参照设计单位提供的应力场分布、位移量大小决定投入监测项目和监测点位密度。

b)综合考虑投入的监测项目,以较少的投入取得较多的监测变形量资料和信息。

c)监测点(孔)布设应相互兼顾,在横、纵方向上(平行于基坑长轴方向、垂直于基坑长轴方向)按一定的点距、间距布置,组成剖面(或断面),便于资料整理和综合解释。

d)在基坑开挖深度(H)的2～3倍(2～3H)范围内布置周围环境监测点,或根据工程实际情况布置监测点。

监测点(孔)布设原则、方法等见表5-2-1。

表5-2-1   监测点(孔)布置一览表

监测项目	目 的	布设原则	埋设方法	备 注
围护墙体测斜	测量墙顶及不同深度水平位移	以15～30m布设一个测斜孔为宜	绑扎在钢筋骨架上,随之慢慢放入灌注桩孔(或槽板)内	与围护墙体同深
围护墙顶位移	围护墙顶垂直、水平位移	1.与墙体测斜孔同点; 2.局部重要地段加密10～20m一个点	1.冲击钻将测钉打入围墙; 2.在浇筑围墙混凝土时将标点插入	
支撑节点	测量支撑节点垂直、平面位移	在支撑受力较大部位附近的立柱上,与支撑轴力测试点相对应		
水位测试	了解基坑止水帷幕隔水效果	以50m布设一个水位观测孔为宜	钻孔埋设法	降水深度为基坑开挖面以下1m
水压力、土压力测试	测试墙外各层水压力、土压力变化	以50m布设土压力、水压力测试孔、也可单独布设	1.钻孔埋设法; 2.挂布法; 3.气顶法	按设计深度埋设水压力、土压力传感器
基坑回弹	测试坑内底部土体反弹(回弹)变化	根据基坑面积大小,布设1～2个测点	钻孔埋设法,每2～3m放置一个磁环	埋设深度为基坑开挖深度的2倍
支撑轴力	测试各道支撑应力变化	布设在受力最大支撑上,或周围环境较复杂地段支撑上	根据不同类型性质的支撑,在支撑横断面内安装传感器	
深度土体垂直位移(土体分层沉降)	测量基坑外不同深度的土体垂直位移	基坑与周围重要建筑物、道路等之间	钻孔埋设法	埋设深度一般为基坑开挖深度2倍
深度土体水平位移(土体测斜)	测量基坑外不同深度的土体水平位移			
建筑物沉降	测量建筑物沉降及承力墙面位移	1.建筑物墙角; 2.建筑物承力墙面	冲击钻将导钉打入测点处	布设范围为基坑开挖深度2～3倍
地下管线位移	测量地下管线垂直、平面位移	每10～20m布设一个点	1.直接埋设法; 2.间接埋设法	
裂缝观测	控制裂缝变化、分析产生原因	已发生裂缝的地方	1.拓片法; 2.直接量取; 3.埋设测缝计	

二、垂直位移和水平位移测量

（一）垂直位移和水平位移

垂直位移和水平位移主要应用于基坑围檩、支撑节点、地下管线、建筑物、地表土体等监测项目及工程有关的其他项目。

根据基坑变形特点，观测方向一般垂直于基坑围护墙体水平延伸方向的单向平面位移和垂直位移。

（二）仪器

1）变形监测常用的水准仪、经纬仪或全站仪。

2）仪器的选择是决定测量工作精度、质量的前提。正确选择、使用和保养仪器至关重要，选择时应注意以下几点：

a）经纬仪、水准仪、全站仪均应有产品出厂合格证书和国家、地方专业管理机关授权单位的仪器校准证书。仪器每年校准一次。

b）对水准仪的视准轴与水准轴交角 I 及经纬仪视准轴误差 c 的要求参考相应的测量等级。对 II 等变形监测精度而言，I 不大于 $6''$，$2c$ 不大于 $10''$。

c）施工中视季节变化，定期检查经纬仪、水准仪的主要技术指标，并作记录存档。

d）仪器受震或发现异常情况，应立即检修、校准，并找出原因，作好记录。

e）按本单位有关仪器、设备管理制度保管好仪器极其附件。

（三）控制网

为提高平面和垂直位移测量精度，应建立控制网。

1. 高程控制网

1）垂直位移测量（几何水准测量）应建立三级高程控制网，由固定基准点（该城市有编号的水准点）、工作点、监测点组成。条件困难时，也应建立二级高程控制网，由工作点、监测点组成。

2）高程控制网的建立和联测：

a）控制网至少设 3 个工作点组成环形，按闭合环进行联测。

b）联测方法、技术和精度按水准测量规范相应的联测等级参照表 5 - 2 - 2 进行。因施工需要复核路线可按单程观测，支线进行往返观测。

c）高程控制网必须在工程地下基础施工前或建设单位指定日期前完成。经联测合格的工作点高程平均值作为该工作点的高程。

d）定期联测控制网并修正工作点的高程值。

2. 平面位移控制网

平面位移测量应建立二级控制网，由固定工作点、监测点组成。

（四）监测点精度

1）监测点垂直位移测量中误差小于或等于 2.0mm，每个测站高差测量中误差小于或等于 0.5mm。

表 5 - 2 - 2　　　　　　　　　　　　　　　　水准路线测量等级精度一览表

监测等级	测站观测		路线、测段往返高差不符值（mm）	路线、测段单程双测站所测高差不符值（mm）	复核路线闭合差（mm）	环线闭合差（mm）	检测已测段高差之差（mm）
	基、辅读数差（mm）	基、辅读数所测高差之差（mm）					
一级	0.3	0.4	$\pm 0.3\sqrt{n}$	$\pm 0.3\sqrt{n}$	$\pm 0.3\sqrt{n}$（$\pm 1.7\sqrt{L}$）	同左	$\pm 0.45\sqrt{n}$
二级	0.5	0.7	$\pm 1.0\sqrt{n}$	$\pm 0.7\sqrt{n}$	$\pm 1.0\sqrt{n}$（$\pm 4.5\sqrt{L}$）	同左	$\pm 1.5\sqrt{n}$
三级	1.0	1.5	$\pm 3.0\sqrt{n}$	$\pm 2.0\sqrt{n}$	$\pm 3.0\sqrt{n}$（$\pm 11.0\sqrt{L}$）	同左	$\pm 4.5\sqrt{n}$

注　n 为测站数、L 为路线闭合长度（km）。

2）单方向平面位移测量中误差小于或等于 3.0mm，单方向每次平面位移测量中误差小于或等于 2.1mm。

3）质量检查采用双观测值方法，精度计算公式为：

$$m = \pm\sqrt{\frac{[\Delta \cdot \Delta]}{2n}}$$

式中　m——测量中误差；

　　　Δ——测回间不符值；

　　　n——取样个数。

（五）监测点埋设

监测点的埋设工作直接关系到监测测试数据的可靠，是监测工作的重要环节。

1. 工作点的埋设

1）平面位移工作点应布设在围檩（或地下管线）水平延伸方向，稳定、通视的地方，距基坑（或最近地下管线监测点）10~20m 为宜。

2）垂直位移工作点应布设在距基坑开挖深度（H）的 3 倍距离以上、稳定、通视的地方。

3）在设点处挖 0.5m 的深坑，浇入混凝土，将顶部刻有测量标记的钢筋插入并固定在混凝土中，或直接利用牢固、稳定的地物、地貌标志。

2. 监测点的埋设

监测点按埋设的方法可分为直接监测点与间接监测点。

（1）直接监测点　即对目标物的垂直位移和平面位移进行直接测量。主要应用在地下管线、地表土体、道路、建筑物以及基坑围檩、支撑节点监测等方面，埋设方法分述如下：

a）地下管线。在设点处挖坑至管线顶，将顶端有测量标志的钢筋用抱箍形式固定在管线上，用混凝土固定。

b）地表土体。在设点处挖坑至地表土内，坑内充填适量混凝土，插入钢筋并固定，混凝土不与地表路面接触。

c）建筑物。将导钉打入承力墙面或墙角，并固定。

d）围檩、支撑节点。浇筑围檩或支撑节点时，将顶端有测量标志的钢筋插入混凝土，并固定。

（2）间接监测点　对目标物在难以布置直接监测点条件下，在其相应地面位置打入钢筋，测量钢筋的垂直位移和平面位移作为目标物变形量的参考。

（六）观测方法

1．平面位移观测方法

（1）方向观测法：

1）准轴线法：平面位移测量垂直于基坑围檩水平延伸方向的单方向的位移，其中准轴线法观测方法最为简单、直观。根据观测条件，也可采用刻线法。

2）小角度法：当测点零乱，应采用小角度法（图5－2－1）。

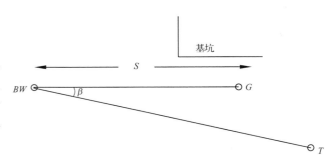

图5－2－1　小角度法观测示意图
BW—工作点；G—观测点；T—后视方向

$$\Delta T = \Delta \beta / \rho \times S (\mathrm{mm})$$

式中　ΔT——平面位移量；

　　　$\Delta \beta$——β 的变动量；

　　　ρ——换算常数　$\rho = 3600 \times 1800 \div \pi = 206265$；

　　　S——测点与测站距离，mm。

注意：①S 距离与 β 应多次测回，β 角一般要求 4 个测回；②后视距离不超过测点与测站之距离的 2 倍。

（2）照准方向　工作点照准方向的参照物应选择稳定、标志明显的特征物。例：高楼的顶角、墙角、天线的底部等特殊、牢固部位。注意光照并控制照准距离。

（3）采用定盘观测。

2．垂直位移测量方法

对垂直位移一般采用几何水准测量。

（七）野外工作

1）严格遵守水准仪、经纬仪操作规程。

2）操作人员负责本台班的野外工作安排、质量、安全。

3）操作人员认真设站、照准、读数；跑尺人员扶平标尺，认真对中。

4）野外记录格式见表5－2－4平面位移测量手簿、表5－2－5水准测量手簿。

（八）资料内业整理

1．平面位移

1）监测点平面位移初始值：地下基础施工前或建设单位指定日期，以2~3次监测点平面位移读数平均值为该点平面位移初始值。

2）变化量：本次与上次同点号监测点平面位移读数之差为本次的变化量，与同点号监测点初始平面位移读数之差为累计变化量。

3）符号规定：以基坑位置作为标准，规定监测点向基坑方向偏移为正（＋）；反之，向基坑外方向偏移为负（－）。

4）读数精度为1mm，报告值1mm。

5）经复算后,填写观测报表,见表5－2－6变形观测成果表、表5－2－7基础工程、地下管线建筑变形汇总表。并绘制变形曲线图。

2. 垂直位移

1）监测点初始高程:地下基础施工前或建设单位指定日期前,以2～3次监测点初始高程平均值为该点初始高程。

2）变化量:本次与上次同点号监测点高程之差为本次变化量,与同点号监测点初始高程之差为累计变化量。

3）符号规定:规定监测点上升为正(＋),反之,监测点沉降为负(－)。

4）读数精度为0.01mm,计算精度为0.01～0.1mm,报告值0.1～1mm。

5）数据经复算后,填写有关报表,并绘制变形曲线图。

三、围护墙体测斜和锚固测试

深基坑围护墙体的监测一般有测斜、锚索、锚钉等项目,测斜的目的是及时掌握随基坑开挖深度的增加,垂直于围护墙体水平延伸方向的围护墙体变形情况。使用测斜仪通过测试埋设在围护墙体内测斜管变化,而达到测量围护墙体水平位移的目的。为预防墙体倾斜而影响周边重要建筑物安全时,常在基坑围护墙上分层用深孔锚索和浅孔土钉(锚杆)加固。为测量锚索和土钉的拉力变化,须在不同部位安装一定比例(视周边建筑物情况确定)的锚索测力计和锚杆测力计(又叫钢筋计)来监测锚索和土钉的拉力。这里介绍测斜和锚索测力部分,有关土钉测力可参看本书第三章和第四章中钢筋(应力)计和锚杆测力计部分。

（一）测斜

1. 测斜管的埋设

测斜管一般规格有φ70、φ65、φ53(mm)的PVC管、ABS管和铝合金管,管内壁有两对相互垂直,深2～3mm的导槽。

1）将测斜管逐节绑扎在钢筋骨架上,管间用管套衔接,自攻螺丝固定并密封。测斜管的顶底两端头应盖好管盖。

2）测斜管应绑扎在钢筋骨架迎土面一侧(见图5－2－2)。

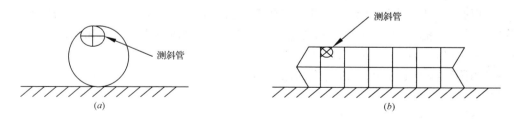

图5－2－2　测斜管绑扎位置示意图
（a）基坑开挖面;（b）基坑开挖面

3）检查测斜管内壁的一组导槽是否与围护墙体水平延伸方向基本垂直,否则拧动测斜管,使其中一组导槽与围护墙体水平延伸方向基本垂直。

4）若坑内有水,测斜管内应注入清水,防止其上浮。

2. 测试

1）第一次测斜前,用清水冲洗管中泥浆水,再用测斜预通器检查测斜管安装质量,查清管内有无异物堵塞,有无滑槽等现象等。

2）测斜仪的操作、数据采集、回放等按说明书的操作步骤进行。

同时要求做到:

a）探头在管底稳定数分钟或更长的时间(主要是消除探头与水的温差),待读数稳定后,再按设计规定点距由下往上拉动,逐点进行读数。

b）采取0°、180°双向读数,一般0°方向读数时取探头高轮位置靠近基坑一侧。

c）读数时应经常校对点距(记录深度)与记录是否相符。

d）探头沿测斜管内壁导槽上拉、下滑要匀速,不得冲击孔底。

e）测点的读数稳定后,方可记录储存。

3. 测斜计算方法的确认

1）根据测斜的工作原理,测斜计算方法有以孔底为假设不动点和以孔顶(管口)为假设不动点两种计算方法。两种测斜方法的实测曲线见图5-2-3。

2）根据工程实际情况合理、正确选用计算方法。

3）一般以孔顶为假设不动点,并以孔顶平面位移值作为修正值的测斜工作方法。

4. 内业资料整理

1）初始值标定。基坑开挖或建设单位指定日期前完成测斜数据初始值确定工作。选取收敛较小的一次观测数据作为该孔的初始值。

2）符号规定。一般规定测斜管向基坑方向偏移为正值(+),反之,向基坑外方向偏移为负值(-)。

3）变量(偏移量)。本次各点测试值与同点号上次测试值之差为本次偏移量。本次各点测试值与同点号的初始测试值之差为累计偏移量。

5. 测斜曲线图形

1）在日常观测中,提供累计偏移量变—深度曲线图,计算出本次偏移量和累计偏移量,基本上能满足监测工作的需要。

2）为满足工程资料综合解释,可绘制其他各类图件。

3）以孔底、孔顶为假设不动点围护墙体侧斜公式推导,测斜仪工作原理是测量探头在测管内与重力线的倾角,得出探头两滑轮间的相对偏移,并以其中一个已知不动点始作累加(见图5-2-4),即:

a）当测管深度足够深,可以孔底为已知不动点。

设：$S_1 = X_1$

$$S_2 = S_1 + X_2 = X_1 + X_2$$

$$S_3 = S_2 + X_3 = X_1 + X_2 + X_3$$

…

$$S_n = S_{n-1} + X_n = X_n + X_{n-1} + \cdots + X_3 + X_2 + X_1$$

$$= \sum_{n=1}^{n} X_n$$

504

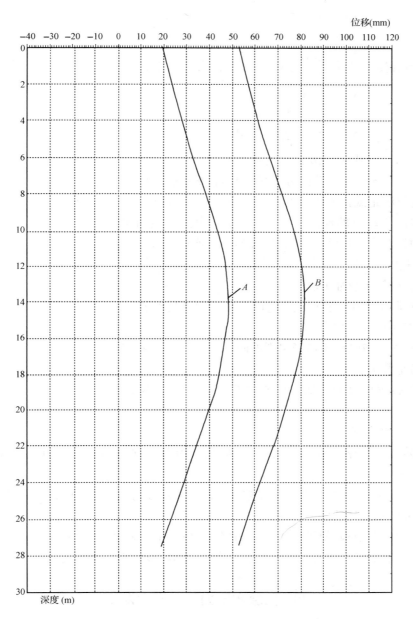

图 5 - 2 - 3 孔顶、孔底为不动点测斜对比曲线图

A—以孔顶为假设不动点;B—以孔底为假设不动点

b)当测管深度不够或不能确定某点为已知不动点时,以孔顶为已知点。孔顶用其他等精度方法测量出该点的绝对水平位移。即

$$S_n = X'_n \ (X'_n \text{为已知点水平位移})$$

$$S_{n-1} = X'_n - X_n - X_{n-1}$$

$$S_{n-2} = X'_n - X_n - X_{n-1} - X_{n-2}$$

......

$$S_0 = X_n^{'} - X_n - X_{n-1} - X_{n-2} - \cdots - X_3 - X_2 - X_1$$

$$= X_n^{'} - \sum_{n=1}^{n} X_n$$

c）当测管深度足够深,并以孔顶为已知不动点,则有:

$$X_n^{'} = \sum_{n=1}^{n} X_n$$

$$S_0 = X_n^{'} - \sum_{n=1}^{n} X_n = 0$$

从成果图 5 - 2 - 3 显示,A、B 两法是一致的。

在实际设计施工中,设计方案常考虑经济成本,围护墙的设计深度仅满足或达到安全程度,远不能达到开挖后水平位移趋于零的不动点的深度。故建议采用其他的测量手段测出管口的绝对水平位移,再推算出各测点的绝对位移。

6. 测斜仪的保养

1）测斜仪每年校准 1 次。

2）每次测量完毕,探头必须进行保养。特别是滑轮、弹簧、电缆及探头接口部位。

3）检查探头与电缆接口密封圈的防水性,记录仪的工作电压是否满足要求。

4）保持仪器外表的清洁。仪器应安放在干燥、通风、安全的地方。

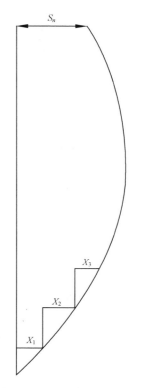

图 5 - 2 - 4　测斜计算示意图

7. 测斜孔的保护

1）为防止异物落入孔内,测试前清除孔口周围杂物,测量完毕盖上管盖并用螺丝固定好。

2）基坑开挖过程中,时有测斜孔被损、被堵,应加强与施工单位联系,保护好测斜孔。

（二）锚索测力计的安装使用

锚索计为中空结构,便于各类不同直径的锚索、锚杆从轴心穿过,有多弦(3 弦、4 弦、6 弦)组合成测量系统。使用方法详见本书第三章第四节中荷载观测仪器。

四、孔隙水压力与土压力测试

（一）孔隙水压力与土压力

孔隙水压力、土压力是周围土体传递给挡土结构综合性的能力,是土和水对挡土结构之间相互作用的结果,与挡土结构的变形有密切的关系。

水压力、土压力测试的主要目的是:

1）掌握土体中水压力、土压力的分布规律。

2）作为基坑的稳定性分析的依据。

3）进行反演计算,提高理论和设计水平。

（二）孔隙水压力与土压力计算

孔隙水压力、土压力通过测量埋设在土层中的孔隙水压力计、土压力计等传感器的频率值（或电阻值）变化，用公式换算成水压力、土压力值。

根据监测的目的和要求，可分为孔隙水压力、渗水压力及土压力测试。

（三）传感器

1. 测试

根据制作原理，水压力、土压力传感器常用的为振弦式与电阻式两种。近年来多选用振弦式水压力、土压力传感器测试水压力和土压力值。

2. 验收

1）水压力、土压力传感器埋设前，对传感器稳定性、密封性、压力试验、温度修正、初始频率、标定系数等技术指标进行逐项检验。

2）在条件允许的情况下对批样送来的传感器技术指标送有资质单位进行抽样检验，抽查比例一般为 1% ~ 3%。

3）根据验收、标定结果，选择线性变化小，重复性好，零漂稳定的传感器用于基坑监测。

3. 埋设

传感器在埋设前，先在清水中浸泡 24 小时以上。根据监测要求，其埋设方法可分为压入法（插入法）、钻孔法、挂布法、气顶法。

（A）压入法（见图 5 - 2 - 5）

1）在设计点处钻机成孔至设计深度 - 0.5 ~ - 1.0m 停机。

2）用槽杠或钻杆等工具将传感器送入孔底，再压入土中至设计深度，回填泥球，将孔填实。

3）传感器的导线长度要大于设计深度，引出地面放在集线箱内并编号，复测其频率。

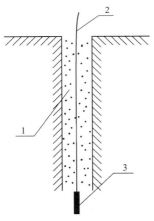

图 5 - 2 - 5　压入法埋设示意图
1—回填物;2—导线;3—传感器

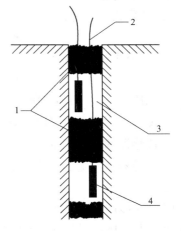

图 5 - 2 - 6　钻孔法埋设示意图
1—膨润土(泥球);2—导线;3—黄沙;4—传感器

（B）钻孔法（见图 5 - 2 - 6）

1）在设计点处钻机成孔至设计深度 + (0.5 ~ 1.0)m 处。

507

2）钻机钻至设计深度,孔底填直径 1～2mm 的洗净沙粒 20～52cm,将传感器埋在沙中,再放泥球封堵至第二、第三个传感器埋设深度。依此反复,以保持良好的隔水性和渗水性。

3）传感器的导线长度大于设计深度,引出地面放在集线箱内并编号,复测其频率。

（C）挂布法

1）用挂布包住需埋设传感器一侧的钢筋骨架。

2）根据设计深度,事先在挂布上做好放入传感器的口袋,每只口袋放入 1 只传感器。随钢筋骨架逐渐放入槽内。

3）传感器的导线长度大于设计深度,引出地面放在集线箱内并编号,测试频率。

（D）气顶法

1）在需埋设传感器的位置用电焊固定好气顶装置（气动活塞）。

2）在气顶装置上安装孔隙水压力计或土压力计。

3）连接气顶装置的进、出气管直至钢筋骨架顶端（地面）,并留有余量。

4）当钢筋骨架下槽定位后,用气泵加气压,通过气顶装置中的气缸把传感器送到泥土里（或紧贴泥土表面）。

5）传感器的导线长度大于设计深度,引出地面放在集线箱内并编号,测试频率。

（四）测试

用相应的接收仪表测试传感器的数值,显示稳定后,作为本次测试值。记入表格,参与计算。

（五）内业资料整理

1. 初始值的确定

一般取埋设前传感器在清水浸泡时的值为初始值,也可根据设计要求取某一时刻的测值为初始值。

2. 计算（振弦式传感器）

水压力计算公式一般为：

$$P = K \times (f_0^2 - f_i^2)$$

土压力计算公式一般为：

$$P = K \times (f_i^2 - f_0^2)$$

式中　P——水压力、土压力值,MPa;

　　　K——传感器标定系数,MPa/Hz^2;

　　　f_0——传感器的初始频率,Hz;

　　　f_i——传感器本次测试频率,Hz。

3. 变量

本次孔隙水压力、土压力测试值与上次同点号孔隙水压力、土压力测试值之差为本次孔隙水压力、土压力变化量;与同点号孔隙水压力、土压力初始测试值之差为孔隙水压力、土压力累计变化量。

4. 填表

填写表 5-2-8(1)孔隙水压力、土压力成果汇总表,表 5-2-8(2)安装孔隙水（土）压力计埋设考证表,绘制孔隙水压力、土压力值变化曲线图。

五、水 位 测 试

水位测试的目的是通过基坑内、外地下水位的变化，了解基坑围护结构止水效果以及基坑内降水效果，可间接了解地表土体沉降。水位测试通过测量埋设在土体中的水位管内水位变化而取得。水位管一般为外径为53mm的PVC管，铸铁管也可代替PVC管。

（一）埋设（采用钻孔埋设法）

1）在设计点处钻机成孔至设计深度后清孔。

2）水位孔底部以上2m处安放PVC透水管，在其外侧用铜网或土工布包好。然后逐节将水位管插入孔内至设计深度。在透水管的深度范围内回填黄沙透水物，保持良好的透水性，其他段采用回填土或泥球将孔隙填实。

3）完成后加清水，24小时后可进行水位测试。

4）水位孔的孔口远离出地面在不测量时用管盖盖好，防止地表水进入孔内。

水位观测孔埋设方法见图5－2－7。

（二）测试

用钢尺水位计测试水位变化值。

1）将水位计探头渐渐放入水位管内，当探头与管内水面接触时会自动导通电路，水位计内的蜂鸣器发出响声，或电流（压）表指针偏转最大。此时钢尺上的读数即为水面之深度。

2）记录格式见表5－2－6水位观测记录表。

（三）内业资料整理

（1）取值　地下基础施工前或按建设单位指定的日期，在2～3天晴好天气连续测试水位，取其平均值为水位初始值。注意避免雨天，雨天后1～2天测试水位值也可作为初始值。

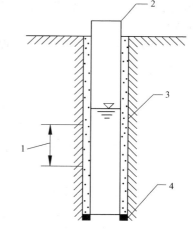

图5－2－7　水位观测孔埋设示意图
1—1～2节裹有铁丝网的水位管，此段回填黄沙；2—水位管；3—孔壁；4—木块

（2）计算　管口至管内水面之深度即为本次地下水位观测值。若水位以本地区高程进行计算时，应测量水位管口高程进行校正。计算公式为：

$$h = h'_{管} - \Delta h_{实}$$

式中　h——水位高程；

$h'_{管}$——管口高程；

$\Delta h_{实}$——地下水位至管口的距离（深度）。

（3）变量　本次水位测试值与上次水位测试值之差为本次水位变化量；与初始值之差为水位累计变化量。

（4）制图　填写附表5－2－7水位观测成果汇总表，绘制水位变化曲线图。

六、支 撑 轴 力 测 试

支撑轴力测试的目的是了解随基坑工况变化和支撑受力的变化情况。支撑轴力通过测试埋设在不同类型支撑上各类传感器的测试值,计算出支撑受力(kN)。

根据制作原理,传感器主要分为电阻式和振弦式两种,这里着重介绍常用的振弦式仪器。

(一)传感器

根据不同类型支撑,使用不同类型、规格的振弦式传感器。一般情况,可分为钢筋应力计、混凝土应变计、表面应变计及轴力计。

1. 钢筋(应力)计

适用钢筋混凝土支撑,安装方法为:

1)将钢筋计的配件圆钢平头一端与同直径的 0.5m 长的钢筋碰焊,螺丝口一端与钢筋计螺母拧紧,联成一体。

2)钢筋应力计一般埋设在支撑截面的 4 个角上。将碰焊好的钢筋计电焊在支撑的钢筋上,电焊长度大于 10 倍钢筋直径,焊接要平整、充实。可将焊好的钢筋计的钢筋连接在支撑的钢筋上。

3)将钢筋计的导线用护套管保护好,引至集线箱并编号。钢筋应力计安装见图5-2-8。

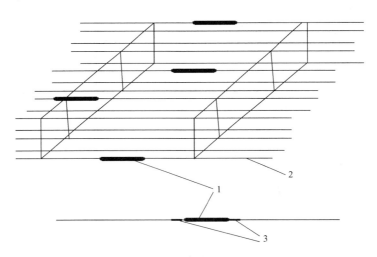

图 5-2-8 钢筋应力计安装示意图
1—钢筋计;2—钢筋;3—钢筋焊接

2. 混凝土应变计

适用于钢筋混凝土支撑的梁、柱中,安装方法为:

1)混凝土应变计直接安放在混凝土支撑断面 4 个角上,要求混凝土应变计长轴与支撑长轴平行,注意防止混凝土浇捣损坏混凝土应变计。

2)将应变计的导线保护后引至集线箱并编号,安装见图5－2－9。

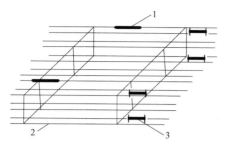

图5－2－9　混凝土应变计安装示意图

1—钢筋计;2—钢筋;3—混凝土应变计

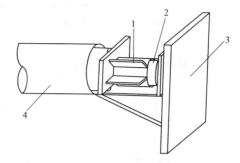

图5－2－10　轴力计安装示意图

1—轴力计安装架;2—轴力计;3—垫板;4—支撑体

3. 轴力计

轴力计又叫反力计,适用于钢支撑受力的测量,安装方法(图5－2－10)为:

1)轴力计安装配件是一个直径略大轴力计外径的圆形钢筒,钢筒外侧焊接4片对称、与圆形钢筒长度相当的钢板(厂家可配)制成的安装支架,安装时先将安装支架的一端与钢支撑的牛腿钢板焊在一起,然后将轴力计装入安装支架的圆筒内,加压时另一端顶在围护墙体的钢垫板上,电焊时注意支撑中心轴线与轴力计中心点对齐。

2)保护好导之线,将导线引至集线箱并编号。

4. 表面应变计

主要适用于钢支撑应变和受力的测量,安装方法为:

1)将表面应变计架座焊在支撑设计部位的表面。

2)调节表面应变计频率至"居中"(测量范围的中间段)状态,稳定1~2天后,测试初始频率值。

3)将导线引至集线箱并编号。

(二)测试

由钢弦频率接收仪测试传感器的频率。

1)将钢弦频率接收仪与振弦式传感器的导线接通,显示频率稳定后,该频率值为本次频率测试值。

2)记录格式见表5－2－8支撑轴力测试记录表。

(三)内业资料整理

1. 初始频率的确定

(1)钢筋应力计、混凝土应变计　支撑的混凝土强度达到设计值标准时,传感器的频率测试值作为初始频率,或者当基坑支撑悬空前一天的频率测试值作为初始频率。

(2)轴力计　安装前的传感器频率测试值为初始频率。

(3)表面应变计　表面应变计安装完毕,调试频率值"居中",并稳定后的频率测试值为初始频率。

2. 计算公式

应根据仪器生产厂家提供的公式和参数进行计算,这里介绍常用的振弦式传感器的计算方法。通过测试传感器的频率值，用以下公式计算。式中的支撑受力 F 是单只传感器的受力值，一个断面一般应有 2 只或 2 只以上传感器，此时支撑力为各传感器的平均值。

1）钢筋应力计轴力计算公式：

$$F = K(f_0^2 - f_i^2) \times S' \times \varepsilon'/S \times \varepsilon$$

2）混凝土应变计、表面应变计轴力计算公式：

$$F = K \times (f_0^2 - f_i^2) \times S \times \varepsilon$$

3）轴力计轴计算公式：

$$F = K \times (f_0^2 - f_i^2)$$

式中　F——支撑受力值，kN；

K——标定系数，kN/Hz^2、$\mu\varepsilon/Hz^2$；

f_0——初始频率值；

S'——混凝土支撑横截面积；

S——钢筋横截面积；

f_i——i 时刻测得频率值；

ε'——混凝土弹性模量；

ε——钢筋弹性模量。

3. 变化量

本次支撑轴力测试值与上次同点号的支撑轴力测试值之差为本次变化量，与同点号初始支撑轴力值之差为累计变化量。

4. 成果

填写支撑轴力测试成果汇总表，见表 5 - 2 - 11，绘制支撑轴力变化曲线图。

七、深层土体垂直和水平位移测试

深层土体位移测试的目的是了解并掌握随基坑开挖深度的增加，由于基坑静荷卸载造成基坑内、外土体力差而引起其外围不同层位土体垂直、水平位移的变化情况。

深层土体位移按土体位移方向，可分为深层土体垂直位移（深层土体分层沉降）和深层土体水平位移（土体测斜）。

深层土体垂直位移是通过测量套在埋设沉降管上的磁环高程变化而达到测试目的，或用垂直埋设的多点位移计测量；而深层土体水平位移则通过测量埋设在土体中的测斜管变形而达到测试目的。

（一）用沉降仪测深层土体垂直位移

1. 测试系统

由沉降导管、磁环及钢尺沉降仪组成测试系统。沉降管一般为外径 53mm 的 PVC 管。磁环是由磁性物质组成的圆环，外侧固定 3 片弹簧片，圆环套在沉降导管上，并可自由移动。钢尺沉降仪主要由磁性探头、钢尺电缆（兼导绳，可量测深度）绕线架等组成。

2. 准备工作

（1）仪器的检验　埋设前对磁环及固定在其外侧弹簧片进行检验。当沉降仪探头通过磁环时蜂鸣器应发出响声（或电源指针偏转最大）为仪器正常。

（2）埋设：

1）在设计点处钻机成孔,钻探深度大于开挖深度。

2）将沉降导管逐节接好并按设计要求在相应位置套上磁环后逐节插入,直至孔底。

3）向上用力搬动沉降导管,以使磁环外侧弹簧片能插入周围土体。

4）在沉降管内灌入清水。

3. 测试

1）将探头匀速放入沉降导管,当探头从上端接近磁环时,蜂鸣器响声,记下该此时深度,继续往下放等响声结束后再向上拉探头,当再次从下端接近该磁环时,蜂鸣器又发生响声,再记下此时深度,二次测值随磁场强度大小会有差异,取其平均值为本次磁环深度测试值。

2）测量沉降导管的管口高程。

3）记录格式见表 5 – 2 – 10,深层土体位移观测记录表。

4）专人负责测试工作,以避免产生误差。

4. 内业资料整理

在基坑开挖前,对管口高程及磁环位置进行 2 次测量,取高程平均值作为初始值。

1）计算：

$$H = H'_{管} - \Delta H_{实}$$

式中 H——磁环高程,mm;

   $H'_{管}$——管口高程,mm;

   $\Delta H_{实}$——管口与磁环之间的距离（磁环深度）。

2）变化量：

本次磁环高程与该磁环上次高程之差为本次垂直位移变化量,与该磁环初始高程之差为垂直位移累计变换量。

3）编制成果汇总表绘制变形曲线图。

（二）用多点位移计观测深层土体垂直位移（原理见图 5 – 2 – 11）

用小型机测（或电测）多点位计可安装到地面下 100m 的深处,测量从地表到 100m 以内的垂直位移。上海隧道公司在上海某地铁站用三点位移计埋设到地面下最 55m 处,测试地下水抽水时的分层垂直沉降。上海辉固公司在美国某公司中国厂区 6 用点位移计埋设最深点到地面下 100m 处,测地基分层沉降,效果均理想。

1. 埋设方法

1）在设计点处钻机成孔,孔径一般在 100mm 左右,钻孔深度按设计要求。

2）将多点位移计的锚头上加一块 φ50mm 的沉降板（厂家配套）,用 φ2～3mm 的细尼龙绳穿好沉降板的吊环,尼龙绳长度应大于孔深。将尼龙绳一端固定在地面牢固点上,另一端由一人随安装杆件和护套管缓慢放入孔内,（注意：护套管两端一定要安装黏结牢固,否则漏入泥浆后将使位移计失效）。在每测点的第一根杆件上用牛皮纸袋装好一定量的干水泥,当纸袋在水的浸泡下破裂让水泥固结于沉降板周围加强固结强度。记录点号和深度,剪断尼龙绳,回填泥球。回填中不断用测绳测量孔深,直到第二点深度时停止回填,用同样方法安装第二、第三……各点。各测点安装好后将多点位移计测头按使用说明书中的要求安装牢固,2～5 天后等水泥和泥球固结并测值稳定后开始记录初读数。电测多点位移计埋设方法与机测多点位移计相同,只是加上电测传感器即可。

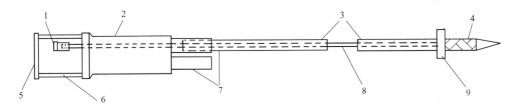

图 5 – 2 – 11　机测多点位移计示意图

1—机测平头螺帽;2—主体外筒;3—传递杆护套管(塑料);4—锚头;5—机测平台;
6—机测平台支杆;7—金属连接管;8—传递杆(不锈钢);9—沉降板

2. 资料的测取

测取资料时先拧下保护罩,有机测时须先用软毛刷刷去机测平台和机测平头螺丝上的灰尘,用机测百分表分别插入不同编号的测孔中,百分表的端部和平面处均需与机测平头螺丝及机测平台良好接触,方可保证数据准确。将每个点的测值录入相应的编号中,每次测值与上次(或初始)的测值作比较,百分表读数减小为拉伸,反之为压缩。电测时分别测量各点频率,每测次须有三次以上的读数记录。

(三)深层土体水平位移(土体测斜)

1. 土体测斜管的埋设

采用钻孔埋设法

1)在设计点处钻机成孔至设计深度。

2)将测斜管逐节放入钻孔内,管间用套管衔接,自攻螺丝固定,并用封口带密封,以防止漏浆。

3)随着测斜管插入深度增加,在管内不断注入清水,防止其上浮。

4)检查其内壁的一组导槽是否与基坑围檩水平位移方向垂直,否则拧动测斜管,使其一组导槽与基坑围檩位移方向垂直。

5)用砂浆或膨润土将孔间的空隙回填。

2. 测试方法和内业作业资料整理(与本节围护墙体测斜相同)

(四)基坑回弹(隆起)测试

1)基坑回弹测试的目的是了解并掌握随基坑开挖深度的增加时,由于基坑静荷卸载及基坑内、外土压力差增加,引起基坑底部土体向上隆起变化情况。

2)基坑回弹通过测量一般用测量垂直位移的方法测得,在基坑立柱上焊一根约 2m 长,上部 1m 带标尺的钢管,用水准仪进行观测。

八、变形监测初步成果及注意事项

及时整理并提交监测成果是监测人员的职责,也是优化设计、信息化施工、总结经验的重要依据,是分析基坑安全的基础资料。

（一）现场记录

野外记录为基坑变形监测第一手资料，必须认真作好野外记录。

1）认真填写现场仪器埋设考证表和各次观测的现场记录，每次原始记录必须清晰、完整。

2）必须用较硬的铅笔作原始记录。

3）现场记录不能任意涂改、擦改。发现数据（记录）有误，应实地重测，填上正确的数据，划去错误数据，并签名以示负责。

（二）数据处理

对取得的各类现场原始数据，按类别进行数据处理。

（三）资料

1. 日报

编写日报并附监测数据，于24小时内报业主及有关单位。日报的主要内容为本次监测的主要成果及其变化情况，对基坑的安全和周围环境作初步分析。

2. 阶段小结

阶段小结主要指周报、月报及施工阶段监测工作小结。其主要内容为本阶段（周、月）监测的主要成果、动态变化、从监测角度分析问题，供业主及有关部门参考。

3. 技术文件

严格遵守监测技术方案中有关的技术规定。在监测过程中，监测方与业主等单位来往的函件均以技术文件存档。

4. 监测成果报告

编写监测成果报告的目的是总结变形监测成果和经验，不断提高监测水平。

1）基坑变形监测工作结束，应编写监测成果报告。

2）当监测工程列为重点工程时，需拟编监测报告提纲，交上一级单位技术部门审查后方可编写报告。

3）监测报告由基层单位最高技术部门审定后，按统一资料汇交办法提交报告。

（四）监测频率

监测频率由设计单位提出。监测单位也可提出监测频率供参考。

1. 地下基础施工

地下基础施工时，对周围环境及地下管线的监测频率为 1～2 次/周；对施工 30m 范围以内，应作跟踪监测，掌握地下基础施工对周围环境及地下管线的影响，监测频率为 1～2 次/天。特殊情况还应增加监测频率。

2. 基坑开挖

基坑开挖初期，监测频率为 1 次/1～2 天；随基坑开挖深度增加，监测频率为 1～2 次/天；基坑底板浇筑后减少监测频率为 1～2 次/周至 1 次/2 周。

3. 监测点达到警戒值

当监测点达到警戒值时，监测频率应加密，或由设计单位提出。

（五）警戒值（报警值）

1）为确保基坑及周围环境安全。由基坑围护设计单位提出监测项目的位移量警戒值，管线单位对地下管线变化量提出警戒值。

2）警戒值一般由两个指标控制,允许最大累计变化量及变化速率(允许单位时间最大变化量)两个指标控制。

3）当其中一个控制指标达到警戒值时,应立即报警。

4）警戒值应由业主、设计单位、监理单位共同确认后,由监测单位执行。监测项目警界参考值列于表5-2-3,供参考。

表5-2-3　　　　　　　　　　警 戒 参 考 值 表

监 测 项 目	允许最大累计变化量 （mm）	允许最大变化速率 （mm/d）	备　　　　注
围护墙体测斜	$H \times (0.2\% \sim 0.4\%)$	$3 \sim 5$	
围护墙体平面、垂直位移	$H \times (0.2\% \sim 0.4\%)$	$3 \sim 5$	
支撑节点	50	$3 \sim 5$	
水位测试	$1000 \sim 2000$	500	
孔隙水压力、土压力测试 渗水压力测试	根据土压力、水压力变化趋势、速率,结合 其他监测项目的变化量、速率而定		
支撑轴力	大于允许设计值的80%		
深层土体垂直位移	50	$5 \sim 10$	
深层土体水平位移	$80 \sim 100$	$5 \sim 10$	
建筑物沉降	$30 \sim 50$	$3 \sim 5$	差异沉降大于1/500
地下管线垂直、平面位移	10	$3 \sim 5$	

注　H 为基坑开挖深度。

（六）监测成果报告编写提纲

第一章　序言

任务来源、工作概况、交通和地理位置、监测成果和工作简况介绍

第二章　工程地质、水文地质及基坑围护概况

以图表形式简要介绍本工程地质情况以及相应物理参数,简述基础施工方法技术、围护支撑体系、基坑开挖深度、降水方法及深度等。

第三章　监测点布设

监测点位布设一般原则及监测点布设情况;工作点建立;简述监测点位及传感器埋设;各监测点初始值的标定

第四章　成果

报警值的建立和确认

报警次数、报警值、最大变形联合国大会

绘制各类监测点变形曲线图

对监测成果分析解释:以工况变化和曲线变形量进行综合解释,包括浇捣和拆除支撑、浇捣底板、各层土挖掘进度、基坑渗水等。

对报警原因及变形量较大的部位进行原因分析。

九、基坑监测常用表格

表 5 – 2 – 4 平面位移测量手簿

工程名称：

测站点	监测信号	水平角观测值	标尺起始值（mm）	观 测 日 期					
				标 尺 读 数(mm)					

观测者： 计算者： 检查者：

表 5 - 2 - 5 水 准 测 量 手 簿

工程名称：

日期： 年 月 日 第 次观测 天气：

测站	点号	标 尺 读 数			高 差		改正值	视线高	高程	备注
		基本	辅助	中间点	+	−				

观测者： 计算者： 检查者：

表 5 – 2 – 6 　　　　　　　　　____次变形观测成果表

工程名称： 　　　　　　　　　　　　　　　　　　　　观测日期： 年 月 日

点 名	平面位移		垂直位移		备 注	点 名	平面位移		垂直位移		备 注
	本次	累计	本次	累计			本次	累计	本次	累计	

填写者：

注　垂直位移正值表示上升,负值表示沉降。平面位移正值表示向基坑内方向位移,负值表示向基坑外方向位移。

　　单位:毫米(mm)。

表 5-2-7　　　　基础工程、地下管线、建筑物变形汇总表

项目名称：_____　　　项目内容：_____　　　地点：_____　　　单位：mm

点名		垂直				平面				垂直				平面				垂直				平面			
次数	日期	本次		累计		本次		累计		本次		累计		本次		累计		本次		累计		本次		累计	
		上	下	上	下	内	外	内	外	上	下	上	下	内	外	内	外	上	下	上	下	内	外	内	外
		+	−	+	−	+	−	+	−	+	−	+	−	+	−	+	−	+	−	+	−	+	−	+	−

填写者：

注　垂直位移正值表示上升，负值表示沉降。平面位移正值表示向基坑内方向位移，负值表示向基坑外方向位移。

表 5－2－8(1)　　　　　　　　**孔隙水压力和土压力观测成果汇总表**

项目名称:_____　　　项目内容:_____　　　地点:_____　　　单位:kPa

次数	孔号											
	深度	m		m		m		m		m		m
	初始值											
	水压力日期	观测值	累计值	观测值	累计值	观测值	累计值	观测值	累计值	观测值	累计值	观测值	累计值

填写者:

表 5 – 2 – 8(2)		孔隙水(土)压力计埋设考证表			No:	
工程名称				设计编号		
测点坐标	N		m	E	m	Z	m

工程名称				设计编号		
测点坐标	N	m	E	m	Z	m
仪器生产厂				型号:		
仪器出厂编号:			出厂日期:			

参数	厂家(psi)		频率		频模			温度补偿系数	
	工地(kPa)								

天气		气温		℃	电缆长度		m	埋设深度		m	仪器高程		m

	时 间	读 数	测 温(℃)	水面深度(m)	水位高程(m)
埋设前					
埋设中					
埋设后					

钻孔情况	开 孔 时 间		年　月　日		埋 设 示 意 图
	成 孔 时 间		年　月　日		
	孔口高程	m	孔底高程	m	
	孔 深	m	护管深	m	
	孔 径	mm	护管直径	mm	
回填情况	材 料				
	厚 度	m			

备注	埋设示意图中:1—传感器;2—透水沙;3—电缆;4—膨润土

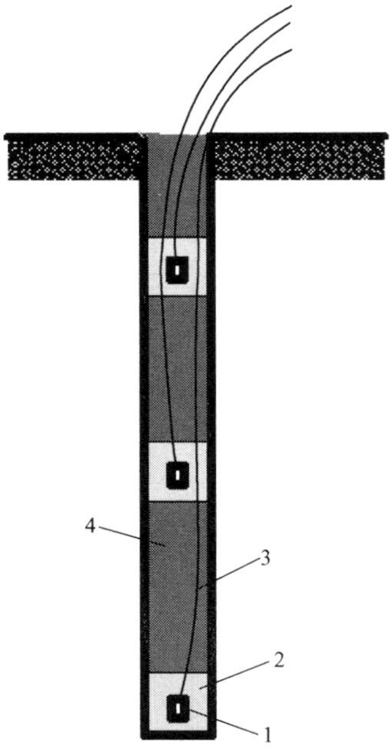

安装人员:	监理工程师:
日期:	日期:

表 5 – 2 – 9　　　　　　　　　　　　水位观测记录表

工程名称：

测试值 （mm） 日　期　编号							备注

观测者：　　　　　　　　　　　　　　　记录者：

表 5 - 2 - 10　　　　　　　　　　　　　**水位观测成果汇总表**

项目名称：_____　　　　项目内容：_____　　　　地点：_____　　　　单位：mm

次　数	孔　号 初始值 水位 日期	观测值	累计值	观测值	累计值	观测值	累计值	观测值	累计值

填写者：

表 5 −2 −11   **支撑轴力测试记录表**

工程名称：

测试值（Hz）\ 编号 \ 日期							备注

观测者：   记录者：

表 5 - 2 - 12　　　　　　　　　　　　支撑轴力测试成果汇总表

项目名称:_____　　　　项目内容:_____　　　　地点:_____　　　　单位:kN

编　　号									
次　数	初始值 轴　力 日　期	观测值	累计值	观测值	累计值	观测值	累计值	观测值	累计值

填写者:

表 5 – 2 – 13　　　　　　　　　　　深层土体位移观测记录表

工程名称：　　　　　　　　　　　　　　　　　　　测试日期：

测试值（mm）　孔号　磁环号						备注

观测者：　　　　　　　　　　　　　　　　　　记录者：

第三节　城市盾构工程施工监测

一、盾构法施工的特点

盾构法施工城市地下工程具有机械化程度高,对地层扰动小,综合性强,掘进速度快,对环境影响时间短、程度低等特点,因而在欧、美、日等发达国家得到广泛应用。20世纪初,盾构施工工法在美、英、德、法、苏等国得到广泛推广,大量用于公路隧道、地铁和下水管道等地下工程,并在加气压施工和盾尾注浆等方面有了突破和发展。20世纪60年代后盾构法在日本大量用于东京、大阪等城市的地铁建设和下水道施工等市政工程。盾构技术的迅速发展更加显示了盾构法的技术经济价值和社会效益,从而获得了更广泛的应用。

在我国盾构技术发展开始于20世纪50年代,首先应用于修建煤矿巷道。1963年上海结合地下铁道的筹建,开始进行盾构技术开发,并于1990年开始在地铁一号线大量引进盾构进行施工,经过多年的发展,在上海等软弱地层的盾构施工技术已相当成熟。

盾构发展方向主要在机械化方面,最初的主要目的是提高盾构的应用范围和经济效益,后来考虑到安全因素,从敞开式盾构发展到气压盾构和泥水盾构及土压平衡盾构。在盾构发展初期,较多采用气压式盾构,通过压力气体来稳定开挖面地层,如此将造成人必须在高气压下工作,对人体伤害很大,施工速度较慢,该类盾构目前已经很少采用。随着盾构技术的发展,研究出了用泥水来平衡开挖面的方法,出现了泥水盾构,大大改善了工作条件,提高了防坍塌和控制地表沉降的效果,用液态泥浆来稳定开挖面,其系统较复杂,场地表积大,使用造价高,也经常沿盾构隧道泄漏而影响盾构密封和管片背后的注浆效果。因此又出现了利用流塑状土来稳定掌子面的土压平衡盾构(见图5-3-1),该盾构机的出现克服了泥水盾构的许多不足,近20年以来,土压平衡盾构的施工措施得到了高速的发展,如添加剂注入装置及注入材料的发展,以及其他的土仓加压措施的应用等,使此类盾构几乎能够适用于所有地层,因而发展很快,应用越来越多。

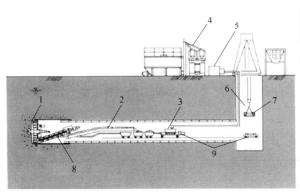

图5-3-1　土压平衡式盾构掘进施工工法示意图

1—盾构切削刀盘;2—传送带;3—泥浆灌入泵;4—泥浆厂;5—泥浆输入泵;6—始发井;
7—管片;8—螺旋取土器;9—电平车

二、盾构法施工监测目的

城市地下工程监控量测的主要目的有:

1) 认识各种施工因素对地表和土体变形的影响, 以便有针对性地改进盾构施工工艺和施工参数, 减小地表和土体变形, 保证工程和周边建筑物安全。

2) 预测施工引起地表和土体变形, 根据地表变形发展趋势和周围建(构) 筑物、地下管线沉降情况, 决定是否需要采取保护措施, 并为确定经济、合理的保护措施提供依据。

3) 检查施工引起的地表沉降和建(构) 筑是否超过允许范围, 并在发生环境事故时提供仲裁依据。

4) 为研究地层、地下水、施工参数和地表及土体变形的关系积累数据, 为研究地表沉降与土体变形的分析预测方法等积累资料, 并为改进设计提供依据。

三、盾构法施工监测内容

对于盾构法修建的地下工程, 其监测的对象主要是地层、支护结构和周围环境, 监测项目主要是地表和深层土体的垂直(沉降) 和水平位移、地下水压力和水位、周边建筑物沉降与倾斜、地下管线沉降、支护结构内力和变形等。

对于具体工程, 应根据地层和地表环境条件选择监测项目, 对地层和支护结构及周围环境进行动态监测。我国 GB 50299—1999《城市地铁施工与验收规范》, 规定的盾构法隧道监测项目见表 5-3-1。

表 5-3-1　　　　　　　　　　盾构法监测内容

类别	监测项目	监测仪器	测点布置	监测目的	监测频率
必测项目	地表隆陷	水准仪和水准尺	每 30m 一个断面, 必要时加密, 每断面 7~11 测点; 纵向每 10m 一个测点	监测盾构施工引起的地表及地表建筑物以及地下管线的沉降, 确保施工安全	开挖面距监测断面前后 < 20m 时 1~2次/d
必测项目	地表建筑物沉降及倾斜	水准仪和水准尺	每 30m 一个断面, 必要时加密, 每断面 7~11 测点; 纵向每 10m 一个测点	监测盾构施工引起的地表及地表建筑物以及地下管线的沉降, 确保施工安全	开挖面距监测断面前后 < 20m 时 1~2次/d
必测项目	地下管线变形	水准仪和水准尺	每 30m 一个断面, 必要时加密, 每断面 7~11 测点; 纵向每 10m 一个测点	监测盾构施工引起的地表及地表建筑物以及地下管线的沉降, 确保施工安全	开挖面距监测断面前后 < 20m 时 1~2次/d
必测项目	隧道隆陷	水准仪和水准尺	每 5~10m 一个断面	监测盾构施工时隧道的位移情况, 确保隧道线形	开挖面距监测断面前后 < 20m 时 1~2次/d
选测项目	土体内部位移(垂直和水平位移)	水准仪、测斜仪、分层沉降仪	选择代表性地段设一断面	监测盾构施工引起的地层的垂直及水平变形, 了解地层的变形特征, 调整盾构的掘进参数, 确保安全	开挖面距监测断面前后 < 50m 时 1次/2d；开挖面距监测断面前后 > 50m 时 1次/周
选测项目	衬砌环内力与变形	钢筋计和应变传感器	选择代表性地段设一断面	了解施工过程结构的内力情况	开挖面距监测断面前后 < 50m 时 1次/2d；开挖面距监测断面前后 > 50m 时 1次/周
选测项目	土层应力	压力盒	选择代表性地段设一断面	了解施工过程结构的荷载分布情况	开挖面距监测断面前后 < 50m 时 1次/2d；开挖面距监测断面前后 > 50m 时 1次/周
选测项目	孔隙水压力	孔隙水压力计	选择代表性地段设一断面	了解地层参数的变化情况, 调整盾构的掘进参数, 确保安全	开挖面距监测断面前后 < 50m 时 1次/2d；开挖面距监测断面前后 > 50m 时 1次/周
选测项目	地下水位	电测水位计	选择代表性地段设一断面	了解地层参数的变化情况, 调整盾构的掘进参数, 确保安全	开挖面距监测断面前后 < 50m 时 1次/2d；开挖面距监测断面前后 > 50m 时 1次/周

四、常规监测项目及方法

（一）沉降监测

沉降监测是地下工程监测中最主要的监测项目。在地基加固、基坑、矿山隧道和盾构隧道等工程的施工过程中都要进行沉降监测。沉降监测的主要对象有地表、支护结构、受施工影响的建筑物及地下管线等。

1. 水准点的设置

沉降监测是根据监测对象周围的水准点高程进行的。可以利用城市中的永久水准点或工程施工时使用的临时水准点，作为基准点或工作基点。如果附近没有这样的水准点，则应根据现场的具体条件和沉降监测的时间要求埋设专用水准点。水准点的形式和埋设可参照三、四等水准点的要求进行（如图5-3-2），其数目应尽量不少于3个，以便组成水准控制网，对水准点定期进行校核，防止其本身发生变化，以保证沉降监测结果的正确性。水准点应在沉降监测的初次观测之前一个月埋设好。

当工程中出现意外情况，需对突发的急剧沉降的目标进行监测时，若设置上述水准点已来不及，可在已有房屋或构筑物上设置标志作为临时水准点，但这些房屋或构筑物的沉降必须已趋于稳定。埋设水准点应考虑下列因素：

1）水准点应布设在监测对象的沉降影响范围（包括埋深）以外，保证其坚固稳定。

2）尽量远离道路、铁路、空压机房等，以防受到碾压和振动的影响。

3）力求通视良好，与观测点接近，其距离不宜超过100m，以保证监测精度。

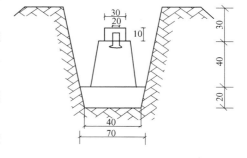

图5-3-2 基点埋设方法示意图

4）避免将水准点埋设在低洼易积水处。同时为防止土层冻胀的影响，水准点的埋设深度至少要在冰冻线以下0.5m。

2. 沉降监测的基本要求

1）观测前对所用的水准仪和水准尺按有关规定进行校验，并做好记录，在使用过程中不得随意更换。

2）首次进行观测，应适当增加测回数，一般取2~3次的数据作为初始值。

3）固定观测人员、观测线路和观测方式。

4）定期进行水准点校核、测点检查和仪器的校验，确保监测数据的准确性和连续性。

5）记录每次测量时的气象情况、施工进度和现场工况，以供监测数据分析时参考。

3. 沉降监测应提供的资料

1）沉降监测方案（含水准控制网和测点的平面布置图）。

2）仪器设备一览表及校验资料。

3）监测记录及报表。

4）各种沉降曲线、图表。

5）对监测结果的计算分析资料。

6）沉降监测报告书。

（二）建（构）筑物水平位移监测

地下工程中的基坑开挖、矿山法隧道开挖、盾构隧道推进和顶管施工以及基础工程的压密注浆、打（压）桩施工，除了引起周围建筑物和管线的垂直位移外，还会使其产生水平位移。水平位移监测是变形监测中的又一重要项目。水平位移监测分结构物水平位移监测和地下土体水平位移监测。

1. 平面控制网的建立

平面控制网宜按两级布设，由控制点组成首级网，由观测点与所连测的测点组成扩展网。对于单个目标的位移监测，可将控制点连同监测点按一级网布设。

控制点是进行水平位移监测的基本依据，它包括工作基点和基准点两种。前者是直接进行监测的基础，后者是检查工作基点的依据。二者布设成控制网后，按统一的监测精度施测。

控制网的形式可采用测角网、测边网、边角网和导线网等。扩展网和一级网可采用交会法、基准线法或附合导线等。平面控制点可采用普通标桩，精度要求高时可采用监测墩。

普通标桩有永久性和临时性两种。永久性标桩的埋设应考虑到工程施工和使用中长期保存，不致发生下沉和位移。标桩埋设不得浅于 0.5m，冻土地区的标桩埋深不得浅于冻土线以下 0.5m。标桩顶面以高于地表设计高程 0.3m 为宜。临时性标桩一般以木桩为主，也可采用铁桩和金属管段等。其规格和打入地下的深度依地区条件而定。木桩打入土中之后，应将桩顶锯平。为保证桩位稳定，可将桩四周浮土挖去，用混凝土将木桩包固。

监测墩上根据使用仪器和照准标志的类型可配备通用的强制对中设备，其对中误差不应超过 0.1mm。照准标志应满足具有明显的几何中心或轴线、图像清晰、图案对称、不变形等要求。根据点位不同情况，可选用重力平衡球式标、旋入式杆状标、直插式舰牌、屋顶标和墙上标等形式的照准标志。

对于埋设后的监测标桩，应采取适当的保护措施，防止受到毁坏。如在标桩四周打入保护桩，在上面圈上铁丝，竖立醒目告示牌。

2. 水平位移监测的精度控制

水平位移监测一般采用经纬仪监测角度，钢尺或光电测距仪测量距离，或采用全站仪进行监测。对于高精度要求的监测项目，可采用高精度全站仪或经纬仪，对中等精度要求的监测项目，可采用精度稍低的全站仪或经纬仪。

控制网中最弱边边长或最弱点点位的中误差应不大于相应等级的监测点点位的中误差。测角（边）网技术要求见表 5－3－2。导线测量技术要求见表 5－3－3。

3. 水平位移监测的注意事项

（1）经纬仪测角操作的要求：

1）要尽量减少仪器的对中照准误差和调焦误差的影响。

2）测角时仪器不能受阳光照射，气泡置中不得超过一格。

3）测角应在通视良好，成像清晰的有利时刻进行。

表 5 - 3 - 2 **测角(边)控制网技术要求参数表**

等级	测 角 控 制 网				测边控制网等		
	最弱边边长中误差(mm)	平均边长(m)	测角中(W)	最弱边边长相对中误差(未计基线边长)	测距中误差(mm)	平均边长(m)	测距相对中误差
1	±1.0	200	±1.0	1:200000	±1.0	200	1:200000
2	±3.0	300	±1.5	1:100000	±3.0	300	1:100000
3	±10.0	500	±2.5	1:50000	±10.0	500	1:50000

注 最弱边边长中误差、视距中误差(所选等级精度)或实选平均边长与表列数值有明显差异时,不宜按本表采用。

表 5 - 3 - 3 **导线测量技术要求参数表**

等级	导线最弱点中误差(mm)	导线长度(m)	平均边长(m)	每边测距中误差(mm)	测角中误差(″)	导线全长相对闭合差
一	±1.4	$750C_1$	150	±$0.6C_2$	±1.0	1:100000
二	±4.2	$1000C_1$	200	±$2.0C_2$	±2.0	1:50000
三	±14.0	$1250C_1$	250	±$6.0C_2$	±5.0	1:17000

注 1. C_1、C_2 为导线类别系数,对附合导线,$C_1 = C_2 = 15$;对独立单一导线,$C_1 = 12$,$C_2 = \sqrt{2}$,对导线网,导线长度系指符合点与结点或结点间的导线长度,取 $C_1 \leq 0.7$,$C_2 = 1$。

2. 当导线最弱点位中误差(所选等级精度指标)或实选平均边长及导线长度与表列数值有明显差异时,不宜按本规定采用。

(2)钢尺测距,应采用鉴定过的钢尺,并进行尺长、温度、倾斜等项修正:

1)尺长修正

$$\Delta L_d = -\frac{d_0 - d'}{d'}L \qquad (5-3-1)$$

2)温度修正

$$\Delta L_t = \alpha(t - t_0)L \qquad (5-3-2)$$

3)倾斜修正

$$\Delta L_h = -\frac{h^2}{2L} - \frac{h^4}{8L^3} \qquad (5-3-3)$$

式中　d_0——标准距离;

d'——名义长度;

t_0——标准温度;

t——测量时温度;

h——测量高差;

L——水平距离。

(三)周边建筑物监测

在城市地区修建地下工程,往往周围有建筑物。为了保证建筑物的安全,在施工过程中需进行建筑物监测,目的是掌握工程施工期间建筑物的变化情况,以便当建筑物变形过大,及时采取有效的保护加固措施,确保建筑物安全。

1. 建筑物调查

在地下工程施工前,应对施工现场周边的建筑物进行调查,根据建筑物的历史年限、使用要求以及受施工影响程度,确定具体的监测对象。然后,根据所确定的拟要监测的对象进行详细调查,以确定监测内容及监测方法。

建筑物调查的项目与内容有:

1)建筑物概况(建筑物名称、所在地、用途、竣工时间、设计者、施工监理、施工者)。

2)建筑物规模(顶层数、地上层数、地下层数、主体结构、檐高、基础形式、标准层的高度和形式)。

3)图纸与资料(设计书、设计变更、土质钻孔柱状图、施工记录、施工图、竣工图、过去的调查资料、有关的法规)。

4)建筑物历史变迁(用途变更、改扩建、有无修补、设计用途与实际用途有无不同、有无受灾);建筑物内外环境。

5)有关人员的意见(管理人员、使用人员、官方机构)。

6)使用状况:使用历史(设备更新情况、改扩建、火灾及其他灾害、使用年限、荷载变化);荷载(静荷载、冲击荷载、振动、重复荷载、热荷载);环境(药剂、气体、气象条件、冻结、放射能)、大气污染。

7)基础与地基:基础和桩(基础不均匀沉降、木桩钢桩的腐蚀、桩的变形、桩的负摩擦);地基(土质钻孔资料、地基的变形、地基加固、土压力、水压、土壤的腐蚀、振动特性);地下水(地下水的变动及水质)。

8)材料:混凝土(表面状态、强度、碳化深度、质量、钢筋锈蚀);钢材(材质、力学性能、钢结构锈蚀、疲劳、耐火防护层);防水及装饰材料(屋面防水、地下防水、外墙装饰层);木材(表面状态、力学性能、虫蛀腐朽)。

9)其他:结构尺寸(构件尺寸、构件断面尺寸、配筋、钢结构尺寸);变形(楼板变形、梁的变形、建筑物整体变形);结构裂缝(楼板和小梁的裂缝、梁的裂缝、柱和承重墙的裂缝);构件损伤(混凝土柱、梁、楼板、承重墙及钢结构柱、钢支撑);连接(连接形式、铆钉、螺栓、高强螺栓、焊接);构件的刚度和承载力(楼板、梁);振动特性(固有周期、固有形式、衰减)。

2. 建筑物沉降监测

水准基点的构造、形式以及埋设方法可参照前述内容。水准基点离监测建筑物的最近允许距离见表5-3-4。

表5-3-4   建筑物性质、层次和用途确定水准基点的位置参考值表

建筑物性质	层次	水准基点离观测建筑物的最近容许距离(m)	建筑物性质	层次	水准基点离观测建筑物的最近容许距离(m)
民用建筑	6层以下	≥40~30	工业厂房	单层厂房	≥40
	10	≥50		单层厂房(有吊车者)	≥50
	20	≥60			
	30	≥70		单层厂房(有震动基础)	≥60
	40	≥80			

(A)沉降监测点布置

1)监测点的位置和数量应根据建筑物的体态特征、基础形式、结构种类及地质条件等因素综合考虑。为了反映沉降特征和便于分析,测点应埋设在沉降差异较大的地方,同时考

虑施工便利和不易损坏。一般可设置在建筑物的四角(拐角)上,高低悬殊或新旧建筑物连接处,伸缩缝、沉降缝和不同埋深基础的两侧,框架(排架)结构的主要柱基或纵横轴线上。对于烟囱、水塔、油罐等高耸构筑物,应沿周边在其基础轴线上的对称位置布点。

2)沉降监测标志(点)应根据建筑物的构造类型和建筑材料确定,一般可分为墙(柱)标志、基础标志和隐蔽式标志(用于宾馆或商场内)。图5-3-3为各种监测标志的埋设示意图。监测标志埋设完毕后,应待其稳固后方能使用。特殊情况下,也可采用射钉枪、冲击钻将射钉或膨胀螺丝固定在建筑物的表面,涂上红漆作为监测标志。沉降监测标志埋设时应特别注意要保证能在点上垂直置尺和良好的通视条件。

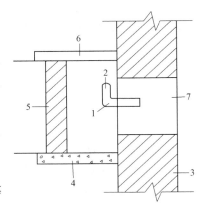

图5-3-3 建筑物沉降测点
埋设示意图

1—钢筋观测点;2—观测点头部;
3—建筑物墙或柱;4—C_{10}混凝土垫;
5—砖砌井壁;6—钢筋混凝土盖板;
7—预制混凝土块

(B)沉降监测注意事项

1)监测时仪器应避免安置在空压机、搅拌机、卷扬机等振动影响范围之内,塔吊和露天电梯附近亦不宜设站;

2)监测应在水准尺成像清晰时进行,应避免视线穿过玻璃、烟雾和热源上空;

3)前后视观测最好使用同一根水准尺,前后视距应尽可能相等,视距一般不应超过50m,前视各点观测完毕后,回测后视点,最后应闭合于水准点上。

3. 建筑物水平位移监测

当建筑物有可能产生水平位移时,应在其纵横方向上设置监测点及控制点。如在可判断其位移方向的情况下,则可只监测此方向上的位移。每次监测时,仪器必须严格对中,平面监测测点可用红漆画在墙(柱)上,亦可利用沉降监测点,但要凿出中心点或刻出十字线,并对所使用的控制点进行检查,以防止其变化。

建筑物水平位移监测可根据现场通视条件,采用视准线法或小角度法,操作步骤和要求详见前述建(构)筑物水平位移监测内容。

4. 建筑物倾斜监测

建筑物倾斜是指建筑物或独立构筑物顶部相对底部、或某一段高度范围内上下两点的相对水平位移的投影与高度之比,倾斜监测就是对建筑物的倾斜度、倾斜方向和倾斜速率进行监测。

倾斜监测可用固定倾斜仪、倾角仪、水平梁倾斜计等电测传感器测量,也可根据不同的监测条件选用光学仪器测量。下面主要列举使用光学仪器测量的不同方法:

1)当被测的建筑物具有明显的外部特征点和宽敞的监测场地时,宜选用投点法、测水平角法。

2)当被测建筑物内部有一定的竖向通视条件时,宜选用垂吊法、激光铅直仪监测法。

3)当被测建筑物具有较大的结构刚度和基础刚度时,可选用倾斜仪法和差异沉降测定法。

鉴于其中通常采用差异沉降测定法建筑物测斜,这里叙述差异沉降测定法的一般方法与步骤。

（A）测点布置

采用差异沉降测定法监测建筑物倾斜,测点埋设同建筑物沉降。建筑物倾斜监测在条件许可的情况下,尽可能布设导线网,以便进行平差处理,减小误差,提高监测精度。

（B）倾斜计算

施工前,由监测基点通过水准测量监测出建筑物沉降监测点的初始高程 H_0,在施工过程中测出的高程为 H_n。则高差 $\Delta H = H_n - H_0$ 即为建筑物沉降值。

在测出建筑物沉降值后,按公式(5 – 3 – 4)进行倾斜计算(一般采用差异沉降法),如图 5 – 3 – 4 所示。

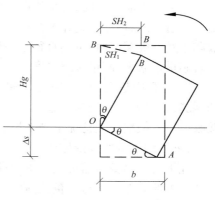

$$tg\theta = \Delta s/b = SH_2/H_f \qquad (5 - 3 - 4)$$

$$SH_2 = H_f \times \Delta s/b$$

式中　SH_2——为所求建筑物水平位移;

　　　　θ——为所求建筑物水位移产生的倾斜角。

图 5 – 3 – 4　建筑物倾斜计算示意图

5. 裂缝宽度的监测

（A）监测前的准备工作

1）了解被监测建筑物的设计、施工、使用情况。

2）现场踏勘,记录建筑物已有裂缝的分布位置和数量,测定其走向、长度、宽度及深度。

3）分析裂缝的形成原因,判别裂缝的发展趋势,选择主要裂缝作为监测对象。

4）确定监测方法,在每条裂缝的最宽处和最末端设置监测标志(点)。

（B）裂缝宽度监测

（a）一般监测

对于监测精度要求不是很高的部位,如墙面开裂,简易有效的方法是粘贴石膏饼,将10mm 厚、50mm 宽的石膏饼骑缝粘贴在墙面上,当裂缝继续发展时,石膏饼随之开裂。也可采用划平行线方法监测裂缝的上、下错位。或采用金属片固定法,把两块白铁片分别固定在裂缝两侧,并相互紧贴,再在铁片表面涂上油漆,裂缝发展时,两块铁片逐渐拉开,露出的未油漆部分铁片,即为新增的裂缝宽度和错位。裂缝宽度可用裂缝监测仪(可精确至0.1mm)、小钢尺(可精确至 0.5mm)监测,或用裂缝宽度板来对比。

（b）精密监测

对于精度要求较高的裂缝监测,如混凝土构件的裂缝,应采用仪表进行监测,可以在裂缝两侧粘贴几对手持应变计的头针,用手持式应变计监测。也可以粘贴安装千分表的支座,用千分表监测。当需要连续监测裂缝变化时,可采用带传感器的测缝计监测。

（C）裂缝深度的监测

（a）浅层裂缝

当估计裂缝深度不是很大时,可采用凿出法和单面接触超声波法。凿出法就是预先准备易于渗入裂缝的彩色溶液如墨水等,灌入细小裂缝中,若裂缝走向是垂直的,可用针筒打入,待其干燥或用电吹风加热吹干后,从裂缝的一侧将混凝土渐渐凿除,露出裂缝另一侧,观察是否留有溶液痕迹(颜色)以判断裂缝的深度。

对于不允许损坏被测表面的构件,可采用超声波原理进行监测。将换能器对称置于裂缝两侧,其距离为$2x$,超声波从发射探头出发,绕裂缝末端到达接收探头所需时间为T_1。另外,将探头以$2x$的距离平置在无裂缝、表观完好的混凝土表面,测得传播时间为T_0,则可按公式(5-3-5)计算裂缝深度h。

$$h = x \sqrt{\left(\frac{T_1}{T_0}\right)^2 - 1} \qquad (5-3-5)$$

(b) 深层裂缝

当裂缝发展很深时,可采用取芯法和钻孔超声波法监测裂缝深度。取芯法是用钻芯机配上人造金刚石(空心薄壁)钻头,跨于裂缝之上沿裂缝面由表向里进行钻孔取芯。当一次取芯未及裂缝深度时,可换直径小一号的钻头继续往里取,直至裂缝末端出现,然后将取出的岩芯拼接起来,测量裂缝深度。

钻孔超声波探测法:在裂缝两侧各钻一个孔,清理后充水作为偶合介质,若是垂直走向的裂缝,孔口要采取密封措施。将换能器置于钻孔中,在钻孔的不同深度上进行对测,根据接收讯号的振幅突变情况来判断裂缝末端的深度。

(四) 地下管线变形监测

地下管线是城市居民生活正常进行的重要保证,一旦遭到破坏,将会给居民生活带来极大的不方便并造成不可估量的损失。

由于地下工程施工不可避免地要对土体产生扰动,因而埋设在土层中的地下管线将随土体变形并产生垂直位移和水平位移。地下管线变形监测的目的在于:根据监测结果,掌握地下管线的变形量和变化速率,及时调整施工方案,采取有效施工措施,保证地下管线和施工的安全。

1. 管线资料调查

在制定测点布置方案和确定监测方法及频率前,首先应调查与管线监测有关的基础资料,内容包括:

1) 管线的用途、材料和规格,以便选择重要管线进行监测。

2) 管线的平面位置、埋深和埋设年代。

3) 管线的接头形式和对位移的敏感程度,以便确定位移控制值。

4) 管线所在道路的入流和交通的情况,以便确定测点埋设方式。

5) 采用土力学与地基基础有关公式估算的地下管线最大位移值。

6) 城市管理部门对于地下管线的沉降允许值。

获取上述资料的途径主要是通过工程建设单位,向有关管线管理单位进行调研,购买管线图。在缺乏图纸资料时,可采用管线探测仪进行现场勘查,向附近的管线用户进行询查。

2. 测点埋设

目前地下管线测点主要有以下三种设置方法:

(A) 抱箍式

由扁铁做成抱箍固定在管线上,抱箍上焊一测杆,测杆顶端不应高出地表,路面处布置阴井,既用于测点保护,又便于道路交通正常通行。抱箍式测点的特点是监测精度高,能如实反映管线的变形情况,但埋设时必须进行开挖,且要挖至管底,对于交通繁忙的路段影响甚大。抱箍式测点主要用于一些次要的干道和十分重要的管道,如高压煤气管、压力水管等。

（B）直接式

用敞开式开挖和钻孔取土的方法挖至管顶表面,露出管线接头或闸门开关,利用凸出部位涂上红漆或粘贴金属物(如螺帽等)作为测点。直接式测点主要用于沉降监测,其特点是开挖量小,施工便捷,但若管子埋深较大,易受地下水位或地表积水的影响,立尺困难,影响测量精度。直接式测点适用于埋深浅、管径较大的地下管线。

（C）模拟式

对于地下管线排列密集且管底标高相差不大,或因种种原因无法开挖的情况,可采用模拟式测点,方法是选有代表性的管线,在其邻近打 $\phi100mm$ 的钻孔,如表面有硬质路面应先将其穿透(孔径大于50mm 即可),孔深至管底标高,取出浮土后用沙铺平孔底,先放入直径不小于如50mm 的钢板一片,以增大接触面积,然后放入 $\phi20mm$ 的钢筋一根作为测杆,周围用净沙填实。模拟式测点的特点是简便易行,避免了道路开挖对交通的影响,但因测得的是管底地层的变形,模拟性差,精度较低。上述三种形式的测点均可用于垂直位移监测。抱箍式和直接式亦可用于水平位移的监测,但应注意抱箍式测点的测杆周围不得回填,否则会引起监测误差。

3. 监测注意事项

1）在管线变形监测中,由于允许变形量比较小,一般在 10～30mm 左右,故应使用精度较高的仪器和监测方法,如采用精密水准仪和钢尺监测垂直位移。监测水平位移用的经纬仪应有光学对中装置。

2）计算位移值时应精确至0.1mm,同时应将同一点上的垂直位移值和水平位移值进行矢量和的叠加,求出最大值,与允许值进行比较。

3）当最大位移值超出控制值时应及时报警,并会同有关方面研究对策,同时加密监测频率,防止意外突发事故,直至采取有效措施。

（五）隧道隆陷与隧道收敛监测

1. 观测点的埋设

（A）基点埋设

首先,基点应埋设在隧道管片位移影响范围以外的始发井的基坑地板上;并应埋设两个基点,以便两个基点互相校核;基点的埋设要牢固可靠。用红油漆标明,在施工中要注意对基点的保护。

隧道管片收敛监测点的布置可以用电钻打眼,用弯曲的膨胀螺栓埋设。

（B）测点埋设

在进行沉降测点的埋设时,先用冲击钻在管片上钻 $\phi10mm$ 的孔,然后放入直径为8mm;长为 5～10cm 的半圆头钢筋,四周用水泥砂浆填结实牢固。

2. 量测方法

（1）隧道隆陷量测方法与地表沉降量测方法相同　在试掘进、正常掘进应有一次至二次回归分析:未脱出盾尾—脱出盾尾—后备套内—脱出后备套—整套监测变形数据分析。

（2）隧道收敛量测方法:

1）在进行初次量测 0 时,应在钢卷尺上选择一个适当孔位,将钢卷尺套在尺架的固定螺杆上。孔位的选择应能使得钢卷尺张紧时能与顶端接触好,拧紧钢卷尺压紧卡,并记下钢卷尺孔位尺长数,并进行初次读数。

2）再次量测,按前次钢卷尺孔位,将钢卷尺卡在支架的固定螺杆上,按上述相同程序操作,测得观测值 R_n。

3）进行测量时应注意:到达测试地点后取出仪器,拉出钢尺(钢尺长度稍长于监测基线),停放约 20 分钟,以使环境温度与钢尺温度达到一致,并百分表或数显表归零方可进行测量。

3. 数值计算

（A）隆陷值计算

隧道隆陷监测基点由地面标准水准点引来高程(高程已知),在进行监测时,通过测得各测点与基点的高程差 ΔH,可得到各监测点的标准高程 Δht,然后与上次测得高程进行比较,差值 Δh 即为该测点的隆陷值。

即 $\Delta Ht(1,2) = \Delta ht(2) - \Delta ht(1)$

（B）收敛值计算及其数据分析

按下式计算净空变化值:

$$U_n = R_n - R_{n-1}$$

式中 U_n——第 n 次量测的净空变形值;

R_n——第 n 次量测时的观测值;

R_{n-1}——第 $n-1$ 次量测时的观测值。

首先作出时间—收敛值及开挖面距离—位移散点图,对各量测断面内的测线进行回归分析,并用收敛量测结果判断隧道的稳定性。

（C）隧道隆陷数据分析与处理

1）首先绘制时间—位移曲线散点图。

2）当位移—时间曲线趋于平缓时,可选取合适的函数形式进行回归分析。

五、盾构隧道管片的安全监测

（一）管片安全监测的意义

在盾构隧道施工过程中,对管片进行安全监测,可以掌握由盾构施工以及地层压力等引起的管片、接头螺栓的应力、变形的大小及变化发展规律,掌握管片所受的外界荷载及结构受力状况,通过分析监测数据评价管片结构的受力状态及安全性,及时反馈设计与施工,可采取合理的技术措施,保证工程安全。

（二）管片安全监测的内容

管片安全监测主要包括内力监测和变形监测,具体有:

1. 管片钢筋应力

量测管片钢筋的环向应力,可分析结构在使用荷载和注浆压力作用下的环向受力状态;量测管片钢筋的纵向应力,可分析结构在盾构千斤顶顶进等情况下的纵向受力状态。

2. 管片混凝土应变

量测管片混凝土的环向应变,可得到混凝土的环向应力,进而分析结构在使用荷载和注浆压力作用下的环向受力状态;通过量测管片混凝土的纵向应变,可得到混凝土的纵向应力,进而分析结构在盾构千斤顶顶进等情况下的纵向受力状态。

3. 管片衬砌和地层的接触压力

管片衬砌和地层的接触压力是管片设计计算时的主要荷载之一，通过量测管片衬砌和地层的接触压力可直接掌握作用在管片衬砌上的地层压力，反馈设计，验证管片承受荷载的能力。

4. 接头螺栓连接力

包括量测纵向、环向接头螺栓连接力。

5. 管片接缝张开位移

包括量测管片环向和纵向接缝张开位移。

（三）管片安全监测的方法

管片安全监测的方法如下所述，其中监测频率应考虑到盾构施工以及隧道监测断面距开挖面距离等情况，如有异常情况发生，应加密监测。

1. 管片钢筋应力

管片的钢筋应力量测主要采用钢筋应力计。在管片生产时即应在管片内、外侧钢筋上焊接钢筋应力计（如图5-3-5），钢筋应力计读数采用频率接收仪测读。

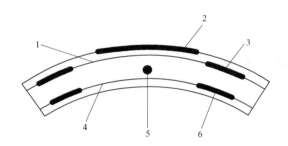

图5-3-5 钢筋应力计、土压力计、
混凝土应变计布置示意图
1—外层钢筋；2—柔性土压力计；3—钢筋计；
4—内层钢筋；5—混凝土应变；6—钢筋计

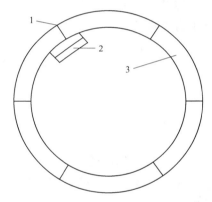

图5-3-6 管片接缝测量示意图
1—接缝；2—测缝计；3—管片

2. 混凝土应变测量

混凝土应变的量测采用混凝土应变计。混凝土应变计主要为钢弦式传感器。钢弦式传感器在管片钢筋骨架安装完成后用钢筋或细钢丝绑扎固定（如图5-3-5），混凝土应变计读数采用频率接收仪测读。

3. 管片接缝张开位移

管片接缝张开位移主要采用测缝计量测（如图5-3-6），测缝计读数采用频率接收仪测读。详见本书有关章节。

4. 管片衬砌和地层的接触压力

接触压力的测量采用土压力计，常用的土压力计有应变式土压力计和钢弦式土压力计。在管片生产时即应在管片的外表面安装土压力盒或受力面积较大的柔性土压力计（国内2007年首次应用于上海崇明穿江隧道），且土压力盒的受压面向外，表面与管片外表面平齐。柔性土压力计安装须在管片制作中在安装位置先埋好与柔性土压力计尺寸相等的预埋件，在管片拼装前一周再将预埋件拆除，进行实体安装。安装需对接触面清理、打磨，然后用环氧胶紧密黏合(如图5-3-7),周边用专配框架固定(如图5-3-8)。

图5-3-7　柔性土压力计安装图(1)

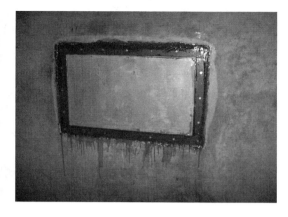

图5-3-8　柔性土压力计安装图(2)

5. 接头螺杆连接力测量

螺杆应力采用应变计量测。在管片接头螺杆上粘贴应变片测量螺杆拉力,安装方法见本书有关章节。

第四节　公路岩石隧道监测

一、概　述

(一)监控量测的意义

隧道监控量测与信息反馈是新奥法施工的一个重要环节,通过对实测数据的现场分析、处理,及时向施工方、监理方、设计方和业主提供分析资料,直接服务于隧道施工,尤其对保证路段涉及到的单洞双向大跨度隧道和连拱隧道的施工安全具有重要现实意义。

公路隧道施工中,若施工工艺不当,易造成围岩失稳,甚至可能发生大的塌方,给工程带来不可弥补的经济和工期损失。现场监控量测直接获取现场隧道围岩动态信息,以数据为据,及时发现问题,及时预警,预防塌方,为工程把关,对达到优化设计、安全施工、保证质量、保证工期、控制造价等目标起着十分重要的作用。

(二)监控量测的目的

1. 提供监控设计的依据和信息

1)掌握围岩力学形态的变化和规律。

2)掌握支护的工作状态信息并及时反馈,指导施工作业。

2. 预报及监视险情

1)作出工程预报,确定施工对策和措施;预测和确认围岩最终稳定时间,指导施工顺序和二衬施作时间。

2)监视险情,以确保安全施工。

3. 校核地下工程理论计算结果、完善工程类比法

1）为理论解析、数值分析提供计算数据与对比指标。

2）为工程类比提供参考指标。

3）为地下工程设计与施工积累经验资料。

4. 隧道工程营运期间的安全保证

1）掌握隧道工程营运中的安全状况。

2）隧道营运阶段能及时发现支护衬砌结构的险情，以便及早采取相应的补措施等。

（三）监控量测的任务

1）通过对围岩与支护的观察和动态量测，以达到合理安排隧道施工程序、日常施工管理、确保施工安全、修改设计参数和积累资料。

2）通过对围岩和支护的变位、应力量测，掌握围岩和支护的动态信息并及时反馈，修改支护系统设计，指导施工作业和管理等。

3）经量测数据的分析处理与必要的计算和判断后，进行预测和反馈，以保证施工安全和隧道围岩及支护衬砌结构的稳定。

4）对已有隧道工程的量测结果，可以分析和应用到其他类似工程中，作为指导复合式衬砌设计和施工的重要依据。复合式衬砌的设计，通常以工程类比法为主，并以现场监控量行工程实际检验和修正。因此施工、设计单位必须紧密配合，共同研究，才能保质保量的设计与施工的全过程。

施工信息包括施工观察，现场地质调查和现场监控量测等内容。施工信息是隧道开挖后围岩稳定性的动态反映，也是修正设计的重要依据，必须对反馈的信息作全面分析，最后才能确认或修改复合式衬砌设计参数。

简而言之，量测是监控的手段，监控是量测的目的。监控过程可分为：现场量测——数据处理——信息反馈。

二、监控量测的内容和项目

（一）监控量测的内容

1. 现场观测

包括开挖面附近的围岩稳定性、围岩构造情况、支护变形与稳定情况及校核围岩分类。

2. 岩体力学参数测试

包括抗压强度、变形模量、黏聚力、内摩擦角及泊松比。

3. 应力应变测试

包括岩体原始应力、围岩应力、应变、支护结构的应力、应变及围岩与支护和各种支护间的接触应力。

4. 压力测试

包括支撑上的围岩压力和渗水压力。

5. 位移测试

包括围岩位移（含地表沉降）、支护结构位移及围岩与支护倾斜度。

6. 温度测试

包括岩体温度、洞内温度及气温。

7. 物理探测

包括弹性波（声波）测试和电阻率测试。

（二）监控量测的项目

上述监控量测项目一般分为必测项目和选测项目两类（见表5-4-1）。表5-4-1中，1～4项为必测项目，5～11为选测项目。

表5-4-1　　　　　　　　　　　公路隧道现场监控量测项目及量测方法

序号		项目名称	方法及工具	断面布置	量测时间间隔			
					1～15d	16d～1个月	1～3个月	大于3个月
必测项目	1	地质及支护状况观察	岩性、结构面产状及支护裂缝观察或描述，地质罗盘等	开挖后及初期支护后进行	每次爆破后进行			
	2	周边位移	各种类型收敛计	每10～50m一个断面，每断面2～3条测线	1～2次/天	1次/2天	1～2次/周	1～3次/月
	3	拱顶下沉	水准仪、钢尺、测杆或全站仪	每10～50m一个断面	1～2次/天	1次/2天	1～2次/周	1～3次/月
	4	锚杆或锚索内力及抗拔力	各类电测锚杆、锚杆测力计及拉拔器	每10m一个断面，每个断面至少3根锚杆	—	—	—	—
选测项目	5	地表下沉	水准仪或全站仪	每5～50m一个断面，每断面至少7个测点；每隧道至少两个断面	开挖面距量测断面前后<2B时，1～2次/天；开挖面距量测断面前后<5B时，1次/2天；开挖面距量测断面前后>5B时，1次/周			
	6	围岩体内位移（洞内设点）	洞内钻孔中安设单点、多点杆式或钢丝式位移计	每5～100m一个断面	1～2次/天	1次/2天	1～2次/周	1～3次/月
	7	围岩体内位移（地表设点）	地面钻孔中安设各类位移计	每代表性地段一个断面，每断面3～5个钻孔	同地表下沉			
	8	围岩压力及两层支护间压力	各种类型压力盒	每代表性地段一个断面	1～2次/天	1次/2天	1～2次/周	1～3次/月
	9	钢支撑内力	测力计或应变计	每10榀钢支撑一对测力计	1～2次/天	1次/2天	1～2次/周	1～3次/月
	10	支护、衬砌内应力，表面应力及裂缝量测	各类混凝土应变计、应力计，测缝计等	每代表性地段一个断面	1～2次/天	1次/2天	1～2次/周	1～3次/月
	11	围岩弹性波测试	各种声波仪	在有代表性地段设置	—	—	—	—

必测项目是隧道监测中的主要项目,是指在一般情况下均应量测的项目。它是用以判断围岩的变化情况,测定支护结构工作状态,经常进行的量测项目,也是为设计、施工中确保围岩稳定,并通过判断围岩的稳定性来指导设计、施工的经常性量测。这类量测方法较简单,费用较少,可靠性较高,但对监视围岩稳定性、指导设计与施工却有直接意义。

选择项目是指在必要时可选测的项目,是用以判断隧道围岩松动状态,喷锚支护效果和积累技术资料为目的的量测。它是对一些有特殊意义和具有代表性的区段进行补充测试,以求更深入地掌握围岩的稳定状态与锚喷支护的效果,对未开挖区的设计与施工具有指导意义。这类量测项目测试较为麻烦,量测项目较多,费用较大,一般只根据需要选择其中的部分项目进行测试。

具体到某个隧道工程中,其现场监控量测项目都是根据具体情况做出具体选择。

三、量测部位和测点的布置

应根据围岩地质条件、量测项目和施工方法等确定量测部位和测点的布置。

(一)量测部位布设

量测部位的布设包括量测断面和量测线等的布设。

1. 量测断面布置

(A)单项量测断面

把量测的单项内容布设在同一个断面,了解围岩和支护在该断面的动态变化情况。

(B)综合多项目量测断面

把多项量测内容布设在同一个量测断面,使各项量测结果、各种量测手段互相校验、相互印证,对该断面的动态变化进行综合的数值分析和理论分析,作出更接近工程实际的判断。

公路隧道的量测断面一般均沿隧道纵向间隔布设。由于各量测项目的要求不同,其量测断面的间距亦不同。公路隧道量测断面的间距有以下三种情况:

1)隧道洞顶地表下沉与埋深关系很大,其量测断面间距可参照表5-4-2,其中 B 为隧道开挖宽度。

表5-4-2   地表下沉量测断面间距

埋深 h 与开挖宽度 B 的关系	$2B < h$	$B < h < 2B$	$h < B$
断面间距(m)	20~50	10~20	5~10

2)拱顶下沉、周边位移量测断面间距与隧道长度、围岩条件和施工方法等多种因素有关,一般可按 GBJ 50086—2001《锚杆喷射混凝土支护技术规范》的规定确定,见表5-4-3。

3)其他量测项目,一般可布设在综合测试断面上(常称为代表性断面)。在一般围岩条件下,可间隔200~500m 布设一个断面。

量测断面应安设在距开挖工作面2m 的范围内。

表 5-4-3	拱顶下沉、周边位移量测断面间距			单位:m
条件 围岩	洞口附近	埋深小于2B	施工进展 200m 前	施工进展 200m 后
硬岩地层(断层破碎带除外)	10	10	20	30
软岩地层(不产生很大的塑性地压)	10	10	20	30
软岩地层(产生很大的塑性地压)	10	10	20	30
土、砂	10	10	10~20	20

注 B 为隧道开挖宽度。

如在施工过程中发生塌方等险情,需要根据监测数据进行确定工程处理的时机和措施,则应根据实际需要确定量测断面间距。

2. 量测线布置

周边位移量测需要布置测线,其布设方法和要求可参照表5-4-4及图5-4-1。

表 5-4-4	周边位移测线数			
地段 开挖方法	一般地段	特殊地段		
		洞口附近	埋深小于2B	有膨胀压力或偏压
全断面开挖	一条水平测线		三条或五条	
短台阶开挖	二条水平测线	三条或六条	三条或六条	三条或六条
多台阶开挖	每台阶一条水平测线	每台阶三条	每台阶三条	每台阶三条

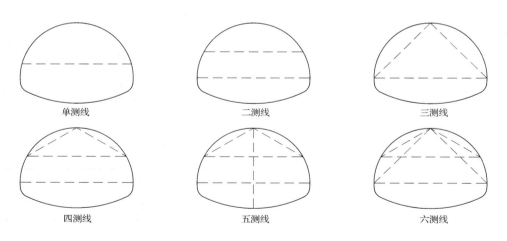

图 5-4-1 周边位移量测测线布置图

(二)量测孔和测点的布设

1. **围岩内部位移量测孔布置**

围岩内部位移的量测孔,一般与周边位移量测线相应布置,以便使两项测试结果相互验证,便于进行力学分析和应用,其布置方法如图5-4-2所示。

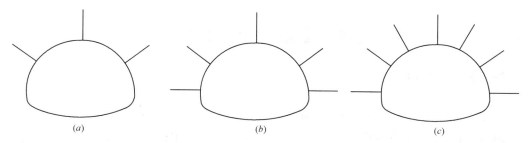

图 5－4－2　围岩内部位移测孔布置

（a）三测孔；（b）五测孔；（c）七测孔

2. 声波量测孔布置

声波量测孔宜布置在有代表性的部位，具体布置可参考图 5－4－2。布置时应考虑围岩层理、节理的方向与声波测试孔方向的关系。可采用单孔、双孔两种测试方法。

3. 地表和地中沉降测点布置

地表和地中沉降测点，主要布置在隧道中轴线上方的地表或地中（指钻孔中）（参见图 5－4－3），在主点的横向上也应布置必要数量的测点。

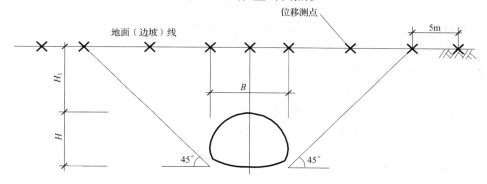

图 5－4－3　地表下沉测点布置示意图

4. 轴力量测锚杆布置

轴力量测锚杆在断面上的布置位置，要根据隧道工程设计的支护锚杆位置来确定，一般可参照围岩内部位移测孔布置（见图 5－4－2）。

5. 内应力及接触压力测点布置

初期支护及二次衬砌的内应力及其与围岩的接触压力量测的测点，一般应布置在有代表性部位，如拱顶、拱腰、拱脚、边墙腰及墙脚等位置，并应考虑与其他量测作对应布置，见图 5－4－4 所示。在有偏压、底鼓等特殊情况下，则应视具体情况调整测点位置和数量。

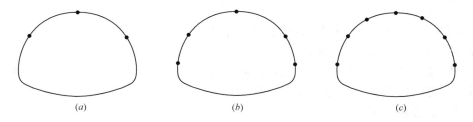

图 5－4－4　内应力及接触压力测点布置

（a）三测点；（b）五测点；（c）七测点

四、监控量测方法

(一)地质及支护状况观察

1. 洞内观察

（A）对开挖后没有支护的围岩的观测

观测内容包括：①节理裂隙发育程度及其方向；②开挖工作面的稳定状态，顶板有无坍塌；③涌水情况，包括位置、水量、水压等；④底板是否有隆起现象。

（B）对开挖后已支护地段围岩动态的观测

观测内容包括：①有无锚杆被拉断或垫板脱离围岩现象；②混凝土有无裂隙和剥离或剪切破坏；③钢拱架有无被压变形情况；④锚杆注浆和喷射混凝土施工质量是否符合规定的要求。

（C）观察围岩破坏形态并分析

观测内容包括：①危险性不大，不会发生急剧破坏，如加临时支护之后即可稳定的情况；②应当引起注意的破坏，如拱顶混凝土喷层因受弯曲压缩的影响而出现的裂隙；③危险征兆的破坏，如拱顶混凝土喷层出现有对称性的局部崩落、侧墙内移等。

2. 地质素描

与隧道施工进展同步进行的洞内围岩地质和支护状况的观察及描述，通常称为地质素描。它是隧道设计和施工过程中不可缺少的一项重要地质详勘工作，是围岩工程地质特性和支护措施的合理性的最直观、最简单、最经济的描述和评价。

配合量测工作对代表性断面的地质描述，应详细准确，如实反映情况。一般应包括对以下内容的描述：

1）代表性测试断面的位置、形状、尺寸及编号。

2）岩石名称、结构、颜色。

3）层理、片理、节理裂隙、断层等各种软弱面的产状、宽度、延伸情况、连续性、间距等。

4）各结构面的成因类型、力学属性、粗糙程度、充填的物质成分和泥化、软化情况。

5）岩脉穿插情况及其与围岩接触关系，软硬程度及破碎程度。

6）岩体风化程度、特点、抗风化能力。

7）地下水的类型、出露位置、水量大小及喷锚支护施工的影响等。

8）施工开挖方式方法、锚喷支护参数及循环时间。

9）围岩内鼓、弯折、变形、岩爆、掉块、坍塌的位置、规模、数量和分布情况，围岩的自稳时间等。

10）溶洞、流沙、膨胀性围岩等特殊地质条件描述。

11）喷层开裂起鼓、剥落情况描述。

在地质描述时，应绘制隧道地质展示图或纵、横剖面图（1:20～1:100），填写掌子面地质观测记录表（表5-4-5），必要时应附彩色照片。

(二)周边位移量测

1. 量测原理

隧道开挖后，改变了围岩的初始应力状态，是由于围岩应力重分布引起洞壁应力释放的

表 5 - 4 - 5

隧道开挖掌子面地质观测记录表

桩号					中线方向				试验编号	
地层岩性	断面尺寸(m)	宽:	高:		埋深(m)			取样编号		
	拱顶标高(m)									
	围岩类别	设计								
		施工采用								
	饱和权限抗压强度	极硬岩 $R_b > 60MPa$	硬质岩 $R_b = 30\sim60MPa$	软质岩 $R_b = 5\sim30MPa$	极软岩 $R_b \leqslant 5MPa$					
						煤矿采空区	顶板			
							底板			
围岩岩体结构特征	层理产状	单层厚度(m)	层面特征			与隧道的关系(平面示意图)	位置	标高(m)		
	组次 节理 1	间距(m)	缝宽(m)	充填物	性质			稳定性		
	2		长度(m)							
	3									
	4 产状									
	断层	破碎带宽度(m)	破碎带特征		岩体结构类型	瓦斯情况				
	纵波速度(m/s)	松弛带厚度(m)								
地下水涌水情况	涌水位置	涌水量 [L/(s·m)]	无水	滴水(<0.04)	线状(0.04~0.21)	股状(>0.21)	含泥砂情况	侵蚀性类型	与隧道关系	取水样编号	试验编号
左侧壁	侧壁素描图	右侧壁			掌子面素描图			工程措施及有关参数		

施工负责人:　　　　质量检查员:　　　　驻地监理工程师:　　　　日期:　　年　月　日

547

结果,使围岩产生了变形,洞壁有不同程度的向内净空位移。在开挖后的洞壁(含顶、底)应及时安设测点,可采用不同的观测手段,量测两测点的相对位移值。

2. 量测手段

周边位移可采用收敛计、位移测杆等量测。

量测的测点布设在隧道壁面,测点埋设时,先在测点处用手持冲击钻在待测部位打孔(孔径和深度示仪器要求已定),然后将带膨胀管的收敛预埋件敲入,旋上收敛钩后即可量测。

3. 量测注意事项

1)开挖后尽快埋设测点,并测取初读数,要求 12h 内完成。

2)测点(测试断面)应尽可能靠近开挖面,一般要求在 2m 以内。

3)读数应在重锤稳定或张力调节器指针稳定指示规定的张力值时读取。

4)当相对位移值较大时,要注意消除换孔误差。

5)量测频率应视围岩条件、工程结构条件、位移速率及施工情况而定。

6)整个量测过程中,应作好详细记录,并随时检查有无错误。

7)记录内容应包括断面位置、测点(测线)编号、初始读数、各次测试读数、当时温度以及开挖面距量测断面的距离等。

8)应及时计算出各测线的相对位移值,相对位移速率,及其与时间和开挖断面距离之间的关系,并列表或绘图,直观表示。

(三)拱顶下沉量测

1. 量测原理

由已知高程的临时或永久水准点(通常借用隧道高程控制点),使用较高精度的全站仪等,就可观测出隧道拱顶各点的下沉量及其随时间的变化情况。隧道底鼓也可用此法观测。通常这个值是绝对位移值。另外也可以用收敛计测拱顶相对于隧道底的相对位移。值得注意的是,拱顶点是坑道周边上的一个特殊点,其位移情况具有较强的代表性。拱顶下沉量测的测点,一般可与周边位移测点共用。

2. 量测方法

拱顶下沉可用多种方法量测,常见的方法有收敛计量测、全站仪量测等。

(A)收敛计量测

拱顶下沉量的大小,可以通过净空收敛观测值利用计算的方法而得到,根据测线 A、B、C 的实测值并利用三角形面积换算求得。如图 5-4-5 所示,拱顶下沉量 $\Delta h = h_1 - h_2$。

其中:

$$h_1 = \frac{2}{a}\sqrt{S(S-a)(S-b)(S-c)}$$

$$S = \frac{1}{2}(a+b+c)$$

$$h_2 = \frac{2}{a}\sqrt{S'(S'-a')(S'-b')(S'-c')}$$

$$S' = \frac{1}{2}(a'+b'+c')$$

式中 a、b、c——分别为前次量测 BC 线、AB 线、AC 线所得的实测值;

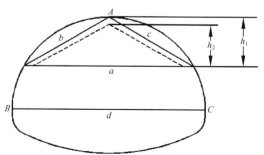

图 5-4-5 拱顶下沉计算布置示意图

a'、b'、c'——分别为后次量测 BC 线、AB 线、AC 线所得的实测值。

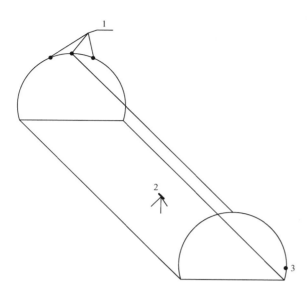

图 5 - 4 - 6　使用全站仪进行隧道拱顶下沉量测示意图
1—拱顶下沉观点;2—全站仪站点;3—后视点

（B）全站仪量测

在被测断面的拱顶位置布设 1 ~ 3 个反光贴片,并在距离该断面数十米位置(可选择已施做二衬,或可认为该处衬砌变形已经稳定的位置),贴 1 个反光片作为后视点,使用全站仪的"对边量测"功能,可以量测出被测点与后视点间的相对位移,该位移即拱顶下沉量。量测示意图见图 5 - 4 - 6,图 5 - 4 - 7 为某隧道现场使用全站仪进行拱顶下沉观测的图片。

（四）锚杆或锚索内力及抗拔力

锚杆或锚索内力及抗拔力量测的目的是:①了解锚杆受力状态及轴力的大小,为确定合理的锚杆参数提供依据;②判断围岩变形的发展趋势,概略判断围岩内强度下降区的界限;③评价锚杆的支护效果;④掌握围岩内应力重分布的过程。

1. 量测原理

系统锚杆的主要作用是限制围岩的松弛变形。这个限制作用的强弱,一方面受围岩地质条件的影响;另一方面取决于锚杆的工作状态。锚杆的工作状态好坏主要以其受力后的应力、应变来反映。因此,如果能采用某种手段测试锚杆在工作时的应力、应变值,就可以知道其工作状态的好坏,也可以由此判断其对围岩松弛变形的限制作用的强弱。

图 5 - 4 - 7　现场使用全站仪进行隧道拱顶下沉量测

2. 锚杆内力量测方法及注意事项

量测采用与设计锚杆强度相等且刚度基本相等的各式钢筋计来观测锚杆的应力、应变。量测锚杆要依据具体工程中支护锚杆的安设位置、方式而定,如局部加强锚杆,要在加强区域内有代表性的位置设置量测锚杆。量测时应注意:

1)电感式和差动式钢筋计,需用接长钢筋(设计锚杆用钢筋)将其对接于测试部位(区段),制成测试锚杆,并测取空载读数。对接可采用电弧对接,操作中应注意不要烧坏和损伤引出导线,并注意减少焊接温度对钢筋计的影响。

549

2）电阻式钢筋计是取设计锚杆，在测试部位两面对称车切、磨平后，粘贴电阻片，做好防潮处理，制成测试锚杆，并测取空载读数。

3）测试锚杆安装及钻孔均按设计锚杆的同等要求进行，但应注意安装过程中不得损坏电阻片、防潮层及引出导线等。

4）振弦式钢筋计用作锚杆测力计的安装比较简单，只需将其与一定尺寸的连接杆串接即可。

5）做好各项记录，并及时整理。

6）数据整理应及时进行，主要应整理出不同时间的锚杆轴力（N 或应力 σ）—深度（L）关系曲线和不同深度各测点锚杆轴力（N 或应力 σ）—时间（t）关系曲线。

3. 锚杆的抗拔力量测方法及注意事项

锚杆的抗拔力量测采用锚杆拉拔计。其操作操作程序及注意事项如下：

1）锚杆拉拔计使用前，应在具有一定资质的实验室对仪器进行标定。

2）测试前，现场加工一块铁（或钢）垫板，中间孔径不小于锚杆直径，一侧带有凹槽，凹槽长、宽及厚度稍大于锚杆垫板的相应尺寸。

3）测试时，将预先加工的垫板放在锚杆垫板上，其带有凹槽的一面朝向岩石墙面。

4）将锚杆拉拔计的接口与待测锚杆的外露端连接紧固。

5）拉拔计百分表归零，然后人工摇动油泵手柄，使油泵压力逐渐升高。

6）油泵压力达到设计拉力，可停止继续加压，记录锚杆位置及油泵压力值，油泵卸压，如果油泵压力未达到设计拉力，锚杆破坏，则该锚杆可认为安装质量不合格。

7）量测结束，根据锚杆拉拔试验的油泵压力与试验标定数据或曲线换算出锚杆拉拔力，填写锚杆拉拔测试报表，检查核实后，上报有关部门。

（五）地表下沉量测

1. 量测原理

通过地表下沉量的多少和下沉的快慢，可以判断分析隧道洞口围岩是否稳定，为设计优化支护参数提供可靠的数据，保证施工安全。

2. 量测方法

（1）基点布设　地表、地中沉降测点，原则上主要测点应布置在隧道中心线上，并在与隧道轴线正交平面的一定范围内布设必要数量的测点，见图 5 - 4 - 3。并在有可能下沉的范围外设置不会下沉的固定测点。在隧道开挖纵横向各 3 ~ 4 倍洞径外的区域，埋设 2 个基点，以便互相校核，参照标准水准点埋设，所有基点应和附近水准点联测取得原始高程。

（2）测点布设　在测点位置挖长、宽、深均为 200mm 的坑，然后放入地表测点预埋件（可自制），测点一般采用直径 20 ~ 30mm、长度 200 ~ 300mm 的平圆头钢筋制成，测点四周用混凝土填实，待混凝土固结后即可量测。

（3）量测　用高精度全站仪进行观测，图 5 - 4 - 8 为配合全站仪用于地表下沉测量的棱镜。

3. 注意事项

1）观测坚持四固定原则，即：施测人员固定，测站位置固定，测量延续时间固定，施测顺序固定，且应每隔 30 天用精密水准测量的方法进行基点与水准点的联测。

2）观测应在仪器检验合格后方可进行，且避免在测站和标尺有振动时进行。

3）尽量选择在每一天同一时间内进行观测。

（六）围岩体内位移量测

为了判断围岩位移随深度变化规律,确定围岩的移动范围,分析支架与围岩相互作用的关系,判断开挖后围岩的松动区、强度下降区与围岩相互作用的关系、锚杆长度适宜程度以及相邻隧道施工对既有隧道围岩稳定性的影响,需要进行围岩体内位移量测。

图 5 – 4 – 8　地表下沉测点

1. 量测原理

由于隧道开挖引起围岩的应力变化与相应的变形,距离临空面不同深度处是各不相同的。围岩内部位移量测,就是观测围岩表面与内部各测点间的相对位移值。该值不仅能反映围岩内部的松弛程度,而且更能反映围岩松弛范围的大小,也是判断围岩稳定性的一个重要参考指标。

2. 量测手段

采用多点位移计量测。在实际量测工作中,先是向围岩钻孔,然后用位移计量测钻孔内(围岩内部)各点相对于孔口(岩壁)的相对位移。

位移计有两种类型,一类是机械式;另一类是电测式,通常由定位装置、位移传递装置、孔口固定装置、百分表或读数仪等部分组成:

1）定位装置又称锚头,是将位移传递装置固定于钻孔中的某一点,则其位移代表围岩内部点位移。定位装置可采用注浆式锚头或机械式锚头,机械式又分楔缝式、支撑式、压缩木式等。

2）位移传递装置是将锚固点的位移以某种方式传递至孔口,以便测取读数。传递的方式有机械式和电测式两类。其中机械式位移传递构件有直杆式、钢带式、钢丝式;电测式位移传感器有电磁感应式、差动电阻式、电阻式、振弦式。

3）孔口固定装置:一般测试的是孔内各点相对于孔口固定点的相对位移,故须在孔口设固定基准面。

机械式位移计结构简单,安装方便,稳定可靠,价格低廉;但观测精度较低,观测不太方便,一般单孔可以观测 1~6 个测点的位移[图 5 – 4 – 9(a)、(b)]。

电测式位移计的传感器须有读数仪来配合输送、接收电信号,并读取读数。电测式位移计多用于进行深孔多点位移测试,其观测精度较高,测读方便,且能进行遥测,但费用较高。

3. 测孔布置

围岩内部位移测孔布置,除应考虑地质、隧道断面形状、开挖等因素外,还应与周边位移测线相应布设,以便使两项测试结果能够相互印证,协同分析与应用。一般每 100 ~ 500m 设一个量测断面,洞内设点的测孔布置见图 5 – 4 – 2。

（七）围岩压力及两层支护间压力

围岩压力及两层支护间压力量测的目的是了解初期支护、二衬对围岩的支护效果和了

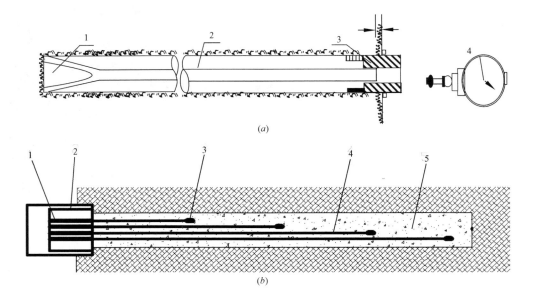

图 5 - 4 - 9　机械式位移计

（a）单点杆式位移计原理示意图　1—内锚头;2—位移传递杆;3—外锚头;4—测量百分表

（b）多点位移原理示意图　1—位移测定器;2—圆形支架;3—锚头;4—传递杆及保护套管;5—砂浆

解初期支护、二衬的实际承载情况及分担围岩压力的情况,检验隧道偏压,保证施工安全,优化支护参数。

1. 量测原理

隧道开挖后,围岩要向净空方向变形,而支护结构要阻止这种变形,这样就会产生围岩作用于支护结构上的围岩压力和两层支护间的压力,而这两种压力可以采用仪器量测。

2. 量测手段

量测采用盒式压力传感器(压力盒)进行测试。将压力盒埋设于混凝土支护与围岩接触面的测试部位,则压力盒所受压力即为该部位(测点)压力。

3. 测点布置

压力盒布设在围岩与初衬之间,即测得围岩压力;压力盒布设在初衬与二衬之间,即测得两层支护间压力。

压力盒布设中,应把测点布设在具有代表性的断面的关键部位上如拱顶、拱腰、拱脚、边墙仰拱等(图 5 - 4 - 4),并对各测点逐一进行编号。埋设压力盒时,要使压力盒的受压面向着围岩。

4. 注意事项

压力盒埋设时应注意:

1)在隧道壁面,当测围岩施加给喷混凝土层的径向压力时,先用水泥砂浆或石膏把压力盒固定在岩面上,再谨慎施作喷混凝土层,不要使喷混凝土与压力盒之间有间隙,保证围岩与压力盒受压面贴紧。

2)一定要注意保护压力盒的电缆线,否则前功尽弃。

(八) 钢支撑内力

钢支撑内力量测的目的是了解拱架或受力钢筋与混凝土对围岩的组合支护效果以及解钢拱钢架或受力钢筋的实际工作状态,以便视具体情况决定是否需要采取加固措施;判断初期支护或二次衬砌的承载能力,以保证施工安全,优化设计参数。

1. 量测仪器

量测采用钢筋计(量测型钢)或表面应变计(量测格栅)。钢筋计多采用振弦式,其传感器又称钢弦式钢筋计,它须使用钢弦式频率仪测试,这种钢筋计的构造不太复杂,性能亦较稳定,耐久性较强,其直径能较接近设计锚杆直径,经济性较好,是一种比较适用的传感器。

2. 量测方法

在现场钢筋受力的测试中,常用的方法是将钢筋计串联于被测钢筋上(即将被测钢筋截断一节后焊接上钢筋计),也可将钢筋计并联于被测钢构件上。

(A) 钢筋计串联量测

当钢筋计与被测钢筋串联时,钢筋轴力等于钢筋计轴力。此时,钢筋计轴力可通过频率计量测钢弦产生的振动频率,再根据钢筋计生产厂家提供的钢筋计频率与轴力标定函数计算所得。

但是,用串联法量测可能存在以下弊端:量程选择较为苛刻,需注意直径匹配,否则会造成钢筋计发生超量程现象,当钢筋截面积较大时,如果采用小型号的钢筋计与该钢筋串联,则会使钢筋计超量程而导致钢筋计失效,而大量程钢筋计相对精度偏低;串联法只能量测钢筋应力,量测拱架等钢构件的应力则不现实;而且,安设仪器时需事先截断一节被测钢筋,操作麻烦。

(B) 钢筋计并联量测

当钢筋计与被测钢筋(或钢构件)并联时,由于钢筋计直接椰焊在被测钢筋(钢构件)上,因此可认为钢筋计和并联部位钢筋(钢构件)以并联方式共同受力,而钢筋计及并联部位钢筋一起受力。因此,钢筋(钢构件)轴力 F 可按以下公式计算(见图 5 – 4 – 10):

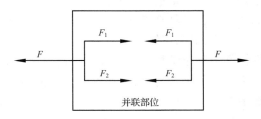

图 5 – 4 – 10　钢筋计并联法量测受力示意图

$$F = F_1 + F_2$$

$$F_1 = A_1 \times E_1 \times \varepsilon_1$$

$$F_2 = A_2 \times E_2 \times \varepsilon_2$$

由于钢筋计与并联部位钢筋(钢构件)并联受力,可近似认为 $\varepsilon_1 = \varepsilon_2$,故有:

$$F = F_1 \times \left(1 + \frac{A_2 E_2}{A_1 E_1} \right)$$

式中　F、F_1、F_2——分别为被测钢筋(钢构件)、钢筋计和并联部位钢筋(钢构件)轴力;

A_1、A_2——分别为钢筋计和并联部位钢筋(钢构件)截面积;

E_1、E_2——分别为钢筋计和并联部位钢筋(钢构件)弹性模量;

ε_1、ε_2——分别为钢筋计和并联部位钢筋(钢构件)应变值。

采用钢筋计并联法量测钢筋或钢构件内力,有如下之优点:

1）可解决钢筋计串联法可能造成的超量程问题，以较小量程的钢筋计来量测截面积较大的钢筋内力（即在钢筋计量程选取上较为宽松）；

2）用并联法不光可以量测钢筋的内力，而且可以量测钢拱架等钢构件的受力（见图 5 - 4 - 11），这样可以克服用表面应变计的方法量测钢拱架受力时，对仪器的保护困难和调试不易等问题；

3）钢筋计并联法量测钢筋内力还可省去钢筋计串联法安装钢筋计时截断钢筋的工作，使现场钢筋计安装更为方便。

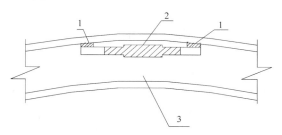

图 5 - 4 - 11　并联法量测钢拱架受力示意图
1—焊接钢筋；2—钢筋计；3—钢支撑

3. 仪器安装及量测

安装前，在钢拱架待测部位并联焊接钢弦式钢筋计，在焊接过程中注意对钢筋计淋水降温，然后将钢拱架由工人搬至洞内立好，记下钢筋计型号，并将钢筋计编号，用透明胶布将写在纸上的编号紧密粘贴在导线上。注意将导线集结成束保护好，避免在洞内被施工所破坏。

根据钢筋计的频率—轴力标定曲线可将量测数据来直接换算出相应的轴力值，然后根据钢筋混凝土结构有关计算方法可算出钢筋轴力计所在的拱架断面的弯矩，并在隧道横断面上按一定的比例把轴力、弯矩值点画在各钢筋计分布位置，并将各点连接形成隧道钢拱架轴力及弯矩分布图。

对于型钢拱架，用表面应变计或钢筋应力计，其他与格栅钢拱架的钢筋计量测法相同。在衬砌的内外层钢筋中成对布设。安装前，在主筋待测部位并联焊接钢弦式钢筋计，在焊接过程中注意对钢筋计淋水降温，记下钢筋计型号，并将钢筋计编号，用透明胶布将写在纸上的编号紧密粘贴在导线上。注意将导线集结成束保护好，避免在洞内被施工所破坏。

根据钢筋计的频率—轴力标定曲线可将量测数据来直接换算出相应的轴力值，然后根据钢筋混凝土结构有关计算方法可算出钢筋计所在断面的轴力、弯矩，并在隧道横断面上按一定的比例把轴力、弯矩值点画在各钢筋计分布位置，并将各点连接形成隧道轴力及弯矩分布图。

4. 安装钢筋计注意事项

1）钢筋计的连杆需事先用匹配的螺纹钢电焊焊好。焊接时要用电工胶布把另一头的螺纹包住，以保护螺纹免受损坏。

2）在初期支护格栅拱架绑扎焊接成型后，将钢筋计并联在格栅拱架主筋上指定位置。把钢筋计与钢筋焊接时，先用湿布保护钢筋计，以免温度过高损坏钢筋计。

3）钢筋计的电缆线顺格栅拱架而下，在上台阶下部集束。

4）一定要注意保护钢筋计的电缆线，否则前功尽弃。

（九）支护、衬砌内应力、表面应力量测

支护、衬砌内应力、表面应力量测的目的是了解混凝土层的变形特性以及混凝土的应力状态；掌握喷层所受应力的大小，判断喷射混凝土层的稳定状况；判断支护结构长期使用的可靠性以及安全程度；检验二次衬砌设计的合理性；积累资料。

1. 量测原理

混凝土应力量测包括初期支护喷射混凝土应力和二次衬砌模筑混凝土应力量测，对于应力的量测是将量测元件（装置）直接安装于喷层或二次衬砌中，在围岩逐渐变形过程中由不受力状态逐渐过渡到受力状态。

2. 量测方法

目前，用于量测混凝土应力的方法主要有应力（应变）计量测法、应变砖量测法。

（A）应力（应变）计量测法

混凝土应变计是量测混凝土应力的常用仪器，量测时将应变计埋入混凝土层内，通过钢弦频率测定仪测出应变计受力后的振动频率，用相关公式进行计算，也可用图表法从事先标定出的频率—应变曲线上求出作用在混凝土层上的应变，然后再转求应力。

（B）应变砖量测法

应变砖量测法，也称电阻量测法。所谓应变砖，实质上是由电阻应变片，外加银箔防护做成银箔应变计，再用混凝土材料制成（50～120）mm×40mm×25mm的长方体（外壳形如砖），由于可测出应变量故名应变砖。

量测时应变砖直接埋入混凝土内，混凝土在围岩应力的作用下，由不受力状态逐渐过渡到受力状态，应变砖也随着产生应力，由于应变砖和混凝土基本上是同类材料，埋入混凝土的应变砖不会引起应力的异常变化，所以应变砖可直接反应混凝土层的变形与受力的大小，这是应变砖量测较其他量测方法较优之处。

采用电阻应变仪量测出应变砖应变量的大小，然后从事先标定出应变砖的应力—应变曲线上可求出混凝土层所受应力的大小。

3. 测试断面的布置

混凝土应力量测在纵断面上应与其他的选测项目的布置基本相同，一般布设在有代表性的围岩段，在横断面上除了要与锚杆受力量测测孔相对应布设外，还要在有代表性的部位布设测点，在实际量测中通常有三测点、六测点、九测点等多种布置形式。在二次衬砌内布设时，一般应在衬砌的内外两侧进行布置，有时也可在仰拱上布置一些测点。

4. 注意事项

为了使量测数据能直接反映混凝土层的变形状态和受力的大小，要求量测元件材质的弹性模量应与混凝土层的弹性模量相近，从而不致引起混凝土层应力的异常分布，以免量测出的应力（应变）失真，影响评价效果。

（十）围岩弹性波测试

围岩弹性波测试是地球物理探测方法的一种。因目前岩体测试中激发的弹性波频率大都在声波范围内（2～20kHz），故一般称为声波测试。声波测试具有快速、简易、经济等特点，在地下工程测试中被广泛地用来测定岩体物理性质，判别围岩稳定状态，提供工程围岩分类的参数。

1. 基本原理

岩体声波测试，是借助于对岩体（岩石）施加动荷载，激发弹性波在介质中的传播，来研究岩体（岩石）的物理力学性质及其构造特征，从波速、波幅、频率等几个主要方面进行表征。在岩体中，波的传播速度与岩体的密度及弹性常数有关，受岩体构造、地下水、应力状态的影响，一般来说有如下规律：岩体风化、破碎、结构面发育则波速低衰减快，频谱复杂；岩体充水或应力增加则波速增高，衰减减少，频谱简化；岩体不均匀性和各向异性使波速与频谱的变化也相应地表现出不均一性和各向异性。利用上述原理，在岩体中造成一小扰动，根据所测得的弹性波（声波）在岩体中的传播特性与正常情况相比,即可判定岩体受力后的状态。

2. 测试仪器

声波测试的主要仪器是声波仪及换能器(亦称声测探头)。

声波仪的主要部件是发射机与接收机。发射机根据使用要求,能向声波测试探头输出一定频率的电脉冲,向探头输出能量。接收机将探头所接收的微量讯号经过放大,并在示波管上反映出来。

声波测试探头(换能器)按其功能可分为发射换能器和接收换能器,其主要元件都是压电陶瓷,主要功能是将声波仪输出的电脉冲转变为声波能,或将声波能变为电信号输送给接收机。

3. 测试方法

(A)围岩松动圈的测定

测试方法有单孔法和双孔法。

单孔测量是用风钻在岩体中打一小孔,将发射换能器和接收换能器组装在一起,放入充满液体的测孔中。换能器的组装有一发一收、一发二收、二发二收等。通常采用一发二收,如图 5-4-12 所示,该组合由一个发射换能器和两个接收器组成,固定三组相对位置,以两个接收换能器为实测距离。观测顺序为:发射后先读取至"收"的纵、横波走的时间 tp_2 和 ts_2,再读取至"收₁"的 tp_1 和 ts_1。测试时,不断移动换能器,即可获得孔深与波速的关系曲线。

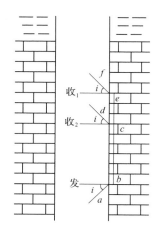

图 5-4-12　一发二收示意图

双孔测试是目前应用较广的方法,它受局部岩体的影响小,一般用双孔同步、单发单收的方式。在测试断面的测试部位,打一对小孔,孔间距离一般为 $1\sim1.5m$,在一孔中放发射换能器,另一孔中放入接收换能器,平行移动这两个换能器,即可获得声波与孔深的曲线关系。

根据实测资料,波速与孔深关系曲线类型如图 5-4-13 所示,其中:(a)("—"型)为无明显分带,表示围岩较完整;(b)("/"型)为无松弛带,有应力升高,表示围岩较坚硬;(c)("Γ"型)为无应力升高带,有松弛带,但应分清是爆破松动还是围岩进入塑性松动;(d)("凸"型)为松弛带和应力升高带均有。

(B)围岩分类的测试

测试方法有钻孔法和锤击法两种。锤击法受开挖影响较明显,测得波速比用钻孔法测得的偏低。

声波法测得岩体和岩块的波速后,可由岩体纵波速度 V_{mp} 和岩块的纵波速度 V_{rp} 求得岩体完整性系数 Kv:

$$Kv = (V_{mp}/V_{rp})^2$$

然后判断岩体的完整性。Kv 愈接近于 1,表示岩体愈完整。

在软弱围岩中,难以获得岩块的波速,则可由岩体纵波速度 V_{mp} 和岩体纵波最大速度 V_{zp} 得到岩体相对完整系数 Kx:

$$Kx = (V_{mp}/V_{zp})^2$$

556

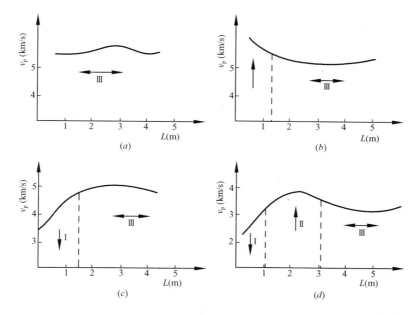

图 5 – 4 – 13　波速与孔深关系曲线类型

据此亦可以判断岩体的完整性。

五、监控量测的数据分析

在监测过程中,监测断面多,监测布设项目复杂,采集到的数据可以用海量来形容,如何在大量的数据中寻找有用的信息,进行数据分析,对隧道的稳定性做出正确的判断,就成为监测的重中之重。

量测数据反馈于设计、施工是监控设计的重要一环,但目前尚未形成完整的设计体系。当前采用的量测数据反馈设计的方法主要是定性的,即依据经验和理论上的推理来建立一些准则。根据量测的数据和这些准则即可修正设计支护参数和调整施工措施。量测数据反馈设计、施工的理论法,目前正在蓬勃兴起,那就是将监控量测与理论计算相结合的反分析计算法,这里,简要介绍根据对量测数据的分析来修正设计参数和调整施工措施的一些准则。

（一）地质预报

地质预报就是根据地质素描来预测预报开挖面前方围岩的地质状况,以便考虑选择适当的施工方案调整各项施工措施。包括:

1)在洞内直观评价当前已暴露围岩的稳定状态,检验和修正初步的围岩分类。

2)根据修正的围岩分类,检验初步设计的支护参数是否合理,如不恰当,则应予修正。

3)直观检验初期支护的实际工作状态。

4)根据当前围岩的地质特征,推断前方一定范围内围岩的地质特征,进行地质预报;防范不良地质突然出现。

5)根据地质预报,并结合对已作初期支护实际工作状态的评价,预先确定下循环的支护参数和施工措施。

6）配合量测工作进行测试位置选取和量测成果的分析。

（二）周边位移分析

净空位移是围岩动态的最显著表现，所以隧道工程现场量测主要以净空位移作为围岩稳定性评价及围岩稳定状态判断的指标。一般而言，坑道开挖后，若围岩位移量小，持续时间短，其稳定性就好；若位移量大，持续时间长，其稳定性就差。

以围岩位移作为指标来判断其稳定状态，则有赖于对实际工程经验的总结和对位移量测数据的分析。

（1）判断标准　用围岩的位移来判断其稳定状态，关键是要确定一个"判断标准"（或称为"收敛标准"），即是判断围岩稳定与否的界限。它包括 3 个方面：位移量（绝对或相对）、位移速率、位移加速度。表 5-4-6 所列数值是在统计和分析了国内许多隧道的量测数据后得到的，我国 JTJ 042—94《公路隧道施工技术规范》规定可将其作为现场量测数据分析与应用中的依据。

（2）根据已确定的判断标准　如果围岩位移速度不超过允许值，且不出现蠕变趋势，则可以认为围岩是稳定的，初期支护是成功的。若表现出稳定性较好，则可以考虑适当加大循环进尺。如果位移值超过允许值不多，且初期支护中的喷射混凝土未出现明显开裂，一般可不予补强。如果位移与上述情况相反，则应采取处理措施，如在支护参数方面，可以增强锚杆，加钢筋网喷混凝土、加钢支撑、增设临时仰拱等；施工措施方面，可以缩短从开挖到支护的时间，提前打锚杆，提前设仰拱，缩短开挖台阶长度和台阶数，增设超前支护等。

表 5-4-6　　　　　　　　　隧道周边允许相对位移值（％）

围岩类别 ＼ 覆盖层厚度（m）	<50	50~300	>300
Ⅲ	0.10~0.30	0.20~0.50	0.40~1.20
Ⅳ	0.15~0.50	0.40~1.20	0.80~2.00
Ⅴ	0.20~0.80	0.60~1.60	1.00~3.00

注　1. 相对位移是指实测位移值与两测点间距离之比。或拱顶位移实测值与隧道宽度之比。

　　2. 脆性围岩取表中较小值，塑性围岩取表中较大值。

　　3. Ⅰ、Ⅱ、Ⅵ类围岩可按工程类比初步选定允许值范围。

　　4. 本表所列数值可在施工过程中通过实测和资料积累作适当修正。

（3）二次衬砌（内层衬砌）的施作时间　按新奥法施工原则，当围岩或围岩经初期支护后基本达到稳定后，就可以施作二次衬砌。应当特别指出的是，在流变性和膨胀性强烈的地层中，单靠初期支护不能使围岩位移收敛时，就宜于在位移收敛以前，施作混凝土二次衬砌，做到有效地约束围岩位移。

（三）围岩内位移及松动区分析

与周边位移同理，如果实测围岩的松动区超过了允许的最大松动区（该允许松动区半径与允许位移量相对应），则表明围岩已出现松动破坏，此时必须加强支护或调整施工措施以控制松动范围。如加强锚杆（加长、加密或加粗）等，一般要求锚杆长度大于松动区范围。

如果与以上情形相反,甚至锚杆后段的拉应力很小或出现压应力时,则可适当缩短锚杆长度或缩小锚杆直径或减小锚杆数量等。

(四)围岩压力分析

由围岩压力分布曲线可知围岩压力的大小及分布状况。围岩压力的大小与围岩位移量及支护刚度密切相关。围岩压力大,即作用于初期支护的压力大。这可能有两种情况:一是围岩压力大而变形量不大,这表明支护时机,尤其是支护的封底时间可能过早或支护刚度太大,可作适当调整,让围岩释放较多的应力;另一种情况是围岩压力大且变形量也很大,此时应加强支护,限制围岩变形,控制围岩压力的增长。当测得的围岩压力很小但变形量很大时,则应考虑可能会出现围岩失稳。

(五)喷层应力分析

喷层应力是指切向应力,因为喷层的径向应力总是不大的。喷层应力与围岩压力及位移有密切关系。喷层应力大的原因有 2 个方面,一是围岩压力和位移大;二是由于支护不足。在实际工程中,一般允许喷层有少量局部裂纹,但不能有明显的裂损,或剥落、起鼓等。如果喷层应力过大,或出现明显裂损,则应适当增加初始喷层厚度。如果喷层厚度已较厚时,则不应再增加喷层厚度,而应增强锚杆、调整施工措施、改变封底时间等。

(六)地表下沉分析

对于浅埋隧道,可能由于隧道的开挖而引起上覆岩体的下沉,致使地面建筑的破坏和地面环境的改变。因此,地表下沉的量测监控对于地面有建筑物的浅埋隧道和城市地下通道尤为重要。如果量测结果表明地表下沉量不大,能满足限制性要求,则说明支护参数和施工措施是适当的;如果地表下沉量大或出现增加的趋势,则应加强支护和调整施工措施,如适当加喷混凝土、增设锚杆、加钢筋网、加钢支撑、超前支护等,或缩短开挖循环进尺、提前封闭仰拱、甚至预注浆加固围岩等。

六、信息反馈与预测预报

在复杂多变的隧道施工条件如何进行准确的信息反馈与可靠的预测预报是监控量测试验的主要内容之一。迄今为止,信息反馈与预测预报通过两个途径来实现,即力学计算法和工程经验法。图 5 - 4 - 14 将监控量测及其反馈过程做了简单归纳。

(一)力学计算法

通过力学计算来调整和确定支护系统。力学计算所需的输入数据则采用反分析技术根据现场量测数据推算而的如塑性区半径、初始地应力、岩体变形模量、岩体流变参数、二次支护荷载分布。这些数据是对支护系统进行计算所需要的。

目前已有较多的计算机分析软件可用于进行地下结构的分析计算,如 ANSYS、MARC、FLAC、ADINA 等,国内较为著名的有同济曙光 GeoFBA 平面有限元软件。

(二)工程经验法

建立在现场量测的基础之上的,其核心是根据经验建立一些判断标准来直接根据量测结果或回归分析数据来判断围岩的稳定性和支护系统的工作状态。

在施工监测过程中,数据"异常"现象的出现可以作为调整支护参数和采取相应的施工技术措施的依据。

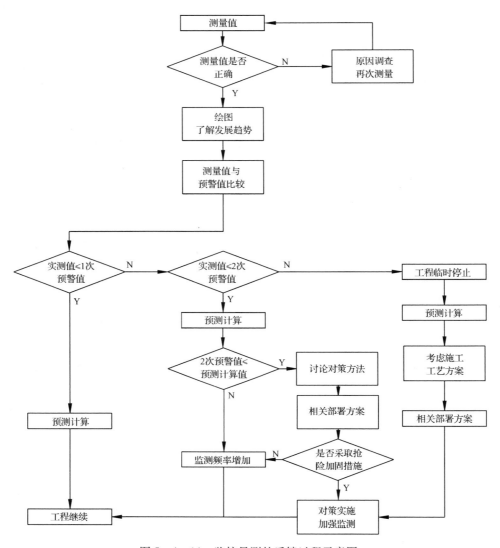

图 5 - 4 - 14 监控量测的反馈过程示意图

根据净空变化量值或预计最终位移值与位移临界值对比来判断根据位移速率来判断当位移速率大于 20mm/d 时,就需要特别支护。

位移—时间曲线的判断:

1)$\dfrac{\mathrm{d}^2 u}{\mathrm{d}t^2} < 0$,变形速率下降,位移趋于稳定。

2)$\dfrac{\mathrm{d}^2 u}{\mathrm{d}t^2} = 0$,变形速率不变,发出警告,及时加强支护系统。

3)$\dfrac{\mathrm{d}^2 u}{\mathrm{d}t^2} > 0$,变形速率增大,则已进入危险状态,须立即停工,采取措施进行加固。

第五节　软土地基安全监测

软基是指软土地基,多为软弱黏性土。这类土的特点是天然含水量高、孔隙比大、抗剪强度低、压缩系数高和渗透系数小,以及有较高的灵敏度等。因此,必须经过处理后方可使用。而对于不同的软土地基,根据软土层的厚度、物理力学特性、使用要求以及工程工期等因素,又存在不同地基处理方法的选择问题。公路工程和港口工程的软土地基处理常用方法有排水固结法、强夯法、深层水泥搅拌桩以及混凝土刚性桩深基础法等,排水固结法一般单独采用,其他方法可与排水固结法交差应用。排水固结法中以堆载预压、真空预压和真空联合堆载预压最为常用。

软土地基处理的设计,必须确保消除地基大部分沉降和提高地基稳定性,满足工程质量要求,同时保证工期满足建设方要求。由于工程地质条件、边界条件,以及填挖条件等原因,在软土地基处理过程中会引起土体沉降、侧向变形及地下水位的变化,这些变化对加固区本身以及周边建筑物、管线和道路等产生或多或少的影响。因此,为确保工程顺利进行,同时保证工程质量,在地基处理过程中必须进行安全监测。监测的主要目的是:监控施工期地基稳定性,为控制施工速率提供依据,确保施工期安全;检验加固效果,保证工程质量;揭示软土地基变形规律,预测工后沉降和差异沉降,指导后期施工安排,验证设计计算结果,为完善设计计算方法提供统计资料。因此,可以说监测工作是确保软土地基处理成功的关键环节。

一、软基公路工程中的安全监测

(一)监测设计

1. 监测设计原则

1)监测目的明确、重点突出。

2)监测工作应贯穿于地基处理全过程,并具连续性。

3)仪器布置应以实用为主,布点位置应避免或减少施工干扰和其他干扰。所有监测仪器宜集中布置于垂直路堤中线的横断面上,当横断面上布设不下时,可紧靠轴线两侧布设。

4)监测方法科学,并辅以人工巡视和现场调查。

5)施工过程中应根据实际情况,调整监测内容。由于公路施工过程中伴随有不断变化的边界条件和施工工况,如地质条件变化引起的原设计调整等。因此,监测工作也应根据这些变化作调整或增补。

2. 监测设计所需资料

软土路基公路工程监测设计所需基本资料如下:

1)工程地质资料:主要包括地基土层分布、土层的主要物理力学指标、地质剖面图、地基处理参数、地震烈度等。

2)水文地质资料:地下水位及地下水补给情况。

3)上部荷载:主要包括地基处理过程中的填土荷载、使用荷载。

4)边界条件:周边建筑物,池塘、围堰等。

5）其他资料：主要是指可能影响地基处理过程和使用过程的整体稳定等方面的问题。

3. 监测项目及其目的

（A）监测项目

公路工程安全监测的内容应满足对加固范围内的地基稳定、固结度、垂直变形、侧向变形控制和加固效果实时监督、控制的需要。其主要监测项目及意义见表5-5-1、表5-5-2。

表5-5-1　　　　　　　　　　　　　　　　主要监测项目汇总表

观测项目		一次仪标名称	二次仪表名称	选取建议
竖向位移	地表沉降	沉降标或板	水准仪	常规，必选
	地基深层沉降	深层沉降标	水准仪	按需设置，要求工后沉降时必选
	地基分层沉降	分层沉降管、磁环	分层沉降仪	按需设置
水平位移	地表水平位移	边桩	全站仪	常规，附近有建筑物时必选
	地基深层水平位移	测斜管	测斜仪	按需设置，涉及整体稳定时必选
应力	地基孔隙水压力	孔隙水压力计	频率读数仪	按需设置
	土压力	土压力计	频率读数仪	按需设置
	承载力			复合地基及刚性地基必选
其他	地下水位	水位管	水位计	可选，但有孔压测量时必选
	出水量	单孔出水量	出水量计	按需设置
	真空度	真空度测头、真空管	真空表	涉及真空处理的地基必选

（B）监测目的

表5-5-2　　　　　　　　　　　　　　　　项目监测内容及目的

项目名称		监测内容	监测目的
竖向位移	地表沉降	地表以下土体总沉降量	推算地基总固结度，控制施工速率
	地基深层沉降	地基某层位以下沉降量	推算部分土体固结度
	地基分层沉降	地层不同层位分层沉降量	分层推算地基固结度
水平位移	地表水平位移	路堤侧向地面水平位移，兼测地面沉降或隆起量	稳定控制指标，控制施工速率
	地基深层水平位移	地基各土层土体侧向位移量	地基整体稳定控制，控制施工速率
应力	地基孔隙水压力	地基孔隙水压力变化和超静孔隙水压力的消长规律	地基土体固结情况和强度增长推算，并通过孔隙水压力系数来控制施工速率
	土压力	测点位置的土压力	土压力分布
	承载力	承载力	检验加固效果
其他	地下水位	地基地下水位变化情况	地下水位的变化，校验孔隙水压力读数和推算超静孔隙水压力
	出水量	排水体排水量	了解地基排水情况
	真空度	监测点的真空压力大小	真空压力分布，真空压力的传递

（二）监测仪器选型与率定

根据监测项目、监测技术要求和相关监测仪器的使用经验,进行监测仪器选型。仪器选择分两步进行,首先是根据测量和测试的精度要求、量程选定一次仪器(标识测点、传感器),然后再根据一次仪器的精度要求和使用环境选择二次仪表。

对于选定的一次仪器在采购和埋设前应进行标定和筛选;二次仪表在使用前应进行校验。

1. 一次仪器的制作与选型

根据现场测量、测试精度及工程要求,对现场埋设的仪器可进行制作与选型。其中自制仪器根据需要制作,通常有沉降板、边桩、标点等,沉降板与沉降观点根据设计图(如图5－5－1、图5－5－2)可现场制作,边桩制作如图5－5－3,基准点制作如图5－5－4。其他仪器应从专业厂家定购,如孔隙水压力计、分层沉降管与磁环、测斜管和土压力计及高精度、需长期观测的外观标识测点等。

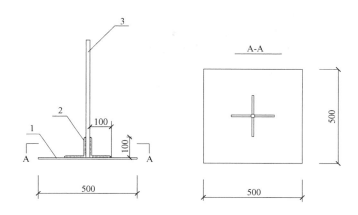

图5－5－1　沉降板制作示意图(单位:mm)
1—8mm厚钢板;2—φ12侧焊;3—测杆(公称内径20mm水管)

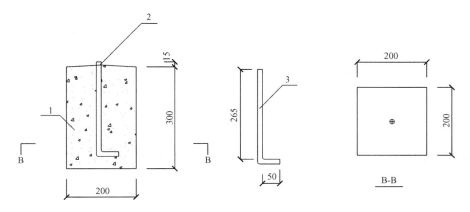

图5－5－2　沉降观测点制作示意图(单位:mm)
1—C15混凝土;2—φ14钢筋;3—φ14钢筋

563

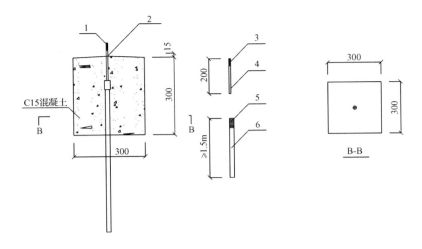

图 5 – 5 – 3 边桩制作示意图（单位:mm）
1—带内螺纹测点与棱镜相接;2—φ15 镀锌钢管;3—根据棱镜设计螺纹;
4—φ15 镀锌钢管;5—螺纹根据变径直通选取;6—φ25 镀锌钢管

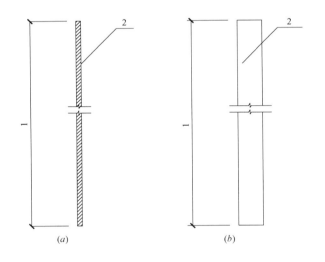

图 5 – 5 – 4 基准点材料制作示意图（单位:mm）
（a）1—长度根据钻孔的地层情况确定;2—内管,φ10 螺纹钢管
（b）1—长度根据钻孔的地层情况确定;2—外管,φ125PVC 管

2. 二次仪表的选择

二次仪表的选择原则是:①优于测量和测试精度的要求;②考虑其与一次仪器的匹配和尽可能在同一项目中的通用。

（A）地表沉降观测仪器—水准仪

水准仪主要用于沉降测量控制基准点的复核与地表沉降观测,根据监测精度要求选用仪器。通常情况下,公路工程基桩和校核沉降控制点采用二等水准测量,地表沉降观测采用三等水准测量。水准仪的有关型号和参数见本书相关章节,以及仪器使用说明书。

564

（B）地表水平位移观测仪器—全站仪

全站仪主要用于控制基准点与工作基准点的复核以及一般水平位移观测,根据监测精度要求选用仪器。控制基准点与工作基准点的测量等级应高于一般观测点的测量等级,通常情况下,控制基准点与工作基准点采用二等测量标准,一般观测点采用三等测量标准。全站仪的有关型号和参数见本书相关章节,以及仪器使用说明书。

（C）分层沉降监测仪器—沉降仪

沉降仪用于分层沉降观测,根据工程监测要求选用沉降仪或多点位移计。

（D）振弦式监测仪表—振弦式读数仪

振弦式读数仪应选择尽可能通用于所采用的振弦式传感器观测读数,其精度根据工程监测精度和一次仪表精度选定。

（E）深层土体水平位移监测仪器—测斜仪

测斜仪用于深层土体水平位移的观测,常用的测斜仪有两种:电解质式测斜仪和伺服加速度式测斜仪,可根据需要选购。

（F）地下水位监测仪器—水位计

水位计用于地下水位和潮汐水位的观测,常用钢尺式水位计。

（三）监测仪器布置

1. 监测断面的确定

监测断面按设计要求布置,在同一监测断面上,应考虑各监测仪器在剖面位置上的可对比性。

2. 监测点的布置

（A）地表沉降的布置

地表沉降的观测自地基处理前开始至竣工验收后结束。一般每个监测断面布置 3 个测点,分别在路堤中心和两侧路肩处。特殊断面可适当增加测点,如当路面较宽时,在半幅路面中心可增加测点,以便为确定地基固结度提供更详细的数据。另外,在路堤填筑过程中出现不稳定迹象时,还应在半幅路面中或是边坡上加密地表沉降测点,以便及时了解可能滑动的位置。公路工程典型监测断面仪器布置如图 5 – 5 – 5、图 5 – 5 – 6 所示。

（B）分层沉降

分层沉降作为地表沉降的补充观测内容,一般布置在路中,也可在路肩两侧。在每一个观测点内,分层沉降磁环应埋设于土层界面处,当土层厚度超过 3m 时,则视土层实际厚度适当加密,一般以 2 ~ 3m 间距为宜。

（C）地面水平位移

地面水平位移布置在路堤两侧趾部,以及边沟外缘与外缘以远 10m 处,分别埋设位移观测边桩(一般每侧 3 ~ 4 个位移边桩),同一监测断面的边桩应埋于同一横轴线上。

（D）深层土体水平位移

深层土体水平位移布置在路堤两侧的边坡坡趾或坡趾外 5m 以内的位置或边沟上口外缘 1m 左右处,管底部须进入相对硬土层,管口加保护盖。水平位移监测断面应于沉降监测断面位置吻合。

（E）孔隙水压力

孔隙水压力观测点主要集中于路堤中心,并与沉降和水平位移观测点位于同一断面上。

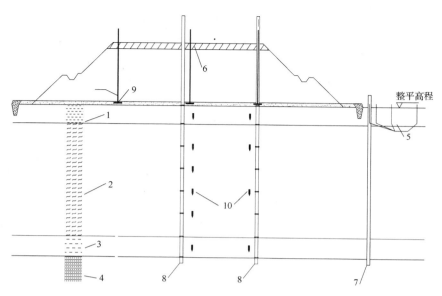

图 5 - 5 - 5　公路工程典型监测断面仪器布置剖面示意图

1—土层 1;2—土层 2;3—土层 3;4—土层 4;5—边桩;6—路床;
7—测斜管;8—分层沉降;9—沉降板;10—孔隙水压力计

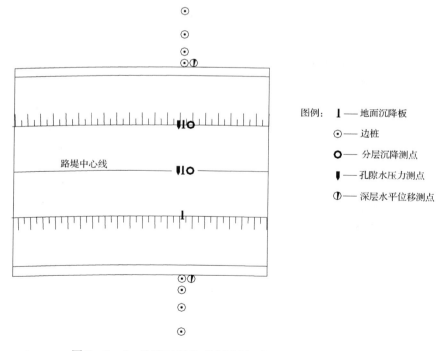

图例: ▐ —地面沉降板

　　　 ⊙ —边桩

　　　 ◑ —分层沉降测点

　　　 ▌—孔隙水压力测点

　　　 ◑ —深层水平位移测点

图 5 - 5 - 6　公路工程典型监测断面仪器布置平面示意图

一般情况下,自地基处理工作面向下每间隔 2 ~ 3m 埋设一只孔隙水压力计,同时应保证每个土层中都有孔隙水压力监测点。孔隙水压力计的最大布置深度应超过根据路堤填筑高度经理论计算的附加应力影响深度。

（F）地下水位

地下水位观测的主要目的是为计算地基超静孔隙水压力提供参数。因此，其布置位置应在地基孔隙水压力观测点附近，并应与地基孔隙水压力观测的边界条件相同。

（G）真空度

对于真空预压工程，真空度测量分为四种，分别是真空设备孔口真空度、膜下真空度、排水体内真空度和土体真空度。

真空设备孔口真空度的观测是直接将真空表安装在抽真空设备的孔口处。

膜下真空度，一般按 $800 \sim 1000m^2$ 布置一个观测点。对于需要观测排水板内真空度和土体内真空度的，可根据需要沿深度方向设置。

（四）监测频率

通常情况下，公路工程安全监测频率见表 5-5-3。因选择的路基处理方法不同，不同工程的监测工作可根据处理方法的特点分不同的阶段，如对于采用真空联合堆载预压处理的路基可将填筑期细分为填筑前期和填筑期，在这两个不同的施工期内可采用不同的监测频率，由于抽真空的作用，所以在填筑前期的填筑速度可适当加快，监测频率可按每 $3 \sim 5$ 天进行一次。

表 5-5-3 　　　　　　　　　　　　监测频率参考表

阶段 观测项目	路基处治 前期	填筑前期	填筑期	满载期	卸载期	路面 施工期	运行初期
地表沉降	1 次/5d	1 次/5d	2 次/层	1 次/5d	1 次/10d	1 次/10d	1 次/15d
路基分层沉降	1 次/5d	1 次/5d	2 次/层	1 次/5d	1 次/10d	1 次/10d	1 次/15d
地面水平位移	1 次/5d	1 次/5d	2 次/层	1 次/5d	1 次/10d	1 次/10d	1 次/15d
路基土体水平位移	1 次/5d	1 次/5d	2 次/层	1 次/5d	1 次/10d	1 次/10d	1 次/15d
路基孔隙水压力	1 次/3d	1 次/3d	2 次/层	1 次/5d	1 次/7d	1 次/7d	1 次/15d
真空度（如有）	—	2 次/d	1 次/2d	1 次/2d	1 次/1d	—	—
地下水位	与孔隙水压力观测同步						

（五）监测技术要求

1）监测工作一般包括工作大纲、推荐使用仪器类型、监测布置及其说明、监测精度要求和控制标准等。

2）监测仪器应可靠、耐久、方便安装和检修，同时，应具有足够的稳定性、精确度和重复性。

3）仪器出厂前和埋设前应进行检验和标定，保证埋设安装前仪器 100% 合格。

4）埋设仪器前，必须按设计图要求进行定点放样，埋设中进行地质编录、绘制相关图表，同时做好详细记录。仪器埋设时，要注意仪器位置、方位准确和出线方便，并作好仪器及电缆的保护工作。

5）仪器埋设完成后，应随即进行观测，以检验仪器是否正常，如果出现异常情况应采用相应的补救措施。

6）仪器埋设完成并检验合格后，即可进行初始值或基准值的观测。不同工作原理的仪器，其初始值的建立过程不同，但一般应需连续测读 3～5 天，每天测读 1 次，当连续测读的数据变化微小时即可定了初始值。

7）仪器定购、制作、标定、埋设、初始值建立及正常测量中，都必须作严格、详细和实事求是的记录，同时，应记录施工工况、边界条件、温度和湿度等，以便作资料分析时使用。

8）观测工作应按规程或技术标准执行，也可根据工程本身的需要制定相应的观测操作规程以供执行；观测过程中应确定专人专项责任制度，以减小人为误差。

9）及时处理监测数据，发现数据错误应及时改正或补测，同时也可对测到的不利情况应及时做出反映，做到信息化施工。

10）编写报告。

（六）仪器埋设

监测仪器的埋设位置须按设计图纸定位放样。

1. 地表沉降板埋设

沉降板应埋设于原地面位置，其上部铺垫 50cm 厚的砂层固定沉降板。对于采用真空预压或堆载预压处理的路基，沉降板埋设于沙垫层底面。埋设要点如下：

1）定位放样，确定埋设位置。

2）对埋设位置的地面进行整平，并对表层土进行密实。

3）沉降板就位，进行沉降板立柱的垂直度调整。

4）在沉降板上铺垫 50 cm 砂层固定沉降板，砂层需做密实处理。

5）填写埋设记录，并进行初次测量。

2. 分层沉降

分层沉降采用下套管或泥浆护壁形式的钻孔导孔埋设，钻孔垂直偏差不应大于 1.5%。钻孔孔壁与分层沉降管间须用沙回填，待孔侧土回淤稳定后测定初始读数，并测定孔口高程。

其埋设步骤如下：

1）钻机就位，垂直度调整。

2）测定孔口高程，计算钻进深度。

3）按计算深度钻进，清孔。

4）分层沉降管与磁环组装；在组装分层沉降管与磁环时，必须注意沉降管接头与磁环的位置。

5）分层沉降管埋入钻孔，回填；埋设时应使磁环尽可能处于沉降管接头处下部，给磁环足够的下沉空间。

6）通管，试测，并填写埋设记录。

3. 边桩埋设

位移边桩埋入地下部分为 $\phi 25$ 的镀锌钢管，其长度不应小于砂垫层的厚度，同时不小于 1.5m；地面以下 30cm 内用混凝土浇筑，外露部分采用 C15 混凝土块体进行保护，测点与地下部分的镀锌钢管相接，采用与棱镜相配套的螺纹接口配件（见图 5－5－7），以提高测量效率。其埋设要点如下：

1）测量放线，确定埋设位置。

2）在埋设位置锤击打入 $\phi25$ 的镀锌钢管，以钢管为中心，开挖出长 20cm、宽 20cm、深 30cm 的坑位。

3）连接测点与钢管，在坑内中间位置固定好测点，保持垂直度。

4）在坑壁与测点之间浇筑混凝土。

5）在测点附近用浆砌块石设置保护圈。

6）待混凝土凝固后进行沉降观测点的初始读数测量。

4. 深层土体水平位移

按设计图要求的位置埋设。测斜管采用钻孔埋设法，管底部须进入相对硬土层，管口加保护盖。测斜管十字槽应有一条槽位与路中轴线垂直。其埋设要点如下：

（1）钻孔 使用工程钻探机，一般采用 $\phi108cm$ 钻头钻孔，为了使管子顺利地安装到位，一般钻孔深度比安装深度深一些，每 10m 钻深 0.5m。

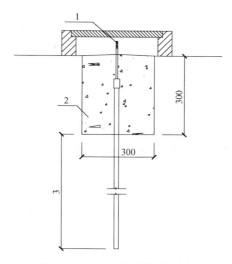

图 5-5-7 边桩埋设示意图
1—带内螺纹测点与棱镜相接；
2—C15 混凝土；3—超过砂垫层厚度 ≥1.5m

（2）清孔 钻头钻到预定位置后，不要立即提钻，需把泵接到清水里向下灌清水，直至泥浆水变成清混水为止，提钻后立即安装。

（3）安装 安装的全过程可分三步。

1）管子的连接：底管下端用三只 M4×10 自攻螺钉固定底盖封口；管间连接时一定要保证管口与管口平面相接，槽口对齐，用 M4×10 自攻螺钉固定；管口上端同样用顶盖处理。

2）调整方向：测斜管安装时，应注意调整十字槽方向的一个方向与测量断面垂直，即与路中线垂直。

3）回填：测斜管调正方向后即可回填，原料采用现场的砂（中粗砂）或细土，一边回填，一边轻轻地摇动测斜管，以便使砂填实，回填应缓慢，以免回填料堵孔形成空隙。

4）保护：测斜管管口一般高出地面 20~50cm，管口周围做混凝土防撞桩保护。

5. 地基孔隙水压力

孔隙水压力计采用单孔单头埋设法，其埋设要点如下：

1）准备工作（主要包括孔压计透水石煮沸、水下组装、埋设靴安装等，组装好后用装满水的塑料袋将孔压计测头封装、检测测头读数）。

2）钻机就位，垂直度调整。

3）测定孔口高程，计算钻进深度。

4）按计算深度钻进，清孔。

5）将封装好的孔压计与钻杆相连，压入钻孔，先回填 30cm 泥球，再回填黏土封口。

6）试测，并填写埋设记录。

6. 地下水位

地下水位管应埋设在孔隙水压力测点附近，采用钻孔埋入法。需要注意的是在埋设前地面上将水位管下部打有过水孔的位置用土工布包封好,并浸水。埋设方法同分层沉降埋设,用中砂料回填孔壁与水位管之间的间隙,管上口加保护盖。

7. 真空度

真空度测量分为四种,分别是真空设备孔口真空度、膜下真空度、排水体内真空度和土体真空度。

真空设备孔口真空度的观测是直接将真空表安装在抽真空设备的孔口处。

膜下真空度测量采用真空管连接真空表的方法;排水体内真空度可用真空管连接真空表观测,也可用经负压标定的孔隙水压力计观测;土体内真空度测量一般采用真空管连接真空表的方法。

以塑料排水板为例说明排水体内真空压力测量的埋设,要点如下:

(1)孔隙水压力计的准备 根据工程需要和设计图,选定相应量程的微型孔隙水压力计,该孔隙水压力计必须是经过负压标定过的。

(2)插板机靴头的改装 由于排水板打设机具靴头的出口较窄,在打设装有孔隙水压力计的排水板时,需要对打设机具的靴头进行改装,具体参见示意图5-5-8。

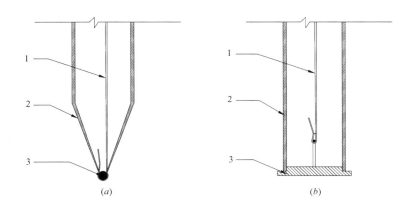

图5-5-8 插板靴头改装示意图
(a)改装前的靴头:1—塑料排水板;2—管靴壁;3—可重复使用的铁鞋
(b)改装后的靴头:1—塑料排水板;2—管靴壁;3——次性铁鞋

(3)排水板内孔隙水压力计的安装 根据设计要求的孔隙水压力计埋设深度,结合地层情况及排水板的打设深度,在排水板体内的确定位置上预先固定好相应量程的孔隙水压力计。安装时,测头位置的排水板采用两层滤膜包裹处理,以减小埋设过程中打设机具振动对仪器的影响;同时,将测量导线沿排水板的边缘布置,并用铁丝将其固定在板芯上,以减小导线对排水板排水效果的影响。

(4)埋设 打设机具移至埋设位置。将带有孔隙水压力测点的排水板从打设机具的上部引入打设套管内,计算好打设的底高程,将排水板固定在一次性铁鞋上,下端按图5-5-8(b)固定好,当打入排水板至指定深度后拔出打设机具的套管。切断排水板,整理好孔隙水压力计的导线。

(5)填表 填写埋设考证表。

（七）观测要求

观测方法和要求在前文中的相关章节中均有说明,在此只就观测过程中数据采集提几点要求。

1）所有测量、测试人员上岗根据本工程特点进行注意事项培训,熟练掌握现场仪器测量、测试的操作要领。

2）每次测量、测试之前,均需对二次仪表的电源情况、接线端口、屏幕显示等进行检查,确保其性能完好。

3）使用统一现场测量、测试的记录格式,使之标准化、规范化。

4）在测量、测试数据采集的过程中,严格执行采集程序规范化,做到"四无"（无缺测、无漏测、无不符精度、无违时）,即测量、测试前一天晚上需对第二天的工作量进行统计,合理安排测量、测试的时间、顺序,提高工作效率,同时避免现场工作量较大时有漏测现象的发生,保证现场测量、测试数据的完整性。

5）测量、测试过程中做到"四随"（随观测、随记录、随计算、随校核）,"四固定"（人员、仪器、测次、时间）。现场测量、测试过程中,应把现场采集的数据与前一次测量、测试的数据进行比较,发现异常情况,根据周围工况及时分析,并重新进行采集,保证数据的准确有效。

6）对现场沉降与位移的测量控制点定期进行核验,保证基准点的可靠。

（八）监测仪器损坏与修复

因读数箱、工作基点桩、校验基点桩、沉降板观测标、边桩、测斜管、水位管及观测电缆等观测仪标在施工过程中易遭施工车辆、压路机等碰撞和人为破坏,因此,观测期间必须采取有效措施加以保护。主要措施为:防护围栏、醒目警示标志。

观测仪器一旦遭受碰损,应立即有专门工作人员对其进行复位或重新补埋,重新建立保护措施,并填写考证表,保证监测数据的连续性。测点恢复后监测人员须进行复测和校核,并请现场监理进行确认。

（九）观测数据的整理与分析

1. 数据整理

（A）地表沉降

（1）平差并计算下列结果　本次沉降量、累计沉降量、平均沉降量和平均沉降速率。

（2）绘制下列图件:

1）荷载—时间—沉降曲线。

2）荷载—时间—沉降速率曲线。

3）横向沉降图。

（B）地表水平位移

（1）平差并计算下列结果　本次竖向位移量、累计竖向位移量、平均竖向位移量和平均位移速率。

（2）绘制下列图件:

1）荷载—时间—竖向位移曲线。

2）荷载—时间—竖向位移速率曲线。

（3）根据实测数据计算本次竖向、水平位移,累计竖向、水平位移及位移速率。

（C）分层沉降

（1）平差并对每层土计算下列结果：本次沉降量、累计沉降量、平均沉降量和平均沉降速率。

（2）绘制下列图件：

1）荷载—时间—沉降曲线。

2）荷载—时间—沉降速率曲线。

3）深度—时间—沉降曲线。

4）每层土的横向沉降图。

（3）填土速率对不同深度土层沉降量、沉降速率的影响。

（D）地基孔隙水压力和地下水位

1）绘制孔隙水压力随预压荷载、时间的变化曲线。

2）分析地基土体内孔隙水压力的分布情况、变化规律和趋势。

3）利用孔隙水压力观测资料，按下列公式估算地基中某测点的固结度。

$$U = 1 - \frac{u}{u_0}$$

$$u_0 = k_{ui} \cdot \sum \Delta p_i$$

式中　U——某测点 t 时刻的固结度，%；

　　　u_0——某测点由于充水预压荷载引起的孔隙水压力，kPa；

　　　k_{ui}——某测点的荷载孔隙水压力系数；

　　　Δp_i——分级充水预压荷载，kPa。

（E）深层土体水平位移

1）计算每级预压荷载下深层土水平位移。

2）绘制深层土水平位移剖面图。

3）分析深层土水平位移随地基土层的变化情况和特点以及荷载—时间的变化规律和特点。

4）深层土水平位移对相邻建筑物的影响。

2. 数据分析

（A）地基最终沉降量的推算

地基最终沉降量应根据实测荷载—时间—沉降关系曲线特性，宜选用下列方法推算：

（1）双曲线拟合法推算地基最终沉降量

$$\frac{1}{S_t} = \frac{1}{S_\infty} + \frac{a}{S_\infty} \times \frac{1}{t}$$

式中　S_t——时刻（d）的实测沉降量；

　　　S_∞——最终沉降量，mm；

　　　a——待定系数。

将监测数据（$t \sim S_t$）按上式进行回归，求出回归系数 $1/S_\infty$。

（2）指数曲线拟合推算地基最终沉降量

$$S_\infty = \frac{S_3(S_2 - S_1) - S_2(S_3 - S_2)}{(S_2 - S_1) - (S_3 - S_2)}$$

$$\Delta t = t_2 - t_1 = t_3 - t_2$$

式中　S_1、S_2、S_3——地基固结时段内的 3 个沉降量,分别为荷载—时间—沉降关系曲线中
　　　　　　与 t_1、t_2、t_3 对应的沉降值,mm;

　　　　t_1、t_2、t_3——分别为加载停止后从零算起的 3 个历时时间,d。

（B）地基固结度的确定

地基最终固结度应根据恒压期间的实测荷载—时间—沉降关系曲线特性,用下列方法
推算:

$$U_t = \frac{S_t - S_d}{S_\infty - S_d} = 1 - a \times e^{-\beta \cdot t}$$

$$\beta = \frac{1}{\Delta t} \times \ln \frac{S_2 - S_1}{S_3 - S_2}$$

式中　U_t——t 时刻的固结度,%;

　　　　S_d——瞬间沉降量,mm;

　　　　β——固结参数,1/d;

　　　　a——固结参数,按有关规定采用。

（C）地基土强度增长

地基土的强度增长按下列公式进行计算:

$$\tau_{ft} = \eta(\tau_{fo} + \Delta\tau_{fc})$$

根据有效固结强度理论,对于正常固结饱和软黏土,地基强度增长值 $\Delta\tau_{fc}$ 为:

$$\Delta\tau_{fc} = \Delta\sigma_c' \cdot \tan\varphi_c$$

可近似取:　　　　　　　　$$\Delta\tau_{fc} = \Delta\sigma_z \cdot U_t \cdot \tan\varphi_{cu}$$

式中　τ_{ft}——加载后历时 t 该处的抗剪强度;

　　　　τ_{fo}——加固前天然地基的抗剪强度,可采用天然地基土由三轴不排水剪切试验求得,
　　　　　　或由原位十字板试验求得;

　　　　η——由于剪切蠕动和剪切速率减慢引起地基强度折减系数,取 0.9～0.95;

　　　　$\Delta\tau_{fc}$——由于地基固结引起强度的增长值;

　　　　$\Delta\sigma_c'$——有效固结应力;

　　　　$\Delta\sigma_z$——预压荷载引起的该点竖向附加应力;

　　　　U_t——历时 t 地基处点的固结度;

　　　　φ_c——有效固结内摩擦角,$\tan\varphi_c = (1 + \sin\varphi_{cu}) \cdot \tan\varphi_{cu}$;

　　　　φ_{cu}——三轴固结不排水压缩试验求得的土内摩擦角。

（十）监测控制标准与预警

监测控制标准应根据不同的工程情况而定,一般由设计单位提出。

二、港口工程中的软基安全监测

港口工程的安全监测包括两个部分,一是后方陆域软基处理的监测,一是码头结构和轨
道梁的监测。后方陆域软基处理监测与公路工程软基处理监测类似,轨道梁监测的主要内
容是轨道基础的水平和侧向位移、基础结构内力等。而码头结构监测工作的布置与实施则
根据不同的码头结构形式监测内容有所不同。对于重力式结构码头,其主要监测内容是码

头前沿水平位移与垂直位移、结构侧向土压力、基床基底压力和卸荷板土压力等。对于高桩码头,其主要监测内容是码头前沿水平位移与垂直位移、桩的结构内力和侧向变形等。对于板桩式结构码头,其主要监测内容是码头前沿水平位移与垂直位移、板桩结构内力和侧向变形、板桩侧向土压力、拉锚结构内力和变形等。

（一）监测设计

1. 监测设计原则

1）监测目的明确、重点突出。由于港口工程监测不仅涉及陆域区的软基处理问题,还涉及到港口施工期和运行期码头结构的稳定监测问题,因此,监测断面的布置要综合考虑控制陆域软基处理的安全、质量和码头结构的安全和稳定。

2）监测工作应贯穿于地基处理全过程,在考虑监测工作连续性的同时,应考虑监测内容的互补性和可比较性,布点位置应避免或减少施工干扰和其他干扰。

3）应充分考虑监测内容的实用价值和理论价值,由于港口工程监测涉及到码头结构的监测内容,所以其监测仪器的选择必须考虑到建筑物的长期安全和施工安装的可行性,以确保监测数据的价值。

4）监测方法科学,并辅以人工巡视和现场调查。

5）施工过程中应根据实际情况,调整监测内容。由于施工过程中伴随有不断变化的边界条件和施工工况,如地质条件变化引起的原设计调整等。因此,监测工作也应根据这些变化作调整或增补。

2. 监测设计所需资料

港口工程安全监测设计所需基本资料如下:

1）工程地质资料:主要包括地基土层分布、土层的主要物理力学指标、地质剖面图、地基处理参数、地震烈度。

2）上部荷载:主要包括地基处理过程中的填土荷载、使用荷载。

3）边界条件:如已建码头、有无围堰,以及港池最高水位、最低水位和设计水位等。

4）设计图纸。

5）其他资料:主要是指可能影响地基处理过程和使用过程的整体稳定等方面的问题。

3. 监测项目及其目的

港口工程安全监测的内容应满足后方陆域加固范围内的地基稳定、垂直变形、侧向变形控制和加固效果实时监督和控制的需要。同时,还必须满足码头结构和轨道梁的变形和受力状态的监测和控制需要,其主要监测项目及意义见表5-5-4、表5-5-5。

表5-5-4　　　　　　　　　　主要监测项目汇总表

	观测项目	一次仪标名称	二次仪表名称	选取建议
后方陆域	地面沉降	沉降标或板	水准仪	常规,必选
	地基深层沉降	深层沉降标	水准仪	按需设置,要求工后沉降时必选
	地基分层沉降	分层沉降管、磁环	分层沉降仪	按需设置
	地表水平位移	边桩	全站仪	常规,附近有建筑物时必选
	地基深层水平位移	测斜管	测斜仪	按需设置,涉及整体稳定时必选

观测项目		一次仪标名称	二次仪表名称	选取建议
后方陆域	地基孔隙水压力	孔压计	频率读数仪	按需设置
	地下水位	水位管	水位计	可选,但有孔压测量时必选
码头结构	码头前沿竖向位移	沉降测点	水准仪	常规,必选
	码头前沿水平位移	水平位移测点	全站仪	常规,必选
	结构内力	钢筋计、应变计	频率读数仪	按需设置
	结构面土压力	液压油模式压力计(特制)	频率读数仪	按需设置
	结构整体侧向变形	铝合金测斜管或固定式测斜仪器	测斜仪	按需设置,涉及整体稳定时必选
轨道梁	竖向位移	竖向位移观测点	水准仪	常规,必选
	侧向位移	侧向位移观测点	全站仪	常规,必选
其他	潮水位	水位管或刻度尺	水位计或钢尺	常规,必选
	真空度	真空度测头	真空表	涉及真空处理的地基必选

表 5 - 5 - 5   项目监测内容及目的

观测项目		监测量值	监测目的
后方陆域	地面沉降	地表以下土体总沉降量	推算地基总固结度,控制施工速率
	地基深层沉降	地基某层位以下沉降量	推算部分土体固结度
	地基分层沉降	地层不同层位沉降量	分层推算地基固结度
	地表水平位移	侧向地面水平位移,兼测地面沉降或隆起量	稳定控制指标,控制施工速率
	地基深层水平位移	地基各土层土体侧向位移量	地基整体稳定控制,控制施工速率
	地基孔隙水压力	地基孔隙水压力变化和超静孔隙水压力的消长规律	地基土体固结情况和强度增长推算,并通过孔隙水压力系数来控制施工速率
	地下水位	地基地下水位变化情况	地下水位的变化,校验孔隙水压力读数和超静孔隙水压力推算
	码头前沿竖向位移	码头结构竖向位移	码头稳定控制,运行参考依据
码头结构	码头前沿水平位移	码头结构水平位移	码头稳定控制,运行参考依据
	结构内力	码头结构钢筋或混凝土内力	结构内力分布,设计校核,为后续设计和计算提供依据
	结构面土压力	测点位置的土压力	结构面土压力分布,设计校核,为后续设计和计算提供依据
	结构整体侧向变形	结构整体侧向位移大小	结构稳定控制,设计校核,为后续设计和计算提供依据
轨道梁	竖向位移	轨道梁竖向变形量	为轨道梁的使用和调整提供参数
	侧向位移	轨道梁侧向变形量	
其他	潮水位	港池水位变化	验证和校核设计参数,为运行提供依据

4. 监测仪器选型与率定

港口工程仪器的选型和率定原则同公路工程监测仪器的选型和率定。

5. 仪器仪表的标定与校验

港口工程仪器仪表的标定和检验原则同公路工程监测仪器仪表的标定和检验。

6. 监测断面布置原则

1）监测断面首先根据工程地质条件和边界条件要满足工程需要。一般选在工程的典型部位、地质条件复杂和边界条件变化等对工程不利的部位。

2）监测断面的布置要合理,注意空间和平面位置关系的协调。

3）监测断面的布置要具有全局性,充分考虑不同地基处理方法中监测断面的全面性。

4）断面分主要监测断面和辅助监测断面,主断面应布置多种仪器,进行满足工程需要的多项监测;辅助断面是主断面的补充,仪器布置可以少些,主要埋设监测有特殊意义的参数。

5）在同一监测断面上,应考虑监测仪器沿埋设深度上的可比性。

7. 监测频率

涉及到后方陆域软基处理监测的,其监测频率参见本章中的相关内容。码头结构和轨道梁部分的监测根据施工阶段的不同,其监测频率见表5-5-6。当后方陆域软基处理与码头结构和轨道梁的施工同时进行时,监测频率以重点监测内容的监测频率为主,若两者监测频率不同步,则可根据实际情况调整监测周期,在两者监测周期最小公倍数时同步一次。

港口工程结构监测工作按施工和运行主要分为结构施工期、码头竣深期、码头加载期、满载期（可按一个月考虑）和码头满载后期5个阶段,监测频率按各阶段统计如下表。

表 5-5-6　　　　　　　　　监 测 频 率 表

观测项目＼阶段	结构施工期（次）	竣深期[次/(1~2d)]	加载期[次/(1~2d)]	满载期（次/5d）	满载后期[次/(7~10d)]
码头前沿位移	10	1	1	1	1
结构内力	10	1	1	1	1
结构侧向变形	10	1	1	1	1
结构面土压力	10	1	1	1	1
地下水位与潮位	与墙桩测量同步				

8. 监测技术要求

港口工程监测技术要求与公路工程相同。

（二）监测实施

由于板桩式结构码头安全监测涉及到的监测内容较多,且监测仪器的安装最为复杂,因此,监测实施方面的内容以板桩式结构码头为主进行介绍。

1. 监测点定位放样

监测仪器的位置在埋设安装前须按设计图纸定位放样,埋设安装结束后须再次校核仪器位置,最后以实际埋设安装位置为准,并详细记录以用于初值计算和复核。

2. 监测仪器埋设与初读数确定

（A）沉降板埋设

沉降板应埋设于原地面位置,其上部铺填50cm厚的砂层固定沉降板。对于采用真空预压或堆载预压处理的路基,沉降板埋设于砂垫层底面。埋设要点如下:

1）定位放样,确定埋设位置。

2）对埋设位置的地面进行整平,并对表层土进行密实。

3）沉降板就位,进行沉降板立柱的垂直度调整。

4）在沉降板上铺填50 cm砂层固定沉降板,砂层需做密实处理。

5）填写埋设记录,并进行初次测量。

（B）分层沉降

分层沉降的安装埋设与公路工程相同。

（C）边桩埋设

位移边桩埋设与公路工程相同。

（D）测斜管埋设

测斜管埋设与公路工程相同。

（E）孔隙水压力计埋设

孔隙水压力计埋设与公路工程相同。

（F）水位管埋设

地下水位管埋设与公路工程相同。

（G）真空度

真空度测量方法与公路工程相同。

（H）码头前沿水平位移

板桩式结构码头前沿水平位移采用沉降板型边桩,其埋设如下:

1）沉降板型边桩制作如图5－5－1、图5－5－3所示,沉降板型边桩底板面积200mm×200mm,厚度为10mm的钢板,立柱为20号槽钢。

2）在预定埋设位置的板桩或墙钢筋笼安装完成后、混凝土浇筑前,将制作好的边桩底板焊接在桩或墙的箍筋上,调节边桩立柱顶标高以便于观测,然后浇筑胸墙混凝土。

（I）铝合金测斜管埋设(结构侧向变形)

1）钢筋笼底部第一节铝合金测斜管安装:先在钢筋笼底部距笼底边缘100mm处焊接一块10mm厚的钢板,支撑铝合金测斜管的底端。将铝合金测斜管进行密封处理后的一端直接顶在支撑板上,并调整铝合金测斜管内导槽方向与设计方向一致,然后用特定的"U"型固定件把铝合金测斜管固定在钢筋笼的主筋上,固定间距一般为2m或根据实际情况而定,在管的端部和边接端部应加密。如图5－5－9所示。

2）中间铝合金测斜管安装:第一节铝合金测斜管安装完成后,进行下一节管的安装。首先在管与管的连接长度范围内,在管的表面涂抹不小于0.5mm厚的玻璃胶,然后将待连接两管套入接管并确认两测管端面并拢,再分别锁紧接头两端周向的共8个紧定螺钉。两节测管连接后,用配套的密封胶带缠绕接缝处(包括紧定螺钉处),缠绕处管的表面应保持洁净,以增加密封效果。检查导槽方向后,用特定的"U"型固定件固定,固定间距2m或根据实际情况而定。

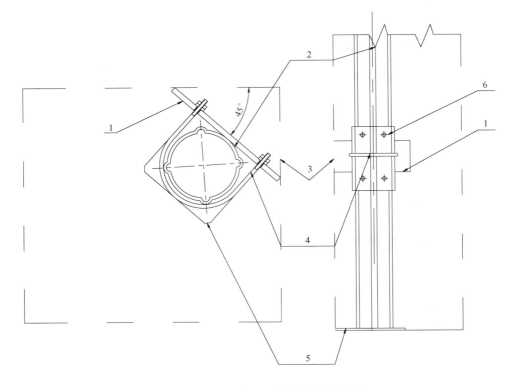

图 5 - 5 - 9　铝合金测斜管安装示意图

1—垫板;2—测倾管;3—钢筋笼;4—U 形卡箍;5—孔底支撑板;6—管接头

3）顶端一节铝合金测斜管的安装:按步骤 B 的方法与前一节管连接后,本节铝合金测斜管管口用配套的封口部件密封,为接管做准备。

4）钢筋笼吊装就位后,将顶端的铝合金测斜管封口部件取下,向管内注满清水,并重新封口后,方可进行混凝土浇筑。在混凝土浇筑过程中,应随时用特定的固定测斜仪模具放入铝合金测斜管内进行通管,如模具在管内通行不畅,应立即用高压水管插入管内进行冲洗,直到模具在管内能上下拉动自如。

5）对采用固定式测斜仪监测的,其安装方法参见本书有关章节。

（J）用气顶法安装土压力计

1）对于板桩结构码头的结构面土压力观测,因无法进行土压力计的常规安装埋设,可采用气缸顶推法(简称气顶法,该方法由南京水利科学研究院首次应用于京唐港)。在下钢筋笼前,将已与土压力计连接好的气缸活塞固定在墙体和桩身的钢筋笼上,并校核土压力传感器受压面与钢筋笼的垂直角度,气缸活塞另一端通过气压管与地面加压泵相连。

2）要特别注意,气缸与钢筋笼连接采用对焊接形式,焊接过程中一是要保证土压力计受压面与主筋平行(可采用水平尺校核);二是要保证焊接余热不损坏气缸的密封件(可用湿布加冷水散热)。安装过程中,注意保护好仪器电缆和加压气管。

3）安装完成后首先连接压力管,并进行气缸性能测试,测试合格后分别进行电缆和压气管的绑扎,绑扎间距为 1m,与钢筋接触部位需做保护套。

4）安装完成后先试压加气,检查气路加压系统,正常后进行土压力传感器位置确认,并记录埋设断面号、位置(含海陆侧)、土压力传感器计编号、电缆编号、埋设深度或高程、传感器初始读数和埋设过程中的其他情况。

5）钢筋笼安装好后,在地面进行加压,通过气缸将土压力盒顶至槽壁,并测一次安装值,然后开始浇筑混凝土。混凝土浇筑完成后,按一定的时间间隔再进行初值测量。

(K) 钢筋计应力(应变)计

1）应变计安装如图5-5-10所示,按设计的尺寸位置自上而下焊接钢筋计,并保证海陆两侧的高程相对应,保持应变计和钢筋主筋同心。

2）特别注意:钢筋计与钢筋笼主筋连接采用对焊形式,在焊接前用湿毛巾将与仪器连接端包好,在焊接过程中不断用冷水冲浸湿布。安装过程中,注意保护好仪器电缆。

3）仪器焊接完成后,进行通信电缆的绑扎,绑扎间距为1m,与钢筋接触部位的电缆需做保护套,绑扎时,海陆侧分开进行并引出。

4）最后进行仪器位置确认,并记录埋设断面号、位置(含海陆侧)、编号、电缆编号、埋设深度或高程、初始读数及埋设过程中的其他情况。

图5-5-10 钢筋计安装实体图

3. 观测与巡检(观测方法与要求)

港口工程观测与巡检与公路工程相同。

4. 监测仪器损坏与修复

港口工程监测仪器损坏与修复与公路工程相同。

(三)观测数据的整理与分析

1. 软基处理数据整理

涉及软基处理方面的数据整理可参见本章有关内容。

2. 码头结构数据整理

涉及码头结构方面的数据整理如下:

（1）竖向位移：

1）进行平差并计算下列结果：本次沉降量、累计沉降量、平均沉降量和平均沉降速率。

2）绘制下列图件：①"工况—时间—沉降"曲线；②"工况—时间—沉降速率"曲线。

（2）侧向变形：

1）绘制结构体在不同工况下的水平位移变形图。

2）分析结构体的水平位移随工况、深度的变化情况和特点。

3. 内力

绘制拉锚构件和结构钢筋的内力随工况、深度的变化曲线。

（四）监测控制标准与预警判断

监测控制标准应根据不同的工程情况而定，一般由设计单位提出。

三、其他工程中的软基监测

（一）软基监测的必要性

软基监测是软基加固处理工程的重要组成部分。在地基加固的施工过程中，都应进行必要的监测工作，通过施工观测可以监控施工期地基稳定性，为施工速率提供依据，确保施工期安全；另外监测埋入地基土中的各种仪器，可反映出地基预压荷载大小，地基的固结、沉降和位移随时间及荷载的变化规律。通过对观测数据进行处理、分析、计算，可以对地基加固的施工质量、地基的加固效果做出评估以及对工后沉降做出预测，可为后续工程的施工、场区的使用提供重要的依据。软基监测是确保软基处理成功的关键环节。

（二）软基监测内容及测试目的

1. 软基监测内容

地基加固区施工监测的内容有：表层沉降观测、分层沉降观测、孔隙水压力观测、水位观测、边桩位移观测及深层水平位移观测。

2. 测试目的

（A）表层沉降观测

目的是通过观测软土地基沉降量和沉降速率来判断加固处理过程中地基是否出现异常情况，同时控制堆载预压时间，及时反映地基固结情况。

（B）分层沉降观测

目的是通过观测地基软土层沉降量和沉降速率，用以计算土体固结情况。

（C）孔隙水压力观测

目的是通过观测堆载过程中软土层内孔隙水压力的增长和消散过程，用以计算土体固结度，分析地基强度增长情况，并根据孔压系数来控制加载速率。

（D）边桩位移观测

边桩主要观测堆载时的边坡位置表层土的水平位移和隆起情况，确定表层地基的稳定状态。并结合深层水平位移分析土体表层的侧向位移方向、范围及变化规律，控制加荷速率。

（E）深层水平位移观测

由于软土抗剪强度低，随着荷载的施加，软土层有可能在荷载作用下发生剪切破坏而侧向挤出,从而导致地基失稳,深层水平位移观测就是通过观测地基不同深度土体侧向水平位移变形情况,根据位移量和位移速率控制加载卸载速度。

（三）监测点布置及实施方案

1. 表层沉降观测

（A）测点布置

地基加固区为条形时,可选择合适断面根据加荷特征进行布置;加固区为矩形时,可均匀布置。

（B）实施方案

1）施工开始前在远离加固区的地方设一个稳定的水准基点,作为测量参考点。水准基点应定期进行校核。

2）沉降标制作:沉降板采用 $1000mm \times 1000mm \times 10mm$ 厚的钢板,钢管(观测标)采用镀锌水管,直径为 $\phi19mm$,底部焊于钢板上,观测标钢管外有一内径 $\phi50mm$ 的保护钢管,并用 4 根 $\phi10mm$ 钢筋斜拉焊于钢板上固定,沉降标及保护钢管均分段制作,两头制作螺纹接头,钢管每段长度约为 $1 \sim 2m$,可随堆载高度变化而及时接长。

3）在接近原地面位置或按设计要求位置安放沉降板,回填时一定要保持竖管的垂直度。放置完毕后,立即测量杆顶初始高程及杆长,换算至沉降板标高,表层沉降测点旁边竖警示标志。

4）在地基加固施工期间,每天测量 1 次,稳定后 $2 \sim 3$ 天测量 1 次,并做好记录;加载过程中需将沉降标内部观测管及外部保护管逐节升高,接杆前测量一次杆顶标高,接杆后随即再次测量杆顶标高。

5）根据记录数据,计算出测点在不同时间的沉降量,及时绘制沉降—荷载—时间关系曲线。

2. 分层沉降观测

（A）测点布置

分层沉降测点优先布置在软弱土层较厚、荷载量较大的位置,深度方向上优先布置在各土层的分界面上,对较厚土层宜 $2 \sim 3m$ 布置一个沉降标。

（B）常用仪器及实施

（a）使用电磁式沉降仪观测

1）对测量仪器设备进行率定,检查是否经国家认可的检定机构检定合格,并在有效期范围内。

2）施工开始前在远离加固区的地方设一个稳定的水准基点,作为测量参考点。水准点定期进行校核。

3）沉降磁环埋设前,按照沉降磁环设计标高或根据加固前各土层分界面的实际标高,将磁环固定环固定在沉降管上(每节沉降管均编号按顺序排列)。沉降管最下端管口封紧,胶带加固。

4）分层沉降管埋设采用钻孔法,钻孔孔径为 $\phi108mm$,钻孔保持垂直,倾斜角度不超过 $1°$,清孔完毕,立即在钻孔中放入组装好的沉降管,各管接头均胶带密封,然后在沉降管和钻孔壁之间回填原状土(回填速度不可太快,以免堵塞形成空隙),边回填边捣实,直至沉降管和周围土层密实位置。沉降管管口加以保护,保护装置及沉降管随堆载加高而加高。

5）埋设结束，采用水准仪及钢尺沉降仪进行观测，通过观测管顶标高及各磁环距管顶固定位置距离换算出各磁环所在位置的标高，观测数次待各磁环位置稳定，确定初始值。

6）施工阶段每天观测1次，每次测量应至少2个循环，且读数差不大于2mm，否则重测，直至满足要求。

7）根据记录数据，计算不同时间各测点不同深度磁环的沉降量，及时绘制磁环沉降—荷载—时间关系曲线，并计算各土层的压缩量。

（b）用多点位移计量测深层土体沉降。

在测试深度大于50m，用钻孔埋设沉降管比较困难，或需实现电测和自动数据采集时，深层土体沉降可使用机测多点位移计或电测多点位移计来实现（详见本书有关章节）。用多点位移计测土体沉降时需用沉降板代替位移计的锚头，因孔深都在几十米到百米以上，安装方法一般采用现场单点逐一安装。

先按不同深度分别配好测杆和保护管，用直径3~5mm的细尼龙绳捆紧沉降板的扣环，然后按顺序逐一连接传递杆和保护管，用尼龙绳慢慢放下。安装到设计深度时在孔口用螺丝将传递杆固定在以后与仪器连接的高度上，剪断尼龙绳丢入孔中，回填膨胀泥球至下一个安装点位置。用同样方法逐一安装，并做好安装记录，填写考证表。沉降板的大小视点数和孔经而定，一般孔径为100mm时沉降板直径在50mm左右。为了使沉降板能与周边土体能较好地结合，可在沉降板上面500~600mm范围中套一直径略小于沉降板的水溶性纸袋，纸袋内装上干水泥粉，两端和中间分别用线捆好，入水后半小时内会自动破裂，若是干孔安装时应灌水。但此种办法目前一个孔最多只能安装6个沉降测点。

3. 孔隙水压力观测

（A）测点布置

监测断面优先布置在上部荷载较大、孔压增长较敏感的位置。垂直方向上孔压计应根据应力分布特点和地质结构布设，重点布置在可能失稳深度范围软土层中，间距2~5m布设1点，每个测孔每层应不少于1个测头。

（B）实施方案

1）孔压计埋设前应在相应的压力条件下测定传感器频率—压力率定结果，各传感器率定结果应有良好的重复性。

2）根据测点的静水压力和可能出现的超静水压力最大组合选择仪器量程，量程一般选择最大组合的1.5~2.0倍，并兼顾测头安全和灵敏度。

3）测头埋设前需置于盛水容器中浸泡至饱和，直至安装到达设计位置始终不得脱水，无透水石孔隙水压力计需外包扎反滤层。

4）孔压计埋设采用钻孔法，将孔隙水压力计埋入钻孔中，周围回填透水填料（中粗砂等），上下两个孔隙水压力计之间应有高度不小于1m的隔水填料（直径2cm左右的干黏土球）分隔，投放黏土球应缓慢均匀，保证隔水效果。

5）测试孔口同样采用用黏土球填实封严，防止地表水渗入，孔口设置防护装置及警示标志。

6）测试仪器电缆引出集中，要有防潮防水措施。埋设过程详细记录，附钻孔柱状图及孔隙水压力计埋设位置标高，埋设结束及时测量记录测值。

7）逐日定时测量，待数据稳定后确定初始值。观测频率根据施工情况确定，孔隙水压力上升期间应逐日定时测定。出现孔压上升较大或接近控制值时,应加大监测密度跟踪观测,当停止加载一周后,地基稳定性逐渐转好,可减少至每 2~3 天观测 1 次。

8)监测孔隙水压力的同时必须记录监测断面附近的荷载变化情况,根据观测数据结果,及时绘制孔隙水压力—荷载—时间关系曲线。

4. 水位观测

(A) 测点布置

水位观测孔应布置在孔隙水压力监测断面附近。

(B) 实施方案

1)水位管埋设深度应深入到最低水位以下,且埋设位置应保证地下静水位不受地基加固处理所产生的超静水压力或负压的影响。

2)地下水位管埋设采用钻孔法,水位管埋设到设计深度,接头处及管底用胶带密封。

3)水位测量采用钢尺水位计,待水位稳定后确定初始值,如地下水位受潮水位影响时,应在正式监测前建立各测点与潮位的相互关系,减去潮位影响。

4)水位测量与孔隙水压力测量同步进行,记录数据并综合孔隙水压力数据进行分析。

5. 边桩位移观测

(A) 测点布置

边桩位移测点应布置在地基加固区边缘潜在滑动面范围以内的敏感位置,一般设置在荷载坡脚外 1~3m 处。

(B) 实施方案

1)位移边桩采用钢管埋设于设计要求位置。

2)位移边桩的埋设采用打入方式,主管打入地基指定深度后其顶部焊接带十字丝金属件,以十字丝的交点作为观测点。

3)地基加固过程中采用全站仪(经纬仪)测量出各观测点垂直于加固区边缘的位移量,用水准测量边桩的隆起量。

4)地基加固施工期观测频率为每天 1 次,停止加载一周后可减少为 2~3 天 1 次,地基稳定性转好后观测频率可根据现场实际情况调整。

6. 深层水平位移观测

深层水平位移观测用埋设测斜管,使用测斜仪观测。

(A) 测点布置

与边桩位移观测一样,布置在滑动面范围以内的敏感位置,深度方向上贯穿整个软土层,并深入到砂土层(硬土层)大于 5m。

(B) 实施方案

1)测斜管采用钻孔埋设法,钻机成孔至所需标高,埋设测斜管,测斜管连接时导槽要相通,而且管连接处及管端均需封紧,十字槽一轴对准潜在的水平位移主方向(即变形测量方向)。

2)测斜管埋设后,需在钻孔与测斜管之间填充与地基土相近的材料使之密实,以确保测斜管与地基变形的完全响应。

3)测斜管用测斜仪自下而上观测,选择每 0.5m 为一个测点,同一方向正反两次测量,埋设初期需对其进行数次观测,直至测斜管位置稳定,确定为初始读数。

4）每次测读前需将测头放置孔底 5min,根据不同季节,数分钟致数十分钟后使测头与环境温度保持一致方进行读数。

5）根据观测结果,绘制水平位移沿深度变化曲线,并对曲线进行分析,判定地基的稳定状态,深层水平位移可与边桩位移观测结合进行分析。

（四）常用监测仪器设备及精度范围（见表 5－5－7）

表 5－5－7　　　　　　　　　　常用仪器设备表

监测项目	使用仪器	规　格	材　料	精度范围
表层沉降	沉降板	$1.0m \times 1.0m \times 0.01m$	钢板	—
	水准仪			$\leqslant \pm 0.5mm$
孔隙水压力	孔隙水压力计	$0.2 \sim 1.6MPa$	振弦式	分辨力 $\leqslant 0.05$
	电缆	$\phi 8$	双芯	$\geqslant 2 \times 0.35mm^2$
	频率读数仪		振弦读数仪	分辨力 $\pm 0.1Hz$
水位	水位管	$\phi 50$	PEE	—
	水位计		钢尺	$\pm 1mm$
分层沉降	沉降管	$\phi 50$	PEE	—
	磁环	$\phi 53$	磁性	—
	沉降仪		钢尺	$\pm 1mm$
	多点位移计	机测、电测	不锈钢	分辨力 $0.01mm$
深层水平位移	测斜管	$\phi 70$	ABS	—
	测斜仪	$\pm 15° \sim 53°$		$\pm 50°,8'',\pm 6mm/25m$
边桩位移	全站仪			测距 $1 + 1ppm$　测角 $0.5''$

第六章 监测资料的整理分析和反馈

第一节 概 述

一、监测资料整理分析和反馈的目的意义

资料整理分析和反馈是岩土工程安全监测工作中必不可少、不可分割的组成部分,也是满足诊断、预测、法律和研究四方面需求,进行安全监控、指导施工和改进设计方法的一个重要和关键性环节,在各类岩土工程的施工、运行等不同阶段都将发挥重要作用。

由于岩土工程自身的特殊性和复杂性,在一般情况下,直接采用安全监测原始数据对建筑物安全稳定状态进行评估和反馈是困难的。因此,为了实现岩土工程安全监测的设计目的,一般需要结合地下洞室、边坡、坝基等岩土工程和安全监测不同时段的不同特点和要求,分别选用不同的手段和方法,认真做好监测资料整理分析、预报和反馈中的下列各项工作:

1)对监测数据和资料的整理、分析和解释。

2)对建筑物的安全稳定状态进行评估、预测和预报,以确保施工运行安全,预防避免各种失稳安全事故,或力争将可能发生事故的损失降低到最小限度。

3)依据监测资料的整理分析和安全稳定性评估,反馈指导设计、施工和运行方案的修改和优化。

4)校验设计理论、物理力学模型和分析方法,为改进岩土工程的设计施工方法和运行管理提供科学依据。

监测资料整理分析和反馈工作是岩土工程的迫切需求。近年来,国内外许多岩土工程在监测资料整理分析和反馈方面做了大量工作,取得丰富的成果,积累了宝贵的经验。例如,在引大入秦、鲁布革工程、十三陵抽水蓄能电站、小浪底水利枢纽等地下洞室,在新滩、链子崖、龙羊峡等工程大型滑坡监测,在丰满、泉水、葛洲坝、隔河岩等工程大坝的工程安全监测中,监测资料整理分析和反馈在确保工程安全、避免恶性塌方或滑坡事故,指导施工设计及运行方面发挥了重要作用,取得了显著的经济效益和社会效益。

但是,在岩土工程安全监测工作中,重硬件(仪器及埋设),轻软件(资料整理分析和反馈),仍然是普遍存在的一种错误倾向。一些工程中,不惜代价引进、埋设了大量的先进监测仪器,却只满足于对监测资料进行常规的初步整理,甚至将极其宝贵的监测资料束之高阁,长期不做整理分析,这种状况是极其危险的。马尔巴塞(Malpasset)拱坝失事的重要教训之一,是对观测资料的整理分析重视不够。事故发生前,对该坝设置的三角网进行过一次测量,但没有及时对监测数据进行整理分析,其实在该次测量中,距正常高水位还有4.5m时,坝体中部拱坝最大变位已达30cm,并出现了较大的非线性切向位移,这些都是大坝失稳的先兆。在地下工程安全监测中,对施工期安全监测和资料整理分析重视不够,也是十分危险的。某水利枢纽工程导流洞施工中先后发生多起大规模塌方事故,造成严重的工期延误和其他方面损失,其中一个重要原因就是承包商对施工期安全监测和资料整理分析重视不够,直至第一次塌方后第10天,该承包商才开始开展施工期监测,在仅有的5处监测断面

中,两处测桩位置不当,两处未连续监测,未获取塌方征兆;仅有一处连续两天测得收敛变形速率超常,但承包商由于资料整理分析工作失误,未作出预报。对监测资料整理分析不及时,也是一种常见的错误倾向。美国北美防空司令部的一个地下洞室,在星期五已测到失稳的迹象,但由于未能对资料进行及时分析,就下班度周末去了,星期一上班时,变形已明显可见,观测人员才发现上周已测到变形加速,幸亏业主果断调动数台多臂钻,同时对已咯咯作响的危岩进行深锚抢救,两天后才抑止了险情。另外,一些工程中,缺乏合格的安全监测队伍,监测资料整理分析人员素质较低,不能采用合理或先进的分析方法和手段,致使许多工程的资料整理分析工作长期停留在低水平上,达不到安全监测预期的效果和目的。

为了提高岩土工程安全监测工作的质量和水平,必须充分认识监测资料的整理分析和反馈工作的意义和价值,采取合理的技术路线和手段方法,才能使其在工程中发挥应有的作用。

二、监测资料整理分析反馈技术的发展

岩土工程安全监测及资料整理分析工作从本世纪初逐步发展起来,其中最早期的监测及资料整理分析是与设计方法的验证和改进相关联的,如拱坝试载法理论的验证和完善、大体积混凝土的应力应变特性和计算假定的验证等。在这方面,美国垦务局以及其他国家在格布孙、阿乌黑、莫利斯、波尔德、大古里等工程所进行的工作是有一定代表性的。他们不仅校核拱坝设计方法、建立了混凝土徐变理论、改进了早期应变计等监测仪器的计算分析方法,并开展了采用温度量测等手段,通过安全监测,对施工过程进行质量监督或对某一专门问题进行科学研究。

岩土工程安全监测的直接工程目的之一就是安全预报和监控,这一工程需求促进了统计回归方法,以及后来的统计性和确定性模型在监测资料整理分析中的应用和发展。1955年,意大利法那林(Fanelli)和葡萄牙的罗卡(Rocha)开始应用统计回归方法定量分析大坝变形资料。后来,这一分析方法不仅在大坝工程,而且在地下洞室、边坡等岩土工程的监测资料分析中都得到了广泛的应用。同时,在自变量因子的分解形式、回归分析的方法等方面有了相当大的发展改进,在大坝监测分析中建立了较成熟的统计性模型。1977年后,法那林等人又提出了将有限元理论计算值与安全监测数据相互印证的确定性模型和混合性模型,并应用这两类模型,分析大坝变形资料,监控大坝运行。目前,确定性模型和混合性模型正在发展成为与统计分析模型可以互相补充的分析模型,在岩土工程安全监测资料整理分析中发挥着越来越大的作用。

在岩土工程安全监测资料整理分析的发展历史中,新奥法(NATM)的推广应用起到了重要的促进作用。新奥法是 20 世纪 50 ~ 60 年代兴起的一种先进的地下洞室施工设计方法。它的突出特点是:第一,引进了严格的现代岩石力学分析方法;第二,把施工监测当作施工设计承前启后的关键环节。因此,新奥法的应用蕴育了岩土工程监测资料分析的革命性变革,由此,20 世纪 70 年代后期日本的樱井春辅(S. Sakurai),意大利的 Gioda 和中国的杨志法等,先后提出了反分析方法的研究成果。该方法从严谨的岩石力学理论出发,根据监测资料,修改调整岩体物理力学参数和岩土介质物理力学模型,使之更加符合岩土工程实际,从而有效地克服了岩土工程中物理力学参数取值意义不清、理论分析成果与工程实际不符

的技术困难,为建立合理精确的岩土工程物理力学模型奠定了基础。进入20世纪80年代以来,反分析方法和以其为基础的确定性模型及混合性模型,不仅在地下洞室,而且在大坝坝基、边坡、建筑物基础、基坑等各种岩土工程中得到了广泛的应用和发展。

岩土工程安全监测资料整理分析的发展也是与资料整理分析手段的进步特别是计算机的发展应用密切相关的。目前在我国,高档微型计算机已在较大型岩土工程中普遍采用。在已应用高档微机开展监测资料整理分析的岩土工程中,基本上都采用了数据库技术,其中不少工程应用统计回归方法和统计性模型,部分工程目前已配备了针对该工程特点研制的确定性模型和混合性模型。除有限元方法、反分析方法外,块体理论、模糊数学、灰色系统、人工智能、专家系统等先进的决策分析技术,已开始在岩土工程监测资料整理分析中应用。由于计算机的应用,岩土工程监测资料整理分析反馈工作近年来发展很快,主要表现在:

1)计算机技术在监测资料整理分析中的应用。

2)统计分析、模糊数学、灰色系统理论、神经元网络模型等技术在岩土工程安全预测预报和运行监控方面的应用和发展。

3)反分析技术、确定性模型和混合性模型的发展,及其在安全监测,特别是施工期的安全监测和对施工设计的反馈方面的应用。

4)综合评价和决策的理论和方法在安全监测实际工程问题中的应用和发展。

5)各类岩土工程监测数据自动采集、资料整理分析、安全监控等方面专用软件系统,特别是将数据库理论、系统工程理论、方法库和专家知识结合为一体的针对地下洞室、边坡、坝基等类岩土工程的安全监测反馈系统在工程安全监测中的开发和实际应用。

三、监测资料整理分析反馈基本内容和方法

地下洞室、边坡、大坝和建筑物基础等各类岩土工程监测资料整理分析反馈的方法和内容,通常包括监测资料的搜集、整理、分析、反馈及评判决策五个方面:

(1)搜集 监测数据的采集、与之相关的其他资料的搜集、记录、存储、传输和表示等。

(2)整理 原始观测数据的检验、物理量计算、填表制图、异常值的识别剔除、初步分析和整编等。

(3)分析 通常采用比较法、作图法、特征值统计法和各种数学、物理模型法,分析各监测物理量量值大小、变化规律、发展趋势、各种原因量和效应量的相关关系和相关程度,以便对岩土工程的安全状态和应采取的技术措施进行评估决策。其中,数学、物理模型法有统计学模型、确定性模型、混合性模型,还有最近发展起来的模糊数学模型、灰色系统理论模型。在确定性和混合性模型中,通常要配合采用反分析方法进行物理力学模式的识别和有关参数的反演。

(4)安全预报和反馈 应用监测资料整理和反分析的成果,选用适宜的分析理论、模型和方法,分析解决岩土工程面临的实际问题,重点是安全评估和预报,补充加固措施和对设计、施工及运行方案的优化,实现对岩土工程系统的反馈控制。

(5)综合评判和决策 应用系统工程理论方法,综合利用所搜集的各种信息资料,在各单项监测成果的整理、分析和反馈的基础上,采用有关决策理论和方法(如风险性决策等),对各项资料和成果进行综合比较和推理分析,评判岩土工程的安全状态,制定防范措施和处

理方案。综合评判和决策是反馈工作的深入和扩展。

对于不同类别的岩土工程和监测的不同时段,由于监测资料整理分析反馈的目的、要求和实施条件的不同,所依据的原理和原则也不完全一致,整理分析反馈的方法和内容存在相当大差别。例如:

(1)工作范围不同 如除了大坝和坝基的蓄水等关键时段外,对多数工程的评判决策是由技术决策人员根据监测资料整理分析的成果直接做出的,一般不需引进专门的决策理论和方法。另外,对地下工程的施工期施工设计的反馈分析作用很大,但对其他岩土工程施工期情况则有显著不同,故在一些情况下,"反馈分析"也可不同程度地从简。

(2)基本内容的差异 在监测资料分析中,对建筑物地基和地下洞室,在施工期如无特殊需要,可不进行数学和物理力学模型的模拟分析,或只需采用较简化的模型。对大坝和坝基的运行期资料,一般只需采用统计学模型分析,而不必引用确定性或混合性模型。对施工期大坝和坝基变形、渗流量和渗透压力等重要项目资料,只在必要时才采用确定性和混合性模型进行分析。

(3)整理分析反馈方法的区别 由于所依据的规则和原理的不同,在不同类别的岩土工程中,有时需引进专用的方法进行监测资料整理分析和反馈,如边坡安全预报中的斋藤法等。这些专用方法对该类工程是其他通用方法无法替代的,但在其他工程中则没有任何意义。另如地下工程常常采用的反分析方法,在向其他岩土工程推广过程中,亦需进行较大改进,并不是完全通用和可简单照抄的。

在岩土工程监测资料整理分析反馈中,必须充分考虑不同类别岩土工程和不同监测时段的具体特点,因地制宜,灵活掌握。首先应遵照本类工程有关规程规范的具体要求,在规程规范难以满足工程需求的特定工程条件下,可以参照相近其他类别工程规程规范或操作方法,但不宜机械照搬。

四、监测资料整理分析和反馈的原则要求

(一)认真重视

监测资料分析反馈是岩土工程安全监测工作的重要组成部分,必须充分重视。要将其纳入整体安全监测计划,配置必需的软硬件设备,选用合格称职的技术人员,认真执行有关规程规范和技术要求,遵照全面质量管理的原则精神,把该项工作做细做好。

(二)及时性

岩土工程对监测资料整理分析反馈的要求是紧迫的,在地下洞室施工期、大坝汛期及边坡滑坡前夕,对监测资料分析反馈成果的要求在时间上是按小时计算的,任何延误都可能造成灾难性后果。即使在其他正常时段,观测资料的校核、整理和初步分析也必须当日完成。及时性是岩土工程监测资料整理分析和反馈的一个基本原则。

每次观测后应立即对原始数据进行检查校核和整理,并及时作出初步分析。监测资料整理分析的日常工作,要坚持经常,不得拖延,更不能长期积压。同时,无论在工程的任何阶段,只要发现监测资料有异常现象或确认有异常值,应立即向主管部门报告。

(三)可靠性

监测资料整理分析反馈必须以保证数据成果的准确可靠为基本前提,为此要求:

原始资料在现场校核检验后,不得进行任何修改。粗差的辨识和剔除必须稳妥慎重,严格按有关规定要求进行。经整理和整编后的监测资料和数据库亦不应修改。

所引用的分析方法应做到基本理论正确,方法步骤合理,经过实际工程验证,并得到岩土工程同行认可。

所采用的计算机程序一般应通过鉴定,并得到同行公认,经过若干工程使用考验;如需应用新分析方法和计算机程序,则必须对其原理、步骤、做法进行严格考核和论证,并通过工程实例认真校核,考核通过后方可实际应用。

监测资料整理分析的数据、资料、成果和报告等必须按全面质量管理的要求,认真执行验收校审制度,并应及时整理归档。

(四)实用性

监测资料整理分析和反馈应以解决工程实际问题为基本目的,不片面强调理论、模型和方法的先进完善。成果报告的内容应以满足有关岩土工程规范要求,回答解决工程面临的安全问题为限,不要求做更广泛的商榷探讨。

(五)全面分析、综合评估

监测数据和相关资料的搜集要尽可能充实完整,对各种监测资料成果应认真进行对比研究,并宜采用多种分析方法作出分析比较和印证,以克服单项成果和单一方法的片面和不足。

第二节　监测资料的搜集和整理

监测资料搜集和整理是分析反馈的基础,它的主要内容包括:①监测有关资料的搜集和表示;②原始观测资料的检验和误差分析;③监测物理量的计算;④填表和绘图;⑤监测数据的平差、光滑、补差等处理;⑥初步分析和异常值的判识。以上六方面工作一般情况下可依次进行,必要时允许适当交叉,有时还需反复循环操作多次。

在监测资料整理过程中,必须坚持的原则是:①除当日在现场遇有特殊情况重测,并履行必要手续的修正外,对原始观测数据和数据库不得进行任何修改;②监测资料整理中的数据检验和处理是在原始观测数据和数据库的复制件上操作的,整理工作完成后形成整理整编数据和数据库,它们也不得进行任何修改;③为了以后分析和反馈的需要,有时仍需对整理整编数据进行必要的处理,如统计回归和时序分析要求的光滑和等时间间隔等,也需在整编数据和数据库的复制件中进行,并另行建立文件存储。

一、监测资料的搜集和表示

(一)所搜集资料的内容范围

监测资料的搜集包括观测数据的采集、人工巡视检查的实施和记录、其他相关资料搜集三部分。按有关规程规范的频次和技术要求进行的观测数据采集记录是资料搜集的一项基本内容,这是不言而喻的。人工巡视检查对任何岩土工程都是必不可少的,必须认真实施和记录,作为监测资料的一个基本组成部分。另外,监测资料整理分析反馈还要采用或参考其他相关数据、记录、文件、图表等信息资料。一般情况下,监测资料的搜集主要包括以下几方面内容：

1）详细的监测数据记录、观测的环境说明，与观测同步的气象、水文等环境资料及水位等运控资料。

2）监测仪器设备及安装的考证资料。监测设备的考证表、监测系统设计、施工详图、加工图、设计说明书、仪器规格和数量、仪器安装埋设记录、仪器检验和电缆连接记录、竣工图、仪器说明书及出厂证明书、观测设备的损坏和改装情况、仪器率定资料等。

3）监测仪器附近的施工资料。混凝土大坝和坝基埋设仪器应有附近混凝土的入仓温度、浇筑方法与过程、混凝土材料性能（如弹模、抗压强度等）、接缝灌浆资料、温度和应力计算所必需的其他资料等。土石坝埋设仪器应有附近筑坝材料的级配、物理力学特性、填筑方法和过程、碾压过程及其他有关资料。地下洞室监测应有开挖方式、开挖进度、支护形式和支护参数、每次循环进尺、各类支护实施时间、施工质量检查、洞室开挖断面验收图等比较完整的资料。

4）现场观察巡视资料。大坝和坝基按大坝安全监测规范开展的现场巡视检查记录、报告及有关资料。地下洞室监测应有与监测过程同步的观察巡视记录资料，重点是仪器埋设位置附近及掌子面附近的地质调查、支护状况的观察等。如岩性、岩相、岩层走向和倾向；岩体风化蚀变、固结程度、硬度；裂隙宽度、走向、倾向、间距、节理状况；断层宽度、走向、倾向、碎破情况和夹泥情况；地下水状况、涌水位置、流量、压力；岩体的自稳时间、崩塌破坏的形态、机理、深度及扩展范围；衬砌的工作状态、裂缝的宽度和发展趋势、掉块掉土现象等，详见第四章。

5）监测工程有关的设计资料。如设计图纸、参数、计算书、计算成果、施工组织设计、地质勘测及详查的资料报告和技术文件等。

6）设计、计算分析、模型试验、前期监测工作提出的成果报告、技术警戒值（范围）、安全判据及其他技术指标和文件资料。

7）有关的工程类比资料、规程规范及有关文件等。

（二）对监测资料搜集的原则要求

监测资料搜集主要包括资料的采集、搜集、记录、誊写、采用计算机整理分析的录入、存储、软盘拷贝、向工作站或资料整理分析中心的传输通讯等项作业。

1）监测资料的搜集必须做到及时准确，并应尽可能全面、完整。

2）资料的录入、誊抄、传输、拷贝等项作业应按全面质量管理的要求，做好校核检验工作，切实保证资料的准确可靠，严防数据资料的损坏、失误或丢失。

3）监测资料的存储和表示方法要力求简洁、清晰、直观，尽可能采用图表。采取的存储形式便于保管、归档和查询。目录尽可能通用规范。要保证资料的完整安全，避免丢失、损坏。在可能条件下，各种资料都应有备份。

（三）监测资料的存储和表示方法

监测资料存储和表示方法有表格、绘图、文件、计算机数据库和录音录像等多种形式。

1）对表格、绘图和文件形式存储表示的资料的具体要求详见本节四。

2）对计算机数据库形式存储监测资料的要求详见本节八。

3）以录音录像形式存储的监测相关资料亦应做好登录、归档和保管，使之便于查询应用，在监测资料分析反馈中发挥应有的作用。

二、原始观测资料的检验和处理

由于来自人员、仪器设备和各种外界条件（如大气折射影响）等原因，各种效应量的原始观测值不可避免地存在着误差。因此，在监测资料整理分析过程中，首先应对原始观测资料进行可靠性检验和误差分析，评判原始观测资料的可靠性，分析误差的大小、来源和类型，以采取合理的方法对其进行处理和修正。

如检验和分析发现当日当次原始观测数据存在粗差，则在可能的条件下应立即重测，并可在履行必要审批手续后修改原始观测数据。如查明原始观测数据存在其他形式误差，或当日当次观测已无法补测，则应对其做详细记录，并在监测资料整理整编过程中进行修正，以形成整理整编数据和数据库。

（一）原始观测数据的可靠性检验

可靠性检验的主要内容是采用逻辑分析方法，进行下列检验：

1）作业方法是否符合规定。

2）观测仪器性能是否稳定、正常。

3）各项测量数据物理意义是否合理，是否超过实际物理限值和仪器限值，检验结果是否在有限差以内。

4）是否符合一致性、相关性、连续性、对称性等原则。

连续性是指在荷载环境和其他外界条件未发生突变的情况下，各种观测资料亦应连续变化，不产生跳动。

一致性是指从时间概念出发来分析连续积累的资料在变化趋势上是否具有一致性，即分析：①任一点本次测值与前一次（或前几次）观测值的变化关系；②本次测值与某相应原因量之间关系和前几次情况是否一致；③本次测值与前一次测值的差值是否与原因量变化相适应。一致性和连续性分析的主要手段是绘制"时间—效应量"过程线，"时间—原因量"过程线，以及原因量与效应量的相关图。

相关性是从空间概念出发来检查一些有内在物理意义联系的效应量之间的相关关系，即分析原始测值变化与建筑物及基础的特点是否相适应，即：①将某测点某一效应量本测次的原始实测值与同一部位（或条件基本一致的邻近部位）的前、后、左、右、上、下邻近部位各测点的本测次同类效应量或有关效应量的相应原始实测值进行比较；②将各种不同方法量测的同一效应量进行比较，视其是否符合物理力学关系。相关性分析的主要手段是绘制不同监测项目间或不同部位测点间"效应量—效应量"相关关系图。

（二）误差分析和处理

观测数据误差有下列三种：

（1）过失误差　它是一种错误数据，一般是观测人员过失引起的，如：①读数和记录的错误；②将数据输入计算机时把数据输错等引起的错误；③将仪器编号弄错所引起的错误。这种误差往往在数据上反应出很大的异常，甚至与物理意义明显相悖。在资料整理时（在相应过程线和其他图表中）比较容易发现。遇到这种误差时，可直接将其剔除掉，再根据历史和相邻资料进行补差。

（2）偶然误差（又称随机误差）　它是由于人为不易控制的互相独立的偶然因素作用

而引起的。如：①观测电缆头不清洁；②电桥指针不对零；③观测接线时接头拧得松紧不一等。这种误差是随机性的，客观上难以避免，在整体上服从正态分布规律，可采用常规误差分析理论进行分析处理。

（3）系统误差　它与偶然误差相反，是由观测母体的变化所引起的误差。所谓母体变化就是观测条件的变化，系由于仪器结构和环境所造成的。这种误差通常为一常数或为按一定规则变化的量，也有不规则变化的量。明显的特点是它使得测值总是向一个方向偏离，例如总是偏大或偏小。一般可以通过校正仪器消除之。在校正时，应该在校正前后各观测一次取得数据，记录校正前后测值大小的差值，并利用这个差值修改校正以前的数据。

系统误差检测的数学方法比较复杂，有剩余误差观察法、剩余误差校核法、计算数据比较法和 μ 检验等，可参考专门文献。

系统误差产生的原因很多，有来自人员、仪器、环境、观测方法等多方面，如：①电缆增长和剪短以及施工时砸断重新联结；②观测读数仪表调换引起的误差；③仪器质量引起的观测误差，如仪器内部绕线瓷框的松动，使测值突变，有时电阻比变化（300~400）×0.01%，仪器虽能观测，但仪器测值可信度值得怀疑，还有仪器进水，使绝缘度降低引起测值变化，仪器质量引起误差，应根据具体情况分析处理。

（三）粗差的判识和处理

所谓粗差是指粗大误差，通常来自过失误差或偶然误差。粗差处理的关键在于粗差的识别，粗差的识别和剔除可以采用人工判断和统计分析两种方法。

1.人工判断法

人工判断是通过与历史的或相邻的观测数据相比较，或通过所测数据的物理意义判断数据的合理性。为能够在观测现场完成人工判断的工作，应该把以前的观测数据（至少是部分数据）带到现场，做到观测现场随时校核、计算观测数据。在利用计算机处理时，计算机管理软件应提供对所有观测仪器上次观测数据的一览表，以便在进行观测资料的人工采集时有所参照。也可在观测原始记录表中列出上次观测时间和数据栏，其内容可以由计算机自动给出。

人工判断的另一主要方法是作图法，即通过绘制观测数据过程线或监控模型拟合曲线，以确定哪些是可能粗差点。人工判别后，再引入包络线或 3σ 法判识。

2.包络线法

将监测物理量 f 分解为各原因量（水压、温度、时效等）分效应 $f(h)$、$f(T)$、$f(t)$ 等之和，用实测或预估方法确定各原因量分效应的极大、极小值，即可得监测物理量 f 的包络线：

$$M_{ax}(f) = M_{ax}(f(h)) + M_{ax}(f(T)) + M_{ax}(f(t)) + \cdots \qquad (6-2-1)$$

$$M_{in}(f) = M_{in}(f(h)) + M_{in}(f(T)) + M_{in}(f(t)) + \cdots \qquad (6-2-2)$$

3.统计分析法

（A）"3σ"法

设进行了 n 次观测，所得到的第 i 次测值为 $U_i(i=1,2,\cdots,n)$，连续三次观测的测值分别为 U_{i-1}、U_i、$U_{i+1}(i=2,3,\cdots,n-1)$，第 i 次观测的跳动特征定义为：

$$d_i = |2 \times U_i - (U_{i-1} + U_{i+1})| \qquad (6-2-3)$$

跳动特征的算术平均值为：

592

$$\bar{d} = (\sum_{i=2}^{n-1} d_i) / (n - 2) \qquad (6 - 2 - 4)$$

跳动特征的均方差为：

$$\sigma = \sqrt{(\sum_{i=2}^{n-1} (d_i - \bar{d})^2)/(n - 3)} \qquad (6 - 2 - 5)$$

相对差值为：

$$q_i = |d_i - \bar{d}| / \sigma \qquad (6 - 2 - 6)$$

如果 $q_i > 3$ 就可以认为它是异常值,可以舍去。可以用插值方法得到它的替代值。

（B）统计回归法

把以往的观测数据利用合理的回归方程进行统计回归计算,如果某一个测值离差为 $2 \sim 3$ 倍标准差,就认为该测值误差过大,因而可以舍弃,并利用回归计算结果代替这个测值。

其他比较复杂的处理方法可参考《数学手册》中第十七章"误差理论与实验数据处理"（人民教育出版社,1979）。

三、物 理 量 计 算

（一）物理量转换

经检验合格的观测数据,应换算成监测物理量,如位移、渗流量、应力、应变和温度等。当存在多余观测数据时,应先作平差处理,再换算物理量。换算公式可参见第四章或生产厂家产品说明书。一般仪器生产厂家提供的产品说明书中都注明了该仪器的物理计算公式及各种参数测试表。如厂家资料无此文件,可向厂家索取。

（二）基准值的确定

物理量换算的一个重要前提条件是首先确定一个合理可靠的基准值。基准值的确定有三种情况:①以初始值为基准值,如建筑物水平位移等;②取首次测值为基准值;③以某次观测值为基准值,如差阻式仪器应变计、钢筋计等。各类仪器基准值的确定方法详见第四章。

（三）丢失初值的估算

部分监测量存在丢失初值问题:如洞室开挖顶拱下沉和洞壁收敛位移,仪器埋设和测取初始值时,已发生相当大变形在测量时"丢失",称为"丢失初值",需要根据计算、试验或工程类比法确定其大小。一般情况下,只有在对丢失初值估算后重新修正的观测数据和物理量才具有实际比较意义,并可参加资料分析和反馈。

对初始值的估算应注意的问题是:第一,必须查明所丢失初值的各种相关情况,如大坝垂线埋设前已产生的水平、垂直位移,与大坝初期施工、蓄水和温度等荷载条件有关。以上情况均必须事先查明,才能合理分析估算所丢失的初始值。第二,正确理解不同结构物的性态机理。如地下洞室在工作面上丢失的变形,为该洞室断面形状尺寸不变条件下挖通后总变形的 20% ~30%,若取该洞室继续扩挖后断面的总变形进行估算,则丢失初值的比例将大大低于以上数值。

（四）混凝土应变计（组）的计算分析

在各类岩土工程监测仪器中,以混凝土应变计（组）的计算分析最为复杂,目前尚无统一的规范化方法,一般可参照以下步骤进行。

1. 单轴应力变形的计算

混凝土结构物中总应变 ε_m、应力应变 ε' 和非应力应变 ε_0 有下列关系：

$$\varepsilon_m = \varepsilon' + \varepsilon_0 \qquad (6-2-7)$$

其中，非应力应变 ε_0（亦称自由体积变形）可由同一部位的无应力计测取，故按上式可求得应力应变 ε'。

2. 由单轴应力应变 ε' 计算混凝土应力 $\sigma(\tau_n)$

考虑混凝土徐变后，混凝土应力变形 ε' 由弹性变形和徐变变形两部分组成，它与单轴应力 σ 关系可表达为：

$$\varepsilon' = \sigma[1/E_0(\tau) + C(t,\tau)] = \sigma/E(t,\tau) \qquad (6-2-8)$$

式中　　　　　　τ、t——分别为加荷和持荷龄期；

　　$E_0(\tau)$、$E(t,\tau)$——分别为瞬时和持续弹性模量；

　　　　　$C(t,\tau)$——徐变度。

在实际工程中，混凝土荷载和应力状态随时间变化，需要用叠加原理（用松弛法或变形法）分段叠加计算，并需有埋设应变计处的混凝土弹模和徐变的试验资料。

将时间划分为 n 个时段，每个时段的起始和终止时刻（龄期）分别为：τ_0、τ_1、τ_2，…，τ_{i-1}、τ_i，…，τ_{n-1}、τ_n。各个时段中点龄期（$\overline{\tau}_i = (\tau_i + \tau_{i-1})/2$）为：$\overline{\tau}_1$，$\overline{\tau}_2$，…，$\overline{\tau}_i$，…$\overline{\tau}_n$。各时刻对应的单轴应变分别为 ε_0'，ε_1'，ε_2'，…，ε_i'，…，ε_n'。各中点龄期对应的单轴应变分别为：$\overline{\varepsilon}_1'$，$\overline{\varepsilon}_2'$，…，$\overline{\varepsilon}_i'$，…，$\overline{\varepsilon}_n'$。各时段单轴应变增量（$\Delta\varepsilon_i' = \varepsilon_i' - \varepsilon_{i-1}'$）为 $\Delta\varepsilon_1'$，$\Delta\varepsilon_2'$，…，$\Delta\varepsilon_i'$，…，$\Delta\varepsilon_n'$。

应力计算公式为：

（A）松弛法

在 τ_n 时刻的应力为：

$$\sigma(\tau_n) = \sum_{i=1}^{n} \Delta\varepsilon_i' E(\overline{\tau}_i) K_p(\tau_n, \overline{\tau}_i) \qquad (6-2-9)$$

式中　　　$E(\overline{\tau}_i)$——$\overline{\tau}_i$ 时刻混凝土的瞬时弹性模数；

　　$K_p(\tau_n, \overline{\tau}_i)$——龄期 $\overline{\tau}_i$ 时的松弛曲线在 τ_n 时刻的值；

（B）变形法

在 $\overline{\tau}_n$ 时刻的混凝土实际应力按下式计算：

$$\sigma(\overline{\tau}_n) = \sum_{i=1}^{n} \Delta\sigma(\overline{\tau}_i) \qquad (6-2-10)$$

$\Delta\sigma(\overline{\tau}_i)$ 为 $\overline{\tau}_i$ 时刻的应力增量，按式（6-2-11）计算。

$$\Delta\sigma(\overline{\tau}_i) = E'(\overline{\tau}_i, \tau_{i-1}) \times \overline{\varepsilon}_i' \quad （当 i = 1）$$

$$\Delta\sigma(\overline{\tau}_i) = E'(\overline{\tau}_i, \tau_{i-1})\left\{ \overline{\varepsilon}_i' - \sum_{j=1}^{i-1} \Delta\sigma(\overline{\tau}_j) \times \left[\frac{1}{E(\tau_{j-1})} + C(\overline{\tau}_i, \tau_{j-1}) \right] \right\} \quad （当 i > 1）$$

$$(6-2-11)$$

式中　$E'(\overline{\tau}_i, \tau_{i-1})$——以 τ_{i-1} 龄期加荷单位应力持续到 $\overline{\tau}_i$ 时的总变形 $\left[\dfrac{1}{E(\tau_{i-1})} + C(\overline{\tau}_i, \tau_{i-1}) \right]$ 的倒数，即称为 $\overline{\tau}_i$ 时刻的持续弹性模量；

　　$E(\tau_{j-1})$——τ_{j-1} 时刻混凝土的瞬时弹性模数；

$C(\bar{\tau}_i, \tau_{j-1})$ ——以 τ_{j-1} 为加荷龄期持续到 $\bar{\tau}_i$ 时的徐变度。

3. 应变计组的计算

对于 N 向应变计组,在求得每一向应变计 τ_n 时刻应力 $\sigma_i(\tau_n)$($i = 1, \cdots, N$)后,按弹塑性理论应力张量中主应力方向、量值与各向应变计应力 $\sigma_i(\tau_n)$ 关系和最小二乘法平差公式,即可在应变计组数量冗余的条件下,计算求出主应力方向和大小,或某一要求方向应力状态。

四、绘图制表和文字报告

(一) 绘图

在数据整理这一阶段,需绘制的曲线一般有三大类:过程线,分布线和相关线。它们分别表征物理量随时间的变化情况,物理量在空间(线、面和立体)的分布情况以及各物理量之间的相互关系。

1. 过程线

过程线是物理量与时间的关系,通常以时间为水平坐标,以物理量(例如位移、应变等)为纵坐标。

为了了解更多的信息,在不妨碍清晰的前提下,应该尽可能把有关的物理量的过程线放在同一图中,有时还要把影响所绘物理量变化的其他物理量也用相同的时间尺度绘在这个图的上方或下方,以便比较研究。常见的影响因素有:温度(气温,混凝土温度等),降水,施工加载,开挖进尺,库水位(或上下游水位),地下水位等。例如在绘制土压力过程线时,若同时绘库水位的过程线,就可以显示出水位对土压力的影响。

在绘制直接观测值的过程线的同时,也应该同时绘制一些有实际意义的导出量的过程线。例如,有效土压力,多点位移计的相对位移(收敛)以及位移应变等的变化速率等。

2. 分布(线)图

最常见的分布图是物理量沿某一特定方向(线)的分布线。例如大坝的位移、渗压沿垂直、横向和纵向的分布,钻孔深度方向位移和变形的分布,边坡水平位移沿测斜孔深度的分布等。

分布图中表示测点位置的坐标轴,可以根据需要水平或垂直放置。

物理量在某一特征断面上的分布情况可以用三维立体图(曲面)表示,也可以根据情况利用等值线、投影分量或向量来表示。

分布线图中的一条曲线只能表示在一次观测中不同测点数据的分布情况,为了进行比较,经常把不同时间的测值分布线绘在同一个图中。一般应选择有代表性的时间,例如大坝蓄水前后等影响因素变化的起点和终点,并在各条线上标注观测时间。这样,就可能比较清晰地看到分布线的形状随时间或其他影响因素的变化情况。

在一个特征面上常见的分布图有:应力、应变、位移在某个断面上的等值线以及渗流的等势线和等值线,位移向量、主应力的向量图等。

3. 相关(线)图

相关线图分为散点相关图和相关线两种,相关图中一般以两个有关的物理量为纵横坐标。对于不同的相关关系,坐标可以是等距的也可以是不等距的(例如对数或其他形式)。

绘相关线时应注意尽可能选择自变量单调变化,或变化不太频繁的区间来绘制。为表明两个物理量的关系,还可以考虑把表征两者相互关系的回归曲线同时绘在一个图上。

各种曲线的实例可参见本章后续各节。

(二)制表

通过表格可以把数据分类系统地组织在一起,便于阅读和比较。报表可分为定期和不定期两种。定期的报表一般按月、季和年提交。不定期报表一般在施工或运行的重要时期前后或作为文字报告的一部分提交。

监测中经常使用的有以下三种类型的报表:

1.监测仪器、测点情况表

包括仪器的数量、类型、布置情况、运行情况和基本参数的变更情况。如果在观测的过程中又新增加了测点和仪器,则还要提供新测点的详细竣工报告。

2.监测作业情况表

包括观测的频度,以及人工巡视的情况报告。

3.监测数据报表

表中应含有:工程名称和部位,仪器名称、类型、编号,观测时间,初始参数和仪器参数,计算公式或方法,观测、记录、校核、计算的人员姓名,原始数据,计算结果。

另外,根据观测仪器的不同,可能还需要在表中列出各种有关的影响因素。例如温度、水位、荷载变化、地震情况等。

目前对于各种仪器的原始观测记录表,尚无统一的规范。可根据观测的具体情况自行设计。设计时,除注意内容的逻辑性和完整性以外,在形式上也应注意简洁美观。在有计算机处理条件的单位,原始观测数据记录表应按容易进行计算机管理的格式设计。以避免手工处理和计算机的报表脱节。

图表的主要作用有两个:一是提供给管理单位分析使用;二是供安全监测人员进行离线分析,包括为分析人员进行经验检查提供多种手段和途径,如对监测量变化的连续性、相关性、一致性、对称性等方面检查的经验分析等。

(三)文字报告

文字报告或简报是在一定阶段中提交的比较详细的文字材料。其中不要求提供所有的观测数据、计算数据以及观测的详细情况,但应该有比较详细的分析、评价、建议和结论。报告可以包含如下方面:

(1)工程概况 包括工程的基本情况,在所提交报告覆盖的时段内工程的施工或运行情况,以及在该时段内相关影响因素的变化情况。

(2)测点情况 说明测点的布置,仪器型号、用途以及仪器的工作状态,还可以包括人工巡视的情况。

(3)数据整理 说明数据整理中采用的公式和方法,整理中出现的问题和处理方法,包括漏测值的补充、数据处理方法以及误差估计,使读者便于了解所用于分析的数据的精度和可靠性。

(4)测值变化规律与特征 以数据的形式给出观测数据的特征值:例如最大、最小值,变化率等。以图形和表格方式给出对变化过程和趋势的直观描述。对特征值和变化过程中的特殊点、特殊线段作出合理的解释。变化率加快以及发生突变等情况要特别给予分析说明。

（5）计算分析　简单的计算分析结果。

（6）发展趋势与预测　利用统计分析、灰色系统理论等数学方法预测。尤其要指出测值的收敛性，以及最终的收敛值。

（7）比较与判别　利用规范、标准中的判据以及行之有效的经验判据，对原型观测结果所反映出的工程情况进行判断。与其他同类工程进行类比，与设计要求进行比较，有条件时还可以与有限元和边界元等数学方法的计算结果进行比较。

（8）评价与建议　根据对监测数据的分析和人工巡视得到的结果，对工程的运行状态给出评价（评价的方法可参考本章后续各节）和结论，对当前监测及资料管理工作中存在的问题提出改进意见和建议。

根据报告的性质及具体情况，对以上内容可酌情有所增删。

五、监测数据的处理

对监测数据的处理主要是指对原始观测数据的复制件的处理，包括误差的修改、缺值的补差、平差、平滑和修匀等。处理工作不得直接对原始观测数据进行。每次处理必须做相应记录，最后形成整理整编数据或数据库。本节所述的方法如补插、平滑、修改等，也可对整理或整编数据库复制件进行，以满足作图、时序分析、统计分析等需要，这时的处理方法是否记录要根据具体情况确定。

（一）观测数据的平差

由于观测结果不可避免地存在着随机误差，在实际观测时，通常要进行多余观测（即使观测值的个数多于未知量的个数）。对这一系列带有随机误差的观测值，采用合理的方法来消除它们之间的不符值，求出未知量的最可靠值（称为最或然值），并评定测量结果的精度，这就是观测数据的平差。在大地测量和应变计组计算等工作中，平差方法有广泛应用。

对观测数据进行平差的方法很多，当观测数据相互独立时，可采用直接平差法，否则可采用条件平差或两组平差、间接平差、矩阵平差等方法。可参见武汉测绘大学编写的《测量平差基础》，本文仅简要介绍条件平差方法。

1. 条件方程式的建立

设有 r 个多余观测，共 n 个观测值，欲平差求出的观测值改正数为 $V_1, V_2, \cdots, V_n$。则由 r 个多余观测，可建立联系改正数 $V_1, V_2, \cdots, V_n$ 的 r 个条件方程。

$$\left.\begin{array}{l} a_1 V_1 + a_2 V_2 + \cdots + a_n V_n + w_1 = 0 \\ b_1 V_1 + b_2 V_2 + \cdots + b_n V_n + w_2 = 0 \\ \cdots\cdots \\ r_1 V_1 + r_2 V_2 + \cdots + r_n V_n + w_r = 0 \end{array}\right\} \qquad (6-2-12)$$

其中 w_1、w_2、$\cdots w_r$ 为利用多余观测条件所求出的 r 个不符值。

一般情况下，改正数 $V_1, V_2 \cdots V_n$ 的条件方程本身就是线性的。如若不然，则需用泰勒公式将其线性化。

2. 改正数方程组

平差的原则是只采用唯一一组改正值消除不符值，并使误差函数 f 最小，即：

$$f = [PVV] = P_1 V_1 V_1 + P_2 V_2 V_2 + \cdots + P_n V_n V_n = \text{Min} \qquad (6-2-13)$$

式中 P_1、P_2、$\cdots P_n$——分别为观测值(L_1)、(L_2)、$\cdots$、(L_n) 的权。

平差计算实际上是求出满足条件方程式的误差函数极值问题。按最小二乘原理求最或然值方法,对每一条件方程式乘以一个拉格朗日乘子K_i(亦称联系数),$i = 1,2,\cdots,r$,然后建立新的误差函数ϕ。

$$\phi = [PVV] - \sum_{i=1}^{r} 2K_i(A_{i1}V_1 + A_{i2}V_2 + \cdots + A_{in}V_n + w_i) \qquad (6-2-14)$$

对ϕ依次对V_i求偏导数,并令其等于零,求得改正数方程组:

$$\left.\begin{array}{l} V_1 = a_{11}K_1 + a_{12}K_2 + \cdots + a_{1r}K_r \\ V_2 = a_{21}K_1 + a_{22}K_2 + \cdots + a_{2r}K_r \\ \cdots\cdots \\ V_n = a_{n1}K_1 + a_{n2}K_2 + \cdots + a_{nr}K_n \end{array}\right\} \qquad (6-2-15)$$

3. 联系数法方程组

将改正数方程组代入条件方程组中,消去$V_1,V_2,\cdots,V_n$,即可求得以联系数$K_1,K_2,\cdots,K_r$为未知量的(线性)法方程组:

$$\left.\begin{array}{l} b_{11}K_1 + b_{12}K_2 + \cdots + b_{1r}K_r + w_1 = 0 \\ b_{21}K_1 + b_{22}K_2 + \cdots + b_{2r}K_r + w_2 = 0 \\ \cdots\cdots \\ b_{r1}K_1 + b_{r2}K_2 + \cdots + b_{rr}K_r + w_r = 0 \end{array}\right\} \qquad (6-2-16)$$

法方程组的解算一般采用消元法,为便于校核,手算时常采用高斯—杜力特简化格式。

4. 平差计算和精度评定

求得联系数K_i,$i = 1,2,\cdots,r$后,即可由式(6-2-15)和式(6-2-12)求得改正数V_i,和平差值$(L_i) + V_i$,$i = 1,2,\cdots,n$。

平差精度评定要由误差函数$[PVV]$给出。

观测值中误差

$$m = \pm\sqrt{\frac{[PVV]}{r}} \qquad (6-2-17)$$

观测值中误差以及工作基点的计算等均可由以上成果计算导出。

(二)监测数据的补插

如果因某种原因出现漏测,或由于剔除了粗差而缺少某次观测测值时,需要补充上合理的值,这就是观测资料的补插。补插一般采用多项式插值、样条函数插值等数学插值方法。

1. 全段拉格朗日一次插值法

设距待测插值测点最近的两个测点为:(X_1,Y_1),(X_2,Y_2),则横坐标的插补点(X,Y) 的Y坐标为:

$$Y = \frac{X - X_2}{X_1 - X_2}Y_1 + \frac{X - X_1}{X_1 - X_2}Y_2 \qquad (6-2-18)$$

2. 全段拉格朗日二次插值法

设距待测插值测点最近的3个测点为:

$$(X_1,Y_1),(X_2,Y_2),(X_3,Y_3)$$

则插补点(X,Y) 的Y坐标

$$Y = \frac{(X - X_2)(X - X_3)}{(X_1 - X_2)(X_1 - X_3)}Y_1 + \frac{(X - X_1)(X - X_3)}{(X_2 - X_1)(X_2 - X_3)}Y_2 + \frac{(X - X_1)(X - X_2)}{(X_3 - X_1)(X_3 - X_2)}Y_3$$

$$(6 - 2 - 19)$$

这里的 X 通常为时间,Y 通常为观测值。在 $X_1 < X < X_2$ 为内插,通常用于插补多次观测之间的测值。在 $X < X_1$ 或 $X_2 < X$ 时为外插。

(三)监测数据的修匀

如果观测数据受偶然因素影响较大,起伏不定,则可以通过对这组数据的修匀,消除偶然因素的影响,把未知量真实的变化规律展现出来。

修匀的方法很多,最常用的为三点移动平均法。

当相邻三个测点的测值分别为:

$$(X_{i-1}, Y_{i-1}), (X_i, Y_i), (X_{i+1}, Y_{i+1})$$

则中央一个测点的修匀值为:

$$\{(X_{i-1} + X_i + X_{i+1})/3, (Y_{i-1} + Y_i + Y_{i+1})/3\}$$

而起点($i = 1$)和终点($i = n$)的修匀值则分别为:

$$(X_1, 2Y_1/3 + Y_2/3)$$
$$(X_n, 2Y_n/3 + Y_{n-1}/3)$$

在计算机处理时,建议剔除粗差的数据作为基本数据(整编资料)保留。修匀只在必要时进行(例如绘图或进行计算时)。修匀后的数据不一定都要保留,如果要保留的话,也应与未修匀的数据分开存放。

六、初步分析和异常值判识

在监测资料整理中,应根据所绘制图表和有关资料,及时进行初步分析。分析各监测量的变化规律和趋势,判断有无异常值。

初步分析的重点是异常值的判识,如监测数据出现以下情况之一,可视为异常:

1)变化趋势突然加剧或变缓,或发生逆转,如从正向增长变为负增长,而从已知原因变化不能作出解释。

2)出现与已知原因量无关的变化速率。

3)出现超过最大(或最小)量值,安全监控限或数学模型预报值等情况。

经多方比较判断,确信监测量为异常值时,则应立即向主管人员报告。同时加强监测,务求尽快查明原因,以便进行技术决策。

七、监 测 资 料 整 编

(一)监测资料整编的工作内容

监测资料整编是定期或按上级主管部门要求进行的系统全面的监测资料整理工作。整编工作的主要内容为:

1. 监测相关资料的搜集

搜集内容见本节之一。

2.对各类监测资料的检验和审查

审核内容包括：

第一，审核资料的完整性，即检查是否遗漏了某些重要方面的资料，资料中是否已经有遗失和损坏等，是否需要补充新的资料。

第二，审核资料的正确性和可靠性，其一是逻辑审核，即根据知识、经验或理论审核资料的内容是否合理；是否符合实际情况；从不同资料得到的结果是否存在矛盾；所使用的公式和理论是否正确、合理、出现在不同资料中的同一数据是否一致等。其二是技术审核，即检查是否有错误和疏漏。例如审核图表和文字中所引用数据（包括数值、正负、小数点和单位换算等）；图表的内容和单位、坐标轴的单位和刻度；必要时还需通过重新计算验证原有计算结果。

对审核中所发现的问题要查明原因，区别不同情况加以处理，对原始资料的修改要格外慎重。所做的修改要有复核和记录。在记录上要注明修改前后的情况，对修改负责的人员要签字。

3.资料的审定编印

资料的审定编印包括资料分类、编组和汇总，报告编写、编印等。

整编时资料应按不同的分组标志进行分组，以便保存、管理和调用。按资料的性质可分为：原始资料（未经加工并将保持不变的资料）和综合资料（经过加工的资料）。资料按内容可划分为四类，见本节之二。

整编报告应着重于对工程状况整体性的把握。它不仅仅包括对个别仪器和分散的数据进行分析，更重要的是要考虑发展的全过程，以及在此过程中诸多因素的影响，考虑从所有仪器/测点在各个时期得到的数据之间的联系，以及从资料中综合反映出来的本质特征。

（二）整编资料分类

整编资料按内容可划分为如下四类：

（1）工程资料　包括勘测、设计、科研、施工、竣工、监理、验收和维护等方面资料。

（2）仪器资料　包括仪器结构、测点布置、仪器埋设的原始记录和考证资料，仪器损坏、维修和改装情况，及其他与之相关的文字图表资料。

（3）监测资料　包括人工巡视检查、监测原始记录、物理量计算结果及各种图表；与监测和测点有关的水文、地质、气象及地震资料；不同时期对监测资料分析预测的结果或结论。

（4）相关资料　包括文件和批文、合同、总结、咨询、事故及处理、监测资料管理、仪器设备管理等方面的文字及图表资料。

分类和汇总不限于整编前所获得的资料，还应包括整编中所形成的资料。分类与汇总以后要再次进行审核，以纠正分类与汇总中产生的错误。

分类与汇总的同时要建立资料的详细目录或卡片，有条件的单位最好利用计算机建立简单的资料管理数据库。

（三）资料整编的要求

1）整编成果应做到项目齐全，考证清楚，数据可靠，方法合理，图表完整，说明完备。

2）整编报告应能反映监测资料系统整理的全过程和工程整体安全状况，做到内容全面，说理清楚，文笔简洁，篇幅适中。

3）资料整编中如受时间经费等限制，可以不采用数学模型，亦不必对监测资料进行较深入的分析探讨。

八、监测资料整理的计算机化

监测资料整理工作项目繁杂,工作量十分巨大。在绝大多数岩土工程中,人工整理已不能满足工程安全监测及时、快速、全面、准确、可靠等方面的要求。由于计算机软、硬件技术的进步,在各类岩土工程安全监测工作中,采用计算机进行监测资料整理正在逐步取代人工作业,监测资料整理自动化正在逐步变为现实。

(一)计算机进行监测资料整理的基本要求

1)具有监测资料数据库的建库、管理和维护,包括各种资料的录入、修改、删除,文件备份及整理,检索查询,数据的内外交换等功能。

2)具有从原始观测数据检识、物理量计算、图表绘制、数据处理、初步分析、异常值检识和文件编辑等全套监测资料整理作业功能。

3)具有良好的人机界面、完善的联机帮助、完整的用户手册、理论文本、程序设计文档等。

(二)文件的建立、组织和管理

1.观测资料的存档

应存档永久保存的资料有:

1)仪器资料。包括购置仪器时带来的资料,埋设时的安装竣工报告,观测工程中对仪器进行校正的有关资料。

2)观测原始记录。

3)观测的月、季和年报表。

4)计算机中不同时期观测数据的备份。

2.计算机处理时数据的录入

数据的录入方式应尽可能简便。可设计一个工作库,把所有的观测数据一次性输入,并设计自动拷贝观测日期的功能。

3.计算机磁盘文件组织和管理

(A)原始数据与物理量数据(计算数据)的分离

对于一个仪器或测点应该把最初输入的原始数据保留在专门的文件中。它的内容应该与观测得到的原始记录严格对应,一般不得修改。对原始数据进行的修改、光滑甚至删除处理以后的结果,应放到另外文件中,并由其进行计算,得到对应的物理量。

(B)文件结构的统一

观测日期在数据库文件中是必不可少的一项。在不同仪器、测点的所有数据文件中,日期最好放在相同位置,并且使用相同的名称命名。

(C)分组存放数据

同类或同一段面、高程、桩号的不同测点,如果总是同时进行观测,它们的原始数据和计算数据就最好放在同一个文件中。

(D)建立工作库文件

这种文件用来临时存放各种计算的结果,使用以后自动删除。如利用物理量数据进一步计算出的结果,存放于绘图数据的绘图工作库等。

（E）建立目录库

目录库中包括：

（1）仪器或测点参数库　用于指出仪器测点名称、埋设位置、埋设日期、率定参数、数据所在的库文件名称、所用计算公式号、原始数据和计算数据的单位等内容。对于在观测过程中已经修改的参数要保留备查。

（2）数据文件目录库　包括所有使用的数据库文件的名称和所存放的测点。

（3）输出文件记录库　在保留计算结果和提出报表时，自动记录输出文件的名称和内容提要。

（4）绘图文件记录库　如果要保存一个曲线所使用的数据和设置时，自动记录该文件的名称以及数据来源等内容。

（F）严格磁盘目录管理

不同重要等级的磁盘文件要分开不同的子目录存放。管理系统的专用文件是不能容许用户修改的，应该单独存放。原始数据文件和计算数据文件最好分开存放在不同的子目录中。计算和处理中输出的计算结果、报表、绘图数据，以及工作库中要保存的数据等，存放在专门的目录中。

（G）确保数据的安全

软件中应具有定期备份重要文件的功能。不应由操作者临时随意决定哪个文件要备份。特别重要的文件除了软盘备份以外，还要打印出'硬'备份。

（H）中间结果的弃取

一般不保存中间计算结果和绘图所用的数据。如果需要保存，应设置专门的子目录保存，并在输出文件记录库或绘图文件记录库中记下有关信息。

（三）绘图功能的要求和注意事项

用于观测数据处理的绘图除了普通绘图功能以外，要包括如下功能。

1）可以分段选择绘图数据或者对曲线局部放大。以便绘制需要了解的区段的详细情况。

2）为数据处理方便，应该可以了解到在曲线上的某一点所对应的观测数据。

3）能够输出当前所绘图形的数据及绘图设置到磁盘文件中。

4）打印输出时，应能选择输出纸张的尺寸、打印图形的宽高比例、字形和字体等。

（四）报表和文字报告的计算机实现

1.计算机生成报表

计算机制表的方法和要求如下：

（1）利用通用的制表程序实现　例如 LOTUS123、MS WORD、WPS、CCED、EXCEL 等。

（2）利用数据处理系统的通用制表功能实现　数据处理系统应设置针对所使用的数据库文件格式的通用制表功能。例如采用关系数据库时，对任何数据库文件都可以直接根据其字段的宽度、记录的宽度和记录总数，利用字段名为每栏的标题生成报表。

（3）利用数据处理系统的专用制表功能实现　数据处理系统应设置专用功能以直接生成常规报表和根据具体情况需经常提交的报表。这种功能最好是在上述通用功能的基础上加以扩展得到的。这样可以减少编程工作量。

2. 计算机生成文字报告

可以由计算机简单生成的文字报告,实际上是扩大了的报表。其中文字部分是已经写好的框架,其中部分涉及数据的内容需要根据不同的监测情况填入。自动生成带有分析、评价和预报等智能性质的文字报告。

(五) 实现计算机进行监测资料整理的方式

1. 购置或开发监测资料整理数据库软件系统

目前对各类岩土工程国内都有一批经过若干工程考验、功能比较完善的监测资料整理数据库系统可供选择。

开发和购置一个数据处理系统的基本要求是:

1) 系统是否通过鉴定,是否被实际使用过。

2) 它的通用性和适用范围,使用上的方便性。

3) 它处理问题的能力是否能够动态变化,是否根据情况加入并处理新型仪器。

4) 最好能向使用过该系统的用户进行咨询,使用情况。

5) 计算机软件设计方法和运行环境的变化很快,选择时,还应考虑它对计算机软硬件环境的适应能力。

6) 是否能提供详细的用户手册,理论文本。能否在使用期间提供维护。

2. 直接采用 WINDOWS 环境

用 EXCEL 等系统软件,进行对监测资料的管理和资料整理工作。由于以上系统软件功能十分完善成熟,这一做法在一般情况下也是可行的。优点是不必购置研制专用软件系统,不足之处:一是只对 WINDOWS 及其他系统软件熟悉;二是作业步骤方法难以统一和规范,可靠性和速度也受影响。

第三节　监测资料的分析方法

一、监测资料分析方法概述

监测资料分析内容:一是初步分析,重点判识有无异常观测值;二是根据特定重点监测时段的工作需要,或上级主管部门的要求,开展较为系统全面的综合分析。本节的监测资料分析是指后一种较深入的综合分析,它通常需要离线(脱机)作业,采用数学物理模型,或地质、结构和渗流等领域的专门性方法及理论知识,分析工作的成果将作为安全预报、安全评估、对施工或运行的反馈和技术决策的基本依据和重要组成部分。

在工程出现异常和险情的时段,工程竣工验收和安全鉴定等时段,水库蓄水、汛前汛期、隧洞通放水、工程本身或附近工程维修和扩建等外界荷载环境条件发生显著变化的重点时段,通常需要对监测资料进行较深入系统的综合分析,用以查找存在的安全隐患和原因,分析监测资料变化规律和趋势,预测未来时段的安全稳定状态,为可能采取的工程决策提供技术支持。

监测资料的分析方法可粗略分为以下几类:

(1) 定性的常规分析方法　如比较法、作图法、特征值统计法和测值因素分析法等。

（2）定量的数值计算方法　如统计分析方法、有限元分析法、反分析方法等。

（3）数学物理模型分析方法　如统计分析模型、确定性模型和混合性模型等。

（4）应用某一领域专业知识和理论的专门性理论方法　如：边坡安全预报的斋藤法，边坡和地下工程中常用的岩体结构分析法（块体理论分析法）等。本节重点介绍前三类分析方法，专业性理论方法在以下各节中结合不同类别岩土工程进行论述。

二、监测资料分析的常规方法

监测资料分析的常规方法可分为比较法、作图法、特征值统计法和测值影响因素分析法等四类。

（一）比较法

通过对比分析检验监测物理量量值的大小及其变化规律是否合理，或建筑物和构筑物所处的状态是否稳定的方法称比较法。比较法通常有：监测值与技术警戒值相比较；监测物理量的相互对比；监测成果与理论的或试验的成果（或曲线）相对照。工程实践中则常与作图法、特征统计法和回归分析法等配合使用，即通过对所得图形、主要特征值或回归方程的对比分析作出检验结论。

1. 监测物理量的相互对比

该法是将相同部位（或相同条件）的监测量作相互对比，以查明各自的变化量的大小、变化规律和趋势是否具有一致性和合理性。例如，图 6-3-1 是某大坝在灌浆廊道内测得的坝基垂直位移过程线，三条过程线相应的测点分别位于 25、30、33 坝段。这些过程线表明在 1978 年上半年前，30 坝段与 25 及 33 坝段的观测值变化速率是不一致的。经检查，30 号坝段处在基岩破碎带范围内，于是对该坝段基岩部位进行了灌浆处理。从 1978 年下半年开始，30 号坝段的垂直位移增长速率与其他两坝段基本上就一致了。

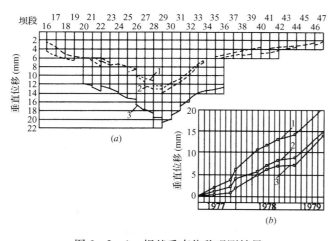

图 6-3-1　坝基垂直位移观测结果

（a）沿大坝轴线垂直位移分布图（1,2—分别相应于 1978 年 8 月和 11 月的垂直位移；3—1979 年 4 月）；（b）垂直位移过程线（1—30 坝段，2—25 坝段，3—33 坝段）

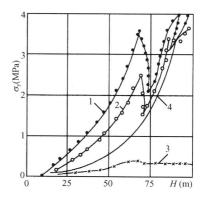

图 6-3-2　坝踵混凝土

应力 σ_y 与上游水位之间关系图

H—上游水位；1—第 39 号电站坝段；2—第 26 号非溢流坝段；3—第 32 号电站坝段；4—按有限单元法计算的

$$\sigma_y = f(H)$$

2.监测成果与理论的或试验的成果相对照

比较其规律是否具有一致性和合理性。例如,图6-3-2是某大坝坝踵混凝土应力 σ_y 与上游水深之间的相关图。从这张相关图可以看出,第32号坝段实测坝踵部位混凝土应力 σ_y 曲线与上游水位的升高无关,且与有限单元计算的曲线及39、26号坝段坝踵部位实测应力的变化规律也不一致。经研究认为,第32号坝段坝踵接缝已经裂开,因而产生这种现象。

3.警戒界限法

技术警戒值是工程建筑物在一定工作条件下的变形量,渗漏量及扬压力等设计值,或有足够的监测资料时经分析求得的允许值(允许范围)。在施工初期可用设计值作技术警戒值,根据技术警戒值可判定监测物理量是否异常。警戒界限法主要用于安全评估和安全预报,该方法在本章第四节叙述。

（二）作图法

根据分析的要求,画出相应的过程线图、相关图、分布图以及综合过程线图(如将上游水位、气温、技术警戒值以及同坝段的扬压力和渗漏量等画在同一张大图上)等。由图可直观地了解和分析观测值的变化大小和其规律,影响观测值的荷载因素和其对观测值的影响程度,观测值有无异常。

图6-3-3是根据变形过程线来判断观测值所处状态的示意图。图6-3-4是某坝坝基发生漏水事故中13号垛水平位移过程线。由过程线可知,1962年11月6日该垛位移值突然增大,向下游达19.56mm,向右达14.53mm,位移的上下游向和左右向的变化率亦与以前的速率有着显著差异,这是该事故在水平位移观测值中的异常反映。

（三）特征值统计法

可用于揭示监测物理量变化规律特点的数值称特征值,借助对特征值的统计与比较辨识监测物理量的变化规律是否合理并得出分析结论的方法称为特征值统计法。

岩土工程问题监测统计中常用的特征值一般是监测物理量的最大值和最小值,变化趋势和变幅,地层变形趋于稳定所需的时间,以及出现最大值和最小值的工况、部位和方向等。

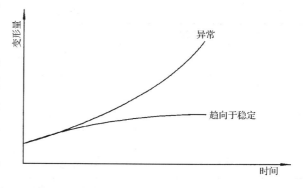

图6-3-3　变形量随时间的变化过程示意图

（四）测值影响因素分析法

例如,在地下工程监测资料分析中,事先搜集整理将爆破松动、开挖施工、塌方失稳、空间效应、时间效应、各类不良地质条件、地下水作用、衬砌、锚杆、预应力锚索加固等各重要因素对测值的影响,掌握它们单独作用下对测值影响的特点和规律,并将其逐一与现有工程监测资料进行对照比较,综合分析,往往有助于对现有监测资料的规律性、相关因素和产生原因的认识和解释。又如在边坡工程中,将监测成果曲线归类为:稳定位移、滑动位移和岩体整体位移、水影响、灌浆不密实、爆破影响、相对位错、岩体松散、钻孔埋深不足、周期性变化等多种类型,有利于在边坡监测资料分析中分清情况,查明问题,进行深入分析。详见本章第六、七节。

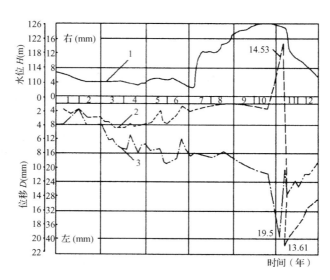

图 6 – 3 – 4　某坝 1962 年 13 号垛水平位移过程线

1—库水位;2—左右向;3—上下向

比较法、作图法、特征值统计方法和数学模型法几种常用的监测资料分析方法在许多规范中都有相关的介绍,具体查找参考如表 6 – 3 – 1。

表 6 – 3 – 1　　　　　　　　监测资料分析常规方法有关依据

监测资料分析方法	相应规范
比较法	《混凝土坝安全监测技术规范》(DLT5178—2003)附录 H.1.2; 《土石坝安全监测技术规范》(SL60—94)7.3.1.1; 《土石坝安全监测资料整编规程》(SL169—96)4.1.1
作图法	《混凝土坝安全监测技术规范》(DLT5178—2003)附录 H.1.3; 《崩塌、滑坡、泥石流监测规范》(DZT0221—2006)8.4.3 小节; 《土石坝安全监测技术规范》(SL60—94)7.3.1.2; 《土石坝安全监测资料整编规程》(SL169—96)4.1.2
特征值统计法	《混凝土坝安全监测技术规范》(DLT5178—2003)附录 H.1.4; 《土石坝安全监测技术规范》(SL60—94)7.3.1.3; 《土石坝安全监测资料整编规程》(SL169—96)4.1.3
数学模型法	《混凝土坝安全监测技术规范》(DLT5178—2003)附录 H.1.5; 《土石坝安全监测技术规范》(SL60—94)7.3.1.4; 《土石坝安全监测资料整编规程》(SL169—96)4.1.4

三、数值计算分析方法

(一)统计分析方法

岩土工程的安全监测数据,由于影响因素复杂,不可避免存在的观测误差,具有不确定性,可当作随机变量处理。统计分析方法就是采用概率论、数理统计、随机过程等统计分析技术,把监测数据作为随机变量进行处理分析的数值计算方法。在岩土工程监测资料分析中所引进的统计分析方法有统计回归、方差分析、时序分析、模糊数学、灰色系统、神经元网格等,其中以统计回归分析应用最为广泛,方差分析往往配合统计回归分析应用,时序分析在考虑周期性函数、趋势分析和残差分析时有较明显的优越性,模糊数学、灰色系统、神经元网络目前主要用于方法考证研究,工程中实际应用尚不多见。

统计回归分析是目前岩土工程中应用最多的一种数值计算分析方法,它的主要功能是:

1)分析研究各种监测数据与其他监测量、环境量、荷载量以及其他因素的相关关系,给出它们之间的定量相关表达式。

2)对给出的相关关系表达式的可信度进行检验。

3)判别影响监测数据各种相关因素的显著性,区分影响程度的主次和大小。

4)利用所求得的相关表达式判断工程的安全稳定状态,确定安全监控指标,进行安全监控和安全预报,预测未来变化范围及可能测值等。

常用到的统计回归分析方法有多元回归、逐步回归和差值回归分析。

1. 多元回归分析方法

岩土工程监测资料分析中进行多元回归分析的步骤为:

(A)因子初选和相关表达式的拟定

按照所处理岩土工程的类别、不同监测时段、其他工程特征和监测要求,依据监测物理量之间的物理力学相关关系和工作机理,参照已有分析研究成果,如分析表达式等,进行相关因子的初选,拟定初始相关表达式。如混凝土坝变形和应力的影响因素一般选用水深、温度和时效三类因子,其中水深因子诸项表达式又往往选用多项式形式。一般地,多元相关表达式具有形式

$$E(y \mid w_1, w_2, \cdots, w_k) = \beta_0 + \sum_{i=1}^{n} \beta_i f_i(w_1, w_2, \cdots, w_k) \qquad (6-3-1)$$

其中所有 $f_i(w_1, w_2, \cdots, w_k)$ 为自变量的已知函数,β_0、β_i 为统计回归系数。

(B)相关表达式的线性化

采用变量替换法,令 $X_i = f_i(w_1, w_2, \cdots, w_k)$($i = 1, 2, \cdots, n$),将一般为多元非线性的表达式,化为多元线性回归形式:

$$E(y \mid X_1, X_2, \cdots, X_k) = \beta_0 + \sum_{i=1}^{n} \beta_i X_i \qquad (6-3-2)$$

(C)对式(6-3-2)进行多元线性回归分析

由 m 个观测值外 y_j,$j = 1, 2, \cdots, m$,可解出回归系数 $b_0, b_1, b_2, \cdots, b_n$,得到 n 元经验回归方程。

$$\hat{y} = b_0 + \sum_{i=1}^{n} b_i x_i \qquad (6-3-3)$$

(D)进行方差分析和回归方程显著性检验

可求得总离差平方和 l_{yy}、回归平方和 U、剩余平方和 Q、剩余方差 S^2 及剩余标准差 S 分别为:

$$l_{yy} = \sum_{j=1}^{m} (y_j - \bar{y})^2 = U + Q \qquad (6-3-4)$$

$$U = \sum_{j=1}^{m} (\hat{y} - \bar{y})^2 , \quad Q = \sum_{j=1}^{m} (y_j - \hat{y}_j)^2 \qquad (6-3-5)$$

$$S^2 = Q/(m-n-1) , \quad S = \sqrt{Q/(m-n-1)} \qquad (6-3-6)$$

式中　$y_j , \hat{y}_j , \bar{y}$——分别为第 j 个监测点的监测值、回归值和各监测量的算术平均值；

　　　$m 、n$——分别为监测点和自变量个数。

对回归方程进行显著性检验的方法是建立统计量 F，其表达式为

$$F = \frac{U/n}{Q(m-n-1)} = \frac{U}{nS^2} \qquad (6-3-7)$$

当 $F > F_{n,m-n-1}^{\alpha}$ 时，认为回归方程在显著性水平 α 下显著。临界值 $F_{n,m-n-1}^{\alpha}$ 是 F 分布表中相应于显著性水平为 α，自由度为 $f_1 = n , f_2 = m - n - 1$ 的 F 值。通常 α 取为 0.01、0.05、0.10 3 个水平。

（E）对各自变量显著性检验

可以采用标准回归系数比较法和偏回归平方和比较法两种方法，这里介绍后一种方法。因变量 y 对自变量 k 的偏回归平方和定义为：

$$P_k = U_n - U_{n-1} = b_k^2/C_{kk} \qquad (6-3-8)$$

式中　U_n , U_{n-1}——分别为原 n 元方程和去掉 X_k 后 $n-1$ 元方程的回归平方和；

　　　b_k——回归系数；

　　　C_{kk}—— n 元回归的正规方程系数逆阵的对角线系数。

对单个因素 X_k 影响的显著性检验，先建立统计量 F_k

$$F_k = \frac{P_k}{S^2} = \frac{b_k^2}{C_{kk}S^2} \qquad (6-3-9)$$

当 $F_k > F_{1,m-n-1}^{\alpha}$ 时，X_k 在显著水平 α 下对 y 的影响是显著的。当 $F_k \leqslant F_{1,m-n-1}^{\alpha}$ 时，X_k 的影响是不显著的。同时，P_k 最小的因素必然是对 y 作用最小的一个。故如果此变量经 F 检验结果又不显著，则可以将其首先剔除。另外，由以上计算结果还可求得复杂相关系数 R，简单相关系数 $r_{yj} 、r_{kj}$：

$$R = \sqrt{\frac{U}{l_{yy}}} = \sqrt{1 - \frac{Q}{l_{yy}}} \qquad (6-3-10)$$

$$r_{yj} = \frac{l_{yj}}{\sqrt{l_{jj}l_{yy}}} , \quad r_{kj} = \frac{l_{kj}}{\sqrt{l_{kk}l_{jj}}} \qquad (6-3-11)$$

以及求得固定其他变量条件以下的偏相关系数：

$$r_{yj,1\cdots(j-1)(j+1)\cdots n} = \frac{-R_{yj}}{\sqrt{R_{yy}R_{jj}}} \qquad (6-3-12)$$

$$r_{kj,1\cdots(k-1)(k+1)\cdots(j-1)(j+1)\cdots n} = -\frac{R_{kj}}{\sqrt{R_{kk}R_{jj}}} \qquad (6-3-13)$$

其中 $R_{yj} , R_{yy} , R_{jj} , R_{kj}$ 分别为行列式 R 划出 $r_{yj} , r_{yy} , r_{jj} , r_{kj}$ 所占行列后的代数余子式，行列式 R 为：

$$R = \begin{bmatrix} r_{yy} & r_{y1} & r_{y2} & \cdots & r_{yn} \\ r_{1y} & r_{11} & r_{12} & \cdots & r_{1n} \\ \cdots & & & & \\ r_{ny} & r_{n1} & r_{n2} & \cdots & r_{nn} \end{bmatrix} \qquad (6-3-14)$$

2. 逐步回归分析

逐步回归方法是建立最优回归方程的一种回归分析方法。所谓最优回归方程,就是包含所有对 y 显著的变量而不包含对 y 不显著的变量的回归方程。逐步回归方法就是一种最简捷的建立最优回归方程的方法。它按自变量对因变量 y 的影响程度,从大到小逐个将相关因子引入回归方程。正是由于找到了逐步回归分析方法,才使统计回归方法在监测资料分析中得到了如此广泛的工程应用。

逐步回归分析的主要关键技术有二,一是"标准化变换";二是紧凑变换求逆运算,本文在此从略。逐步回归方法的计算步骤为:

1)从 $n-1$ 个因子 $\tilde{x}_1, \tilde{x}_2, \cdots, \tilde{x}_{n-1}$ 中引进第一个因子 $\tilde{x}_{a1}$,建立一元线性回归方程。要求 $\tilde{x}_{a1}$ 是所有因子中偏回归平方和最大的一个,并必须对因子 $\tilde{x}_{a1}$ 作 F 检验,若 $F > F_{1, m-2}^{\alpha}$,则引入 $\tilde{x}_{a1}$。如 $F \leqslant F_{1, m-2}^{\alpha}$,表示没有一个因子是显著的,逐步回归不再进行下去。

2)挑选第二个因子 $\tilde{x}_{a2}$。要求 $\tilde{x}_{a2}$ 是除 $\tilde{x}_{a1}$ 之外所有因子中,在二元回归方程中偏回归平方和为最大者。同样需做统计量 $F_{1, (a2)}^{(2)}$,用以检验 $\tilde{x}_{a2}$ 的显著性。若 $F_1 > F_{1, m-3}^{\alpha}$ 时,可将因子 $\tilde{x}_{a2}$ 引入方程,若 $F_1 \leqslant F_{1, m-3}^{\alpha}$,则不引进 $\tilde{x}_{a2}$,逐步回归到此为止。

3)引入新变量 $\tilde{x}_{a2}$ 后,检查先进入方程的因子 $\tilde{x}_{a1}$ 是否要被剔除。检验 $\tilde{x}_{a1}$ 显著性的统计量为 $F_{2, (a1)}^2$,当 $F_2 > F_{1, m-3}^{\alpha}$ 时,则不剔除 $\tilde{x}_{a1}$。当 $F_2 \leqslant F_{1, m-3}^{\alpha}$ 时,$\tilde{x}_{a1}$ 应剔除,从而建立只包含 $\tilde{x}_{a2}$ 的回归方程。

4)重复步骤2)和3),引入第三个变量 $\tilde{x}_{a3}$,并考察方程中先引入的变量是否变得不显著而应剔除。

5)如此引、剔交替做下去。直至没有可剔除因子时,则考虑引入新因子 $\tilde{x}_{a1}$。在对 $\tilde{x}_{a1}$ 新因子的显著性检验中,如 $F_1 \leqslant F_{1, m-1-2}^{\alpha}$ 时,挑选因子工作结果。

6)计算逐步回归分析最终成果

a)回归系数和回归方程 $b_0, b_1, \cdots, b_k$。

b)方差分析成果 Q, U, S,整个方程显著性检验量 F。

c)复相关系数 R,各自变量偏回归平方和及其显著性检验统计量。

d)回归值 $\hat{x}_{in}$ 及偏差值 $\delta_i = x_{in} - \hat{x}_{in}$。

e)绘制拟合成果图。

(二)有限元方法

有限元方法是当前连续介质力学应用最广泛的一种数值计算分析方法,它可以处理各种岩土介质、不同的地质构造,考虑开挖施工、安全运行和加固处理等不同时段的环境及荷载条件,解决岩土工程中所能遇到的结构、稳定和渗流等各种不同类型的工程实际问题。在岩土工程监测资料分析中,有限元方法主要应用于:①对所研究工程的工作状态、物理力学机理和工程特性的深入分析;②与监测资料做全面系统的对比研究;③作为反分析方法和对施工设计反馈计算的核心和基础算法;④为确定性模型和混合性模型提供有关确定性因子的基本算法。有限元方法是一种依据能量原理和变分原理,将复杂的连续性介质力学问题离散化为有限数目的单元进行分析求解的数值计算方法。计算分析中形成的有限元基本方程为:

$$[K]\{\delta\} = \{F\} \qquad (6-3-15)$$

$$[K] = \sum_l \int_{v_l} [B]^T [D] [B] \mathrm{d}V \qquad (6-3-16)$$

式中 $\{\delta\}$、$\{F\}$——分别为节点位移和荷载向量。

为总体刚度阵,由各单元刚度叠加得到。

有限元计算分析的要点是,由已知条件确定 $[K]$ 和 $\{F\}$,然后求解有限元基本方程,得到基本未知量节点位移 $\{\delta\}$,再根据其他力学关系,由 $\{\delta\}$ 计算单元应力应变。有限元方法的主要计算分析步骤为:

1. 确定计算分析原则和计算程序

首先,应将所研究的问题抽象概括为对应的力学问题,并由此选用有限元程序的维数(是一、二、三维?),线性非线性,是否需要考虑流变、动态荷载以及其他特殊技术问题。据此,选用满足问题要求的有限元计算程序。

2. 选取计算区域,确定边界及荷载条件

计算区域应包括主体工程结构、相关的工程结构和岩土介质,能模拟地质构造、支护措施、荷载作用方式和部位。相关岩土介质一般是无限大的,如基础、边坡、围岩等,有限元计算模拟范围应在主体结构特征尺寸(如洞径、坝高等)的 $3\sim5$ 倍范围以上。

边界条件应分区段确定其范围、几何形状和边界类型,区分位移、应力或混合边界条件。荷载边界还应给出荷载类型、作用部位、方式,及属点、线、面中哪种边界荷载。根据问题要求给出荷载组合方式和计算方案的划分。

3. 单元形式的选取和网格剖分

一般有限元程序对某一类问题均能提供多种几何形状和位移模式的单元形式,如平面问题的三角形单元、四边形单元、夹层单元,3、4、5、6、8 或更多节点不同高斯积分阶数的等参单元等,应根据所模拟区域的几何形状,计算精度和收敛性等条件综合分析选取。网格剖分的原则是主体结构的应力集中区,荷载作用点附近、几何形状突变等部位较细,向其他部位逐渐变粗变稀;剖分中要保持单元具有较好形态,减少畸变;尽可能正确模拟主体及相关结构形状,施工条件,边界及荷载条件。

4. 材料模式和物理力学参数的选取

一般有限元程序都可根据问题特点对同一单元选取不同类型的材料模式,如弹性、黏弹性、弹塑性等。对弹性材料,还应具体区分是几何线性还是非线性,是各向同性还是各向异性……,对弹塑性材料,则必须给出其屈服准则、流动法则和硬化规律。材料模式选定后,再根据所模拟岩土或其他介质材料特性,确定相应的物理力学参数。不同材料模式所含物理力学参数的类型个数是不同的,不同材料模式中的同一类参数的物理意义和取值往往也有所不同。另外,在有限元计算分析中,材料模式和物理力学参数量值的选取都是关系到能否正确模拟实际问题的至关重要要素,而且,材料模式的选取比物理力学参数量值的确定有更重要意义。仅仅比较物理力学参数的大小,不分析考察材料模式和其他重要因素的做法是错误的。

5. 给定有限元问题的求解和输出方法

首先,按所选定程序的要求,给出有限元基本方程组的解法。特别是对非线性问题,要根据问题的特点,选择非线性方程组的解法,决定是采用全量解法还是增量解法,采用切线刚度法、初应力法还是初应变法等,以在可能条件下减少计算工作量,提高收敛性,保证计算成果合理可靠。其次,给出输出成果的内容和形式,并尽可能采用简明、直观、清晰的图表输出格式。由于有限元计算的前(数据准备和输入)后(输出)处理工作量大,极易出现差错,最好选用前后处理自动化程度较高的有限元程序,并充分利用其自动前后处理功能。

6.计算和成果分析

第1~5步实际上是有限元计算分析第一阶段工作——数据输入文件的准备,完成数据文件准备后开始上机进行有限元计算。一般情况下不会一次计算即得到最终要求成果,必须经过反复多次"计算—成果分析—修改输入文件—再计算"的循环过程。这里要着重指出,认为只要有计算机程序,就可以进行有限元计算分析的想法是十分粗浅和危险的,另外,没有对工程问题物理力学机理较清晰的理解,没有有限元方法的基本知识,要完成成果分析和反复计算工作也是十分困难的。作为有限元计算第二阶段工作,较以上循环计算过程第一阶段不仅难度高,而且工作量往往要大得多,对此必须在开始工作之初就有一个明确的认识。

7.成果报告的提出

在反复计算取得合理可靠成果的基础上,编写并提出成果报告,主要工作内容包括:对最终计算成果的合理性、规律性深入分析;依据计算成果对工程安全稳定状态的评估,对施工、运行和加固措施等方面工程问题的回答;成果报告的打印和提出等。

目前在国际上比较知名的大型通用有限元程序有 Super SAP、ADINA、NASTRAN、ASKA、GTSTRUDL 和 ANSYS 等,其中以 ANSYS 和 ASKA 较适用于岩土工程计算分析。另外,国内外都已拥有一批适用于不同类别岩土工程的专用有限元程序,如:西安矿业学院的 NCAP－2、NCAP－3 非线性有限元程序;中国水利水电科学研究院的 DPTJR 程序;天津大学的 TDS 程序;武汉水利电力学院的三维弹塑性有限元程序;清华大学的 TFINE 三维非线性有限元程序;同济大学二维和三维非线性有限元程序;中国水利水电科学研究院的 STSA 渗流计算程序等。用户应根据所研究岩土工程的具体条件,考虑各种商用程序的适用范围、所具有的单元、材料、荷载、边界条件、求解方法和前后处理自动化等功能综合权衡选择。特别要考察程序是否已有成功应用于类似工程的具体实例,而不宜仅从程序广告和说明决定取舍。

（三）解析方法、半解析法和边界元法

在一些特定情况下问题存在解析解,如圆形洞室围岩应力应变,适用于普氏理论松散岩体的塌落拱计算公式等,则由于解析解不仅简明直观,而且揭示问题的物理力学机理,故应作为优先选择的计算方法。但是在绝大多数情况下,由于推导解析解要遇到数学上的困难,目前常用的计算分析方法主要是数值计算方法。除有限元法外,目前的数值计算方法尚有边界元法、半解析法和耦合法等。

边界元方法将问题域内的微分方程转化为边界积分方程,借助类似于有限元方法的离散技术离散边界后形成计算方法,由于离散化引起的误差仅来源于边界,计算精度较高,并可从边界节点上物理量计算区域内的物理量,从而大大减少输入数据准备的工作量。缺点是用于分析由多种材料组成的物体或材料非线性问题时计算过程比有限元方法复杂,占用机时也多。在部分岩土工程弹性反分析程序中,为了简化计算工程量,其正分析采用边界元方法。该方法在其他情况下应用较少。

半解析法是为了充分发挥解析解的优点,而把解析和数值计算两种手段有机结合,耦合法则是将两种不同的数值计算方法互相耦合,从原则上讲,两种方法都是对原有解析法和有限元方法的改进和发展,但目前两者都仍处于研究阶段,工程实际应用不多。

(四）反分析方法

反分析方法的基本思路是根据现场监测资料，采用与传统力学计算方法相反的途径，将原计算中假定为已知的物理力学参数作为未知量反解求出。这一方法将具有宏观和全局效应的变形等监测资料作为物性参数选择和判断标准，较为有效地克服了已有方法和手段（包括室内试验和野外现场测试）因所测取的岩土材料物理力学参数一般受局部点位影响较大，无法正确在有限元计算中采用的困难。

目前常用的反分析方法可分为正算法和逆算法两类：

正算法即为结构优化设计方法。按优化方法的提法，反分析需要确定的物理力学参数$\{P\} = \{P_1, P_2, \cdots, P_n\}^T$为设计变量，目标函数按最小二乘原理为：

$$J = \sum_{j=1}^{m} (u_j - u_j^M)^2 \qquad (6-3-17)$$

式中，u_j和u_j^M分别为监测物理量的计算和监测数据。反分析的目的是求出物理力学参数$\{P\}$的最佳估计值，使目标函数J取极小值。上述优化问题的每一步中，需要通过有限元正算由每组设定的物理力学参数$\{P\}$，计算求出监测量u_j^M对应的计算值u_j。因此，称为正算法。

反分析中逆算法的基本方法是从解析法或数值计算法的基本方程式出发，解析求出欲求物理力学参数$\{P\}$依赖监测物理量$\{u^M\}$的显示表达式：

$$\{P\} = f(\{u^M\}) \qquad (6-3-18)$$

在具体计算时，只要将监测数据$\{u^M\}$直接代入表达式，即可直接求得物理力学参数$\{P\}$。逆算法的典型实例是1983年S. Sakurai等提出的由洞周位移求解洞室围岩弹性模量E和初始地应力$[\sigma_X^0, \sigma_X^0, \sigma_{XY}^0]^T$的反分析方法，所求得逆算法表达式为：

$$[\overline{\sigma^0}] = [A]^{-1}\{\Delta u^M\} \qquad (6-3-19)$$

式中　　　　　　　　　$\{\Delta u^M\}$——洞周收敛监测值；

$$\{\overline{\sigma^0}\} = \left[\frac{\sigma_X^0}{E}, \frac{\sigma_Y^0}{E}, \frac{\tau_{XY}^0}{E}\right]$$——标准地应力分量；

$[A]$——按有限元方法解析求得的系数阵（为已知量）。

目前反分析方法主要应用于各种岩土工程的线弹性、黏弹性或线性渗流问题中，推求弹性模量、初始地应力、黏滞系数和渗透系数等物理力学参数。由于受到监测数据所能提供信息量的限制，以及计算方法本身的欠缺，目前虽有求解非线性物理力学参数的实例（如求解堆石坝堆石材料非线性参数），但在其他工程中尚不多见。还需说明的是，由于反分析方法自身的特点，目前也没有适用于各类岩土工程的通用反分析程序。在地下洞室、边坡和建筑物基础等岩土工程中，已开发了一批针对某些特定情况的反分析程序。如同济大学开发的地下洞室二维和三维弹性、黏弹性、弹塑性，以及弹性地基梁的反分析程序；西安矿业学院洞室黏弹性反分析程序，天津大学的地应力反演程序等，但是在相当多情况下，需要用户根据问题特点自行研制开发针对某一工程类别问题的专用反分析程序。

反分析方法在岩土工程监测资料分析反馈中的主要作用有：①求解岩土介质物理力学参数；②在①的基础上校核岩土介质物理力学模式；③用于安全预报和对施工、设计、运行和加固处理的反馈计算分析中。

四、数学物理模型法

借助数学工具和物理力学原理在监测物理量（效应量，如位移、应变、渗压等）和其他原因量（如：时间、测点距开挖面距离、水压、初始地应力等）之间建立关系式，据此对监测物理量进行定量分析的方法称为数学物理模型法。所建立的关系式称为监测物理量的数学物理模型，数学物理模型分析法主要依据实测效应量值与模型预测效应量值两者应基本相符的原则来解释和分析监测资料，判断岩土工程的工作状态的稳定性，分析研究原因量与效应量之间相互关系和作用机理，预测效应量（包括各效应分量）的变化趋势。数学物理模型法的基本假定是各主要原因量产生的效应量互不干扰，互相独立，即效应分量符合力学叠加原理，故数学物理模型中总效应量的一般表达式为：

$$E(t) = \sum_{i=1}^{n} E_i(t) = \sum_{i=1}^{n} \left[\sum_{j=1}^{m} A_{ij} F_{ij}(t) \right] \qquad (6-3-20)$$

式中　　　t——时间参数；

　　$E_i(t)$——第 i 个效应分量；

　　A_{ij}——待定系数，根据监测物理量与计算值吻合的原则确定；

　　$F_{ij}(t)$——效应分量 $E_i(t)$ 的第 j 个相关因子，通常表示为某类函数形式。如 $E_i(t)$ 代表大坝水压分量，则其相关因子一般表示为水位 H 的幂函数形式：

$$E_i(t) = \sum_{j=0}^{m} A_{ij} H^j \qquad (m \leqslant 4) \qquad (6-3-21)$$

数学物理模型法可分为统计学模型，确定性模型和混合性模型三类，统计学模型有时也称为数学模型，其他为物理力学模型。现分别作简要介绍：

数学物理模型法是首先从大坝监测资料分析中发展起来的，本书也将结合大坝监测资料分析予以简要说明，但该方法的原则对岩土工程是普遍适用的，有较广阔的工程应用前景。

（一）统计学模型

统计学模型是一种后验性模型，它是根据以往较长时间、数量较多的历史监测资料，建立起的原因量和监测物理量（效应量）相互关系的数学模型，用以预测未来时刻效应量的变化趋势。统计学模型的分析方法可按以下步骤进行。

1. 选定效应分量 $E_i(t)$

根据对所研究岩土工程作用机理的定性分析，选定组成总效应量 $E(t)$（监测物理量）的各效应分量 $E_i(t)$，如混凝土坝的变形效应分量，在运行期主要是水深、温度和时效分量三种：

$$\delta(t) = \delta_H(t) + \delta_T(t) + \delta_\theta(t) \qquad (6-3-22)$$

2. 拟定相关因子的组成和表达式

一般应对本工程监测物理量效应分量与原因量关系做较深入的定性分析，考察已有相近或简化情况的解析表达式之后，正确拟定相关因子及表达式。如对混凝土坝的水压分量 $\delta_H(t)$，由对坝体变形和坝基变形 Vogt 公式的考察，确定水压相关因子由幂指数函数 H，H^2，H^3，H^4 组成。

$$\delta_H(t) = a_0 + \sum_{i=1}^{4} a_i H^i \qquad (6-3-23)$$

对坝体横断面位移温度效应分量的考察可知,其相关因子可由各水平截面的平均温度 $\bar{T}_j$ 和温度梯度 φ_j 组成。

$$\sigma_T = b_0 + \sum_{j=1}^{m} b_{1j} \bar{T}_j + \sum_{j=1}^{m} b_{2j} \varphi_j \qquad (6-3-24)$$

根据变位时效效应分量可能与混凝土的徐变、坝体接缝和裂缝变化、基岩的徐变和断层节理压缩等情况有关,一般可取对数或指数表达式:

$$\delta_\theta = C_0 + C\ln(t+1) \quad \text{或} \quad C_\theta = C(1 - e^{-C_0 t}) \qquad (6-3-25)$$

3. 统计回归计算

在初步选定效应分量和相关因子表达式后,即建立了初拟的统计学模型多元非线性表达式,如对以上混凝土坝变形量:

$$\delta = a_0 + \sum_{i=1}^{n} a_i H^i + b_0 + \sum_{j=1}^{m} b_{1j} \bar{T}_j + \sum_{j=1}^{m} b_{2j} \varphi_j + C_0 + C\ln(t+1) \qquad (6-3-26)$$

一般通过变量替换为多元线性的回归问题,然后用逐步回归分析来筛选因子,找出在指定显著水平下的显著相关因子组成拟合方程,回归确定待定系数 $a_0, a_i, b_0, b_{1j}, b_{2j}, C_0, C$,并通过方差分析了解整个方程线性相关的密切程度,及各类自变量对效应量的影响程度。

4. 模型的校验

统计学模型建立后,要经过较长时间的使用校验,校验的标准一般取为 $1S$(一个标准差)。偏差值大于 $1S$,必须校正模型,使之更逼近实际。经过校验期的验证,偏差值 $<1S$,则可作为安全预测模型在工程中使用。由于时间的推移,原来通过校验的统计性模型预测值与实测值偏差可能重新超过校验标准,这时就必须重新校准模型,以保持反映实际情况。

5. 安全监控和预测

经校验的数学模型可对未来时刻监测物理量的变化趋势和量值进行预测,并在到达该时刻时,将实测值 δ_M 与预测值 δ_P 比较。在测值数量足够多的运行期,一般取 $3S$ 法作为安全评判的标准,其中 S 为剩余标准差。取 $E_{rr} = |\delta_M - \delta_P|$,则:

1)若 $E_{rr} < 2S$,表明监测物理量处正常状态。

2)若 $2S \leqslant E_{rr} < 3S$,表明监测物理量状态出现轻度异常,一应注意其演变趋势;二应注意统计分析发生异常的部位、效应量;三要加强监测和日常巡视工作。

3)若 $E_{rr} \geqslant 3S$,监测物理量超过安全监控标准,应发出安全警报,并研究可能采取的技术措施。

统计学模型建立简易,使用方便,预测精度也比较高,是岩土工程安全监测资料分析的一个非常有效的工具。但统计学模型由于是经验性模型,也存在较为突出的局限性:一是在施工期和运行初期无法建立统计学模型;二是它的预测不可能超越自身运行经历,即无法预测没有经历过的特殊情况,如超高洪水等;三是无法在突然出现异常的情况下,进行异常产生原因及防治措施的研究探讨。

(二)确定性模型

确定性模型的建立过程中,要用到确定性方法,如有限元方法、其他数值算法或解析法,计算求得所研究问题的解,然后结合实测值进行优化拟合,实现对物理力学参数和其他拟合待定参数的调整,建立确定性模型,以进行安全监控和反馈分析。因要与实测值拟合,所选择的有限元等确定性算法应在原设计计算模型的基础上进一步改进修正,以反映工程重要影响因素。所采用的物理力学参数指标也要经过反分析优选,以符合工程实际。确定性模型的基本做法为:

1. 选择效应分量

各效应分量应彼此独立,互不干扰,符合力学叠加原理,叠加后形成的总效应量即为监测物理量。以上要求与统计学模型一致,与统计学模型不同的是,各效应分量必须有对应的确定性算法。

2. 效应分量的确定性计算

(1)给出确定性算法的基本模式和计算条件　如为有限元法,应给出网格剖分、边界及荷载条件、单元形态、材料模式等。

(2)给定物理力学模式　物理力学参数应通过反分析或试误法选取,以使确定性计算成果与实测值吻合。而且,这一工作最好在确定性算法正式开展前进行,同时往往要在模型建立的优化拟合工作中进一步校正。由于反分析没有统一的规范化算法,用户必须根据具体问题特点设计给定。在反分析计算中,要注意保持其计算条件与相比较的实测值一致,否则反分析计算就将失去意义。

(3)效应分量的计算和拟合　按以上给定的计算模式、条件和物理力学参数,进行各效应分量的确定性计算。计算方案由在指定范围内基本因子取值数量确定。如大坝水位效应分量 δ_H 的有限元计算方案,由在指定水位变动范围不同水位 ∇_i 取值定出。对每一 ∇_i 方案,求出大坝任一点位移值。然后用多项式拟合公式:

$$\delta'_H = \sum_{i=0}^{m} a_i H^i \qquad (6-3-27)$$

求得待定系数 a_i。

3. 确定性模型表达式的建立

取各效应分量的确定性表达式,进行线性叠加,并用回归方法与实测值进行优化拟合,确定各效应分量的调整参数,即可得到确定性模型表达式。如混凝土大坝表达式可为:

$$\delta = \alpha \delta'_H + \beta \delta'_T + \gamma \delta'_\theta \qquad (6-3-28)$$

式中　$\delta'_H, \delta'_T, \delta'_\theta$ ——分别为水压、温度和时效分量表达式,δ'_H 和 δ'_T 一般可由确定性算法（有限元）给出,δ'_θ 通常需用统计学模型公式替代;

α, β, γ ——分别为水压、温度和时效分量的拟合参数。

优化拟合除给出各效应分量的拟合参数外,还要给出确定性模型中统计学部分的待定参数,如时效分量中系数 C_0, C 等。

4. 模型校验、安全监控和预测

方法与统计学模型基本相同。

确定性模型是一种先验性模型,可以在监测初值、测值较少的情况下应用,对于环境和条件突然变化的情况,确定性模型也有较强的适应性。特别重要的是,确定性模型便于进行工程建筑工作机理的研究和效应量与原因量之间物理力学关系的理论分析,这些都是统计学模型不可比拟的优点。但是,确定性模型的建立技术难度高,工作量大,对一些效应分量,目前还没有较为合适的确定性模型算法,如大坝时效分量等。由于以上诸多原因,对一些问题,确定性模型拟合精度较低,使该模型方法的应用受到较大局限。

（三）混合性模型

为了克服统计学和确定性模型各自的缺点,1980 年 P. Bonaldi 等人发展了混合性模型,对各效应分量的计算,视具体情况选用不同的模型。例如大坝的水位分量采用确定性模型计算,而温度和时效分量选用统计性模型。研究表明,混合性模型的预报精度较确定性和统计学模型都高。

第四节　岩土工程安全监测预报的基本方法

一、概　　述

岩土工程安全监测预报包括对工程安全稳定状态的评判和对危险状态的预测预报工作,目前采用的方法大致可分为:①工程地质因素的定性分析方法;②自动报警法;③各类警戒界限法;④数学物理模型分析方法。其中,自动报警法主要是采用地震波和声发射仪器报警方法,目前基本上处于研究阶段;警戒界限法和数学物理模型法是安全监测和监测资料整理分析工作的自然延伸,将在本节和以下各类岩土工程监测资料分析工作中详述。工程地质因素的定性分析方法主要用到设计、施工和地质等方面知识和现场巡视资料,是对仪器监测资料的重要补充,应该作为安全监测预报工作的一个重要方面,不应有丝毫的忽视。

由于岩土工程自身的工程特性,它所具有的工程地质环境和施工运行的荷载和其他条件十分复杂,安全评判和预报需要考虑的因素多,技术难度较大,目前还缺少较为普遍通用的评判预报方法,一般需要结合本工程的具体情况,针对岩土介质的种类(散体、块体或完整性岩体等),岩土工程的类别(地下工程、边坡、建筑物基础、大坝坝基等),以及监测时段(施工期或运行期)合理选择相应的安全预测预报方法。另外,由于岩土工程的复杂性,单一的安全预报方法往往满足不了工程要求,需要采用多种不同方法,进行综合分析评判。既要综合分析各种监测仪器和不同部位的监测数据,也要重视地质调查、人工巡视以及设计施工等多方面的信息,还要了解岩土介质自身、附属的加固设施(如衬砌、锚杆、锚索等)以及邻近工程建筑物的各种反应,以提高安全预测预报工作的准确性和可靠度。综合各种安全预报方法,进行安全预测预报的做法一般称为综合评判法。

二、工程地质因素的定性分析法

（一）地质因素分析法

地质因素分析法是通过勘测,巡视观察和简易测绘手段了解与岩土工程的安全稳定有关的、经常出现的、起控制作用的岩土介质特性、地质构造、水的作用和岩体应力 4 个主要因素,及其分类标准,进行综合分析,确定岩体的稳定性,进行安全预报。这种分析方法是比较客观的和符合实际的,且具有快速及时的特点。应用这种方法进行安全预报,工作人员的经验在预报准确度上将起重要作用。

1. 岩土介质特性分析

按照岩石的力学性质可将围岩分为:

坚硬岩石:抗压强度 $R > 60$MPa;

较坚硬岩石:$R = 60 \sim 30$MPa;

较软弱岩石:$R = 30 \sim 15$MPa;

软弱岩石:$R < 15$MPa。

这是一种简单适用的分类,也可以采用其他种分类作为岩石安全特性评估的标准。

由坚硬岩石组成的岩体,只要构造应力不大,岩体完整,则岩体一般是稳定的。由很弱的碉体石组成的岩体,往往是不稳定的。

在坚硬岩石地区,应特别注意地下深处的风化带,如陡倾斜的张性结构面破碎带,各种岩脉的边缘常形成带状风化带,不整合或整合面的古风化带、粗径岩石较易风化的厚层风化带等。

对软弱岩体,应特别注意风化后常出现的次生矿物,如长石、云母,以及绿泥石、绢云母、高岭土等,改变了岩石原有的力学性质,矿物之间及岩块之间联结力受到破坏,从而严重削弱了岩体的稳定性。

对于黏土岩、泥质页岩和易熔岩等,因遇水常易泥化、崩解、膨胀或溶蚀,会使岩体产生较大的变形而破坏。

岩土介质特性分析主要是弄清导致介质体破坏的岩土介质特性因素,这些因素就是岩体失稳安全预报的依据。

2. 地质构造分析

地质构造分析按照褶皱带、破碎带和岩体结构,从宏观到微观进行岩体结构分析,同时建立安全预报标准。

（A）褶皱

褶皱形式、疏密程序及其轴向与工程轴向交角不同时,稳定性是不一样的,例如,地下洞室横穿褶皱轴比平行褶皱轴有利于围岩稳定,平缓舒展的褶皱比紧密褶皱有利于围岩稳定。

褶皱轴部岩层多伴生有裂隙和断层,将岩体切割成不同形状块体。当岩层陡倾时,多为平行轴向和垂直轴向两组近于直立的断层;当岩层缓倾时,常有与洞轴斜交一对高角度 X 型节理。

工程通过不对称的、平卧的、例转的、扇形的或箱形的复杂褶皱时,必须进行具体分析。

（B）断层破碎带

工程通过断层时,其走向与建筑物轴向交角越小,则工程部位破碎带出露面积越大,影响越大。较大的软弱结构面,对工程岩体稳定性具有决定性影响。一般建筑物轴与其夹角 $<25°$ 时最不利。破碎带物质胶结情况及碎块性质直接影响岩体的稳定性。由坚硬岩块或胶结组成的破碎带稳定性比较好,否则应按松散介质处理。

（C）结构面及其组合

完整岩体若有结构面形成不利于岩体稳定的结构体时,应根据结构面的分布、性质产状和组合关系,确定结构体形态及其与建筑物的关系,评价工程的稳定性。

（a）岩体中主要的三大类结构体

1）方形结构体,有四方柱、三角柱、长柱和短柱(薄板状),此种结构体主要由岩体内陡立结构面和平缓结构面形成。

2）楔形结构体,主要有屋脊形、半屋脊形。当岩体内有走向相同倾向不同、或走向与倾向相同倾角不同的结体面组合时,便形成此种结构体。

3)锥形和断头锥形结构体,当岩体内有三种以上走向的倾斜结构面时,便形成此种结构体。

此外,还有以上三种类型的歪曲和过渡类型。

(b)结构面的三种组成情况

1)节理面与层面组合,形成的结构将均布于整个岩体中。

2)断层与不整合面组合,结构体出现于它们的交会部位。

3)以上两类结构面的混合组合,一般来说后两种组合对岩体稳定最不利。

岩体结构分析是岩土工程安全预报分析的基础。在现场经过观察和简易的测量之后,有时可以迅速而准确地判断岩体的稳定性态,做出安全预报。

(c)以地下工程为例进行结构体的稳定性判断

1)方形体出露于洞顶时,其稳定性主要取决于结构面间的性质,一组缓倾结构面若为夹泥充填,或者是破碎带或软弱夹层,稳定性很差,常在水作用下,产生塌方。出露于洞壁的方形体,则稳定性较好。

2)楔形体出露于洞顶或边墙的方式多种多样,稳定性也各不相同。当尖楞朝下出露于洞顶时,则比较稳定;若出露于边墙,则是不稳定的。当尖楞朝上出露于洞顶,为不稳定;出露于边墙,一般是处于稳定状态。

3)锥形体,尖锥朝上出露于洞顶,则稳定性很差,相反则是稳定的。出露于边墙稳定性较差。

3.地下水作用分析

地下水对岩体稳定性的影响主要是静水压力、动水压力、溶解和软化等作用。在地下水静水压力作用下,平缓的结构面(拉裂面)促使结构体塌落,陡立结构面(滑动面)减少滑动面的摩擦力,促使岩体结构体滑塌。

地下水渗流的动水压力,可促使结构体沿水流方向移动,结构面内的充填物溶蚀和结构体移动。

地下水溶解,软化等作用,使岩体强度降低。

裂隙水受季节影响明显,且向深部减小。仅在较大的破碎带才有集中渗流,对岩体稳定破坏作用也比较明显。

孔隙水的连通性比裂隙水好得多。

地下水对岩体稳定的破坏作用表现在同样的岩体条件,有地下水作用时,稳定性要降低1~2级。

4.岩体应力作用的分析

岩体应力状态与岩体稳定性密切相关。在绝大多数情况下,岩体应力有明显的方向性。最大主应力多为水平或近水平方向,在地下工程中,这种应力控制着围岩的变形和破坏特征。在进行围岩稳定判断时要正确考虑岩体应力的影响,并尽可能适应乃至利用它,以减轻或消除它的影响。在安全预报分析中,应事先掌握岩体应力状态,在现场认真观察二次应力的集中和释放的条件,对岩体应力的作用和变化作出准确地判断。

岩土工程安全预报的地质因素分析法,是一种综合分析法。容易掌握,使用方便,然而,要用得好尚需要更多的工程实践。在岩土工程的设计、施工、监测和科研工作中,此种方法应当普及,最好使它成为工程技术人员的基本功。

（二）工程类比法

工程类比法有两种形式：

其一、根据拟建和在建工程地质条件、岩体特性和动态观测资料,通过与具有类似条件的已建工程的综合分析和对比,判断工程区岩体或建筑物的稳定性,并取得相应的资料进行稳定计算,评估工程安全性和潜在不安全因素。

其二、因素类比法,即工程不稳定因素类比,根据已发生过的失稳事件、有失稳可能处理后已经稳定的工程实例的各项条件和各种因素的对比,对工程的稳定性做出迅速的判断。

工程类比法的优点是综合考虑各种影响工程稳定的因素,迅速地对工程稳定性及其发展趋势作出预测。缺点是经验性强,缺少定量界限,因地而异。

具体步骤如下：

1. 资料收集

类比前,首先搜集拟比工程的地质资料、岩体结构类型、岩体应力状态、岩体力学参数、地下工程情况、工程尺寸及形状、使用年限、施工方法、各项测试参数、各种环境因素和各种潜在的不稳定因素。

2. 稳定性分类

在大量调查研究的基础上,对已收集的资料分析研究之后,对工程因素进行分类。在考虑工程岩体结构、完整性、岩石强度、岩体应力、地下水等,将岩体分为若干类,如稳定性好、稳定较好、中等稳定、稳定性差、稳定性很差等,根据影响工程安全的各种因素,将工程或工程部位分为稳定的、暂时稳定的、不稳定的、危险的等。或按照某种选定的分类法,详细分类,作出稳定性评价。对危险的或不稳定的工程或岩体的形式、因素按主次分析列出。说明作用程度和特征。对已发生的失稳工程,进行广泛调查研究,分析发生事件的因素和条件,并进行分类。

3. 工程类比

根据稳定性分类,与本地区和国内外已建工程或已发生失稳和进行过安全预报的工程的主要因素和条件进行比较,全面分析其各种因素的相似性与差异性,并考虑工程等级类别的区别,使类比条件尽可能相似,从而确定拟比工程的稳定性和潜在的危险性,并推测未来发展趋势。

4. 验算与预报

对拟比工程采用有关方法或用已建工程的计算方法进行验算校核。验算有局部和整体两种。局部验算是对已确定的危岩、险段、或不稳定结构部位进行验算。整体验算是全断面或全工程验算。根据验算提出预报,同时提出加固措施,在建工程,要对其已选定的参数进行合理的调整。必要时,可通过室内和现场工作做进一步的论证和提供依据。

（三）岩体结构分析法（块体理论分析法）

岩体结构分析法主要是对块状岩体结构的工程进行稳定分析的简易方法。它属于定性的图解法,即在岩体的结构及其特性研究的基础上,考虑工程力作用方式和岩体应力,借助赤平极射投影法、实体比例投影法和块体坐标投影法进行图解分析,初步判断岩体的稳定性。发现问题,再应用极限平衡理论对由软弱结构面切割成的不稳定块体进行稳定计算。这种方法可以通过图解求出可能不稳定块体在岩体中的具体分析位置、几何形状、体积和重量,确定块体可能失稳的形式和位移滑动方向、滑动面及其体积。考虑结构的强度条件,进行块体在自重力及工程力作用下的稳定计算,进行预报。

岩体可分为完整岩体、断裂岩体和破碎岩体。在实际工作中,完整岩体和破碎岩体遇到的机会较小,前者不易失稳,后者常进行及时加固。至于层状岩体,层间接触紧密且无断裂切割者,在工程中犹如完整岩体。有断裂切割者,实际上与断裂岩体类同。所以,工程中除层间接触疏松而又无断裂切割的层状岩体外,最常见的还是断裂岩体。

处于块状岩体中的洞室,围岩塌方多是多块体方式出现。即先为围岩临空面上某个岩块失稳,再为与其相接的岩块失稳,接下来是与后者相接岩块失稳,出现连锁反应,直至发生大范围塌方。这样,对块状围岩稳定分析可归结为研究围岩临空面上是否存在不稳定的岩块(即塌滑体)。若临空面不存在不稳定岩块,则围岩处于稳定状态,否则,围岩有失稳的危险。

不是被结构面切割的与母岩分离的任意岩块都可成为塌滑体。发生塌滑的岩块,应具备下列相互依存的 3 个条件:①岩块应具有临空面;②岩块存在倾向临空面方向的滑动面;③岩块的下滑力大于阻力。

在岩块围岩稳定分析中,采用下列假定:①岩块被视为刚体;②构成岩块的结构面为平直的;③结构面的摩擦系数为常数,塌滑力来自岩块自重。

分析步骤如下:

1)根据地质调查,对岩体结构面进行整理分组,列出各组结构面产状和力学指标。力学指标可根据经验数据确定(查手册)。

2)分析塌滑体的组合形态,确定临空条件、边界滑动面、滑移方式和塌滑范围,计算滑移角度和塌滑体积。

3)根据岩块的力学平衡条件,计算塌滑力。

4)对下滑力大于阻滑力的不稳定区域进行安全预报,并制定加固的工程措施。

以上方法步骤,同样适用于高边坡稳定分析和岩基稳定的分析。

岩体结构分析法的数学形式即为石根华—Goodman 的块体理论分析法,具体做法见本章第八节。

三、警 戒 界 线 法

岩土工程安全监测预报中的警戒界线法,(也称指标控制法)是目前应用比较普及的方法。这种方法是以地质因素分析法、工程类比法、岩体结构分析法为基础,利用原位监测和试验资料综合分析,确定一种或几种临界值作为安全警戒界线,进行施工期或运行期的安全监测预报。

(一)位移指标控制法

根据工程的具体情况和前期工作,参考国内外类似工程的观测成果,对主要的控制安全的观测项目及测点,提出进行观测或运行监测安全预报的警戒界线。

确定观测控制指标是警戒界线法的关键性步骤,一般可按下列条件综合分析提出,并根据初期监测值调整后确定:

1)根据工程的具体条件,按照有关规范要求选择。

2）大量收集与本工程类似的已建工程的实测控制指标,通过类比选择。

3）根据本工程已有岩石和岩体的 R/σ、E 值(R 为单轴抗压强度,σ 为最大主应力,E 为弹性模量),反推 C、ϕ 值,求得最大变形量和变形速率。

4）根据本工程和其他已建类似工程的有限元计算,以及本工程的参照模型,进行分析选择。

5）根据本工程前期勘探和试验中的实测值,通过回归分析计算变形终值。

北京十三陵抽水蓄能电站地下厂房施工安全监测,根据上述方法提出如下监测控制指标作为安全预报的控制标准。采用位移和位移速率双重指标进行安全监控,是当前较为通用并经过实践证明是行之有效的位移指标控制方法(参见表 6 – 4 – 1)。

表 6 – 4 – 1   位 移 控 制 指 标

指标类型	边墙位移量(mm)	顶拱位移量(mm)	位移速率(mm/d)
控制指标	>10	>5	<0.40
	>20	>10	<0.25 ~ 0.30
	>30	>20	<0.10 ~ 0.15
临界值	40	30	<0.01

位移和位移速率两种指标之一超过上述标准时,则认为越过警戒线,应立即发出预报并提出加固措施。

该电站施工期,用前三种方法和此项监测控制标准结合进行安全预报,取得了十分满意的结果。

日本第二沼泽电站地下厂房监测中,也用了位移控制标准进行安全预报。其做法如下:

1.位移观测要求

1）先确定有关预测值和实测值的精度。

2）将实测值和根据其他方法获得的实测成果加以比较,检查其可靠性。

3）检查观测仪器是否正常工作。

4）检查实测值是否正确反映岩体变形性态。

2.对实测数据进一步作如下分析

1）比较各测点的预测值和实测值,当二者有差异时,分析其原因和差异的程度。

2）找出在无特殊原因的情况下,实测值随时间急剧变化的测点。

3）找出应进行监视的危险观测断面或部位。

4）分析是否在观测断面或观测点以外还有危险断面或部位。

5）根据实测的位移值推算、预测最大位移值或最终位移值。

3.确定位移控制标准

1）对该处位移计算分析成果和其地点的计算分析成果与实测值比较,明确该处位移所对应的程度。

2）在开始观测初期,了解该处的变形趋势、围岩性状和位移量的关系、开挖引起的位移和其他原因(如蠕变等)引起的位移之间的变形性态的比较、围岩内部位移的分布。

3）考虑初期的实测趋势,修改事先规定的位移控制标准。

4）进行实测时不仅采用位移控制标准,同时采用位移速率的控制标准。

根据上述工作得出如下控制标准:

1）其他地点类似的已建工程实例中,一般以位移量 40mm,位移速率 0.4mm/d 作为破坏极限。

2）用于加固岩石锚杆的变形,从开始张拉到钢材屈服时的延伸量 40~50mm,若边墙位移大于此值,则锚杆失效。

3）根据计算值推测该电站地下厂房的变形的最大值,在典型断面上的位移量为 10~14mm,位移速率为 0.1~0.15mm/d。

4）位移主要由开挖引起,围岩蠕变位移很小。

根据上述规定,给出位移控制标准和加固措施程序图,作为工程安全预报标准。见图6-4-1。

（二）应变指标控制法

在工程开挖过程中,洞壁附近围岩的应力变化情况与卸载试验的应力路径类似,且洞壁处的垂直于洞壁方向上的应力为零,使 σ_2/σ_3 趋于无穷大,故洞壁处坚硬围岩的破坏主要是张性破裂。在离洞壁稍远处,σ_2/σ_3 逐渐减少,岩石的破坏形式逐渐变为压剪性破坏,使承载能力有所提高。如果对洞周附近的围岩进行加固,使在洞周形成承载环,即可使整个围岩处于稳定状态。内部岩石即使进入塑性状态,也并不意味着承载能力已经耗尽,以致于引起塑性流动破坏。

应力分析结果说明,在洞壁处出现拉应力一般平行于洞壁,只能使围岩产生垂直于洞壁的裂缝。这类裂缝能引起局部掉块,但不会造成围岩的大面积塌落。围岩出现大面积张性破坏的原因,一般是在垂直于洞壁表面的方向上张应变有较大的增长。即使作用在这个方向的拉应力没有超过单轴抗拉强度或应力为压应力,作用在其他两个方向上的压应力仍可使这一方向的实际张应变超过极限张应变,导致围岩出现张裂破坏。因此,判断围岩是否会出现张性破坏的合适的准则,应是检验洞周围岩在与自由表面垂直的方向上的张应变是否超过限度。判断表达式可写为:

$$\sum_n < [\sum L] \qquad (6-4-1)$$

式中 $\sum_n$——洞周在洞壁垂直的方向上的应变;

$[\sum L]$——允许拉应变。

大量室内试验的结果表明,岩样的极限张应变值比较离散,因此,确定围岩的允许拉应变是一个困难的任务,有待进一步研究。在目前情况下,设计研究中可暂取为岩石的单轴抗拉强度 R_c 与岩体综合弹性模量 E 的比值,即

$$[\sum L] = R_c/EK \qquad (6-4-2)$$

式中 K——安全系数。根据目前已有的工程经验,建议取 $K = 1.3~1.5$。

如果已在洞周设置锚杆支护,则直接由锚杆加固的洞周围的抗张拉能力可大大提高,锚杆达到屈服变形,表明围岩将失稳。对这类围岩取用与钢筋一致的允许拉应变值。

$$[\sum L] = \sigma_0/2.1 \times 10^6 \qquad (6-4-3)$$

式中 σ_0——钢筋的屈服强度。

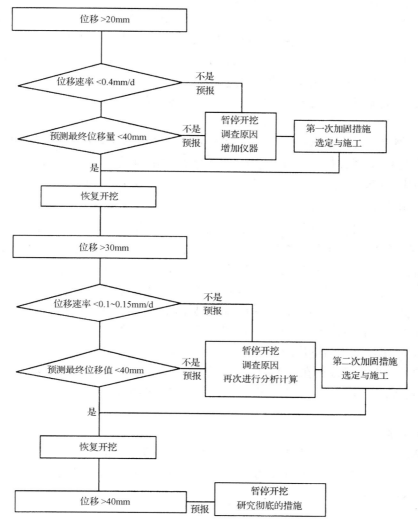

图 6-4-1 位移控制标准与加固措施程序框图

根据上述原理,可参照下述方法进行安全监控:

1)根据岩样试验,考虑工程已有资料,并与其他工程类比综合研究,制定进行监控的应变标准 $[\sum L]$。

2)根据参照模型或随机观测,在位移量比较大的部位设置多点位移计(两点和两点以上均可)。测取围岩某些点之间相对位移及其变化规律。

3)根据实测位移值计算应变值,岩体某一部位实际测得的拉应变值超过式(6-4-3)所确定的限度时,这个部位将产生张性破坏,应进行安全预报。

(A)几点说明

1)方法所考虑的监控范围是指围岩承载环以内的塑性区围岩。如果在洞周承载环以外还有隐塑性区存在,则只要塑性区的连通范围不大,围岩仍将是稳定的。如果隐塑性区在整个洞周连通,则监测控制范围应加深。

2)在大断面地下洞室,这种张裂破坏经常出现,其后果一般出现张裂缝,并引起应力再次重分布,而不是围岩立即坍塌。只要及时进行锚杆支护,便可使围岩稳定。

3)以锚杆支护加固围岩后施工监测控制的准则,是监测在锚杆长度所及范围内的围岩,控制标准是发生的径向张应变值不超过由式(6-4-3)确定的限度。如果满足要求且位移速率较小,可认为围岩处于稳定状态;如果位移速率较大,应及时发出预报,增设加固结构。

4)坚硬围岩的蠕变变形一般很小,常可忽略不计。但考虑到在开挖阶段洞周围岩的变形尚未充分发展,为了设计安全,以适当考虑可能存在的时效影响,仍宜在施工监控阶段对实际发生的应变值乘以增大系数,建议增大系数的量值取 1.3,或在上述方法中所确定的 $\left[\sum L\right]$ 乘以 0.7 的折减系数。

5)在施工监控过程中,可将监测允许相对应变值改为监测平均允许相对位移值。

6)鉴于裂缝宽度并不代表围岩的实际位移场,进行锚杆支护前,某些测点的测值已经发生突然增大值,在锚杆支护后的施工监控中,按几何关系计算的有关应变量,原则上应予扣除。此外,锚杆支护后深部围岩仍能继续发生松动,使洞周测点的绝对位移量普遍有较大的增长。这类变位对围岩稳定与否一般不起控制作用,起控制作用的位移值,应是在经锚杆支护直接加固的围岩范围内的测点之间发生的后续相对位移值。

7)硬岩地下洞室围岩的压应变与剪应变值一般不起控制作用,通常可不用验算。

日本樱井根据隧洞顶板在施工期发生问题时的应变与完整岩样的临界应变上限大致相同,认为只要将顶板发生的应变与完整岩样在实验室求得的临界应变作一比较,就可确定隧洞是否稳定。

(B)具体应用方法

根据隧洞应变和位移值并结合室内测得的岩样临界应变值,划出上限、下限(见图 6-4-2)分为 3 个区,完整岩样单轴强度也分为 3 个组。也可以计算成允许位移量,如表 6-4-2 为一实例。

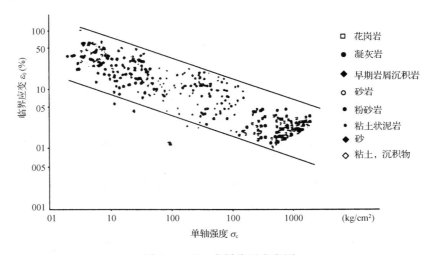

图 6-4-2 岩样临界应变图

表 6 - 4 - 2 拱顶允许位移量(隧洞半径为 5m)

警戒线 \ 岩石强度分类	A(较软弱)	B(较坚硬)	C(坚硬岩石)
I	3 ~ 5	5 ~ 10	10 ~ 30
II	10 ~ 15	15 ~ 40	40 ~ 90
III	30 ~ 40	40 ~ 110	110 ~ 270

将在围岩内安装的多点位移计所测得两个相邻测点的相对位移计算成应变值。

根据上述标准进行比较,测得的应变量在警戒线 I 以内,隧洞是稳定的。应变量接近 II 线,就必须预报引起注意,这时围岩有松动。应变量达到 III 线,必须预报并采取支护措施,以确保隧洞稳定。

四、数学物理模型法

数学物理模型法有统计学模型、确定性模型和混合性模型三类。其中统计学模型还包括统计回归模型、时序分析模型、灰色系统模型、模糊数学模型和神经元模型等。数学物理模型的建立的基本原则在本章第三节中已作介绍,具体方法如效应分量的选择、有关因子表达式形式等,将在各类岩土工程监测资料分析和反馈中予以补充。数学物理模型法安全监控和预报的方式是"3S"法和时效分析法,3S 法在数学物理模型建立过程中,要通过方差分析求剩余标准差 S,当监测物理量测值与模型计算值之差在 $\pm 2S$ 之间时,监测物理量处于安全稳定状态;两者差值如在 $\pm 3S$ 之间,监测物理量测值有轻度异常,需密切注意其发展趋势。两者之差超过 $\pm 3S$ 范围,则认为该物理量测值超出临界值,应进行安全预报。在大坝和坝基数学物理模型分析中,还经常使用时效趋势分析法,根据时效分量随时间变化趋势,判断岩土介质的安全稳定性,详见本章第六节三之(一)。

第五节 岩土工程安全监测反馈的基本方法

一、安全监测反馈的概念

岩土工程安全监测的工程应用主要表现在安全预报和对施工设计运行的反馈两个方面。这里"反馈"的意义不仅仅是信息反馈,还有馈控的涵义,即根据安全监测信息资料,指导对设计施工运行方案的修改优化。从广义上讲,安全监测对施工设计和运行的反馈包括如下四方面内容:

1)总结经验、改进设计方法。即从本次工程安全监测,指导今后其他工程的设计和施工。

2)前期指导后期。即通过前期工程、试验段的安全监测,指导后期或全部工程的施工、设计和运行。

3)施工过程监测反馈。即在施工过程中进行安全监测,及时进行监测资料整理分析,并立即反馈,修改设计,指导施工。

4)运行期的监测馈控。通过运行期安全监测和资料整理分析,对岩土工程的安全稳定状态和运控方案进行分析评判,指导对运控方案的调整优化,对安全防护和维护加固措施的方案选择和效果检验等。

以上四种反馈方式中,前两种方式已为人们所熟知和普遍采用,后两种方式近年来也有较大发展,亦具有相当大的工程应用价值。

在施工期监测反馈的基本思想就是太沙基等人长期倡导的监测设计法。它与传统设计方法的根本区别在于它不是先设计后施工,而是边设计边施工,即通过施工过程监测,在工程现场调整修改并最终确定设计方案和施工工序。这一设计思想是针对岩土工程,特别是建筑物基础、地下洞室围岩和边坡滑移面情况复杂多变、事先难以确定的实际状况提出来的,特别适用于解决常规设计方法难于应用的岩土工程设计施工问题。

以地下洞室为例,影响洞室安全稳定的关键因素—洞周围岩地质条件,一般在施工开挖前是无法彻底查明的,即使开挖后,围岩内部状态仍然难以判明;同时围岩条件又是复杂多变、因地而异的,一般情况下不能由已查明某段洞段地质条件推论其他洞段,即使是相距很近的洞段。因此,事先的设计方案因为地质条件不清,往往与工程实际差异很大,有时甚至是不可行的,必须根据施工过程中的监测资料,进行调整修改,方能达到符合工程实际,满足安全稳定、经济、快速地进行地下洞室施工建设的要求。除了地下洞室、边坡、建筑物地基等岩土工程事先难以查明,具有灰色系统特点外,土坝、堆石坝、水力冲填坝等岩土工程中,所用的土料、石料等原材料特性人们也尚未完全掌握,同时施工因素如堆筑、碾压、夯实等又具有相当大的不均匀性和随机性,常规的施工设计方法,遇到相当大的技术困难,而监测资料的反馈分析,即监控量测设计法,则可以较好地处理和解决这些技术问题。

无论施工期还是运行期,安全监测的反馈都是从对岩土工程安全稳定性评判和预报开始,是安全评判预报的延续和发展。一般情况下,对判明为不稳定的岩土工程,在进行安全预报的同时,即应研究需要采用的安全防范和支护加固措施,以保证工程安全,减少或避免可能发生的各种损失。对判明处于安全稳定状态的岩土工程,也应根据监测资料分析,进一步研究调整修改支护加固方式,优化施工运行方案,以加快施工进度,降低工程造价。在采取各种支护加固措施后,往往还要通过监测评判加固效果,以决定是否进一步补充其他工程措施。

以地下洞室为例,在其监测资料反馈中,首先对该洞段围岩的安全稳定性进行分析评判,如果不稳定,则需进一步分析探讨开挖步长缩短、支护时机提前等施工方式的变更,锚杆、喷混凝土或其他支护补强方式的可行性,以及其他辅助性施工设计改进措施,以确保施工安全。如果围岩已经安全稳定,还可进一步研究选择减少支护、简化工艺、提高工效的施工设计方案。

例如,法国设计的摩洛哥阿特休里堆石坝,把施工阶段反分析结果反馈到设计中,修改了坝体剖面,节省了大量的土石方工程量。相反的,英国的 Carsington 土石坝失事原因是坝基软岩和心墙底部黏土的应变软化,失事后的反分析表明,如施工期结合孔隙水压力和变形实测资料进行反分析,并对原设计做适当修改,坝体的安全稳定是有保障的,事故有可能避免。

二、安全监测反馈的基本内容

岩土工程中的安全监测反馈的内容和项目主要取决于岩土工程的具体要求,是为了解决施工设计中所面临的工程问题,包括本工程存在的迫切需要解决的技术困难,和同类工程中普遍存在的技术问题。由于各类岩土工程之间的差异性和复杂多变性,对监测反馈的要求往往随工程而异。另外,监测反馈分析的项目还要受到工程条件、现有技术水平和合同条款的限制。安全监测反馈的基本内容如下所述。

(一)进行监测设计

根据太沙基监测设计法原理,通过安全监测反馈,补充完善岩土工程的施工设计方法。如本节之一中所述。

(二)验证和评判设计方案

例如,在防渗墙、排水井列等渗控设施上下游设置渗压计,用以检查渗控设施的设置是否合理有效;在建筑物基岩面等处安装渗压计,校核扬压力设计是否合理,等等。在岩土工程中埋设的永久期观测仪器中,有相当大一部分是为了验证和评价设计方案而设置的。在监测资料分析和反馈中,应对以上仪器和需评判设计项目进行详尽的分析研究,以满足监测设计的目的要求。对一些采用新技术的设计项目,往往需要通过监测资料反馈,进行评判校核。例如,东风水电站溢洪道高边坡,原始设计方案为倾斜边坡,后来改为垂直边坡并采用锚喷加固方案,这是继鲁布革工程后的又一次有意义尝试。为了论证这一方案的可行性和合理性,设置了完整的监测系统,根据施工期监测资料,采用平面弹性有限元程序,对位移、应力及可能破坏机理进行反馈分析。监测反馈分析的成果说明了修改后的设计方案是合理的,喷锚加固后垂直边坡的稳定性是有保证的。

(三)解决工程中面临比较复杂的设计施工决策问题

如南岭铁路隧道洼地段工程为特浅埋软岩隧道,采用新奥法施工,正台阶法开挖,以适应机械化作业。工程提出一系列技术问题,要求通过安全监测反馈予以回答。如:①用喷锚作前期支护,进行正台阶开挖是否可行?②地表竖向砂浆锚杆加固工程的加固效果如何?③洞内支护系统的预设计参数是否合理?④初期喷锚支护能否稳定围岩?二次支护能否达到预期目的?等等。通过对地表下沉、围岩内部相对位移、锚杆应力、围岩内部应变变化、顶拱下沉、洞周收敛、围岩位移等各项监测资料的综合分析,及采用数学模型的统计回归分析,论证了正台阶法开挖是可行的,竖向砂浆锚杆对岩体有明显的加固作用,二次支护都在围岩基本稳定之前进行。因此,是合理的等重要监测反馈分析成果,圆满地解决了工程实际问题。

(四)检验支护加固措施效果

如小浪底水利枢纽泄洪排沙系统出水口边坡Ⅱ区地质条件复杂,边坡抗滑稳定安全系数低,稳定条件差,两侧岩层内有3号导流洞和3号排沙洞出口通过,施工过程中曾发生多次变形速率超常的险情征兆。为了确保该区岩体在施工期和以后运行期的安全稳定,对该区先后采取了多种形式加固措施。在原设计基础上进一步增加了观测仪器,埋设仪器所取得的观测资料,有效地监控了边坡的安全稳定性,检验了各类加固措施的效果,详见第六章。

（五）对运行工况等的监测反馈分析

例如大坝的汛前和汛期、第一次蓄水前后、定期安全检查、工程验收、地下工程中工程地质条件突变段（如穿过大断层）、多洞室交叉段、工程验收和启用等关键时段，均要求对监测资料进行全面的反馈分析。通过反馈分析，回答设计施工运行关心的技术问题，查找工程中可能存在的隐患，并提出维修处理意见。例如对恒山拱坝进行的定期全面监测资料的分析和反馈中，利用混合模型，研究了提高蓄水位的可能性。在牛路岭水电站，运行部门根据对首次蓄水的监测资料的分析和反馈，决定将水位提高1m，提高了电站的效益。又如：在对葛洲坝工程监测资料的定期整理分析和反馈工作中，发现了一期工程二江泄水闸闸室边墩外侧垂直钢筋拉应力过大问题。因此，在二期工程冲沙闸中增配了钢筋。以后，观测资料分析说明，这一工程措施对于改善结构应力状态是有利的。

（六）改进设计施工方法的专题研究工作

这项工作可为后建其他工程积累经验。如天津勘测设计院科研所对刘家峡大坝一期和二期冷却及接触灌浆效果进行了系统分析，并将所得成果应用于龙羊峡大坝施工中，将灌浆温度提高了 3～4℃。

（七）其他方面工程对监测反馈的要求

根据不同类别的岩土工程的具体情况，确定监测反馈分析的项目和内容。

例如，在自然边坡的稳定性分析和边坡滑坡预报治理中，所存在的主要技术困难是：①主要结构面和滑动面的组成和材料特性以及参数地质调查难以查明；②滑移面上的 C、Φ 值难以确定；③由于以上原因，稳定性分析和边坡滑坡预报不够准确，治理加固措施等的确定存在困难。

为满足工程需要，边坡工程的监测资料反馈分析项目主要是：①进行滑移面上的 C、Φ 值的反分析；②通过物理力学模型的校准和参数反分析，确定主要结构面和滑动面的组成和材料特性及参数；③在此基础上，进行稳定性分析和边坡滑坡预报，通过反馈正分析，确定治理加固措施。如长江科学院在新滩滑坡预报中所做工作，见本章第七节。

对大坝和坝基的监测资料进行反馈分析主要内容是：①采用反分析技术，调整选择坝体和地基的本构关系力学模型，计算修改物理力学参数，使由计算分析获得的结果尽量符合实际；②在对各项监测成果进行综合分析的基础上，评估大坝当前的工作状态；③预报汛前和汛期、第一次蓄水前后、蓄水至某高程等重要工况下大坝的工作状态；④查明大坝和坝基在安全稳定方面存在的主要问题，提出修补维护措施；⑤积累经验，指导其他工程。另外，对于土石坝、混凝土坝、面板堆石坝等不同坝型的大坝和坝基，乃至对其他岩土工程，反馈分析的项目也将是不同的。

三、安全监测反馈分析的方法和步骤

（一）安全监测反馈分析的方法

岩土工程安全监测资料的反馈分析主要有三种方法，这里暂称为工程类比反馈分析法、监控量测反馈分析法和理论反馈分析法。

1. 工程类比反馈分析法

该方法包括直接和间接工程类比反馈分析法。

直接工程类比法的基本做法是通过与相似工程的对比分析,查找和发现现有工程的问题和缺点,并据此依据规程规范和相近工程的成功经验,选择和修改原有施工和设计方案。这一方法要求监测人员手边有较丰富完整的相似工程资料库,也要求监测人员有较丰富的工程及现场反馈的实践经验。相似工程的条件主要有三类:

一是工程条件,如岩土工程的规模、尺寸和断面形状、支护参数、结构类型、施工方法、工程用途、使用年限、工程等级等;

二是岩土材料和地质条件,如岩体物理力学参数、岩体地应力、岩体结构类型、结构面特性、地下水情况及岩体稳定分级等;

三是监测和其他岩土工程失稳信息,如安全监控指标,可能失稳的机理和诱因、形态和规模,监测物理量的量值等级、变化规律、发展趋势,失稳征兆的类比性等。

通过以上三类相似条件的详尽对比分析后,往往可以发现与国内外已建相似工程的差异,得出对现有施工设计方案的修改意见。对比分析中,有时还需引入其他监测反馈方法,进行综合分析。必要时,需要对重点部位进行局部或整体校核验算。局部验算是对所存在的危岩和险段的验算,整体验算是对全断面或全洞段的验算。因此,工程类比法也可看作是一种综合分析方法。

岩土工程的间接工程类比法的基础是各种围岩分类法。目前,国内岩土工程常用的围岩分类法有水利水电工程地下洞室围岩分类、水工隧洞围岩分类、岩土工程勘察围岩分类、锚杆喷混凝土支护围岩分类、国防工程围岩分类、中科院地质所围岩分类等,国外比较常用的围岩分类法有巴顿(N. Barton)、Q—系统围岩分类法、比尼奥斯基(Bieniawski)围岩分类(RMR)法、普氏围岩分类法等。根据围岩分类成果,再参考其他可类比资料,调整修改设计方法、计算参数、施工方法和施工工艺。在各类围岩分类方法中,一般都对各类围岩提供所建议的设计方法、计算参数、施工方法和施工工艺,供选择参考。

工程类比反馈分析方法基本上是一种经验性方法,但它是目前在地下工程等许多岩土工程中实际采用的反馈分析法,特别是 20 世纪 80 年代以前的新奥法,就是普遍采用这一方法进行反馈设计和指导施工的。例如,连接意大利和奥地利的陶恩(Tauem)公路隧洞,初始支护设计采用工程类比法。该隧洞开挖后不久即发现,实际情况与原勘测资料不符,在覆盖层厚度超过 400m 的区段,开挖几天,平均变形速度 50 ~ 100mm/d,最大变形速度达到 200mm/d,为原始围岩分类预计变形量的 20 倍,上述区段平均变形超过 50cm,最大变形 1.2m。根据监测资料与初始假定的巨大差距,依据新奥法的基本原理,参照已建相似工程经验,对原设计施工方案做了重要修改。采用柔性支护,喷层设置纵向变形缝,钢拱在缝隙处设置铰链,推迟衬砌时间,释放围岩变形,减小支护抗力等,使这一地质条件十分复杂的隧洞施工取得了成功。再如我国新安江上游的下游铁路隧洞,地质条件也是相当差的,采用新奥法施工,根据监测资料和现场地质调查,在相当多区段调整了上下台阶的开挖施工工序,改为大断面光面爆破开挖,废弃了小导洞人工开挖初始设计方案,以防止长时间人工开挖造成的围岩变形转化为有害松动,根据围岩自稳时间短的具体情况,在围岩松动之前提前进行锚喷支护等,保证了施工的顺利进行。

2. 监控量测反馈分析法

直接采用安全监测资料,依据警戒界限法等基本方法,对岩土工程的安全稳定性进行评判,对支护加固措施的效果进行检验反馈分析的方法。

3. 理论验算反馈分析法

理论验算反馈分析法包括统计分析法和物理力学模型分析法两种方法。

在理论验算反馈分析中,统计分析法在工程中应用较少。主要应用在地下工程方面,采用统计回归方法,确定二次支护的时机,以及与确定性分析成果结合,反算塑性区半径和工作面前丢失位移等项目。

物理力学模型分析法包括反分析和反馈正分析两部分。

反分析是根据分阶段取得的监测资料,按照初选的物理力学模型,进行参数的反分析,求出设计施工所必须,而前期工作难以明确给出的物理力学参数。如在反分析和下阶段深入反馈分析中发现.初选的物理力学模型不能反映工程实际,则应通过较高层次的反分析技术,进行物理力学模型的校正和修改工作,直到与工程实际相符为止。物理力学模型法操作时,应尽可能结合安全稳定分析和安全预报一道进行;对岩体采用相同的物理力学模型,反求物性参数和力学模型也应采用相同反分析方法。所选的反分析方法不但要合理,而且速度要快,能满足工程要求,即必须抓住关键,合理简化,尽可能只推求少量的关键性物理力学参数。

反馈正分析是按反分析确定的参数和物理力学模型,重新进行正分析。通过正分析方案的比选,进行设计施工运行方案的修改和优化,确定反馈分析的成果方案。反馈正分析对支护和工程结构的计算模型较安全预报要求高。因为:①要进行多个正分析方案的计算分析和比选,可能要耗费大量机时;②应能反映支护对变形等物理量的作用效果,从目前已有的方法看,这方面的技术困难还是比较大的。

工程实例说明,对于一些重要的或经验分析难以胜任的工程,必须引进严格的理论反馈分析方法,才能达到优化设计和指导施工的目的。

(二)安全监测反馈的实施步骤

监测资料的反馈分析是传统资料整理分析的提高和发展,目前这方面的工作经验和成果都是不够充分的。必须进行周密的设计,审慎地选择制定技术路线、反馈方法和实施细则,并严格遵照执行,才有可能达到预期的效果。监测反馈工作大致需要经过下列实施步骤:

1)反馈分析的设计和规划。内容包括:

a)根据工作的要求、特点、合同要求、技术可行性等条件,选定可开展的反馈分析项目。

b)根据反馈分析项目,选定监测项目、制定监测体系的布置、埋设和监测要求,包括监测仪器、布点、观测间隔、数据采集要求等。

c)根据工程需要,制定对监测反馈分析的时间,采用的基本方法、作业方式等的基本要求。

d)搜集和准备与反馈项目相关的地质、设计、施工等资料。

2)根据勘测试验资料和工程经验,对主要监测参数赋初值,并进行初设计,或对原始设计进行校核。通过初设计可能对原定参数和方案做初步调整。

3)按规划设计要求,进行监测仪器的布设、监测数据的采集、常规监测资料的整理和分析工作。

4）根据监测资料,进行岩土工程自身的安全稳定分析和安全预测预报,并以此为前提,开展下面的反馈分析工作:

其一,工程类比反馈分析。根据监测资料的特性分析,并结合地质、施工、观察信息,以及相似工程设计、施工及安全监测的经验,按工程类比法的要求,对选定的项目进行工程类比反馈分析,据此,对设计、施工和运行方案提出修改建议。

其二,监控量测反馈分析。直接采用安全监测资料和警戒界限法等基本方法,评判仪器,工程的工作状态,校验加固支护工程措施的效果。

其三,理论反馈分析。包括对物理力学模型和参数调整的反分析,以及数学和物理力学模型为基础的反馈正分析两个步骤。反分析根据分阶段取得的监测资料,求出设计施工所需的物理力学参数,必要时进行物理力学模型的校正和修改工作。反馈正分析:按反分析确定的参数和物理力学模型,重新进行正分析。通过正分析方案的比选,进行设计施工运行方案的修改和优化,确定反馈分析的成果方案。

四、对安全监测反馈的基本要求

1）在工程现场进行。作为一般原则,这种后方分析的工作方式是不宜提倡的,特别是对地下工程及其他工程的关键时段,必须强调在工程现场进行这一基本要求。但对于边坡、大坝等工程,在非关键时段,这一要求可适当放松,部分监测反馈分析工作可采用离线方式,在后方监测中心进行。

2）反馈分析的速度和时间。反馈分析的速度和时间应满足工程施工的要求,即可以保证监测、分析、修改设计和施工作业所需的时间 Ts 小于岩体自稳和其他工程要求的时间 Tb。

$$Ts < Tb \qquad (6-5-1)$$

只有这样,才能使反馈分析得到的优化设计施工方案可以在工程实践中得以实现。特别要注意和避免因反馈的延误造成工程失稳等人为事故。

3）多渠道的信息采集和全面的综合分析评判。根据目前技术条件,在岩土工程中,仅仅依靠某一种监测仪器或某一种反馈方法进行监测反馈工作是不够的,难以避免片面和失误。多渠道广泛采集岩体稳定信息,全面搜集反馈所需的地质、施工、设计、运行、监测等各种资料,进行全面的综合分析评判,是岩土工程监测反馈必须坚持的一个基本原则。

4）良好的外部协调环境。工程实践说明,监测反馈工作是全方位的综合性工作,必须紧密依靠设计、施工、地质、科研、监理和建管单位,把地质调查、现场监测反馈、设计施工、技术咨询和决策有机结合起来,组成开放式的监测反馈外部质量保证体系,才有可能把监测反馈工作做好。

5）初选的设计施工方案必须是有调节余地的,即施工过程中可以对其进行调整修改。初步设计时就应考虑这一要求,有意识地为设计施工方案留下后期调节余地,并根据可调节的范围和幅度确定反馈分析的内容和方式。

6）另外,反馈分析的方案还受到建管体制和合同方面的约束和限制,超越合同条款的任何反馈方案和成果都将是没有任何实际意义的。

五、理论验算反馈分析法的工程实例

以土石坝为例。土石坝的不确定因素比混凝土坝多,不但有黏土、堆石等,而且还有河床覆盖层等的特性都是不明确的,需要通过监测反馈分析来弥补这些缺陷。主要监测仪器一般是孔隙压力计和沉陷计,设计中可先假定土体本构关系符合邓肯模型,并在对清基和开挖、防渗墙(或铺盖)设置及分层填筑坝体等主要工序拟定施工步骤后,采用有限元方法做仿真计算。然后将施工初期观测到的沉陷量和渗流量与计算值对比,同时利用由在施工中不断补充的试验获得的结果,及时调整邓肯模型的 k、n、R_f、G、f、d、C 等参数。反馈分析中可抓住 k、n、R_f 等主要值,据以建立进行反馈分析的实用算法。

以下介绍法国 Vemey 堆石坝的工作。该坝是 Grand Maison 抽水蓄能工程的下库坝,坝址覆盖有 80m 的冰渍层,性能较难查明。由初步试验给出的材料性态参数的平均值为 $E = 150$MPa,$\gamma = 0.3$,$\Phi = 35°$,$C = 0$,据此将沥青混凝土斜墙坝的坝高选为 42m,下接地基内的塑性混凝土防渗墙,深 46.4m,如图 6 - 5 - 1 所示。主要观测仪器有在地基中设置的 12 个钻孔渗压计,2 个伸长仪,1 个测斜仪和一些测压管;在高程 737m 处设遥测沉陷仪,坝坡上设位移观测点。

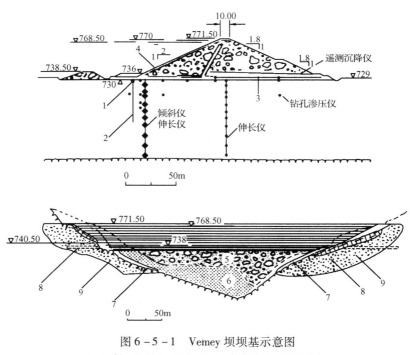

图 6 - 5 - 1 Vemey 坝坝基示意图

1—混凝土垫层;2—塑性混凝土截水墙;3—下游排水;

4—上游沥青混凝土面板;5—冲积层;6—冰渍层;

7—截水墙与岩石接触灌浆;8—铺盖灌浆;9—帷幕灌浆

施工过程模拟计算共分十二期。第一期为地基中的初始应力和自由渗流场;第二期为设置防渗墙后的渗流场和渗透压力;第三、四、五期模拟坝体分三期填筑;第六期模拟施工公路挖除;第七、八、九期表示水库分三期蓄水;第十、十一、十二期表示水库分期泄降。计算模型中未考虑结构和水力的耦合作用。第一期计算中,先根据勘测资料进行自由场渗流模拟,后依据观测资料修正地基渗流参数;第二期计算依据第一期反馈分析的结果计算防渗墙施工后的渗流场,并和防渗墙竣工后的实测值对比,以验证反馈分析结果的可靠性。由此求得的渗透压力可作为后续工序力学计算的输入量。图6-5-2~图6-5-4为坝体竣工时的计算变位值和实测值,由图可见两者有较好的一致性。由此判断,原始设计方案是合理的,不需作重要修改。但是,用同样的反馈分析法,对法国为摩洛哥设计的阿特休里坝进行反馈分析,则发现原始设计方案过于保守,由此对大坝剖面进行了修改,节约了相当多土石方工程量。

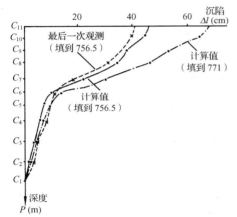

图6-5-2 下游排变形仪量测值与计算值

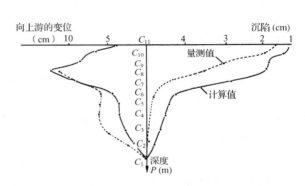

图6-5-3 坝体竣工时上游排遥测仪变形量测值与计算值

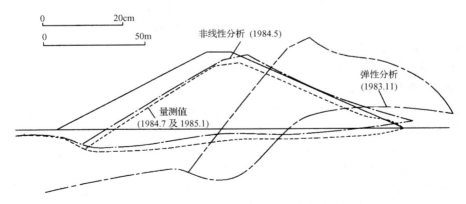

图6-5-4 坝体与地基断面变形量测值与计算值成果

第六节　大坝和坝基安全监测资料分析和反馈

一、概　　述

　　大坝和坝基安全稳定状况不仅仅涉及到工程自身安全,而且影响其下游千百万人民生命财产的安危,其监测资料分析和反馈的重要性是毋庸置疑的。大坝和坝基也是岩土工程中监测资料整理分析和反馈开展较为普遍、经验较为丰实、技术比较成熟的工程。目前,有关大坝和坝基监测资料整理分析和反馈技术的规程规范有 SDJ 336—89《混凝土大坝安全监测技术规范》,SL60—94《土石坝安全监测技术规范》,SL169—96《土石坝安全监测资料整编规程》等,比较完善、系统。大坝和坝基监测资料分析和反馈应依据以上规程规范,同时参照本章第二～五节的普遍原则和方法,针对本工程的具体特点,做好资料整理、整编、分析、预测预报和对设计施工运行的反馈等各方面工作。

　　与大坝和坝基监测资料整理整编工作有关的规程规范较为具体,本节之二也做了详细说明,可遵照执行,本段不再赘述。

　　由于工程自身的重要性,大坝和坝基监测资料分析反馈工作必须细致深入,尽可能采用多种方法,包括各种数学物理模型方法,进行综合分析论证。必要时还要针对某些特殊技术问题开展专项研究工作,在已有分析研究方法无法奏效的情况下,还应开展新方法和新技术的开发应用研究。

　　对于初次蓄水、竣工验收、汛期、大坝鉴定、出现异常或险情状态等特殊时段,还应尽可能提早开展监测资料分析和反馈工作,防止临时仓促上阵。

　　对各种不同类型的大坝,以及不同地质条件的大坝基础,要针对具体工程特点,选用不同的监测资料分析反馈方法。

　　另外,必须做好安全监测分析反馈所需资料的搜集工作。所搜集资料应包括以下内容:

　　1）观测资料。除观测数据外,还应包括观测日记、仪埋记录、仪器参数等。

　　2）仪器埋设处基岩的地质平面和剖面图、地质分析报告、岩石物理力学参数等资料。用以帮助分析基岩变形的原因和规律。

　　3）上下游水位、气温、水温、降水量等资料。

　　4）设计计算成果和模型试验成果。

　　5）混凝土的物理力学性能资料,包括混凝土抗拉、抗压、抗剪强度,极限拉伸变形,瞬时弹模,线膨胀系数,自生体积变形,以及徐变变形等试验资料。

　　6）土料、石料的物理力学参数。包括土料比重、孔隙率、颗粒分析级配曲线、干容重、抗剪强度等。石料包括级配的组合、孔隙率以及强度等方面的资料。

　　7）施工资料。混凝土坝包括分缝分块、温控标准、浇注进度、混凝土配合比及掺合料等资料。如回归分析需要自重影响效应量时,则需有混凝土浇筑过程线。土坝和土石坝应收集土、石料级配,碾压情况以及填筑进度,其次还应收集现场取样资料,如比重、容重等。

二、监测资料的定性分析

大坝和坝基安全监测资料的定性分析方法包括作图法、比较法和特征值统计法,其基本方法已在本章第三节中详述。现主要以混凝土坝为例简介大坝和坝基的具体要求和需分析考察的问题。实际上各种类型的土石坝变形、渗流、裂缝及应力应变等不同项目的监测资料分析,与混凝土坝虽有共同点,也存在原则性差别。另外,土石坝心墙、面板堆石坝的面板和周边缝、碾压混凝土坝的一些特定部位,预应力锚索测力计、锚杆应力计、不同部位的测缝计等监测资料定性分析的方法、分析的侧重点和具体技术要求也都有自身的特殊性。需要按有关规程规范,根据监测资料定性分析的基本方法,参加本段的分析思路和做法,考虑所监测项目的特点,具体问题具体分析,切忌死搬照抄,才能做好定性分析工作。

(一)变形监测资料的分析

1.定性分析的工作和要求

变形监测整理时应将观测成果以报表形式打印出来,对成果进行初步分析,以了解变形最大值产生的部位,在初步分析的基础上,确定关键部位和重点部位以及出现最大变形部位,绘制其测点变形过程线、分布图和相关图,一般要求是:

1)绘制最高坝段和地质条件最差坝段的坝基和坝顶水平位移过程线、垂直位移过程线、挠度变形曲线。

2)根据引张线,绘制特征时刻沿坝轴线不同高程水平位移分布曲线。

3)绘制最高坝段及地质条件最差坝段的坝基转动变化过程线,通常是坝基附近横向廊道的转动观测或静力水准观测。

4)绘制大坝上下游水位、气温过程线。

根据上述资料,分析变形规律,变形与水位、气温的关系,并将变形值与相同工况条件下大坝变形计算值进行比较,了解变形是否在设计计算范围内,若建立预报模型,则应与预报值进行比较。

2.混凝土坝水平位移的基本规律

1)一般受水荷载作用影响,上游水位升高时向下游变形,变形随水位升高而加大。

2)与坝体温度有关。对于坝顶测点,一般高温季节向上游位移,低温季节向下游位移。

3)与坝高成正变,而与坝厚成反变。即相同结构条件下,坝高或坝厚小者水平位移要大。

4)与大坝和坝体结构材料性能有关。地基较软弱坝段比较坚实坝段水平位移大,坝体结构单薄或混凝土质量差的大坝水平位移也要增大。

5)可能存在时效水平位移。在水位和温度条件基本不变的前提下,水平位移向某一方向不断发展。

6)同一坝段,水平位移与测点高程有关。靠坝顶测点,一般水平位移较大。

3.混凝土坝垂直位移的基本规律

1)坝顶垂直位移主要受温度影响。一般高温季节上抬,低温季节下降。高温季节引起的上抬位移往往大于水位升高造成的坝体下沉。

2)坝基和库底垂直位移受水位影响。水位升高时坝基和库底下沉。由于水荷载对库底的压缩作用,坝址库区附近可发生大范围不均匀沉降。

3)垂直位移(沉降值)与坝基地质情况有关。地基软弱者沉陷值较大。

4)坝基和坝顶均可发生不可逆的垂直位移。这种随时间积累的不可逆变形可以是下沉,也可能是上抬。一般以时效为主,但也可能是其他因素引起,如冻胀、新的构造运动等。

5)坝体倾斜的规律性。坝体倾斜来源于同一水平面不同测点的不均匀沉降。坝体倾斜主要取决于温度,坝基倾斜则取决于库水位。

(二)渗流监测资料的定性分析

1.坝基扬压力监测资料定性分析

1)绘制坝基扬压力所有监测点的扬压力水位过程线,并与上下游水位比较,必要时选取若干测点建立与上下游水位的相关方程。

2)绘制重点观测断面坝基扬压力分布图。并与设计图形比较,了解其是否在设计允许范围内,并计算实测扬压力与设计扬压力的百分比。

3)计算各坝段排水幕处渗压系数、扬压力系数,并绘制沿坝轴线各坝段的渗压系数分布图,并与设计图形比较。通过渗压系数大小了解坝基岩体性态及防渗帷幕灌浆效果。如发现某些坝段渗压系数较大,可分析研究是否要重新灌浆。

坝基扬压力过程线的主要影响因素为:①随上下游水位升降而升降,但变幅在上下游水位之间;②与水位变化有时滞后,有时无滞后;③随坝基防渗条件而变化。

坝基扬压力沿坝轴方向的纵向分布图的主要特征是:①纵向分布与各坝段高度大致相应,扬压力河床部位大,扬压水位两岸高、河床低;②扬压力系数 α 沿坝轴线分布取决于各坝段坝基防渗条件,如地质、帷幕、排水条件等,条件好的坝段 α 小,反之 α 大。横向扬压力分布大体为上游侧高,下游侧低,中间呈折线变化,折线点一般为帷幕和排水孔线等渗控设施附近。折线点 α 值随渗控设施效果而异,资料分析时应对其作出具体评价。

扬压力与库水位的相关图的一般规律是:①扬压水柱 h' 与上下游水位差大体成正比直线关系;②扬压水位往往滞后库水位;③坝体渗控条件改变,将使相关线位置上下倾斜。

2.坝体孔隙水压力的分析

靠上游面一般埋设渗压计,以了解混凝土的密实程度和混凝土层面结合情况。在分析时应该绘制每个测点的渗压力过程线,也可绘制分布图或列表说明渗压情况。

孔隙水压力的主要特点是:①主要受水库水位的影响,随其涨落而升降,一般滞后于水位的变化;②在垂直于坝轴线的横向分布一般随测点至上游面距离而减少,但个别情况也有中部隆起的可能;③沿坝轴线方向分布不均匀,与各坝段的坝体混凝土质量等因素有关;④近上游侧孔隙水压力还将受到混凝土温度的影响。

3.渗流量的定性分析

在蓄水初期,当量水堰未形成之前,可用量筒测量每个排水孔的渗流量。渗流量的分析要求:

1)绘制各部位渗流量变化过程线,如坝基,左、右两岸灌浆平洞以及护坦等部位的渗流量过程线。

2)分析渗流量与库水位及降水量的关系,有些平洞内的渗水量可能因降雨地表水渗漏而增加,所以要研究降雨量与渗流的关系,必要时选取某些测点的渗流量建立与库水位和降雨量的相关方程。

3）渗流量的大小反映大坝防渗帷幕效果及岩石裂隙发育程度。实测渗流量应与计算渗流量比较，或实测单孔渗流量与设计单孔最大渗流量进行比较，了解实测值是否在允许范围内。

渗流量资料分析的要点是：①渗流量与上游库水位一般呈正相关关系；②与混凝土（岩石）温度状况呈负相关关系，随温度降低，渗流量加大；③随时间发展变化，反映坝体各部位和渗控设置功效的变化；④沿坝体各部位分布不均衡，反映坝体结构、材料和各种渗控设施的防渗效果。

4.地下水及绕坝渗流监测资料分析

1）绘制各测点孔内水位变化过程线，并与库水位过程线比较，必要时选取若干测点，建立与库水位的相关方程。

2）根据地下水观测孔、绕坝渗流观测孔、坝基扬压力观测孔的平面位置，绘制特征时刻地下水水位等势线（或水位等高线），以了解渗流水的流向及各部位扬压力分布情况，并结合地质情况分析各部位渗流情况。

5.水质分析

主要检验渗透水是否与库水水质相同，是否存在化学管涌或机械管涌，研究地下水对混凝土是否有侵蚀现象。水质分析主要将各测次的观测成果进行比较分析。因测次较少，可列表说明。

（三）应力应变及温度监测资料的定性分析

1.坝体温度监测资料分析

1）在施工期即开始绘制每个温度测点的温度过程线，并将入仓温度、最高温度、灌浆时坝体温度等资料及时反馈给施工、设计、监理等单位，用以指导混凝土浇筑和接缝灌浆施工作业。

2）绘制不同高程特征时刻的温度分布图，以了解坝体温度变化和温度应力的形成过程，由温度沿各断面分布曲线计算各点温度分布梯度，用以计算混凝土坝温度挠曲变形。

3）当大坝形成后，应绘制坝体温度场分布（即等温线），可选取气温较高的 7 月 15 日或气温较低的 1 月 15 日绘制等温线，通过等温线比较，可了解坝体是否处于稳定温度场。

4）将实测最高温度与设计最高温度比较，了解大坝温控情况。

5）根据下游坝面温度计，推算混凝土导温系数。

2.应变计资料定性分析

1）首先由应变计和同一部位的无应力计观测数据，按本章二中应变计计算方法，求出实测徐变压力。然后，绘制关键坝段坝踵、坝趾以及拱冠、拱座处的应力和温度过程线。绘制观测断面上特征时刻的 σ_x、σ_y、σ_z、τ_{xy} 等的分布图，并和计算值比较，了解应力分布的合理性。绘制重点部位如坝踵、坝趾处的应力变化与库水位和气温的相关图，从而了解应力变化规律及其相关因素。一般情况下，混凝土坝坝体应力测值往往具有局部性质，但也存在沿空间分布的一定规律性，坝体的应力应变变化和分布与坝型、坝的结构、材料、地基条件、分缝灌浆和浇筑等施工情况都有关系。其主要特点是：①受水库水位影响较大，高水位和低水位往往都是应力状态不利工况；②受气温、水温、地温及水化热温升影响很大，在水库水位变化比较平缓等条件下，坝体温度应力影响往往大于水位影响；③施工期除水化热温升引起温度应力外，浇筑坝体自重是主要影响因素。

2）坝踵、坝趾和孔口等处是安全监控的重点部位，其应力状态，特别是能否出现拉应力，拉应力能否导致混凝土开裂及开裂影响范围等问题是资料分析的重点，应将监测值与设计值比较，以了解应力状态是否在设计允许范围内。

3）了解混凝土自生体积变形规律，以便对温控计算提供依据，了解其对应力计算的影响。

3. 应力计监测资料分析

1）绘制各测点的应力和温度过程线。

2）分析在自重作用下产生的应力，蓄水前后应力增量变化，并和设计计算成果比较。

3）与应变计资料配合，选取应力、应变变化较大的时段，估算混凝土的实际弹模。

（四）接缝和裂缝开度及基岩变位资料定性分析

1. 测缝计、裂缝计资料分析

1）绘制每支仪器的开合度及温度过程线。考察接缝或裂缝发展变化规律及其相关影响因素。通常接缝或裂缝变化的主要规律是：①主要受温度影响，温度升高，缝隙闭合，温度降低，缝隙增大，而且由于混凝土坝表面温度变幅大于深部，故缝的开度变化也是表面大于内部；②库水位升降对不同类的坝和施工缝影响不同，对重力坝横缝开度无明显影响，但对拱坝和支墩坝的横缝有一定影响；③地震后接缝宽度可能变化，并产生新的裂缝。

2）绘制纵、横缝上开合度和温度分布图，从而了解哪些部位可灌浆，温度是否达到稳定温度，在灌浆前将开合度和温度资料报送施工、设计、监理单位，以便确定灌浆部位或继续降温部位。

灌浆后从过程线可了解灌浆效果，若开合度不随温度变化，说明灌浆效果良好。若开合度随温度呈负相关变化，说明灌浆效果不好，若缝的开度在 0.3mm 以下则不用灌浆，超过 0.3mm 可考虑重新打孔灌浆，增强坝体整体性。上部灌区灌浆，可引起下部已灌浆区缝隙重新张开，下部灌浆时也会使上部灌区的缝隙增大。

3）裂缝计过程线若开合度随时间增加，说明裂缝在发展，应注意发展趋势，并考虑采取加固措施。

4）通过测缝计资料了解坝踵处混凝土与基岩面胶结情况，是否产生裂缝以及裂缝的深度，从而判明大坝工作性态。大坝下游处通过测缝计了解混凝土与基岩坡面胶结情况，以了解岩体抗力对大坝的作用。

2. 基岩变形计监测资料分析

1）绘制各测点的变形与温度过程线。分析变形变化规律及其相关因素。

2）分析在自重作用下，蓄水前后的变形情况，以及基础固结灌浆压浆板是否有抬动现象。

3）绘制基岩面上垂直变形分布图，并计算坝体自重作用下基岩的变型模量。

4）根据基岩变形，分析基岩软弱夹层是否有错动现象，基岩变位在空间分布和时间过程中有无较大不均匀突变，量值有无超限及其他危及大坝安全的异常现象，并查明原因。

三、大坝和坝基监测资料分析的数学物理模型法

数学物理模型法是建立原因量（如库水位、气温等）与效应量（如位移、扬压力、缝隙开

合度、应力、应变等）之间关系的监测资料定量分析方法，该方法是 20 世纪 50 年代首先在大坝和坝基监测资料分析中发展起来的，目前在国内外大坝和坝基监测资料分析、安全预报和馈控方面均已得到较广泛地应用。据不完全统计，我国已建立了统计学、混合性和确定性模型的大坝有龙羊峡、葛洲坝、漫湾、隔河岩、丹江口、三门峡、凤滩、岩滩、万安、南水、刘家峡、安康、新安江、鲁布革、潘家口、陆水、白山、丰满等近二十座，其中，龙羊峡、葛洲坝、漫湾、隔河岩等工程还进行了参数反分析，并应用于大坝的安全定检和安全监控等工作中。以下分别叙述统计学模型、确定性和混合性模型在大坝和坝基监测资料分析中应用的有关技术问题和基本做法。

（一）统计学模型

1. 混凝土坝变形的统计学模型

混凝土大坝变形统计学模型目前应用最为广泛，研究比较充分，也较具代表性。混凝土坝变形统计学模型中，一般取效应分量为水压、温度和时效三种，如公式（6 - 3 - 22）所示。其中，水压分量 δ_H 表达式为上下游水位的多项式，温度效应分量 δ_T 表达式为各测点或不同时期温度的线性组合，时效分量 δ_0 一般取对数或指数形式。故混凝土大坝变形的统计学模型一种较一般表达式为：

$$y = A_0 + \sum B_i H_1^i + \sum C_i H_2^i + \sum D_i T_i + E_i \ln(t+1) + 2s \qquad (6 - 6 - 1)$$

式中　　　　　　y——变形，mm；

　　　　　　　　A_0——常数；

　　　　　　H_1、H_2——分别为上、下游水深；

　　B_i、C_i、D_i、E_i——待定常数；

　　　　　　　　T_i——分别为旬平均气温，月平均气温拟合值前 1 个月及前 2 个月的平均气温；

　　　　　　　　t——时间；

　　　　　　　　s——标准差（均方差）。

上下游水深的一、二、三次方分别表示点压力，面压力及弯矩效应；T_1、T_2、T_3、T_4 分别表示旬平均气温、月平均气温、前 1 个月平均气温，前 2 个月平均气温；式中最后一项为时效变形，E 为时效变形系数。

时效变形方程也可用其他方程，如 $\lg(t+1)$、$\lg(t/w+1)$、$\ln(t/w+1)$、$(i-e-t/w)$。式中 w 为变形速率影响系数。一般取混凝土浇筑到计算起点的龄期，也可通过试算取值。

由于变形滞后于气温和水压，所以有时选取因子用滞后的时间，对测点变形相当于前 1 ~2 个月的气温，根据经验可从水位、气温、变形三者过程线中查出滞后时间，这样就可减少试算时间，从过程线找出相关关系，再进行统计回归分析。一般拟合方程都较好。

如漫湾水电站工程 12 号重点观测坝段的变形预报方程为：

$$y = 1.6961 - 0.027061H_1 + 0.83211 \times 10^{-3}H_1^2 + 0.14623 \times 10^{-5}H_1^3 + 0.45793$$
$$\times 10^{-4}H_2^3 - 0.1046T_3 - 0.076301T_4 + 0.69008 \times 10^{-2}t$$
$$- 0.161971n(t+1) \pm 2 \times 0.51595 \qquad (6 - 6 - 2)$$

式中　H_1、H_2——为上、下游水深，m；

　　　T_3、T_4——分别为前 1 个月和前 2 个月的平均气温，℃；

　　　　　t——计算起点（基准值）以后的时间，天。

方程的复相关系数为 0.9916，均方差为 0.51596。方程中时效变形采用线性和自然对数两种叠加形式。

2. 其他坝型和监测量的统计学模型

统计学模型在各种坝型和不同类别的监测量的定量分析中已得到广泛应用，其建模原理和方法与混凝土坝变形量基本一致。首先将监测物理量作为总效应量，分解为彼此独立、互不相关的效应分量，一般为水压、温度和时效 3 个分量。在施工期，应增加自重效应分量。在混凝土坝中，下游面较大范围的水平裂缝等将对位移有较大影响，可用测缝计开合度作为因子的效应分量考虑。在一些特定条件下，还需提取"缺陷信息"，如冻胀因子等，形成新的效应分量。然后对各效应分量根据相近结构的确定性函数和物理力学相关关系给出其表达式形式，再采用逐步回归方法校核入选因子，给出具体模型表达式和各待定系数。在不同类别坝型和监测物理量的统计学模型表达式中，水压分量的表达式大体与变形相近，温度和时效效应分量有较大差异。温度效应分量与混凝土坝应变应力等相关密切，有时要包括不同部位的温度梯度项，而对渗流类监测量和土石坝监测量则依赖较小，表达式形式有所简化。由于渗流类监测量和土石坝各类物理量（包括沉降变形等）对其相关因子在时间上都有较大滞后，时效分量的表达式变化较大，在总效应量中所占比例也较高。

3. 关于时效效应分量

在大坝和坝基的统计学模型中，时效效应分量 δ_θ 的变化规律分析具有重要意义，因为它在一定程度上反映了大坝工作状态的安全稳定性。

时效分量随时间变化过程线一般有三种情况：

（1）收敛型　变化曲线属非灾害性收敛型，表明大坝和基础运行状况正常［见图 6-6-1(a)］。

（2）渐近型　变化曲线属非灾害性渐近型［见图 6-6-1(b)］，这种情况表明大坝及基础运行性态有轻微异常现象。在这种情况下，应分析误差发展速度及其原因，判断是否由于大坝裂缝或原有裂缝的继续发展以及渗漏量增大，改变了大坝结构的运行性态，导致原有预报模型不能适应性态改变后的情况。如果是，则应考虑修改原预报模型。

（3）发散型　变化曲线属灾难性发散型［见图 6-6-1(c)］，这种情况表明大坝及基础运行性态出现严重异常。当偏差的发展趋势将对大坝的可靠性构成威胁时，则必须立即降低库水位，查明构成不安全的原因，采取措施，防止事故的发生。必要时作出报警，通知可能受到威胁的人们撤离。

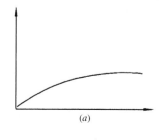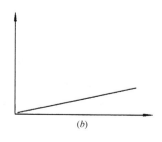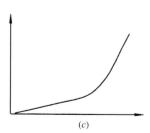

(a)　　　　　　　　　(b)　　　　　　　　　(c)

图 6-6-1　误差发展趋势
(a) 收敛型；(b) 渐近型；(c) 发散型

一般把时效分量(主要看其量值和变化速率)作为衡量大坝和坝基安全稳定性的重要指标。做好对时效分量的分析,还有助于探讨影响大坝安全的各种未知或不定因素,提高模型拟合的程度和安全预报的精度。

为了更好地模拟时效分量,可以对其采用更为精细的表达式,如吴中如在文中建议的对混凝土变位采用:

$$\delta_\theta = C[1 - e^{-rt}] + \sum_{l=1}^{m}\left[C_n\sin\frac{2\pi nt}{365} + K_n\cos\frac{2\pi nt}{365}\right] \qquad (6-6-3)$$

式中 $m = 1\sim2$,有可能较好反映混凝土和岩石变形的徐变可恢复部分,提高拟合的精度。

4. 时序分析、灰色系统等其他类统计学模型

除回归分析外,目前在大坝和坝基监测资料分析中,还引进了时序分析、灰色系统、模糊数学等统计学模型,可根据具体问题特点,考虑选用。其中:

时序分析模型是在统计分析模型基础上,识别和提取周期趋势项 $\varphi(t)$,对剩余项 $\eta(t)$ 进行平稳性分析,并用自回归等模型进一步拟合 $\eta(t)$,以提高预报的精度。在时序分析中,要求原始资料完整准确。

灰色系统和模糊数学模型是近年来发展起来的统计学模型,能够解决一些回归分析等常规统计学模型难以处理的问题,但工程实际应用尚不多见。

(二)确定性和混合性模型

1. 确定性模型与混合性模型的异同

根据本章第三节定义,大坝和坝基监测资料的确定性模型为结合大坝和坝基的实际工作性态,用确定性方法(主要是有限元方法)计算荷载(水压 H,变温 T 等)作用下的大坝和坝基的效应场(位移、应力、渗流、渗压等),并做物理力学参数弹性模量或渗透系数等的调整或反分析,然后与物理量监测值进行优化拟合,建立的拟合模型。混合性模型是水压效应分量用有限元计算值,其他分量仍用统计学模式,然后与实测值进行优化拟合建立的模型。时效分量影响因素较为复杂,一般无论确定性或混合性模型均采用统计学模式,故在大多数监测量的分析中,确定性和混合性模型的实际区别仅仅是温度效应分量的计算方法问题。

在确定性和混合性模型中,经确定性计算,与实测值的优化拟合,给出水压、温度效应分量的具体表达式。在总效应量的整体表达式中,计入确定性效应分量实际上仍可采用两种方法:一为直接参加;二为仍需与其他因子一道进行二次优化拟合,他们的变位公式分别为:

$$\delta = \delta_H + \delta'_T + \delta'_\theta \qquad (6-6-4)$$
$$\delta_2 = C'_1\delta_H + C'_2\delta'_T + C_3\delta_\theta \qquad (6-6-5)$$

可根据具体情况任选。

2. 确定性效应分量的有限元计算分析

在确定性和混合性模型建模中,确定性效应分量的有限元计算模式的确立是中心环节,其基本要求是:第一,能抓住主要矛盾,反映有关的重要影响因素;第二,充分简化,便于分析掌握。正确处理两种因素的关系,是正确选择有限元计算模式的关键所在,在这方面,葛洲坝二江泄水闸岩基的三介质模型很有借鉴价值。

在葛洲坝工程二江泄水闸,曾进行多种方案的地质概化模型的研究,如将基岩作为均质模型、多层模型、两层模型、三层模型,并采用不同弹模进行有限元计算,计算模型如图 6-6 -2。计算成果见表 6-6-1。

表 6 − 6 − 1　葛洲坝工程二江泄水闸基础岩体压缩变形计算值与实测值比较

		地表以下深度			总变形量
		0 ~ 10m	10 ~ 20m	> 20m	
理论计算值	均质模型	1.1mm 13.5%	1.0mm 12.3%	6.0mm 74.2%	8.1mm
	多层模型	2.61mm 34.3%	1.2mm 15.7%	3.8mm 50%	7.61mm
	两层模型	3.5mm 42.2%	0.7mm 8.4%	4.1mm 49.4%	8.30mm
	三层模型	3.7mm 43.5%	2.5mm 29.4%	2.3mm 27.1%	8.50mm
实测值 (一闸段钢管标测值)		3.93mm 45.0%	2.55mm 29.2%	2.25mm 25.8%	8.73mm

从计算成果表 6 − 6 − 1 可知:

均质概化模型计算值与实测值相差较大。采用多层地质概化模型,其计算值与实测值仍相差较大,但较均质概化模型好些。

三层地质概化模型曾采用三组参数计算,而其中第三组参数计算结果与实测结果基本一致。0 ~ 10m、10 ~ 20m、20m 以下深度的变形计算值分别为 3.7mm、2.5mm、2.3mm,观测值分别为 3.39mm、2.55mm、2.25

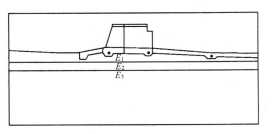

图 6 − 6 − 2　葛洲坝二江泄水闸
三层地质概化模型

mm,这表明将基岩化作三层不同参数的概化模型与实际情况基本相符。第一层 0 ~ 10m 为松动层,由于表面岩体裂隙发育张开,岩体受荷载后变形较大。第二层 10 ~ 20m 为过渡层,在松动层以下,虽然受施工开挖爆破影响小,但力学性能仍不及原位岩体。第三层 20m 以下为完整岩体,力学性质基本上保留了原位岩体的水平。第一、二、三层岩体的变形模量分别为 0.588GPa、1.176GPa、3.92GPa,这些参数是符合岩体实际性态的,用来建立安全预报模型是可以信赖的。

(三)分布模型

1.单方向分布模型

大坝监测是保障大坝安全的主要措施之一。目前,大坝监测资料分析主要是以单个监测点为研究对象,建立单测点监测数学模型。单测点监测数学模型在反映测点所在部位的大坝局部结构性态方面是有效的,但在反映大坝整体结构性态方面则存在明显的局限性,不涉及测点的位置以及测点之间的联系。而大坝安全监测工作中经常需要将多个测点的状态(如位移)进行综合分析。因此,产生反映位移分布变化规律及其与影响因素关系的位移分布模型。另外,从模型的实际应用角度来看,当位移测点较多时,建立多个单点模型是不方便的,根据结构的性质对一批测点建立具有一定精度的位移分布模型,无疑是有利于大坝安全运行管理的。

所谓分布模型,其主要特征是同时采用多处测点的监测信息,将它们综合在一起建立监测模型,在模型中不仅考虑因变量和环境因素之间的关系,而且在自变量中引入测点位置信息,所以这种模型能同时描绘因变量和环境量间的关系以及因变量的分布变化规律。由于位置信息的引入是与影响因素密切结合的,也就是说,在根据因变量和影响因素之间的因果关系分析影响因素在模型中具体形式时,位置因素是与影响因素同时考虑的,所以将位置因素视为因果关系中的特殊成分。

与单测点监测模型相比,分布模型的基本结构的变化是在模型的影响因素、自变量因子中加入了坐标。一般采用直角坐标系,以 (x,y,z) 表示三维点坐标。由于位移分布模型是分布模型思想的最初应用对象,所以以位移监测模型为例。

(A)位移分布模型

位移分布模型研究的是测点位移与外界影响因素以及测点之间的统计相关关系,与单点位移模型的主要区别在于模型中包含反映测点空间位置的变量,并同时利用所涉及到测点的测值样本,通过有效的数学方法来估计模型参数。

运行期混凝土坝位移主要受上游水位(H)、温度(T)、时效(t)等3个因素的影响。坝体内任一点的位移可表示为 $u = \phi(H,T,t,x,y,z)$,其中 x,y,z 为空间坐标。当研究一维分布问题(例如引张线、垂线等)时,表达式可简化为 $u = \phi(H,T,t,x)$。为方便叙述,以下仅为一维位移坐标分布问题。

根据荷载作用的叠加原理,可将位移表达式分解为水位、温度、时效等3个独立部分:

$$u = u_{Hx}(H,x) + u_{Tx}(T,x) + u_{tx}(t,x) \tag{6-6-6}$$

式中　T、t——温度荷载、时间影响的有关因素。

(B)分布模型的自变量因子形式

要有效反映因变量的分布特性,必须将位置因素以某种形式合理入模。对式(6-6-6)来说,就是如何获得合理的包含坐标的自变量因子。

确定或初步确定含坐标因素的位移监测模型自变量因子通常有两种途径。其一是在一定假设条件下,采用物理力学推导寻求在荷载下整个坝体位移的解析式,从中提炼自变量因子,因子中既包括荷载因素,也包括反映位移分布情况的坐标因素。这种方式的探讨应用目前主要见于重力坝一维、二维分布监测模型中,由于外荷对坝体的作用机理复杂,通常难以给出准确的位移解答表达式,所以假设前提较多,即使如此,其推求过程仍很复杂,获得的自变量因子形式相对繁琐。

为解决这些问题,使监测模型既含有体现主要荷载作用的自变量因子,又便于实际运用,另一种获得分布模型自变量因子形式的方法是在单测点模型自变量因子推导(推理)基础上,将单测点模型自变量因子与坐标函数的某种级数形式组合作为分布模型的自变量因子。这种方法由于其易于实施而被较广泛采用。

途径一的出发点是推导得出位移分布的解析式,从中提取因子,获得的因子增加了坐标因素,因子形式较为明确,力学物理意义比较清楚,但以此推导分布因子非常繁琐,而且也很难进行彻底的推导,获得的因子形式在进行一些简化后还是较为复杂,所以这里主要介绍以途径二方式构造分布模型因子。以重力坝二维分布模型的水压因子分析为例,重点说明该方法的思路。

在重力坝设计中,采用弹性力学分析其应力状态时,将坝体剖面简化为上游铅直的三角形楔形体,水荷也进行分解,如图 6-6-3 所示。这里记 C 为坝高,H 为坝实际水面以下水深,γ 为水容重,则图 6-6-3(a) 中荷载曲线为 $p = \gamma(H+h)$,而图 6-6-3(b) 中反向荷载大小为 $p_0 = -\gamma h$,图 6-6-3(c) 中各荷载为:

$$M_0 = \gamma h^3/6 \qquad\qquad R_{x1} = \gamma h^2/2$$

R_{y1} 在上游面垂直、自重等条件不变的运行期可视为不变,因子选择时不考虑。

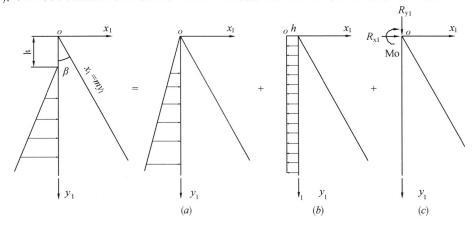

图 6-6-3 重力坝楔形体水荷分解

这样,将位移 u 分解为

$$u = u_{(1)}(p,x,y,z) + u_{(2)}(M_0,x,y,z) + u_{(3)}(R_{x1},x,y,z) \qquad (6-6-7)$$

由于考虑的是二维分布情况,所以上式实际上是

$$u = u_{(1)}(p,x,y) + u_{(2)}(M_0,x,y) + u_{(3)}(R_{x1},x,y) \qquad (6-6-8)$$

考虑 $h = C - H$,并从获取因子角度出发,取各部分水深最高幂以舍去重复因子,则式(6-6-8)成为

$$u = u_{(1)}(H,x,y) + u_{(2)}(H^2,x,y) + u_{(3)}(H^3,x,y) \qquad (6-6-9)$$

当式中坐标 x,y 对某一测点取值后,x,y 即不再作为变量,此时上式表示为

$$u = u_{(1)}(H) + u_{(2)}(H^2) + u_{(3)}(H^3)$$

其因子即为 H,H^2,H^3,也就是单测点因子形式。

为反映分布性质,对于式(6-6-9)中的坐标因素 x,y,采用以下方式处理。当荷载固定时,位移解析式实际上是条曲线,以 $f(x,y)$ 表示,将其按泰勒级数在 (x_0,y_0) 展开,从中可以提取作为变量的坐标的因子形式,即 $x,y,xy,\cdots\cdots$。同样,采用的项数越多,级数的截断误差越小,相应的坐标因子个数也越多。如取最高幂为 2,则获得的纯坐标因子有:

$$\{x,y,x^2,y^2,xy\} \qquad (6-6-10)$$

如取最高幂为 3,则获得的纯坐标因子有:

$$\{x,y,x^2,y^2,xy,x^2y,xy^2,x^3,y^3\} \qquad (6-6-11)$$

可见随幂次增加,因子数增加很快,再考虑水压、温度、时效等因素,两类纯坐标因子集对应的模型因子总数差别会更大。

确定了纯水压因子 H,H^2,H^3 与纯坐标因子后,将它们排列组合形成式(6-6-8)的因子集。与式(6-6-10)组合的结果为

$$\left\{\begin{array}{l} H, H^2, H^3, x, y, x^2, y^2, xy, \\ Hx, Hy, Hx^2, Hy^2, Hxy, \\ H^2x, H^2y, H^2x^2, H^2y^2, H^2xy, \\ H^3x, H^3y, H^3x^2, H^3y^2, H^3xy \end{array}\right\} \qquad (6-6-12)$$

与式(6-6-11)组合的结果为

$$\left\{\begin{array}{l} H, H^2, H^3, x, y, x^2, y^2, xy, x^2y, xy^2, x^3, y^3 \\ Hx, Hy, Hx^2, Hy^2, Hxy, Hx^2y, Hxy^2, Hx^3, Hy^3, \\ H^2x, H^2y, H^2x^2, H^2y^2, H^2xy, H^2x^2y, H^2xy^2, H^2x^3, H^2y^3, \\ H^3x, H^3y, H^3x^2, H^3y^2, H^3xy, H^3x^2y, H^3xy^2, H^3x^3, H^3y^3 \end{array}\right\} \qquad (6-6-13)$$

可见式(6-6-13)因子数比式(6-6-12)增加很多,因子过多不便于建模,所以实际应用中在达到建模精度要求前提下,可适当控制因子数目。

2. 位移向量模型

监测工作中常常会遇到希望对多个因变量进行综合建模分析的情况,这些因变量关系密切,一般有着共同的主要影响因素,而各因变量之间存在某种关联,单独建模分析时这些关联将被忽略。常见的大坝位移模型是针对一个方向的位移建立模型的,属于单因变量模型,而实际上大坝的位移是空间向量,其位移量大小、方向不断发生变化,要准确描述空间向量,就需要用多个元素,也就是要用多个因变量加以综合描述。

对位移向量的表达可以有两种方式,一种是用向量模长以及向量的方向夹角来表示,另一种是用空间向量在直角坐标系三根轴上的投影 u_1, u_2, u_3 来表示。在实际观测中,测点变形主要是观测其沿某方向的位移,所以在多因变量分析中,位移向量采用

$$\vec{U} = (u_1, u_2, u_3)' \qquad (6-6-14)$$

的形式表达较为方便。这里向量加上标记"'"表示转置, u_1, u_2, u_3 代表了空间位移向量的 3 个分量,它们可根据不同情况表示不同含义,在重力坝位移监测中,通常代表某测点的横向位移、纵向位移和垂向位移;拱坝则一般为某测点的径向位移、切向位移和垂向位移。当然,在需要的时候,空间向量也可以分解、转换成其他分量形式。

无论是某方向的位移,还是位移向量,大坝运行期的主要影响因素显然是相同的。与某个方向上的位移模型结构类似,位移向量模型同样可以根据主要作用因素加以分解:

$$\vec{U}(t) = \vec{U}_H(t) + \vec{U}_T(t) + \vec{U}_\theta(t) \qquad (6-6-15)$$

分解表示为

$$\begin{pmatrix} u_1 \\ u_2 \\ u_3 \end{pmatrix} = \begin{pmatrix} u_{1H} \\ u_{2H} \\ u_{3H} \end{pmatrix} + \begin{pmatrix} u_{1T} \\ u_{2T} \\ u_{3T} \end{pmatrix} + \begin{pmatrix} u_{1\theta} \\ u_{2\theta} \\ u_{3\theta} \end{pmatrix} = \begin{pmatrix} u_{1H} + u_{1T} + u_{1\theta} \\ u_{2H} + u_{2T} + u_{2\theta} \\ u_{3H} + u_{3T} + u_{3\theta} \end{pmatrix} \qquad (6-6-16)$$

所以位移向量模型的抽象形式可以表示为:

$$u = \begin{Bmatrix} u_1 \\ u_2 \\ u_3 \end{Bmatrix} = \begin{Bmatrix} \phi_1(H, T, t) \\ \phi_2(H, T, t) \\ \phi_3(H, T, t) \end{Bmatrix} \qquad (6-6-17)$$

在位移监测模型实践中,不同方向位移模型采用相同的基本因子形式,实际上从因子推导中可以看到,一些温度因子(如 $u_T = \sum_{i=1}^{m_2} b_i T_i$, $u_T = \sum_{i=1}^{m_4} b_{4i} T_{ai} + \sum_{j=1}^{m_5} b_{5j} T_{wj}$)以及时效因子采用的时间函数形式对于不同方向的位移都是适用的,而水压因子的推导也会获得 $u_H = \sum a_i H^i$ 形式。所以,在建立位移向量监测模型时,各分量采用相同自变量因子。

向量模型的主要特点是将多个观测位移项目作为位移向量参与一个模型的建立,它的建模方法属多因变量统计分析。

3.双空间位移模型

双空间模型是利用多个测点的位移向量测值建立模型,它是单方向分布模型和向量模型的结合。自变量因子中包含坐标因素,能反映位移的分布状况,因变量包含多个测项,能构成位移向量,这样,模型能反映空间位移向量的空间分布情况,所以称为双空间位移模型。它的抽象形式为:

$$u = \begin{Bmatrix} u_1 \\ u_2 \\ u_3 \end{Bmatrix} = \begin{Bmatrix} \phi_1(H,T,t,x,y,z) \\ \phi_2(H,T,t,x,y,z) \\ \phi_3(H,T,t,x,y,z) \end{Bmatrix} \qquad (6-6-18)$$

自变量的确定与前面分布模型相似,同样有两种获得方法,建模方法同样可以用多因变量逐步回归。双空间模型是这类模型中的最高形式,但在实际应用中,不一定都是建立空间向量的空间分布模型,可以根据具体观测设置和分析需要建立相对简化的模型。

四、大坝和坝基的安全评估和预报方法

目前,对大坝和坝基安全稳定状态进行评估和预报的方法很多。根据本章第四节中分类,对坝基安全评估往往要以工程地质定性分析法为主,本段不再重述;大坝和坝基警戒界限方法有材料极限控制法、安全系数法和极值概率法,分别由材料强度等指标极限、抗滑稳定安全系数和观测最大最小值统计角度给出安全预报和评估的警戒界限值;作为数学模型法,大坝和坝基安全预报中主要是"3S"法和残差趋势分析法。由于大坝和坝基安全评估和预报影响因素较为复杂,近年来还引进发展了风险分析、模糊数学及其他定性或定量的综合评判方法。

(一)材料极限控制法

大坝混凝土材料是一种多种材料的复合体,宏观上是均质弹性体,微观上为非均质的复合体,其特性与一般均质的金属材料有较大区别,但我们仍将混凝土的抗压、抗拉强度和极限变形作为监控指标进行监控,当控制大坝安全关键部位的实测值大于材料允许破坏强度时,可视为不安全。一般把建筑物和基础材料的屈服强度,屈服强度与极限强度之间的中间强度及极限强度的弹性、塑料、破坏强度三种状态的效应量,视为预报效应量值,并与实测值比较,根据实测值接近何种状态的预报值,来判明其所处的安全状态。

1.材料强度允许值

由于混凝土材料的不均匀性,混凝土有最小强度

$$R_{\min} = R(1 - C_{\blacktriangledown}) \qquad (6-6-19)$$

式中　　R——混凝土平均强度，MPa；

　　　　C_v——离差系数（相当于均方差）。

当实测最大应力 σ_{max} 比最小强度小，并具有下列关系时：即 $K = R_{min}/\sigma_{max}$，安全系数 K 大于 4.0 时视为安全。

2. 材料变形允许值

混凝土材料极限拉伸变形分为轴向极限拉伸变形和弯曲极限拉伸变形，极限变形随混凝土标号而变化：如漫湾水电站工程 $R_{90}150$ 号混凝土的 $\varepsilon_{90} = 0.70 \times 10^{-4}$、$R_{90}200$ 号混凝土的 $\varepsilon_{90} = 0.85 \times 10^{-4}$、$R_{90}350$ 号混凝土的 $\varepsilon_{90} = 1.0 \times 10^{-4}$，一般工程为 $(0.7 \sim 1.0) \times 10^{-4}$，上述为轴向极限拉伸变形。而弯曲极限拉伸变形比轴向极限拉伸变形大一倍左右，如三门峡工程弯曲极限拉伸变形为 215×10^{-6}，轴向极限拉伸变形为 100×10^{-6}。轴向极限拉伸变形在快速加荷试验时一般为 $(0.76 - 1.0) \times 10^{-4}$，当缓慢荷载试验时，为 1.62×10^{-4}，约为快速加荷试验值的一倍，这是混凝土徐变影响的结果。因此，在变形监控时应分清大坝结构的受力状态是轴向拉伸还是弯曲受拉，以便确定监控值。大坝内埋设的应变计换算成应力时，由于考虑混凝土弹模和徐变影响，其应力精确性较低，但其应变测值是可靠的。因此，利用应变进行安全监控是可行的。葛洲坝工程的大江围堰，主要是利用应变进行监控的。当围堰第一道 80cm 厚的防渗墙形成后，上游挡水水位为 60.0m，下游抽水以便大江工程施工，当下游水位继续下降，即防渗墙承受的水头差越来越大，作用于防渗墙内的弯矩十分明显，防渗墙内埋设的应变计上游面受拉，下游面受压，其应变分别为 95×10^{-6} 和 -510×10^{-6}，这表明一道防渗墙单独挡水能力有限，经研究决定停止抽水，在下游填筑平压子围堰，这样可在平压子围堰下游继续抽水，保证大江工程继续施工，又可防止围堰防渗墙工作性态继续恶化。从大江围堰的安全监控来看，可将混凝土轴向极限拉伸允许变形控制在 100×10^{-6} 以内，至于缓慢受荷增加的拉伸变形和弯曲受拉增加的拉伸变形可作为安全系数来考虑。由于现场条件复杂，有很多客观因素难以估计，不宜将变形允许值定得太大。

3. 钢筋混凝土结构中钢筋应力允许值

在钢筋混凝土中，钢筋应力多大混凝土才开裂，根据钢筋与混凝土联合受力相关关系式计算：

$$\sigma_c = (E_c'/E_s)\,\sigma_s + (a_s - a_c)\,\Delta T \cdot E_c' - \varepsilon_g \cdot E_c' - \varepsilon_w \cdot E_c'$$
$$= \sigma_{cs} + \sigma_{ct} - \sigma_{cg} - \sigma_{cw} \tag{6-6-20}$$

式中　　σ_{cs}——由钢筋计计算的混凝土应力，Pa，$\sigma_{cs} = (E_c'/E_s)\,\sigma_s$；

　　　　σ_{ct}——因线膨胀系数不同所引起的混凝土应力，Pa，$\sigma_{ct} = (a_s - a_c) \cdot \Delta T \cdot E_c'$；

　　　　σ_{cg}——自生体积变形所引起的混凝土应力，Pa，$\sigma_{cg} = \varepsilon_g \cdot E_c'$；

　　　　σ_{cw}——湿度变形所引起的混凝土膨胀收缩应力（Pa）$\sigma_{cw} = \varepsilon_w \cdot E_c'$；

　　ε_g、ε_w——混凝土自生体积变形和湿度变形（10^{-6}）；

　　σ_s、σ_c——分别为钢筋计和混凝土应力，Pa；

　　E_c、E_c'——分别为混凝土瞬时弹模和持续弹性模数，GPa；

　　a_s、a_c——分别为钢筋和混凝土的膨胀系数，$10^{-6}/℃$；

　　　　E_s——钢筋弹性模数，GPa；

　　　　ΔT——钢筋计的温度变化，℃；

且
$$E'_c = 1/\{[1/E(\tau)] + C(t,\tau)\} \qquad (6-6-21)$$

$C(t,\tau)$——混凝土加荷龄期为 τ 和持荷时间为 t 的徐变变形，10^{-6}。

根据上述关系式和葛洲坝统计资料，当钢筋与混凝土线膨胀系数一致时，钢筋拉应力超过 39.2MPa 或单位温度应力为 2.45MPa 时，混凝土有可能产生裂缝。因此，钢筋混凝土结构钢筋应力允许值可为 39.2MPa。若钢筋与混凝土线膨胀系数不一致，可根据上述关系重新确定。

（二）安全系数法

大坝的安全是由强度和稳定控制，这是大坝设计与安全评价的基本准则，也是坝工理论基本常识。关于材料强度和变形的控制，上面已作论述，而安全系数的计算方法和判据为：
$$K' = [(f\sum F + CA)/\sum P] \geqslant K_c \qquad (6-6-22)$$

式中　K'——抗剪强度计算的抗滑稳定安全系数；

　　　f——坝体混凝土与基岩抗剪摩擦系数；

　　　C——坝体混凝土与基岩抗剪断凝聚力；

　　$\sum F$——作用于坝体上全部荷载对滑动平面法向应力；

　　$\sum P$——作用于坝体上全部荷载对滑动平面切向应力；

　　　A——坝基接触截面面积；

　　　K_c——规范要求的安全系数，依荷载组合确定，国内外一般取 3.0～4.0。

式（6-6-22）是水工设计一般常用的稳定计算式，而原型观测中可用下式计算其安全系数：
$$K'_c = \{[f(\sum_{i=1}^{n} \sigma_i \Delta L_i) + CL]/(\sum_{i=1}^{n} \tau_i \Delta L_i)\} \geqslant K_c \qquad (6-6-23)$$

式中　σ_i——各仪器测点在滑动面上的正应力；

　　$\sum \tau_i$——各仪器测点在滑动面上的剪应力；

　　ΔL_i——各仪器测点在滑动面上的线段长度，可取仪器之间的一半距离计算；

　　　L——坝底总长度或滑动面长度。

如大坝基岩未埋设应变计或压应力计，可根据有限元计算的正应力和剪应力，按式（6-6-23）计算滑动面抗剪强度与滑动力的关系。

葛洲坝工程二江泄水闸在安全度分析时，利用反分析计算，当上游水位 66.5m，下游水位 39.0m 时，其安全系数为 4.21 > (3～4)，表明建筑物是安全的。

判断建筑物安全度时，还可根据下式进行，沿主滑面的任何点和部位不出现滑移现象，即：

点：
$$\tau_i < (0.6～0.7)\tau_{ni} \qquad (6-6-24)$$

局部：
$$\sum \tau_i \Delta L_i < (0.6～0.7)\sum \tau_{ni} \Delta L_i \qquad (6-6-25)$$

式中　τ_{ni}——抗剪强度；

　　　其余符号参见公式（6-6-23）的解释。

葛洲坝二江泄水闸用有限元方法计算，沿 202 号软弱夹层上的剪应力均能满足上述要求，表明建筑物未沿 202 号夹层滑动。

抗滑稳定系数计算，应结合原型观测资料，特别是坝基扬压力资料，如扬压力过大，会使坝体垂直重量减轻，坝体的稳定性和安全系数降低，扬压力是作用于坝体的外荷载之一，必须控制。坝基扬压力由浮托力和渗透压力组成,一般水工设计认为,下游水位引起的浮托力全部作用于坝基上,渗透压力由于帷幕的阻水作用,帷幕后排水处的渗压损失系数仅为 $(0.2 \sim 0.3) H, H$ 为上下游水位差。因此,扬压力的控制主要控制渗压损失系数是否超过设计允许值。一般混凝土重力坝取 0.25。如防渗帷幕被破坏,必然引起扬压力增大,渗压损失系数也会增大,还会引起坝基渗流量的增加,容易形成坝基管涌,破坏坝基的稳定性。因此,安全监控时,除监控扬压力外,必须进行渗流量监控。渗流量的监控指标设计上给的指标往往比实测值大得多,如丹江口大坝坝基渗流量设计允许值为 1770L/min,而库水位达到正常水位时渗流量实测值最大,仅达到 105L/min,后期减少到 50L/min 左右变化。又如葛洲坝大江工程,根据单孔渗流量推算,设计允许值为 260L/min,蓄水到正常水位后,最大渗流量实测值为 40.797L/min,后期减少至 16 ~ 20L/min。渗流量的监控应根据蓄水到正常水位后的渗流量进行监控,如渗流量增大,应分析原因,如观测资料较长,也可建立数学统计预报模型进行监控,建立渗流量与库水位、下游水位、气温、坝基温度、时效等因素相关预报方程。

(三)极值概率法

极值就是观测值中的最大值或最小值,也就是说,当测值超过已出现的典型的正常观测值时,就应进行安全监控。

根据大坝的受力条件,选择对大坝稳定、强度或抗滑最不利的荷载组合下相应的观测值 E_{mi},即为典型观测值,每年有一个子样,它为随机变量。因此,可得到样本 $E_m = (E_{m1} , E_{m2} , E_{m3} , \cdots , E_{mn})$,利用小子样统计检验方法,对测值进行监控。其特征值为:

平均值:
$$\bar{E}_m = (1/n) \sum_{i=1}^{n} E_{mi} \qquad (6-6-26)$$

标准差:
$$\sigma = \sqrt{ \left[\sum_{i=1}^{n} (E_{mi} - n\bar{E}_m)^2 \right] / (n-1) } \qquad (6-6-27)$$

上式中 n 个子样是已观测的典型值,不包括被监控的极值,由此可使用 t 检验准则计算统计时 F:

$$F = | E_{m\,max}(t) - \bar{E}_m(t) | \sigma \qquad (6-6-28)$$

式中 $E_{m\,max}(t)$——要求进行监控的最大值即极值。

由式(6-6-28)计算的 F 值大于表 6-6-2 中显著水平为 $a = 5\%$ 概率及观测次数为 n 时的临界值 $F_{m,n}$ 时,则将 $E_{m\,max}(t)$ 作为异常值处理,需进一步追查原因。

表 6-6-2　　　　　　　　　　　极值概率法监控时临界值 $F_{m,n}$

n	4	5	6	7	8	9	10	11	12	13	14	15
$F_{m,n}$	4.97	3.56	3.04	2.78	2.62	2.51	2.43	2.37	2.33	2.29	2.26	2.24
n	16	17	18	19	20	21	22	23	24	25	26	27
$F_{m,n}$	2.22	2.18	2.18	2.17	2.16	2.15	2.11	2.13	2.12	2.11	2.10	2.10
n	28	29	30	31								
$F_{m,n}$	2.09	2.09	2.08	2.08								

以丹江口 10 号坝段 161.0m 高程水平位移历年的极大值和极小值(见表 6-6-3)为例,观测时间从 1971 年至 1987 年,从观测资料可知,1984 年后资料有明显的变化,若以 1984 年前的极大值来控制 1985 年,其平均值 $\bar{E}_m = 6.06$mm,标准差 $\sigma = 0.637$mm,按一般监

控极值 $\overline{E}_m \pm 2\sigma$，则其上限和下限分别为 7.334 和 4.786，1984 年前测值均在控制范围内，1985 年后测值均低于下限，表明测值有异常。若以 1984 年前极小值来控制 1985 年测值，其平均值为 $\overline{E}_m = -0.3136$mm，标准差 $\sigma = 1.2$mm，按一般监控方法：$\overline{E}_m \pm 2\sigma$，其上下限分别为：2.0864mm 和 -2.7136mm，1985 年后测值超过下限也表明测值异常。

按式(6－6－28)控制 $n = 14$，从表 6－6－2 查得 $F_{m,n}$ 为 2.26，则其监控极大、极小值分别为 7.49mm 和 2.3984，从式(6－6－28)进行监控仍看不出测值异常，说明该方法有其局限性，用来控制测值增大是可行的，对于测值减小是不适用的。

采用统计归纳法进行监控是可行的，从上述资料可知，用 $E_m + 2\sigma$ 进行监控，发现 1985 年后测值异常，经分析是垂线于 1985 年 3 月换线后造成测值异常。换线引起系统误差，因此应对 1985 年 3 月后测值进行修正。

（四）数学预报模型控制法

确定性模型、统计模型、混合模型等方法是将监测值和模型预报值作比较，看其监测值与预报值的差值是否在允许的容差范围以内。

确定性模型又称设计模型，是按照设计要求用有限元方法计算建筑物重要部位的效应量，即能表征建筑物和基础性状的效应量及其在外界条件作用下的变化幅度。如大坝顶部和基础的垂直和水平位移，以及坝踵和坝趾应力，这些计算值可作为预报值，尤其在大坝第一次蓄水时。目前水平的确定性模型的精确程度是值得探讨且有待改进的。当实测值与预报值相差较大时，应根据实测值对原预报模型进行校正。目前，国内外多采用反分析方法来校正或重新建立预报模型，即根据监测资料，对建筑物及其基础的力学参数如弹模、泊松比进行反分析，当确定最佳参数后再进行正分析，这样建立的预报模型更符合建筑物实际性态。

表6－6－3 丹江口 10 号坝段 161.0m 高程水平位移观测测点的极大和极小值

日期（年－月－日）	极大值（mm）	日期（年－月－日）	极小值（mm）
1971－7－31	5.55	1971－1－24	−0.65
1972－8－24	6.01	1972－2－23	−1.32
1973－8－25	6.25	1973－1－19	0.25
1974－8－22	6.19	1974－3－27	−0.01
1975－8－27	5.74	1975－3－29	−0.08
1976－8－25	6.07	1975－12－28	−1.23
1977－8－18	7.05	1977－1－24	0.72
1978－8－22	7.17	1978－1－26	1.99
1979－8－22	5.95	1979－1－16	1.91
1980－7－24	5.96	1980－3－27	−0.59
1981－8－19	5.67	1981－1－19	−0.68
1982－7－20	6.92	1982－2－17	−1.61
1983－6－22	5.37	1983－1－21	−1.73
1984－7－18	4.94	1984－1－16	−1.36
1985－4－24	2.95	1985－11－15	−5.85
1986－8－26	0.24	1986－1－22	−9.11
1987－7－15	−3.09	1987－3－12	−8.46

统计模型是根据收集较长时间的监测资料(一般不少于 30 个测点),用统计回归方法建立的监控模型。该方法用过去范围的统计资料进行预报效果较好,如用于超过过去统计资料条件,预报效果较差,如过去是在低水位情况下建立的统计模型,要预报高水位情况下的监测值,其误差可能较大。

混合模型是确定性模型和统计模型的一种混合形式,其模型中的自重分量、水压分量用确定性模型求出,温度分量或时效分量用统计模型求出,也有的自重、水压、温度分量用确定性模型求出,而时效分量用统计模型求出。

上述三种模型均是将实测值与预报值比较,看其差值是否在容差范围以内。而容差范围应根据对万一失事所导致的灾害与损失作合理分析来定。问题是灾害的轻重、损失的大小很难估算,而且它们又随时间推移而变化。根据资料分析,现提出下列方法:

1. 3σ 法

该方法是根据长期正常运行过程中实测值与预报值之间的差值作统计,计算出差值的标准差 σ,然后根据标准差的范围来判断建筑物的工作性态。

1)当差值在 $\pm 2\sigma$ 范围内,表明大坝及其基础的运行性态正常。按统计概率,$\pm 2\sigma$ 的测值 95.3% 应在该范围内。

2)当差值在 $\pm 2\sigma$ 与 $\pm 3\sigma$ 范围内,表明大坝及其基础运行性态出现轻微异常。在这种情况下,一要注意其发展趋势;二要统计有多少部位和多少效应量发生轻微异常;三要加强监测与现场巡视检查。

3)当差值在 $\pm 3\sigma$ 之外,其概率为 0.3%,这种情况表明,大坝及其基础运行性态出现严重异常,除继续加强上述三项工作外,要发出技术报警,并在主管上级的指导下,研究是否采取防范措施,或进行加固处理。

2. 残差趋势分析法

主要依据数学模型法中时效分量 δ_θ 的变化趋势分析工程安全稳定性。其中收敛型表明大坝运行状态正常,渐近型表明有轻微异常,发散型为大坝运行出现严重异常。本章第三节中已作详述。

3. 大坝第一次蓄水的安全监控

大坝第一次蓄水是对大坝安全性态的重要检验。由于第一次蓄水,监测资料较少,只能根据确定性模型进行预报,而该模型这时一般已经过施工阶段实践检验或校准过,即根据施工期间的监测资料,对大坝和基础材料的力学参数进行了反分析,求出最佳参数弹模、泊松比,再根据选用的最佳参数,用正分析建立了预报模型和监控指标。

除设计单位提供设计监控指标外,还可根据模型试验成果进行监控,尤其是根据地质力学模型试验数据进行监控,一般可按地质力学模型破坏位移量进行监控,或取模型试验弹性位移量 3 倍进行监控。因一般破坏位移量为弹性位移量的 3 倍。

(五)综合评判法

原型观测资料的整理,一般仅限于单项物理量如变形、裂缝开合度、应力、扬压力和渗流量等的观测资料分析,在定性分析的基础上,应用数学力学方法,建立各种数学模型,并进行反分析,然后用以监控大坝的工作性态。这种方法对监控大坝运行和评判大坝工作性态起到了一定作用。但也存在下列问题:①各个单项观测量之间实际上有一定联系,如变形、应力与裂缝的开度以及扬压力等之间互有影响。因此,单项分析有时将难于解释某异常现象;

②发生事故的地点可能没有埋设观测设施,如丰满大坝溢流面被冲刷成高20m宽37m深2.5m的大坑,使大坝处于危险状态,但该处未埋设有观测设备,即使坝顶有真空激光管道观测坝顶位移值也未反映出来,因此需要定期巡回检查和目测;③影响大坝安全的有些因素,无法定量表示,如施工质量问题,混凝土老化和周围环境的变化;④各个因素对建筑物的作用转化,原来是次要影响因素,随着时间和环境的变化,可能转化为主要因素。

综合评判法的内容应包括:

1)各项监测物理量综合评判。

2)包括人工巡视、仪器监测,以及设计、地质、施工和运行期各种资料的综合分析评判。

3)各种不同安全评估和安全预报方法的综合评判。

只有经过包含以上各项内容的综合分析,才能全面认识大坝的结构性状和运行工况,找出原因量与效应量之间的关系,绘出一幅综合反映大坝运行的图案,然后凭借专家经验和洞察力,经过推理评判,找出问题的由来,并以此提出防范决策或处理方案。

(六)安全监控报警的实施方法

大坝安全监测成果分析中,报警的准则如何确定,是一个较难的技术问题。现就有关问题进行探讨。

1. 安全报警的条件

(A)数据门限超限

如监测值超过仪器测量范围,一般说应查明测值超限原因,是仪器本身质量问题,还是外力作用而使仪器超限,若属前者,仪器作失效处理,若属后者,应注意其他测值变化趋势。

(B)速率门限超限

监测值的变化速率过大超过规定值,也是报警条件之一。如对山体滑坡,意大利规定若每小时大于1.5m的位移,就进行报警。而大坝监测的物理量的变化速率还没有统一规定,物理量增量是一常量增加,说明有异常现象,若增量是逐渐增大,表明问题严重,若增量逐渐减少并趋于稳定,说明工作性态正常。应根据效应量增量的变化趋势来确定是否需要报警。

(C)极大、极小门限超限

根据多年特征值统计的最大、最小值来确定极大、极小门限。若监测值超越极大、极小值,应进行报警,并分析超限原因。

(D)预报模型的容差范围超限

当监测值超过允许范围,应进行报警,并分析超限原因,是测值异常,还是预报模型未校正所引起。

2. 安全报警的等级

报警一般分3个等级,即一级报警、二级报警和三级报警。

(A)一级报警

一个建筑物中,有多个效应量控制着大坝的安全,如大坝及其基础变形、坝基渗流量、坝基扬压力分布、坝基渗压系数、坝踵的拉应力或拉应变、坝体渗流量及其裂缝的发展等。当一个效应量发现异常,其实测值大于3倍均方差控制门限时,可作为一级报警,并向主管部门报告。此时应分析异常原因,注意其发展趋势。

(B)二级报警

当多个效应量发现异常,其实测值均大于3倍均方差控制门限时,可作为二级报警。并向上一级主管报告。此种情况出现时，应研究异常原因，采取工程措施，如降低库水位及采取加固措施，以保证工程安全。必要时考虑应急措施，如为保护大坝下游人民生命财产的撤离计划、路线、报警措施方案等。

（C）三级报警

当多个效应量异常，并超过3倍均方差控制门限，且其变化速率在加快，出现这种情况，可作为三级报警，同时还表明事故发生不可避免，应由政府出面，通知下游人民撤离和疏散。

五、大坝和坝基的监测资料反馈

大坝和坝基监测资料反馈主要有信息反馈，对设计、施工和运控的反馈，对第一次蓄水等特定时段的反馈等。其中，信息反馈一般是指监测资料向有关单位的传递过程。对施工、设计、运行或指定时段的定量反馈计算分析，有时称为"反馈分析"。反馈分析一般首先依据监测资料，校核反求各种物理力学参数，这一过程即为前面提到的"反分析"。

（一）信息反馈

由于安全监测项目多，内容丰富。因此，需要向设计、施工及运行单位反馈的信息内容也较多。

1）大坝及基础变形监测资料的信息反馈，根据变形了解大坝工况是否处于正常。

2）坝基渗流量、扬压力、渗压系数、水质分析资料的信息反馈，根据这些资料了解大坝是否稳定，帷幕灌浆效果是否良好。

3）应力、应变、温度、接缝资料的信息反馈，根据这些资料了解大坝的整体性，是否有裂缝发生或裂缝发展情况，大坝的应力状态是否正常。

4）水力学、振动监测资料的信息反馈，根据这些资料了解大坝的冲刷和淤积情况，以及结构动力特性。

（二）物理力学参数反分析

1. 弹塑性材料参数反分析

大坝及其基础所采用的弹性模数，波桑比等，先是根据试验资料取值，这些取值是否符合实际，需要根据变形监测资料进行反算，即利用有限元方法，假设不同的弹模 E 和波桑比 μ 值，计算大坝和基础的变形，视那一组 E、μ 值计算的变形符合监测资料，该组 E、μ 值即为最佳参数。反分析所得最佳参数，可用来进行正分析，建立大坝和基础变形预报方程。

2. 大坝实际安全度的反分析

根据实测的坝基扬压力，反分析计算大坝的实际抗滑稳定的安全系数，一般实测扬压力都低于设计扬压力，反算结果安全系数提高。如葛洲坝工程，原正常蓄水位66.0m，为增加经济效益，大坝可否提高0.5m水位，即66.5m水位下运行发电，设计部门根据实测扬压力，计算66.5m水位下大坝的抗滑稳定系数仍能满足要求，于是决定抬高0.5m水位运行，收到了良好的经济效益，多发2亿kW·h电。

3. 坝基的渗透系数

清江隔河岩工程，根据坝基排水孔实测渗流量，反分析计算坝基的渗透系数。如大坝15~16号坝段基岩裂隙较发育，根据15~16号坝段水文地质条件，在水位165.0m时，计算单孔渗流量12L/min。设计时岩石的单位吸水量 $\omega = 0.03$L/min，帷幕的单位吸水量0.01L/min，而观测在165.0m水位时,实测最大单孔渗流量2.8L/min。根据实测渗流量,反算帷幕和基岩的单位吸水量分别为0.0035L/min和0.01L/min。

4.混凝土热传导导温系数的反分析

根据大坝下游面埋设的不同深度的温度计测温,利用热传导理论,可计算混凝土的导温系数。

(三)施工期的监测反馈

1.改进施工工艺和施工方法

如对混凝土温控措施、灌浆时间的改进,土石料碾压和心墙构筑质量的监控等。

2.优化施工设计方案

如葛洲坝上游围堰混凝土心墙应变监测资料说明,其单独挡水应变将恶化,据此增设了第二道心墙。又如前面介绍的摩洛哥阿特休里坝,根据施工前期的监测资料的反馈分析,调整了坝的断面尺寸。

3.建立确定性模型

如葛洲坝工程根据施工期监测资料进行反分析,调整大坝物理力学参数,在此基础上建立了确定性模型,并成功地应用于运行初期的监测馈控。

(四)第一次蓄水等特定时段

监测资料主要用于对未来蓄水方案的预测,蓄水过程的馈控和优化等。黄河上游的龙羊峡水电站,施工中1981年8月遇到了百年一遇的大洪水,围堰安危事关重大,当时对埋设在围堰刚性心墙中的48支仪器进行了严密观测和分析。结果说明围堰工作是正常的,可以承受更高的水头。于是决定采取加高围堰4m的抗洪措施,最后胜利地拦截了洪水。长江葛洲坝水利枢纽,在1981年截流后,首次度汛就遇到了百年一遇洪水,由于上千支观测仪器严密监视着结构物和地基的工作状况,通过观测分析判定情况正常,使得度汛中对枢纽的安全时时刻刻都心中有数。广东泉水拱坝在1976年蓄水前,因右岸地形单薄地质条件差且溢洪及排水洞混凝土衬砌有裂缝,担心不能承受全部设计水头。但经过观测和分析,发现应力和变形正常,裂缝开度仅受气温影响,从而敢于决定正常蓄水运用,使这个坝更好地发挥了作用。四川龚咀重力坝投入使用后,部分纵缝尚未灌浆,以致大坝未形成整体,不得不限制水位运行。为了不影响工程效益,在水库蓄水条件下,进行了纵缝高压灌浆。观测分析在此过程中发挥了监视安全的作用,为进一步抬高水位作出了贡献。

(五)运行期的馈控

监测资料反馈主要应用于对运行工况的馈控,对运行中影响安全稳定因素的查明,加固和治理措施的论证,加固治理效果的评价等。松花江上的丰满重力坝系日伪时期修建,工程质量极其低劣,解放初期的渗漏、变形都很大。根据实测资料推算,在遇到百年一遇洪水时,坝有失去稳定的危险,于是进行了大量的加固处理,使扬压力、渗流量和位移值明显减少,有效地提高了坝的稳定性,保障了安全运用。近年来,通过坝的垂直位移观测,又发现丰满坝顶有逐年抬高现象,20余年间各坝段抬高约10～30mm。经过较深入的观测分析和调查、试验后,终于查清这种抬高是由坝上部劣质混凝土中多条水平含水裂缝结冰冻胀引起的。观测分析找出了坝顶垂直位移的变化规律和发展趋势,指出了可能后果及采取加固措施的必要性。安徽梅山连拱坝,于1962年11月发现右岸山坡渗流量显著增加。当即对大坝进行检查,又发现右岸几个坝段已向左岸倾斜,最大达57mm,坝体也陆续出现长裂缝。经过分析,判定右岸基岩发生了部分错动,于是立即放空水库进行了加固处理,使大坝转危为安。安徽佛子岭连拱坝在观测分析中,发现12、13号垛基沉陷量较大且在继续发展。经调查证明,该处基岩内存在破碎带及软弱夹层,对垛基稳定十分不利。于是在1965~1966年放空水库作了地基加固。这保证了以后该坝在遭受大洪水漫顶时仍安然屹立、未被破坏。

(六)监测资料对设计的反馈

监测资料对设计的反馈内容如下所述。

1.对本项设计方案的评价

这是安全监测设计的基本目的之一。通过安全监测资料,了解掌握大坝安全稳定的关键要素,如变形、应力、渗流量等,与设计方案的吻合程度,评价设计方案的合理性。

2.对设计方法和计算原则的校核

如拱坝设计的多拱梁法就是通过监测资料校核后得到工程界普遍认可的。在设计方案中,凡是采用新技术、新材料、新工艺和新方法的,原则上都要通过原型监测校核评判后,才能广泛推广应用。

(七)反馈应用实例

1.葛洲坝大江围堰安全监测资料反馈

葛洲坝大江上游横向围堰,是设置两道混凝土防渗墙的土石围堰,堰体高42m,两道混凝土心墙厚均为0.8m。对葛洲坝大江上游围堰来说,它在二期工程施工5年多的时间里担负壅水拦洪任务,事实上已是一座常年抵挡高水位的重要土石坝。施工时为了争取时间,在未经压实的填料中建造混凝土防渗墙,第一道心墙建成后即单独挡水运行,对于第一道混凝土防渗墙来说,荷载变化较大,在第一道混凝土心墙中埋设应变计,用于了解墙体的工作状态。在施工期心墙的荷载主要是垂直方向的作用力,应变计测得墙体上、下游面的应变分布近似对称,墙的受力状态比较均匀。由于砂石堰体沉陷对墙的摩擦作用,心墙应变是压应变递增。1981年5月围堰挡水,心墙受水压力作用,上下游面应变发生不均匀变化,在河床覆盖层面心墙上游压应变减小,下游压应变增大,弯矩作用十分明显,1981年9月基坑抽水时,基坑水位降低,作用于心墙的水头增大。当一道墙承受27m水头作用时,地处龙口段的226槽孔,河床覆盖层面25.4m高程部位心墙上游面应变迅速向拉方向发展,同时下游面压应变急剧增加。1981年12月27日,在226槽孔25.4m高程上游面,测得最大拉应变95×10^{-6},下游面压应变-510×10^{-6},应变观测结果与测斜管观测的墙体最大弯曲部位吻合。墙体位移和应变的急剧变化,反映出一道混凝土心墙单独挡水能力有限,经研究决定限制抽水,在下游填筑平压子围堰,既保证二期工程基坑开挖,又防止一道墙应变继续恶化,待第二道墙建成后再抽干基坑积水,由两道墙分担水头作用,心墙应变变化趋于稳定。看来,葛洲坝上围堰设置两道混凝土防渗墙是合理的。现围堰已完成挡水任务,已经拆除。堰心墙的观测成果为围堰的安全运行及时提供了资料。围堰第一道心墙应变过程线见图6-6-4。

2.接缝开合监测资料反馈

大坝施工时,为防止混凝土裂缝,将大坝分层分块浇筑。为使混凝块联成整体,常需对纵缝或横缝以及混凝土与基岩胶结进行灌浆,而这些缝的张开度怎样,是否可以灌浆,坝体是否达到稳定温度,灌浆效果如何,以及是否需要重新灌浆等问题,根据接缝开合度和温度资料才能作出决定。如葛洲坝 2 号船闸右边墙与黄草坝基岩接触面根据接缝开合度和温度资料认为是密合的,故建议不需灌浆。为慎重起见,做了灌浆试验,证实无法进浆。由于根据监测成果取消了该部位的灌浆,为工程节约了一笔费用。

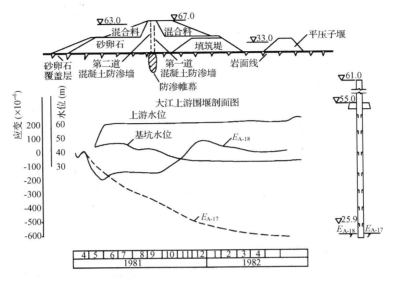

图 6 - 6 - 4　葛洲坝大江围堰心墙 E_{A-17}、E_{A-18} 应变过程线

第七节　边坡工程监测资料分析和反馈

一、监测资料整理的内容

(一)观测原始资料的提供

观测原始资料有两种提供形式:

1)表格形式:按统一的正规表格在现场用铅笔填写、记录。

2)磁盘形式:将观测原始资料在计算机上输入磁盘,以便通过相应的软件在计算机上进行资料整理。

(二)原始观测数据的检验和物理量计算

同本章第二节之一和三。

(三)绘制各种物理量变化曲线

边坡的性状和变化要通过监测物理量的空间分布和随时间的变化考察,即通过整理各种物理量沿不同深度、不同方向的分布曲线和物理量随时间而变化的过程曲线反映。

1. 位移(变形)曲线

岩土边坡破坏的主要形式是变形,所以位移监测是岩土边坡监测中最重要的监测项目。需要整理的位移(变形)曲线较多。常用的钻孔测斜仪、多点位移计在边坡深部位移监测中整理的曲线通常如下。

（A）钻孔测斜仪

（1）位移—深度曲线　即位移随深度的变化（分布）曲线。位移又有累计位移与相对位移之分。累计位移，即计算机相对孔底不动点的位移。根据钻孔测斜仪的原理，将每次之测量值由孔底至计算点逐段累计得出的，所以称为累计位移。相对位移，指计算点每次相对该点的初始值的位移变化值。钻孔测斜仪每次测量是沿相互正交的两对槽分别测量的，这两个正交方向用 A、B 分别表示，通常以 A 表示顺边坡的方向，B 方向表示顺河流的方向（对库岸边坡而言）。两者的合成位移方向则是实际的位移方向。钻孔测斜仪的位移—深度曲线有合成累计位移—深度曲线，A 向相对位移—深度曲线，B 向相对位移—深度曲线，合成相对位移—深度曲线。从相对位移—深度曲线上很易发现滑动面的出现；相对位移没有做逐段累计计算。因此，包含较少系统误差。各种位移—深度曲线给出于图 6 - 7 - 1 ～图 6 - 7 - 3。图 6 - 7 - 1 为隔河岩引水隧洞出口及厂房高边坡 C × 124 - 5 孔位位移—深度曲线。

（2）位移—时间过程曲线　位移—时间过程曲线是反映边坡发展趋势和影响因素的较好方式。详见图 6 - 7 - 4 和图 6 - 7 - 5。

（3）位移方向—深度曲线　位移方向随深度的变化曲线用于考察边坡位移的性状。表示位移方向随深度变化常有两种方式，如图 6 - 7 - 6(a)、(b) 所示。图 6 - 7 - 6(a) 曲线上所示的方向即相应深度处的位移方向。

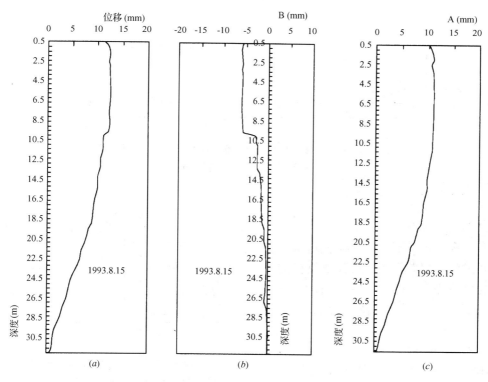

图 6 - 7 - 1　隔河岩引水隧洞出口及厂房
高边坡 C × 124 - 5 测斜孔位移—深度曲线
(a) 合成累计位移；(b) B 向累计位移；(c) A 向累计位移

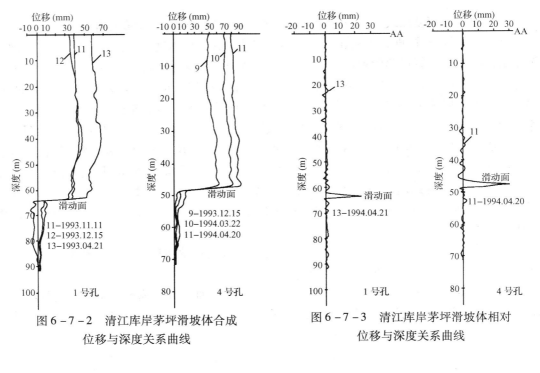

图 6-7-2 清江库岸茅坪滑坡体合成
位移与深度关系曲线

图 6-7-3 清江库岸茅坪滑坡体相对
位移与深度关系曲线

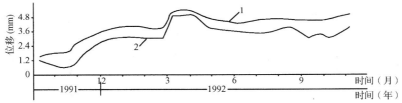

图 6-7-4 位移—时间曲线(隔河岩 $C \times 150-4$ 测斜孔)
1—孔深 0.5m 处;2—孔深 9.5m 处

（B）多点位移计

对于多点位移计,常绘制各测点的位移时间过程线,以了解不同深处位移的大小及变化趋势。如图 6-7-7 所示。图中1、2、3 条曲线分别代表测点深 3、10m 和 15m。

2.渗压—时间曲线

用渗压计可以测量地下水的渗透压力,通过压力值可以求出地下水位。有关曲线见图 6-7-8。

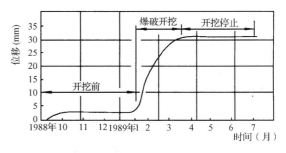

图 6-7-5 位移—时间曲线
(隔河岩,坝肩开挖爆破对位移的影响)

658

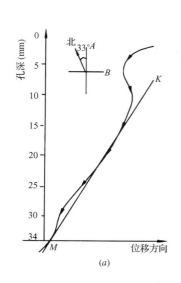
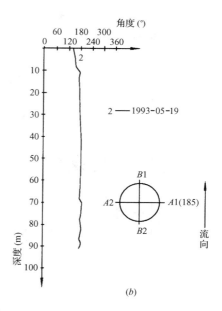

图 6-7-6　位移方向—深度曲线

（a）矢量法（三峡新滩滑坡）；（b）数值法（清江墓坪滑坡）

3. 锚索（杆）应力—时间曲线

预应力锚索应力—时间曲线（漫湾电站左岸边坡）见图 6-7-9。

4. 开合度—时间曲线

利用测缝计可以测量边坡上的裂缝、断层、夹层等的开合和位错。开合度指张开或闭合位移，而位错指沿裂隙、断层、夹层的缝（层）面的剪切位移，二者在安装上有所不同。图 6-7-10 中的曲线 1 是用测缝计测出的开合度—时间曲线。

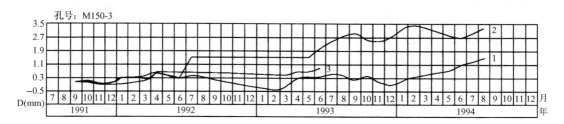

图 6-7-7　铅直位移—时间过程线（隔河岩电站）

1—测点深 3m 的曲线；2—测点深 10m 的曲线；3—测点深 15m 的曲线

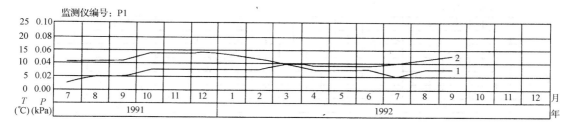

图 6-7-8　渗透压力、温度—时间过程线（隔河岩电站）

1—渗透压力曲线；2—温度曲线

659

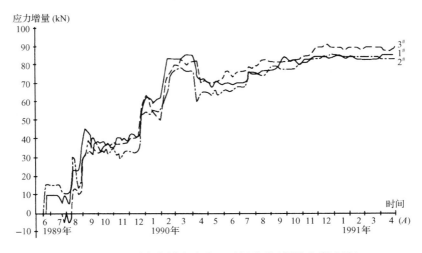

图 6 - 7 - 9　预应力锚索应力—时间曲线(漫湾左岸边坡)

5. 收敛计—时间曲线

利用收敛计可以在边坡坡面、马道或排水洞等地方进行裂缝、断面、夹层等的线位移量测,测量的范围可以较大,从数米至几十米不等。有关曲线见图 6 - 7 - 11。

6. 水位—时间曲线

如果边坡靠近江河和水库,江水水位或库水位的变化对边坡的稳定性影响很大,掌握水位—时间过程线对于分析边坡的位移、渗压变化也是很有帮助的。水位—时间曲线如图 6 - 7 - 12所示。

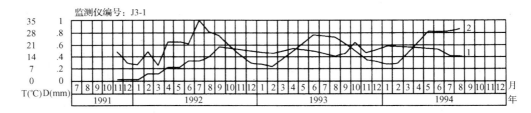

图 6 - 7 - 10　开合度、温度—时间过程线
1—开合度曲线;2—温度曲线

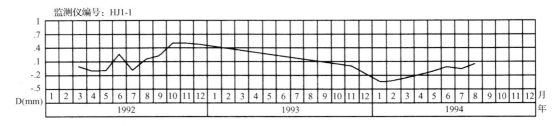

图 6 - 7 - 11　收敛位移—时间过程线

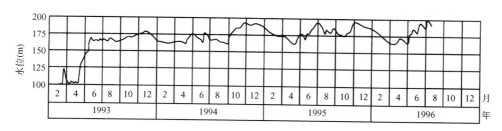

图 6 - 7 - 12　上游库水位—时间过程曲线

（隔河岩 1993 年 4 月 10 日下闸蓄水）

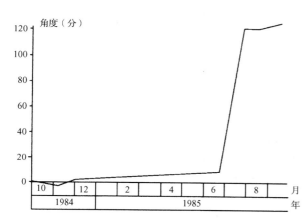

图 6 - 7 - 13　葡萄园 1# 滑坡 9# 盘倾角变化曲线

7. 倾角—时间曲线

倾角计可形象地表现出滑坡的各个发育阶段及其特征。

如图 6 - 7 - 13 所示，曲线是在某滑坡后缘—倾斜盘的实测全过程变化曲线，可以明显地看出变化经过暗歇蠕变、均速、剧滑、压密稳定 4 个阶段。整个过程是滑坡的产生、发展直至重新稳定的外在表现。这样我们就可以利用所获得的资料由表及里，作为判断滑坡稳定性的主要依据。同时可得出滑坡发展所处的阶段，用以指导设计和施工。

8. 声波速度—深度曲线

一般是依据声波测试得到的波速—孔深曲线来判断岩体松动层的深度，通常是以波速曲线上高波速区与低波速区的分界线作为松动层划分的标准。但实际划分时并非如此清晰。因为岩体地质条件的不均一性使得波速曲线表现形式颇为复杂，从葛洲坝船闸边坡所得到的测孔波速分布曲线上就可看出曲线有 5 种明显不同的类型：

（1）"a"型曲线　该类曲线与理论曲线相似，低波速层与高波速界线清晰，可根据本征波速判定松动层深度［图 6 - 7 - 14（a）］。

（2）"b"型曲线　该类曲线虽在松动层内波速变化较大，但其平均波速明显低于本征波速。因此，该类曲线也可根据本征波速来准确判定松动层深度［图 6 - 7 - 14（b）］。

（3）"c"型曲线　该类曲线相对较为复杂，波速曲线先由低到高，接着是一小段高波速段，之后又是一个低波速段，最后才是相对稳定的高波速段［图 6 - 7 - 14（c）］。形成曲线中的低波速段的原因可能有两种：一是该处靠近边坡，胶结良好的原生构造型因受开挖影响使其性状变坏所致；二是胶结差的原生构造型裂隙所致。无论它由何种原因造成，它对边坡的稳定都是不利的。因此，将该低波速段判定在松动层内。

（4）"d"型曲线　该类曲线开始为一低波速段，之后就上升到一段波速较高且稳定的曲线，在孔底附近又出现一个低波速区［图 6 - 7 - 14（d）］。但其波速值不很低。该低波速区离边坡已较远，在其前面又有一段较长的高波速段。因此，认为它是原生构造裂隙的存在所致，对该类曲线将松动层深度判定在稳定高波速段前端。但在边坡加固设计时应注意它对边坡稳定的潜在危险。

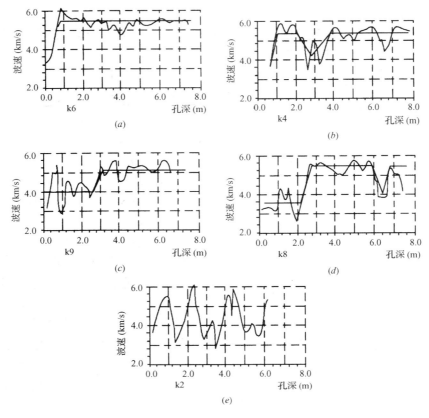

图 6 - 7 - 14   不同类型波速—孔深分布图

(a) "a"型曲线;(b) "b"型曲线;

(c) "c"型曲线;(d) "d"型曲线;(e) "e"型曲线

(5)"e"型曲线   此类曲线的特点是整条曲线波动很大,至孔底均未出现稳定的高波速段。无法对其判定松动深度[图 6 - 7 - 14(e)]。该类曲线所对应的测孔部位构造型裂隙较发育。因此,对"e"型曲线很难判断松动深度,在边坡加固处理设计时,应对"e"型曲线部位予以特别注意。

葛洲坝永久船闸一期开挖期间,在 215m 高程以下利用系统锚杆孔进行了 269 孔声波测试,测孔分布于南北坡各级坡面上,具有较强的代表性和普遍性。部分测孔统计成果见表 6 - 7 - 1。

表 6 - 7 - 1   各坡段岩体松动厚度分布表

边坡段	北　　　坡			南　　　坡		
	▽170 ~ ▽185	▽185 ~ ▽200	▽200 ~ ▽215	▽170 ~ ▽185	▽185 ~ ▽200	▽200 ~ ▽215
松动厚度范围(m)	0.8 ~ 5.0	0.4 ~ 4.4	0.2 ~ 4.0	0.6 ~ 5.0	0.2 ~ 4.0	0.2 ~ 5.0
平均松动厚度(m)	2.41	2.14	2.09	2.26	1.74	2.26

662

图 6-7-15 给出了岩体松动深度的概率分布图,由图可见:边坡岩体松动深度多数分布在 2~3m,小于 4m 的占 86%,只有很少一部分测孔松动厚度大于 4.0m。

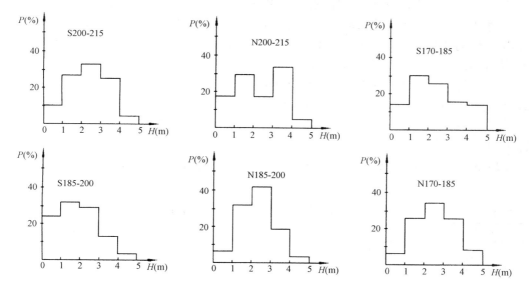

图 6-7-15 各坡段松动层厚度概率分布图

根据上述分类原则,对永久船闸南北坡 215~170m 高程之间 6 个坡段的测试成果做了初步统计,得到表 6-7-2。

表 6-7-2 为各边坡段孔深—波速曲线分类表。

表中参数栏中 n 为各类曲线所占百分比,H 为平均松动厚度(m)。从表中可见,永久船闸边坡中"b"、"c"型曲线所占比例较大,"a"、"b"型曲线所占比例较小。

表 6-7-2　　　　　　　　　各边坡段孔深—波速曲线分类表

边坡段		参数	曲线类型				
			a	b	c	d	e
北坡	170~185	n	19.6	21.6	21.6	29.4	7.6
		H(m)	1.36	2.97	3.15	2.15	
	185~200	n	4.4	26.7	15.6	37.8	15.6
		H(m)	1.20	2.27	3.03	1.81	—
	200~215	n	17.9	32.1	10.7	25.0	14.3
		H(m)	1.00	2.82	3.53	1.31	—
南坡	170~185	n	11.1	40.0	20.0	24.4	4.4
		H(m)	1.20	2.78	2.60	1.69	
	185~200	n	8.7	17.4	10.9	45.7	17.4
		H(m)	0.50	2.03	3.20	1.51	—
	200~215	n	7.4	33.3	16.7	31.5	11.1
		H(m)	1.15	2.49	3.46	1.56	—

（四）监测成果表

监测成果除用成果曲线表示外,常用表格形式给出。表格形式,根据分析的需要给出,一般不给出一个孔按不同孔深逐点的位移,因为每 0.5 ~ 1.0m 一个测点,测值太多;另外,位移随深度的变化从位移—深度曲线(如图 6 - 7 - 1 ~ 图 6 - 7 - 3)已可一目了然。

按分析的目的和需要可整理出各种成果表如下:

(1)监测仪器埋设情况表　包括仪器名称、生产厂家、仪器(或测点)、编号、测点位置(或坐标)、埋设时间以及备注等。对同一类监测器可按不同测孔(测点)列出,也可以把不同类仪器列在同一个表上。当仪器种类测点(孔)多的时候,可采用前一种形式;当同一种仪器较少时,可采用后者。

(2)监测仪器数量统计表　为了展示一个工程不同部位、不同种类仪器时,可以用仪器数量统计表表示,如表 6 - 7 - 3。

表 6 - 7 - 3　　　　　　　　　清江隔河岩水利枢纽岩体监测仪器统计表

仪器名称	仪器设备数量(支、孔)		
工程部位	引水隧洞出口及厂房边坡	引水隧洞	引水隧洞进口边坡
钻孔倾斜仪(孔)	18		2
多点位移计(孔、点)	7 孔 22 测点	8 孔 26 测点	4 孔 11 测点
渗压计(支)	6		
测缝计(支)	5		
收敛计(测线)	13		
钢筋计(支)			8
应力计(支)			4
应变计(支)			4

(3)监测成果统计表和分析表　当同一类仪器同一测点(孔)成果较多,像钻孔测斜仪那样,则可以给出一定时候内测值的最大值或变化幅度。有时按不同高程、不同监测断面给出监测成果,从中可以得出不同高程、不同断面岩体的稳定性。也可以按大坝蓄水前后、不同蓄水高程的监测成果,来分析蓄水对高边坡稳定性的影响。

二、监测成果曲线的解释

岩体监测中,位移的监测是最重要的项目之一,因为位移是岩体的主要破坏形式。高边坡、滑坡监测中,最有效、日益普及的则是钻孔测斜仪的监测,钻孔测斜仪监测的资料最丰富,以一个 100m 深的钻孔和 0.5m 长的测量探头而言,每观测一次,要记录约 800 个观测数据,可以整理出约 600 个位移值(A、B 两个方面和合成位移各 200 个)利用计算机和相应的程序,可以整理出大量的位移曲线。现以钻孔测斜仪监测成果曲线为例,说明如何解释各种曲线。

（一）稳定位移曲线

稳定位移曲线的“稳定”是指相对稳定而言,并非一成不变,但这种位移变化的特点一是呈缓慢的蠕变形式;二是呈起伏变化。造成起伏变化的主要外因,常常是降雨过程引起的地表水、地下水和江水水位的变化、施工开挖的影响以及地震等。外因可能导致瞬时或暂时的位移突变(包括滑动、出现滑动面),但当外因一旦消失,位移随即趋于稳定。所有这些位移—深度曲线都认为是稳定曲线,如图6-7-16所示。图6-7-16是新滩1985年发生大滑坡后的初期观测曲线,观测七年证明滑坡处于相对稳定之中。

当然,判断位移曲线是否稳定不能只从位移—深度曲线着眼,还应当由位移—时间过程曲线、渗压变化、地表宏观调查等综合分析判断。

(二)滑动位移曲线

这里所指的"滑动"曲线,是指边(滑)坡出现了滑动面的曲线。通常这个滑动"面"是以具有一定厚度的滑动"带"的形式出现,其典型的滑动曲线如图6-7-17,为从三峡库岸黄腊石滑坡观测到的两个孔的位移—深度曲线。由图可见,在22#孔孔深68m和27#孔孔深23m附近均有一位移突变,表明岩体有相对滑动。两滑动面自出现起,其形状位置一直稳定不变。经查对钻孔柱状图和地质横剖面证明,两孔的滑动面均位于堆积层底部与基岩的交界面,如图6-7-18所示。这一观测成果解决了对该滑动面的长期争论:一种认为滑坡将沿堆积层与基岩的交界面滑动,即浅层滑动;另一种则认为滑动面在基岩内,沿基岩中弱面滑动,即深层滑动。图6-7-17表明如果该滑坡失稳,很可能沿堆积层与基岩的交界面发生浅层滑动。这不仅为解决长期的争论提供了科学的、有说服力的论据,而且为下一步整治方案的制订提供了可靠的依据。

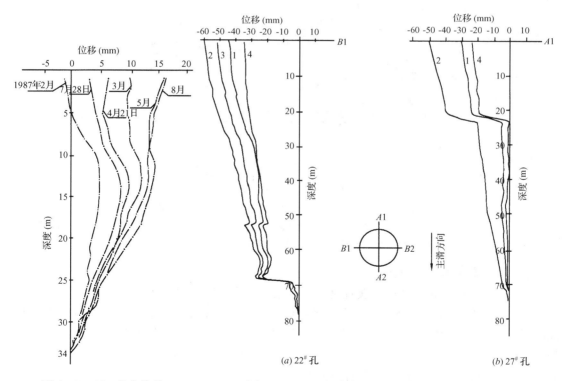

图6-7-16 稳定位移—深度曲线(三峡新滩)

图6-7-17 滑动位移—深度曲线(三峡黄腊石)

1—1991年9月5日;2—1991年9月13日;3—1991年9月20日;4—1991年9月27日(图a);4—1991年9月28日(图b)

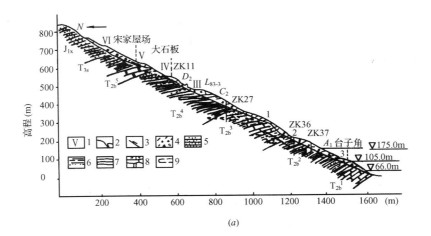

(a)

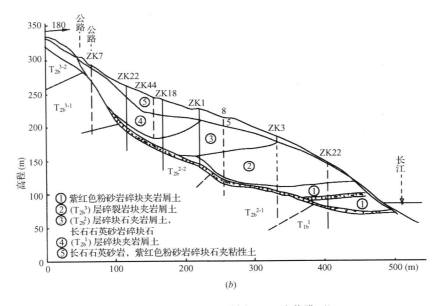

① 紫红色粉砂岩碎块夹岩屑土
② (T2b³) 层碎裂岩块夹岩屑土
③ (T2b²) 层碎块石夹岩屑土,
    长石石英砂岩碎块石
④ (T2b¹) 层碎块岩夹岩屑土
⑤ 长石石英砂岩,紫红色粉砂岩碎块石夹粘性土

(b)

图 6 – 7 – 18　滑坡地质剖面(三峡黄腊石)

（a）石榴树包滑坡残留滑体剖面;（b）宋家屋场—台子角滑体剖面图;
1—台面编号;2—地表裂缝;3—滑带（面）;4—碎块石夹（及）黏性土;
5—香溪组、沙镇溪组长石石英砂岩;6—巴东组泥岩、粉砂岩;
7—炭质页岩夹煤层（线）;8—巴东组含泥灰岩、灰岩、白云岩;9—平洞

（三）岩体整体移动曲线

图 6 – 7 – 19 系隔河岩右岸坝肩埋设一个施工期监测用的钻孔测斜仪孔位移曲线图,孔深 13.5mm。在孔深 2.5 ~ 8.0m 范围内各点位移近于一致（表现为铅直线段）,表明 401# 夹层与 403# 夹层之间的岩体,呈整体沿上下夹层移动,与该岩层为厚层灰岩和实测到的该岩层约为 5.5m 完全吻合。从 1990 年 1 月 12 日 ~ 1990 年 3 月位移—深度曲线形态相似,说明位移曲线有很好的规律性和测量的稳定性。

（四）水影响曲线

由于长期降雨,水库蓄水、地表水、地下水、江水水位的变化,引起库岸滑坡位移的明显变化。图 6-7-20 给出清江隔河岩水电站库区某滑坡在 1993 年雨季和水库蓄水期间的位移观测曲线。4 月 10 日下旬蓄水，4 月 21 日至 5 月 7 日期间向山里（逆坡向）位移。5 月 7 日至 22 日则向江中（顺坡向）位移。

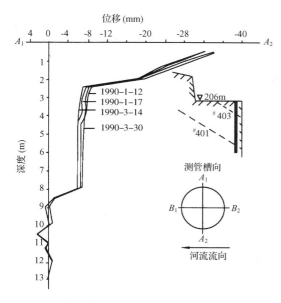

图 6-7-19　岩层整体移动曲线
（隔河岩坝肩）

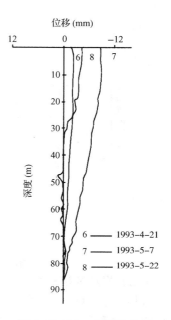

图 6-7-20　水影响曲线
（清江杨家槽）

（五）灌浆不密实曲线

倾斜仪器放入钻孔中后，需要回填灌浆，使套管与钻孔岩壁牢固密实地连成一个整体，以便套管与岩体位移同步。当灌浆不密实时，可能出现如图 6-7-21 所示的曲线。为了判明曲线的性质，应排除仪器本身的不正常因素。这一点可以从采用同一类仪器测得的图 6-7-19 与图 6-7-21 的比较得到证实：图 6-7-19 上各次测量的时间和图 6-7-21 的测量时间相同，图 6-7-19 观测曲线的规律性、稳定性很好，说明右坝肩仪器正常，而左坝肩因灌浆不密实，图 6-7-21 曲线规律性差。

（六）爆破影响曲线

在清江隔河岩左岸坝肩高边坡施工监测中，在 115m 高程的马道，埋设了一个孔深 25m 的钻孔测斜仪，不久发现观测曲线异常，经查证系观测孔正处于 15# 平洞位置，探洞开挖中将钻孔拦腰炸断：钻孔套管被震松，如图 6-7-22 所示。为证实这个判断，绘出了爆破前后钻孔套管的管形图如图 6-7-23，图 6-7-23 表明爆破后套管明显变形。

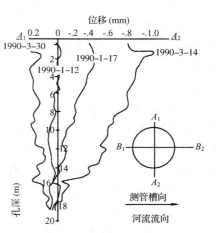

图 6-7-21　灌浆不密实曲线
（隔河岩左坝肩）

需要进一步说明的是，以上六种类型的曲线，可能不是单一因素作用的结果，而是多种因素作用的综合反映。我们提及的可能只是影响各类曲线的主要因素。

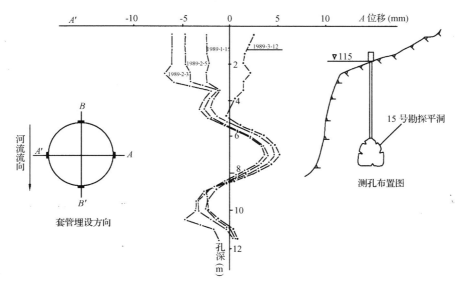

图 6 - 7 - 22　爆破影响曲线（隔河岩左坝肩）

（七）相对位错曲线

从相对位移—深度曲线看到错动的产生和发展过程。图 6 - 7 - 24 所示为隔河岩库岸某滑坡在雨季和水库蓄水期间的观测曲线，蓄水期间岩体位移曲线沿洞深急剧变化。考查同一仪器同一时间区间内，在另一滑坡观测到的曲线如图 6 - 7 - 25。图 6 - 7 - 25（a）、（b）不同时间测得的相对位移的波峰和波谷完全重合；（c）表明不同时间的位移曲线的规律很好，3 条曲线几乎"平行"。故可排除观测仪器故障原因的推测，说明位移曲线急剧变化系岩体位错造成。

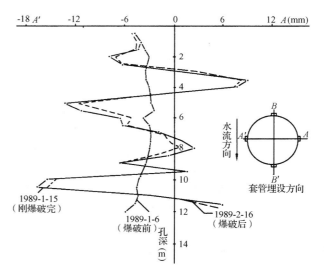

图 6 - 7 - 23　爆破前后套管管形曲线（隔河岩左坝肩）

（八）钻孔埋设不足曲线

图 6 - 7 - 26 所示位移曲线表明，孔底没有穿过稳定基岩，有明显相对位移；由于岩石卡钻或地质情况难于判明，则常发生这种钻孔深度不足的情况。

（九）岩体松散曲线

同一天在清江库岸覃家田 1# 孔和 3# 孔测得的相对位移曲线如图 6 - 7 - 27。从位移曲线"锯齿"的疏密和锯齿峰谷差值大小，可判断 3# 孔的岩体比 1# 孔的要疏松得多。

现场调查表明，3# 孔位于康岩屋危岩体边缘，自地表至 60m 深范围内，存在 20 多个软弱夹层和多条不同规模的张裂缝,岩体破碎,而1#孔距康岩屋危岩体较远,覆盖层(厚约10m)以下的岩体完整性好。

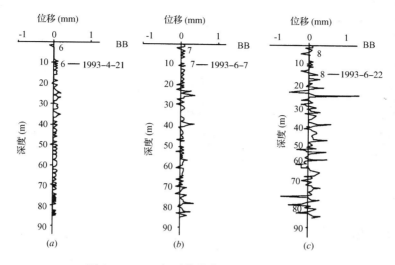

图6-7-24 相对位错曲线(清江杨家槽)

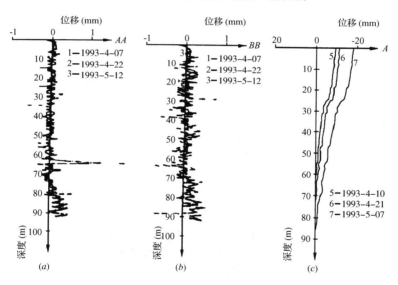

图6-7-25 证明仪器正常曲线(清江茅坪和杨家槽)
(a)茅坪A向;(b)茅坪B向;(c)杨家槽A向

(十)周期性变化过程曲线

测线管每一深度测值都有自己的过程线,通常可绘制地表或滑动面上的位移—时间曲线。图6-7-28是长江库岸新滩滑坡的位移—时间曲线。图6-7-29是黄腊石滑坡面上的位移—时间曲线图。不论地表还是滑动面,其过程线都呈起伏状。这种起伏表现与每年雨季有关的周期性,我们解释主要为水的(动力和静力)作用,它包括降雨量、江水水位变化引起的地表水、地下水作用。江水水位、地下水位的过程曲线一并给出在图6-7-28,它们对位移的影响分析,正是利用已知位移和相应作用的荷载作用变化进行位移反分析的。

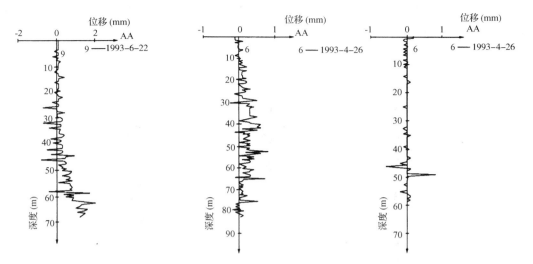

图 6-7-26 钻孔埋深不足曲线(清江杨家槽) 图 6-7-27 岩体松散曲线(清江覃家田)

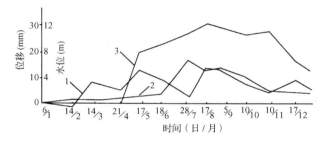

图 6-7-28 地表顺坡向位移—时间过程曲线(三峡新滩)

1987 年观测资料

1—位移;2—江水水位;3—地下水位

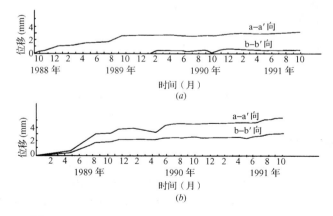

图 6-7-29 滑动面位移—时间曲线(三峡黄腊石)

(a) 黄腊石滑坡 22# 孔测斜仪测孔 68m 深处;

(b) 黄腊石滑坡 27# 孔测斜仪测孔 22m 深处

（十一）位移方向—深度曲线

绘制位移方向—深度曲线,用于了解边(滑)坡位移的方向,并通过方向变化了解位移的发展和岩体的完整性等。绘制的方法有二:一种是按不同深度的合成位移矢量(即由实测的 A、B 向位移合成)直接给出(矢量法),如前面的图 6-7-6(a) 所示;另一种如图 6-7-6(b) 所示,即数值法。

在分析图 6-7-6(a) 时我们曾指出,孔深 14m 处有一个明显的分界点;14m 以上位移呈 S 形变化;14m 以下水位基本上沿 MK 方向 SW243° 变化。这个方向与新滩发生滑坡时的方向(SW220°~240°)基本一致。14m 以下位移方向基本一致,表明整体性较好;14m 以上随深度不同方向急剧变化,表明整体性差,推测 14m 以上系由经过滑移、堆积的块石、碎石等组成,这种推测为钻孔柱状图所证实。图 6-7-6(b) 曲线表明,墓坪滑坡 10m 以下岩体位移总的沿 A_2(185°)方向移动,即沿顺坡向清江移动。10m 以上位移方向为 160° 左右,即顺坡向,指向清江下游;而孔深 10m 处正是滑动面发生位移处,滑动面上、下位移方向的不一致性已被实地调查证实。

三、监测资料的分析内容

根据监测资料进行边(滑)坡稳定性的分析是一个十分复杂的问题,它涉及多方面的因素,如边(滑)坡的地形、工程地质及水文地质方面的历史和现状;天然(如降雨、地震)和人为活动(如施工开挖、建房加载、水库蓄水和泄流放水)等的影响。稳定性分析的方法也包括地质分析、模型试验、数值计算及图解法等多种。在这里仍以钻孔测斜仪监测为例,着重介绍如何根据现场的深部位移监测资料—根据上面所介绍的各种位移曲线—对边(滑)坡的稳定性进行判识。

边(滑)坡破坏形式分崩塌、滑动、倾倒和溃屈等。如果对边(滑)坡进行了长期、有效的深部位移监测,至少可以进行以下滑动稳定性的分析判识工作。

（一）相对稳定的判识

当位移—深度曲线呈图 6-7-16 所示的稳定曲线,且位移—时间过程曲线没有明显位移持续增长,只随时间起伏变化时,应考虑为边(滑)坡处于相对稳定状态。

（二）出现潜在滑动破坏危险的判识

有关判识如下:

1)当位移—深度曲线呈现如图 6-7-17 三峡黄腊石滑坡所示的滑动曲线型,表明边(滑)坡已出现滑动和滑动面,则应考虑为未来可能失稳,并呈滑动破坏。

2)从图上可以确定滑动面位置、滑动带厚度、滑动位移的大小、平均速率和滑动方向等。

3)应根据钻孔柱状图或地质剖面图(如图 6-7-18)查明滑动面的性质(浅层或深层、沿断层或层面、还是沿堆积层与基岩交界面等)。

（三）滑动发展的趋势性分析

当滑动面出现后,我们可以进行以下趋势性分析:

1)绘制如图 6-7-17 的滑动面或地表处的位移时间过程线,看位移是否持续增长,呈起伏变化或趋于稳定。

2)绘制不同时间如图 6-7-24 所示的相对位移曲线,看相对位移是急剧变化还是缓慢变化。

3）绘制不同时间位移方向—深度曲线,看位移方向是急剧变化还是缓慢变化或不变。

4）在上述基础上,结合累积位移—深度曲线对边(滑)坡体的形态特征作出初步判断。

（四）影响因素分析

经常遇到的影响因素有:

1）对于天然滑坡,在某种情况下(如雨季或蓄水)位移明显增大,甚至出现滑动面,但嗣后(如雨季一过)位移又趋于稳定甚至递减,且往往呈周期起伏状态(如图6-7-16所示)。

2）对于人工边坡,由于施工开挖,可能导致滑动面的出现,一旦施工完成,位移即趋稳定。例如清江隔河岩厂房高边坡CX150-4孔,位于3#、4#引水隧洞之间的出口边坡上。1991年9月开始观测,11月起位移明显增大。1992年1月,地表以下9.5m深处出现0.5m厚的滑动带,最大滑动位移约3.1mm,如图6-7-30(a)。到1992年4月位移趋于稳定,稳定前地表最大顺坡向位移约4.8mm,如图6-7-30(b)所示。经查明,孔深9.5mm处有断层F_{217}穿过,断层走向320°～325°,倾向SW,倾角65°～75°,断层厚30～60cm,由紫红色页岩、方解石及方解石胶结的角砾岩组成,沿层面断续溶蚀成狭缝,多为黏土充填,实测到滑动方向300°～330°,与断层F_{217}的走向一致,即岩体沿断层走向滑动。该孔位于4#钢管槽附近,钢管槽1991年6月开始开挖,1992年3月开挖完成,4月完

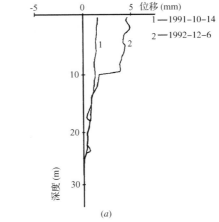

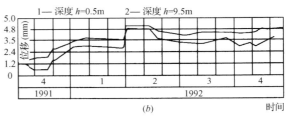

图6-7-30 施工影响曲线
(a)位移—深度曲线;(b)位移—时间曲线

成钢管槽的回填浇筑,开挖浇筑的施工过程与位移过程曲线完全吻合。

鉴于以上两种情况反映的客观现象,我们在采用深部位移曲线来判识边(滑)坡体稳定性时,一定要综合考虑地质、水文及人为活动等因素的影响,避免因出现偶然的(或暂时的)现象而作出关于边(滑)坡体失稳的错误判断。在比较深刻地掌握了边(滑)坡体各种综合信息的基础上,应用位移曲线来对其作判断才是比较合情合理的、切实可行的。

如果滑动面位移持续增长,相对位移和位移方向急剧变化,则应根据实测位移用其他[如$GM(1,1)$或日本学者斋藤等的]方法进行安全预测预报工作。

（五）允许临界位移（或速率）值的确定

滑动面位移(或速率)多大属安全? 这个允许临界值很难规定,对各种各样的边(滑)坡不能一概而论。监测过程中,前面已经达到(发生)过且表现为相对稳定状态的位移(和速率)量,一般可以借鉴作为后来(未来)允许达到的安全界限。例如图6-7-29给出的三峡黄腊石滑坡1991年10月前滑动面达到的最大位移量约6mm,6mm可以作为此后允许位移值的借鉴。用这种办法,不断修正,所得出的允许值可与其他工程、或其他统计办法得出的结果相互

印证。当然,以上因素应当在其他条件大致相同、没有明显变化的条件下来加以考虑。

图 6 - 7 - 31 ~ 图 6 - 7 - 33 给出了几个工程的滑动曲线。

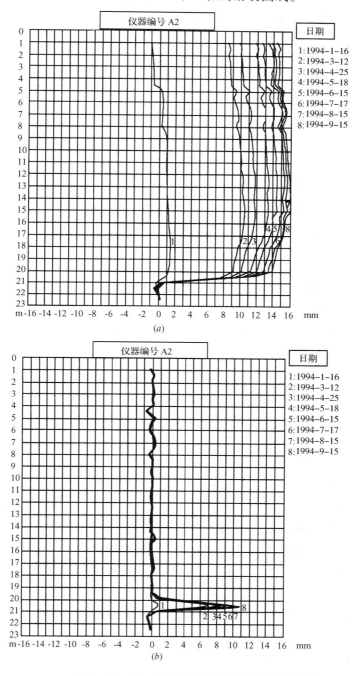

图 6 - 7 - 31　万县豆芽棚滑坡滑动位移曲线[❶]

(a) 钻孔倾斜仪 A 方向深度—位移曲线;(b) 钻孔倾斜仪 A 方向深度—相对位移曲线

❶ 付冰清,万县豆芽棚滑坡治理监测分析,长江科学院,1994.10。

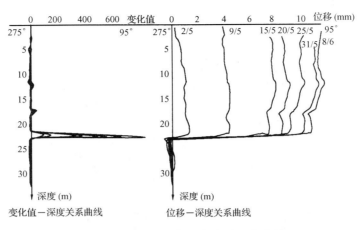

图 6-7-32　天生桥二级电站厂房边坡

2H 测斜孔观测曲线（95°～275°方位）

（六）位移反分析

反分析方法的基本思想是根据现场监测资料,通过严格的力学分析计算,对所采用的基本物理力学参数进行调整修改,使之更符合具体工程实际。反分析方法是建立确定性和混合性模型的基础性工作,也是有效的安全预测和反馈分析的前提条件。

长江科学院以新滩滑坡前沿的钻孔测斜仪监测位移为基础,做了天然边坡的位移反分析。他们的思路主要是:①用确定性模型的思想和有限元方法分析地下水和江水位等环境量的变化,以及效应量—位移变化之间的关系;②从位移中选出弹性部分作为研究对象,应用线弹性理论分析;③暂时忽略时间效应不计。现简要介绍如下。

1.基本假定

安全监测量测到的位移可粗略地分为由荷载条件变化引起的部分,以及没有外荷载变化而仅随时间变化的部分,后者归因于蠕变以及岩石材料性质变坏。对于前一部分位移来说,通常可用线弹性方法得到解决。

反分析的基本思路是:要找到这样一段时间,其间坡体受到卸载变化,众所周知,岩体卸载主要发生弹性变形,至于蠕变变形,在此短时间中一般可以忽略不计,所以,在分析中可对这一时段使用线弹性模型。

2.选择供分析的时段

从时间过程曲线上可以直接选定所需的时段为 4 月 21 日～7 月 28 日。在这段时间中,坡体位移总是在减小,而江水位和地下水位都在上升,虽然地下水位上升使坡体加载,但是江水位上升的卸载效应更大,超过了前者的加载效应,因而选定这一段时间的位移变化用于反分析。

3.荷载分析

以新滩斜坡 A—A 地质断面,该计算断面通过装有钻孔测斜计的钻孔上端为姜家坡陡坎,下端直达长江,底面在基石面以下 28m,参见图 6-7-34。

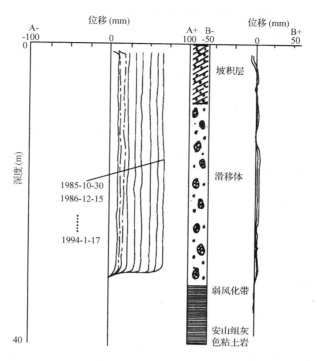

图 6 – 7 – 33　金龙山 41# 孔 A、B 向位移
与时间关系及与钻孔柱状图

　　在滑坡体上有五种荷载:岩体重量、来自姜家坡陡坎以上的滑移体的推力、坡体中的地下水压力、江水的静水压力、作用在基岩表面上的扬压力。考虑到岩体初始应力大部分都已在以往的多次滑坡中得到释放,所以分析中不再考虑它的影响,虽然重力是滑移体位移的主要原因,但它在这一段时间中却是常

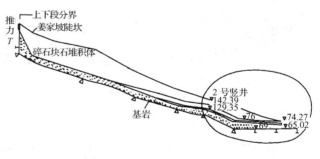

图 6 – 7 – 34　计算边界条件

数。因此,位移随着时间的波动主要应归因于地下水水位和江水位的变动。

　　江水位的增长对坡体有两方面的作用:作用在坡表面的静水压力,以及作用在基岩与滑移体间分界面水平段上的扬压力,两者都使位移减小,由于地下水位上升而使作用在分界面倾斜段上的压力增加,滑坡体加载,使位移增加,但是对此专门进行计算分析,表明江水位增长的效果远远超过了地下水位增长的效果。

　　图 6 – 7 – 35、图 6 – 7 – 36 分别为计算分析中采用的 4 月 21 日及 7 月 28 日江水和地下水加载图。

　　4. 参数

　　计算分析中使用的参数如下:

　　岩体重力密度 γ :　　　　　　　　　　$\gamma = 2.09 \times 10^4 \text{N/m}^3$

675

地下水位以上岩体重力密度　　$\gamma = 2.14 \times 10^4\,\mathrm{N/m^3}$
地下水位以下岩体重力密度　　$\gamma = 2.45 \times 10^4\,\mathrm{N/m^3}$

泊松比 μ：

　　滑移岩体　　　　　　　　　$\mu = 0.31$

　　基岩　　　　　　　　　　　$\mu = 0.24$

弹性模量 E：

　　基岩　　　　　　　　　　　$E = 2.0 \times 10^4\,\mathrm{MPa}$

　　滑移岩体　　　　　　　　　待定

岩石应力（重力产生的）：

　　垂直应力　　　　　　　　　$\sigma_{Y0} = \gamma H$

　　水平应力　　　　　　　　　$\sigma_{X0} = \{\mu/(1-\mu)\}\sigma_{Y0}$

水位：

日期 水位	4 月 21 日	7 月 28 日
地下水位（m）	129.35	142.39
江水位（m）	65.02	74.27

姜家坡陡坎以上滑移体的推力，由沙玛法稳定分析得来，约为每米 400kN。

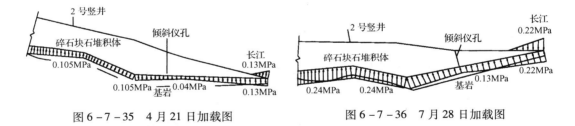

图 6-7-35　4 月 21 日加载图　　　　　　　图 6-7-36　7 月 28 日加载图

5. 反分析的正算法

一般有两种方法可用于反分析技术，即正算法和逆算法。

本书使用的正算法是将有限单元法（或它种数值分析法）与优化方法相结合：首先利用岩体弹性模量 E 和泊松比 μ 等一些参数的给定值，用有限单元法算出沿孔各节点位移的计算值与实测值之差，于是可建立一误差函数 $\delta(E)$。改变这组参数的给定值，使误差达到极小，就可求得所需的 E 值。计算中使用的有限单元网络图见图 6-7-37。

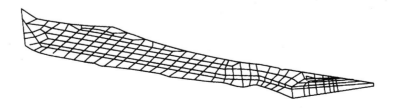

图 6-7-37　计算中使用的有限单元网络图

$$\delta(\delta) = \sum (U_i^e - U_i^m) \rightarrow \min$$

式中　U_i^e——测点 i 的计算位移值；

　　　U_i^m——测点 i 的实测位移值。

6.计算结果

一共进行了9组 E 值的计算,所得到的误差函数值随不同 E 值变化的曲线如图6-7-38所示。

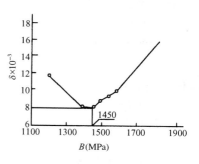

由此曲线不难看到,误差函数有一极小值,其相应的 E 值1450MPa即为所求的滑移体等效弹性模量。

对碎石试体进行室内压缩试验,当试件重力密度为 $2.07 \times 10^4 \sim 2.08 \times 10^4 \mathrm{N/m^3}$ 时,得到的弹性模量为1400 $\sim$ 1600MPa;也就是说,位移反分析的结果与试验结果非常相近,该值对于这类松散堆积材料也是合理的。

图6-7-38　误差曲线

四、边坡工程的安全预报和反馈

（一）安全预报的内容：

边坡的安全预报可以包括以下几方面的内容：

1）预报边坡滑塌的时间。

2）预报边坡滑塌的范围（或方量）：包括滑坡长、宽和深。

3）预报边坡滑塌的速度：特别是预报边坡是否属高速滑坡。

4）预报（库岸）滑坡引起的江水涌浪高度和影响的范围（距离）。

一般情况下最重要的是滑坡发生时间的预报。因为知道了时间,就可以在滑坡前采取撤离措施,避免损失。在没有特别说明时,安全预报一般是指滑坡时间的预报。

（二）安全预报的标准

预报可以根据以下各种物理量：

1）边坡位移（或变形）的大小。

2）渗透压力的大小。

3）抗滑桩或预应力锚杆受力的大小。

4）岩体声发射次数的多少。

通常,采用最广泛的是依据边坡位移大小来进行预报。

预报用的位移,通常是取自边坡后缘拉裂缝的位移或滑动面的位移。滑动面的位移通常取为钻孔测斜仪给出的滑动面或利用边坡中打的竖井揭露的滑动面上直接测定的位移。

安全预报标准或允许临界（位移）值是很难确定的,要用一个位移允许值来适合各种边坡更是不可能的。因为边坡的稳定性受边坡本身的形态、边界条件、岩性、岩层产状、岩体构造、环境影响、荷载作用的影响。在有监测资料时,先前已经达到（发生）过且表现为相对稳定状态的位移（或速率）值,在条件没有明显变化情况下,一般可以作为随后（未来）允许达到的一种安全界限。上述采用位移的"先验法"得出允许临界值的方法同样可以用于渗压,抗滑桩或预应力锚索的荷载以及声发射等临界值的确定。

（三）安全预报和反馈模型的方法

1. 预报模型

（A）斋藤道孝法

该法是根据大量的边（滑）坡位移—时间蠕变曲线总结而成一种经验方法。他把位移—时间曲线大体分为初始蠕变，均速蠕变和加速蠕变 3 个阶段，并基于加速蠕变阶段的资料提出滑坡的预报模型。预报由下列微分方程表示：

$$\ln(t_r - t_0) = a - b\ln d\varepsilon/dt \qquad (6-7-1)$$

式中　t_r 和 t_0——破坏时间和初始时刻；

　　　　a、b——常数。

解方程式(6-7-1)，可得到：

$$t_r - t_0 = 1/2(t_1 - t_0)^2 / [(t_1 - t_0) - 1/2(t_2 - t_0)] \qquad (6-7-2)$$

t_0、t_1、t_2 一般根据位移—时间曲线加速蠕变段作图给出。已编制有关计算程序在计算机上自动实现。长江科学院的做法是：第一步，利用最小二乘曲线拟合方法将原始监测数据拟合成一个最佳多项式；第二步，在拟合的光滑曲线上自动选择 t_0、t_1 和 t_2；第三步，按公式(6-7-2)计算滑坡时间，进行预报。应当强调此法只对不受环境阻挡，无外力约束的崩塌性滑坡预报较准确。

（B）灰色预报模型 $GM(1.1)$

$GM(1.1)$ 模型是单序列的一阶线性动态微分方程：

$$dx^{(1)}/dt + ax^{(1)} = u \qquad (6-7-3)$$

求解可得

$$\hat{x}^{(1)}(t+1) = [x^{(0)}(1) - u/a] e^{-at} + u/a \qquad (6-7-4)$$

离散化后，可得：

$$\hat{x}^{(1)}(k+1) = [x^{(1)}(0) - u/a] e^{-ak} + u/a \qquad (6-7-5)$$

上式中的系数 a、u 为待辨识的参数，可用最小二乘法求得：

$$\hat{a} = [a,u]^T = (B^TB)^{-1}B^TYn \qquad (6-7-6)$$

上式中

$$B = \begin{bmatrix} -1/2[x^{(1)}(1) + x^{(1)}(2)] & 1 \\ -1/2[x^{(1)}(2) + x^{(1)}(3)] & 1 \\ \cdots\cdots & \\ -1/2[x^{(1)}(N-1) + x^{(1)}(N)] & 1 \end{bmatrix} \qquad (6-7-7)$$

$$Yn = [x^{(0)}(2), x^{(0)}(3) \cdots x^{(0)}(N)]^T \qquad (6-7-8)$$

其中，$x^{(0)}$ 为实测的原始数据列，$x^{(1)}$ 为一次累加生成数据列，N 为原始数据个数，对式(6-7-4)进行一次累减还原，即可得到预测值 $\hat{x}^{(0)}(K+1)$：

$$\hat{x}^{(0)}(K+1) = \hat{x}^{(0)}(K+1) - \hat{x}^{(0)}(K) \qquad 当 K = 1,2,\cdots,N \quad (6-7-9)$$

$$\hat{x}^{(0)}(1) = \hat{x}^{(0)}(1) \qquad 当 K = 0$$

（C）数理统计模型

一般情况下，采用回归分析，建立边坡变形和时间之间关系的数理统计模型。根据理论分析和实际资料，不稳定边坡的蠕变速度与变形成正比，即有如下常微分方程：

$$d\varepsilon/dt = A + B\varepsilon \qquad (6-7-10)$$

其中 A、B 为常数，ε，t 为变形和时间，式（6-7-10）的通解为：

$$\varepsilon = c + a、\exp[bt] \tag{6-7-11}$$

为了减化计算，上式两边取对数后得

$$\log(\varepsilon - c) = \log a + b\log e^t \tag{6-7-12}$$

或

$$\varepsilon' = a' + b't \tag{6-7-13}$$

其中

$$\varepsilon' = \log(\varepsilon - c), a' = \log a, b' = b\log e$$

但不是所有的边坡位移蠕变过程线都为线性关系，通常取的另一种形式为双曲线型：

$$\log\varepsilon' = t/a' + b't \tag{6-7-14}$$

也可能一时段内取直线型，另一时段内为双曲线型，甚至其他形式，如指数函数型等。应根据每个滑坡的 $\log\varepsilon$—t 关系曲线具体确定。

2. 预报方法

（A）图解法

当对滑坡进行了位移监测时，可根据实测位移时间过程线，适当予以延长，推求破坏时间。

智利楚基卡码铜矿边坡曾用此法预报滑坡成功。该边坡于 1966 年 8 月首先出现张拉缝，位移缓慢，1967 年 12 月 20 日发生 5 级地震，其后位移速度增大，1968 年 11 月 6 日又在坡脚进行大爆破，导致 11 月 9 日起位移量显著增大，位移速度达 20~70mm/d。1969 年 1 月 13 日根据实测位移—时间过程曲线，用图解法（即曲线处延法）预报滑坡最早发生日期为 1969 年 2 月 18 日，结果大滑坡于 1969 年 2 月 18 日下午 6 时 58 分发生。

（B）宏观调查法

即使滑坡有仪器监测，人工现场巡查也是不可少的必要方法，因为受设备条件限制，能布置仪器的地方是少数，必须采用定期或不定期的人工巡查进行补充。如果把仪器监测视为"点"，则人工巡查可视为"面"，点面应该相互结合。

人工巡查的目的，在于及时捕捉滑坡前的前兆，对滑坡的发展趋势作出粗略的判断，这些前兆包括：

1）滑坡坡面或滑坡上的建筑物出现裂缝，裂缝不断加宽（或闭合）延长、增多。

2）坡面上地表水沿裂缝很快漏失；或者，边坡上的渠道水流大量流失。

3）坡下地下水水位和水质发生变化，边坡前缘原有泉水干涸，新的泉水点出现；水井水位突然变化。

4）滑坡前缘的湿地增多，表明滑坡活动加剧，滑带渐渐连通。

5）边坡岩石发出响声，甚至冒气（看上去像冒烟）。

6）滑坡前缘出现局部崩塌或石块崩落。

湖北省秭归县的鸡鸣寺滑坡就是根据上述宏观调查的方法，及时作出预报的。

鸡鸣寺滑坡在滑塌前有以下前兆：

1）1990 年 4 月 3 日滑坡后缘发现裂缝，至 1991 年 4 月，边坡变形缓慢。

2）1991 年 4 月中旬以后变形急剧。原有裂缝不断延长；新裂缝不断产生，有的裂缝呈闭合的趋势；同时出现明显的垂直位错，后缘竟达到 0.2mm/d 的垂直位错速度。

3）1990 年 4 月中旬修筑的浆砌块石加水泥浆抹面的排水沟，修好后一周便发现水泥砂浆产生宽约 1mm 的拉裂缝，同年 9 月缝宽 10mm，1991 年 5 月 9 日达 27mm，6 月 23 日竟增到 200~250mm。

4）滑坡区后缘产生很多于行等高线的裂缝，并出现"反坡平台"。

5）南区地表排水沟产生数条新的挤胀裂缝。

6）1 号采石场的薄层灰岩与页岩，有地下水的浸湿和渗水现象，岩石陡壁上产生很多鼓胀裂气味。

7）1 号采石场东北角山坡，产生深达 5m，宽 1.1m 张扭性基岩裂缝，且可听到来自缝内的岩石摩擦声。

8）1991 年 6 月 20 日采石场放炮爆炸后，21、22 日先后发生方量为 200~300m³ 的局部塌滑。

6 月 29 日凌晨 1 时采石场发生顺层滑塌后，1 点 30 分拉响预报，全镇 2000 多人立即撤离滑坡区，4 时 58 分发生方量约 60 万方的大滑坡，滑坡历时 4 分钟，滑坡发生时有雷鸣般的响声，土石尘雾弥漫头道河河谷长达 3km，但无一人伤亡。

3.高速滑坡的判据

产生高速滑坡至少有如下几个条件：

1）高速滑坡中产生于完整岸坡的第一次滑动，斜坡失稳前经历了长期的变形过程，黏性土（或岩体）渐进性破坏是失稳的主要原因。

2）高速滑坡的滑面由三段组成，滑面中部（或其他部位）存在一阻滑作用的锁固段，锁固被剪断时呈突发性的脆性破坏并释放很大的能量。

3）滑坡的前缘存在碎屑流，塌滑土体后缘与破裂壁之间，存在高速滑动后形成的巨大凹槽。

（四）边坡工程的监测反馈

1.监测简报

这是一种常用的快捷反馈方式。可以用定期或不定期发出简报的形式，将监测对象的情况，出现的问题，工作意见或建议及时通报有关各方。施工期一般 1~2 周一期，特殊情况下加密，运行期监测一般 1~2 个月一次，汛期或蓄水期加密。

2.年度结果报告（略）

3.监测成果综合分析报告

1）当承担一个工程的安全监测有多个单位或一个工程有多个建筑物时，应有一个单位或机构负责各个建筑物，各个阶段（如下闸蓄水、发电、不同高程蓄水位）的监测资料的综合分析工作，提出综合分析报告。

2）分析监测资料要根据建筑物的特点，选取典型部位的资料加以分析，以反映具有某些（种）特点的建筑的工作性态，并判断是否合理。

3）分析资料时，要注意建筑物是在哪些（种）荷载作用下（如水位、温升、温降、地震等）进行观测所取得的资料，与相应设计工况下的设计计算值（或模型试验值）进行对比分析，以判断建筑物的稳定性和安危。

4）对于采取了工程加固措施的部位，应根据该部位的监测资料分析其是否发挥了预期的作用，以校核设计。

5）安全监测资料应尽可能做到系统、准确，以便全面反映各主要建筑物的运行工况。在遇到紧急情况下，通过口头、电话、电报及时通报。

五、安全预报系统

以长江科学院清江隔河岩引水隧洞出口及厂房高边坡安全监测数据库系统为例说明。

（一）高边坡工程情况

高边坡工程情况见第二章第四节。

（二）高边坡安全监测情况

1. 监测项目

1）外部变形监测——倒垂，视准线和静力水准。

2）岩体深部变形监测——钻孔测斜仪和多点位移计。

3）渗压监测——采用钻孔渗压计。

4）表面裂缝监测——采用测缝计（在边坡马道）和收敛计（在▽150m 高程排水廊道内）。

5）人工巡查。

2. 监测布置

监测断面和监测仪器的布置详见第二章第四节。

（三）数据库系统目标和开发环境

1. 系统目标

对隔河岩引水隧洞出口及厂房高边坡所开展的变形监测、深部位移监测、钻孔渗压监测、地表位移监测等监测数据建立数据库，根据深部位移监测资料建立预报模型，并编制有关软件对数据库进行管理。

数据库系统具有数据的录入、检验、增删、修改、查询、数据处理、图表加工、安全保密及系统管理等功能。开发使用方便的集成菜单式汉字总控模块、数据整理软件、图形加工及输出软件、报表加工及输出软件等。

2. 开发环境

系统选用 ORACLE 关系数据库系统，V5.1BDOS 版本。ORACLE 关系数据库管理系统是目前世界上比较流行的数据管理系统之一，能够在 80 多种类型的大、中、小计算机及微机上运行。可以使用 20 多种通信协议，具有丰富的第四代语言工具。

ORACLE 数据库具有以下特点：

（1）兼容性　与 IBM 大型关系数据库管理系统完全兼容，它采用的数据语言 SQL 美国国家工业标准。

（2）可移植性　ORACLE 适用于多种机型和操作系统，具有相同的软件源代码和一致的用户界面。在微机上开发的应用系统可不加修改地移到大型机上工作，便于移植和版本更新。

（3）可联结性　便于计算机联网。

（4）方便性　ORACLE 带有许多第四代语言工具，如 SQL＊PLUS、SQL＊Forms、PRO 接口等，利用这些工具，采用软件开发的速成原型法，可以迅速开发应用系统。

（5）数据的安全性　利用 ORACLE 的授权命令可以给不同用户授予不同的使用数据库特权，以此保证数据的安全性。它有恢复处理功能，在用户程序失败或系统硬、软件出现故障时能进行恢复处理。

（四）系统组成

系统由数据库、数据库管理及数学模型三大部分组成。

（五）系统功能

1. 物理量仪器监测子系统

系统各模块具有以下的功能：

1）数据增删改查询模块，能对边坡监测数据进行增删改编辑，多条件查询监测数据及计算位移成果。

2）计算模块，将各监测量转化为物理量（位移和应力）。

3）过程曲线图模块，显示并打印测孔（点）某深度或某一测点的位移或应力随时间变化的过程线。位移有相对位移、累积位移、某一方向（A 或 B）位移和合成位移等。

4）深度分布模块，显示并打印某一测次或几个测次监测的物理量（为位移）沿深度的分布。

5）报表模块，打印各监测物理量（为位移、应力）——监测成果的报表。

2. 人工巡查子系统

人工巡查是定期或不定期地对高边坡的各部位进行现场巡视检查，主要检查是否有新的裂缝产生，原有裂缝是否加长加大，是否有岩体局部坍塌，是否有渗水或出水点，排水系统是否正常以及监测实施是否完好等。这些信息是非数字化的，可将其规范化为正常、异常等情况，用符号输入数据库，将巡视检查后所作的纪要以文字的形式存入数据库。

人工巡查子系统的数据库增删改模块的功能是对巡查数据（信息）和巡查纪要进行编辑和查询，报表模块则打印输出巡查结果和纪要。

3. 预报模型子系统

本子系统包括对监测数据的误差处理，研制了一套误差滤波程序，对监测数据作去伪存真处理，有卡尔曼滤波和维拉滤波，分别适合于长序列和周期性的序列。

在滤波的基础上，对监测的物理量（通常是位移）进行预测预报，即根据储存的监测数据，预测监控边坡的安全。

4. 数据库维护子系统

本子系统包括用户授权与撤销模块、数据库备份模块和数据库装载模块。

用户授权与撤销模块，是对用户进行管理的模块，用来对用户授予使用数据管理系统的权限，用户进入系统时需要键入合法的用户名和口令才能进入。权限分为三级：连接权、资源权和系统权。连接权只能查询数据；资源权可以修改数据；系统权则具有最高权限。这样，就可以对不同用户授予不同权限，有效地保证了数据的安全和保密。根据使用情况的变化，可提高某用户的权限，或夺回某用户的权限，甚至撤销其使用系统的权利。

数据库备份模块，是对数据库的现有数据进行备份。监测数据是源源不断地加入到数据库中的，应当经常对数据库进行备份。这项工作由具有系统权的系统管理员进行，备份时，自动将数据库的所有数据写入一个备份文件中，并将备份文件拷入软盘存放。

数据库装载模块，装入数据库，即进行数据库恢复，当由于数据库误操作或软件故障以及病毒感染等原因而引起数据库系统崩溃时，可排除故障后装入 ORACLE 并将数据库备份文件装入数据库，恢复数据库中的数据。因此，应经常进行数据库备份工作，以防系统发生故障后数据丢失过多,增加数据重新输入的工作量。

(六) 系统运行环境

1. 硬件环境

1) IBM386 以上微机及其兼容机。

2) 80387 协处理器。

3) 2M 以上内存。

4) VGA 或 TVGA 彩色显示器。

5) 联想七型或九型汉卡。

6) EPSON LQ XXXXV 系列打印机。

2. 软件环境

1) MS – DOS 3.31 以上版本。

2) ORACLE 关系型数据库系统,5.1B 以上 DOS 版。

第八节　地下工程监测资料整理分析和反馈

一、监测资料的搜集和整理

(一) 监测有关资料的搜集

由于地下工程自身的复杂性,进行监测资料整理分析之前,应对观测数据,人工巡视资料和其他有关工程资料进行全面搜集和采集。除本章第二节之一中所述一般性监测有关资料外,对地下工程而言,还应特别注意搜集下述资料。

1. 仪器埋设位置附近地质资料

包括地质速描图和钻孔柱状图,岩性、地质构造(如节理、裂隙、断层和褶皱等) 的详细描述,地下水状态和变化等。其中,钻孔柱状图对多点位移计和测斜管等监测仪器的资料分析是必不可少的,也是国际岩石力学学会建议的技术要求,不可因施工方便等原因不认真执行。

2. 监测仪器埋设的详细资料

如施工详图、竣工图、仪器安装埋设记录、钻孔日记、钻孔的回填灌浆、渗压计等仪器端部各层填筑的详细记录等。

3. 监测断面附近爆破、开挖、支护等施工作业的详细记录

如爆破时间、部位、装药量、药室布置、引爆方式、技术要求等;开挖方式、部位、梯级、循环进尺、支护方式、参数、时机等。在地下工程中,不乏存在因施工资料不完整、不详尽,而使监测资料无法正确分析解释的实例,必须认真记取并引以为戒。

4. 有关的设计、地质、试验和科研资料

如计算分析、模型试验、室内外试验、前期监测资料报告、相近工程比较详尽的工程类比资料等。这些资料的完整与否,将直接影响监测资料整理、分析和反馈的可靠性、质量和水平。

(二) 监测资料的表示方法

地下工程监测资料的表示方法有表格、图形、文件、磁盘、录音录像、计算机数据库等多种形式。对于文件、磁盘、录音录像和数据库等表示方法,地下工程与边坡、大坝和坝基等是相近的。另外,地下工程所采用的许多监测仪器,如多点位移计、收敛计、测斜计、渗压计、测缝计等,与边坡工程相同,它们的监测资料表示方法,如表格、图形及计算机数据库等,可参见本章第七节边坡监测资料的表示方法。这里主要说明地下工程监测资料图形表示法的特点。

1.物理量过程线

监测物理量(或物理量时间速率)过程线中横坐标采用时间坐标或时间及距工作面距离双坐标;纵坐标采用物理量(或其速率)值及距工作面距离双坐标。图中最好有测点布置简图,要在画出过程线的同时,画出开挖进尺过程线;如有可能,图中可画出监控设计曲线。一般应将监测量的速率过程线放在监测量自身过程线同一幅图的土方或下方,以资对照比较。除开挖进尺曲线外,必要时还应同时画出监测仪器附近爆破、各种支护等施工作业的进度曲线。如图6-8-1洞径变形过程线图。

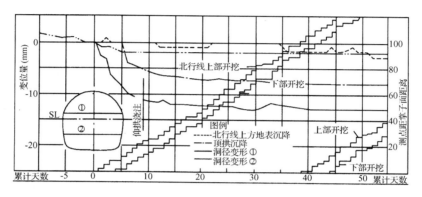

图6-8-1 洞径变形过程线图

2.时间和空间效应曲线

时间效应和空间效应曲线是由监测物理量过程线分离出来的,是地下工程进行监测资料定性分析的重要依据。其中,时间效应是指在工作面不动和其他施工作业均不进行的条件下,由于围岩蠕变等原因引起各种监测量随时间的变化。空间效应是指仅仅由于开挖作业工作面推进引起监测物理量的变化,一般具有瞬间突变特点,与时间无关,属岩体弹塑性变形。通常,时间效应和空间效应与监测物理量总过程线的关系比较复杂,严格说来也不满足叠加原理;但对于工程实际问题,在采用钻爆法的条件下,用爆破作业前后监测量之差值表示空间效应,用前次爆破后至下次爆破前监测量之差表示监测量的时间效应,即随时间的变化是可行的。图6-8-2为空间效应曲线图,它就是按上述方法分离形成的。

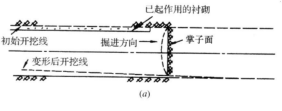

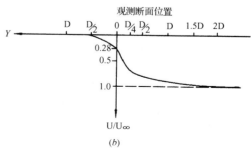

图6-8-2 空间效应曲线

684

3. 物理量分布图

对地下工程而言，主要是绘制监测物理量沿洞周和围岩深度两个方向的分布图，如图6－8－3。

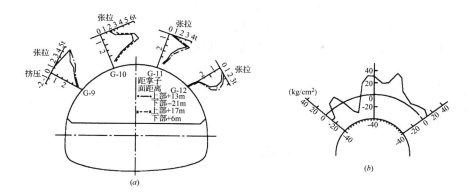

图 6 - 8 - 3

（a）锚杆轴力沿围岸深度分布图；（b）衬砌内应力沿洞周分布图

4. 物理量相关图

包括为进行统计比较而绘制的多测点或不同工程各物理量之间的散点相关图和反映两物理量之间关系的曲线相关图，如图6－8－4。

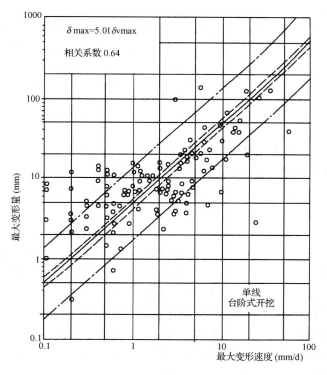

——回归直线；----回归直线的置信区间95%；

—·—·—由最大变形速度预测量大变形量的置信区间75%

图 6 - 8 - 4 最大变形速度与最大变形量相关图

（三）丢失初始值的估算问题

地下工程监测物理量的计算与其他工程基本一致。计算过程比较特殊的技术问题是丢失初始值的估算问题。由地下洞室全断面开挖过程的空间效应曲线图可以看出,在工作面尚未达到监测断面时,围岩已开始变形;工作面到达监测断面时,围岩变形已达到开挖总变形的 20% ~30%。一般情况下,由于仪器只能埋在已开挖出的工作面后方,距工作面 0.5 ~1.0m 范围内。因此,丢失的初始监测值为总监测值的 30% ~40% 左右。对于洞径较小的洞室,这一比率还可能增大。但对洞径较大的洞室,由于将采用台阶式开挖,每一台阶的工作面又有沿洞轴推进的空间效应,情况比较复杂。一般说来这时丢失的监测量初值比率要大大小于以上数值,具体丢失比率可根据工程经验,前期开挖或有限元计算分析成果参考给定。

二、测点观测值影响因素定性分析

地下工程监测资料分析的定性常规方法有比较法、作图法、特征值统计法和测值影响因素定性分析法等,前三种方法与其他工程类同,下面重点说明测值影响因素定性分析法。

（一）仪器因素

据分析,仪器因素对物理量监测值造成不良影响占物理量测值出现非正常情况相当大比例。一般仪器对监测值的不良影响主要包括仪器本身、仪器埋设和仪器使用过程对监测值可能造成的不良影响等情况。

1. 仪器自身因素

仪器本身的影响,与仪器质量问题占相当大比重,如部分振弦式仪器常出现停振或异常跳动,电缆受潮等。一些仪器构造本身的缺欠也是监测资料分析中必须考虑的因素,如滑动式测斜仪的位移积累误差。另外有的仪器对外界环境不适应而不能正常工作,如斜向有弯度的钻孔中的多点位移计,因孔壁摩擦阻力使测值产生锯齿式跳动,差动变压器式仪器接头受潮引起测值异常浮动等。

2. 仪器埋设因素

仪器埋设因素如渗压计各层回填料级配不符合要求,出现堵孔,或未能与岩石含水裂隙连通,测不到裂隙水压力等。测缝计或收敛计测桩设置位置不当,未能测到岩层或断层上下盘间滑移、开合变形等,多点位移计和测斜管回填灌浆不密实,测桩或锚固点松动等都会对仪器测值产生明显的不良影响。

3. 仪器使用因素

仪器使用因素对测值的不利影响主要来自使用仪器的人员,使用条件不当或方法不合理等原因。其中人的因素可能是人员素质偏低出现的使用方法不当、测量不及时或产生较大偶然误差和粗大误差。由于施工干扰或观测条件限制,出现重要时段漏测。仪器物理量转换公式的使用、参数的选取、初始值或基准值选取,差动电阻式仪器电缆长度影响的修正等,如处置不当亦可对测值产生不良影响。对于多点位移计和锚索测力计等仪器,在埋仪器前必须进行现场组装和率定。如现场组装和率定方法不合理,或用厂家率定参数代替,均可对监测物理量产生较大不利影响。

（二）施工因素影响

在地下工程施工期,各种施工因素如开挖、爆破、回填灌浆、支护加固等均可对监测值造成不利影响,如不能及时查明和排除,不仅无法正确评价监测物理量和地下洞室围岩的安全稳定性,而且势必将带入运行期,对运行期监测资料分析造成困难。

1. 爆破影响

爆破施工的影响:第一是可引起岩体松动,导致岩体应力降低,并在洞周附近形成松动圈,松动圈范围内岩体破碎,弹性模量明显降低,位移显著加大,松动圈范围可由声波法测定。声波法测量成果及爆破施工引起位移等物理量监测值增大情况可参见本章第七节边坡中各种监测曲线解释。第二是可能打坏测桩、测点和仪器头部,或造成测桩松动、倾斜及破坏,从而影响成果的可靠性。第三是爆破开挖引起的岩体震动和空间效应,不仅在爆破地点附近,而且对距爆破地点有相当距离地段(如 20～30m)的监测值也会有一定影响,如不能及时正确分析查明,将直接影响监测物理量状况和洞室围岩安全稳定性的正确评价。例如,在小浪底水利枢纽工程 3# 排沙洞出口段施工中,收敛计和多点位移计测值多次出现 1～3mm 突然跳动,经查明均为附近 20～30m 范围内边坡或出口段前方洞内爆破震动影响,排除了由此导致围岩安全稳定状态变化的可能性。

2. 支护加固措施影响

支护加固措施中分为永久支护和临时支护两大类,其中临时支护措施又有喷射混凝土、预应力或非预应力式锚杆、锚喷网联合支护、钢拱架和预应力锚索等多种形式。各种支护加固措施均对物理量监测值有重要影响,其对地下洞室的加固效果也需通过监测数据和资料进行评定。还应说明的是,对于地下洞室广泛采用的各类锚喷支护的作用机理尚待进一步研究论证,在许多情况下需要配合进行监测工作,将安全监测数据采集同详细地对施工记录、施工支护类型、部位、参数、支护时机和技术条件等搜集结合起来,通过监测资料评判支护加固措施的效果。

3. 支护对围岩变形的约束

监测资料表明,围岩变形受到支护方式、支护时机和支护参数的制约和控制,喷混凝土、锚杆、锚索等不同支护形式对围岩变形的抑制作用是不同的,同时,锚喷支护的时机和强度对围岩变形的抑制作用也有显著差别。例如小浪底工程 3# 导流洞中,同样位于 F_{238} 断层带的 0+945、0+949、0+960、0+976 的 4 个断面,前两个断面因未做钢拱架支护,收敛变形发展到 53.75mm 和 49.06mm,而后两个断面由于钢拱架强支护的作用,收敛变形分别降为 31.04mm 和 34.81mm,减少 40%,且大部分变形是钢拱架形成前发生的。

又如小浪底 2 号导流洞 0+587～0+610 洞段位于 F_{238-4} 及其次级小断层的破碎带和 16 号、14 号塌方区上游的边部,地质条件很差,1996 年 5 月下半圆开挖,6 月 1 日在该洞段 0+587～0+602 发现右侧顶拱有一长达 15m、宽度为 5mm、沿洞轴方向的裂缝,当日,该洞段 0+605 和 0+610 两断面侧墙收敛变形亦有异常反应,见图 6-8-5。据此,监测单位发布安全预报,并建议进行补充锚喷支护。该洞段于 6 月初做了锚喷加固处理之后,裂缝未进一步发展,但未能抑制岩体变形的发展,收敛变形速率持续不减,因此在该洞段增设预应力锚索,进行加固处理。7 月下旬在该洞段右边墙增设 4 根 600kN 预应力锚索,之后变形趋于稳定。8 月 10 日后,该洞段左下半部恢复开挖施工,0+605 等断面收敛变形又有新的发展。但按监测资料,以上围岩变形的增长属开挖引起正常空间效应范围,故未进行补充支护,只是仍将其列为重点断面,做较长时间观测。

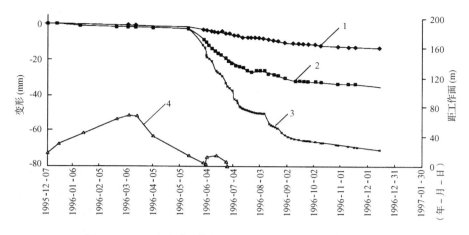

图 6 - 8 - 5　小浪底 2# 导流洞 0 + 605 断面收敛量测过程线

4. 支护对监测量影响特点

对于混凝土锚板、混凝土拱、接缝、固结和回填灌浆对物理量监测值的影响也必须进行认真判别和分析。一般说来,以上加固形式对围岩的作用均有一定滞后,与设置时间不完全对应;另外,受到影响的监测物理量部位也可能与实际加固部位不完全一致。如二序灌浆部位对一序灌浆部位发生作用,产生裂缝或使接缝开合度增大等。另外,各类灌浆压力不够,注浆不密实,或未达到预定范围等情况也是时有发生的,可参照本章第七节边坡情况对监测资料进行分析。除直接性破坏和作用外,还应重视施工作业对监测仪器和数据的潜在性不良影响。如测桩虽未被爆破飞石打坏,但已轻微倾斜,则收敛测值将发生非正常变形。又如某测斜管近旁有预应力锚索通过,锚索孔灌浆强化作用使该高程附近测斜管变形受阻,测量曲线在该部位规律异常。如此等等,施工作业对监测物理量的潜在影响形式多变,不易捕捉,但必须认真分析、查明,并设法排除,以保证监测资料分析的可靠性。

(三)工程地质因素的影响

1. 地质因素对监测量的综合影响

工程地质因素对物理量监测值的影响是基本的和多方面的。例如,小浪底工程三条导流洞变形监测资料统计说明,其量级空间分布上的不均匀性是与不同洞段地质条件存在较大差异相符合的。变形大于 10mm 的观测断面基本集中在不良地质段,即 F_{236}、F_{238} 和 F_{240} 较大规模断层及其影响带。据统计,规模较大、需要强化支护的断层带沿 3 条导流洞总长为 611.36m,其他断层影响带和节理密集带在 200 ~ 300m 之间。不良地质段中,只有 50% 长度上发生大于 10mm 的较大变形,约占导流洞全条的 1/10,是施工期安全监测和强化支护的重点洞段。

2. 地质构造对监测量的局部影响

研究表明,断层或构造较发育的节理对局部相邻围岩的应力场和位移场可产生显著的影响。一般说来,洞室开挖后,围岩在经历应力重分布的过程中断层破碎带有可能进入塑性受力状态,使附近围岩的位移值增大,继而出现滑移、错动、断裂和较大裂缝开合变形。仪表设置位置与其靠近时,应注意考虑这类因素对位移观测值的影响。地质构造的影响与地质构造的特征、类型、部位、范围等有密切关系,故应对有关地质资料详细搜集。另外,测点位置与地质构造的关系也是必须查明的。对于多点位移计、测斜仪等较重要监测项目一定要

688

提供钻孔柱状图,并标明测点与地质构造,如断层、裂缝等的相对关系,还应由多点位移计各测点与仪器表头部位的相对变位计算出各测点间相对变位值,并与断层裂隙等地质构造相互对照,查明变形发生的主要部位和各地质构造带变形情况。一些地下工程监测资料表明,围岩开挖施工后的变形和应力调整过程,即使对质量较好的Ⅱ、Ⅲ类岩体,仍将持续较长时间。另外,工作面前方的断层等地质构造对其后方位移测值的影响是较微弱的。这类情况只有通过对监测资料做认真地仔细分析才能予以查明。

3. 地下水影响

不良地质条件中,地下水对监测量的作用和影响也是十分复杂和重要的。地下工程和边坡工程在施工期出现滑坡和塌方,很多情况下是雨季地下水活动造成的。另外,施工用水和其他地下水的处置不当或渗控措施不利也往往是重要因素。在地下工程监测资料分析中,监测量如果出现蠕变型时间效应,而未发现其他地质条件(如断层、裂隙、夹泥等)有明显变化,则应首先查明地下水的作用和影响,同时也需仔细分析渗控措施的效能以及围岩渗漏条件,如岩体裂隙渗流条件等,才能对监测资料和地下工程安全稳定性作出合理评判。

(四) 时空效应对物理量监测值的影响

1. 时空效应的分离

时间效应和空间效应分析是地下工程监测资料定性分析的重要工作之一。在监测资料分析中,应按本节中方法将物理量总监测值曲线分解为时间效应和空间效应曲线,确定两者的量级、变化规律及比例关系,并据此分析洞室围岩的作用机理。必要时,还应引进定量分析方法,给出其统计回归表达式、统计分析、确定性或混合性模型,以评判围岩的安全稳定性,预测未来发展趋势。

2. 空间效应计算

空间效应的影响可按地下洞室的开挖作业形式分为全断面开挖和台阶法分步开挖两种情况。其中全断面开挖的空间效应曲线如图6-5-5所示,其规律较为简单,监测资料分析的重点是由该曲线确定监测物理量的初始丢失值(或称损失量)和空间效应系数。后者为观测断面与工作面重合时监测量丢失系数,一般与初始地应力水平、岩性及围岩地质构造特征等有关。

如将由仪表某一时刻测得的位移量计为U',届时空间效应系数为η,总位移量计为U,则可将总位移量的计算式表示为:$U = \dfrac{U'}{1-\eta}$。一般η值由现场量测确定,也可借助经验或依据有限元成果给出,在工作面附近,其范围通常在$0.2 \sim 0.35$。

台阶法分步开挖情况空间效应曲线较为复杂,与分步开挖和工作面在每一台阶中实际推进状况有关。同时工程实践表明,清理边墙、拱座、底板等看来工作量不大的开挖作业,对地下洞室边墙位移等监测量往往有比较大的影响。因此,在监测资料分析中必须掌握现场开挖的详细记录,才能对空间效应进行正确分析。在台阶法开挖条件下,第1台阶开挖形成导洞过程的空间效应系数η_1仍可按前述方法求取,但所采用的U值应理解为第1台阶开挖过程中总位移量。此时如果U'理解为第1台阶开挖分步中工作面与观测断面重合时的位移量,U取为各台阶开挖的总位移,则在以上公式求得的总空间效应系数η,应大大地小于$0.2 \sim 0.35$量值范围。这是分析中必须注意的问题。

3. 时间效应分析

在地下工程监测资料定性分析中,如果空间效应引起的变形和应力的弹塑性调整,未出现应力(强度)、应变或变形超限,则开挖施工的空间效应对地下洞室安全稳定性没有显著影响。对时间效应的分析则应主要根据变形速率量值和变化规律,分析岩体蠕变特性和对安全稳定状态的影响。如果时间效应的变形速率呈等速或加速增长,则说明围岩已由于等速和加速蠕变而处于不稳定状态。当然,尽管时间效应变形速率判别准则是围岩失稳的充分条件,并为工程实践和理论分析所验证,但它还不是围岩失稳的必要条件。该准则对于非时间效应因素引起的失稳破坏,如弹塑性张拉和压剪破坏、松动坍落等失稳形式,没有任何判别价值。因此,必须全面分析研究监测资料的空间效应和时间效应特性,以便进行综合分析和评判。

地下洞室围岩的时间效应曲线的规律与岩层特性有关。在硬岩地层中开挖隧道时,收敛位移速率可很快降为趋近于零。软岩地层中位移速率下降过程的持续时间则较长。通常情况下,位移速率小于 0.1mm/d 时,可认为围岩已基本稳定,这时量测断面与开挖面之间的距离约为隧道当量直径的 $1\sim2$ 倍。膨胀性地层中,这一比值增为 $3\sim4$ 倍。而在土质地层中开挖隧道时,常在形成闭合断面后位移速率才趋近于零。

三、地下工程监测资料的定量分析方法

与其他岩土工程相同,地下工程监测资料的定量分析方法基本上可分为统计学方法和确定性方法两大类。统计学方法主要是统计回归方法,另有近年来发展起来的灰色系统、模糊数学及神经元网络等方法。确定性方法常用的有有限元方法、边界元方法、块体理论方法和反分析方法等。

(一)统计分析方法

已经发展的用于地下工程监测资料统计分析方法有统计回归、模糊数学、灰色系统和神经元网络等方法。工程中较为常用的是统计回归方法。按照我国锚喷支护规范规定,在施工期,地下洞室监测资料的回归分析,如最大位移值的预测,可选用以下六种函数:

$$\left.\begin{array}{ll} Y = a*\exp(1-b/x) & Y = a*[1-\exp(-x)] \\ 1/Y = a+b/x & Y = a*\lg(1+x) \\ Y = a+b*\lg(1+x) & Y = a+b/[\lg(1+x)] \end{array}\right\} \quad (6-8-1)$$

注意,以上六种函数均为非线性函数,在回归计算确定其相应常数 a、b 等时,需要采用非线性函数最小二乘法等回归计算方法。回归分析中,还需根据离差的大小对六种函数的拟合程度进行比较,由此选出合理的回归函数模式,并用其进行未来时段的预测预报。

为了达到较好的拟合效果,实际工程中有时还引入较为复杂的回归函数,如:

$$\left.\begin{array}{l} Y = A*[\exp(-Bx_0)-\exp(-Bx)] \\ Y = A*[\lg(B+x)/(B+x_0)] \\ Y = A*\{[1/(1+B*x_0)^2]-[1/(1+B*x)]^2\} \end{array}\right\} \quad (6-8-2)$$

等。以上式中 x_0 为自变量初值,如初始测读日期等,A、B 为回归系数。

日本的近藤达敏和法国的 M. Panet 还采用类似下式的洞室径向变位回归公式:

$$u = \frac{1+\mu}{E_0} \cdot R\left[P_1+P_2(1-e^{-L/D})\right]\left[1+\frac{E_0}{E'_0}(1-e^{-\frac{E'_0}{\eta}})\right] \quad (6-8-3)$$

该式对洞室开挖全过程的拟合精度较高,用于未来时刻预测方面的效果是好的,但需注意的是如用其进行时间效应和空间效应分离,则与一般分离方法有较大差别。这是由于其对洞室开挖机制的模拟与实际钻爆法不符,即开挖荷载是间断突然施加的,而不是像该公式假定的那样连续缓慢施加的。

统计回归方法主要适用于长隧洞施工及其他影响因素较为简单的工程。如果施工情况及其他荷载条件比较复杂,特别是不能用函数关系或确定性方法描述时,则可采用灰色系统、模糊数学或神经元网络等方法进行分析预测。其中,神经元网络预报方法,不仅可以分析数值型因子,还可考虑非数值型因子,对原始资料要求低,可同时分析因素多,预报精度也高,是一种较有发展前途的统计分析预测方法。

统计分析方法主要适用于长隧洞、长时间监测资料系列、未来较长期间的预测。对于地下厂房较大规模洞室,由于施工因素错综复杂,施工期安全监测又要求进行近期较短时段内(如开挖观测断面 $2 \sim 3D$ 之内)的变形预报,统计分析方法是无能为力的。

(二)岩体结构模拟问题

在确定性定量分析方法中,需要着重解决不同类型的岩体结构的模拟问题。因为,在大多数情况下,洞室岩体结构是决定围岩破坏形态和安全稳定性的最重要因素。只有在深埋等特殊条件下,岩体结构的影响才可能逐渐降低,而初始地应力的影响有可能上升为主要矛盾。因此,一个合理的确定性方法首先要解决岩体结构的模拟问题。但在地下工程岩体稳定分析和现场施工安全监测预报中,应用传统的岩体结构分类方法存在一定困难,而将洞室围岩粗略分为连续体、块体和松散体等几种比较简化的结构类型,分别用不同方法模拟将是比较方便的。

1.连续体结构

连续体结构包括整体状、层状及部分碎裂和软弱松散结构岩体。其共同特点是围岩失稳机制可以基本上由变位、应变、应力等参数描述。因此,能用连续介质物理力学理论模拟,并采用粘弹塑性有限元等数值方法分析评判。同时,可应用位移,位移速率,应变等判别准则进行安全预报。

2.块体结构

块体结构主要指岩体质较好的Ⅱ、Ⅲ类围岩中的块状岩体,其失稳机制受岩体结构面不利组合所控制,其失稳滑塌的形态在空间上可形成连锁反应,在时间上具有突发性。对于块体结构岩体采用连续介质理论和有限元方法分析也是可行的,但显然不够灵活方便,也没有切中岩体结构面不利组合的要害,而石根华—Goodman 的块体理论分析方法大有用武之地。

3.松散体结构

松散体结构主要是松散结构和部分黏聚力很少的碎裂结构岩体,由于散粒和碎块粒之间基本上不存在黏聚力,岩体自身支撑能力很差,在没有外界提供黏结力或支护条件下,只要暴露于洞室临空面,就很容易自动松散滑塌。连续介质和块体理论方法对它们都不尽适用。应该选用太沙基平衡拱理论或普氏塌落拱方法进行洞室安全稳定校核,或采用适用于土体及堆石体类材料有限元方法分析,如 Biot 固法理论的黏弹性材料,Duncan—Chang 非线性弹性或剑桥弹塑性模型材料等进行有限元分析。

4.其他岩体结构

以上三类岩体结构是经常遇到的,但是工程中还可能遇到其他类型岩体结构,例如孙广忠 1984 年提出的板裂结构,这种结构有时是洞室高边墙切向应力升高引起的张裂破坏滑移,剪切和溃决(Buckling)破坏的主要原因。采用与这一结构不符的任何其他方法都不能预测其失稳过程。只有采用结构力学板壳屈曲理论才能使问题得到正确解答。因此,在安全监测中,技术人员应把理论研究与具体工程实际结合,针对围岩结构的具体特点,选用与之适应的模拟方法。

(三)有限元方法

有限元计算分析的基本方法同本章第三节所述,现说明地下工程有限元计算中几个应注意的问题。

1. 应提供的有关资料和对计算的要求

计算分析所需有关资料:

1)地形资料:地形范围应满足计算要求(地应力及围岩稳定)。

2)地质资料:①地应力实测值或推测的地应力侧压力系数;②工程地质剖面图,包括岩层分布、断层及软弱结构面的分布;③岩体物理力学特性,包括容重、弹性模量、泊松比、线胀系数、抗压强度、抗拉强度、抗剪断及残余抗剪强度(内摩擦角、凝聚力)、完全应力应变关系曲线、流变特性等。

3)水文地质,包括施工期及水库蓄水后地下水位线、岩体渗透系数。

4)洞室群中各洞室布置、洞室尺寸、开挖顺序、运行时充水及检修情况。

5)支护形式、支护尺寸(刚性衬砌的厚度、锚杆直径、长度及间距、喷层厚度等)、混凝土及锚杆的物理力学特性(弹性模量、线胀系数、拉压强度等)、支护顺序。

6)地温、气温。

7)水库水位、水锤压力。

有限元计算分析应明确的基本要求:

1)计算程序的维数(平面还是三维)。

2)线性还是非线性。

3)是否需要考虑流变、动态荷载和其他特殊技术问题。

4)荷载组合和计算方案。

必要时,对以下说明的各项工作要提出具体要求。

2. 计算域和边界条件的选定

地下洞室的一个突出特点是,其计算域是无界的。应优先选用配有无界单元的有限元计算程序,并采用其中的无界单元,模拟无穷远处位移为零的边界条件。在采用无界单元时,亦可在内层节点施加初始地应力。当前仍有部分计算的计算域选为有限域,这时计算域的范围尽可能大于洞径5~6倍,并根据需要在边界施加初始地应力边界或固定位移边界。

3. 初始地应力场

初始地应力是分析围岩稳定最重要也是最主要的荷载之一。大型地下工程应进行地应力测试,采用反分析方法反演地应力场。近年来,回归分析方法得到了广泛的应用。

如计算初始地应力场,也可按下述方法分两步进行:

1)先计算初始地应力场,要求计算域较大,最好以分水岭为界,如图6-8-6(a)所示。计算时,一侧边界给地质构造力(水平及铅直),另一侧给水平约束,底边给铅直约束。

2)洞室计算可从大范围的地应力计算域中取出洞室附近的小范围,边界位移值δ自地应力场计算取值,所取的边界应在洞室影响范围以外,可取3~5倍洞径以外,如图6-8-6(b)所示。

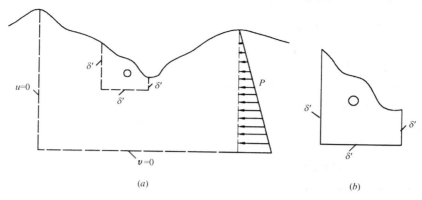

图 6 - 8 - 6　计算域图

侧压力系数法假定 $\sigma_z = \gamma_c h, \sigma_x = K\sigma_z, \gamma_c$ 为岩体密度,h 为覆盖厚度,K 为侧压力系数。这一方法十分粗略,特别是计算岸坡附近、河谷靠边的地下洞室时不宜采用。如无地应力测试值,但有估测的地应力侧压力系数,则可采用如图 6 - 8 - 6 所示的计算图形,按照估测的侧压力系数施加侧边的地质构造力 P。

4. 开挖边界应力释放荷载

开挖施工活动对洞室围岩稳定状态的影响包括静态影响和动态影响两个方面。其中静态影响主要表现为,代表开挖面初始地应力的开挖荷载在施工过程中的突然释放,并由此导致围岩应力和变形的重新调整,开挖施工静态影响的正确模拟方法是将开挖边界在开挖过程中视为应力边界,其上作用开挖荷载。开挖荷载的计算是利用洞室周边各单元应力,并通过高斯积分计算开挖临空面各节点的等效节点力 $|P|$,计算公式为:

$$\{P\} = -\sum \iiint [B]^t \{\sigma\} dV \qquad (6 - 8 - 4)$$

对任一周边节点开挖荷载,可将其四周开挖单元对该点贡献的等效节点力叠加求得。

开挖荷载是地下洞室施工过程最重要荷载之一,必须予以足够重视。不仅对开挖边界,而且对整个开挖施工程序,包括平面计算条件下断面的分步开挖方式和三维计算分析中工作面沿洞轴线的推进过程,均必须采取正确模拟方法。否则,就难以正确评价地下洞室在施工过程中的安全稳定性,也无法对至关重要的施工期安全监测资料,做出合理解释。

开挖施工活动对洞室围岩稳定状态的动态影响主要表现为形成爆破松动圈和对围岩施加震动荷载两方面。在有限元计算分析中,爆破松动圈通过降低松动范围内岩体单元的物理力学参数的方法模拟。关于爆破震动荷载,在静力计算中一般通过定性分析加以考虑。

5. 单元形式及网格剖分

在平面问题中最常用的单元形式是三角元和四边形等参元。等参元精度高,计算工作量大,网格剖分可粗一些,但进行弹塑性计算时仍以单元形心应力作为判据,结果仍相当粗略。在空间问题中,最常采用的是 8 节点或 20 节点六面体等参元。

网格剖分应根据计算精度、经费及计算机容量选定。洞室附近的网格应细一些,然后逐步向外变粗。网格剖分还要照顾洞室开挖顺序,开挖边界应是单元边界。

6. 材料模式和物理力学参数的选取

由于地下洞室围岩物理力学特性十分复杂,在地下洞室计算有限元程序中提供有多种材料模式可供选择。材料模式选取的基本原则是抓住主要技术关键,简化次要因素,既要能回答工程面临的基本问题,又要避免过于复杂。

对于质量和整体性较好的岩体,一般情况可采用线弹性材料模式;对于时间效应明显的岩体,需要采用黏弹性模式,如三单元黏弹性模型;对于质量较差的岩体和软弱夹层等,必要时应使用弹塑性模式,应注意的是屈服准则宜选用 Drucker—Prager 准则,否则将与工程实际产生较大差异;对于各类土层,则根据需要往往选择 Biot 固结理论、黏弹性模型、Dun-can—Chang 非线性弹性或剑桥弹塑性模型,另对膨胀性岩体、湿沉性黄土、可发生岩爆的高地应力围岩等,亦应根据具体情况,选用适应本类围岩特点的较专门性模型。

材料模式选定后,再根据反映围岩特性的有关试验研究资料,给出其物理力学参数。由于目前室内外测试成果普遍存在受局部影响较大的缺欠,在可能的条件下,应采用反分析方法给出有限元计算的材料物理力学参数。

7. 支护形式和模拟方法

支护措施对地下洞室围岩安全稳定性有至关重要的影响。在有限元计算中,可考虑围岩和支护结构共同承受各种荷载作用,较为符合地下洞室实际作用原理。对于混凝土衬砌结构,一般可作为混凝土或钢筋混凝土结构处理,一些通用有限元程序,如 ADINA 等给出了混凝土或钢筋混凝土材料模式。

预应力锚杆、喷射混凝土、挂钢筋网、钢拱架或预应力锚索等临时支护措施对于确保施工期洞室安全稳定具有十分重要作用,但其作用机理和计算模拟方法尚待进一步研究。一般情况下,预应力锚杆对岩体所施加的预应力可采用大小相等、方向相反,分别作用于内、外锚头部位节点的等效节点力模拟。锚杆体的作用,用有限元计算程序中的杆式单元反映。锚杆与喷射混凝土、挂钢筋网形成组合支护结构,组合支护结构所提供的总支护抗力计算公式可取为:

$$P_W = P_h + P_y + P_m \tag{6-8-5}$$

式中 P_h、P_y、P_m——分别为喷射混凝土、锚杆和钢筋网提供的支护抗力,可由有关规程规范公式计算。

锚喷网联合支护形式对表层岩体物理力学性能的改善作用,可采用提高所加固区域岩体单元物理力学参数的方法进行模拟。

8. 荷载组合和计算方案

根据工程实际条件,确定荷载组合,岩体特性条件的变化、开挖和支护,施工工序和运行工况的模拟方法,编制计算方案。例如,在一些情况可按照开挖、支护和运行过程、考虑随时间变化的各种因素进行全过程仿真计算。计算步骤大致如下:①初始地应力场的计算;②分步开挖及分步支护计算;③正常运行计算;④检修情况计算;⑤特殊荷载的计算,如水击、地震及温度荷载等。只要提供的计算数据可靠,则计算结果会与实际情况较为接近。

（四）反分析方法

反分析方法是首先从地下工程中发展起来的求取围岩材料物理力学参数的计算分析方法。目前该方法已较广泛地应用于线弹性、黏弹性和弹塑性等不同特性的洞室围岩,求取初始地应力分量和其他物理力学参数,并可校核所选用材料模式的合理性。但是当前还没有较广泛适用不同类别材料模式的地下洞室通用反分析程序和方法,需要用户根据工程特点和要求,在粗通反分析方法和原理的基础上,选取适宜的反分析方法、程序或合作分析计算单位。现以线弹性、黏弹性和弹塑性围岩三种典型情况说明地下工程反分析方法的工程应用情况。

1. 弹性介质围岩

（A）弹性物理力学参数的反分析

较广泛应用的弹性物理力学参数的反分析方法主要是 S. Sakurai 的反算法及其各种改进算法，即可计算初始地应力各分量沿铅重方向为线性分布情况，也可计算水平地应力均布的浅埋地层情况。在现场观测断面数量充分，设置合理时，该方法如假定已知初始地应力铅垂分量 P_Y 完全由自重引起，即沿垂直方向线性分布，可反算求得岩体弹性模量 E 和断面内其余初始地应力分量 P_X、P_{XY}；若假定已知岩体弹性模量 E，则由该法可求得所有断面内初始地应力分量 P_X、P_Y 和 P_{XY}。

（B）初始地应力的反分析方法

初始地应力场通常由自重应力场和构造应力场组成。埋深较大时，初始地应力场的分布可近似假设为均布；埋深较浅时，竖向自重应力明显随深度的增加而呈线性规律增长，构造应力则仍可近似假设为均布应力。同济大学建立了将竖向按线性规律分布的自重应力作为已知量，而将均布构造应力作为未知量的反分析方法，然后将其推广为更一般的构造应力线性分布的情况。该方法对平面和三维情况均适用。

（C）工程应用实例

广州蓄能电站地下厂房深埋于花岗岩山体内，上覆岩层厚度达 330～440m，轴线方向 NE80°。施工时在排风支洞中设置了位移量测断面，观测断面及仪表埋设位置示于图 6-8-7。其中预埋多点位移计 $M_{预}$ 在排风支洞开挖前安装，现埋多点位移计 $M_1 \sim M_4$ 则在施工过程中设置，安装时量测断面与开挖面间的距离为 1m。由 M_1 与 $M_{预}$ 所得测值的比较可知现埋多点位移计安装前位移量测值的损失量约占位移量总值的 20%，量测结果及调整后的位移量示于表 6-8-1。

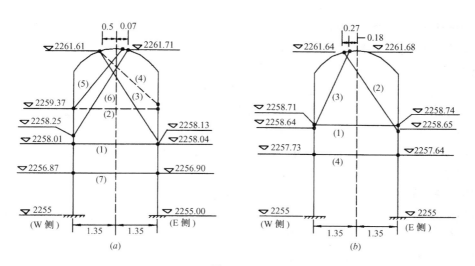

图 6-8-7

（a）$C_2 - C_2$ 断面收敛布置图；（b）$C_3 - C_3$ 断面收敛布置图

695

表 6 - 8 - 1

类 型	孔 号	埋深（m）	测值（mm）	考虑20%损失后位移量（mm）	备 注
现 埋	$M2-1$	1.0	-0.25	-0.325	1. 现埋孔测值以孔口为基点； 2. 变形伸长为负，缩短为正
	$M2-2$	3.0	-0.39	-0.4875	
	$M2-3$	9.0	-0.41	-0.5125	
	$M2-4$	15.0	-0.47	-0.5875	
	$M4-1$	1.5	-0.29	-0.6825	
	$M4-2$	3.0	-0.34	-0.425	
	$M4-3$	7.0	-0.54	-0.675	
	$M4-4$	12.0	-0.52	-0.775	
预 埋	$M_{预}-1$	14.5	-0.45		
	$M_{预}-2$	13.5	-0.50		

根据现场岩体的工程地质条件及由工程勘探报告提供的岩性参数，进行反分析计算时取弹性模量 $E=39\text{GPa}$，泊松比 $\mu=0.18$，密度 $\gamma=26\text{kN/m}^3$。假设在工程范围内构造应力均为均布应力场，则由同济大学前述线弹性有限元反分析计算法可得各构造应力分量的量值为：

$$P_X^t = 4.09\text{MPa}, \quad P_Z^t = 2.09\text{MPa}, \quad P_{XZ}^t = 1.96\text{MPa}$$

将量测断面底板的中点选为坐标原点，则由有限元正分析计算可得其自重应力分量为：

$$P_X^g = 190\text{MPa}, \quad P_Z^g = 8.63\text{MPa}, \quad P_{XZ}^g = 0$$

由此可得在试验断面上初始地应力分量分布规律的表达式为：

$$P_X = 6.49 - 0.0057_z\text{MPa}, \quad P_Z = 10.72 - 0.026_z\text{MPa}, \quad P_{XZ} = 1.96\text{MPa}$$

所得结果与由现场量测得到的初始地应力的大小和方面基本一致。

2. 弹塑性介质围岩

对弹塑性问题已经建立的位移反分析计算方法，可分为正算逆解逼近法和优化反分析计算法两类。两类方法都有可利用原有弹塑性问题正分析计算的原理，充分模拟介质塑性性态的发展历程，并可利用各种成熟的正分析程序或普遍适用的优化程序等特点。这些方法在理论上都可考虑选用任意形式的屈服准则和流动法则，包括对硬化、软化、理想弹塑性模型及横观各向同性材料性态的模拟等，采用数值法计算时常需采用增量迭代法，初始地应力场分量的反演计算也可依据类似的原理借助迭代逼近过程求得解答。

优化反分析方法就是前面提到的正算法。正算逆解逼近法中观测与计算位移拟合仍然采用正算法的基本形式，但在每一荷载增量中各中间迭代步以初始地应力等参数为中间变量，并用逆解法显式求出，然后迭代逼近，以减少计算工作量。

现以天生桥一级电站试验洞为例，说明岩性参数和初始地应力值的弹塑性反分析计算方法，所采用的是优化（正算）反分析法。

试验洞位于河谷右岸，洞轴方向 N46°E，与放空洞主段平行。洞底高程 +644m，距放空洞底板 10m。沿线岩层属三叠纪新苑组，构造为薄层、局部中厚层灰岩、泥质灰岩及薄层泥岩互层。层面走向 N40°～50°E，倾向 NW，倾角 30°～50°。层间软弱夹层比较发育，岩体各向异性明显。岩体质量一般偏坏,完整性系数 I 为 0.37 ~ 0.48,新鲜岩石湿抗压强度综合值为 30 ~ 50MPa,垂直层面的变形模量为 1000 ~ 1500MPa,在行与垂直层面岩体变模比为 3.0 ~ 3.5。

试验洞总长 59.6m,断面形状为方圆形。按开挖次序先后共有 4m × 4m、5m × 5m 和 3m × 3m 等三种不同尺寸的断面,长度分别为 20m、25m 和 11.6m。试验洞横剖面见图 6 - 8 - 8。在桩号 0 + 10.00、0 + 15.30、0 + 30.25、0 + 36.70、0 + 41.00、0 + 51.70 和 0 + 54.90m 处共设置了 7 个收敛位移观测断面。除 4 - 4 断面布置有 7 个标点、14 条测线外,其断面均布置 5 个标点、6 条测线。收敛标点都紧靠掌子面设置。

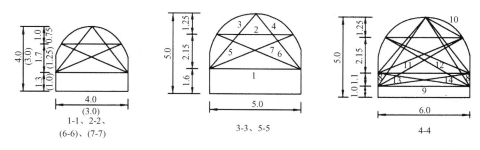

图 6 - 8 - 8　收敛量测断面图(单位:m)

收敛位移采用英制 MKⅡ 型卷尺引伸仪量测,读数精度 0.05mm,最大量测跨度 20m。量测结果示于表 6 - 8 - 2。

表 6 - 8 - 2　收敛位移量测结果

断　面	测　　　　　点					
	1	2	3	4	5	6
	位　　移　　(mm)					
1 - 1	7.70	10.00	4.85	6.25	6.10	11.55
2 - 2	18.15	14.10	2.85	10.05	10.80	22.25
3 - 3	31.05	7.80	5.50	21.95	8.75	29.30
4 - 4	14.65	9.05	1.70	7.70	8.05	12.90
5 - 5	13.35	6.80	4.20	5.10	5.00	10.65
6 - 6	8.60	7.05	0.90	9.55	6.20	9.75
7 - 7	5.30	3.05	0.50	4.50	2.80	5.65

进行反分析计算时首先假定垂直初始地应力分量 $P_Z = \gamma H \approx 2.0MPa$,并令 $\mu = 0.24$(由室内试验测得)。计算过程中每次计算都由方程组直接同时解出 P_X、P_{XY} 和 E 值,故需通过优化反演搜索确定的量仅是 ϕ 和 c。程序采用屈服准则为德鲁克—普拉格(Drucke—Prager)则弹塑性矩阵为莱依斯(S. E. Keyes)矩阵。各量测断面由反分析计算所得的结果汇总于表 6 - 8 - 3。

依据反分析计算的结果作正演计算,可得各测线可能发生的计算位移值,结果示于图 6 - 8 - 9。图中同时绘有初始量测值,比较表明二者相当一致。

697

表 6 - 8 - 3　　　　　　　　　　　　各量测断面由反分析计算结果

断　面	反 分 析 值、参 数				
	P_X $\times 10^{-2} MPa$	P_{XZ} $\times 10^{-2} MPa$	E $\times 10^3 MPa$	ϕ (°)	c $\times 10^{-2} MPa$
1 - 1	228.8	39.3	1.1520	43.4	36.9
2 - 2	638.6	249.2	3.4603	28.6	28.6
3 - 3	344.8	209.6	1.6764	22.9	44.3
4 - 4	533.9	135.0	2.9627	54.4	11.9
5 - 5	571.3	131.1	3.7654	53.5	40.7
6 - 6	247.7	131.0	1.3203	34.4	36.6
7 - 7	337.3	178.0	5.3984	22.9	2.16
平均值	416.0	153.3	2.8194	37.2	31.5

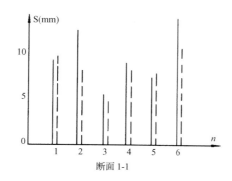
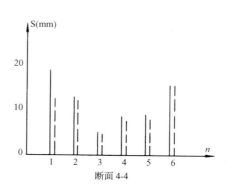

图 6 - 8 - 9　各量测断面反分析收敛位移与实测值的比较示意图

n—测线编号；S—收敛位移值；——实测值；- - -反分析值

3. 黏弹性介质围岩

以三单元模型为例，叙述黏弹性问题反分析计算的原理、公式和计算方法。

（A）三单元模型（Kelvin - Vogt Model）

三单元模型由一根弹簧和一个凯尔文模型串联而成，如图 6 - 8 - 10 所示。由于这一模型常能较好地模拟围岩受力变形的黏弹性性态，且比较简单，因而较常用。其本构方程为：

$$\dot{\varepsilon} + \frac{E_1}{\eta_1}\varepsilon = \frac{E_0 + E_1}{E_0 \eta_1}\sigma + \frac{1}{E_0}\dot{\sigma} \qquad (6 - 8 - 6)$$

在自 $t = 0$ 时起对模型施加常应力 $\sigma = \sigma_0$ 的条件下求解，因有 $\varepsilon(t_0) = \sigma_0/E_0$，故有：

$$\varepsilon(t) = \left\{\frac{1}{E_0} + \frac{1}{E_1}\left[1 - \exp\left(-\frac{E_1}{\eta_1}\right)\right]\right\}\sigma_0 \qquad (6 - 8 - 7)$$

如将上式简写为：

$$\varepsilon(t) = \frac{1}{E_T}\sigma_0 \qquad (6 - 8 - 8)$$

则有

$$\varepsilon_{\mathrm{T}} = 1 \Big/ \Big\{ \frac{1}{E_0} + \frac{1}{E_1} \Big[1 - \exp\Big(-\frac{E_1}{\eta_1} t \Big) \Big] \Big\} \qquad (6-8-9)$$

与式(6-8-8)、式(6-8-9)相应的 σ—t、ε—t 曲线见图6-8-11。

（B）基本原理

由现场量测可得到一系列相对位移量 Δu 及围岩内的应力增量 $\Delta\sigma$ 随时间而变化的曲线。若围岩的 μ 值保持为常数且应力边界条件保持不变，则围岩应力场成为常量应力场，$\Delta\sigma$—t 曲线成为平行于 t 轴的直线。

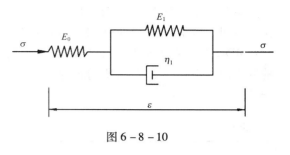

图6-8-10

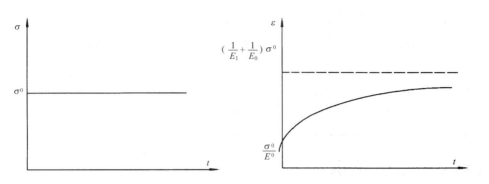

图6-8-11

在围岩任意点某一特定方向上的 σ—t、ε—t 和 σ—t 曲线可被描绘成图6-8-12所示的诺模图。由图可见对于任一时刻 $t = t_i$，均可利用在这一时刻得到的相对位移和应力增量的量测进行线弹性反分析计算，以得出在这一时刻围岩中实际存在的应力和发生的位移。虽然围岩的应力应变关系常呈非线性特征，但当计算某一时刻的应力和位移时，仍可在采用等效弹模的概念后进行简化计算，而忽略路径的影响。据此，可建立二维黏弹性平面应变问题反分析计算法。

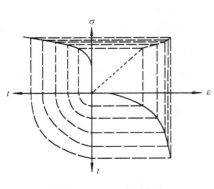

图6-8-12　诺模图

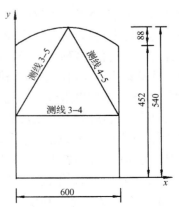

图6-8-13　广州蓄能电站试验洞尺寸及测线布置

（C）工程实用实例

同济大学按以上所述的方法对天荒坪抽水蓄能电站试验洞进行了反分析计算。试验洞断面收敛位移量测线布置示于图 6-8-13，量测资料列于表 6-8-4。假设垂直初始地应力分量 $P_y = \gamma H$，参照室内试验结果选定 $\mu = 0.23$，并参照预埋多点位移计的量测成果选定位移量量测值的时空效应损失系数为 0.5。则由反演计算可得：$P_X = 4.02\text{MPa}$，$P_Y = 6.43\text{MPa}$，$P_{XY} = 4.89\text{MPa}$，$E_0 = 61.348\text{GPa}$，$E_1 = 110.74\text{GPa}$，$\eta_1 = 38.875\text{GPa} \cdot \text{S}$。其中初始地应力值与由三孔交会法所得的结果相差不大，E_0 值与由现场试验所得的结果也基本一致。

表 6-8-4

时步（d）	位　　移　　值（cm）					
	测线 3-5		测线 3-4		测线 4-5	
	量测值	考虑损失变形后量测值	量测值	考虑损失变形后量测值	量测值	考虑损失变形后量测值
$t = 0$	-0.041	-0.188	-0.117	-0.368	-0.021	-0.051
$t = 4$	-0.109	-0.256	-0.117	-0.368	-0.021	-0.051
$t = 26$	-0.145	-0.292	-0.251	-0.502	-0.026	-0.056
$t = 38$	-0.147		-0.251		-0.030	

（五）块体（结构）分析法

块体（结构）分析法主要用于大型地下洞室或岩体质量较好的 Ⅱ、Ⅲ 类围岩中构筑的地下结构。这类岩体的失稳机制主要是由于岩体结构面的不利组合，形成处于顶拱和边墙部位的不稳定块体，在岩体自重和其他外荷载作用下产生塌落或滑移。块体结构分析法一般分析块状围岩局部失稳问题。但由于这种局部失稳往往会引起多个相邻块体的连锁反应，造成整个断面或整个洞段的失稳，因此该方法也是存在块状岩体的围岩进行整体稳定分析和安全预报必须进行校核验算的一种预报方法。

该方法的基本原理为岩体结构分析法。当具体的地质结构面的产状和出露位置都能逐一查清时，可以采用我国数学家石根华发展的块体理论方法和程序，计算得出有界可动块体、关键块体、不稳定块体、滑动模式、滑塌系数、塌落范围等成果，据此进行洞室安全预报。如各结构面具体产状和位置尚未查清，但普遍分布于岩体中的分布规律性已明确，称为遍有节理问题。对遍有节理问题可采用王建宇同志等提出的遍有节理问题块体稳定分析的解析解法，预估不稳定块体的出露位置、不稳定程度和调整洞轴线，以减少塌落的可能性。石根华最近又在块体理论基础上，发展形成了"不连续变形分析方法"（DDA）。另外，殷有泉等人倡导的"刚性元"方法等，也是进行块状岩体结构安全预报较有前途的分析方法。

块体理论分析方法（包括 DDA 方法等）是我国工程技术人员发展起来的一种定量的安全预报方法。从 20 世纪 70 年代末期起在碧口电站调压井等地工程安全预报中实际应用，取得了很好的社会经济效益。现以水丰水电站引水隧洞塌方段分析进一步说明这一方法具体操作步骤、成果的可靠性及其在更广泛范围上的适用性。

水丰水电站扩建工程引水隧洞 0+785m～0+830m 洞段在施工过程中，于 1985 年 6 月中旬直至 10 月末,连续发生大规模坍塌,最终塌方段长约 25m,宽 22m,高约 35m,总方量达 8000m³。事后,根据地质资料分析,该起塌方主要受软弱结构面控制。在沿洞轴方向的纵剖面上,大致以 F_{14}、F_{39}、F_{68} 为边界,在横断面上,分别以 F_{68},T_{n75},F_{44} 和 T_{n78}、F_{67-1},T_{n75}、T_{n76} 为边界。东北勘测设计研究院王叔南、刘弘采用石根华块体理论和程序于 1988 年对这一坍方做了较深入的分析,分析方法步骤和成果为:

第一步:将开挖后主要结构面的产状和抗剪强度指标,进行简化处理,提出优势结构面的产状和相应力学参数,建立地质概化模型,如表 6-8-5。

表 6-8-5　　　　　　　　　　地质概化模型参数表

类型	编号	倾角 α	倾角 β	摩擦角 φ	备　　注
结构面	P_1	65°	200°	16°	F_{14}、F_{67}、F_{67-1}、F_{68}、T_2
	P_2	70°	150°	26°	T_{n76}
	P_3	70°	330°	26°	T_{n78}
	P_4	50°	323°	26°	T_{n75}
临空面	P_5	90°	走向 NE53°		侧墙
	P_6	0°			顶拱

第二步:判断有界可移动块体。将表 6-8-5 数据按程序要求输入计算机,则在绘图仪上自动生成所需成果图表。计算得出九种类型有界可移动块体,如表 6-8-6 和图 6-8-14 中块体编号中,位数为结构面组数,"0","1"分别代表岩体在结构面上下盘空间位置。如 0101 切割锥,由四组结构而组成,岩体在第一、三结构面上盘,二、四结构面下盘。

表 6-8-6　　　　　　　　　　有界可移动块体表

临　空　面		有界可移动块体编号	备　　注
顶　拱		1111,0111,0101	岩体在临空面之上
底　板		1010,1000	岩体在临空面之下
侧墙	北	1010,1001,1011	岩体在临空面北侧
	南	0101,0100,0110	岩体在临空面南侧
拱脚	北	无	岩体在临空面上北侧
	南	0101	岩体在临空面上南侧
底脚	北	1010	岩体在临空面下北侧
	南	无	岩体在临空面下南侧

第三步:求滑动方向与合力(重力加外荷载)方向相容的不稳定块体及相应的滑动模式。本题共 6 个不稳定块体,见表 6-8-7。

第四步:由三维极限平衡计算,确定岩体中可能首先自行移动的关键块体,并计算塌落范围和塌滑系数 $K = F$(塌滑力)/G(重力),其中 F = 滑动力 - 阻滑力。本题共 6 个关键块体,如表 6-8-7。其中,滑动模式为 34 的 0110 块体锥,塌滑系数 $K < 0$,即阻滑力大于下滑

力,为潜在关键块体。

表 6 - 8 - 7　　　　　　　　　　　　　　不稳定块体分析成果汇总表

临空面		块体编号	滑动模式	滑动面	滑动方向 度	塌滑系数 K	最大塌落范围 隧洞矢量 1.327,1,0	合力 R 投影区 合力矢量 0,0,-1	极限平衡摩擦角	块体类型
顶拱		1111	0	/	0°	1	293°~65°	0	90°	关键块体
		0111	1	P_1	200°	0.785	288°~50°	1	65°	关键块体
		0101	13	P_1P_3	262°	0.222	245°~50°	13	30°	关键块体
侧墙	北	1011	2	P_2	150°	0.773	50°~108°	2	70°	关键块体
	南	0101	13	P_1P_3	262°	0.222	245°~50°	13	30°	关键块体
		0100	14	P_1P_4	270°	0.104	230°~288°	14	25°	关键块体
		0110	34	P_3P_4	235°	-1.987	230°~293°	稳定扩大区	0°	潜在关键块体
南拱脚		0101	13	P_1P_3	262°	0.222	245°~50°	13	30°	关键块体

　　第五步:不稳定块体的摩擦滑动稳定分析,得出各不稳定块体对应的摩擦滑动分析图。如图 6 - 8 - 15 为块体 0101 分析图。其中,合力 R 落在"13"区,说明该块体只能沿 P1,P3 交棱双面滑动。图中无标号区称为绝对稳定区,R 在此区时,即使结构面摩擦角等于零也是稳定的。然后在图中做摩擦角等值线,在该图中,R 落在 30°线上,说明块体净滑动力为零所需极限摩擦角,即自行滑动的最大摩擦角为 30°。

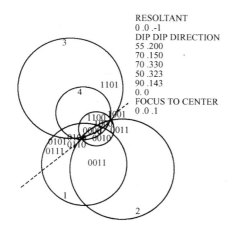

图 6 - 8 - 14　有界可移动块体图

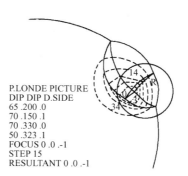

图 6 - 8 - 15　摩擦滑动分析图

　　不稳定块体分析成果汇总为表 6 - 8 - 7。由表 6 - 8 - 7 可见,在五种类型的关键块体中,可能出现在顶拱的 1111[0],0111[1] 和 0101[13],块体塌落范围较大。由于开挖后未对以上块体进行及时有效的支护,最后酿成大规模塌方事故。块体理论分析还给出了隧洞塌方段南侧不稳定因素多于北侧,但支护北侧难于南侧。从关键块体塌滑方向分析,除 1011[2] 块体外,其他均滑向出口 SW,采用由出口向进口方向,即由主要结构面的上盘向下盘掘进,是有利于施工,便于对关键块体支护的。以上分析成果都是与该塌方的实际情况基本相符的。因此,尽管以上分析是塌方之后事后进行的,它的重要意义在于进一步验证了块体理论分析的合理性和可靠性,同时还说明,即使是软弱破碎的Ⅳ、Ⅴ类围岩,其失稳规模、范围和失稳机制,也往往受到结构面不利组合的控制,可采用块体理论方法进行地下工程安全预报。

(六)灰色系统理论与方法

安全监测模型的建立既要依靠实际监测获得的资料信息,又要以所研究对象的物理力学机理为基础,进行模型的构造、因子的选取、规律分析、预测反演等工作。在水利工程及岩土工程等领域中,由于计算方法、材料性质、地质构造以及监测误差等等诸多方面存在理论不够完善、认识不够明确的情况,其中许多复杂系统符合灰色系统的"灰"概念。灰色系统以"部分信息已知、部分信息未知"的"小样本、贫信息、不确定性"系统为研究对象,主要通过对"部分"已知信息的生成,开发提取有价值的信息,实现对系统运行行为的正确认识和有效控制。

1. 灰色系统理论的基本原理

(1)差异信息原理　　差异是信息,凡信息必有差异。我们说两件事不同,即含有一事物对另一事物之特殊性,客观世界中万事万物之间差异为我们提供了认识世界的基本信息。

(2)最少信息原理　　灰色系统理论的特点是充分开发利用已占有的最少信息,研究小样本贫信息部确定性问题,所获得的信息量是判断灰与非灰的分水岭。

(3)解的非唯一性原理　　信息不完全、不确定的解是非唯一的,系统的不确定性就不可能存在精确的唯一解。

(4)认知根据原理　　信息是认知根据,认知必须以信息为依据,没有信息无以认知。以完全确定的信息可以获得完全确定的认知,以不完全不确定的信息为根据,只能获得不完全确定的认知。

(5)新信息优先原理　　新信息认知的作用大于老信息,直接影响系统未来趋势,对未来发展起主要作用的主要是现实信息。

(6)灰性不灭原理　　信息不完全是绝对的,信息不完全不确定具有普遍性,信息完全是相对的、暂时的。人类对客观世界的认识通过信息的不断补充而一次又一次地升华,信息无穷尽,认知无穷尽,灰性永不灭。

灰色系统理论的核心和基础是灰色模型(Grey Model),简称GM模型,此模型已经在各个领域中得到广泛和深入的应用,并取得了一系列的重大成果。

2. 灰色模型的建立

传统的建模需要大量的实验数据,按照统计规律或是先验规律来处理问题,然而在实际应用中很难得到这样有规律的数据,所以传统的建模方法有很大的约束性,而作为灰色系统理论核心和基础的灰色模型,概括而言具有以下3个特点:

1)建模所需信息较小,通常只要有4个以上数据即可建模。

2)不必知道原始数据分布的先验特征,对无规则或不服从任何分布的任意光滑离散的原始序列,通过有限次的生成即可转化为有序列。

3)建模的精度较高,可保持原系统的特征,能较好地反映系统的实际状况。

灰色建模的目标是微分方程模型,是对动态信息的开发、利用和加工,往往可以用少量数据建模。一般来说,微分方程只适合连续可导函数,而许多系统的行为特征是用时间序列表征的离散函数。为了建立微分方程模型,对于灰色系统,力争充分开发利用少量数据中的显信息和隐信息,通过关联分析,提取建模所需的变量,并在对离散函数的性质进行研究的基础上,对离散数据建立微分方程的动态模型,即灰色模型。

灰色模型及其建模过程具有如下要点:

1)灰色理论将随机量当作是在一定范围内变化的灰色量,将随机过程当作是在一定范围、一定时区内变化的灰色过程。

2)灰色模型具有微分、差分、指数兼容的性质;模型的构造机理是灰色的;模型结构具有弹性,可以变化的;模型参数是可调节的,非唯一的;模型是常系数性质的,其参数分布是灰的。

3)灰色模型实际上是生成数列模型,即将无规律的原始数据经生成后,使其变为较有规律的生成数列再建模;模型所得数据要经过逆生成进行还原。

4)灰色建模不必知道原始数据分布的先验特征,对无规律或服从任何分布的任意光滑离散的原始序列,可以通过有限次的生成即可转化成有规序列。

5)建模所需样本数目少。

6)通过灰数的不同生成方式、数据的不同取舍以及不同级别的残差模型等方法可以调整、修正、提高模型精度。

3. 灰色系统数据生成

灰色系统数据生成的方式有累加生成、累减生成、均值生成、级比生成、插值生成和灰色关联生成等,这里介绍其中常用的几种。

(A)累加生成

累加生成(Accumulated Generating Operation;AGO)是对原始序列做如下的处理:原始序列中的第一个数据维持不变,作为新序列的第一个数据,新序列的第二个数据是原始序列中的第一个和第二个数据相加,新序列的第三个数据是原始序列中的第一个、第二个和第三个数据相加,依次类推得到累加生成序列。记 $x^{(0)}$ 为原始数列,

$$x^{(0)} = \left[x^{(0)}(1), x^{(0)}(2), L, x^{(0)}(n) \right] = \left[x^{(0)}(k) \mid k = 1, 2, L, n \right]$$

相应多次累加序列为

$$x^{(r)}(k) = \sum_{j=1}^{k} x^{(r-1)}(j) \qquad (6-8-10)$$

这里上标 (r) 表示累加 r 次得到的序列。一次累加生成记为 $1-AGO$, $x^{(0)}$ 的一次累加生成即

$$x^{(1)}(k) = \sum_{j=1}^{k} x^{(0)}(j) \qquad (6-8-11)$$

这是灰色建模最常用到的建模序列。

(B)累减生成

累减生成(Inverse Accumulated Generating Operation;IAGO)是 AGO 的逆运算,即对序列中前后两数据进行差值运算。累减生成是一种生成数据序列的方式,同时累加生成数据序列建模后还原的过程也是一种累减。对一次生成的序列 $x^{(1)}$ 进行的累减还原计算为:

$$x^{(0)}(k) = x^{(1)}(k) - x^{(1)}(k-1) \qquad k = 1, 2, \Lambda, n \qquad (6-8-12)$$

（C）均值化生成

对一个序列的所有数据以它的平均值去除,从而得到一个新序列,这种生成的方法称为均值化生成。从数值上看,新序列表明的是原始序列中不同时刻的值相对于平均值的倍数。

记原始序列为 $x^{(0)}$,如果序列

$$x^m = [x^m(1), x^m(2), L, x^m(n)]$$

满足:

$$x^m(k) = x^{(0)}(k)/\bar{x} \qquad (6-8-13)$$

其中:$\bar{x} = \dfrac{1}{n}\sum_{k=1}^{n} x^{(0)}(k)$,则称 x^m 为 x^0 的均值生成序列。

4. GM(1,1)模型

灰色模型是与灰色微分方程对应的。灰色微分方程为:

$$x^{(0)}(k) + az^{(1)}(k) = b \qquad (6-8-14)$$

其中:$x^{(0)}$ 为非负原始序列;$x^{(1)}$ 为 $x^{(0)}$ 的 1-AGO 序列,而

$$z^{(1)}(k) = 0.5x^{(1)}(k) + 0.5x^{(1)}(k-1) \qquad (6-8-15)$$

称为紧邻均值生成序列。称

$$\frac{dx^{(1)}}{dt} + ax^{(1)} = b \qquad (6-8-16)$$

为灰色微分方程式(6-8-14)的白化方程,也叫影子方程。

建立 GM(1,1)模型,也就是对式(6-8-14)进行灰色方法求解。

GM(1,1)模型,对应的是 1 个变量的 1 阶灰微分方程,它是单序列建模,只用到系统的行为序列,没有外作用序列。在模型中,称参数 a 为 GM(1,1)模型的发展系数,反映了 $\hat{x}^{(1)}$ 及 $\hat{x}^{(0)}$ 的发展态势。b 为灰色作用量,是从背景值挖掘出来的数据,它反映数据变化的关系,其确切内涵是灰的,灰色作用量的存在是区别灰色建模与一般输入输出建模(黑箱建模)的分水岭。

5. GM(1,1,t)模型

GM(1,1,t)方程为

$$\frac{dx^{(1)}}{dt} + ax^{(1)} = \rho t + b \qquad (6-8-17)$$

可见该方程是在 GM(1,1)基础上增加了一个线性时间项,该模型的参数求解

$$(\hat{a}\ \hat{\rho}\ \hat{b})' = (B'_L B_L)^{-1} B'_L Y \qquad (6-8-18)$$

与 GM(1,1)比较,上式除了增加一个待估计参数外,计算中修改的只是矩

$$B_L = \begin{bmatrix} -z_1^{(1)}(2) & , & 2, & 1 \\ M & & M & M \\ -z_1^{(1)}(n) & , & n, & 1 \end{bmatrix} \qquad (6-8-19)$$

响应函数则成为

$$\hat{x}^{(1)}(t+1) = \frac{ba-\rho}{a^2} + \frac{\rho}{a}t + \left(x^{(0)}(1) - \frac{ba-\rho}{a^2}\right)e^{-at}, \ t = 1, 2, L, n$$

$$(6-8-20)$$

比较可见,GM(1,1,t)在方程中增加一个时间项,利用该时间项的参数求解,达到调整方程目的。

6. GM(N,h)模型

灰色模型与灰微分方程是对应的,GM(1,1)模型对应的是1个变量的1阶段微分方程。如果是2个变量的1阶段微分方程,则记为GM(1,2);2个变量的2阶段微分方程则记为GM(2,2),等等。考虑一般情况,即对h个变量的N阶段微分方程:

$$\sum_{i=0}^{N} a_i \frac{\mathrm{d}^{N-i} x_1^{(1)}}{\mathrm{d}t^{N-i}} = \sum_{i=1}^{h-1} b_i x_{i+1}^{(1)} \tag{6-8-21}$$

其中有:h个序列$\{x_i^{(0)}(k) \mid k = 1,2,\Lambda,n; i = 1,2,\Lambda h, \}$,其对应1-AGO为

$$x_i^{(1)}(k) = \sum_{j=1}^{k} x_i^{(0)}(j) \qquad i = 1,2,\Lambda,h; k = 1,2,\Lambda,n$$

对应的多次累减序列为

$$x_i^{(-l)}(k) = x_i^{[-(l-1)]}(k) - x_i^{(-(l-1))}(k-1)$$

式(6-8-21)还有:

$$a_0 = 1 \qquad x_1^{(0)}(0) = x_1^{(1)}(1)$$

与之对应的灰色模型记为GM(N,h),根据N,h的取值不同,则形成不同模型。

7. 灰色模型的检验

对于灰色模型,有三种方式检验、判断模型的精度:

(1)残差大小检验　是对模型值和实际值的误差进行逐点检验。

(2)关联度检验　通过考察模型值曲线和建模序列曲线的相似程度进行检验。

(3)后验差检验　是对残差分布的统计特性进行检验。

(七)神经网络理论与方法

人工神经网络(Artificila Neural Network)是在生物技术的基础上,借鉴人脑的结构与工作原理,使用数学方法,利用计算机技术发展起来的一项智能技术。人工神经网络具有4个基本特征:

(1)非线性　非线性关系是自然界的普遍特性。大脑的智慧就是一种非线性现象。人工神经元处于激活或抑制两种不同的状态,这种行为在数学上表现为一种非线性关系。具有阈值的神经元构成的网络具有更好的性能,可以提高容错性和存储容量。

(2)非局限性　一个神经网络通常由多个神经元广泛连接而成。一个系统的整体行为不仅取决于单个神经元的特征,而且可能主要由单元之间的相互作用、相互连接所决定。通过单元之间的大量连接模拟大脑的非局限性。联想记忆是非局限性的典型例子。

(3)非常定性　人工神经网络具有自适应、自组织、自学习能力。神经网络不但处理的信息可以有各种变化,而且在处理信息的同时,非线性动力系统本身也在不断变化。经常采用迭代过程描写动力系统的演化过程。

(4)非凸性　一个系统的演化方向,在一定条件下将取决于某个特定的状态函数。例如能量函数,它的极值相应于系统比较稳定的状态。非凸性是指这种函数有多个极值,故系统具有多个较稳定的平衡态,这将导致系统演化的多样性。

人工神经网络的这些特征对安全监测的数据进行分析,具有很好的容错性,这些是许多情况下安全监测领域所需要的。

人工神经网络的结构连接形式很多,总的来说分为分层型和互连型。分层型神经网络按照结构不同又分为:简单前馈网络、反馈型前馈网络、内层互连前馈网络。神经网络模型

种类多,有着各自的特点和成功应用的案例,在安全监测分析工作中,也有数种模型得以研究应用。

1. BP 神经网络

(A)BP 神经网络算法的思路

BP 网络是一种多层前馈型神经网络,将 PDP 算法用于神经网络的研究,称为 BP 网络模型。BP 网络即反向传播神经网络(Back-Propagation Neural Networks),是采用误差逆传播算法进行误差校正的多层前馈网络,由于权值的调整采用反向传播学习算法。因此,也常称其为 BP 网络。

BP 网络模型结构见图6-8-16,网络不仅有输入层节点,输出层节点,而且有隐含层节点(隐含层可以是一层或多层)。对于输入信号,要先向前传播到隐含节点,经过激活函数后,再把隐含节点的输出信息传播到输出节点,最后给出输出结果。神经网络中激活函数种类较多,其中比较常用的激活函数可归纳为三种形式:阈值型函数,分段线性函数和 Sigmoid 函数(S 型函数)。

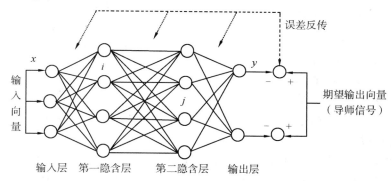

图6-8-16 BP 网络模型结构

BP 算法的主要思想是把学习过程分为两个阶段:第一阶段(正向传播过程)给出输入信息,通过输入层,经隐含层逐层处理并计算每个单元的实际输出值。第二阶段(反向传播过程)若在输出层未能得到期望的输出值,则逐层递归地计算实际输出与期望输出之差值(即误差),以便根据此差调节权值。具体地说,就是可对每一个权重计算出接收单元的误差值与发送单元的激活值的积。因为这个积和误差对权重的微商成正比(又称梯度下降算法),把它称作权重误差微商。权重的实际改变可由权重误差微商按各个模式分别计算出来。

这两个过程的反复运用,使得误差信号最小。实际上,误差达到人们所希望的要求时,网络的学习过程就结束。BP 算法程序如图6-8-17 所示。

(B)BP 算法理论解析

BP 模型把一组样本的 I/O 问题变为一个非线性优化问题,使用了优化中最普通的梯度下降法。用迭代运算求解权相应于学习记忆问题,加入隐含层节点使优化问题的可调参数增加,从而可得到更精确的解。如果把这种神经网络看成从输入到输出的映射,则这个映射是一个高度非线性的映射。如果输入节点数为 n,输出节点数为 m,则网络是从 R^n 到 R^m 的映射,即有

$$F:R^n \to R^m \qquad Y = F(X) \qquad (6-8-22)$$

对于样本集合 X 和输出 Y,可认为存在某一映射 G,使

$$y_k = G(x_k) \qquad k = 1,2,L\,n$$

$$(6-8-23)$$

式中 n——样本个数。

现欲求出一个映射 F,使得在某种意义下,F 是 G 的最佳逼近。数学中首先给出 F 的一含参数的表达方法,然后求出参数。通常的做法是选择一组基函数,把 F 表达成基函数的线性组合,可以通过最小二乘法(或者其他的方法)确定基函数前的系数,从而得到 G 的一种逼近。对于低维或者较简单的 G 函数,这种方法还能解决其他一些问题。对于复杂映射,面临如何选取基函数,以及求解系数等困难,故这种映射表示方法有其局限性。

神经网络是另一种映射表示方法,这是对简单的非线性函数进行复合,经过少数几次复合后,则可实现复杂的函数。神经网络 BP 算法的

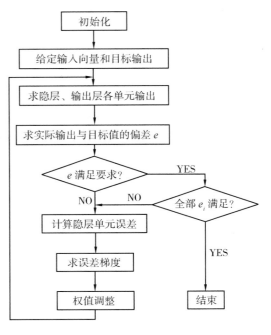

图 6 - 8 - 17　BP 算法的程序框图

实质是通过迭代,产生一个映射序列 $\{f_n\}$,然后求出一个映射 F,使 F 是映射 G 的最佳逼近。

BP 模型虽然从各个方面都有其重要的意义,但它存在不少问题,如存在有局部极小问题、学习算法的收敛速度很慢、网络的隐含层节点个数选取尚无理论上的指导、对新加入的样本会影响到已经训练好的网络、刻画每个输入样本的特征的数目要求必须相同等等。BP 网络的 I/O 关系可以看成是一映射关系。从系统观点看,这一映射是一高度非线性的映射。它的信息处理能力也来自于简单的非线性函数的多次复合。

2. GRNN 模型

Donald F. Specht 于 1991 年提出了广义回归神经网络(General Regression Neural Network,简称 GRNN),GRNN 是建立在非参数核回归(Nonparametric Kernel Regression)基础上,以样本数据为后验条件,依据概率最大原则计算网络输出。是一种局部逼近网络,网络最后收敛于样本量集聚最多的优化回归面,只要学习样本确立,则相应的网络结构和神经元之间的连接权值也随之确定,网络训练过程实际上是确定光滑因子的过程,人为调节的参数少,网络稳健,计算速度快。

(A)GRNN 模型的原理

设随机变量 x 和随机变量 y 的联合概率密度函数为 $f(x,y)$,设 x 的取值为 X,则 y 相对于 X 的条件均值为:

$$\hat{y} = \frac{\int_{-\infty}^{+\infty} y f(X,y)\,\mathrm{d}y}{\int_{-\infty}^{+\infty} f(X,y)\,\mathrm{d}y} \qquad (6-8-24)$$

通常情况下,通常联合概率密度函数 $f(x,y)$ 是未知的,在监测分析工作中也是如此,我们可以通过 x 和 y 的观测样本数据(记为 X_i 和 Y_i)按下式得到非参数估计:

$$\hat{f}(X,Y) = \frac{1}{(2\pi)^{(m+1)/2} A^{m+1}} \cdot \frac{1}{n} \sum_1^n \exp\left[-\frac{(X-X_i)^T(X-X_i)}{2A^2}\right]$$

$$\cdot \exp\left[-\frac{(Y-Y_i)^2}{2A^2}\right] \qquad (6-8-25)$$

上式中,m 为 X 的维数,n 为观测样本数,l 为 Y 的维数;A 是 GRNN 中唯一的调整参数叫做平滑参数。

将 $\hat{f}(X,Y)$ 代替 $f(x,y)$ 代入条件概率式(6-8-24),并利用式(6-8-24)和式(6-8-25)交换积分和求和次序,可得到:

$$\hat{Y}(X) = \frac{\sum_{i=1}^n \exp\left[-\frac{(X-X_i)^T(X-X_i)}{2A^2}\right] \int_{-\infty}^{+\infty} y\exp\left[-\frac{(y-Y_i)^2}{2A^2}\right]dy}{\sum_{i=1}^n \exp\left[-\frac{(X-X_i)^T(X-X_i)}{2A^2}\right] \int_{-\infty}^{+\infty} \exp\left[-\frac{(y-Y_i)^2}{2A^2}\right]dy} \qquad (6-8-26)$$

定义 X 与其观测样本 X_i 之间的欧氏(Euclid)距离为:

$$D_{Ei} = \sqrt{(X-X_i)^T(X-X_i)} \qquad (6-8-27)$$

再利用 $\int_{-\infty}^{+\infty} x\exp(-x^2)dx = 0$,则可将式(6-8-26)转化为

$$\hat{Y}(X) = \frac{\sum_{i=1}^n Y_i\exp\left(-\frac{D_{Ei}^2}{2A^2}\right)}{\sum_{i=1}^n \exp\left(-\frac{D_{Ei}^2}{2A^2}\right)} \qquad (6-8-28)$$

从上式可以看出,$\hat{Y}(X)$ 实际上是所有观测值 Y_i 的加权平均形式,而每个观测值 Y_i 的权重为与之相对应的样本 X_i 与输入样本 X 之间的欧氏距离平方的指数形式。

在上式中,如果改变距离算法,采用 $D_{Ci} = |X-X_i|$,称为 City Block Distance,上式就成为了如下形式:

$$\hat{Y}(X) = \frac{\sum_{i=1}^n Y_i\exp\left(-\frac{D_{Ci}}{A}\right)}{\sum_{i=1}^n \exp\left(-\frac{D_{Ci}}{A}\right)}$$

D_{Ci} 这种距离在概率神经网络(PNN)中较为常用。

(B)GRNN 网络的结构

GRNN 结构如图 6-8-18 所示,图中 GRNN 模型的网络结构分为三层:输入层、隐含层(中间层)和输出层。网络输入变量为 $X = [x_1,x_2,\cdots,x_m]^T$,对应的输出变量为 $Y = [y_1,y_2,\cdots y_l]^T$,输入向量的维数 m 即为输入层中神经元的数目,而输出向量的维数 l 则为输出层中的神经元数目。隐含层各神经元分别对应所有的学习样本,神经元的数目则等于学习样本的数目,记为 n。

GRNN 模型的隐含层有个特点,它分为两部分(不妨称为隐层1,隐层2)。首先,学习样

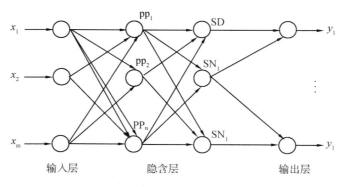

图 6 - 8 - 18　GRNN 的网络结构

本经输入层进入隐含层之后是进行隐层 1 计算,其工作是进行加权,所以也称加权层。隐含层的第二部分隐层 2 是求和层,求和层又分为两部分:简单求和以及加权求和。简单求和是对隐层 1 的输出进行算术求和,隐层 1 与隐层 2 简单求和部分的连接权值为 1。求和层的加权求和部分是对加权层(隐层 1)所有神经元的输出进行加权求和。网络计算的最后一步是给出输出层各单元值,即计算出 $Y = [y_1, y_2, \cdots y_1]^T$,也就是将隐含层中加权求和部分的输出与简单求和部分的输出相除。

3. Hopfield 神经网络

1982 年,J. Hopfield 提出了可用作联想存储器的互联网络,这个网络称为 Hopfield 网络模型,也称为 Hopfield 模型。Hopfield 网络是一类多输入、多输出、带阈值的二态非线性反馈动力学系统,在满足一定条件下,其网络能量在运行中要逐渐降低,最后趋于稳定。Hopfield 网络状态变化分析的核心就是对每个网络状态定义一个能量 E,任意一个神经元节点状态发生变化,能量 E 都将减小,即能量的变化量 ΔE_i 总是负值。Hopfield 网络的能量函数有如下定义:

$$E = -\frac{1}{2}\sum_{i=1}^{n}\sum_{j\neq 1}^{n} w_{ij}v_i v_j + \sum_{i=1}^{n}\theta_i v_i \qquad (6-8-29)$$

式中　v_i——第 i 个神经元节点状态;

　　　v_j——第 j 个神经元节点状态;

　　　w_{ij}——第 i 个节点与第 j 个节点的连结权值;

　　　θ——偏置值。

只有当网络的能量极小点可被选择和设定时,网络才能发挥作用,能量极小点的分布是由网络的连接权值 w_{ij} 和阈值 θ_i 所决定的。因此,设计网络能量极小点的核心就是如何获取一组合适的权值和阈值。有两种方法可供选择,一种是根据求解问题的要求,直接设计出所需要的连接权值,如 Hebb 学习规则和误差型学习算法。另一种是通过附加机制来训练网络,使其自动调整连接权值,产生期望的能量极小点。

Hopfield 网络有离散型和连续型两种。反馈神经网络由于其输出端有反馈到其输入端;所以,Hopfield 网络在输入的激励下,会产生不断的状态变化。当有输入之后,可以求取出 Hopfield 的输出,这个输出反馈到输入从而产生新的输出,这个反馈过程一直进行下去。如果 Hopfield 网络是一个能收敛的稳定网络,则这个反馈与迭代的计算过程所产生的变化越来越小,一旦到达了稳定平衡状态;那么 Hopfield 网络就会输出一个稳定的恒值。对于一个 Hopfield 网络来说,关键是在于确定它在稳定条件下的权系数。

Hopfield 神经网络的结构如图 6－8－19所示,在图中,第 0 层仅仅是作为网络的输入,它不是实际神经元,所以无计算功能;而第一层是实际神经元,故而执行对输入信息和权系数乘积求累加和,并由非线性函数 f 处理后产生输出信息。f 是一个简单的阈值函数,如果神经元的输出信息大于阈值 θ,那么,神经元的输出就取值为 1;小于阈值 θ,则神经元的输出就取为 θ。

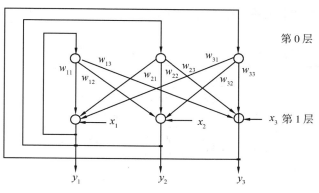

图 6－8－19　Hopfield 神经网络的结构

四、地下工程的安全监测预报

根据地下工程的具体特点,经常选用的安全预报方法可包括地质超前预报法、地质因素分析法、工程类比法、岩体结构分析法、警戒界线法、数学和物理模型预报法等。其中地质超前预报法、地质因素分析法、工程类比法、岩体结构分析法属工程地质定性分析法,块体理论和数学和物理模型方法为定量分析方法,警戒界线法亦可称为指标监控法。

（一）安全预报的工程地质定性分析法

1. 地质超前预报法

工程地质定性分析方法中,地质因素分析法在本章第四节中已有详细论述,地下工程监测资料分析和安全监测预报中可参照执行。

地质超前预报法实际上也是一种地质因素定性分析方法,所不同的是,它主要依靠洞室开挖之前的地质勘测资料和超前探测,在地下洞室开挖之前,对其安全稳定性进行提早和超前预报,为即将进行的开挖施工技术决策提供依据。该方法是针对地下工程的隐蔽性和预见性差的具体特点提出的,具有较大的工程应用价值,应作为地下工程首先开展的安全预报方法。

地质超前预报工作在各地下工程中实际上都在进行,但往往与安全监测工作脱节,也没有规范化。地下工程安全监测中,应将地质超前预报纳入整个安全预报范畴,并逐步形成系统性方法。由中科院地质所提出的"地质超前预报法"是这方面比较有意义的尝试。该法由表 6－8－8 所列三类十种方法组成预报系统,简便可行,可有效地超前查明和防止围岩失稳事故,确保洞室施工安全。该方法曾应用于大秦铁路某隧洞的安全预报中。

开展地下洞室的地质超前预报方法时,还应特别注意以下几点:

1）重视地质超前预报法与洞室开挖后的地质调查和现场观察巡视工作的紧密结合。在某些地下工程中,60% ~70% 的洞段开挖揭露出来的地质条件与勘测阶段的有很大不同。因此必须重视地质超前预报法与开挖后的现场地质调查的结合,特别是工作面附近的地质条件,如岩石特性、地质构造、地下水、结构面特性、自稳时间等的调查。只有做好地质超前预报法与施工期的地质因素分析法的结合工作,并根据开挖后的地质因素分析,对超前预报工作进行必要的补充和修正,才能保证安全预报的可靠性。地质调查必须紧跟工作面,确保及早掌握随工作面进展而变化了的地质信息,以免造成延误。

表6-8-8 地质超前预报方法表

分　类	名　　称	适　用　情　况
地质方法	超前平导地质素描	对产状稳定的较大断层预报效率高。平导超前于洞的距离较大时,作出预报较早,留给施工准备的时间也就较多
	正洞地质素描	适用性广,每洞必做,只是对于隐伏于前方的陡倾角结构面和隐伏于拱顶的水平结构面需与钻孔测试配合
	相关性调查	适用于地形地貌受地质构造影响的地区,对大的断层或断裂密集带预报的效果好
	块体坐标投影	适用于单洞或洞群的多块体稳定分析,预报不稳定块体
	赤平投影	预报不稳定块体
钻孔测试	钻速测试	利用爆破孔的钻进过程测速,适合于台车钻孔施工
	声波测试	预报准确,因需占一定工时,故必要时才进行
	压水试验	通常用于水平钻孔。测试速度慢,但可不占工时
	钻孔壁观察	通常用于爆破孔内壁观察,直观,可预报前方地质情况
计算机	断裂预报咨询系统	预报速度快。当产状变化不大且推断距离不很大时预报精度较高

2)为了弥补前期勘测工作的不足,在地下工程的施工阶段,在掌子面钻水平超前孔等措施,对于深埋洞室是地质超前预报的重要的和有效的方法。例如,日本青函海底隧道,超前钻孔深达2150m。

2. 工程类比法

工程类比法是我国地下工程中广泛采用的工程及地质因素的定性分析方法。考虑到地下工程的具体特点,根据本章第四节工程类比法的一般原则,在工作中尚应注意:

(A) 监测资料的采集、整理、分析评判

监测资料的采集、整理、分析评判是各种安全预报方法都必须做好的基本工作。在地下工程工程类比法中,监测资料采集的项目要以围岩内部变位、洞壁收敛等变位性监测项目为主,但同时还应包括工程已开展的围岩应力应变、声波、渗透压力、地下水涌水量及水压力、喷射混凝土喷层应力应变、锚杆或锚索应力、断层或节理裂隙张合度等监测量。根据工程具体情况,必要时可补充新的监测项目;对监测数据必须采用人工或数学方法进行可靠性分析,排除仪器、读数、错抄等操作过程中的失误,剔除和识别各种粗大、偶然和系统性误差,避免漏测和错测,切实保证监测数据的可靠性和完整性;采用手工或计算机整理和初步定性分析工作,包括各种物理量计算、图表制作,如物理量的时间和时间速率过程线和空间分布图的绘制等。对监测过程线应同时划出主要开挖施工过程线,并采用合理方法分离时间效应和空间效应。监测资料采用指标监控法与警戒值进行直接对比,首先是位移和位移速率指标,但也应同时考虑围岩应变应力、地下水压力和渗水量、锚杆或锚索应力、混凝土喷层及节理开合度等监测指标,进行初步综合分析评判,以减少偏差和失误。

(B) 现场地质调查、施工记录和现场观察巡视

将现场地质调查、施工记录和现场巡视等工作作为整个安全监测工作的重要组成部分,

认真记录、整理、入库和存档,以便综合分析比较。地质调查中,应重视掌子面、观测断面、断层带等重点地段的调查,详细调查记录围岩新生裂缝、断层夹泥挤出、节理开合、地下水等重要地质因素的变化及其他异常现象;施工过程亦应记录观测断面附近爆破、开挖、支护等各种施工过程、进度、方法等详细情况,以供分析对比;现场观察还应记录混凝土喷层及其他支护的崩塌、掉块、裂缝等详细情况。

（C）工程类比

按第四节二之（二）要求,做好工程类比资料的搜集准备,特别要做好:

1）相近工程资料搜集和对比。相近的工程条件包括工程规模尺寸、洞室断面形状、工程用途、使用年限、施工方法等各种环境条件。

2）相近的围岩条件包括岩体结构类型、围岩分类指标、岩体力学参数、结构面特性、地下水状态、初始地应力参数及其他围岩特性和工程地质条件。对工程条件和围岩条件与所监测工程相近的工程,应详尽搜集其地质、施工、设计、试验研究资料,特别是监控指标、监测资料、围岩安全稳定状态、可能失稳的条件、因素、机理等重要情况,以供工程类比使用。

3）稳定因素类比。已经发生过失稳事故的工程,被判定有失稳可能的工程,经处理后已经稳定的工程等典型工程。以上工程中的各项条件和各种与安全稳定相关因素,特别是失稳事故的事后调查（Case study）等重要资料的搜集及工程类比分析。

4）有关规程规范、设计准则、典型工程监控指标的搜集及分析对比。现附国内外部分软岩隧洞收敛量测成果表6-8-9,供进行工程类比时参考。

（D）综合分析评判

按第四节二之（二）的要求,做好综合评判,特别要做好以下工作:

（1）对地下工程全面稳定状态的分类　根据以上各项资料的综合对比分析,对地下工程不同洞段和部位的稳定性进行分区分类。如分为稳定、基本稳定、暂时稳定、不稳定、危险等洞段。对不稳定和危险洞段,按主次列出不稳定的形式、特性、因素,说明作用程度和特征,提出对开挖施工、安全监测工作的要求,指出可能采取的防范和治理措施。

（2）重点区段的安全监控　对于暂时稳定、不稳定及危险区域应进行重点安全监控。根据已有资料的工程类比和综合分析,调整修改失稳判据,确定安全监控管理的分级和监控指标,并按所制定的分级指标,严格进行开挖施工、安全监测和现场管理工作。

（3）安全稳定评判和安全预报　对各种监测资料和相关信息,根据以上诸因素的综合对比分析,及时的、分阶段的对不同洞段和部位分别做出安全预报。安全预报必须及时,以满足工程需要。因此,有必要分为安全通报、安全预报、安全警报和紧急警报几级管理。对于紧急情况,必须立即发出警报,及时通知有关部门,不得有任何延误。为了确保安全预报的可靠性,必须充分运用各种安全预报方法和手段,进行综合分析评判。

工程经验说明,只要在监测组内配备有足够数量,具有地质、施工、设计和安全监测专业知识和一定工程经验的人员,严格按以上要求,认真做好各项有关工作,特别是地质调查,现场观察及综合分析对比工作,在大多数情况下,可以对各种围岩失稳事故做出事先的安全预报,满足实际工程需要。但是必须明确,对于许多重要围岩失稳机理比较复杂的情况,如板裂、块体失稳及流变等,单纯靠经验性工程类比和定性分析方法进行安全预报是不可取的。发展定量的模型分析方法,是地下工程安全监测技术的自然发展和工程要求。

表 6-8-9

国内外部分软弱围岩隧洞收敛量测变位成果表

序号	国家	工程名称	地质与支护情况简介	埋深(m)	断面尺寸(m)	施工方法	变位历时 t(d)与相应距掌子面距离 nD(m)、收敛变位值 u(mm)			最终			速度		与最大速度相应的变位(mm)	有无支护的变形差(mm)	黏塑性变形的比例(%)
										变位(mm)	历时(d)	距离(n·D)	最大(mm/d)	平均(mm/d)			
1	中国	西洱河三级电站1支洞(0+133)	云母石英片岩,层间夹有云母角砾片岩及软弱破碎并有地下水。喷锚支护	20~80	D=5	全断面开挖	t: 1 2 8 17 36 41 nD: 1/6 1/4 1.0 1.5 2 3 u: 6 9 25 31 39 41			41	41	3D	6.5	1	6.5	6~10	12
2	中国	西洱河三级电站(1+主洞183.1)	前泥盆系变质砂系岩、片岩及三叠系干岩、变质砂岩-软弱破碎。工字钢、喷网支护	100	D=5	全断面开挖	t: 0.13 3 4 8 13 16 19 23 26 nD: 0.5 1.0 1.2 1.5 2 2.5 3 4 4.4 u: 7.6 20 23 33 39 47 51 56 60			60	26	4.4D	10.4	4.54	11		50
3	中国	西洱河三级电站(1+主洞198.3)	地质同上,钢架网和局部喷混凝土支护	100	D=5	全断面开挖	t: 1 2 5 20 20.0 20.2 20.2 nD: 0.8 1.0 1.6 2 2.5 3.2 u: 7.3 20 33 45 49 53			53	20.2	3.2D	3.4	2.62	11		42
4	中国	西洱河三级电站(1+主洞223.1)	地质条件同上,工字钢和钢纤维喷混凝土	100	D=5	全断面开挖	t: 1.38 3.3 5 nD: 0.7 1.0 1.4 u: 9.5 15 23			23.4	5	1.4D	5	4.7	2.8		22

序号	国家	工程名称	地质与支护情况简介	埋深 (m)	断面尺寸 (m)	施工方法	变位历时 t(d) 与相应距掌子面距离 nD(m)、收敛变位值 u(mm)		最终 变位 (mm)	最终 历时 (d)	最终 距离 (n·D)	速度 最大 (mm/d)	速度 平均 (mm/d)	与最大速度相应的变位 (mm)	有无支护变形差 (mm)	黏塑性变形的比例 (%)
5	中国	引大入秦	第三纪泥质胶结砂砾岩,发育的石灰岩,喷锚支护		城门型 H=7.9 b=9.3		t	0.6　1.2　3　5　12　15　19　27	114 (με)	27	1.5D	15 με/d	4.2 με/d	40 με		8
							nD	0　0.3　0.4　0.8　0.96　1.0　1.45　1.45								
							u	40　50　75　90　103　110　113　114								
6	中国	古楼铺隧洞	破碎的石灰岩,土夹砾石,自稳时间几小时。喷(10~15cm)锚支护	70~80	城门型 H=6.3 b=6.3	长台阶法	t	1　17　23　37　57　85	63	85	3.7D	1	0.77	11		
							nD	0.2　1.0　1.3　1.8　2.7　3.7								
							u	30　38　46　55　60　63								
7	中国	某工程	喷锚支护				t	1　2　4　5　8　10　12	22	12		12	2	12		
							nD									
							u	12　17　17.5　18　19.6　20　22								
8	中国	韩家河	砂、页岩 f=2 R=26~143kg/cm², 喷混凝土(10cm)支护	60~70	H=2.0~3.4 b=5.6~6.1	全断面	t	10　30　38　60　70　80　100　105	201	105		9.7	3.8	12		
							nD									
							u	58　75　100　135　150　170　195　201								

续表 6-8-9

序号	国家	工程名称	地质与支护情况简介	埋深 (m)	断面尺寸 (m)	施工方法		变位历时 t(d)与相应距掌子面距离 nD(m)、收敛变位值 u(mm)	最终 变位 (mm)	最终 历时 (d)	最终 距离 (n·D)	速度 最大 (mm/d)	速度 平均 (mm/d)	与最大速度相应的变位 (mm)	有无支护变形差 (mm)	黏塑性变形的比例 (%)
9	中国	张家洼铁矿	多数为不稳定的第三纪黏土岩、砂砾岩。喷混凝土 10cm	500	6×4.18	全断面光爆	t	116　360　450　660	10.3	660						
							nD									
							u	7.54　9.6　9.9　9.6　10.3								
10	中国	梅山铁矿	严重蚀变的凝灰角砾岩,遇水塌落、稳定性差,喷混凝土(±10cm)	160	5.1×3.55	全断面普爆	t	15　30　67　120　200　230　250　290　380	2.1	380		0.033				
							nD									
							u	0.5　0.7　0.7　0.98　1.35　1.68　1.8　2.1								
11	中国	下坑隧道	极严重风化的破碎干岩,节理发育遇水岩软化 f=1~2,喷锚支护 δ18	10~20	H=7.6 b=6.1	上下导洞分部开挖	t	10　20　30　40　50	53	50			1.02 (平均)			
							nD									
							u	18　37　45　50　53 (8个量测断面均值)								

716

序号	国家	工程名称	地质与支护情况简介	埋深(m)	断面尺寸(m)	施工方法		变位历时 t(d)与相应距掌子面距离 nD(m)、收敛变位值 u(mm)	最终变位(mm)	历时(d)	距离(n·D)	最大速度(mm/d)	平均速度(mm/d)	与最大速度相应的变位(mm)	有无支护变形差(mm)	黏塑性变形的比例(%)
12	中国	某隧洞	泥包石和石夹泥松散状，有地下水、断层破碎带 40m，喷(25cm)锚(L_3)支护				t	5　10　16　50	110	50		22.5	2.2	23		17
							nD									
							u	15　60　103　110								
13	日本	第 1 栗须隧道	土砂质地层，古老花岗岩风化严重，夹有固结度很低的黏土裂隙发育。喷锚	7.0	$b=14.3$	上下台阶法	t	10　12　14　20　25　30　40　50	24.5	50	12	8	0.49			
							nD									
							u	1　4　17　22　23　24　24.5　24.5								
14	日本	中央东线的岩隧道	系鱼川——静冈构造线沉陷性构造盆地，断层严重，第四纪火山口喷出物——灰石安山岩组和泥岩组成	30~50	马蹄形 $H=8$ $b=7$	短台阶法	t	5　10　15　20　25　30　37　50　60	75	60		4	1.3			16
							nD	1.3　5　6.3　10　12								
							u	8　30　35　35　45　48　60　58　75								

序号	国家	工程名称	地质与支护情况简介	埋深(m)	断面尺寸(m)	施工方法	变位历时 t(d) 与相应距掌子面距离 nD (m)、收敛变位值 u(mm)	最终 变位(mm)	最终 历时(d)	最终 距离(n·D)	速度 最大(mm/d)	速度 平均(mm/d)	与最大速度相应的变位(mm)	有无支护变形差(mm)	黏塑性变形的比例(%)
15	法国 意大利	弗雷公路隧洞	发亮的页岩层	1700			t: 7 14 21 28 48 56 70 84 112 u: 125 160 165 170 190 215 220 230 240	240	112		14	2.14			5~10
16	西班牙	塞维拉地铁隧道	兰泥灰岩,强度低 R=15~150kg/cm²,最后稳定于90d	7	H=4.5 b=3.7		t: 10 20 30 40 50 70 90 u: 70 80 85 87 90 95 100	100	90		14	1.1			50
						台阶法	t: 10 30 30 nD: u: 5 20 25	25	25~30		2	0.78			
17	奥地利	阿尔贝格双线公路隧道(陶恩)	千枚岩,片麻岩挤压性地层 喷锚支护	400~700	马蹄形 H=10.75 b=11.8		t: 2 5 10 15 20 30 40 50 70 80 100 nD: u: 20 40 50 55 58 60 67 90 128 138 140	138(140)	80(100)		10	1.7			10

718

（二）安全预报的定量分析法

1. 数学物理模型预报方法

数学物理模型法基本原理见本章第四节之四。数学物理模型法分为统计性模型、确定性模型和混合性模型三类。地下工程安全监测预报中以统计性模型应用较多，该法又可包括统计回归、模糊数学、灰色系统和神经元网络模型等。确定性和混合性模型一般以有限元法确定性计算为基础，并考虑岩土介质材料和结构的具体特点（如整体性、块状、松散体或其他类型岩土介质材料结构），选择确定性算法的具体形式。由于工程对象和工作条件的限制，在地下工程安全预报中采用确定性和混合性模型者并不多见，但可以预见，随着有关专业性软件的开发完善，以及高档微型计算机的普及，这两类模型将会在地下工程中得到普遍的应用。

2. 块体（结构）分析法

块体（结构）分析法在原理上与工程地质定性分析中岩体结构分析法是一致的。根据石根华—Goodman 的工作，该法已成为适用于各类块状岩体的较广泛应用的定量分析方法。具体作法请参照本节三之（四）。

（三）警戒界限法（指标控制法）

1. 位移指标控制法

其基本方法已在本章第四节三之（一）中介绍。

对于跨度小于 10～20m 的较小洞室，安全预报和后期支护的标准可按国标 GBJ 86—85《锚杆喷射混凝土支护技术规范》中有关条文执行。其中，收敛速率及拱顶下沉速率稳定临界值分别为 0.1～0.2mm/d，洞周允许收敛量可按表 6-8-10 选用。

对重要或规模较大洞室，位移和收敛判据一般不能套用表 6-8-9，宜根据前期监测、位移预报成果，有限元计算、地质条件的观察分析、相近工程类比等综合确定。

表 6-8-10　　　　　　　　　　　　洞周允许相对收敛量（%）

围岩类别	埋　深　（m）		
	< 50	50～300	> 300
Ⅱ			0.15
Ⅲ	0.1～0.3	0.2～0.5	0.4～1.2
Ⅳ	0.15～0.5	0.4～1.2	0.8～2.0
Ⅴ	0.2～0.8	0.6～1.6	1.0～3.0

位移指标控制法在地下工程安全监控中有广泛应用，但需要补充说明的是，对地下工程而言，位移指标本身的物理意义不够明确，主要是由于位移指标与洞径、埋深、支护、施工等影响因素关系未能很好解决，这方面的研究成果也不多见。位移控制指标的制定和应用必须同时考虑以上各种互相矛盾因素，并尽可能同时配合使用位移速率控制指标。

与位移相比，位移速率控制指标则有明确的物理意义，它反映了岩体随时间变化的流变效应。在位移速率 $V=0$ 条件下，洞室围岩趋于稳定，反之，$V=C$（常数）或不断增大，则说明洞室围岩处于等速或加速流变状态，洞室是不稳定的。因此，位移速率控制指标是洞室围岩失稳的充分条件，在安全预报中较位移指标有更直观和明确的控制意义。

在应用位移速率指标时,原则上应扣除开挖荷载引起的空间效应,仅对纯时间效应的位移速率进行分析。因为,开挖本身对工作面附近产生的附加位移速率往往是比较大的,但这在相当多情况下不起控制作用。

另外,收敛转化为测点位移值的计算虽是必要的,但由于计算假定条件要求较为苛刻,往往与实际情况相差较大。因此,建议将收敛和由它换算的位移量及两者的速率同时进行分析,而不要仅仅采用换算后的测点位移值和位移速率。

2. 应变指标控制法

应变指标控制法的基本原理和方法见本章第四节三之(二)。对于围岩为硬岩的地下洞室和以硬岩为主的大型地下洞室,以垂直于洞壁的张应变作为围岩失稳控制指标,能够准确地反映上述洞室失稳的力学机理,符合工程实际。因此,是合理的安全预报方法。同样需要注意的是,张应变指标是描述围岩局部或微观力学状态的物理量,实际工程监测项目中采用的较少,即使已有监测,由于布点位置和数量的限制,难于全面反映洞室整体稳定状况。因此,实际应用时,一般需要将其换算成位移或相对位移指标,这样就降低了爆破松动、断层影响等因素局部影响作用,可能造成安全监控指标偏低问题。在张应变指标的确定和使用时,必须针对工程实际,考虑各局部因素对张应变值的影响作用,或适度增大安全系数,或减小张应变控制指标。

张应变指标法对时间流变效应较大的软岩的适用程度可能存在问题,而这方面工程实例也不多。同济大学孙钧等人根据 61 个软岩隧洞 197 个量测断面调查,得出其"收敛比"在失稳时一般为 2%。因此,对软岩隧洞,取收敛比 ≤2%,地层应变 ≤1% 作为一项控制指标是可行的,可以作为对以上张应变指标的补充。这里"收敛比"的定义为:对拱顶为拱顶 U/R,对拱腰或拱趾为 $U/2R$。

表 6 - 8 - 11 给出国内外部分单位和工程采用的位移和位移速率监控指标,供工程类比时参照。

3. 安全监控项目的选择

主要依据地下工程的类型、基本条件和具体情况,有的放矢的选择安全监控项目。例如,对于浅埋隧洞,地面的沉降量、沉降槽的范围及地表裂缝是洞室安全稳定的重要参量,应列为主要监测项目,并将地表沉降量及沉降速率等选为安全预报的控制指标。在深埋洞室中,岩体失稳机制往往是压应力超限引起岩爆。因此,必须把围岩压应力选为主要控制指标。而在其他一些条件下,围岩压应力、地表沉降等物理量的监测实际意义不大。

由于地下工程环境条件,影响因素及破坏机制的复杂多样性,单一的物理量作为监控指标往往不能满足工程要求,应提倡对各种影响因素做综合分析,并采用多种物理量作为监控指标,即综合指标控制方法,作为失稳判据,进行安全预报,有可能减少避免失误,保证预报的可靠性和准确性。在相当多情况下,除变形速度、最大变形量等变位参量应作为主要控制指标外,还应同时将岩体的允许拉压应力、拉压应变等都作为辅助监控指标,与位移指标一起分析,综合判别。另外,地下水条件、岩体和喷层的裂缝发生发展、节理的张合、断层夹泥的挤出等情况,往往是洞室失稳的先兆,也必须认真观察记录、及时分析,并应作为围岩稳定判别准则的一部分。

表 6－8－11　国内外部分单位（或工程）允许收敛变形量与变形速率的标准

序号	国家	单位或个人名称	允许收敛变形量（单点）（mm）							允许收敛变形速度（单点）（mm/d）	
			埋深（m）	洞跨（m）	IV类		V类				
					R>150	R<150	R>150	R<150			
1	中国	喷锚支护国标 NATM设计施工技术指南	5－10	<5	6~10	10~30	10~16	16~60	喷锚支护国标	二次衬砌时间	1. 周边收敛速度明显下降 2. 周边收敛值已达总值的80%~90% 3. 收敛速度<0.1mm/d 4. 顶拱下沉<0.07mm/d
				5~10	10~16	16~50	16~40	40~80			
				10~15	16~30	30~100	30~120	80~160			
			50－100	<5	10~20	20~50	16~30	30~120		减速段	围岩变形向稳定方向发展
				5~10	20~50	50~100	30~80	80~160		匀速段	围岩变形可能向不稳定方向发展
				10~15	40~60	60~180			梁洞钧提出	加速段	围岩变形已为失稳前兆
			>100	<5	20~40	40~80	30~120	120~200		负减速段	围岩压密，说明支护限制了变形
				5~10	40~80	80~160	50~160	160~300		零速段	围岩趋于稳定
				10~15	60~120	120~300	160~300				
2	日本	NATM设计施工技术指南 隧道技术协会（NATM量测规则）	岩性		单线隧洞		双线隧洞		NATM指南	位移速度>20mm/d就需要采取特殊措施	
			软岩		>75		>15		隧道技术协会（NATM量测规则）	净空位移速度在下列情况下，立即采取加强措施： 1. 保持一定或处于加速状态时 2. 根据平均位移速度推求允许值时 3. 在没有护洞情况下，在单对数坐标系中 u－t 出现弯点时	
			中等岩		25~75		50~153				
			硬岩		<25		<50				

序号	国家	单位或个人名称	允许收敛变形量（单点）(mm)	允许收敛变形速度（单点）(mm/d)
3	美国	华盛顿地铁	当岩块间不均匀位移大于 1.2～2.5mm 时，喷混凝土裂缝	某些工程
		肉华达试验场	当岩石位移接近 50mm 时，锚杆垫板出现凹陷	第一天位移量＜允许变形量（2.54～3.18mm）的 $\frac{1}{5}\sim\frac{1}{4}$
		E.S 柯尔丁总结[13 个大型洞室（$H=40\sim400\text{m}$）]	当实测位移大于理论计算值 1～2 倍时，不产生较大范围围岩石松池	第一周平均位移量＜允许变形量（0.63mm/d）的 $\frac{1}{20}$
			当实测位移大于理论计算值 3 倍时理沿节理面产生移动或松池	
			当实测位移大于理论计算值 4～9 倍时支护结构应采取补强措施	
4	法国	工业部（拱顶下沉）	隧洞断面 ／ 埋深 ／ 硬岩 ／ 软岩： 50～100m²，10～50m，10～20，20～50 50～500m，20～60，100～200 ＞500m，60～120，200～400	
		努利克电站隧洞	式中 b_0——隧洞跨度 h_0——隧洞高度 $f_K = A\dfrac{R_0}{100}$（牢固系数） R_0——饱利压强。$A=0.1\sim0.4$ 顶拱：$\Delta_{允} = 12\dfrac{b_0}{f_K^{1.5}}$（mm） 边墙：$\Delta_{允} = 4.5\dfrac{h_0}{f_K^{2}}$（mm）	
5	苏联	顿巴斯煤矿隧洞埋深 400～1200m，用 $\dfrac{r\cdot H}{R}$ 对工程进行稳定情况评价	参数 rH/R 围岩情况 ／ 缓倾斜 ／ 总倾斜： 稳定，＜0.25，＜0.3 中等稳定，0.25～0.4，0.3～0.45 不稳定，＞0.4，＞0.45 周边允许收敛： ＜50～80 ＜150～200 ＜300～500	
6	奥地利	阿尔贝格隧洞 $D=3\text{m}$	净空位移 ≦ 隧洞半径或锚杆长度的 0.1 倍时，绝对位移＜300mm	当 30 天净空位移值 $\begin{cases}0\sim1\\1\sim3\ 时，\bar V=\\3\sim5\end{cases}\begin{cases}0.03\text{mm/d}\\0.03\sim0.1\text{mm/d}\\0.1\sim0.17\text{mm/d}\end{cases}$ $R_c\begin{cases}250\\300\\400\end{cases}$（喷混凝土强度）

722

4.安全监控指标的确定

安全监控指标的确定是安全监测预报的关键性技术问题。一般可由设计、监理或业主单位根据有关设计、地质和科研试验资料提出试验性指标,由安全监测校核后确定。如果有关单位未能作出相应的控制指标,安全监测单位则应在可能条件下,搜集有关资料,自行提供试验性监控指标。尽早地提供安全监控指标,是做好安全监测和预报工作的重要前提条件。

安全监控指标亦称围岩失稳判据,一般是参照洞室地质条件、围岩物理力学特性、现场及室内试验成果、模型试验和有限元的计算分析成果、国内外相近工程的类比和有关规程规范,前期试验洞的监测资料和前期的其他科研成果和资料提出的。如有前期试验洞的监测资料,应优先予以考虑,否则应以规程规范为基础,并综合以上其他资料分析确定。

下面以小浪底水利枢纽工程导流洞为例,说明安全监测指标的确定方法。该洞室的安全监控指标是在安全监测工作开展的初期,由监测人员依据前期上中导洞监测资料,并参照以上所述其他有关资料提出的,并以监测简报的形式向施工、设计、地质有关单位发布。事实说明安全监控指标的尽早确定,对于该洞室的安全监测和预报工作起了重要保证作用。小浪底导流洞安全监控指标由以下两部分组成:

(1)变形总量和变形速率相结合 上半圆扩挖的洞周变形监控指标为 20～30mm,日变形速率为 4～5mm。当变形总量 30～40mm 时,日变形速率应不大于 3mm。下半圆开挖时变形总量应不大于 20mm。一般情况下,变形速率是围岩失稳的充分条件,是围岩自身转向等速或加速蠕变的控制因素,但是岩体变形总量是洞室围岩安全稳定状态的综合指标,是速率等其他指标不能替代的。因此通常要将两种指标搭配应用,才能收到较好的效果。

(2)时空效应指标互相结合 距工作面大于 25m,变形速率不小于 2mm/d,或距工作面小于 25m,变形速率大于 3mm/d,应口头或电话通知监理工程师分析监测资料。变形速率不小于 6mm/d,立即通知监理工程师,并召开现场会议,研究相应工程措施,监测频率增至 2 次/d。这种形式安全监控指标能够反映洞室围岩变形两个基本要素——时间效应和空间效应的动态关系,便于实际工作中掌握应用。

小浪底导流洞施工监测中,还根据以上指标在不同的地质条件的洞段,分级确定相应的安全预报、险情通报和险情警报限。安全监控和预报的实际应用表明,以上两套安全监控指标在一般情况下是合理和可行的,但在距工作面大于 25m($L/D=1.2$)时,要求变形速率不小于 2mm/d 略有偏高。因此,后来调整为不小于 1～1.5mm/d。另外,对于地质条件相近的排砂洞和明流洞,由于洞径、埋深、开挖支护条件、工程对施工安全要求(主要是出口边坡等的稳定要求)等方面的差异,各类监控指标亦做了与具体工程特点相应的修正,这也是其他工程安全监测预报中需要考虑和重视的问题。

(四)安全监测预报的组织、实施和管理

1.对安全监测的组织和实施要求

安全预报是地下工程施工过程中一项牵动全局的关键性技术决策咨询工作,是地质、施工、设计等各项工作中承前启后的关键环节。上级领导机关应对安全监测工作予以足够重视和支持。监测组也必须做好施工、设计、监理、业主和地质等有关部门的协调,安全预报的发出和信息传递等项工作,才能保证安全预报的可靠性和准确性,并在修改设计、指导施工、进行安全监控等方面发挥作用。

2. 施工期的分级安全监控管理

为了确保地下工程的施工安全,对安全监测和预报必须认真统筹规划,避免临时被动应付。国内外都对安全预报及安全监控工作实行分级管理的办法。即首先将围岩安全稳定状况划分为稳定、基本稳定、临时稳定、不稳定和危险等不同等级。对稳定和基本稳定两种状态等级可进行一般性安全通报说明情况,对临时稳定围岩则应发安全预报,说明其在未来时刻内可能向不稳定状态转化。对不稳定岩体应及时发出安全警报,提请尽早采取有效支护措施,防止避免可能的塌方事故,或将可能造成的损失尽量减少。对处于危险状态岩体,必须立即发出危险警报,要求立即采取封闭现场、撤出人员、尽力避免造成人员生命和重大设备财产损失。各级监控指标是在安全监控指标的基础上,乘以适当安全系数后确定的,同时要考虑相似工程实例、试验段、室内试验、计算分析等成果,并且应在施工过程中通过监测资料予以修正,使其尽可能符合具体工程实际。管理标准中不仅要给出各级管理的上、下限,还要提出各分级施工对策,安全监测和预报的方式和要求。

表 6 – 8 – 12 为安全监控分级管理划分示意。

表 6 – 8 – 12　　　　　　　　　　安全监测分级管理划分示意

级　　别	监测标准	监　　测	施工对策
正常监测	测量值 < 安全预报值	定时监测和报告	按原方案进行或简化支护
安全预警阶段	安全预报值 < 观测值 < 安全警报值	发安全预报 数据仪器检查 复测 分析主要原因	提出并执行现场注意事项 强化现场检查 研究技术对策 增加锚杆 喷混凝土
安全警戒阶段	安全警报值 < 观测值 < 险情警报值	强化量测 加强观察 分析主要原因 复核险情警报标准 发安全警报	掌子面喷混凝土、打锚杆 超前支护 强化锚喷支护 打顶拱或底拱 小台阶化
险情警戒阶段	观测值 > 险情警报值	发险情警报 其余同上	暂时中止开挖 掌子面戒严 岩体、掌子面补强措施 其他应急措施

五、地下工程安全监测反馈技术

（一）地下工程安全监测反馈的概念和原理

1. 控制论和负反馈原理

地下洞室的岩土围岩具有显明的灰色系统特点,在设计阶段难于精确预测其结构形态、材料特性及它们在施工运行中的动态变化过程,必须补充现场量测和观察等信息,才能正确评价工程的安全稳定状态,完善优化施工设计方案,使之符合工程实际情况。这种根据现场量测和观察信息,调整修改施工设计,对洞室围岩安全稳定进行有效控制的过程,称为对施工设计的反馈。从现代系统工程控制论的观点,以上反馈过程实际上应用了控制论的负反馈原理。

2.地下洞室围岩稳定状态的可观测性和可控制性

根据控制论负反馈原理,地下洞室监测反馈的基本理论依据是洞室围岩稳定状态的可观测性和可控制性。可观测性是指在一定条件下,地下洞室围岩稳定状态是可观测和捕捉到的。因此,也是可以预测和预报的。可控制性是指在一定条件下,只要所采取的工程措施适当,地下洞室围岩稳定状态有可能向人们所要求的方向转化,从而达到改进施工,优化设计的目的。工程实践表明,地下洞室围岩安全稳定状态是具有可观测性和可控制性的,但是这种可观测性和可控制性是有条件的。因此,地下洞室监测反馈技术的基本问题是研究解决如何提高洞室围岩稳定状态的可观测性和可控制性,并利用它们来达到改进施工、优化设计的基本目的。

提高地下洞围岩稳定状态可观测性的措施主要是要充分利用现有技术条件,进行全方位、多渠道的围岩稳定相关信息采集。不但要有变位和收敛量测数据,必要时还应补充声波、渗压、锚杆应力和衬砌应力的量测资料。除仪器监测外,还必须认真做好地质调查和预测,围岩和支护工作状态的现场观察信息采集。在可能的条件下,尽量采用先进的监测手段和方法,如各种自动监测方法、以及地质雷达法等。

地下洞室围岩稳定状态的可控制性即实现围岩从不稳定向稳定状态转变的基本条件是:

1)监测反馈过程中观测、分析和修改支护作业的时间总和 Tb,应小于围岩自稳定时间 Ts,即:

$$Tb < Ts \tag{6-8-30}$$

2)支护抗力 Ps 要大于围岩加在支护上的荷载 Pl。这里 Pl 不是开挖荷载本身 Pk,而是开挖荷载扣除围岩自承荷载 Psl,即:

$$Ps > Pl = Pk - Psl \tag{6-8-31}$$

提高地下洞室围岩稳定状态的可控性措施有:采用先进的、快速轻便的监测资料采集、处理分析和反馈软硬件系统;充分利用新奥法建议的喷锚支护等快速、灵活、轻便的支护手段;重视和运用洞室施工的主要荷载——开挖荷载是随工作面推进而逐步加大的,即逐渐加到洞室围岩之上的原则,利用控制开挖进尺来控制开挖荷载的施加速度;必要时引用超前锚杆、超前管棚和预注浆等超前支护方法;加强对地下水的排疏和治理等。

3.新奥法的指导思想

地下工程安全监测反馈的概念实质上就是新奥法的基本指导思想,即把施工监测当作设计施工承前启后的关键环节,针对各段洞室围岩的不同条件,因地制宜的采用不同的开挖支护手段和方式,达到充分发挥围岩自稳能力,多快好省地开展地下洞室施工建设的基本方法。但是,安全监测反馈的概念不仅仅适用于新奥法,对于盾构法、管片式衬砌法等其他地下工程施工设计方法也是有普遍应用价值的。

4.地下工程安全监测反馈的4个阶段

根据工程进展,现场监测反馈可分为前期原位量测、施工期安全监控、运行期原型观测和以改进施工设计为目的的后期分析反馈4个阶段。

前期量测反馈通常有两种方式,一为在勘测平洞或试验洞内进行,二是在同一洞室的前部进行,其主要目的是预测后建的原型大洞室的围岩变形特性和力学参数,评价后者围岩的稳定性,进而反馈优化在建洞室设计施工方案。

施工期监测反馈是根据本洞室的施工期监测资料及其他信息,在评价其自身的安全稳定性和安全预报的基础上,再对施工设计原始方案包括支护方式、支护参数和施工程序等进行调整修改,以达到确保施工安全、加快进度、降低造价、简化施工和优化设计的目的。

运行期原型观测和反馈的作用是确保运行期洞室围岩的安全。它的重点往往是研究围岩长时间的流变特性及其对支护的作用,也可能针对特定工程和不稳定岩体的作用进行反馈分析。

后期反馈是以总结经验、改进施工设计方法为目的的监测资料整理分析和研究工作,多数是在工程建完后进行,有时也可结合工程安全定检等工作一并进行。

(二)地下工程中的安全监测反馈方法

根据我国有关规范规定,地下工程的设计方法主要有工程类比法、监控量测法和理论验算法三种。安全监测反馈从设计方法角度,属于监控量测法的范畴。但在实际工程实践中,地下工程安全监测反馈的方法仍可按这三种设计方法进行初步分类。其中,工程类比法又分为直接类比法和间接类比法;理论验算法又称数学物理模型法,可进一步分为数学模型和物理力学模型两类,与其他岩土工程基本一致。此外,地下工程监测反馈分析也是建立在洞室安全稳定性分析评判和安全预报基础上,一般宜采用与安全预报阶段尽可能一致的物性参数反分析方法、岩体物理力学模型和工程结构分析模型。

1. 工程类比法

直接类比法是根据监测资料与已有工程资料的直接对比分析,评判当前工程的安全状态,反馈调整施工设计方案。在直接工程类比法中,除本章第五节所述的相似工程、围岩条件和安全稳定因素的类比外,对地下工程监测资料反馈分析,还应补充进行以下工作。

1)围岩加固和支护方案的对比分析。如:支护方式、支护时机、支护参数的详尽的对比分析。

2)加固方法与围岩安全稳定性关系的对比分析。特别要考察对比相近工程中,各种支护方式、支护时机和支护参数对围岩安全稳定性的影响,加固的作用机理,相应的围岩变形、应力、应变、渗流等监测物理量的量值、趋势和发展规律、变化特点等。

3)工程结构的工作条件、荷载工况、作用机理、与围岩相互作用关系、破坏机理、破坏征兆、自身结构变形、应力、应变、裂隙的量值、趋势和发展规律、变化特点等。

在间接类比分析中,原则上仍以各种围岩分类法为基础,但必须进一步考虑工程结构、加固措施、安全监测资料等与围岩分类各因素之间相互作用关系。特别要认真分析对比围岩结构、岩石特性、地下水、地应力等因素与工程结构和加固措施之间相互作用关系,才能通过工程类比分析,选择合理的对设计施工的修改调整方案。例如:对于块体结构岩体,应根据其特点强调对可能失稳块体进行局部加固,同时要赶在其产生滑动之前"尽早支护",新奥法推荐的荷载和位移的释放、适时支护等对块体结构是不适宜的。支护措施要能尽快地提供足够支护力。因此,应以锚杆、锚索、钢拱架等为主要支护形式。对于散体结构岩体,则应以提高其自身黏聚力、形成有足够承载能力的支承拱为重点,采用灌浆、注浆锚杆、喷锚加挂网联合支护等支护形式。

对于不同特性的岩石,应根据工程类比法原则,参照已有工程经验,进行反馈分析。如根据围岩支护系统变形规律分析,将软岩概略分为破碎但不膨胀岩体和遇水膨胀岩体。对破碎不膨胀岩体,采用锚固成拱理论进行支护是可行的。而对膨胀性岩体需要采取双层支护,及时封闭、防止水入侵等止水措施,才有可能确保岩体变形逐步收敛稳定。

对于埋深、跨度等地下洞室形成压力荷载的重要因素,也要认真与已有相近工程进行分析对比,区别不同情况采取相应对策。对于浅埋和特浅埋地下洞室,覆盖层浅,围岩自稳能力差,甚至无自承能力可利用,要求监测中对地表沉降值、沉降槽、不均匀沉降裂缝等进行严格控制,并采用"管超前、严注浆、短开挖、强支护、早封闭、勤量测"等支护加固措施。但对深埋洞室,则应将可能产生岩爆、围岩应力和能量聚集当做重要监控指标,根据工程类比法的原则,视围岩地应力条件、岩石强度、脆裂性等具体情况,选择能量释放或分级支护的施工对策。

在工程类比法中,根据实际需要,有时在类比选择支护方案时,还要进行局部和整体稳定验算工作,一般可采用简化方法、经验性公式或解析公式,以便在工程现场进行。如有必要,而且时间允许,也可引入较复杂的物理力学模型,委托后方监测中心或其他单位完成。

2. 监控量测法(或收敛约束法)

监控量测法的实质就是应用新奥法的承载环、自稳时间和自稳能力、时空效应曲线、收敛约束等基本概念,以监控量测资料为主要参量,在地下工程施工过程中对施工设计修改调整的方法。其主要内容可包括:

1)根据围岩收敛变形和其他监测曲线,判断围岩的自稳时间和自稳能力,并由此推论围岩承载环的形成与否、大小和必须补充的支护荷载,供支护设计采用。

2)根据洞室开挖过程的空间效应曲线,同时考虑时间效应影响,确定不同时刻的开挖荷载和围岩变形释放比例,给出支护荷载量和支护时机,供修改支护设计使用。

3)由监控量测得到的围岩收敛变位曲线,同时考虑围岩形变压力和松散压力形成过程及失稳破坏机制,推算其收敛约束曲线,并由它计算一次支护时机和支护参数。

在长隧洞全断面开挖条件下,监控量测法的基本思想可由"收敛约束法"直观上加以解释。但应当说明的是,尽管新奥法已在地下工程中广泛应用,但作为这一先进设计施工方法的重要发展,收敛约束法并未在实际工程中广泛推广应用。原因是在以上方法中,承载环和收敛约束曲线中支护时机的确定的计算还存在一定技术问题。安全监测人员可引用比较成熟的空间效应曲线等作为反馈分析参考资料,但不宜盲目应用承载拱和收敛约束曲线进行反馈分析,以免造成失误。另外,收敛约束法主要用于长隧洞和开挖支护施工比较简单规则的地下洞室,对于较大规模或施工作业条件复杂的地下工程是不适用的。

3. 物理力学模型反馈分析法

物理力学模型监测反馈分析法相应于地下工程设计中的理论验算法。在监测资料反馈分析中,对这一方法的要求,与安全预报(本章第四节)基本一致,应选用适用本工程岩体结构和力学特性的岩体物理力学模型和反分析方法,同时还应注意:

1)工程结构和支护措施的模拟方法,必须符合具体工程实际,同时是充分简化的。特别是支护措施的模拟应能模拟对围岩的加固效果。如锚杆和喷射混凝土等支护措施的模拟应能反映实际工程中对围岩变形约束的效果。

2)由于反馈分析要对设计施工方案进行修改优化,反馈正分析(对方案的理论验算)必须多次反复进行,有可能耗费大量时机。因此,要求整个反馈正分析系统,包括岩体结构模型、反分析、修改支护的正分析计算等,都是尽量简化的。

物理力学模型反馈分析方法要求现场监测反馈人员有较高理论素养、所使用的软件功能强,速度快,满足现场需要等。而在目前阶段,这一反馈分析方法在工程中尚未得到普及应用。但是必须看到,对于一些大型和重要的地下工程,以及遇到某些重要技术关键需要解决的工程中,物理力学模型反馈方法是无法回避或替代的。

4. 数学模型法

数学模型法在地下工程监测资料的反馈分析中应用较少。目前主要是采用统计回归法,在长隧洞中,对二次支护的时机和支护压力的进行计算以及对围岩塑性区域的预测等。

1)利用变位曲线计算塑性区半径。M. Panet 发现,利用函数对洞室净空收敛等变位量进行回归能取得较高精度。

$$C = A \times [1/(1 + B \times X)^2] \tag{6-8-32}$$

式中:A,B 为回归系数;C 为净空变位值。由此进一步得到由回归系数 B 估算塑性区半径 r_P 的估算公式:

$$r_P = 1/0.84 \times B \tag{6-8-33}$$

由 r_P 可按芬达弹塑性解析公式进行支护设计。

2)二次支护计算。引起二次支护形变压力的"残余变形率"β 可按下式计算:

$$\beta = \frac{2 \times P_0 \times r_0 \times (1 - \lambda_0 \times G_{00}/G_1) - 2 \times G_{00} \times \{Cm + A \times [1 - \exp(-B \times t_0)]\}}{Cm \times (K_S \times r_0 + 2 \times G_{00})}$$

$$\tag{6-8-34}$$

式中　P_0——初始地应力;

　　　r_0——隧道半径;

　　　K_S——支护刚度;

　　　$\lambda_0 \approx 0.265 - 0.33$;

　　　A,B——量测数据的回归系数;

　　　Cm——二次支护时测得的收敛值。

由残余变形率 β,可采用结构力学等方法反求支护形变压力,据此进一步做支护设计。

(三)前期量测反馈

在勘探平洞和试验洞中开展前期量测,预测后续原型大洞室的围岩物理力学参数和变形特性,是国内重要地下工程比较普遍的作法。问题在于,如何利用试验洞获得更多信息,进一步做好对原型洞室施工设计方案反馈优化工作?这方面比较成功的例子有鲁布革、二滩、十三陵、天荒坪、广州蓄能电站和小浪底水利枢纽等地下工程。

广州蓄能电站在排风支洞前期监测的基础上:第一,进行较深入地反分析工作,给出了供地下厂房和主变室分析采用的物理参数。第二,开展了系统的对地下厂房等主要洞室的位移预报和施工监控设计,计算给出量测仪器位置上的变形量,确定了允许极限拉应变和允许相对变位量等位移监控指标;预估了围岩破坏和支护作用机理,以优化修改支护设计。第三,开发了可用于原型主洞的位移预报和施工监控软件,并用于主洞施工期监控以及实测值与监控值的对比分析。

在小浪底工程中,选择了三条导流洞的中导洞和上半圆扩挖阶段,开展前期原位监测。共布置了六种仪器 40 个监测断面,取得了大量监测数据和资料。在此基础上,开展了较深入的围岩物性参数反分析工作,给出了各类围岩的位移特性和弹模、地应力及黏性参数等物力参数指标。依据位移量测数据和位移反分析成果,重新进行了围岩分类,确定了在断层破碎带为Ⅴ类围岩,断层影响带为Ⅳ类围岩,其余绝大部分区段为Ⅰ、Ⅲ类围岩的分类模式,明确了只需在Ⅳ、Ⅴ类围岩的少数区段采取加强支护措施,大大减少了支护工作量;根据监测数据和相关其他资料,对各类支护的效果进行了评估,提出了降低喷射混凝土厚度,将胀壳式锚杆改为砂浆锚杆,减少钢筋网直径,加大孔距,改进灌浆材料配比和施工工艺等,可以简化地下工程施工工艺,降低工程建设造价,并确保施工安全。

(四)施工期监测反馈

1.反馈分析的内容

施工期监测资料的反馈分析在改进设计、指导施工方面,有很大的工程应用价值,值得大力推广。在地下工程中,需要进行反馈分析的项目和内容很广。实际应用时,可根据工程具体要求和实际可能,选择重点,开展反馈分析。

(A)反馈优化设计

1)根据监测资料的反分析,验算修正岩土材料的物力参数。

2)根据监测资料,校核修正地应力、渗压、山岩压力等基本荷载。

3)根据观察和量测结果,调整修改支护参数,使之符合工程实际。

4)最大位移量、应力应变、松动范围、塑性区、破坏机制等的校核验算。

5)安全监测方法和监控判据指标的校核。

6)在以上调整基础上,进行原设计方案的验算和调整。

(B)反馈指导施工

1)在安全预警和安全警戒阶段,根据监测和观察资料,对下述施工项目和工序进行调整修改:

a)增设支护(预注浆、超前管棚、超前锚杆、超前洞槽预加固和预支护拱圈)。

b)掌子面喷混凝土、打锚杆等。

c)强化原有的锚喷支护参数。

d)改善支护形式,施做顶拱或底拱等。

e)缩短开挖进尺,小台阶开挖。

f)采用光面微震动爆破或预裂爆破方法。

g)地下水治理。

h)强化施工监测。

i)调整锚喷和支护的时机。

j)其他应急技术措施。

2)正常监控阶段对施工设计方案的调整优化。减少支护(锚杆数量、长度、喷层厚度等);提高工效(加大开挖进尺、台阶高度增加等);简化施工工艺和施工方法;变更简化支护方式,如取消浇筑混凝土拱、减少或取消钢筋网、喷层数量等。

3)地表及邻近建筑物的安全监控及防护措施反馈。

2.关于反馈分析的方法

目前施工期监测资料的反馈分析广泛采用工程类比法,只要方法得当、认真实施,一般都可以满足工程需要,收到较好效果。但对于大型、重要工程,以及较复杂的技术关键问题,单靠工程类比法是不够的。在这些工程中,应尽量采用物理力学模型反馈分析方法,这也是当前岩土工程的重要发展方向。另外,在部分工程中也有应用监控量测法(收敛约束法)进行监测资料反馈分析的,如法国 D. Dermaud 和 C. Rousset 等人在巴黎盆地深埋泥炭岩隧道中所做的工作,如能进一步解决支护时机等重要参数的实际工程取值问题,是有发展前途的。

应用物理力学模型进行施工期反馈分析,目前多数是在工程后方进行的。在一些具体情况下,这也是可取的。但如能克服以上困难,像 Ohkawachi 地下厂房那样,在工程现场进行,将对提高反馈分析的质量和水平,促进地下工程施工设计技术的发展,有相当大的意义。

(五) 运行期监测反馈

关于运行期和工程后期监测资料整理分析和反馈,可以参照施工期和前期监测反馈方法。由于这两个阶段对反馈分析的时间要求不如施工期紧迫,但需要反馈的技术难度较高,一般可在后方进行,并尽可能采用物理力学模型,以求达到更好的效果。

(六) 工程实例

1. 物理力学模型反馈分析的工程实例

引大入秦工程盘道岭隧道的安全监测反馈工作中,首先采用平面弹性双介质模型对围岩物性参数进行反分析,求得松动区围岩变模约为原岩的 1/2。由多点位移计的围岩内部变位监测资料得出,围岩蠕变范围在 10m 左右,松动范围在 5m 左右。然后用三单元弹塑性模型和平面弹塑性有限元程序进行一次支护及二次支护的计算分析。分析结果说明:①一次支护时,必须同时施作底拱,以及时封底形成闭合拱,否则施工中底鼓现象十分严重,危及洞室安全;②二次支护后支护上产生一些裂缝,如荷载不再增大,将不会扩展,只需对其做简单处理。据此,指导了施工设计的调整,收到较好效果。

在国外,一个应用物理力学模型方法进行监测反馈分析的例子是日本的 Ohwawachi 蓄能电站地下厂房。这一反馈工作是在施工现场进行的。

日本的 A. Yala, A. Holo, S. Sakurai 在 1989 ~ 1991 年在 Ohkawachi 蓄能电站地下厂房施工阶段建立了一套自行开发的监测资料反馈分析系统。该系统采用严格的有限元反分析方法,求得围岩稳定分析的大多数重要物理力学参数,应用直接应变判别法对洞室的每一台阶开挖的安全稳定状态进行评估。系统同时还将洞室开挖过程的地质调查、现场支护工作形态的观察、石根华关键块体理论分析等作为基本信息资料并入反馈分析系统,然后综合分析评估松散区的破坏模式,分析增设支护的必要性及应增设支护的形式和数量。该反馈分析系统的流程图如图 6 - 8 - 20 所示。

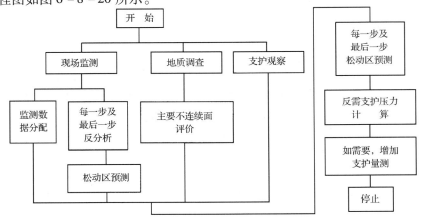

图 6 - 8 - 20　开挖控制系统流程图

该系统完成对地下厂房每一台阶开挖的反馈分析时间为 2~3 天,从时间上可以满足工程进度的要求。应用该系统在施工阶段对地下厂房每一级台阶开挖进行了反馈分析,通过分析在洞周发现了一个需要增设支护的围岩松动区域,经过反馈正分析计算,给出了增设调整支护——主要是预应力锚索的部位和数量,从而修改了设计,保证了施工安全。预应力锚索支护方案的修改情况如图 6-8-21 所示。

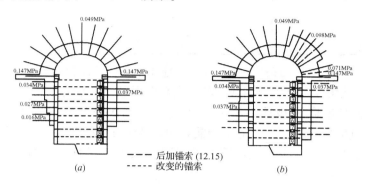

图 6-8-21　P.S.锚索布置和压力
(a) 初始设计;(b) 最终设计

2.监控量测法反馈分析的工程实例

小浪底水利枢纽工程 3 条导流洞施工开挖过程中进行了广泛地安全监测工作,所埋设施工期监测仪器如表 6-8-13 所示。在此基础上,先后开展对 60 多个重点洞段的围岩稳定状态的评估和预报,对开挖、支护方式和支护参数的评价、调整和反馈,为加快施工进度、确保按期截流,对数十个洞段的跟踪监测和对施工反馈分析,为仲裁承包商和业主关于开挖方式、支护参数等方面的分歧,研究加拿大咨询团咨询意见等进行的监测和对施工反馈分析工作等。本文仅以 2 号交通洞与 2 号导流洞交叉口地段的施工监测和反馈为例,做简要介绍。

表 6-8-13　　　　　　导流洞施工期监测仪器数量表

监测项目		洞号	数量	总　计	
顶拱下沉		1	122	429	
		2	151		
		3	156		
收敛监测	光测 (3 点)	1	34	123	229
		2	31		
		3	58		
	光测 (5 点)	1	7	19	
		2	5		
		3	7		
	尺式	1	30	87	
		2	34		
		3	23		

监测项目	洞号	数量	总　　计
多点位移计	1	13	37
	2	7	
	3	17	
锚杆应力监测	1	13	30
	2	12	
	3	5	

1）该部位在结构上是两条隧洞交叉口,在地质上处于 F_{236} 和 F_{238} 两大断层交汇带,地质条件十分不利。该洞段在上中导洞开挖阶段先后出现过 3 次险情。

2）在上半圆扩挖阶段,1995 年 8 月 18 日,0 +790 和 0 +800 断面顶拱下沉变形速率分别达到 6.9mm/d 和 6.1mm/d。同时,在导流洞右侧 2 号交通洞右边墙发生 2 处裂缝。监测单位及时向有关单位发出了安全预报。后经喷混凝土及加设锚杆等,抑制了变形的发展,见图6 - 8 -22。

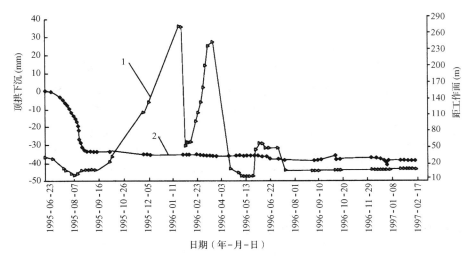

图 6 - 8 - 22　顶拱下沉量测成果过程线(2^# 导流洞 0 +800)

1—距工作面距离;2—顶拱下沉

3）交叉口在其上游洞室 1996 年 7 月下挖施工时,围岩变形有较大发展,收敛变形速率接近安全警戒范围。监测单位提醒施工缩小开挖进尺后,变形趋于平稳,见图 6 - 8 -23。

4）交叉口的下挖施工自 1996 年 10 月开始,采用小梯段、逐步降坡方法。下挖初期变形较平稳,10 月下旬围岩变形速率已进入安全警戒范围。11 月 7 日在该部位 2 号交通洞下游边墙和导流洞上游右边墙混凝土喷层产生数条裂缝。临时增设挂网喷混凝土和打 5m 注浆锚杆的补充支护措施后,在新喷混凝土层上产生新的裂缝。考虑到该洞段的具体情况,继续采取谨慎施工,同时以监测指导施工,保证了该洞段在下卧阶段的围岩稳定和施工安全。

（七）计算机地下工程安全监测反馈系统

开发计算机安全监测反馈系统,是当前地下工程领域的一个新发展方向。日本在 1986 年提出了建立计算机人工智能隧洞施工管理系统设想,该系统要将隧洞施工专家知识结合

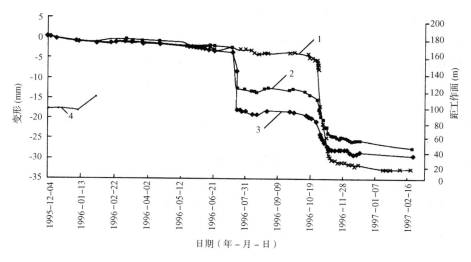

图 6-8-23　收敛量测成果过程线(2#导流洞 0+778)

1—1~3 测线;2—2~3 测线;3—1~2 测线;4—距工作面

起来,使初学者也能像专家一样正确地进行隧洞施工的技术决策。樱井春辅(S. Sakurai)等近年来开发了一个用于大型地下洞室的监测资料反馈分析系统,系统拥有有限元方法和:①不均匀变形;②裂缝张合;③沿滑动面滑动;④塑性流动等四种岩土材料模型,可考虑监测信息和地质调查两类资料。有限元模型在弹塑性分析的基础上,采用等效分布弹模反映岩体松动范围,可考虑分步开挖情况,并可在 2~3 天之内评判出该开挖涉及中洞室的整体稳定状态,见本节之(六)。

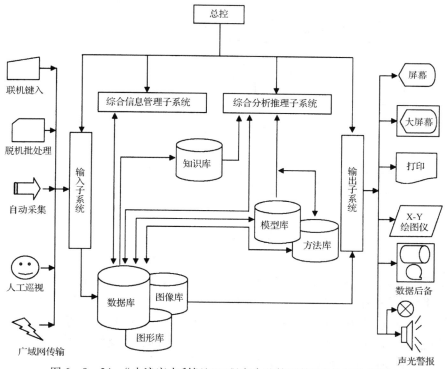

图 6-8-24　"小浪底水利枢纽工程安全监控系统"总体结构框图

733

国内,同济大学为广州蓄能电站研制了位移预报与施工监测设计软件系统。成都勘测设计院建立了岩土工程动态信息分析系统,用于岩土开挖释放位移的动态信息整理分析,包括测线回归、优化方程及对位移速率和总位移量等的评价,可在地下工程及人工边坡工程中应用。

"小浪底水利枢纽安全监控系统"是国内外正在开发研制的先进大型岩土工程安全监测反馈控制系统。该工程共安装埋设各类传感器和监测点 2961 支(点),其中纳入数据自动化采集的测点为 861 支(点),计 60 座地面和地下观测站(房)。该系统将是以微机网络、分布式数据库、多媒体应用和人工智能技术为基础的安全监控决策支持系统。其整体结构采用"四库三功能"体系,即由 7 个功能部分组成:①数据库(含图形和图像库);②模型库;③方法库;④知识库;⑤综合信息管理子系统;⑥综合分析推理子系统;⑦输入输出(I/O)子系统。其总体结构框图如图 6-8-24,在线监控工作流程如图 6-8-25。

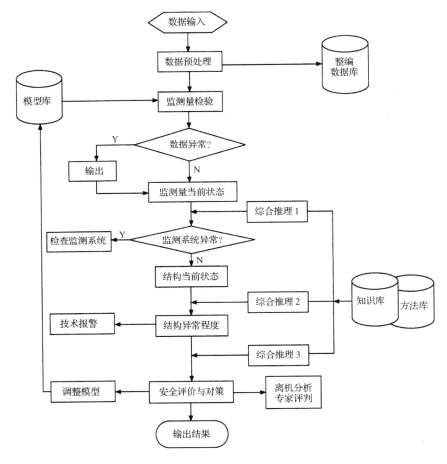

图 6-8-25 在线监控工作流程示意图

整个系统分为四个标(系统总装、施工一标、施工二标和施工三标)联合开发。其中施工一标主要对大坝坝体(含围堰)和基础处理工程(含防渗墙等);施工二标对左岸山体、进水口塔架、进水口高边坡、隧洞群(包括孔板洞、排砂洞、明流洞、闸室等)、出口高边坡及综合消力塘;施工三标主要是拦洪引水洞、尾水闸室、尾水洞和大型洞室群(包括地下厂房、主变室)等地下洞室群的工程安全实时监控、综合评判、反馈分析、自动严密监视病险建筑物的运行状况,确定报警级别和辅助决策应急措施,以及通过正反分析对设计运行进行反馈。

各标的数据库部分均包括:①工程档案库;②观测仪器特征库;③原始观测数据库;④整编数据库;⑤观测房(站)库;⑥人工巡查信息库;⑦自动数据采集信息库;⑧现实数据库和生成数据。方法库包括各种数据预处理、回归分析(多元、逐步、差值回归)、时序分析、模糊数学、灰色系统、各类平差方法等统计分析模块,结构分析、稳定分析、渗流分析和反分析等确定性分析模块,各类统计性、确定性、混合性和空间位移场的建模和管理应用模块;知识库含有各类监控指标、力学规律指标、专家知识等知识库;综合分析推论子系统包括在线分析、成因分析、专家综合评判和辅助决策功能,通过智能化自动判别和人机对话,实现查询各库的数据和信息,调用方法和模型,对建筑物的安全进行实时监控。该系统的开发完成,将进一步提高岩土工程安全监控和反馈分析的水平。

第九节　建筑物地基和基坑围护监测资料的分析

近十年以来,高层建筑的兴建和地下空间的开发大大刺激了基坑工程的发展,并在开挖工艺和围护技术方面积累了丰富的经验。目前多数基坑均在有支挡结构的情况下开挖。常用的支护形式有水泥土搅拌桩挡墙系统,混凝土排桩支撑或拉锚系统,以及地下连续墙支撑系统等。上述支护系统往往辅以防渗止水、土体加固、卸载及降水等技术措施。基坑开挖与支护技术是一个系统工程,其间涉及土力学、水力学和结构力学等多门学科的基本原理。限于水平,目前一般还不能在设计时对其做精确的计算和预测,而只能主要依靠工程经验指导设计和施工,借助现场监测对设计和施工方案的合理性进行检验,以保证工程质量和施工安全,通常称为动态设计(或信息化设计)。

除建筑物基础和基坑围护的监测外,与之相关联的还有附近建筑物的监测。其目的一是为了确保建筑物在附近基坑或建筑物基础施工过程中的安全稳定,二是为了满足法律方面的需求。例如一些城区建筑物施工过程中,要求对近旁重要建筑物以及煤气、水电、电话等管线进行监测,包括安装倾角仪或对水平、铅垂位移等的观测,并规定必须由业主和施工单位之外的第三方实施,以提供客观公正的观测数据。由于老城区改造和在建筑物密集区进行土建工程的日益广泛,对已有建筑物监测的安全和法律方面需求逐渐增多。近年来各地多次出现的因基坑等的修建施工,造成周围建筑物坍塌的事故,进一步说明这种安全监测的必要性。

一、监测资料相关因素分析

(一)监测资料的影响因素

在软土地层中开挖基坑时,影响周围土体变形的因素主要有地层的种类、特性和展布、基坑形状、深度和挖土作业的工艺以及支护体系的类型、支撑形式、数量和刚度等。

以上海市为例,与建筑物地基有关的土层一般不超过六层,其中第一层为厚度不大的褐黄色黏土层,第六层为土性较好的暗绿色黏土层,其余各层为土性和厚度时有变化的灰色淤泥质黏土层、灰色淤泥质亚黏土层,或灰色淤泥质粉质黏土层等。基坑开挖后土体变形的规律将明显受到地层分布及其特性的影响,尤其是在基坑深度将与之形成不利组合(如坑底地层土性较差时)的场合。土性特征中,通常含水量及渗透系数对地层变形的影响更为重要。

在影响基坑变形的其余因素中,支护体系的合理选择和支撑形式及数量的合理确定与基坑的形状、深度及挖土作业的工艺等有关。一般说来,重力式挡土墙仅只适用于挖深不超过 5~6m 的基坑,深度较大时,应加设钢筋混凝土支撑或钢支撑。支撑道数与深度有关。经验表明周围土体的变形与挖土方案有关,随挖随撑和挖深到达坑底后及时施作填层通常都可使变形量大为减小。

建筑物地基的变形规律的影响因素有下卧地层的特性、结构荷重的分布及基础类型等。鉴于软弱地基一般都预先采取措施加固,三类因素中地层的特性常与基础类型的选择协同产生影响。

(二)监测资料时间效应

建筑物地基和基坑围护的变形都将随时间的发展而增长。其中地基的变形通常在房屋建成的初期发展较快,以后渐趋稳定。基坑围护变形发展的依时性特征则受地层土体的性态、支护结构的类型、支撑数量和刚度,以及施工工艺和速度等诸多因素的影响。一般说来,重力式挡墙的变形都将随时间的发展而较快地增长,对坑底施作垫层可使后续变形明显减小,浇筑底板后变形将迅速趋于稳定;设有横向支撑时基坑围护的变形与支撑刚度及施作时间等都有关,并有刚度大者变形小,及时施作支撑可使变形量减小等特点。

理论上土体变形发展的依时性特征与孔隙水压力随时间而消散的过程有关,因而工程实践中建筑物地基的变形都将经历随时间的发展而渐趋缓慢的过程,土体稳定所需时间长短,取决于土质和土体扰动程度,通常达数个月,在上海城区一般约 3 个月左右。

(三)监测资料的规律和特征

1)建筑物地基和基坑围护变形的发展过程有以下共同特征:

a)变形量都随时间而增长,且都初期增长较快,以后渐趋缓慢。处于稳定状态时,变形量随时间而变化的曲线为收敛曲线,否则应采取工程对策措施。

b)变形量与土体综合模量成反比,土性较差时变形量较大,反之较小。

c)地质变形的展布与测点的空间位置及建筑物和基坑的空间形状有关。对建筑物地基,有近处变形量较大,远处变形量较小,高层所在部位变形量较大、裙房地基变形量较小等特点,对基坑围护,则坑底、坑顶、跨中、边角和周围地层等位置上的变形量及其变化规律都将有差异。

2)除以上特征外,基坑围护的变形尚有以下特点:

a)周围土体的变形与支撑刚度及施作时机有关。通常情况下,适当选择和及时支撑可使变形量减小。

b)地层变形规律与挖土作业的工序、速度及垫层设置是否及时有关,操作不当常会导致变形迅速增长,并由此引发事故。

c)地层变形与含水量有关,止水排水措施不当或失效将使变形迅速增长。

二、监测项目和资料整理表示

建筑物地基和基坑支护监测的主要内容通常包括:地基沉降(或隆起)、支护体系(如连续墙体)的沉降和水平位移、周围土体的沉降和侧向位移、土压力、孔隙水压力、地下水位、附近建筑物的沉降和倾斜、煤气及水电等地下管线的位移、支撑杆件的轴力等。其监测资料整理表示方法简述如下。

（一）建筑物地基及附近地表沉降和水平位移

一般以水准测量和测斜管测量为主,并辅以位移标点等设施。监测资料整理时应绘制垂直沉降和水平位移及其速率的时间过程线、空间分布曲线等。如图 6-9-1~图 6-9-3 及表 6-9-1、表 6-9-2。

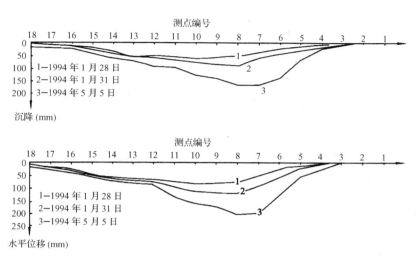

图 6-9-1 上海新世纪商厦西侧地表沉降水平位移分布图

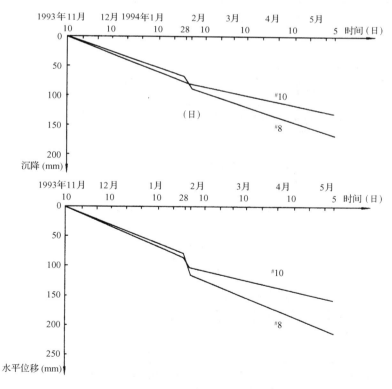

图 6-9-2 上海新世纪商厦西侧 8# 和 10# 测点地表沉降和水平位移随时间变化过程线

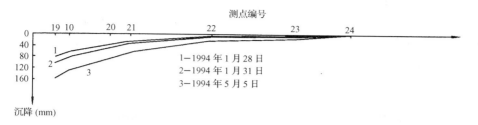

图 6 - 9 - 3　上海新世纪商厦垂直墙体的地表沉降分布图

表 6 - 9 - 1　　上海新世纪商厦西侧地表 **8#** 和 **10#** 测点的沉降和水平位移及其速率

测 点	日期(年 - 月 - 日)	沉降(mm)	速率(mm/d)	水平位移(mm)	速率(mm/d)
8	1994 - 1 - 28 ~ 1994 - 1 - 31	29.8	9.9	46.0	15.3
	1994 - 1 - 31 ~ 1994 - 5 - 5	81.6	0.9	89.0	0.9
10	1994 - 1 - 28 ~ 1994 - 1 - 31	17.1	5.7	23.0	7.6
	1994 - 1 - 31 ~ 1994 - 5 - 5	47.8	0.5	74.0	0.8

表 6 - 9 - 2　　　　　　上海新世纪商厦垂直墙体的地表沉降和速率表

测 点	日期(年 - 月 - 日)	沉降(mm)	速率(mm/d)
19	1994 - 1 - 28 ~ 1994 - 1 - 31	21.0	7.0
	1994 - 1 - 31 ~ 1994 - 5 - 5	57.3	0.6
21	1994 - 1 - 28 ~ 1994 - 1 - 31	5.5	1.8
	1994 - 1 - 31 ~ 1994 - 5 - 5	33.8	0.4

（二）支护体系（如连续墙体）的垂直沉降和水平位移

监测资料整理时,亦应绘制垂直及水平位移的时间过程曲线、空间分布曲线等。图 6 - 9 - 4 ~ 图 6 - 9 - 6 及表 6 - 9 - 3、表 6 - 9 - 4 为上海新世纪商厦连续墙体位移相应图表。

表 6 - 9 - 3　　　　上海新世纪商厦北侧墙体顶面 C_1 和 C_2 测点的水平位移

测点	1993 年														1994 年	
	11.1	5	10	12	15	19	24	29	12.1	3	8	10	15	22	1.3	1.17
C_1	9	24	33	50	70	109	139	149	155	171	185	211	225	239	247	252
C_2	10	16	22	32	40	53	66	69	76	94	120	139	150	162	173	183

注　1. C_1 点墙顶的水平位移在 1994 年 1 月 24 日为 251mm,坑底 8m 处的水平位移为 166mm;

　　2. C_2 点墙顶的水平位移在 1994 年 2 月 7 日为 183mm,坑底 8m 处的水平位移为 109mm。

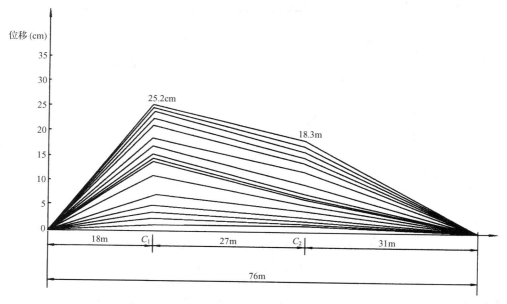

图 6-9-4 北侧墙顶面的水平位移
（见表 6-9-3 的相应数据）分布图

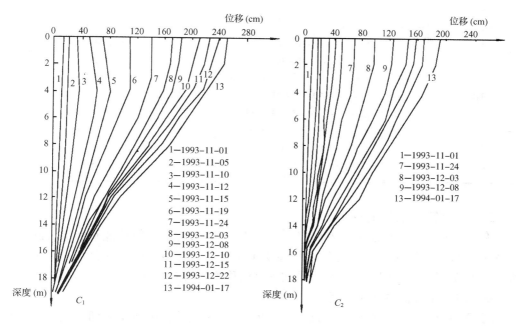

图 6-9-5 北侧墙体 C_1 和 C_2 测点
水平位移沿深度的分布线

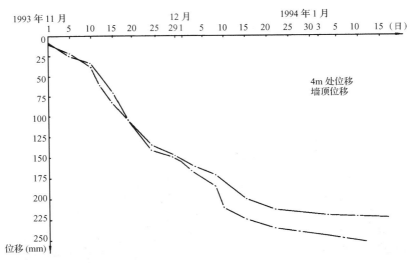

图 6 - 9 - 6　北侧墙顶面 C_1 测点和墙体 4m 处水平
位移随时间变化过程线

表 6 - 9 - 4　　　　上海新世纪商厦侧墙体顶面 A_1, B_1 ~ A_4, B_4 测点的水平位移速率

测　　点	日　　　　期(年 - 月 - 日)	墙顶位移速率(mm/d)
A_1	1994 - 1 - 31 ~ 1994 - 4 - 25	1.40
B_1	1994 - 1 - 31 ~ 1994 - 4 - 25	1.50
A_2	1993 - 12 - 1 ~ 1994 - 1 - 28	1.86
B_2	1993 - 12 - 1 ~ 1994 - 1 - 28	1.72
A_3	1993 - 11 - 24 ~ 1994 - 3 - 21	1.09
B_3	1993 - 11 - 24 ~ 1994 - 3 - 21	1.11
A_4	1993 - 11 - 6 ~ 1994 - 1 - 21	1.12
B_4	1993 - 11 - 6 ~ 1994 - 1 - 21	1.36

（三）周围各种管线的位移

一般把电缆线、电话线、水管和煤气管线材为生活线,附近建筑物地基和基坑施工时生活线尤其是煤气管线的安全性关系重大,必须认真监测。表 6 - 9 - 5 ~ 表 6 - 9 - 7 为上海三角地广场工程中对周围各种管线水平和垂直位移监测的部分成果。

（四）附近建筑物的沉降和倾斜

为了避免由于基坑开挖引起邻近民房产生裂缝,影响居民的正常生活与安全。通常在建筑物地基和基坑施工过程中,对周围建筑物开展安全监测,如上海三角地广场工程在塘沽路,汉阳路和峨嵋路共埋设 19 个沉降测点,编号为 F_1 ~ F_{19}。分别埋设:①在塘沽路有 7 个测点, F_1 ~ F_2;②在汉阳路有 7 个测点, F_8 ~ F_{14};③在峨嵋路有 5 个测点, F_{15} ~ F_{19}。

部分监测成果见表 6 - 9 - 8、表 6 - 9 - 9 和图 6 - 9 - 7、图 6 - 9 - 8。

表 6-9-5 各种管线的最大位移汇总表

管线类别	电缆线	电缆线	电话线	煤气管线	水管线
位置	（汉阳路）距墙6.5m	（塘沽路）距墙5.0m	（塘沽路）距墙7.5m	（塘沽路）距墙9.5m	（峨嵋路）距墙8.5m
测量日期（年-月-日）	1996-3-3	1996-3-3	1996-3-3	1996-2-12	1996-3-3
最大沉降 S（mm）	$D_2=113$	$D_8=90$	$H_3=116$	$M_5=111$	$S_3=105$
最大差异沉降 ΔS（mm）	27	32	64	33	42
距离 D（m）	38	26	23.5	26.4	39
最大倾斜 $\Delta S/D$（‰）	0.71	1.20	2.70	1.25	1.08
最大矢高 δ（mm）	24	14	54.5	15	16
长度 L（m）	33.0	74.7	67.0	57.6	70.6
最大纵向挠度 δ/L（‰）	0.33	0.19	0.81	0.26	0.81
最大水平位移 S'（mm）	$D_3=49$	$D_8=36$	$H_3=78$	$M_5=76$	$S_3=58$
最大水平差异位移 $\Delta S'$（mm）	18	18	64	23	32
距离 D（m）	38	23	23.5	24.5	39.0
最大水平倾斜 $\Delta S'/D$（‰）	0.47	0.78	2.70	0.94	0.82
最大矢高 δ（mm）	很小	7	54.5	16	12
长度 L（mm）		48.2	67.0	32.0	70.6
最大水平纵向挠度 δ/L（‰）	很小	0.15	0.81	0.50	0.17

表 6-9-6 塘沽路各管线的位移测量结果 单位：mm

日期	位移	煤气管线			电话线				电缆线			
		M_1	M_3	M_5	H_1	H_2	H_3	H_4	D_5	D_6	D_7	D_8
5月30日	水平位移	11	13	13	17	15	12	6	4	12	7	7
	沉降	6	10	8	8	11	13	3	8	16	13	12
6月22日	水平位移	18	17	20	18	27	21	8	5	8	8	18
	沉降	10	21	16	13	22	22	9	10	5	10	16

表 6-9-7 1995年7月27日煤气管线的原始位移 单位：mm

位移	M_1	M_3	M_5	M_2	M_4	M_6
水平位移	20	24	31	0	0	0
沉降	19	28	31	1	1	3

表 6-9-8 基坑周围民房的最大位移汇总表

位置	（汉阳路）距墙17.8m	（塘沽路）距墙16.5m	（峨嵋路）距墙13.2m
测量日期（年-月-日）	1996-3-3	1996-2-12	1996-3-3
最大沉降 S（mm）	$F_{12}=73C55$	$F_5=113$	$F_{18}=107$
最大差异沉降 ΔS（mm）	26	47	26
距离 D（m）	2.12	18.5	28
最大倾斜 $\Delta S/D$（‰）	68	2.54	0.93
最大矢高 δ（mm）	140.0	67.5	48.0
长度 L（m）	0.49	79.6	87.7
最大纵向挠度 δ/L（‰）		0.85	0.55

表6-9-9 峨嵋路民房测点的沉降与差异沉降测量结果

日 期 (1995年)		8月31日		9月15日		9月22日		9月30日		10月7日		10月14日	
		S	ΔS	S	ΔS	S	ΔS	S	ΔS	S	ΔS	S	ΔS
测 点	F15	11		12		13		14		15		19	
	F17	45	34	55	43	59	46	68	54	74	59	77	58
	F18	47		56		60		69		73		77	
	F19	30	17	36	20	39	21	43	26	47	26	52	25

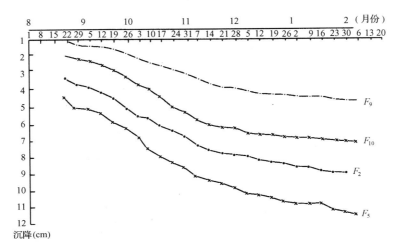

图6-9-7 民房的典型测点的位移随时间变化曲线

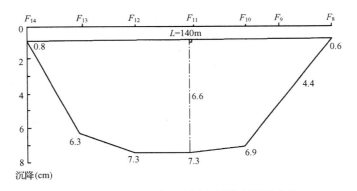

图6-9-8 汉阳路民房测点的纵向沉降曲线

（五）支撑结构轴力

建筑物地基和基坑监测中,对支撑结构的监测除水平和垂直位移外,还应开展对各类支撑构件(如:钢管、钢筋和钢筋混凝土等)轴力的监测,以检验支护结构的合理性,监控其安全状态。表6-9-10、表6-9-11为上海三角地广场工程中支撑结构轴力监测的部分成果。

表 6 – 9 – 10　　　　　　　　　三道钢管支撑的最大轴力汇总表　　　　　单位:kN

测　　　点	4#		8#		12#
第一道钢管轴力	871		3552		462
测　　　点	16#		20#		24#
第二道钢管轴力	2150		3000		1580
测　　　点	28#		32#		36#
第三道钢管轴力	450		1600		3020

注　在钢管施加预应力期间,钢管轴力高达 3000 ~ 5000kN。

表 6 – 9 – 11　　第一道钢筋混凝土支撑中钢筋和混凝土的最大轴力汇总表　　　　单位:kN

测　点	1#	2#	3#	5#	6#	7#	9#	10#	11#
钢　筋	820	820	1150	—	930	870	1550	—	1480
混凝土	4580	4580	6425	—	5195	4860	8660	—	8270
合　计	5400	5400	7575	—	6125	5730	10210	—	9750

　　土体压力、土体侧向位移、孔隙水压力和地下水位等监测项目也是建筑物地基和基坑施工安全监测的重要内容。各监测项目相应的资料整理和表示方法可自行查阅同济大学出版社《高层建筑深基坑围护工程实践与分析》所引有关文献。

三、监测资料分析方法

(一)监测资料的定性分析方法

1)建筑物地基和基坑监测资料的定性分析应按本节之一考察影响监测资料的各种相关因素,特别是其时间因素,研究其与监测资料一般规律和特征的符合程度。遇有不符或异常情况,要认真查明原因。

2)在分析基坑开挖对地面位移的影响时,可参照已有工程经验和实测数据:

a)对墙后地面位移的影响,参考台湾的经验,墙后地面的最大沉降值约为墙体最大位移的70%,但也有地面沉降比墙体水平位移大的实例。

b)基坑开挖对墙后有较大影响范围约为基坑开挖深度的2~3倍。在此范围内,应考虑采取保护措施。

c)关于时间因素,一般应考虑在3个月左右。

3)影响支撑轴力变化的因素有:侧向荷载(包括水土压力、地面超载),竖向荷载的偏心,混凝土的收缩、温度,立柱的隆起与沉降等。实测表明:由于温度的变化,支撑往往产生很大的附加轴力(温度应力),对钢筋混凝土支撑,温度的影响约为15%,实测的混凝土收缩应力也很大,由此造成实测的轴力数据与计算值相差很大,有的实测值比计算值大20% ~ 100%,有的还超过一倍以上;也有实测值仅为计算值的60% ~ 75%。设计时要考虑温度和混凝土收缩应力的影响,在监测资料整理中,亦应据此对支护轴力实测数据进行必要修正。

4)试验研究表明,基坑底约一倍基坑深范围内的土体强度降低20%,墙体的最大水平位移有时可能在坑底下 2 ~ 3m 处（对上海软土地层）。这些都是基坑监测资料分析中应加以考虑的问题。

（二）监测资料分析的统计分析方法

由于建筑物地基和基坑施工存在明显时间效应，因此采用统计回归方法对监测资料进行拟合分析，并对未来趋势进行预测预报是可行的。如上海三角地广场工程对各类地下管线沉降位移的时间效应曲线采用以下公式进行回归：

$$S_1 = a + b \times t \qquad\qquad (6 - 9 - 1)$$

式中　S_1——从浇筑底板混凝土时算起 t 时间沉降，mm；

　　　a, b——待定系数；

　　　t——时间，$t \leqslant 90d$。

（三）监测资料分析的确定性分析方法

1. 地层物理力学模型的选择

介质材料本构模型的特征主要取决于地层的工作状态。基坑围护工程开挖过程中，地层初始应力场的平衡状态被破坏，导致出现应力重分布现象，并使周围土体受力变形的状态不断发生与之相应的变化。自基坑到建筑物完建，侧向地层将在经受变形后重新处于平衡状态，坑底地层则先后经受卸载—加载两个相反的受力过程。一般说来，孔隙水压力的变化通常对土体的受力状态有较大的影响，而孔隙水压力的消散往往要经历较长的时间，因而坑底地层变形的发展一般也需再经过一段时间后才能趋于稳定。

由上述分析可知，在力学计算中全面模拟工程实践中发生的土体实际情况是困难的，通常只能假设介质材料的性态服从某种特定模型描述的规律。对测点观测值进行计算分析应首先对介质材料的性态模型做合理地选择。

选择介质材料的性态模型时应综合考虑应力水平、土性、固结度和含水量等多种因素的影响。软土地基在较低应力水平下即可处于弹塑性受力状态及地层变形的依时性特征较明显等原因，对软土工作施工过程的模拟计算模型选择将比岩石工程面临更多的困难。此外，软土地层的展布通常变化较大，以统一模型模拟地层性态进行计算时常有较大的误差。以上情况说明对软土工程施工的分析必须注意结合工程实际情况选择计算模型。

经验表明，对软土地基，Biot 固结理论是较适用的黏弹性模型，邓肯—张模型和剑桥模型则分别是用得较多的非线性弹性模型和弹塑性模型。建筑物地基变形的规律比基坑工程简单，上述模型对这类问题的分析也同样适用。

2. 计算原理

基坑开挖过程通常都是坑内土体的分步连续卸载过程，因有限元方法有边界划分灵活，求解非线性问题时适应能力强，并可同时考虑支撑、土体固结和渗流耦合效应的影响等优点，因而模拟基坑开挖过程的计算方法常用该方法。需要说明的是，采用弹性有限元计算，墙体的实测水平位移往往比计算大 2 ~ 3 倍，个别达 4 ~ 5 倍。因此，对建筑物地基和基坑施工期必须采用弹塑性非线性有限元程序，并采用反分析方法，根据实测数据，修正物理力学参数。

图 6 - 9 - 9 为基坑开挖过程的示意图，将天然状态下各土体单元的初始应力记为 $\{\sigma_0\}$、位移场记为 $\{\delta_0\}$。

对第 i 层开挖，与之相对应的应力场 $\{\sigma\}_i$ 和位移场 $\{\delta\}_i$ 的计算表达式可写为：

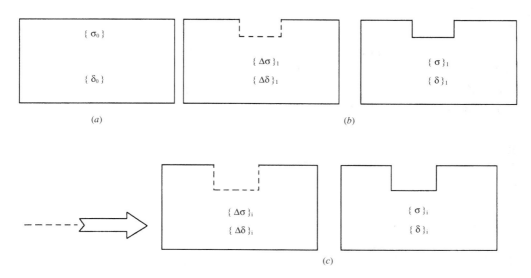

图 6 - 9 - 9　基坑开挖过程示意图

（a）初始状态；（b）第一层开挖；（c）第 i 层开挖

$$\{\sigma\}_i = \{\sigma_0\} + \sum_1^i \{\Delta\sigma\}_i \qquad (6-9-2)$$

$$\{\delta\}_i = \{\delta_0\} + \sum_1^i \{\Delta\delta\}_i \qquad (6-9-3)$$

初始位移场 $\{\sigma_0\}$ 通常取为零。

与开挖过程对应的计算荷载可按下式计算：

$$\{F\} = \sum_1^n \iint_S [B]^t \{\sigma\} \mathrm{dxdy} \qquad (6-9-4)$$

式中　n——每层开挖中在基坑边缘被挖去的单元数。

在有支撑的情况下，上述计算过程同时可得出支撑轴力和弯矩等。

以上分析方法可用于预报支护系统工作状态的发展趋势，从而检验支护设计的合理性。

3. 工程实例分析

（A）工程概况与计算模型

某物资大厦位于上海浦东开发区，建筑面积 6.6 万 m²，主楼地面 30 层，裙楼 4 层，地下室为三层箱形结构。地下室和裙房与铜仁大厦连成整体，基坑占地面积达 5533.4m²。

由工程地质勘测报告提供的土层分布及其物理力学性质指标示于表 6 - 9 - 12。围护结构体系采用在基坑内侧设钻孔灌注桩作挡土结构，外侧设深层搅拌桩作隔水帷幕。灌注桩入土深度自地表向下 24m，桩底进入表中第⑤层土，即粉质黏土层（$\varphi = 15.4°$，$c = 8\mathrm{MPa}$），搅拌桩入土深度 18m，底部穿过透水的第③层（淤泥质黏土夹粉砂层）土后进入第④层土。基坑开挖深度 11.70m，在地下 3.7m 和 7.7m 处各设一道钢筋混凝土支撑。混凝土标号 C30，第一道支撑截面尺寸 800mm × 1200mm。

基坑开挖步骤为：

1）初始开挖，挖深 3.7m。

2）在地表下 3.7m 处架设第一道支撑，然后继续开挖至 −7.7m。

3）在地表下 7.7m 处架设第二道支撑，之后继续开挖至 −11.7m。

采用有限元分析方法模拟基坑开挖的全过程，土体本构模型选用邓肯—张的非线性弹性模型，模型参数列于表 6-9-12。计算采用的有限元网格划分及其几何边界条件如图 6-9-10 所示。

表 6-9-12　　　　　　　　　土层分布及其物理力学性质指标

土层名称	厚度	含水量	密度	孔隙比	内聚力 c	内摩擦角	K	K_{ur}	n	R_f	泊松比
	N	W%	g/cm³	e	kPa	φ°					μ
①杂填土	2.1										0.33
②粉质黏土	2.0	9.9	1.92	0.84	13	13	87.6	170	0.71	0.8	0.33
③淤泥质粉质黏土夹粉砂	5.0	36.1	1.82	1.03	6	18	138	345	0.41	0.79	0.38
④淤泥质黏土	10.0	50.2	1.71	1.41	10	7.3	105	282	0.82	0.86	0.35
⑤粉质黏土	8.8	34.3	1.85	0.53	8	15.4	121	307	1.00	0.82	0.32

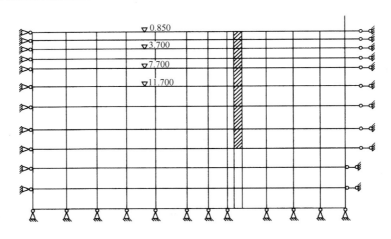

图 6-9-10　有限元网格划分及其几何边界条件图

（B）预报值与量测值的比较

（1）桩体的侧向位移　初始开挖阶段和开挖结束时基坑桩体侧移的计算值与实测值的比较示于图 6-9-11，由图可见计算值与实测值基本一致。比较表明在初始开挖阶段二者吻合较好，架设支撑后，实际结果与预报值之间有一定偏差，支撑点附近实际位移偏大，而计算支撑轴力与实际值相比又偏高。其原因一方面是由于基坑土体实际应力状态复杂，难于在计算中精确地模拟；另一方面是受施工过程中支撑未及时架设及支撑本身发生变形等因素的影响。为了便于比较，按反分析方法基本原则，对开挖结束时桩体侧移的计算将支撑刚度调整为原值的 60%。发现计算值与实测值吻合较好（见图 6-9-12）。由此可知上述因素的综合影响是使支撑的有效刚度大为降低。

746

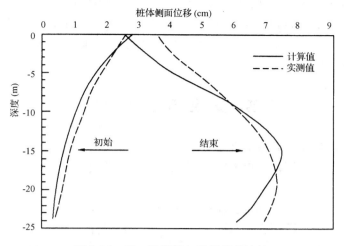

图 6 - 9 - 11　计算值与实测值的比较

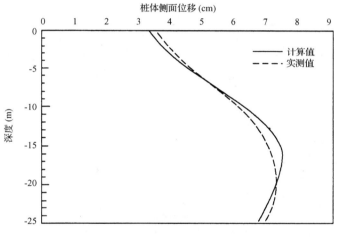

图 6 - 9 - 12　计算值与实测值吻合图

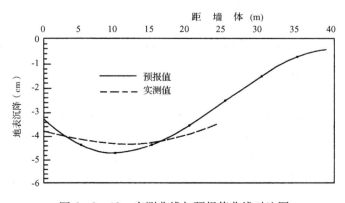

图 6 - 9 - 13　实测曲线与预报值曲线对比图

（2）墙后地表的沉降　基坑开挖结束时,墙后地表沉降的实测曲线与预报值曲线的对比示于图 6 – 9 – 13。由图可见,预报曲线较好地反映了墙后地表的实际沉降。现场监测表明在距基坑约 20m 远处的地面出现了裂缝,说明该处及以远位置仍有相当大的位移,与有限元分析得到的结果相一致。

四、安全预报问题

（一）一些实测数据或参考标准

1）9 个工程的地下连续墙实测水平位移数据一览表,见表 6 – 9 – 13。

表 6 – 9 – 13　9 个工程的地下连续墙的实测位移

工程编号	工程名称	基坑尺寸 (m²)	基坑深度 D (m)	支撑类型	墙顶位移 S_1 (mm)	S_1/D (‰)	S_1/H (‰)	S_1/d (cm/d)
		墙体厚度 (mm)	墙体深度 H (m)	支撑道数	墙顶位移 S_2 (mm)	S_2/D (‰)	S_2/H (‰)	S_2/d (cm/d)
1	新上海国际大厦	6100	13.4/15.8	钢筋混凝土	20	1.4	0.8	
		800	26.00	三道	83	6.3	3.2	0.4
2	胜康廖氏大厦	3700	11.00	钢管	25	2.3	1.1	
		800	22.3/24.3	三道	88	8.0	3.9	1.0
3	国际贸易中心	8340	10.30		130.0	12.6	5.5	1.0
		600	23.50					
4	证券大厦	7400	12.00	钢筋混凝土	5.0	0.4	0.2	
		800	23.50/25.00	三道	107.7	9.0	4.7	
5	建设大厦	5435	11.40	钢筋混凝土	6.5	0.5	0.3	
		800	21.55	三道	16.9	1.5	0.8	
6	世界广场	7500	16.0/18.0	H 型钢	123.6	7.7	4.1	
		1000	30.00	三道	112.7	7.0	3.8	
7	三角地广场	4600	12.50	钢筋混凝土和钢管混合	19	1.5	0.9	
		800	25.50	三道	120.0	9.0	4.5	0.3
8	京城大厦	22000	11.6/12.6	钢筋混凝土				
		800	24.00	二道	106.0	8.8	4.4	0.2
9	香港广场	5000	13.0/17.0	钢管				
		800	23.60	三道	40.3	3.1	1.7	

2）6 个工程的钻孔灌注桩实测水平位移数据一览表,见表 6 – 9 – 14。

（二）报警标准

报警标准必须根据具体情况,认真综合考虑各种因素,及时作出决定。由于很难提出一个统一标准,现只举出一些实例,以供参考或借鉴。例如:

1）工程 1,基坑深度为 7～8m,采用无支撑的水泥搅拌桩围护结构,邻近工程在打桩,两个测斜管在连续 12 天中,测得的速率达到 1.1cm/d,在破坏前两天,位移速率高达 6～7cm/d。

2）工程 2,基坑深度为 8.1～10.7m,采用无支撑的水泥搅拌桩围护结构。施工过程中,信息施工,多次报警,及时采取有效措施。第一次,挖土引起墙顶位移达 12cm;第二次,因挖土和邻近工程打桩,墙顶位移超过19cm;第三次,因连续下雨的雨水渗入墙体和被动区的留土不够,三天内墙顶位移增加十几厘米,位移速率达4.2cm/d。

表6-9-14　　　　　　　6个工程的灌注桩墙体的实测位移

工程编号	工程名称	基坑尺寸(m^2)	基坑深度 D(m)	支撑类型	墙顶位移 S_1(mm)	S_1/D(‰)	S_1/H(‰)	S_1/d(cm/d)
		桩径(mm)	墙体深度 H(m)	支撑道数	墙顶位移 S_2(mm)	S_2/D(‰)	S_2/H(‰)	S_2/d(cm/d)
1	招商大厦	6300	10.3/13.8	钢管	30	2.9	1.4	
		800/1000	22.0/26.0	二道	80	7.8	3.6	
2	永华大楼		10.6	钢管	15~37	3.5	1.8	
		800	21.0	三道	60	5.6	2.9	
3	上海广播电视新闻中心		8.5	钢筋混凝土				
		800	15.0	一道	30	3.5	2.0	
4	上海国际航运大厦	10880	13.45/16.9	钢筋混凝土	39	2.5	1.5	
		1000/1100	26.5	二道	75	5.3	2.8	0.06
5	上海华侨大厦		10.65	钢筋混凝土圆圈梁				
		850	23.00	$D=48.3$	17			
6	上海银都商场	6000	9.9/12.4	钢筋混凝土双拱圈梁	1.5			
		900	21.5	$R1=31.0$ $R2=26.0$	17.5	1.5		

注　1. 天津今晚报大厦工程实例,圆圈梁的直径 $D=66m$,圆圈梁内无支撑,圈外与钢管连接,变形为 $+50~-30mm$。

　　2. 上海华侨大厦,圆圈梁内有支撑,故变形小。

　　3. 上海银都商场,双拱圈梁内外无支撑,故变形小。

　　3)工程3,基坑深度达10m,采用水泥搅拌桩,局部加一道支撑,测斜管测得的速率在2~5mm/d变化,在浇筑底板前约10天,其中有三天的位移速率达到14.4mm/d,如果底板未及时浇筑,可能发生事故。

　　4)工程4,基坑深度为12.5m,基坑呈三角形。当开挖到第二道支撑顶面处(第二道钢筋混凝土支撑刚浇筑完工不久),从测斜管测得3个边中点的墙体在地下9~10m处的最大位移超过4cm,且在连续20天内位移以0.8mm/d速率发展,同时周围各种管线的合成位移均超过3cm,监测单位提出位移报警。

　　5)工程5,基坑深度为11m,在施工过程中,有过一天的测量数据:地下连续墙顶和墙体的位移速率均达1cm/d的情况。

　　(三)一些供报警的参考数据

　　(1)煤气报警　在上海规定沉降为1cm;在日本为2cm。这主要是考虑煤气连接管的问题。实际上,在上海沉降,往往都超过这个标准。某一工程,超过3cm才报警。已有由于深基坑开挖影响煤气管道下沉8~10cm的实例。

　　(2)墙体的水平位移大小和速率报警　通常情况下墙体体内的水平位移 δ 与基坑开挖深度 D 之比为 0.5%~1%。其比值接近1%或超过1%时,应报警。

　　在分析报警问题时,应把水平位移时大小和位移速率结合起来,水平位移的大小是与位移速率有关,要考察其发展的趋势,不能孤立分析。在一些工程中,当墙体的水平位移速率达到 1cm/d 时,应密切注视事态的发展,如果连续三天出现 1cm/d,即进行报警。

五、监测资料的反馈和信息化施工

由于建筑物地基和基坑开挖和支护技术的复杂性,设计阶段的计算和预测是粗糙的,往往与施工期实际情况有相当大的出入,造成设计和施工中许多预料不到的困难,引发各种不安全因素。通过对施工期监测资料反馈分析,评价建筑物基础和基坑、支护结构、附近建筑物和地下管线的安全稳定性,预测未来发展趋势,并据此指导对施工方案的调整修改,以优化设计和确保建筑物基础、支护结构和邻近建筑物的安全稳定,这就是"信息化施工"。

信息化施工实例——上海新世纪大厦工程施工监测:

1)当挖土挖到 C_1 区时,从浦东南路设置的测斜管测得墙体的最大位移达 12cm,与从盖梁平面测点测得的数据基本符合。得到该信息后,立即抢浇 C_1 区底板混凝土,从而增加被动土压力,使得位移趋向稳定状态。

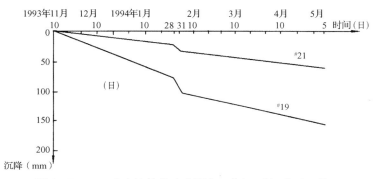

图 6-9-14 垂直墙体的地表测点 19# 和 21# 沉降过程线

2)当挖土到 C_2 区东南时,由于基坑南侧时代广场打桩的影响,盖梁平面测点观测的数据为 191mm,墙体位移扩大,当即停止挖土,利用余土增加被动土压力,同时,要求时代广场放慢打桩速度,且将余土外的底板及时浇捣完,最终使墙体转危为安。

3)1994 年 1 月 28～31 日,因降雨和 A_1,B_1 管处被动土没有留足,A_1,B_1 处的墙体变形发生突变。三天内,墙顶位移增加十几厘米,A_1,B_1 墙顶外变形速率分别为 41.7mm/d 和 36.0mm/d。受其影响的浦东南路上靠近该处路面的沉降和位移亦突然扩大,人行道和慢车道之间,慢车道和快车道之间发生明显裂缝。A_2,B_2 管处的墙体变形也明显扩大。三天内墙顶处位移速率每天均为 10.0mm/d。后采取应急措施,把斜支撑直接撑在基础垫层里并调整基础底板施工进度,尽早浇筑靠近墙体的基础底板,使该处墙体变形得到控制,在以后施工期间,墙体位移变形速率缓慢。

4)1994 年 5 月 3 日,A_1,B_1 和 A_2,B_2 处拔钢板造成该处墙顶变形明显,在 A_1,B_1 处墙顶变形增大 6～7cm,在 A_2,B_2 处墙顶变形增大 1cm。同样,采取了一些抢救措施,使墙体位移得到稳定。

第七章 工程安全监测实例

我国已建在建的大中小堤坝有 8 万多座,绝大多数是建国后建成的,数量居世界之首位。这 8 万多座坝中大多数是小型水利水电工程,坝高在 15m 以上的约 1.8 万座;30m 高以上的近 3000 座;100m 高以上的约 30 多座,二滩双曲薄拱坝高达 240m,居世界第二位。建国前最高的大坝是 91m 高的丰满水电站大坝,始建于 1937 年。建国后在百米级高坝中,除乌江渡大坝始建于 20 世纪 60 年代后期外,其他均始建于 20 世纪 80 ~ 90 年代,因而其技术水平是高的,观测手段是先进的。由于篇幅所限,本章只选择几个有代表性的工程,分别从设计、施工、资料分析、工程评价等方面作一些简介。其中,有的偏重于设计,有的偏重于现场实施,有的偏重于资料分析,供读者选择。

第一节 大坝安全监测工程实例

一、龙羊峡水电站坝基的安全监测❶

(一)工程概况

龙羊峡水电站总装机容量 128 万 kW,总库容 247 亿 m³,是黄河上最大的龙头水库。大坝主坝为混凝土重力拱坝,最大坝高为 178m,底宽 80m,最大中心角 32°03′39″,上游面弧长 396m,左右岸均设有重力墩和混凝土副坝,挡水建筑物前沿总长 1227m。坝基岩性均一,为花岗闪长岩,岩盘为块状岩体。在坝线上游、右岸副坝右端及下游冲刷区的右岸为三叠系变质砂岩夹板岩。

坝区岩体经受多次构造运动,断裂发育,北北西、北西向压扭性断裂和北东向张扭性断裂构成坝区构造骨架,地形条件复杂,有 8 条大断裂和软弱带切割,且库内有上亿 m³ 的巨大滑坡。详见图 7 - 1 - 1。

主要工程地质问题有:①两岸坝肩的深层抗滑稳定性较差;②距拱端较近的两岸坝肩断层岩脉及其交汇带,将产生较大变形;③坝区岩石透水性较小,但断裂发育,成为主要渗水通道;④各泄水建筑物的冲刷区,位于坝线下游,冲刷坑范围内局部岩体有失稳的可能。

根据枢纽布置形式、工程地质条件和存在的问题,要求大坝安全监测能准确、迅速、直观地取得数据,确保大坝安全运行。原型观测项目中应以安全监测项目为主,做到可能发生的事故报警。为此,坝基原位观测网的主要内容是:①坝基和坝肩岩体的变形和位移(垂直、水平),特别是坝肩主要断层结构面的张拉、压缩、剪切变形;②坝基、坝肩岩体的地下处理工程结构物的性态、应力状况;③坝基、坝肩岩体的渗漏状况,渗透压力(指坝基扬压力、绕坝渗透压力)、渗漏量、侵蚀情况等;④位于高陡边坡上的泄水建筑物的稳定状况,高速水流作用下的下游防冲工程的安全状况,冲坑两侧山体的稳定状态;⑤区域或局部性的地震及坝肩岩体动力反应观测。

---

❶ 本实例中资料截止到 1990 年。

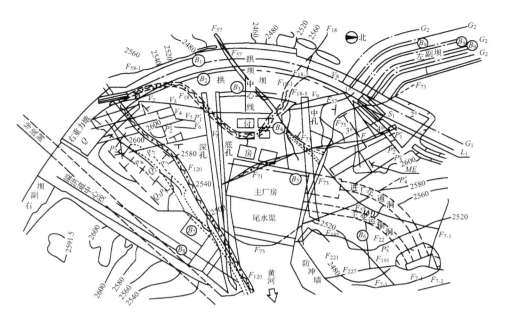

图 7-1-1　坝区岩体主要断裂分布及基础处理总图(高程单位:m)

$G_1 \sim G_2$—帷幕灌浆洞中心线;$B_1 \sim B_9$—排水洞中心线;$P_1 \sim P_5$—F_{120}抗剪洞塞;$P_1' \sim P_2'$—T_{168}抗剪洞塞;

$P_1'' \sim P_5''$—F_{73}、F_{215}抗剪洞塞;$V_1 \sim V_9$—F_{18}置换洞塞;$V_1 \sim F_{71}$灌浆置换洞塞;$Q_1 \sim Q_2$—F_{120}灌浆置换洞塞;

$1^\# \sim 4^\#$—传力洞塞;$S_1 \sim S_2$—传力槽塞;L_1—F_{71}置换竖井塞

龙羊峡电站坝基原位监测按观测项目分别列入表7-1-1中。

表7-1-1　　　　　　　龙羊峡水电站高坝坝基原位观测项目一览表

序号	项 目 名 称		数 量	备 注
一	变形观测			
1	平面变形控制网		(7+1)点	边角同测网,1989年12月新增花石坪点
2	精密水准网		12km	水准基准点3组,工作基点6点,水准点11点
3	G_4 变形观测网		5点	测边网
4	F_7 变形控制网		6点	测边网
5	坝肩表部基岩位移观测点		15点	大地交会法
	下游冲刷区高边坡位移观测点		10点	大地交会法
6	▽2530n 层精密量距导线		24点、18条边	右岸 F_{120}　2条边
	▽2497m 层精密量距导线		10点、9条边	
	▽2463m 层精密量距导线		17点、11条边	右岸 F_{120}　2条边
7	垂线系统	正倒垂线综合组	6组	
		倒垂线	13条	
		正垂线	8条	其中4条与主坝合用
		垂线测点数	26点	倒垂线点15点正垂线11点

序号	项 目 名 称		数 量	备 注
8	垂线位移观测	▽2530m 层	55 点 1.8km	
		▽2497m 层	10 点 0.25km	
		▽2463.3m 层	90 点 3km	
		右副坝溢洪道基础廊道	20 点 0.5km	
9	倾斜观测（▽2443m 层）		4 条测线 22 测点	精密水准法
10	简易连通管倾斜观测		3 条测线	2438m、右 2497m、左 2530m
11	表面接缝观测		18 点	
12	多点位移计		5 组	G_{43} 组 F_{73} － 组 F_{120} － 组
13	谷幅观测线		3 条	
14	近坝左岸精密水准线		9.5km	
15	坝址下游区地形变水准网		21km	
二	应变应力观测			
1	温度观测		40 支	
2	坝基应变应力观测		150 支	测缝计、岩石变位计、压应力计、压变计等
3	坝肩地基处理应变应力观测		500 支	各类电阻仪器
4	渗压观测		45 支	电阻式渗压计
三	渗透观测			
1	绕渗观测		41 孔	总孔深约 5000m
2	扬压力观测		250 点	
3	渗漏量观测		40 点	直角三角形堰板
4	水质分析		20 点	
四	强、微震观测			

（二）变形监测

1. 坝址区平面变形控制网

平面变形控制网是为宏观监测大坝、基础、两岸坝肩岩体、泄水建筑物以及下游消能区岸坡的稳定和水平位移而设置的。根据龙羊峡坝址区具体的地形、地质条件，平面变形控制网由七点组成，为精密边角网，详见图 7－1－2，网中边长采用 ME5000 光电测距仪测量，其标称精度为 $ms = \pm(0.2mm + 0.2PPm)$；方向采用威尔特 T_3，经纬仪全组合法测量，方向仪选用 $m \times n = 36(35)$，方向中误差 $mr = \pm 0.42$。为了获取在施工期两岸坝肩岩体的变形及稳定状况，1986 年 6 月采用 ME3000 精密光电测距仪对施工网进行了全网的复测。经平差计算，观测成果表明：大坝坝基开挖、混凝土浇筑期间，两岸近坝区的上部岩体均向河心位移。左岸近坝线上游岩体倾向河心 12mm 左右，下游侧岩体倾向河心 25mm 左右，左岸近坝线坝肩岩体倾向河心 15mm 左右，左岸明显大于右岸，同时变形岩体的范围也大得多。

将变形控制网和施工网点 1989 年初的资料综合起来，经变形分析：两岸坝肩上部岩体受到水荷载的推力，有向下游变位的趋势，这种变形反映在初期蓄水的头两年间，而后在水

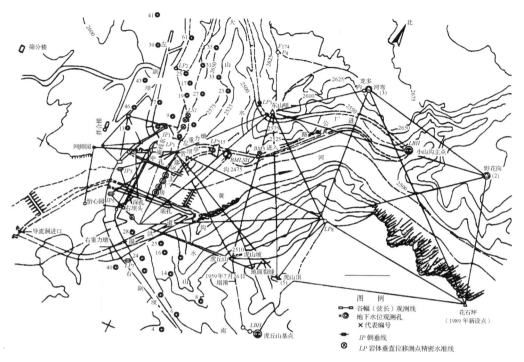

图 7 - 1 - 2　龙羊峡坝区平面控制网图(含绕坝渗流)

库水位从 2547m 升至 2575m 时,变位不明显。

2. 坝址区精密高程控制网

精密高程控制网与平面变形控制网一样,是为研究大坝、坝基和两岸坝肩岩体垂直位移而设立的。它将与坝址下游区地形变化观测网,库区左岸精密水准线路联系在一起,组成龙羊峡高程控制网,参见图 7 - 1 - 3。

根据龙羊峡水电站的具体地形地理条件,水准网由九条线路组成多个环线,环线全长为 12km。网中建有 3 个深埋式双金属标志作为高程基点,观测采用东德蔡司厂生产的 Ni002 自动安平水准仪,按国家一等精密水准要求作业。

本网首次观测始于 1979 年,与施工控制水准网结合在一起,进行了 6 次复测,下闸蓄水前 3 次,下闸蓄水后 3 次。观测成果表明:在大坝坝基开挖、混凝土浇筑期间,坝基、两岸坝肩岩体垂直位移为下沉。左岸坝肩上部岩体与河床基础(主坝 8# 坝段 2443m 廊道内设置的 BM8 甲)的下沉量差不多,约为 20mm,但远离坝肩部位的点,比如进厂公路十字路口的钢管厂 JD_2,下游 3# 交通洞进口处的 $TS\ II$ 点的垂直位移就很小。右岸坝肩上部岩体下沉量小于左岸,约为 12 ~ 14mm。下闸蓄水后,坝基、坝肩岩体的垂直位移趋于平稳。大部分测点高程变化值均小于 2mm。

3. 谷幅测线长度测量

本工程在近坝轴上、下游坝肩上部岩体上,布置了 3 条谷幅测量线。采用 ME3000 (ME5000)光电测距仪测量边长变化,观测周期为 10 ~ 15 天一次。

龙羊峡坝肩谷幅测量始于 1986 年 6 月,蓄水后连续三年的观测资料说明:上游谷幅变化很小,约 2mm,且有随水库水位升高测线伸长的相关关系;紧靠坝肩下游拱座的谷幅 2,一

754

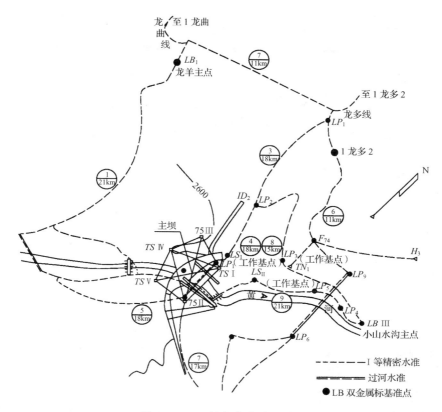

图 7-1-3　精密水准网网形图

直呈缩短方向发生塑性变形,数量已达 13mm。

4. 高陡边坡稳定监测

按照工程地质方面提出的要求,参照地质力学模型试验的成果,结合两岸护坡工程的格局,在两岸坝肩地表和下游冲刷区右岸高边坡岩体上设置位移监测点 25 点。测点的水平位移、垂直位移分别采用精密测边交会和 II 等水准及三角高程测定法测定。

布置在下游消能区右岸高边坡测点,成功的观测出了虎丘山、虎山坡不稳定岩体的变形过程,为地质分析、临滑预报和上级主管决断提供了有力的依据。

5. 坝基水平位移监测

龙羊峡水电站坝基和坝肩岩体深层滑动位移,主要采用倒垂线法进行监测,在布置形式上组成地下垂线网(参见图 7-1-4)。

垂线观测网由 13 条倒垂线、7 条正垂线组成:主坝坝基设置倒垂线 7 条、正垂线 5 条;右岸副坝坝基设置 2 条倒垂线;两岸坝肩岩体内设置 4 条倒垂线、2 条正垂线。除右岸副坝倒垂线外,所有倒垂线锚固点高程均在 2423m 以下的岩盘上,比河床最低建基面 2435m 高程低 12m。为了加强河床基础位移值的观测,分析倒垂基点的稳定,在河床 9# 坝段的倒垂线是一组 3 个不同深度的倒垂组,其锚固点高程分别为 2361.4m、2406m、2414m。为了监测倒垂线锚固点的稳定性,将地下监测网与表部监控网联为一体,在主坝 4#(左 1/4 拱)、9#(拱冠)、13#(右 1/4 拱)坝段 2600m 层正垂线悬挂点处,设立标点,直接与坝址区变形控制网联测定。

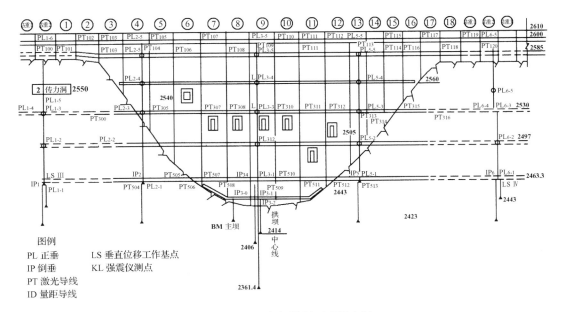

图 7-1-4　主坝纵剖面观测布置

左岸监测岩体变位的垂线,通过了左岸主要断层带。IP_{11}垂线位于中孔鼻坎基础岩体内2462m高程位置,设置了两根倒垂线,锚块分别埋设在F_{215}的上盘和下盘上,下盘锚块高程2419.3m。右岸监测岩体变位的垂线通过了右岸主要断层底滑面。

三年的垂线观测资料表明,两岸坝肩2530m高程以下岩体变位很小,顺河向、横河向变位均在1~2mm内变动,左岸以F_{73}为底滑面,右岸以T_{314}及F_{18}为底滑面,上、下盘岩体的相对变位过程线及波动形态,表明没有明显的变位,处于稳定状态,坝基河床基岩变位也很小,径向1mm左右,切向向左岸0.5~0.8mm,三根不同深度垂线测值基本相同,说明倒垂锚固点是稳定的,坝基岩体向深部变位很小。

6. 坝基倾斜观测

坝基倾斜观测布置在主坝2438m高程的基础横向排水廊道内,测线四条,每条测线由4个墙上水准标志组成,兼测坝体基础基岩的不均匀沉陷。测线用精密水准观测各测点间的相对高差变化,计算倾斜角,求出基础倾斜值。

大坝蓄水至今的观测成果表明:坝基垂直位移约为下沉1.5mm,未发现不均匀沉陷,坝基倾斜主要表现为受水荷载的推力向下游倾斜,量级大多小于5″~8″。与坝体垂线观测中径向位移值朝向下游一致。

7. 主要断裂带的张拉、压缩、剪切位移观测

观测项目有:坝前断裂张拉变形、坝肩断层压缩、剪切变形观测,参见图7-1-5、图7-1-6。

左岸坝肩坝轴线以上有G_4、F_2等断层通过,在拱坝推力作用下,将经受拉剪作用,影响左岸坝肩岩体的稳定。G_4为一组雁行排列的纬晶岩劈理带,总的延伸方向为NE30°左右,倾向NW,倾角80°以上,平均宽度约为5m,延至北大山沟减为1~2m。计算试验表明,在正常蓄水下,G_4将有不同程度的拉裂,原因是坝基产生拉应力区的结果。因此,设计要求,除对G_4采用严密的工程处理措施外,尚需加强观测,是否因G_4产生大的变形危及左岸坝肩岩

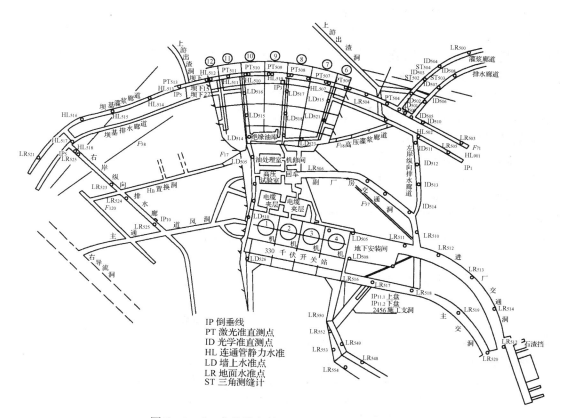

图 7-1-5 龙羊峡电站 2463 层外部观测点布置图

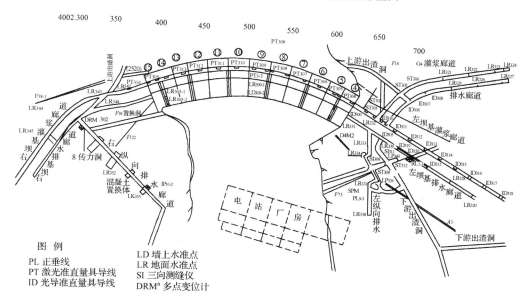

图 7-1-6 龙羊峡电站 2530 层外部观测点位布置图

体的稳定? 右岸坝肩坝轴线上游也有一条 NNW 向的断层 F_{58-1} 通过,宽度仅有 5cm,且胶结较好,对右岸坝肩岩体影响程度小于左岸 G_4,但也可能产生张拉变形,形成渗水通道,殃及

F_{120}。现就坝前断裂拉裂变形、坝肩断裂压缩剪切变形的主要观测项目叙述如下：

1）多点位移计系统。在左岸坝肩岩体 2463.3m、2497m、2530m 高程上设置的帷幕灌浆廊道中，旨在拱座附近、IP_2、PL_2 正倒垂线附近，钻设径向、水平的钻孔，安装多点位移计，直接测量 G_4 的开裂度和坝轴线上游岩体的张拉变形。

选取 2530m 高程面于左、右岸顺河向排水廊道中，左岸 PL_9 正垂线上方，与断层正交设置水平向多点变位计，直接测量 F_{71}、F_{67}、F_{73} 断层的压缩变形，右岸 PL_6 垂线下游向与断层斜交，设置水平向多点位移计，直接测量 F_{120}、A_2 的压缩、剪切变形。

多点位移计选用中国水利水电科学研究院仪研所研制的 DWG－40 型杆式四点式位移计，量程 ±20mm，综合精度 ±0.1mm。

2）精密量测系统。在 G_4 2463.3m、2497m、2530m 层帷幕灌浆、排水隧洞中设置精密量距导线和精密水准测线，以观测岩体的相对变位（张拉、剪切、垂直）。

在 2530m 层两岸坝基排水廊道中设置量距尺段及垂直位移测点，量测左岸 F_{73}、右岸 F_{120}、A_2 的变形值。

在左岸 2497m 层顺河向排水隧洞内 F_{73} 处安装 DSJ 断层活动量测仪观测 F_{73} 断层的压缩、剪切变形。

3）在跨 G_4 的灌浆、排水隧洞混凝土衬砌体上游墙分缝处，设置型板式三向测缝计，直接量测因岩体变位所引起的混凝土建筑物的变形。

4）在两岸表部上游建立变形控制网点，测量地表变形。

5）在右岸坝前贴坡混凝土体内，用风钻水平钻孔，穿过 F_{58-1}，安装岩石变位计，直接测量 F_{58-1} 的拉伸变形。岩石变位计埋设高程为：2484m、2500m、2520m、2540m、2560m。

下闸蓄水以来的三年观测资料表明：水库蓄水位低于 2550m 时，左岸 G_4 开裂甚微，仅 0.2～0.3mm，右岸 F_{58-1} 仅 0.1mm。水库蓄水位达 2575m 时，左岸 G_4 开裂增大小于 1mm，右岸 F_{58-1}，在 2560m 高程处开裂达 0.7mm。两岸坝肩断层的压缩变形值不大，左岸 0.3mm，右岸最大 0.4mm。

8. F_7 断层活动性观测（略）

（三）坝基温度、应变、应力观测

坝基温度、应变、应力观测的目的在于了解不同工作条件下，坝基岩体和地下基础处理工程结构内部的工作状况，分析其状态变化是否正常，监控大坝安全运行。主要观测项目有：温度观测；岩基及地下基础处理工程结构内部应变、应力观测；坝体与岩体接触缝的开度观测，参见图 7－1－7、图 7－1－8。

1. 坝基温度观测

为了解基岩内部的散热情况及地温分布状况，在下列部位布置了温度观测。

在大坝拱冠梁基础基岩内，沿不同深度铅直向布置了三排基岩温度测点；

在左、右 1/4 拱（5# 坝段、13# 坝段）坝基中部岩体内，沿不同深度铅直向布置了一排基岩温度测点；

在左岸 2550m 层传力洞。右岸 2530m 层 F_{18} 置换洞塞的岩体内，沿不同深度铅直向、水平向各布置了一排基岩温度测点。

观测资料表明：坝基基岩温度约为 +10.5℃，年变幅很小，约 ±1℃；两岸坝肩由于边坡坝块仍处于施工阶段，温度变幅较大。

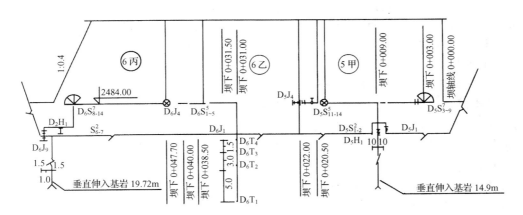

图 7 - 1 - 7　主坝 5# - 甲、6# - 乙 - 丙坝段基础仪器布置图

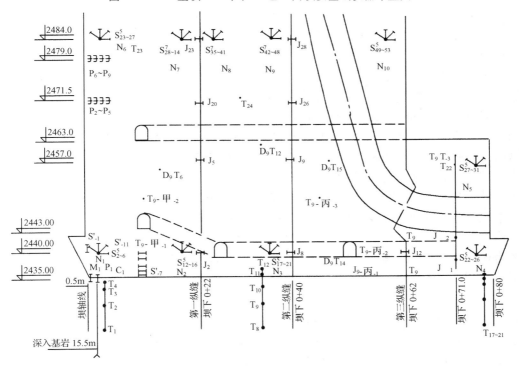

图 7 - 1 - 8　主坝 9# 坝段基础仪器布置图

2. 坝基及地下基础处理工程结构应变、应力观测

根据大坝应力计算、模型试验成果,结合变形观测布置,选择拱冠 9# 坝段,左右 1/4 拱即 5# 坝段和 13# 坝段为主观测梁向断面;选取 2600m、2576m(坝肩拱座)、2558m、2520m、2484m 高程 5 个拱圈做为主观测截面。因此,将梁向断面的基础基岩、拱向观测截面的拱座基岩列为重点部位,布置岩基应变、应力观测仪器。埋设的仪器有:单向(水平、垂直)、双向、五向应变计组;无应力计;WL - 60 压应力计;用测缝计改装的岩石变位计(按需要水平向或垂直向埋设)等。

龙羊峡大坝两岸坝肩断层深层特殊处理,分层设置了传力洞、混凝土置换洞和抗剪洞塞,由于这些处理结构受力十分复杂,为了解其受力状态,与围岩的结合状况,选择了

759

2463m、2497m、2530m、2550m 高程四层处理结构、在混凝土体内布设了钢筋应力计、应力计、应变计（少量的七向应变计组），无应力计、测缝计、岩石变位计等。观测资料表明：拱冠坝基受力状况良好，坝踵处于受压。

3. 坝体混凝土与基岩接触缝的开度观测

坝体混凝土与基岩接触缝的开度变化是评价坝体和岩体整体作用的十分重要的观测项目，最好能在拱端和坝踵、坝趾部位全面布置三向测缝计。由于国产的三向测缝计尚不过关，而且没有固定厂家，龙羊峡坝基没有埋设。仅在梁向断面的坝基、拱向截面的拱座处埋设了单向测缝计和岩石变位计。

观测结果表明：基岩与坝体混凝土结合良好，大多数仪器开度测值变化微小，仅 0.3mm 左右，个别部位缝展度达 2mm。

（四）渗流监测

渗流观测是坝基原位观测网中十分重要的观测项目，它包括绕渗观测、坝基扬压力观测、坝肩主要断层带渗压观测、岩体渗漏量观测、渗透水质分析五项。

1. 地下水动态观测

本观测系统主要根据上述的水文地质条件、渗漏类型和地下水流线的形态等因素进行布置。对于散状渗漏类型，一般应沿主要透水结构面做网格布置，而从地下水流线来考虑，则一般应沿流线方向布置，同时由于坝区岩体内存在对坝基、坝肩稳定不利的缓倾角夹泥结构面和在岩体受力后能产生较大压缩剪切变形的构造带。因此，地下水位观测孔又必须通过这些对工程影响较大的构造带。综合上述因素，观测孔基本按网状布置。网格的一个方向大体沿着与地下水等高线（根据三向电模拟渗透试验成果）相交的方向布置；另一个方向则大体沿北东方向，即约平行于对坝区渗透起主导作用的张扭性构造带的方向布置。使观测网中部分钻孔分别通过 G_4、N、F_{120}、NA_2 和 F_7 等断层构造带。

地下水观测孔布置在左右副坝范围内，上自坝轴线以上约50m，下至南北大山水沟，面积约为 $0.6km^2$。孔距一般为 50～100m，两岸共设置41个观测孔。钻孔深度一般深入天然地下水位以下 10～20m，孔径不应小于 75mm，以便取出水样，孔口设保护装置，参见图7-1-7。

此外，大坝下游坝肩岩体设有三道顺河向排水幕，其中右岸二道，一道在溢洪道底板下廊道内打孔至导流洞，另一道在 F_{120} 左侧，左岸一道。左、右岸坝肩排水幕均有三层廊道，分别与坝基第二道排水幕的 2530m、2497m、2463.3m 层廊道相连接。顺河向排水幕最低一层廊道的排水孔可以作为观测孔使用，两岸副坝下游的排水孔也可用来进行地下水动态的观测。

2. 坝基扬压力观测

为监视坝基扬压力的大小及其变化，在大坝基础内设置了扬压力观测断面。坝基帷幕灌浆廊道内，沿帷幕灌浆孔中心线方向设置纵断面，在此纵断面上，坝基每间隔一个坝段设两个或一个钻孔。设两孔时，其中一个孔倾向上游，倾角60°，孔底位于帷幕上游，另一孔孔底在帷幕下游，用这样一对孔互相对照，监视帷幕的工作状况。设置一个孔时，钻孔在帷幕下游。

沿坝基上下游方向设置横断面。在右岸副坝（右2#）、右岸重力墩各设一个观测横断面，重力拱坝内设4个横断面。左岸重力墩设一个横断面，共计7个横断面。其中右岸副坝内的横断面主要监测溢洪道附近破碎较严重的基岩地区扬压力分布情况,此处距河床较远,地下水渗流流态接近两向渗流场。右岸重力墩内的断面主要监测 NE 向断层 F_{120} 和 A_2 的渗流情况。$13^#$坝段和 $4^#$坝段的观测断面位于岸坡地下水的有压—无压渗流区。河床 $8^#$、$9^#$坝段及 $10^#$、$11^#$坝段的横断面位于河床地下水渗流承压区。左岸重力墩内的观测断面主要监测 G_4 的渗漏情况。

纵、横断面内的观测钻孔间隔一般为 5~8m,孔深入基岩下 1m,钻孔孔径不小于 75mm,孔口安装压力表。

坝基、厂基、岩基扬压力纵、横剖面 14 条,观测孔约为 250 点左右。需钻孔数约 80 点,总孔深 700m。

3. 坝基主要断层渗压观测

为了解坝基主要断层带 F_{120}、F_{57}、F_{73} 及 G_4 经工程处理特别是防渗处理后的效果,判断可能由于渗透问题引起事故隐患。在上述断层部位设置了 38 支电阻式渗压计,观测不同的高程部位的渗透水压力。河床 F_{57} 最低渗压计的埋设高程是 2385m。另外,原深层处理结构所处的断层部位已埋设了 22 支电阻式渗压计,总计共 60 支。

经观测河床拱冠 $9^#$坝段坝踵处的渗压计,在库水位 2575m 时(水库水深 140m),渗压计渗压为 $-1.8kg/cm^2$,相应渗压高程为 2450m。说明河床坝基与混凝土结合良好,坝基围岩固结灌浆效果显著,参见图 7-1-8。

4. 渗漏量观测

龙羊峡水电站枢纽排水系统总体布置,在主坝设置了七层纵向排水廊道,两岸坝肩内设置三层排水廊道。为了区分各层不同部位的渗漏量,特别是 NE 张扭性构造带的渗漏情况,对各层排水廊道的流向进行了总体规划设计,在每个汇集口处均设置了量水堰,在渗流集中的集水井和总出口布置了渗流量测量点。量水堰采用直角三角形堰板,测点约 40 点,其中 2443m 层 6 点;2463m 层 12 点;2497m 层 10 点;2530m 层及其以上约 12 点。

经巡视检查,当发现排水幕中通过主要渗漏通道断层的排水孔排水异常时,可随时进行单孔渗漏水量测试。如 1988 年 3 月 28 日发现右坝基第二道排水幕的 $60^#$排水孔孔口涌水,隧洞顶拱围岩 A_2 岩脉渗水加大,总量达 60L/min。目前正在进行跨 A_2 帷幕段的加深、加强、化灌等工程施工。

5. 水质分析

龙羊峡水电站水质化学分析项目,一般按分析要求进行,但必须满足水质类型变化和侵蚀性评价的要求。分析中如发现其他异样物质或涉及环保等污染问题时,需进行专门性的分析研究。选取水样做化学分析的密度,一般每年两次,分别在汛前和汛后进行。

水样取水点:坝前库水;通过各主要断裂带的部分排水孔及地下水观测孔;采用过化学灌浆处理部位的排水孔;一般完整结构岩体中的部分排水孔。总水样点数 20 点。

(五)坝址区强震观测

强震观测仪器选用中国科学院地球物理研究所制造的 CSJ-2 型数字磁带记录加速度仪。在布置上突出了山体的放大变化情况,左、右岸均由坝基—岸坡—山顶三点组成。坝体选取拱冠坝段分 4 个高程面布置,为了便于分析水平向振型在坝顶 $6^#$、$12^#$坝段布置两向拾震器。除此还在 F_7 断层带上布置了强震测点,与自由场对比,可看出断层对地面运动的影响。

龙羊峡水电站工程总投资 23.7 亿元。用于坝基原位观测项目的仪器设备购置费约为 220 万元,用于建立观测项目的施工费约为 400 万元。二项合计为 620 万元,占工程总投资 0.26%,占工程安全监测(不含水库近坝库岸滑坡监测)总费用的 59%。

二、鲁布革电站心墙堆石坝的安全监测

(一) 工程概况

鲁布革电站位于云贵两省交界的黄泥河上,属南盘江左岸支流的最后一个梯级,装机 60 万 kW。坝型为直窄心墙堆石坝。坝顶高程 1138m,坝顶宽 l0m,最大坝高 103.8m。坝基岩为质地坚硬的白云岩和石灰岩。大坝心墙开挖清基到基岩面,上设 0.5~lm 厚的混凝土垫层,混凝土垫层与基岩用锚筋锚固。心墙和坝基及左右岸的连接处铺设了 lm 厚左右的接触黏土。心墙采用砂页岩风化料作防渗材料。心墙顶宽 5m,底宽 37.9m,心墙上游设一层反滤。反滤料为河滩料。下游设粗细两层反滤主要采用人工砂部分采用河滩料。堆石体大部分采用工程开挖料。用振动平碾碾压施工。

大坝设计了一套在坝内埋设和设置了大量代表国内先进水平,具有国际水平的观测仪器设备系统。从施工期开始对大坝的位移、变形、应力和渗流进行了完整连续的观测。对于百米高的土石坝,采用如此先进的观测手段,并获得观测资料的及时整理分析,对于大坝的安全运行,对于在建和待建土石坝的原型观测和设计,以及对堆石本身的研究都具有重要意义。大坝于 1987 年 1 月开始填筑施工至 1989 年 7 月填筑到坝顶。整个施工分三期进行,如表 7-1-2(1)。

表 7-1-2(1) 鲁布革水电站大坝填筑日程

施 工 蓄 水	开始(年-月-日)	结束(年-月-日)	高 程(m)
一期填筑	1987-1-23	1987-5-1	填筑至 1076
二期填筑	1987-11-10	1988-5-24	填筑至 1116
一期蓄水	1988-11-21		蓄水至 1110
三期填筑	1988-11-21	1989-7-22	填筑至 1138
二期蓄水	1990-9-12	1991-4	至正常高水位 1130

(二) 大坝监测仪器的布置

1. 外观

建立首部枢纽监测网,包括由 8 个基点组成的 Ⅱ 等三角网和 Ⅱ 等水准网。设置 6 条视准线,坝面测量标点共 46 个,详见外观布置图 7-1-9。

2. 内观

内观的布置详见图 7-1-10(1)、图 7-1-10(2) 和图 7-1-10(3)。布置的仪器见表 7-1-2(2)。

(A) 渗流监测

(a) 绕坝渗流观测孔

左岸布置 5 个孔,右岸 4 个孔。观测水库蓄水后左右岸绕坝渗流水位的变动。

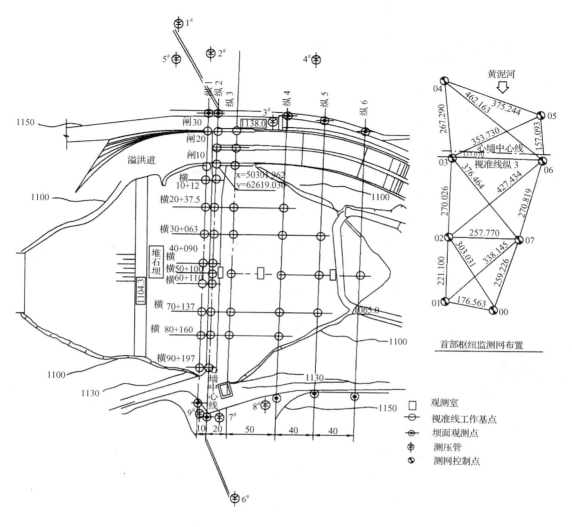

图 7 - 1 - 9　大坝视准线及首部枢纽监测网布置

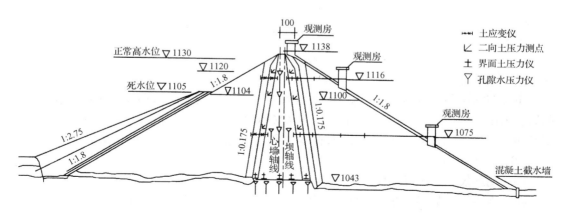

图 7 - 1 - 10(1)　坝体最大断面观测仪器布置图

763

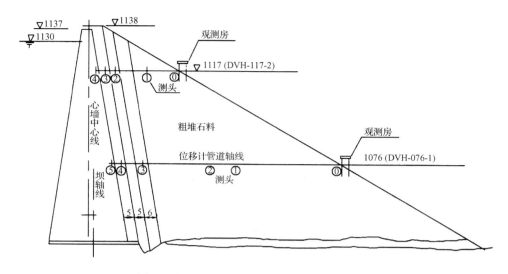

图 7 - 1 - 10(2)　垂直水平位移计布置示意图

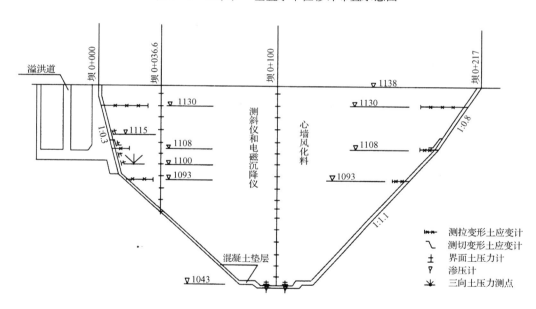

图 7 - 1 - 10(3)　沿心墙中心线纵断面观测仪器布置图

（b）渗压计

布置在河床和左右岸坡的心墙与混凝土垫层间的 21 支渗压计,用以观测蓄水后沿接触面的渗水压力变化,监视可能产生的接触面渗流破坏。布置在心墙内的 9 支渗压计在施工填筑期观测心墙风化料的孔隙水压力,在蓄水和运行期观测心墙内的渗水压力。

（B）变形监测

（a）测斜仪和电磁沉降仪

在心墙轴线上的 0 + 36.7m 和 0 + 100m 桩号布置两个测孔,测孔内埋测斜仪的 PVC 导管,导管外每间隔 3m 套一个电磁沉降测头。用测斜仪测量导管的水平位移,用电磁沉降仪测量沉降测头的垂直位移(沉降)。

（b）TS 位移计

布置在心墙左右岸坝肩 3 个高程的 18 支 TS 位移计,用以观测心墙在坝肩部位的土体在坝轴线方向的拉伸、压缩范围和数量,以及观测心墙土体沿岸坡的剪切变形量。在大坝河谷部位的 1075.46m 高程和 1117.18m 高程各埋设了两支成串联的 TS 位移计,用来观测心墙与上游堆石体之间的相对位移。

表 7－1－2(2)　　　　　鲁布革心墙堆石坝原型观测仪器、设施一览表

序号	观测项目	观测部位	观测仪器、设施 名 称	单位	数量	备 注
一	渗流观测					
1	渗流量					
①	坝基渗流量	坝趾河床	标准梯形量水堰	个	1	
②	绕坝渗流量	左、右岸坡	三角量水堰	个	2	
2	绕渗测压管					
①		左坝肩	钻孔测压管	个	5	
②		右坝肩	钻孔测压管	个	4	
3	接触面渗水压					
①		河床部位	渗压计	支	11	
②		左岸坡	渗压计	支	5	
③		右岸坡	渗压计	支	5	
二	变形观测					
1	监测网					
①	三角测量网	首部枢纽	Ⅱ等三角网	点	8	
②	水准网	首部枢纽	Ⅱ等水准网			
2	外部变形观测					
①	视准线	坝顶与下游坝坡	视准线	条	6	
3	内部变形观测					
①	心墙沉降与水平位移	坝 0＋36.7 与坝 0＋100	测斜仪和电磁沉降仪	根	2	
②	左坝肩心墙变形	1093m 高程	土变形计	支	3	1 支测岸坡剪切变形
		1108m 高程	土变形计	支	3	1 支测岸坡剪切变形
		1134m 高程	土变形计	支	4	
③	右坝肩心墙变形	1093m 高程	土变形计	支	2	
		1108m 高程	土变形计	支	3	1 支测岸坡剪切变形
		1134m 高程	土变形计	支	3	
④	下游坝壳变形	1076m 高程	垂直水平位移计	套	1	5 个测头
		1117m 高程	垂直水平位移计	套	1	4 个测头
三	土压力、孔隙压力观测					
1	界面土压力					

序号	观测项目	观测部位	观测仪器、设施 名 称	单位	数量	备 注
①	心墙拱效应	心墙底部	界面土压力计	支	6	
②	陡边坡挡墙土压力	左岸 1:0.3 边坡	界面土压力计	支	4	心墙中心线的 4 个高程
2	土中土压力					
①	三向土中土压力	坝 0 + 020 桩号 1117m 高程	土中土压力计	支	7	组成 1 个观测点,土压力盒直径 $\phi 200$mm
②	二向土中土压力	坝 0 + 100 桩号 1075m 高程	土中土压力计	支	10	组成 3 个观测点
		坝 0 + 100 桩号 1100m 高程	土中土压力计	支	9	组成 3 个观测点
		坝 0 + 100 桩号 1120m 高程	土中土压力计	支	6	组成 2 个观测点
3	孔隙水压力	坝 0 + 100 桩号 1120m 高程	渗压计	支	3	
		坝 0 + 100 桩号 1120m 高程	渗压计	支	3	1 支埋在三向土压力测点
		左岸 1120m 高程	渗压计	支	3	1 支埋在左岸周边料内
四	水库地震观测					
1	微震仪测站	左岸坝上游 1.5km	微震仪 DD - 1	套	1	三分向
2	强震仪测站	左岸坝趾基岩	强震仪 GQⅢ - A	套	1	
		坝顶观测房内	强震仪 GQⅢ - A	套	1	平行坝轴线,垂直坝轴线和铅垂线 3 个方向
五	近坝库区滑坡观测					
	发耐滑坡	左岸坝上游 1.5km ~ 2.1km	观测标桩	点	13	滑坡体内 9 点,体外 4 点
			测斜仪钻孔	个	5	
六	观测自动化					置于坝顶观测房
1	数据采集装置		钢弦式采集仪(渗压计、土压力计)	套	1	
			TSJ 式采集仪(土变形计)	套	1	
2	数据处理系统		NEC 电子计算机 数据处理软件	台 套	1 2	
3	输出装置		打印机 绘图仪	台 台	1 1	

(c) 垂直水平位移计

在 0 + 100m 桩号的 1076m 高程和 1117m 高程埋设了两套垂直水平位移计,分别为 5 个测头和 4 个测头,用来观测下游堆石体的沉降和水平位移。

(C) 土压力和孔隙压力监测

(a) 界面土压力计

埋在心墙底部两个观测断面的 6 支界面土压力计,用来观测心墙底部的拱效应。埋在左岸 1:0.3 边坡的混凝土挡墙 4 个高程的界面土压力计,用来观测陡岸坡上的土体压力,以监视心墙土体与岸坡的接触情况。10 支界面土压力计均为钢弦式仪器。

（b）土中土压力计

在心墙及其上下游反滤层中总共埋设了 32 支土中土压力计,用来观测土体的总应力,以查明心墙内部的拱效应。桩号 0 + 020m 高程 1117m 的测点观测左岸陡边坡混凝土挡墙附近土体的 3 向应力,1 个测点由不同埋设方向的 7 支土中土压力计组成。32 支土中土压力计全是钢弦式仪器。

（c）孔隙水压力计

如前所述,埋在心墙内的渗压计在施工填筑期,观测心墙风化料的孔隙水压力。

3. 观测数据处理与计算

每次观测数据记录了各沉降盘的高程,理论上埋设高程减去观测时的高程就是在观测时该处的沉降。但是,由于施工干扰等因素的影响,埋设高程不一定都可以用作计算沉降时的初始值。计算表明,如果全部采用埋设高程为初始值的话,个别盘下面土柱的压缩量和压缩率甚至几年内都是负值。或者从一开始就比相邻土柱的压缩量大 10 倍左右。对于这些盘的初始高程是通过与之相邻的盘之间的土层厚度的变化,以及对该盘埋设后几个月内的沉降变化进行统计回归计算得到的。

（A）观测资料初步分析

桩号 0 + 100 有代表性的若干高程的沉降实测过程线见图 7 - 1 - 11。图上部的曲线为填筑和库水位相对坝底部的高度过程线供比较参考(下同)。图中的 3 个测点分别属于第一、二和三期填筑。初期沉降与时间近乎都成线性关系。从图上可以明显看出填筑施工对沉降速率的影响。

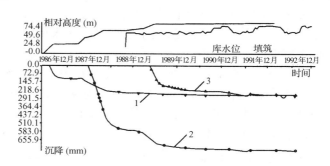

图 7 - 1 - 11　最大横断面心墙内部沉降过程线
1—4# 盘;2—18# 盘;3—30# 盘

0 + 100 断面最大沉降发生在 18# 盘(1093m 高程),相当于二分之一坝高的位置。至 1992 年 7 月该处沉降已达 764mm。回归该处的最终沉降为 811mm,故最大沉降仅占坝高的 0.8%。这说明心墙的压实度较高。

施工期沉降沿坝高的分布近乎成抛物线,而运行期完成的沉降则是近乎线性分布的,上部坝顶大于底部(见图 7 - 1 - 12)。坝顶逐年变化仍然比较大。32# 盘

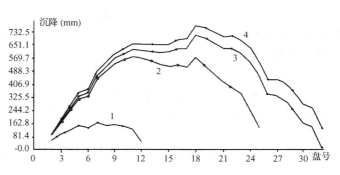

图 7 - 1 - 12　最大横断面,心墙沉降沿坝高分布图
1—1987 - 10 - 23;2—1988 - 10 - 04;
3—1989 - 07 - 28;4—1992 - 07 - 24

在竣工后三年中分别沉降 69、36mm 和 18mm。底部的 2# 盘的沉降量自 1990 年 7 月(竣工一年后),累计只变化了 2mm。

沉降率(沉降盘的沉降量除以该盘下卧层的初始厚度)沿坝高基本上也是线性分布,底

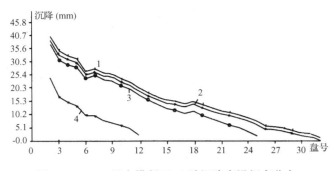

图 7 - 1 - 13　最大横断面,心墙沉降率沿坝高分布

1—1992 - 7 - 24;2—1989 - 7 - 28;3—1988 - 10 - 4;4—1987 - 10 - 23

部大于顶部(见图 7 - 1 - 13)。坝顶的沉降率是判断大坝填筑情况的重要指标。经考察 32# 盘(据坝顶 4m)的沉降率,竣工一年后的沉降量为 134mm,沉降率为 0.17%,大大低于通常的判断标准 0.5%。利用沉降率沿坝高基本上是直线分布的规律,回归 24# 到 32# 盘的沉降率,推知坝面上沉降率小于 0.03%。据不完全统计,国内目前只有丹江口电站大坝与此值相同

或相近,其他均高于此值。这说明大坝的填筑质量较高。

心墙内各沉降盘之间土柱的平均压应变,沿坝高近似呈直线分布,下部大于上部,最大压应变为 0.43‰,发生在坝底部 1# 和 2# 盘之间。

库水位对 0 + 100 断面心墙内的沉降有一定影响,且不同高程的影响程度有所不同。在一期蓄水的同时正在进行心墙的三期填筑,库水位的影响被掩盖了;在二期蓄水时,由于各盘的沉降变化已经趋缓,库水位影响表现得比较显著。

库水位上升时影响较小。以 32# 盘为例,在二期蓄水前 4 个月内累计沉降 6mm,此后的 4 个月里累计沉降 10mm。考虑到沉降速率减小,知库水位上升引起的沉降量为 2mm 稍多,这只能说是微小的影响。由于沉降数据变化稳定,可以排除是由观测偶然误差所致。16# 和 23# 盘,上述两时段内累计沉降量分别为 2mm/3mm 和 3mm/6mm;其他盘情况也相近。

库水位下降时沉降速率明显增大。1991 年 3 月到 7 月底 4 个月中,库水位下降,32# 和 16# 盘的累计沉降分别为 19mm 和 9mm,这是一个不容忽视的变化。7 月到 11 月,当库水位无明显变化时,沉降值又都基本不变了。

1991 年底到 1992 年初,大坝经历第二次高水位,库水位上升时沉降几乎没有变化。下降时到 1992 年 7 月,32# 盘的累计沉降又达 12mm,已经比前一年减小了 36%。16# 盘此次为 6mm,同样少了 33.3%。这种现象是正常的,按照一般规律,随着库水位的多次升降,每次产生的沉降量会不断减少,直到稳定。

(B) 回归预测分析

为估计心墙沉降的最终值,利用下列指数模型进行了回归预测。因为在没有施工加载的影响时,可以近似认为沉降只是时间的函数(忽略库水位的影响)。预测所采用的是竣工(1989 年 7 月)以后的数据。

库水位对固结沉降的影响很小在逐步回归时,即使加入该因子也会被自动剔除,所以,下式中没有列出这一项因子。

$$S = B_0 + B_1(e^{-T \times \beta_1} + \alpha \times e^{-T \times \beta_2})$$

式中　　　　　S——沉降值;

　　　　B_0, B_1——由回归计算决定的系数;

　　　　　　e——自然对数;

　　　α, β_1, β_2——由试算决定的参数,其中 $\alpha = 0.15, \beta_1 = 0.2, \beta_2 = 10$;

T——自始测起算的时间,年。

对 0 + 100 各盘孔最终沉降的预测,结果列于表 7 - 1 - 3。

表 7 - 1 - 3 　　　　　　　　　0 + 100 孔回归预测(1992 年 7 月)

盘 号	高 程(m)	R(相关系数)	实 测(mm)	计 算(mm)	最 终(mm)	U(固结度,%)
4	1051.25	0.913	267	265.4	277.7	96.1
12	1075.35	0.959	652	651.0	684.6	95.3
18	1093.59	0.973	764	762.0	811.2	94.2
24	1111.82	0.981	637	635.4	708.5	89.9
32	1135.94	0.987	156	156.5	269.9	57.8

由固结度可见,除顶部的几个盘尚有较大沉降待完成外,其余的盘已基本稳定。

综上所述,大坝心墙的沉降符合一般规律,无异常现象。心墙中下部的沉降已经稳定。各高程的沉降量都不大,低于有限元计算值。实测数据说明大坝填筑压实质量较高。

(C) 孔隙水压力

大坝内部共埋设了 31 只钢弦式孔隙水压力计。此处仅就埋设在坝中段、心墙坝底部孔隙水压力计的观测资料分析为例加以说明。

这组孔隙水压力计是沿上下游方向在反滤和心墙内埋设的。高程为 1043m,桩号 0 + 106m,距心墙中线的距离见表 7 - 1 - 4,表中以心墙轴线为零点,向下游为正,向上游为负,单位为 m。

表 7 - 1 - 4 　　　　　　　　　最大横断面,底部孔隙水压力计位置

测点号	EP - 4	EP - 9	EP - 10	EP - 11	EP - 5
距心墙轴线(m)	− 23.37	− 16.97	0.01	16.90	24.10

这几个孔隙水压力计的实测压力过程线绘于图 7 - 1 - 14。从图中可以看出,一期蓄水以前,孔隙水压力主要受大坝填筑控制,随坝体升高孔隙水压力也升高。两次填筑施工之间孔隙水压力的下降,为固结过程中的孔隙水压力消散。

靠近上游测点的孔隙水压力的变化受库水位的影响明显大于远离上游反滤的测点,由于一期围堰和二期围堰的防渗斜墙的挡水作用,当库水位低于死水位时,库

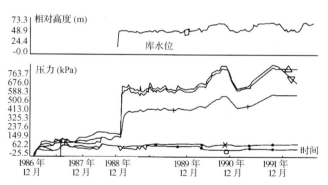

图 7 - 1 - 14 坝底部孔隙水压力过程线

▽—RP - 4;○—EP - 5;△—EP - 9;+—EP - 10;×—EP - 11

水位的变化对心墙孔隙水压力的影响很小。当库水位高于死水位时,压力主要与库水位和填筑施工有关。三期填筑时库水位与坝体同时上升,压力的变化为两者共同作用的结果。运行期,压力完全由库水位控制,表现为渗透压。

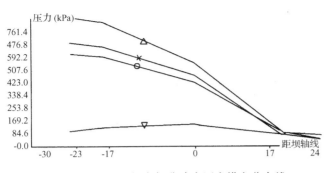

图 7 - 1 - 15　坝底部孔隙水压力横向分布线
▽—1988 - 1 - 1；○—1989 - 7 - 26；×—1991 - 1 - 3；△—1992 - 7 - 24

孔隙水压力在不同时期沿横向的分布见图 7 - 1 - 15。分布情况表明,在库水位低于死水位时,心墙中部的孔隙水压力最大,向上下游两侧压力逐渐减小。当库水位高于死水位时,上游一侧的孔隙水压力随库水位的升高而升高的幅度大于心墙内部,远大于下游一侧。观测资料表明,库水位和孔隙水压力之间的关系在库水位周期性变化时并非对应,即后者的变化滞后于库水位的变化。

这种滞后有如下特点:一是库水位开始上升时,这几个测点的孔隙水压力滞后几天才开始变化,库水位达到峰值前大致保持这一滞后关系。二是库水位开始变化时,无论是上升还是下降,孔隙水压力的变化速率都明显低于库水位的变化速率。三是库水位上升和下降两个阶段,以上两个方面的滞后关系表现不同,下降时的表现更明显。这里分别对各测点孔隙水压力与库水位的关系进行了线性回归分析。

$$P = kH + b$$

式中　　　P——回归计算得到的压力水头,m;

　　　　　H——库水位相对测点的高度,m;

　　　　　k,b——回归参数。

由于施工期及完工后的一段时间内,孔隙水压力与大坝填筑高度有较密切的关系,为减少此影响,回归时只取填筑竣工以后的数据。计算结果见表 7 - 1 - 5。EP - 11 和 EP - 5 相关系数低于 0.4,认为与库水位不相关,故表中未列出。

表 7 - 1 - 5　　　　　　　　　　孔隙水压力回归计算结果

测点号	k	b	相关系数
EP - 4	0.954	- 5.308	0.996
EP - 9	1.100	- 12.049	0.968
EP - 10	0.559	6.846	0.997

在最大横断面附近心墙中,用 EP 测值算出的水力坡降为 2.95,发生在库水位 1130m 高程时心墙的底部,此值远小于风化料的允许坡降。所以从大坝渗流上看,大坝是安全的。

在低水位(库水位为 1110m)时,达到心墙下游一侧(EP - 11)水头已被消 85% 左右。在高水位(库水位 1130m)时,达到心墙下游侧水头被消的百分比大于低水位时的百分比,为 89% 左右。下游反滤层中的 EP - 5 测点,两者分别为 95% 和 91%。事实上,下游侧和下游反滤层中的孔隙水压力在库水位升高时,基本保持不变。即库水位升高所增水头在达到此测点之前就已损失殆尽了。这从另一个侧面说明大坝心墙防渗效果是好的。

（D）土压力

（a）观测仪器

大坝内部以及大坝与两岸混凝土垫层的连接处，埋设了钢弦式土压计42支，用于观测反滤层和心墙内的土压力，以及大坝与两岸混凝土垫层接触处的土压力。此处仅就埋设于坝最大横断面附近、心墙底部接触式土压计的观测资料分析为例加以说明。这组土压计沿上下游方向在反滤和心墙内埋设，高程为1043m，桩号0+96m距心墙中线的距离见表7-1-6。以心墙轴线为零点，向下游为正，单位为m。其中PS-2和PS-4两个测点分别在上下游反滤层中。

表7-1-6　1043m高程0+96m桩号各测点离心墙轴线距离　单位：m

测点	PS-2	PS-1	PS-3	PS-6	PS-5	PS-4
距离	-22.00	-12.99	-0.01	-0.02	12.01	22.04

（b）大坝最大横断面土压力观测成果分析

大坝1043m高程有效土压力过程线见图7-1-16，由观测资料可知如下规律：垂直土压力的大小主要取决于上部压力，随大坝坝面的升高而升高；孔隙水压力在土压力中所占比例不大；心墙底部两者之比的最大值，出现在正常高水位时心墙上游侧的PS-1测点，空间上的分布规律是PS-1最大，向下游逐渐减小；时间上的分布规律是在一期和二期施工期较小，两者比值一般在0.1~0.3左右，三期施工期后增大，高水位时大于低水位时。

运行期土压力的变化主要受库水位控制。此变化是由孔隙水压力的变化引起，库水位升高和下降时，土压力随之升高和下降。沿上下游方向，受库水位的影响程度不同，上游反滤层、心墙到下游反滤层影响逐渐减弱，与孔隙水压力的规律一致。

由图7-1-16可以看出，有效应力随时间的变化有如下规律：一方面随荷载的增加，土压力也增加，同时土体内孔隙水耗散，这两种因素导致有效土压力的增加。另一方面随水位的升高，由于渗透水压力的顶托作用，有效土压力下降。实际看到的过程线是这两方面的作用的结果。一期蓄水前，库水位在1105m高程以下，一期和二期围堰的防渗斜墙存在，使得前一因素影响

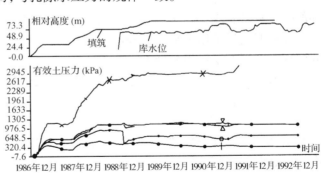

图7-1-16　坝底部有效土压力过程线
▽—PS-1；○—PS-3；△—PS-6；+—PS-5；×—PS-4

较大，在停工时，表现为有效应力的上升。而一期蓄水时库水位升高到1110m高程左右，渗透压力迅速升高，除心墙下游侧和下游反滤层外，后一因素的作用大于前一因素，所以，才有PS-1，PS-2和PS-3的有效应力由上而下程度不同地下降。

从沿横向的有效应力分布图7-1-17可见，反滤中的土压力大于心墙内的土压力，这一点符合一般规律，可以解释为反滤的容重大于风化料的容重所致。但下游反滤层中的土压力及有效应力测值偏大。由此分布图，可以明显看出拱效应。

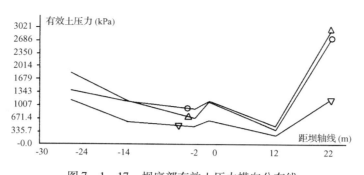

图 7 - 1 - 17　坝底部有效土压力横向分布线

▽—1987 - 10 - 26；○—1988 - 10 - 18；△—1989 - 07 - 26

心墙底部 1043m 高程的水力劈裂指标最小为 2.1，发生在上游侧的 PS - 2 测点。PS - 5 测点的水力劈裂指标大于 6.0。这个指标也反应出，大坝在这方面是安全的。

值得注意的是，心墙下游侧的 PS - 5 的测值，一期填筑以后，很快下降。以后的两次填筑后也有较少的下降趋势。这表明各次填筑对此高程拱效应的影响不同。

三、二滩水电站混凝土双曲拱坝的安全监测

二滩水电站位于四川省攀枝花市雅砻江上，距雅砻江流入金沙江的入河口 33km，距市区 46km。坝址区多年平均径流量为 590 亿 m³，与黄河相当。电站挡水建筑物为溢流式混凝土双曲拱坝，坝高 240m，坝顶长 775m，最大底宽 56m，共分 39 个坝段，每坝段宽约 20m，不设纵缝，薄层通仓浇筑。坝体泄洪系统由 7 个表孔、6 个中孔、4 个底孔组成。

坝区基岩主要为玄武岩、正长岩。此外，还有少量的辉长岩及变质玄武岩。坝基内无贯穿性的构造断裂带，坝区主要软弱带为绿泥石—阳起石玄武岩及右岸 34# ~ 35# 坝段的 F_{20} 断层。

坝基开挖后采用了锚杆、锚索和喷混凝土的处理措施，并进行了帷幕灌浆和固结灌浆；软弱面及断层开挖后用混凝土置换。

二滩拱坝安全监测的目的是为施工期提供依据及在电站运行期间监测水库和拱坝的工作状态，为电站安全运行服务。

二滩拱坝安全监测项目齐全，监测的重点是变形和基础的渗流状况。对坝基地质条件复杂的地区，重复设置了仪器，以获得重要而全面的资料；而且采取一仪多用，扩大了监测范围，又做到了监测仪器少而精。

拱坝监测仪器的采购、率定、安装埋设及初始读数均由 I 标承包商负责，并观测 7 天，仪器运行正常后移交工程师和运行单位继续测读。

二滩拱坝所采用的监测仪器绝大部分为进口比较先进的振弦式仪器，仪器内部结构牢靠、体积轻巧、精度及灵敏度高、施工方便、长期稳定性好，且读数不受电缆长度的影响。

二滩拱坝总共布置了近 30 种仪器，约 1100 支。自 1995 年 1 月 14 日安装以来，截止至 1998 年 1 月底，安装埋设各类仪器共占仪器总数的 90%，损坏的仪器占安装总数的 3% 左右，仪器运行情况良好。

二滩拱坝安全监测仪器的布置情况见图 7 - 1 - 18 和表 7 - 1 - 7。

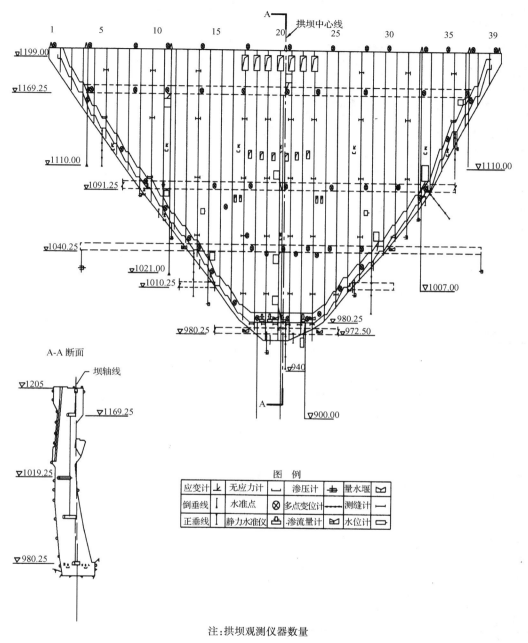

A-A 断面

图 例

应变计	⊥	无应力计	⌐	渗压计		量水堰	
倒垂线		水准点	⊗	多点变位计	----	测缝计	
正垂线		静力水准仪		渗流量计		水位计	

注:拱坝观测仪器数量

温度计	45	单管水准仪测点	25	伸缩仪	8	无应力计	39	量水堰	8
弦矢导线	57	遥测坐标仪	20	测缝计	138	渗压计	22	多点位移计	6
观测站	11	水质分析仪	16	正垂线	10	测量与控制单元	12	倾斜仪测点	18
引张线	1	应变计	204	观测墩	9	钢筋计	80	地震仪	6
测力器	16	热电偶	226	遥测压力计	12	水位计	5	渗流量计	6
静力水准仪	8	高程传递装置	3	水准点	64	倒垂线	8		

图 7 - 1 - 18 二滩拱坝安全监测仪器布置

773

表 7 – 1 – 7　　　　　　　　　　　　　拱坝监测仪器布置表

编号	仪器名称	数量	监测内容	安装部位
1	应变计	204	混凝土应力应变	6、9、11、15、17、21、27、33、35# 坝段
2	无应力计	39	同上(与应变计成组使用)	6、9、11、15、17、21、27、33、35# 坝段
3	基岩测缝计	18	基岩/坝基接面缝隙开合	9 – 10、13 – 14、17 – 18、19 – 20、21 – 22、23 – 24、27 – 28、31 – 32、35 – 36# 坝段
4	横缝测缝计	120	坝段间缝隙开合	5 – 6、9 – 10、13 – 14、17 – 18、19 – 20、21 – 22、23 – 24、27 – 28、31 – 32、35 – 36# 坝段
5	压应力计	12	混凝土压应力	9、15、27、33# 坝段
6	温度计	46	坝内及上下游面温度	11、21、33# 坝段
7	热电偶	228	施工期混凝土温度	双数坝段,间隔 12m
8	水位计	5	库水位	14、21、28# 坝段和二道坝
9	渗压计	22	坝基扬压力	9、12、15、19、20、24、27、32、33、36# 坝段
10	岩石变位计	6	基岩变位	5、13、21、29、34、36# 坝段
11	钢筋计	80	钢筋应力	21 号坝段中孔和闸墩
12	测力计	16	锚索张力	18、19、20、21# 坝段闸墩
13	正垂线	10	坝体挠度	4、11、21、33、37# 坝段
14	倒垂线	8	基础挠度	4、11、19、21、23、37# 坝段
15	遥测坐标仪	20	与垂线配套使用	980m、1040m、1090m、1169m 廊道
16	引张线	1	位移	右岸 1040m 排水平硐
17	伸缩仪	8	位移	右岸 1040m 排水平硐
18	静力水准仪	4×4	坝基不均匀沉陷	21# 坝段基础廊道
19	单管水准仪	25	坝体沉陷	1040m、1091m、1169m 廊道
20	倾斜仪	18	坝体倾斜	1040m、1091m、1169m 廊道
21	水准点	64	坝体沉陷	坝内所有廊道
22	测压管	44	地下水位	两坝肩和坝后山坡
23	水质分析仪	6	渗流水质	基础廊道和排水廊道
24	渗流量计	2×4	渗流水量	基础廊道和排水廊道
25	脉动压力传感器	18	水垫塘底板所承受的动水压力	水垫塘
26	量水堰	8	渗流量	10、14、29、33# 坝段及 1010m、1091m 排水廊道
27	观测墩	9	变形	1、4、9、11、21、33、37 以及 39# 坝段的坝面
28	强震仪	6	地震	11、21、33# 坝段以及 980m 排水平硐
29	测量与控制单元	12	数据采集系统	11、14、21、23、29、33# 坝段

四、天荒坪抽水蓄能电站混凝土面板堆石坝的安全监测

天荒坪抽水蓄能电站位于浙江省安吉县天荒坪镇镜内,装机 6×30 万 kW。下水库位于大溪中游峡谷河段上。下水库大坝为钢筋混凝土面板堆石坝,坝基为弱风化岩面。坝顶高程 350.2m,最大坝高 95m,坝顶长度 225.2m,坝顶宽 8.0m,面板厚 $0.3 + 0.002H$(m)。

下库坝于 1994 年 3 月 25 日开始坝体填筑,坝体填筑至 343 高程后,停止填筑,进行一期混凝土面板施工。1997 年 4 月初坝体填筑上升到 348.5m 高程后,进行二期混凝土面板施工,至 1997 年 6 月底,面板混凝土全部浇筑完毕。

该混凝土面板堆石坝在坝基、坝体和面板中安装埋设了较多的内部观测仪器。其中,在坝体内埋设水管式沉降仪 6 套(24 测点),引张线式水平位移计 4 套(14 测点);在混凝土面板内埋设测斜管二条(一条管长 176m,另一条 141m);差动电阻式测缝计、钢筋计、混凝土应变计、无应力计、渗压计共 102 支;坝基埋设差动电阻式渗压计 4 支;另外布置了 10 个绕坝渗流孔,一个量水堰。这些原型观测仪器全部由专业人员安装埋设,埋设质量很好,经过 1998 年 2 月水库第一次蓄水考验,仪器完好率在 95% 以上。内部观测仪器埋设布置详见观测仪器埋设布置图 7-1-19、图 7-1-20 和观测仪器一览表 7-1-8。

表 7-1-8　　　　天荒坪抽水蓄能电站下水库混凝土面板堆石坝观测仪器设施

观测项目	安 装 部 位	仪器设施			
		名称	型号	单位	数量
一、坝体内部观测					
1. 沉降量	桩号坝左 0+083m,高程 293m,309m,325m	水管式沉降仪	YS 型	套(点)	3(12)
	桩号坝左 0+143m,高程 293m,309m,325m	水管式沉降仪	YS 型	套(点)	3(12)
2. 水平位移	桩号坝左 0+083m,高程 309m,325m	引张线式水平位移计	YS 型	套(点)	2(7)
	桩号坝左 0+143m,高程 309m,325m	引张线式水平位移计	YS 型	套(点)	2(7)
二、混凝土面板观测					
1. 面板挠度	桩号坝左 0+083m	测斜管	$\phi71$	孔(m)	1(141)
	桩号坝左 0+140m			孔(m)	1(176)
2. 周边缝	面板与趾板结构缝	三向测缝计	CF-40	组(支)	8(24)
	位移河床底部至两岸坡,高程 226.5~325m	二向测缝计	CF-40	组(支)	1(2)
3. 面板接缝	面板混凝土块与块间结构缝,高程 293m,309m,325m	测缝计(单向)	CF-12	支	17
4. 钢筋应力	面板内钢筋高程 293m,309m,325m	钢筋计	KL-$\frac{20}{22}$	支	12
5. 混凝土应变	面板混凝土内高程 264~325m	三向应变计	DI-10	组(支)	1(3)
		二向应变计	DI-10	组(支)	12(24)
		无应力计	DI-10	支	7
6. 渗水压	混凝土面板背后垫层料内高程 263~325m	渗压计	SZ-$\frac{4}{8}$	支	13
三、坝基观测					
1. 渗水压力	坝基沿河床底部	渗压计	SZ-4	支	4
2. 渗流量	坝趾河床及岸坡	量水堰		个	1
四、坝肩观测					
绕渗测压管	左、右坝肩	钻孔		个	10
五、外部变形观测					
视准线	坝顶及下游坝坡	视准线		条	5
		观测点		(点)	17

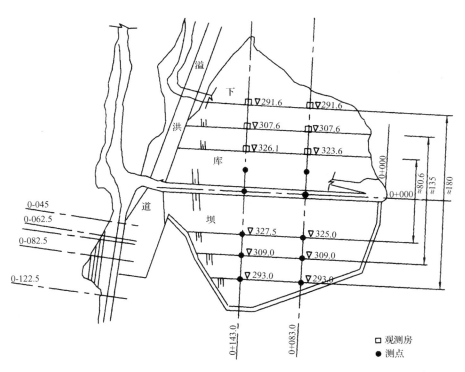

图 7 - 1 - 19   天荒坪抽水蓄能电站下库大坝水管式沉降仪、水平位移计测点布置

　　埋设的内部观测仪器在大坝施工期和第一次蓄水初期获得丰富的观测资料。各支渗压计测得的渗透水压力极其微小,最大渗水压力仅为 0.06MP,说明面板混凝土的质量良好,且止水效果和灌浆效果也是非常好的。由于量水堰和绕坝渗流观测孔正在施工,尚无监测成果。水管式沉降仪测得大坝填筑期以及第一次蓄水初期堆石体的最大沉降量 1059.3mm,发生在大坝 0 + 83 桩号 293m 高程的测点,0 + 83 桩号 309m 高程和 327.5m 高程的最大沉降量分别为 720mm 和 700mm。而 0 + 143 桩号相同高程测点的沉降量均小于 0 + 83 桩号各相同高程测点的沉降量,且有规律性。坝体沉降主要发生在施工期,初期蓄水达到 335m 高程时,坝体沉降量与蓄水前基本一样。埋设在面板与趾板间的三向测缝计,初期蓄水后,测得面板与趾板之间张开度最大为 5.52mm,面板沿趾板错动最大为 4.49mm,多数仪器测值都比较小,且缝隙值增大与蓄水水位升高有明显关系。单向测缝计量测面板之间的缝隙变化量较小,一般在 - 2 ~ 2mm 之间。埋设在面板内的应变计和钢筋计,在初期蓄水后,实测到的混凝土应变值一般为拉应变,最大拉应变 189με,实测钢筋应力均为压应力,最大 48.9MPa;测斜管的观测工作由于坝顶施工影响,未能正常进行,尚无完整观测资料。

　　从施工期和第一次蓄水初期获得的观测资料初步判断,该大坝坝体填筑质量是好的,混凝土面板浇注质量也是好的,大坝整体质量优良。

　　另外,在大坝上还布置有外部观测系统。在坝顶和下游边坡上,布置有视准线 5 条,共计有 17 个观测点。在下游坝坡的 6 个观测房上,设置有水平、垂直位移观测点,为埋设的水管式沉降仪和引张线式水平位移计实测成果提供计算依据。

776

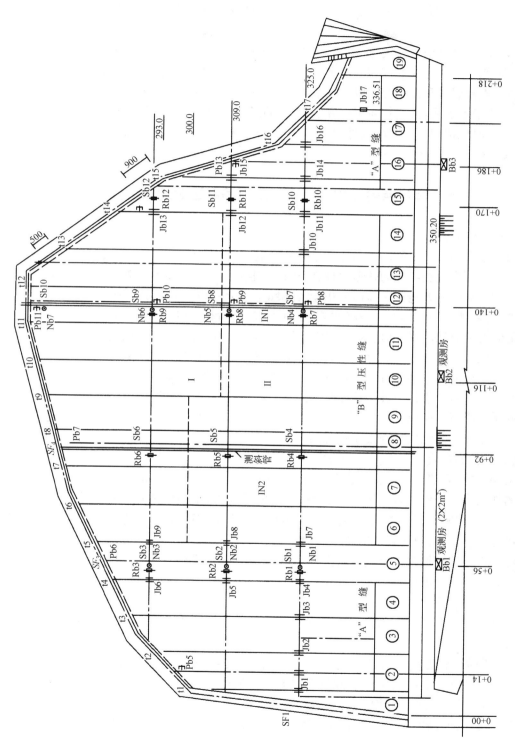

图 7-1-20 天荒坪抽水蓄能电站下库坝钢筋混凝土面板原型观测仪器布置

（本图符号同附录一）

777

第二节 边(滑)坡工程的安全监测实例

高边坡失稳是全球性灾害之一,我国也不例外。据近期统计,我国水利水电工程就有117个典型滑坡,本节提供了其中比较典型的一些实例供参考。改革开放三十年,随着经济建设的大规模展开和高速发展以及技术进步,我国对高边坡的研究、设计、施工、监测、计算、分析,积累了不少成功经验,在不少方面处于国际领先水平。本节只选取了4个工程实例作一简介;同时也选用了一些国内外边(滑)坡工程的规模、地质、构造、监测情况,其中国内工程18项,国外工程12项。

一、隔河岩电站引水洞出口及厂房高边坡的安全监测

(一)地质概况

引水隧洞出口和电站厂房高边坡是隔河岩电站的监测重点之一。边坡由正面出口边坡和侧面电站厂房边坡组成为弧形,自西向东边坡走向由N30°E转为N70°E,倾向NW。边坡范围长约350m,最大施工坡高达220m。岩层走向70°~80°,倾向SE,倾角25°~30°。虽为逆向坡,但岩体上硬(灰岩)下软(页岩);有10余条断层、夹层,4组裂隙,2个危岩体及岩溶塌陷体等地质缺陷;局部地区岩体较破碎。为确保边坡施工期及电站运行期的安全,必须预防和避免边坡可能导致的整体性或局部关键块体的失稳破坏;过大的沉陷(岩体下座)或不均匀沉陷可能导致某些台阶边坡的倾覆;$201^{\#}$夹层局部应力集中,岩体破碎,局部被压坏或剪坏;为此,需要进行边坡位移监测。因为岩石边坡中的不利断裂构造的存在是引起边坡失稳的诱发因素。所以,监测重点放在边坡中存在的主要断裂的位移和地下水的变化情况上。高边坡安全监测仪器埋设布置见图7-2-1。

(二)监测布置

监测目的:弄清边坡的变形或破坏特性,预报其安全稳定性;检验和校核工程设计,并为边坡的加固措施提供依据。因此,监测布置上的总体考虑是:既要以整体稳定性的监测为主,也兼顾局部断裂等岩体缺陷的监测;既重点进行深部位移监测,也进行表面位移监测;既主要进行位移监测,也适当进行渗压监测。

深部位移监测按若干个观测断面布置,利用排水廊道进行表面位移收敛监测,在主要断层裂隙处进行开合度监测。

1. 监测断面的布置

权衡边坡范围长而高和监测经费有限,由设计、地质和科研三方共同拟定5个监测断面。

I-I断面:靠近高边坡侧向边坡下游末端,正处$4^{\#}$危岩体上,上有岩溶塌陷体,下有$301^{\#}$夹层、F_{15}、F_{16}断层,且岸剪裂隙发育,岩体完整性差。因$4^{\#}$危岩体并不全部挖除,该断面边坡较高,故设此监测断面。

II-II断面:断面顶部系岩溶塌陷体,中部有$201^{\#}$夹层和F_{10}断层等,该部位的$201^{\#}$夹层予以置换。下部为软弱页岩,施工期间坡高最大,它和I-I断面都位于侧面边坡。II-II断面是侧面边坡有限元计算的典型断面,根据计算结果,整体稳定性不及正面边坡。

778

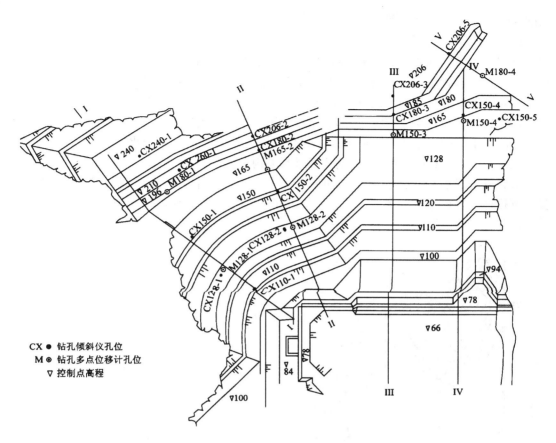

图 7 - 2 - 1 电站厂房及引水洞出口高边坡安全监测仪器埋设图

Ⅲ－Ⅲ断面:断面位于正面边坡 1#、2# 引水隧洞之间,岩体为断层 F_{18}、f_1、f_2、f_{2-1} 和 f_{15} 所切割,较破碎,且穿过此间的 201# 夹层将予以开挖并回填混凝土,置换过程中岩体的稳定性和置换后的效果都需监测。此外,正面边坡有限元计算、地质力学模型试验也取自该断面,通过监测可以互相比较。

Ⅳ－Ⅳ断面:位于 3#、4# 引水隧洞轴线之间,天然边坡两面临空,NE70° 和 NE30° 的两组发育的岸剪裂隙在此交汇;加上处于断层 F_{18} 的上盘,岩石比较破碎;页岩区覆盖厚,风化较严重;此外,隧洞上部覆盖薄,引水洞开挖及爆破震动对边坡的稳定也不利。

Ⅴ－Ⅴ断面:位于两侧临空的 5# 危岩体上,岸剪裂隙发育;4# 机组到大坝护坦—带山坡岩体下座明显(裂隙宽达数米),在植被被破坏、开挖和爆破震动的影响下,应加强监测。

2. 监测仪器的选型

仪器选型上的基本考虑是:以利用钻孔进行岩体深部位移和渗压监测为主,表面位移监测为辅;选择钻孔倾斜仪和多点位移计进行岩体深部位移监测;在边坡台阶表面和排水廊道断裂处分别布置测缝计和收敛计测线;渗压计设置在深部变形测量孔的底部,以节约钻孔和经费。

深部位移监测包括铅垂方向和水平方向。利用钻孔多点位移计测铅直方向位移,利用钻孔倾斜仪测水平位移。

要求仪器能适合现场条件,长期稳定性好,并满足工程的精度和量程。实践证明,所选用的仪器大多数都能满足要求。

3. 监测仪器的布置

仪器布置的基本考虑是:以控制边坡整体稳定性为主,兼顾局部稳定性监测。整体稳定性采用钻孔变形和钻孔渗压测量监测,测量变形的钻孔沿监测断面的深度方向不间断,即上一个台阶布置的监测孔要穿过下一个布孔台阶的高程。渗压计只安装在某些测斜仪或多点位移计孔孔底,不另占用钻孔。局部稳定性采用测缝计和收敛计进行监测。

监测力求控制每个监测断面上存在的断裂构造的位移情况和变化趋势。因此,当观测断面上存在断裂构造时,要求监测钻孔穿过断裂构造。

页岩以上以水平挠度监测为主,沉陷监测主要放在页岩部分,并分别采用钻孔测斜仪和多点位移计。要求布置的多点位移计从灰岩穿过201#夹层直到页岩岩体中。

监测仪器的布置情况见图7-2-2。

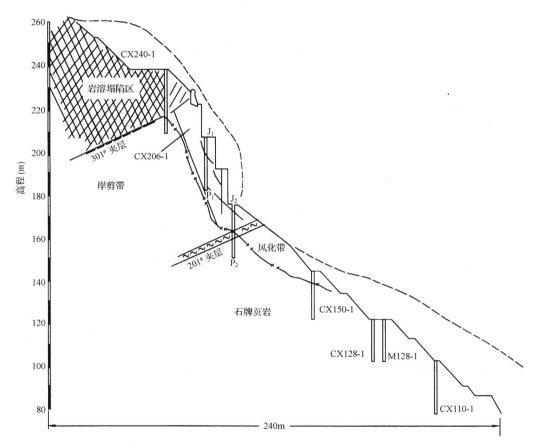

图7-2-2 I-I断面仪器布置示意图

CX—钻孔倾斜仪;M—多点位移计;J—测缝计;P—渗压计;---原地面线;—××—风化带分界线

4. 监测仪器数量统计

根据设计要求,监测仪器埋设情况见表7-2-1(1),表中所列除少量根据现场钻孔情况和开挖中的实际需要征得设计方面同意作出调整外,其他均按设计要求布置埋设。

表 7 - 2 - 1(1)　　　　　　　　　隔河岩边坡仪器埋设统计表

序 号	仪 器 名 称	单 位	数 量	测孔(点)代号	位 置
1	钻孔测斜仪	孔	18	CX	坡体
2	多点位移计	套	7	M	坡体
3	测 缝 计	只	5	J	坡面
4	渗 压 计	只	6	P	孔底
5	收 敛 计	断面	13	WJ	排水廊道内

（三）成果分析

为节省篇幅,对于所列举的各种成果不一一分析。钻孔倾斜仪是监测岩(土)边坡深部水平位移的主要手段,它在及时发现滑动面的出现、确定滑动面的位置和监视滑动面的发展及稳定性等方面是行之有效的。这里主要分析 1993 年 4 月下闸蓄水前钻孔倾斜仪器所监测到的水平位移成果。

本工程采用铝合金导管,取埋设灌浆后第 28 天的观测为初始值。观测频率由开始一周左右一次到半月一次。每次观测时由孔底起自下而上 0.5m 测读一次,分别观测正交 A、B 两个方向的位移,然后进行计算整理。整理的位移有单向位移和合成位移、相对位移和累计位移之分的矢量和。相对位移是指相邻两测点的位移差;累计位移是指自孔底由下而上累计到计算点的位移和。1993 年 4 月大坝下闸蓄水前已埋设 14 个钻孔倾斜仪孔,总进尺 371m。不同高程、不同监测断面最大累计合成位移值见表 7 - 2 - 1(2)。14 个钻孔的实施先后不一,位移—深度曲线和地表处的位移—时间曲线示例见图 7 - 2 - 3 ~ 图 7 - 2 - 4 和第六章中图 6 - 7 - 30。14 个钻孔倾斜仪孔均按设计要求、技术规范实施,埋设质量优良,完好率达到 100%。分析以上成果可以得出以下几点主要认识。

表 7 - 2 - 1(2)　　　　　不同高程、不同断面最大累积合成水平位移

高程(m)	剖　面　号			
	Ⅰ - Ⅰ	Ⅱ - Ⅱ	Ⅲ - Ⅲ	Ⅳ - Ⅳ
240	5.8mm 向坡外			
206	5.1mm 向坡外	6.6mm 向坡外	2.5mm	1.1mm
180		5.1mm 向坡外	3.4mm	
150	5.4mm 向山里	8.2mm 向山里		7.9mm
128	12.9mm 向山里	8.3mm 向山里		
110	14.4mm 向山里			

注　此表数据统计到 1992 年 12 月的资料。

1. 边坡处于相对稳定状况

引水隧洞出口和厂房高边坡于 1991 年 1 月基本完成开挖,同年 7 月,开始埋设钻孔倾斜仪之前,边坡的喷混凝土和锚杆支护、排水洞和排水孔均已基本完成,尽管如此,边坡仍有随时间变化的位移蠕变,但总体上位移不大,地表处最大累积合成位移(水平挠度):变化于 2.4 ~ 14.4mm;除 CX150 - 4 孔外,没有发现影响整体稳定性的滑动或错动;目前边坡中渗

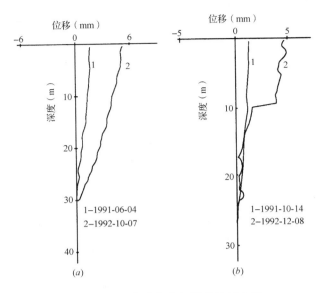

图 7 - 2 - 3　合成位移与深度关系曲线
（a）CX207 - 2；（b）CX150 - 4

压值很小，最大值为 0.15MPa。因此，边坡目前处于相对变形稳定状态。岩层倾向 NW（倾向山内），对边坡的稳定十分有利。

2. 边坡变形的规律

1）就 180m 高程以上的灰岩边坡来说，正面边坡（Ⅲ - Ⅲ 和 Ⅳ - Ⅳ 断面）的变形（2.5 ~ 4.1mm）比侧面边坡（Ⅰ - Ⅰ 和 Ⅱ - Ⅱ 断面）的变形（5.1 ~ 6.6mm）要小，且变形稳定性好。这与正面边坡岩体完整性较好、边坡较低有关。

2）就整个边坡而言，180m 高程以上的灰岩水平位移较小，地表最大合成累计位移变形在 2.5 ~ 7.9mm；下部页岩位移较大，相应位移量变形在 5.4 ~ 14.4mm，以 128m 高程及其以下的页岩变形更明显。这点与岩体的"上硬下软"的岩性完全一致。

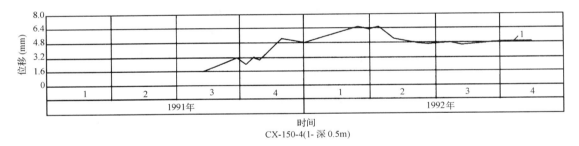

CX-150-4(1- 深 0.5m)

图 7 - 2 - 4　位移—时间过程线

3）就正面边坡本身而言，Ⅳ - Ⅳ 断面的变形比 Ⅲ - Ⅲ 断面大，这是由于前者两面临空，一侧靠近 5# 危岩体，岩体断裂发育且较破碎的缘故。

4）就侧边坡本身而言，目前上部灰岩变形朝坡外，即向河流；下部页岩变形朝山内。页岩朝山内的方向大致与岩层的倾向（160°左右）的方向一致，即侧向边坡有一种旋转的趋势。设计重点对其上部灰岩采取预应力锚索加固措施是很有必要的，加强对位移大的 Ⅳ - Ⅳ 断面附近的安全监测。

3. 开挖是影响边坡稳定的主要因素

在 14 个钻孔倾斜仪监测孔中，唯一出现岩体明显错动的是 CX150 - 4 孔。该孔位于 3# 和 4# 引水隧洞之间，1991 年 9 月开始观测，11 月起位移明显增大，到 1992 年 1 月，地表以下 9.5m 深处出现位移突变，逐步形成一个 0.5m 厚的滑动（错动）带，最大错动位移 3.1mm 左右，详见图 7 - 2 - 5。到 1992 年 4 月位移趋于稳定，稳定前地表最大顺坡向位移约 4.8mm。经查明，该孔孔深 9.5m 处有断层 F_{217} 穿过，断层走向 320° ~ 325°，倾 SW，倾角 65° ~ 75°，断层厚 30~60cm，由紫红色方解石及方解石胶结的角砾岩组成。沿层面断续溶蚀成狭缝，多为黏土充填。CX150-4孔实测错动方向为300°~330°，与断面层F_{217}的走向一致。该孔位于$4^{\#}$钢管槽附近，钢管槽1991年6月开始开挖，1992年3月完成，4月完成钢管槽的混凝土浇筑。开挖浇筑过程与观测到的位移—时间过程曲线与图7-2-4、图6-7-30完全吻合；即开挖中位移逐渐增大，并沿F_{217}断层出现错动，回填浇筑混凝土后，位移又趋于稳定。可见，岩体中存在的不利断裂是引起岩体位移的主要内在因素，而施工开挖往往是导致岩体位移突变或错（滑）动的主要外因之一。因此，弄清边坡地质情况和施工程序不仅是安全监测设计的依据，也是合理解释监测成果进行安全预报的重要依据。

4. 钻孔测斜仪的优越性

在高边坡的变形监测中，有深部变形监测的钻孔测斜仪、多点位移计，有用于表面变形监测的测缝计和收敛计。实践证明，钻孔倾斜仪不仅能及时发现岩体滑（错）动的发生、发展和确定其位置，而且量测稳定，连续取得的资料成果也丰富，证明这种仪器在岩体边（滑）坡的安全监测中具有其他仪器不可代替的优越性，这是它目前被国内外广泛采用的原因。

二、漫湾水电站左岸边坡安全监测[❶]

（一）工程概况

漫湾水电站坝区为一单薄的条形山脊，三面临江，岸坡较陡，坝轴线上天然地形约40°~45°，下游约35°~42°。山坡第四系堆积较薄，仅0~3m，大部分地段地面有基岩出露，基岩为中三迭统忙怀组（T_2^2m），岩性为流纹岩，新鲜流纹岩致密坚硬、块状。坝址因临近澜沧江断裂带，流纹岩受区域构造作用，不仅岩体具镶嵌碎裂结构的特征，而且次级破裂结构面，如断层（f）、挤压面（gm）和节理裂隙等很发育，特别是顺坡节理，是控制边坡稳定的主要因素。

由于受左岸地形地质的限制，使水工建筑物布置相当紧凑，从上游的$2^{\#}$导流洞进口至下游出口的沿江1km的岸边都有边坡工程。从"三洞"进口地段的边坡开挖、坝前（底孔）边坡、坝基、厂房、水垫塘、"三洞"出口地段等边坡工程几乎连成一片。其中大坝、厂房和水垫塘等建筑物范围的315m长度，边坡开挖高度60~120m，开挖坡度42°~35°，与顺坡结构面相同。"三洞"出口地段天然坡高约225m，当开挖切断结构面后，边坡将产生失稳，滑移面将由软弱结构面组成"优势倾角"，倾角为40°~35°。显然，左岸边坡工程的安全施工与稳定是整个工程建设的关键。

漫湾水电站左岸边坡，在施工开挖过程中，于1989年1月7日在左坝肩发生约$10.6 \times 10^4 m^3$的塌滑，1989年9月19日"三洞"出口在高程994m以上又发生约$5 \times 10^4 m^3$的塌滑。在此之后，根据计算得出"三洞"进口至"三洞"出口约820m长范围内有440m为不稳定边坡，必须采取工程处理措施，才能确保边坡永久安全。根据下滑力计算结果，共设置了抗滑桩36个、锚固洞64个、各种预应力锚索2297根，以及其他的工程处理措施。与此同时，开展了对边坡稳定性的监测工作。自1989年4月至1991年11月，在坝横0-020至0+400（"三洞"出口），高程1026.8m至921m的广大范围，共埋设测斜孔11个，多点位移计5支，

❶ 择自昆明水电勘测设计院《漫湾水电站左岸边坡加固处理论文集》。1992年12月。

1000吨级预应力锚索测力计3支,3000吨级预应力锚索测力计1支,6000吨级预应力锚索测力计2支,在4个锚固洞和1个抗滑桩内,埋设钢筋应力计37支,压应力计10支,渗压计3支。五年来的观测结果,为工程的安全施工和边坡加固处理设计优化起到了重要的作用,同时也为左岸边坡稳定性预报及二年多的安全发电提供了监控条件。

（二）观测布置

该项工程观测点布置的基本原则是:综合考虑工程岩体受力情况和地质结构特征,并重点布置在最有可能发生滑移,对工程施工及运行安全影响最大的部位。由于漫湾左岸边坡的稳定监测工作是在发生滑坡之后进行的,为了监测在清坡、削坡和加固处理过程中边坡的稳定性,观测仪器的埋设是随着大坝施工和边坡处理工程的进展情况而实施。整个左岸边坡观测工作可划分为两部分,即在坝轴线附近至坝横0+315m的大坝、厂房和水垫塘等建筑物范围的正面边坡和泄洪洞、导流洞的"三洞"出口边坡。图7－2－5、图7－2－6和表7－2－2列出了这两部分边坡观测仪器埋设位置及埋设时间。

表7－2－2 左岸边坡观测布置一览表

边坡部位	起 止 范 围		观 测 项 目	仪器埋设日期	埋 设 深 度（m）
	高 程（m）	坝 横			
大坝厂房及水垫塘边坡	1021.255～1000.575	0－21.176～0+088.160	1#、2#、3#、4#、5#测斜孔	1989年4月7日至4月30日	30－35
	938.919～937.261	0+050.035～0+110.056	6#、7#测斜孔	12月29日至12月30日	25
	1000.939－986.788	0+006.509～0+081.770	1#、2#、3#多点位移计	1989年8月20日至9月7日	25
	底板969.82	0+060	A3锚洞10支钢筋计	1989年9月5日	洞底坡度11°洞深23.6m断面3m×4m
	底板930.4	0+125	A24锚洞10支钢筋计		洞底坡度14°洞深24m断面3m×4m
	1004.00－1015.00	0－007.00～0+062.10	锚索测力计1#、2#、3#压应力计	1989年6月14日～7月17日	孔深30.10m锚固段8.1m自由段22m
	B25底板925.00	0+265.95	A31锚洞钢筋计4支、应力计10支、渗压计3支、B25抗滑机钢筋计5支	1991年11月29日	
	1005.433	0+263.573	11#测斜孔	1991年11月14日	34
三洞出口边坡	951.924 937.953～935.581 997.937～924.899	0+388.806～0+398.940 0+315.888～0+360.101	8#锚洞钢筋计8支、多点位移计2支、测斜孔8#、9#、10#	1989年6月29日 1991年7月29日至7月30日 1991年8月3日 1991年11月11日 1991年11月14日	8#测斜孔29.5m 9#测斜孔36m 10#测斜孔37m

784

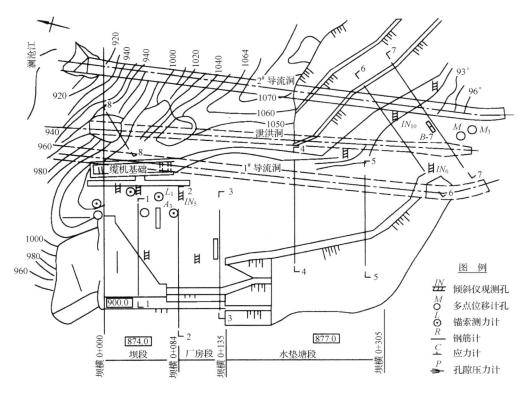

图 7 - 2 - 5　内部观测平面布置

（三）观测仪器及埋设

左岸边坡观测仪器可分为两大类:一类为岩体内部位移量测,如钻孔倾斜仪和多点位移计;一类为加固工程的应力量测,如预应力锚索测力计、钢筋计、压应力计等。

1. 钻孔测斜仪

倾斜仪是当前观测岩土工程内部水平位移的最有效的仪器之一,尤其适用于边坡工程,用该仪器可以较准确地探测和确定岩土边坡的滑移界面,同时也可以用于大坝地基、地下工程、基坑开挖等的变形监测。由于测斜管是和岩体结合在一起的,所以测斜管的位移也就代表了岩体沿水平方向的位移值,故可以确定岩体发生位移的区段。根据某一时间内测得的几组读数,就可以确定这一时间的位移大小、方向和位移速率。

2. 钻孔多点位移计

本工程所用的属于杆式多点位移计,其工作原理是通过测杆将锚头送至基岩待测部位,用灌浆的方法使锚头与基岩固结为一体,当基岩产生位移时,锚头随所处岩体移动。其位移量通过与锚头连接成一体的测杆传送至孔口的位移传感器,并由显示器测读。位移量测也可以用百分表或测深千分尺,通过测量平台与测杆的压紧螺帽之间的距离求得。

3. 预应力锚索测力计

锚索测力计除厂作为一种衡量人工加固系统衰变的手段外,还可以根据所量测到的荷载变化情况对边坡的稳定性作出评价与预测,漫湾左岸边坡安装的 3 个预应力锚索测力计是从国外引进的产品。其测量原理是将测力计置于外锚头的安装平台上,待锚索张拉到预定的吨位后加以锁定,便可用百分表测量 3 个测头的变化量,计算它们的平均值再乘以一个

785

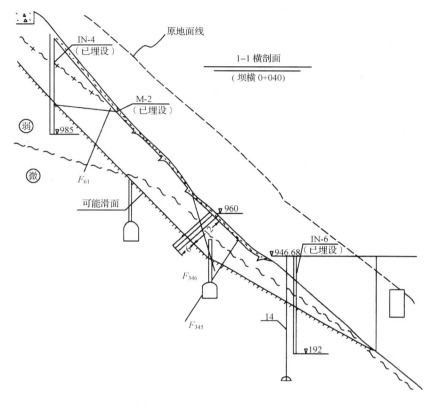

图 7-2-6　内部观测剖面布置

⑨—弱风化流纹岩；⑩—微风化流纹岩；F_n—断层及编号；IN—倾斜仪观测孔；M—多点位移计孔

率定系数 K，即为锚索荷载的变化量，荷载增大表示边坡岩体向外移动，荷载减少表示锚索松弛。

4. 钢筋计、应力计和渗压计

这三种仪器均选用差动电阻式，其工作原理是利用钢丝变形后引起其导线电阻相应变化，这种变化量通过惠斯顿电桥的读数装置——水工比例电桥测读。此类仪器性能稳定，每种仪器都可测温度。

（四）监测成果及分析

1. 观测方法及初始值的确定

由于观测工作是紧随施工的进展而进行的，并要求根据观测结果对边坡的稳定性作出预测，故所有的仪器观测周期较短。在初始值确定之后，各种仪器一般每周观测一次，在特殊情况下，如持续暴雨，边坡切脚爆破时，将增加观测次数。初始值的确定，对于岩体内部位移观测的仪器，一般在灌浆完成一周后；对于埋设在锚洞和抗滑桩的仪器，则在 24 小时或混凝土初凝后，对于锚索测力计则在锚索锁定后即可确定。

2. 观测成果及分析

漫湾左岸边坡三年来的观测成果，每月定期整理出来，及时反馈给设计与施工单位，为安全施工与加固处理的设计提供科学依据。这里介绍其中最主要部分的成果。

786

（A）岩体内部位移特征

（a）倾斜仪观测

在倾斜仪观测中,可获得每个测孔的深度—挠度变化关系曲线和孔口水平位移—时间关系曲线。前者反映了测孔范围内某一位置的位移性质及变形形态,根据该曲线可以确定测孔附近岩体内部是否存在滑移面;后者的孔口位移代表了测孔范围岩体内部的最大水平位移,根据该曲线可以判断岩体有无滑移的迹象。图 7-2-7 ～ 图 7-2-10 分别给出了边坡不同部位的两个测孔的两种关系曲线,清晰地反映了各测孔岩体内部沿钻孔深度的水平位移全貌。除 1# 测孔在 17.5m 处和 2# 测孔在 15m 左右有一突变段外,其余测孔的两组相互正交导槽的深度—挠度变化曲线,基本是由孔底向上逐渐递增的,而且这些曲线基本是在钻孔轴线不大的范围内摆动,看不出有明显的滑移面。

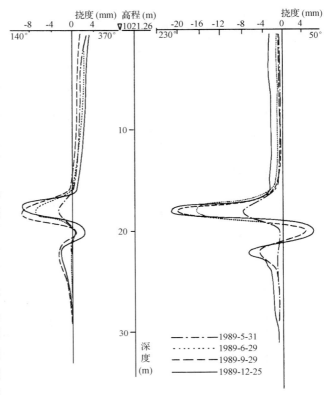

图 7-2-7　1# 孔深度—挠度变化曲线

1# 测孔在 1989 年 4 月 19 日开始观测（图 7-2-8）在 5 月 31 日前,该处的水平位移增加了 5.92mm,方向 208°。在进入雨季后,该处的水平位移增加较快,到 6 月 29 日达 17.08mm,平均增长速率为 0.356mm/d,方向基本不变。从 6 月 30 日到 9 月 8 日的 70 天中,增加了 5.41mm,平均增长速率为 0.077mm/d,增长速率大大下降,此后在二年多的观测中,在 17.5m 处的水平位移一直在 19mm ～ 24mm 范围内变化,方向在 197° ～ 214° 之间。

虽然在进入雨季后,17.5m 处变化较大,但孔口的合位移较小,最大值仅 4.46mm,合位移方向变化不定,在 132° ～ 319° 之间。表明 1# 测孔附近岩体,从整体上来说是稳定的。而 17.5m 处产生突变的原因,可能与该处的地质条件和施工因素有关。根据地质分析,该处可能存在一软弱构造带,在 1989 年 6 月中旬连续对测孔附近的 4 根锚索进行张拉,17.5m 附近岩体基本在这些锚索荷载的影响范围。

2# 测孔是紧靠缆机平台下方边坡塌滑后余留下来的倒悬体,图 7-2-8 所示为 1989 年三天不同时间的测孔深度—挠度变化曲线,在 15m 左右有一较为明显的突变段,孔口最大位移值出现在方位角 340°,孔口最大合位移为 7.19mm,方位角为 314°,故在 15m 左右处,可能存在一滑移面。后因打锚索孔时测孔被破坏,无法继续观测。

观测结果表明各测孔的两组导槽方向的孔口水平位移和合位移均较小,各测孔孔口合位移随时间的变化较小,除 2# 测孔外,其余测孔孔口位移都不随时间的变化而有规律地增加,虽然在个别时间孔口的合位移有所增大,但基本在测试系统的最大综合误差范围之内

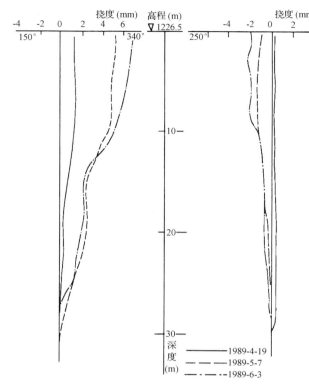

图 7 - 2 - 8　2# 孔深度—挠度曲线

（±7.5mm），而且合位移的方向都是变化不定的。表明这些测孔附近岩体无滑移迹象。位于左岸坝横 0 +00～0+130 桩号之间的 6#、7# 测孔，当自高程 921m 向下开挖切脚时，最大位移为 8.03mm，合成位移的方向在 203°～240°之间。

（b）多点位移计观测

根据多点位移计的观测值，可以计算出各测点的相对位移值与绝对位移值，相对位移是位移计各测点相对于孔口的位移，绝对位移是指各测点相对于最深测点的位移，此时把最深测点作为不动的参考点。无论相对位移或绝对位移，其数值是正的，表明岩体松弛或外移；数值是负的，表明岩体受压或内移。根据各测点的位移随时间变化的过程线，可以确定岩体是否存在滑移面及其滑动的可能性。图 7 -2-11 给出 1# 多点位移计各测点的绝对位移—时间关系曲线。

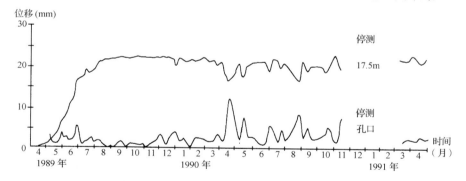

图 7 - 2 - 9　1# 倾斜仪观测孔，孔口及 17.5m 位移—时间关系曲线图

从位移时间过程线可以看出，1# 测孔从 1989 年 11 月到 1990 年 1 月这 3 个月是位移增加时段，其最大位移值不到 0.3mm，从 2 月至 4 月又逐渐减少，到 1991 年 4 月均比较稳定。位移增加时段主要发生在测孔附近锚固洞和边坡切脚开挖的时间，但变化值很小，是属于局部蠕变，最大值仅 0.16～0.27mm，并且在停止开挖后，部分变形又得到恢复，显示出岩体的弹性变形特征。

（B）加固工程的应力量测

（a）预应力锚索测力计观测

图 7 - 2 - 12 给出了三支锚索测力计近两年来的荷载增量的变化过程线。观测结果表

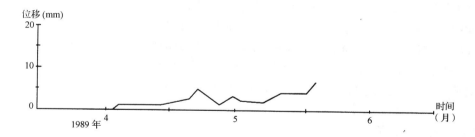

图 7 - 2 - 10　2#倾斜仪观测孔,孔口位移—时间关系曲线图

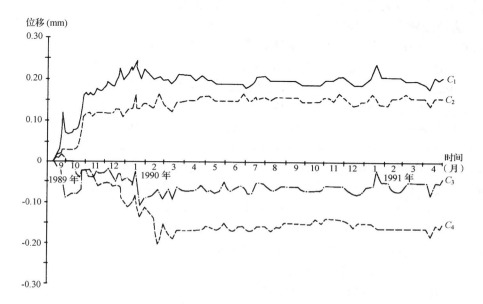

图 7 - 2 - 11　1#多点位移计观测,位移—时间关系曲线图

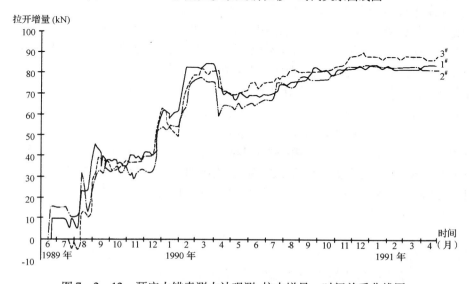

图 7 - 2 - 12　预应力锚索测力计观测:拉力增量—时间关系曲线图

明,各测力计的荷载增量的变化规律是相同的,除 3# 锚索在锁定后的半个月内的荷载略有衰减(60kN),在以后缓慢增加,但数值较小。在 1990 年 4 月以前仅增加 8% 左右,在 1990 年 5 月以后基本无变化。荷载增加反映边坡岩体向外移动,由于锚索的作用,位移很快得到了抑制,表明锚索加固是成功的。由于这三根锚索均属自由式的,在爆破开挖的动应力作用下,荷载有升有落,表明边坡的变形有一部分属弹性变形,这与多点位移计观测的结果是一致的。

（b）锚固洞的钢筋应力量测

在 4 个锚固洞和一个抗滑桩内所埋设的钢筋应力计和压应力计的 1~2 年的观测结果,除 8 号锚固洞变化较大外,其余各锚固洞和抗滑桩的应力变化均较小,各锚固洞桩实测的最大钢筋应力值分别为：A_3 锚洞 20~40MPa,A_{24} 锚洞 40~42.5MPa,A_{31},B_{25} 锚洞桩 30MPa,而 A_{25} 锚洞的应力计最大值仅 0.3MPa。表明各锚洞桩均在弹性范围工作。

下面介绍在"三洞"出口处的 8# 锚固洞的观测结果。8# 锚洞位于泄洪洞出口西侧,断面尺寸 3m×4m,洞深 29.6m,沿着洞深洞底向下倾斜为 17°,洞内埋设 8 组钢筋计,但由于受上部山体塌方和清坡的影响,曾多次中断了观测。

实测钢筋应力一时间过程线可分为两个阶段：第一阶段为 1989 年 10 月初以前,初始应力出现有负值,这是由于混凝土硬化过程的固结和收缩约束的结果。在以后经过回填灌浆和混凝土强度的增加,山岩压力的作用增大,使曲线呈缓慢上升趋势。一个月后便趋于稳定。第二阶段为 1990 年 12 月中旬以后至 1991 年 5 月上旬,观测结果,除 C 点外,其余 7 支钢筋计的应力值发生了较大的变化,并且在这之后由于泄洪洞出口明渠段的继续开挖,所有钢筋计的应力值都有不同程度的增加,其中以 B、D 和 A、a4 个测点的应力值增长最快(gm_4、gm_5 和 f_1 附近的测点),分别为 64.15MPa、30MPa 和 46.92MPa、40.55MPa。在 5 月下旬进入雨季后,由于雨水的渗透作用,致使所有钢筋计的实测应力值都有了较大的增长,表明"三洞"出口地段的稳定性较差,安全度较小。

（五）监测工作对大坝施工及边坡加固处理的指导作用

漫湾左岸边坡监测工作历时三年,为设计与施工提供了大量的极有价值的资料,对大坝的安全施工与加固处理起到了重要的作用。下面举几个例子加以说明。

1) 左岸边坡自 1989 年 1 月 7 日塌滑以后,经数月的加固处理工作,在坝横 0+000.00~0+060.00m、高程 999m 以上地区范围内,完成预应力锚索、砂浆锚杆、锚固洞等抗滑工程的总抗滑力比理论计算的下滑力小的情况下(包括动荷载)根据在低于缆机一侧的 5 支测斜管的水平变位和 3 支预应力锚固索测力计的荷载变化均较小,表明经过加固后的这部分边坡是稳定的,故在 7 月下旬缆机启动和浇筑大坝得以实现。

2) 1989 年 5 月 7 日,在离漫湾电站 300km 左右的耿马一带发生了 6.2 级地震,漫湾地震台记录本地区为四级,当天下午和 8、9 两日,连续对已埋设好的 1#、2#、3# 3 个测斜孔进行观测,其结果是在地震后的水平位移略有增加,但在 10 天之后又恢复到原来的基本状态。表明地震对左岸边坡未造成影响。

3) 1990 年 9 月 19 日,"三洞"出口上部山体发生严重塌滑,估计有 5 万 m³,第二天即对 8# 锚固洞的钢筋应力计进行量测,其结果,应力值变化甚微,说明塌滑只是发生在边坡的表层,并未危及"三洞"出口边坡的安全,解除了设计与施工的忧虑。

4) 从 1990 年 9 月至 12 月,泄洪洞出口地段边坡的开挖高程 954m 降至 938m 时,引起

8#锚洞的钢筋应力较大幅度的增加,1991 年 7 月,设计决定对泄洪洞出口左边墙高程 954m 和高程 940m 设置 20 根 3000kN 级的预应力锚索加固。此后出口地段从高程 938m 下挖至 930m 时,实测钢筋应力未见增加。当继续下挖至高程 917m 左右时,8#锚洞的钢筋应力又有了增加,在该段边坡又增设 28 根 3000kN 级预应力锚索加固。在以后的观测结果,应力变化甚微。

5)1991 年 11 月初,在高程 937m 交通洞桩号 0 + 368m 和 0 + 373.8m 处发现裂缝,11 月中旬在该交通洞的上部,安装了 11#测斜孔,孔口高程为 1005.433m,孔深 37m。该孔竣工后 3 个月的观测结果,在 27m 深处挠度值从 0.16mm 增加到 0.73mm,方向 S67°W,倾向坡外,在该处可能存在一滑移面,设计及时地采取了削坡和设置了一批预应力锚索,在后来的观测中,该孔的 27m 深度的挠度值基本未发生变化。

漫湾水电站左岸边坡自坝轴线上游至"三洞"出口长约 820m 的地段,在各种仪器监测下已基本完成丁所有的清坡、削坡及各种加固工程,大大地提高了左岸边坡的稳定性和安全度。根据坝轴线至 0 + 315m 的大坝、厂房和水垫塘的正面边坡的各种仪器的监测结果,岩体的深部变形很小,多表现为弹性变形或局部的蠕变。锚固洞和抗滑桩的钢筋应力实测值也较小,多在 40MPa 以内。各种仪器在安装埋设不到半年时间里都已基本稳定,所以目前正面边坡是稳定的。

根据 8#锚洞的实测的钢筋应力结果,表明"三洞"出口地段安全度较小,但通过加固处理后,在该部分边坡埋设的测斜管,多点位移计的量测结果,岩体深部变形值很小,锚固洞的钢筋应力也已基本稳定,表明该部分边坡的稳定性有了较大的改善。

众所周知,岩体内部的渗透水压力的变化是诱发边坡失稳的一个主要因素。在施工期间,左岸山体内部有"三洞"和众多的交通洞,形成了良好的排水通道,库区水位又较低,所以,在 B_{25} 锚固洞内埋设的三支渗压计的孔隙水压力的实测值仅为 0.03MPa。在大坝蓄水后,由于库水位的大幅度提高,左岸边坡的渗透压力可能会发生一定的变化,这点应当引起注意。

漫湾左岸边坡的稳定监测按其目的和内容来说,可分两方面:一是岩体内部位移量测,用多点位移计和倾斜仪来确定边坡有无滑移面及其失稳的可能性,这两种仪器性能稳定,灵敏度高,实践证明是行之有效的方法。二是加固工程的应力量测,其作用是研究锚固工程的受力状态和工作机理,并根据观测到应力变化规律有无突变来判断边坡失稳的可能与否,如预应力锚索测力计、钢筋计等,都得到了良好的效果。

三、隔河岩水库库岸茅坪滑坡稳定性（内观）的安全监测

（一）工程概况

根据地质调查,在隔河岩电站 91km 长的水库范围内,共有 34 个滑坡、5 个危岩体,总方量约 1.34 亿 ~ 1.55 亿 m³。其中,杨家槽滑坡距大坝最近约 23km,茅坪滑坡距大坝最远约 66km。

从 1991 年起,作为第一批监测对象,对杨家槽、墓坪、枣树坪、覃家田和茅坪 5 个滑坡体以及康岩屋、白岩两个危岩体首先开展了稳定性监测。监测以深部位移和渗压为主,辅以地表位移、降雨量、水库水位监测;以仪器监测为主,结合现场宏观调查和地质分析;以深部位

移监测资料为基础,建立预报模型预测滑坡发展趋势。所有这些措施经付诸实施后,证明是行之有效的。在监测过程中,始终抓住及时埋设、及时观测、及时整理分析资料和及时反馈信息给有关各方等各个环节。稳定性监测中任何一个环节的不及时,不仅会降低、失去监测工作的意义,甚至会给工程带来不可弥补的影响,或对人民生命财产造成重大的损失。

稳定性监测从 1991 年开始,到 1993 年 4 月 10 日隔河岩大坝下闸蓄水前,监测设施基本完成。观测贯穿于大坝蓄水前、蓄水期和运行初期,获得了滑坡变化全过程的资料,取得了滑坡位移、降雨量、地下水位、江水水位之间的相关关系;及时监测到茅坪、墓坪滑坡滑动面的出现,确定了其位置及性质,掌握了它的发展动态;以钻孔倾斜仪的监测位移为基础建立了预报模型,预报值与实测值十分接近。经文献检索,目前国内外尚无先例。

根据茅坪滑坡监测位移急剧增长,现场宏观巡视发现的地表、房屋裂缝不断增多、延伸、扩大,以及预报模型预测位移的发展,及时对滑坡上的居民进行了移民搬迁,避免了因房屋倒塌可能造成的人员伤亡和财产损失。监测成果为移民决策提供了可靠的科学依据,取得了显著的社会效益。根据近 5 年来的监测资料和地质调查表明,杨家槽滑坡基本稳定,可以不予搬迁,但必须以加强安全监测为前提。镇政府和千余名居民不予搬迁,可以节约大量资金,取得了显著的经济效益,该项成果获湖北省 1997 年科技进步二等奖。

（二）监测方法

1. 监测方法的总体考虑

1）监测采取 4 个方面相结合的方法:利用钻孔倾斜仪及时发现滑动面;通过地质调查分析了解滑动面的性质及滑动机理;利用宏观调查弥补仪器覆盖面的不足;根据钻孔倾斜仪测得的位移资料建立预报模型预测滑坡位移发展趋势。实践证明,这些方法行之有效,既取得了丰富的宝贵资料,又取得了社会和经济两个方面的明显效益。

2）“三为主”的监测方法。监测以仪器监测为主,以深部位移监测为主,以监测滑坡整体稳定性为主。

2. 深部位移监测

（A）滑坡地质条件

茅坪滑坡体是隔河岩库区最大的一个古滑坡体,下距大坝 66km,滑坡体平面形态呈扫帚状,整个滑坡体由两个次级滑坡体组成;纵向最大长度 1600m,滑带剪切出口高程为 150 ~ 160m,后缘高程为 570m,滑体厚 5 ~ 86.33m,滑体方量约 2350.7 万 m³,参见图 7 – 2 – 13。

滑坡体组成物质以块石、黏土及黑色煤质土等为主,结构松散;下伏基岩为泥盆,系上统砂、页岩地层,产状为顺坡向,倾向清江下游,坡度为 15° ~ 20°;滑坡体内存在着厚 1 ~ 2m 的破碎砂岩

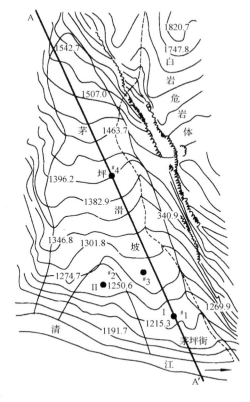

图 7 – 2 – 13　茅坪滑坡体内
监测仪器布置平面示意图
●—位移监测孔位

滑动带,且层间夹煤层剪切带。滑坡体东侧有白岩危岩体,危岩陡崖崩塌下来的块石长期堆积在滑坡体上,且地表流水常年不断,滑坡体上有居民 55 户,约 220 人。为确保滑坡体上居民的生命财产安全,在隔河岩水电站大坝下闸蓄水前,必须开展滑坡稳定性安全监测。

（B）监测布置

在监测布置上,主要有如下考虑:

1）深部位移监测以监测滑坡体整体稳定性为主,以表面裂缝开合度、表面倾斜监测为辅,进行局部稳定性监测。考虑到茅坪滑坡由两个次级滑坡体组成和经费上的承受能力,在滑坡体上共布置 4 个钻孔倾斜仪监测孔,以求达到同时掌握 Ⅰ、Ⅱ 号次级滑坡体的整体稳定性状况,要求每个钻孔孔底深入基岩 3～5m。4 个钻孔布置的位置、孔深、埋设时间及目的等情况详见表 7－2－3。为监测地下水活动情况并节省钻孔,在每个钻孔倾斜仪孔孔底埋设渗压计 1 支。

表 7－2－3 　　　　　　　　　　　茅坪滑坡体监测仪器布设情况一览表

仪器名称	孔号	孔位	滑体厚度（m）	滑带深度（m）	仪埋深度（m）	孔口高程（m）	埋设时间（年－月－日）	监测目的
钻孔倾斜仪	1#	茅坪街	86.33	62.02～68.69	94.0	227.64	1992－12－12	监测 1# 次级滑坡体的稳定性及可能的滑动部位
	2#	Ⅰ平台	36.39	27.61～36.39	36.0	252.02	1994－04－15	监测 2# 次级滑体的稳定性
	3#	中部鼓丘	61.50	50.0～57.80	67.0	297.01	1993－03－14	监测滑体前缘鼓丘地带的稳定性
	4#	Ⅰ平台	63.52	39.07～44.75	75.0	402.39	1993－03－18	监测滑坡整体稳定性

2）以深部位移监测为主,及时发现滑动面的出现及其位移发展趋势。其次,对诱发滑坡的因素诸如地下水位、库水位、水库诱发地震及降雨量等也进行监测。

3）深部位移监测采用钻孔倾斜仪,地下水位监测采用埋设在钻孔倾斜仪孔孔底的渗压计,局部稳定性监测采用收敛计、钢丝位移计、倾角计及简易测点进行地表位移、倾斜测量。采用雨量计进行雨量监测,要求监测仪器适合现场环境条件、准确可靠、操作方便。对仪器设施应严加保护。

4）仪器监测通常 1 个月观测读数 1 次,汛期、异常情况下根据需要加密观测。

（C）地质调查分析

由于滑坡地质方面的缺陷(如断裂构造或软弱夹层、层面)的存在是滑坡变形、破坏的主要内因,因此地质调查分析工作应贯穿监测活动的全过程,包括:

1）掌握滑坡的工程地质与水文地质情况,确定滑坡的构成及性质、边界条件(或范围)、滑坡的成因等。

2）根据地质情况,确定监测钻孔(测点)的布置,包括位置、钻孔深度及目的等。钻孔最好能按一个个断(剖)面布置,至少应控制滑坡的前后缘。

3）当监测表明滑坡已出现滑动面时,应根据钻孔柱状图及地质资料分析滑动面所在部位、性质、厚度、位移方向以及滑动机理等。

4）结合地质条件解释、分析监测成果、建立预报模型,作出位移（或破坏）发展的趋势性预测。

5）根据地质调查、分析和监测成果提供移民搬迁或滑坡整治的科学依据。

（D）现场宏观调查

现场宏观调查一般两个月一次,汛期一个月一次,且与深部位移观测读数在时间上错开或专门单独进行。宏观调查主要调查地表、房屋、农田裂缝的产生和发展情况、地表渗水的变化、地表沉陷和岩壁的掉块现象等,随时加以记录。宏观调查主要由专业技术人员进行。在非常情况下,同时通过当地政府,安排当地群众巡视。发现异常情况,随时发简报,或口头通报有关各方。

在 1993～1995 年期间,通过宏观调查,了解到茅坪滑坡在大坝下闸蓄水后的变形发展经历如下过程：

1993 年 5～6 月,后缘 4# 观测孔附近出现一条走向近 EW 的裂缝;7～8 月期间,裂缝增宽、扩展。同期,前缘茅坪镇 1# 观测孔附近民房出现新裂缝,镇粮站大院地表的一条裂缝长达约 10m,宽 2～3mm,9～12 月上述裂缝均有扩展。后缘 EW 向裂缝发展为长约 30m、宽达 50～60m,前缘茅坪街出现了许多新裂缝。2# 观测孔临江一带的民房也出现了裂缝。

1994 年上半年,后缘 4# 孔煤矿一带发现了拉裂缝并渐趋扩展;前缘 1# 孔附近裂缝持续延伸、扩大;2# 孔下部附近民房地基产生沉陷、倾斜、墙壁拉裂、石块掉落等现象。同年下半年,1# 孔附近及前缘临江地段出现了一条平行河流向的微裂缝,几天之内就发展到长约 200m、宽约 15mm 的贯穿性大裂缝,随后,裂缝扩展,地基下陷;中部、后缘裂缝继续发展,4# 观测孔孔深 47～48.5m 滑动面处滑动加剧,测量探头在观测读数时卡在该处不能动弹,随即改作固定式探头继续观测读数并随即发出简报。

1995 年上半年,茅坪滑坡体位移呈急剧发展趋势,前缘 1# 孔在 6 月观测读数时,探头只能下放到孔深 63.5m 处,即滑动面所在位置。4# 孔附近几户民房的水泥地板严重下沉,无法居住。一条近 SN 向的裂缝在高程 382.0m 左右处缝宽达 50cm 左右。

地表水从拉裂缝下渗,裂缝被土石填充后又被拉开,水稻田无法盛水。到 1995 年年底,上述近 SN 向的裂缝基本上沿整个滑坡体西缘贯通,全长约 490m。

不同时期现场巡视的异常情况和深部位监测情况均及时通过书面的（简报）和口头的方式及时通报有关各方。

（E）预报模型预测

当钻孔倾斜仪监测的位移资料较多、滑坡体明显出现滑动面且位移急剧增长时,可根据位移监测资料建立预报模型,预测滑动面的位移。

（三）深部位移资料分析及预报模型

1. 深部位移资料分析

利用钻孔倾斜仪监测深部位移,及时发现滑动面的出现及其发展,是清江库岸滑坡稳定性监测行之有效的手段之一。观测一般一个月一次,汛期（5～9 月）每月两次。

例如茅坪滑坡 1# 测斜孔,位于滑坡前缘,孔深 94m,孔口高程 227.64m,于 1992 年 12 月 12 日安装埋设,下闸蓄水前（1993 年 4 月 7 日）位移—深度曲线无明显突变点,下闸蓄水后不久,到 4 月 22 日,位移—深度曲线上出现明显滑动面,滑动面在孔深 63～64.5m 处。

4#测斜孔埋设较晚(约在 1993 年 3 月 18 日),钻孔位于中后部高程 402.39m 的Ⅲ号平台上,孔深 75m。钻孔埋设后不久,即出现滑动面,滑动面在地表以下 47～48.5m 处。如图 7-2-14 所示。

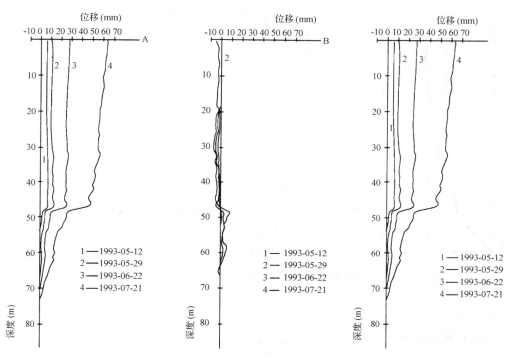

图 7-2-14　茅坪滑坡 4#孔位移—深度曲线

上述 1#、4#孔的滑动"面",实际上是以有一变厚度的"带"出现,1#孔滑动带位于地表以下 63.0～64.5m 处,4#孔滑动带位于地表以下 47.0～48.5m 处,"带"厚均约为 1.5m 左右。

通过监测,发现滑动面的重要意义首先在于,如果滑坡失稳,很可能沿该滑动面发生滑动破坏。因此,我们可以把监测的重点放在滑动面上,密切注视其变化和发展趋势。例如,列出茅坪滑坡 1#和 4#孔的滑动面上的位移于表 7-2-4、位移—深度和变化速率于图 7-2-15、图 7-2-16 并加以分析:

表 7-2-4　　　　　　　　　　　1#、4#测孔滑动面位移的发展

位移量 (mm) 孔　号	观测日期	1993 年									
		4 月 7 日	4 月 22 日	5 月 12 日	5 月 29 日	6 月 14 日	6 月 23 日	8 月 27 日	9 月 13 日	9 月 26 日	11 月 11 日	12 月 15 日
1#		12.2	11.0	12.2	18.1	21.8	28.8	34.9	36.0	38.9	44.2	46.7
4#		—	—	6.9	12.3	—	25.0	—	24.6	50.2	58.7	62.4

4#测孔埋设时间为 1993 年 3 月 18 日,比 1#孔晚约 3 个月,而从表和图可以看到,4#孔滑动面位移比 1#孔小 5.3mm,但位移速率比 1#孔高,到 12 月 15 日,4#孔的相应位移量却比 1#孔的大 15.7mm。可见,在 1994 年 4 月以后,转变为牵引式的。另外,我们还可以从图上

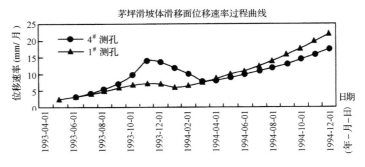

茅坪滑坡体滑移面位移速率过程曲线

图 7 - 2 - 16 茅坪滑坡滑动面位移速率过程线图

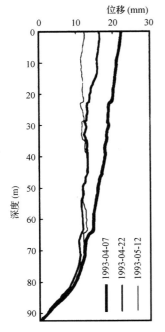

图 7 - 2 - 15 茅坪 1# 测孔位移—深度曲线(水库蓄水从 1993 年 4 月 10 日开始)

看到,1# 孔和 4# 孔的位移基本同步,说明茅坪滑坡具有整体移动的性质。滑坡体内存在厚 $1 \sim 2m$ 的破碎砂岩滑动带,且含煤系夹层。由钻孔柱状图可以看到,1#、4# 钻孔倾斜仪监测孔观测到的滑动面位置与此破碎砂岩、煤系夹层所在位置一致。说明滑坡正是沿堆积层与基岩交界面的此破碎带滑动的。

2. 预报模型

为了预测滑坡位移的发展,在茅坪滑坡位移急剧发展前,根据深部位移资料建立了滑坡位移灰色预测模型 CM(1,1) 模型方程。

(A) CM(1,1) 模型方程

按灰色预测模型理论,设非负离散数据系列为:

$$X^{(0)} = \{ X_1^{(0)}, X_2^{(0)}, \cdots, X_n^{(0)} \}$$

对 $X^{(0)}$ 进行一次累加生成处理,可得到生成系列 $X^{(1)}$:

$$X^{(1)} = \{ X_1^{(1)}, X_2^{(1)}, \cdots, X_n^{(1)} \}$$

对生成系列 $X^{(1)}$ 可建立一阶常微分方程如下:

$$\frac{dX^{(1)}}{dt} + aX^{(1)} = \otimes u \qquad (7 - 2 - 1)$$

上式记为 GM(1,1) 模型。式中 a 和 $\otimes u$ 是灰参数,其白化值 $\hat{a} = (a、u)^T$,用最小二乘法求解,得

$$\hat{a} = \begin{bmatrix} a \\ u \end{bmatrix} = (A^T A)^{-1} A^T B \qquad (7 - 2 - 2)$$

式中,矩阵 A 为

$$A = \begin{bmatrix} -(X_{(2)}^{(1)} + X_{(1)}^{(1)})/2 & 1 \\ -(X_{(3)}^{(1)} + X_{(2)}^{(1)})/2 & 1 \\ \cdots\cdots \\ -(X_{(n)}^{(1)} + X_{(n-1)}^{(1)})/2 & 1 \end{bmatrix}, \quad B = [X_{(2)}^{(0)}, X_{(3)}^{(0)}, \cdots, X_{(n)}^{(0)}]^T$$

求出 $\hat{a}$ 后,代 $\hat{a}$ 到式(7 - 2 - 1),解出微分方程得:

$$\hat{X}^{(1)}_{(t+1)} = \left(X^{(0)}_{(1)} - \frac{u}{a} \right) e^{-at} + \frac{u}{a} \qquad\qquad (7-2-3)$$

对 $\hat{X}_{t+1}$ 作累减生成,可得还原数据:

$$\left. \begin{aligned} \hat{X}^{(0)}_{(t+1)} &= \hat{X}^{(1)}_{(t+1)} - \hat{X}^{(1)}_{(t)} \\ \text{或} \quad \hat{X}^{(0)}_{(t+1)} &= (1 - e^{a}) \left(\hat{X}^{(0)}_{()} - \frac{u}{a} \right) e^{-at} \end{aligned} \right\} \qquad (7-2-4)$$

式(7-2-3)和式(7-2-4)两式为灰色预测理论的两个基本模型。

（B）茅坪滑坡位移预测模型

从茅坪滑坡安全预报实际需要出发,利用 GM(1,1) 模型对 1#、4# 观测孔的实际观测资料进行拟合,拟合曲线见图 7-2-17。由图可以看到。

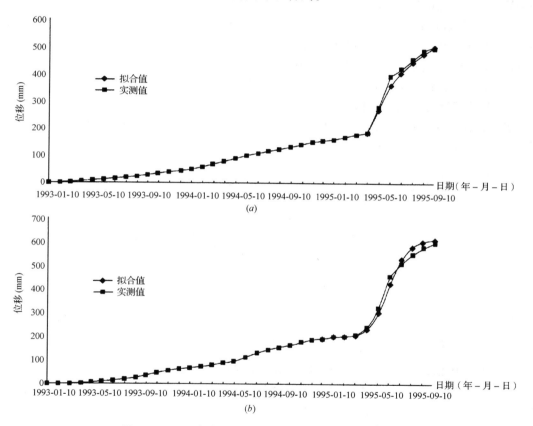

图 7-2-17 灰色 GM(1,1) 模型值与实测值拟合曲线
(a) 茅坪 1# 孔位移过程线;(b) 茅坪 4# 孔位移过程线

1）用 GM(1,1) 模型对茅坪 1#、4# 孔的实测位移值进行拟合,吻合得非常好。

2）1994 年曾预测茅坪滑坡位移将继续增大,到 1994 年年底,位移值将达到 180mm 或更大。预测为随后的位移发展所证实。

根据对茅坪滑坡的现场巡视调查和位移模型预测,茅坪滑坡在大坝蓄水后,位移明显增长且继续发展;滑动面已经形成且呈整体滑动的趋势。因此,在 1994 年 9 月发出了简报,建议清江公司和当地政府,作为第一批首先将居住在茅坪滑坡前缘的 12 户 42 人尽快搬迁,以保证他们的生命和财产的安全❶。至同年年底为止,搬迁分期分批全部完成。避免了因房屋倒塌可能造成的人员伤亡和财产损失。监测成果为移民决策提供了可靠的科学依据,取得显著的社会效益。

四、天生桥二级电站厂房高边坡的加固监测

(一)工程概况

天生桥二级电站位于贵州安龙县与广西隆陵县交界处的南盘江上(属珠江水系上游)。电站为一引水式水电工程,由首部枢纽、引水系统及厂房枢纽三大部分组成,首部为混凝土重力坝,最大坝高60.7m。厂房尺寸165m×50m×58.6m。设计水头176m,装机容量1320MkW,年发电量82亿kW·h。

天生桥二级电站厂房高边坡为人工开挖边坡,最大高差达380m,工程部位地质条件复杂,1986年11月中旬在厂房基坑开挖施工时,边坡上部550m高程以上诱发一个约140万m³的大型古滑坡,即下山包滑坡(又称厂房滑坡)。为保证边坡下方厂房的安全,对边坡进行了综合整治,埋设了监测仪器,经过几年的监测资料分析,证明综合整治取得了较好的成果。

(二)厂房高边坡的整治措施

鉴于高边坡滑坡体所处位置的重要性及滑坡体地质条件的复杂性,滑坡体治理采用了以下措施(参见图7-2-18)。

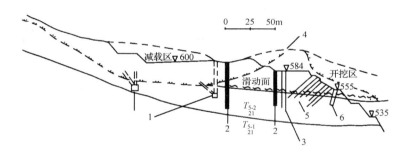

图7-2-18 下山包滑坡治理剖面图
1—排水闸及排水孔;2—抗滑桩;3—钢筋桩;4—原始地形线;5—预应力锚索;6—锚杆

1)在下山包后部减载23万m³,滑坡减载至600m高程,最大减载厚度达30m,平均厚14m。经稳定分析,减载后滑坡抗滑稳定安全系数可提高约10%。并在减载平台形成后,用轮胎碾在平台面碾压3~5次,使之形成防渗壳。

2)地表、地下排水系统由于在滑坡体上修建空压机站、住房和水池,虽在1986年封闭了680m高程水池,使其成为干水池,但在这一带仍有100多人生活用水、施工用水及大气降雨,没有排水系统,大量用水下渗,给边坡稳定带来威胁。因此,在边坡设置有效的排水系统。在滑坡体汇流面积内,自800m高程至600m高程,设置了九层拦山沟,十四级人行排水马道,经滑坡体南北两侧的排水总沟引到滑坡体外。在滑坡体表面也布置了完整的纵横向

---

❶ 清江水电开发有限责任公司、长江科学院,《清江隔河岩水库库岸滑坡稳定性(内观)监测研究报告》,1996年4月。

排水沟以减少地表水下渗。从滑坡体 600m 高程至滑体前缘 500m 高程,除横向拦山沟外,还设有三级马道排水,整个滑坡体布置了若干排水孔。在滑坡体下部,562m 和 580m 高程打了两条排水洞,在芭蕉林向斜轴线附近连通成 U 型,总长 384m,并在地表向下和洞内上打穿滑面形成排水孔幕,在洞内向滑坡打斜向排水孔,同样打至滑面以上,用反滤碎石和土工织物作反滤料,花管排水,把滑体内地下水引入排水洞。

3）抗滑桩,根据国内挖孔桩的施工手段结合下山包滑坡岩性,定桩的尺寸 3m×4m,间距为 6m,每根桩承受滑坡推力为 12840kN。抗滑桩用 200 号混凝土浇筑,桩深为 24.95 ~ 43.3m 之间。根据现场地形条件,将抗滑桩布成两组一排,一组在 597m 高程,共 8 根,另一组在 584m 高程,共 10 根。

4）预应力锚索,锚索承担的下滑力为 2106kN/m。锚索布置在 565 ~ 580m 高程之间的坡面上,共设 224 根,长 23.7 ~ 33.7m。

5）预应力锚杆,1987 年 3 ~ 5 月滑坡治理工作中的减载、排水、抗滑桩都已完成,滑坡位移速率虽有明显减小,仍未完全停止。为保证雨季在滑坡前方施工安全,参照日本有关规定提出位移速率与警戒等级关系,确定在 565m 高程已形成的 3m 宽马道上,用开挖设备潜孔钻造孔,用螺纹钢作锚杆材料,在滑坡出口处设置预应力锚杆加固,锚杆间距为 2m,排距 2m,锁定后可保持 300kN 的锚固力,共 152 根,长 12 ~ 20m。

6）钢筋桩,设在 584m 平台和滑坡北部 584 ~ 700m 高程公路一线,共 100 根,长 36m,用 φ32 钢筋束构成。

7）框架护坡,建在滑坡体前部北侧强风化坡面上,断面为 50cm×50cm,间距 2×2m,框架节点设砂浆锚杆。

在以上这些整治措施中,减载能够减少滑坡的下滑力;排水可以提高抗剪强度,对迅速降低滑坡体位移速率起了关键作用,而且对滑坡长期永久的稳定运行起着至关重要的作用,预应力锚索、锚杆能够增加阻滑力,这些措施都可直接地、主动地提高滑坡安全稳定性,钢筋桩和抗滑桩以及预应力锚索等则在滑坡产生时,提高其抗滑稳定性。

（三）厂房高边坡的监测

滑坡体复活后,为了严密监测滑坡体的发展,变形状况,及掌握其工作状态,并为电站运行期滑坡的稳定状况提供资料,设计布置了厂房高边坡的监测系统,其他还埋设了压力盒、渗压计、钢筋计等仪

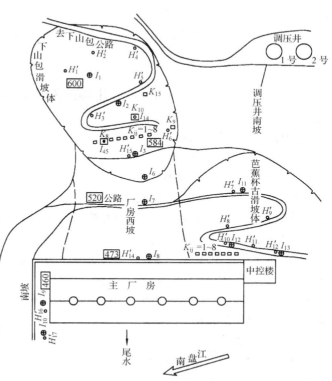

图 7 - 2 - 19　天生桥二级厂房边坡监测布置图
○H′—天生孔;⊕I—测斜孔;□K—抗滑井

器(见图 7 - 2 - 19)。

（1）下山包边坡的观测　　地下水位监测主要埋设在滑坡后部、中部和前部的水位孔 H'_2、H'_3、H'_4、H'_6；在 584m 高程减载平台抗滑桩 15#、2#、11# 桩内布置了土压力盒 6 支；并增打了两个检查井，以了解抗滑桩的受力情况并设置了压力盒、钢筋计、渗压计等仪器，在滑坡体安装了 5 个测斜孔，主要是观测滑坡体的深层位移。

（2）芭蕉林边坡的观测　　地下水位孔共布置 H'_7、H'_8、H'_9、H'_{10}、H'_{11}、H'_{12} 6 个孔，后来边坡治理施工中破坏了大部分水位孔，目前仅有 H'_8，能正常观测。因此，准备恢复部分被破坏的水位孔。滑坡深层位移观测共布置了 3 个测斜孔（I_{11}、I_{12}、I_{13}）。厂房西坡共布置了 3 个测斜孔（I_6、I_7、I_8）；厂房南坡 460m 高程以下岩体的位移主要由 I_9、I_{10} 两个测斜孔。

（四）厂房高边坡观测资料分析

从 1992 年以来，对滑坡体位移、地下水位、钢筋计、压力盒、渗压计等项目进行了观测，取得了第一手观测资料。

1）位移—时间过程线基础上呈一水平线，没有突变出现，表明滑坡体的变形较小。

2）从水位—时间过程线可看出，高边坡地下水位很稳定，说明边坡排水系统发挥了重要的作用，对边坡稳定十分有利。

3）从渗压计、钢筋计的观测值来看，电阻值和电阻比的变化非常小，数量上在 5 个阻值内变化，说明监测仪器主要受混凝土的应力或岩体传递给抗滑桩而产生的应力影响，而边坡岩体没有产生较大的变形，应力变化很小，其微小的变化，主要是受季节的变化，特别是降雨和气温的变化引起滑坡体应力细小的改变，但边坡未产生较大的位移变形。

以上的初步分析表明，边坡的位移变化量小，水位变幅小，抗滑桩承受的推力也较小，说明边坡比治理初期趋于稳定。

五、舟曲锁儿头自然滑坡的安全监测

（一）舟曲滑坡状况简介

白龙江发源于甘肃省甘南藏族自治州碌曲县与四川若尔盖县交界的郎木寺，流经甘南州的迭部县、舟曲县、陇南地区的宕昌县、武都县、文县，在四川广元市境内汇入嘉陵江，在甘肃境内流长 381.5km。整个流域山峦起伏，江河纵横，上游属岷山山脉，中游属秦岭山系，白龙江沿岸的开阔区域不多，大部分地方都是高坡陡崖，交通不便，自然条件恶劣。

舟曲县地处白龙江中段秦岭褶皱西延地带，区内山高沟深，地形起伏强烈，软岩分布较广，褶皱断裂发育，岩体破碎，地震频发，暴雨频繁，地质灾害十分发育，是我国滑坡、泥石流高发区之一。据 2010 年调查资料，舟曲县所辖 22 个乡均有地质灾害分布，涉及面积较广，发现的不稳定斜坡、滑坡、泥石流、地面塌陷等地质灾害及地质灾害隐患点 165 处，历史上舟曲县曾多次发生泥石流、滑坡等地质灾害。

据不完全统计，自 1978～1996 年县城及周边有记录的泥石流灾害 8 次，给当地人民的生命财产造成巨大的威胁和损失。2010 年 8 月 8 日凌晨，舟曲县城北部三眼峪沟和罗家峪沟同时暴发特大山洪泥石流，造成县城两个村庄被毁，四个村庄部分被毁，泥石流阻断白龙江形成堰塞湖使城区三分之一被淹，县城内供水、电力、交通、通讯中断。特大灾情引起了国家各级领导和全国人民的高度关注。这次山洪泥石流特大灾害，是新中国成立以来破坏性最强、死亡人数最多、救灾难度最大的一次。

白龙江流域特殊的地质环境孕育了众多地质灾害点,舟曲境内比较著名的有锁儿头滑坡、三眼峪滑坡等地质灾害点。锁儿头滑坡近百年来为慢速滑动,该滑坡体上居住着4个行政村的643户人家,房屋3000余间,2718名群众,同时威胁到滑体前缘对岸装机容量为7200kW的锁儿头电站,威胁财产3亿元左右。一旦突然下滑,将毁灭大部分村庄和锁儿头电站,一旦堵江发生溃坝,将会危及舟曲县城及其下游沿江的村镇和陇南市武都区的安全,由此而造成的损失无法估算。因此,对锁儿头滑坡的监测国家各级有关部门都十分重视。

(二)锁儿头滑坡监测设计

1. 锁儿头滑坡特征

锁儿头滑坡的平面形态为狭长形见图7-2-20,该滑坡长4560m,宽100~600m,长度为宽度的10.6倍,厚度30m左右,滑坡无明显后壁,堆积体平均坡度12°,主滑方向133°,体积5882×10⁴m³。滑体物质破碎松散,整体性差,根据形态特征和目前活动状况可将其分为上、中、下三段。

上段长约1450m,宽约160~320m,高差310m,平均坡度12.5°,有两级反坡平台,最大的一个面积达0.2km²,形成反坡洼地雨季积水,是滑坡体内地下水主要补给源。中段长约1910m,宽约130~270m,高差390m,平均坡度11.5°,滑坡表面有很多巨石,两侧有长300m左右侧堤,内侧有较明显的滑痕,由于长期慢速滑动而使早期滑动时形成的地形特征变得较为模糊,东西两侧发育冲沟有排泄出露的地下水。下段长约1200m,宽约330~570m,高差220m,平均坡度11°,在该段滑坡逐渐向东西两侧扩散,呈扇形,并形成一反坡洼地,据群众反应曾常年积水,现被填埋建房。前缘临江坡体平均坡度35°,坡面压张裂缝发育,滑坡挤压河床十分严重,白龙江该段宽仅18~30m。

图7-2-20 锁儿头滑坡全貌

锁儿头滑坡的滑体由两层岩土组成,下部为断层破碎带,厚度较大,风化极为严重,整体破碎,上部表层为滑坡堆积碎石土,据探井资料揭露其平均厚度约20m,中间厚,上下稍薄,冲沟及坡体较陡处局部有基岩裸露。

碎石土(Q_4^{dl})：该层在滑体表面广泛分布，厚度不等，一般 2～30m，系碎石土，松散，易被冲蚀。经前人钻探资料分析，滑坡滑体的厚度变化较大，总体上具有滑坡上段厚度薄，而中下段厚度厚的特点，其中滑坡的前部厚度 15m 左右，滑体中部厚度 25m 左右，滑体后部厚度在 20m 左右。

断层为破碎带，岩性主要为炭质板岩、千枚岩、砂岩夹薄层硅质灰岩、薄层泥沙质灰岩，受地质构造影响本组地层整体较为破碎，产状凌乱。经钻探资料分析，断层破碎带厚度大于15m，岩心呈短—长柱状、灰黑色、丝绢光泽、含水量较高、潮湿、强度较低，局部夹粒径 3～8cm 碎石，钻探过程中未见完整基岩面。

综合分析各活动迹象，滑坡具牵引性特征。经调查和实地监测，滑坡一直处于蠕动滑动状态，且各段滑速不同，中段活动最为明显。几块特征石块每年平均下滑 20～30cm，活动最弱的哑头村民房变形也十分严重，下段锁儿头村情况大致相同，整个滑坡两侧发育有与主滑方向大致平行的裂缝（见图 7－2－21、图 7－2－22），长度超过 100m，小型裂缝更是密布，由于受耕作破坏很难测量。

图 7－2－21　滑坡前缘变形迹象　　　　　图 7－2－22　滑坡中部裂缝

2. 滑坡稳定性评价

根据稳定性定量计算结果见表 7－2－5，锁儿头滑坡上段在自重工况下处于基本稳定状态，在暴雨工况下处于欠稳定状态，在地震工况下处于不稳定状态；锁儿头滑坡中段在自重工况下处于基本稳定状态，在暴雨工况下处于不稳定状态，在地震工况下处于不稳定状态；锁儿头滑坡下段在自重工况下处于基本稳定状态，在暴雨工况下处于欠稳定状态，在地震工况下处于不稳定状态；锁儿头滑坡前缘次级滑坡 H1 在自重工况下处于欠状态，在暴雨工况下处于不稳定状态，在地震工况下处于不稳定状态。

根据对滑坡体变形迹象的分析，锁儿头滑坡在现状条件下处于蠕滑变形阶段，变形迹象明显，尤其是前缘次级滑坡，变形迹象尤为明显；在强降雨或地震共同作用下很可能整体失稳，故综合分析判定，该滑坡整体稳定性较差。上述计算结果与滑坡目前的变形实际情况基本吻合。

3. 滑坡监测内容及布置

锁儿头滑坡监测布置见图 7－2－23、图 7－2－24，监测内容如下：

（A）GPS 地表位移监测

本项目地表位移监测均采用 GPS 自动化监测系统，选用上海华测 X300M 监测专用型双频高精度 GPS 接收机，各监测站和参考站原始 GPS 数据通过无线方式传输到兰州控制中心。共布设 GPS 参考站 2 个，分别位于舟曲县城和峰迭新区附近，设置 GPS 监测站 13 个。

表 7 - 2 - 5　　　　　　锁儿头滑坡传递系数法稳定性计算成果汇总表

序号	计算剖面	工况	稳定系数	稳定状态	计算方法
1	Ⅱ—Ⅱ′剖面	工况 1	1.067	基本稳定	
2		工况 2	1.04	欠稳定	
3		工况 3	0.98	不稳定	
4	Ⅲ—Ⅲ′剖面	工况 1	1.08	基本稳定	
5		工况 2	0.99	不稳定	
6		工况 3	0.94	不稳定	传递系数法
7	Ⅳ—Ⅳ′剖面	工况 1	1.09	基本稳定	
8		工况 2	1.03	欠稳定	
9		工况 3	0.97	不稳定	
10	Ⅴ—Ⅴ′剖面	工况 1	1.02	欠稳定	
11		工况 2	0.97	不稳定	
12		工况 3	0.93	不稳定	

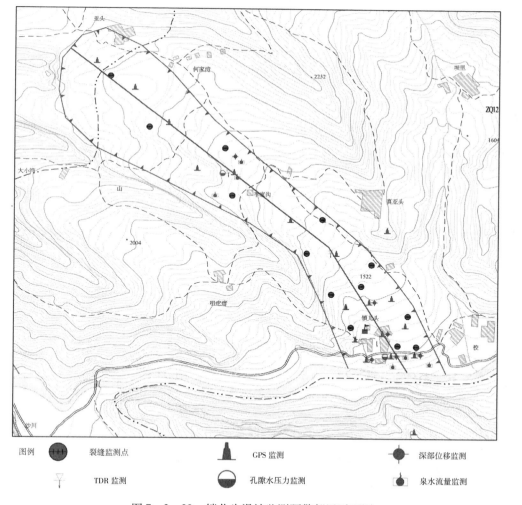

图例		裂缝监测点		GPS 监测		深部位移监测
		TDR 监测		孔隙水压力监测		泉水流量监测

图 7 - 2 - 23　锁儿头滑坡监测预警部置平面图

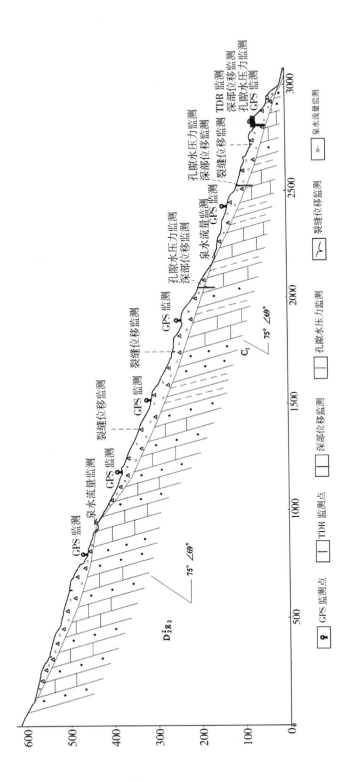

图 7-2-24 锁儿头滑坡监测部置立面图

（B）深部位移监测

锁儿头滑坡体深部位移监测采用钻孔固定测斜仪和 TDR 时域反射计两种手段进行监测。用固定测斜仪进行滑坡体内部位移监测是目前较为成熟的技术，固定测斜仪需要根据勘察的实际断层（滑面）数据进行钻孔安装。固定测斜的基准点有孔底和孔口两种计算方法，孔底法是孔深打到稳定的基岩上，此时基准为孔内的最后一个传感器；另一种是对孔底不能确定打到稳定的基岩上，则设孔口为不变的基准点。本项目不能确定孔底为稳定基岩，采用以孔口为基准点，但在此滑坡体上孔口也是在移动的。因此，设计时在孔口附近均有 GPS 对孔口进行位移修正，也符合充分利用现有项目资源的设计原则。

在锁儿头滑坡前缘布置一横一纵两条监测剖面，在监测剖面上共布置深部位移监测点 5 处，监测设计孔深为 70～100m，每孔内布置 7～8 个固定测斜仪，根据钻探揭露的地质情况尽可能在滑动面附近布置固定式测斜传感器。

（C）孔隙水压力监测

孔隙水压力可以直接判断出滑坡体中的水位情况或滑坡体的水饱和情况，锁儿头滑坡共布置 5 处孔隙水压力监测点，与固定测斜仪测点共用监测孔，将孔隙水压力计安装在固定测斜仪的孔底。

（D）表面裂缝位移监测

表面裂缝计可有效监测滑坡体表面的裂缝变化情况，从而判断滑坡体的稳定状态。裂缝计主要用于二点间的相对位移量的测量，当被测结构物二点之间发生的位移时，通过裂缝两边安装支架传递给位移传感器，即可算出被测结构物二点间距离的变化量。锁儿头滑坡体上目前发育较为明显的裂缝共 13 处，多位于次一级滑坡体后缘及侧缘。选择在位移较大的 5 条裂缝上各布设 1 个监测点，共布设 5 个监测点。

（E）TDR 时域反射计

TDR 滑坡监测系统，由 TDR 同轴电缆、电缆测试仪、数据记录仪、远程通讯设备以及数据分析软件等几部分组成。在使用 TDR 系统进行滑坡监测时，首先根据需要在滑坡的某个位置钻孔，并将 TDR 同轴电缆安埋入钻孔中。然后，将 TDR 电缆与电缆测试仪相连。电缆测试仪发出的电压脉冲通过电缆进行传输，同时接收从电缆中反射回来的脉冲信号。数据记录仪连接在电缆测试仪上，记录和存储从电缆中反射回来的脉冲信号供分析。

锁儿头滑坡滑体中后部相对较为稳定，为了较为精确的监测深部位移特征，在主滑剖面线上布置 1 个 TDR 监测点，监测孔设计深度为 80m。

（F）泉水流量监测

锁儿头滑坡中部出露 2 处泉水，在此 2 处分别布置一套量水堰进行泉水流量监测，间接对滑坡体水文地质条件变化情况进行监测。降雨量监测此前已有布置，本项目不作重复。

（三）监测仪器的选型与安装

本监测项目结合 6 种监测手段，共建设了 15 处 GPS 位移监测点；5 个测斜孔和渗压内部监测点；5 个裂缝监测点；2 个量水堰水量监测点和 1 个 TDR 深部监测点。使用仪器见表 7－2－6。

1. GPS 设备施工和安装

（A）GPS 系统设备

（a）GPS 接收机

根据项目的技术要求,本项目选择上海华测导航技术有限公司生产的X300M监测专用GPS接收机(见图7－2－25)。

表7－2－6 锁儿头滑坡监测仪器一览表

序 号	仪器名称	数 量	备 注
1	GPS	15	其中参考站2个,监测站13个。
2	固定测斜仪	36	安装在5个测孔中
3	孔隙水压力计	5	安装在固定测斜仪孔底部
4	裂缝计	5	选择位移较大的5条裂缝
5	TDR	1	滑体中后部
6	量水堰计	2	滑坡中部出露泉水处

1)产品外观及尺寸说明:①外形尺寸:200mm×85mm。②重量:1.4kg

2)性能指标:①精度:RTK:水平±(10 +1×10^{-6}×D)mm 垂直±(20 +1×10^{-6}×D)mm 静态:±(2.5 +1×10^{-6}×D)mm。垂直±(5 +1×10^{-6}×D)mm。②初始化时间:一般<10s:初始化可靠性:一般<99.9%。③信号:GPS C/A码、L2C L1/L2全周载波信号。④通道:54通道。

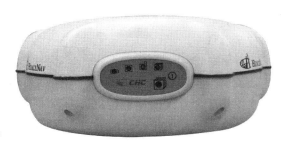

图7－2－25 X300M GNSS接收机

3)供电:①工作电压:9～13.8DCV 输入电源(Lemo),过电保护。②功耗:2.8W。③电源:太阳能＋蓄电池(参考站为太阳能＋蓄电池＋市电)。

4)环境性能:①工作环境:－40℃～＋65℃。②湿度:100%无冷凝。③冲击和振动:抗2m跌落到水泥地面。④防水:满足IPX7规定,可浸入水下1m深。

(b)GPS天线罩

GPS天线罩(见图7－2－26)是针对GPS工作频段(1575±25MHz)的专用产品,采用上海华测导航配套的A500扼流圈天线产品。

产品特性:①防酸、防盐雾、防紫外线、耐冲击。②防腐,抗老化性能佳,寿命长。③电绝缘性佳,透波性强,在95%以上。④在高温,低寒等恶劣环境中使用性能更加突出,大大提高了天线的优良物理特性。

(c)GPRS数据通讯模块参数

数据通讯部分采用GPRS模块进行传输,本项目选用厦门才茂公司生产的型号为3160P的GPRS模块。

1)产品外形及说明:①外形尺寸:92mm×62mm×22 mm(不包括天线及固定件)外形见图7－2－27采用金属外壳,防辐射,抗干扰;外壳和系统安全隔离,防雷设计;符合电力安规要求;防护等级为IP41;特别适合于环境恶劣的工业控制领域。②质量:0.41kg。

图 7 - 2 - 26　　A500 扼流圈天线　　　　　　　图 7 - 2 - 27　　数据通讯 GPRS 模块

2）性能指标：①无线模块：支持 EGSM900/GSM1800MHz 双频，可选 GSM800/900/ 1800/1900MHz 四频；支持 GSM phase 2/2 + ；支持 GPRS multi - slot class 10 可选 class 12。 ②编码方案：CS1 ~ CS4。③通信带宽：理论带宽：171.2Kb/s。④实际带宽：100Kbits > X > 20Kbits/s。⑤发射功率：GSM850/900：< 33dBm；GSM1800/1900：< 30dBm。⑥接收灵敏 度：< - 107dBm。⑦功能支持：支持数据、语音、短信和传真。

3）供电：①供电电压：宽电压设计，DC 5V 到 DC32V 电源都可以直接给设备供电；同时内置电 源反向保护和过压过流保护。②标配电源： DC9V/15mA。③通信电流：通信时平均电流： 350mA@ + 9VDC；登网瞬间峰值电流：1.0A@ + 9VDC。④待机电流：待机平均电流：< 35mA @ + 9VDC。

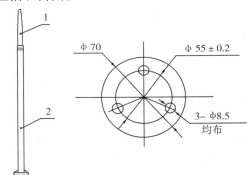

（d）避雷针

选用四川中光集团的 ZGZ - 200 - 1.8B 型避 雷针（见图 7 - 2 - 28），能有效的保护设备。

图 7 - 2 - 28　　避雷针
1—针；2—支柱

1）产品外观及说明：外壳材质：金属。

2）性能指标：①雷电流等级（kA）：≤200。②总阻值（Ω）：≤1。③抗风强度（m/s）:40。 ④长度（m）:1.8。⑤质量（kg）: 3.3。

（B）参考（基准）站及施工

本项目共建设了两个基准点，分别放置在县政府的楼顶和新区乡政府的楼顶，以县政府 楼顶的 GPS 参考站为例。

参考站的施工主要步骤为底座的浇筑、GPS 观测墩柱体的浇筑、观测墩顶部对中器和天 线罩底座的预埋。

（a）施工前准备

需要加工长 1.3m，截面为 20cm × 20cm 的钢筋笼，其中主筋为 φ12mm 的螺纹钢，横筋 为 φ8mm 的圆钢，隔 40cm 一圈横筋。钢筋笼（见图 7 - 2 - 29）内需要预置穿线管和一根长 度 2m 左右，横截面积不小于 4mm × 40mm 的扁铁作接地用。另外需加工好一个 50cm × 50cm 高度为 30cm 的底座模板框和 4 块长度为 1.5m，宽度 30cm 立柱混凝土浇筑用的模板。

（b）底座的浇筑

清理屋顶表面选定位置，开凿屋顶表面约 5 ~ 10cm，露出屋顶钢筋，将底座钢筋笼插入到屋顶表面,与屋顶钢筋连接。用 C30 混凝土先浇筑好一个 50cm×50cm 高度为 30cm 的底座。底座浇好后将预制好的立柱钢筋笼竖立在底座中,将钢筋笼内的扁铁伸出底座和屋顶的避雷带焊接,将预制好的 4 块混凝土浇筑模板钉成一个框架套住钢筋笼。

（c）立柱的浇筑

用 C30 配比的混凝土灌入 GPS 观测墩的立柱,快浇筑到顶端时,将强制对中器预埋在顶端,保持对中器在柱面的中心位置,肉眼观测无明显歪斜。浇筑好立柱

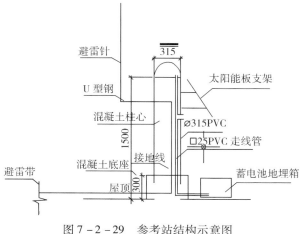

图 7-2-29　参考站结构示意图

后,采用木棍固定等方法保持在水泥凝固之前,立柱不会产生歪斜变形。

（d）避雷针的安装

混凝土凝固后,将避雷针的法兰盘固定在 U 型钢上,不可以产生明显歪斜,同时 U 型钢在浇筑之前需插入 PVC 管中和避雷扁铁连接。

（e）GPS 的安装

观测墩凝固后,先在观测墩顶部安装强制对中器,顶端加工有 5/8 英制螺旋以固定 GPS 接收机,接收机下端通过螺栓牢固连接,GPS 底座要确保整个天线安装装置与观测墩形成一个整体。安装时应考虑到仪器安放稳定、维护便利、外观美观等因素。观测墩上部安装的太阳能电池板要牢固固定,防止风力产生晃动。底座的旁边安装蓄电池和地埋箱,将电源线引入机柜。

在机柜中,分别安装 GPRS 传输模块和太阳能控制器等。并将太阳能电源线等一并引入机柜,强电、弱电隔离布线,整洁美观,便于维护。机柜下端预留通线孔,供电源及数据线的接入。机柜距离屋顶面大于 100cm。用固定螺钉拧紧,不得产生松动现象。外加防护警告装置,避免非工作人员损坏(见图 7-2-30)。

图 7-2-30　屋顶参考站

808

（C）监测站及施工

本项目共建设了 13 个 GPS 监测站，接收机均采用上海华测导航技术有限公司的 X300M 型监测专用接收机和配套天线。

GPS 监测站的施工主要步骤为基础开挖、建造避雷网（可参阅本书第三章相关内容）、底座的浇筑、GPS 观测墩柱体的浇筑、观测墩顶部对中器和天线罩底座的预埋等。

（a）施工前准备

需要加工好长 3m，直径为 20cm 的钢筋笼，其中主筋为 ϕ12mm 的螺纹钢，横筋为 ϕ8mm 的圆钢，隔 40cm 一圈横筋。钢筋笼内需要塞入长度 4m 左右，横截面积不小于 4mm×40mm 的扁铁作接地用（见图 7-2-31），另外需加工好长度为 3m 的直径为 315mm 的 PVC 管以及避雷网。

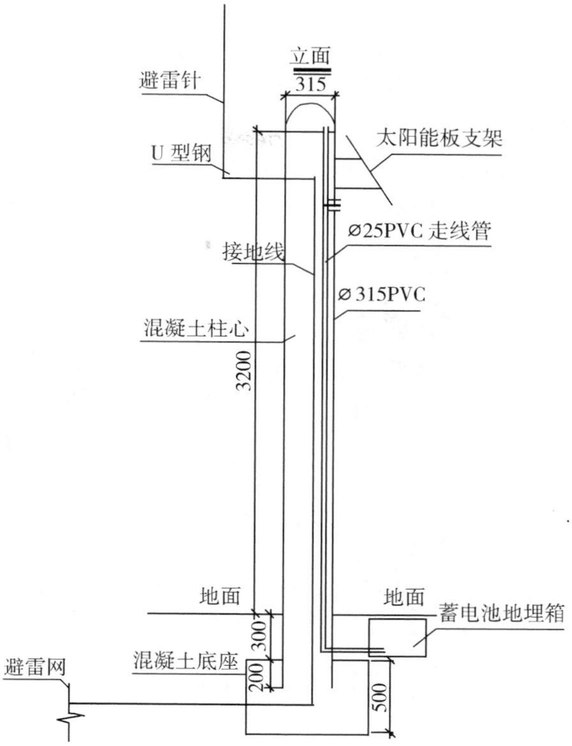

图 7-2-31　观测墩结构示意图

（b）基坑开挖及浇筑

在选定点位开挖边长约 80cm×80cm，深度为 60cm 的基础坑。将提前预制好的避雷网钉入基坑的四周，然后将预制好的钢筋笼竖立在基础坑里，将避雷网和钢筋笼内的扁铁连接好之后，用 C30 配比的混凝土浇筑基坑。

（c）立柱的浇筑

用 C30 配比的混凝土灌入 GPS 观测墩的立柱，快浇筑到顶端时，将强制对中器预埋在顶端，保持对中器在圆柱面的中心位置，肉眼观测无明显歪斜。浇筑好立柱后，采用木棍固定等方法保持在水泥凝固之前，立柱不会产生歪斜。

（d）避雷针的安装

混凝土凝固后，将避雷针的法兰盘固定在 U 型钢上，不可以产生明显歪斜，同时 U 型钢在浇筑之前需插入 PVC 管中和避雷扁铁连接。

（e）GPS 的安装

GPS 的安装方法与参考站相同，安装完成后如图 7-2-32。

（D）施工和安装过程中的注意事项

1）观测墩应浇注安装强制对中标志，并严格整平，墩外壁或内部应加装（或预埋）适合线缆进出硬制管道（钢制或塑料），起保护线路作用；

2）GPS 观测墩采用钢筋混凝土现场浇筑的方法施工。混凝土浇筑过程中的水泥、沙子、石子及其他添加剂的用量以及混凝土施工的要求均按照 C30 的要求执行；

3）基座建造时浇灌混凝土须充分捣固后放入捆扎好的基座钢筋骨架，在基座中心垂直安置捆扎好的立柱钢筋骨架，将立柱钢筋骨架底部与基座钢筋骨架捆扎一起，浇灌混凝土至

基座顶面,充分捣固并使混凝土顶面处于水平状态;

4)混凝土浇灌至地面下 0.2m 时,在观测墩外壁应预埋适合线缆进出的直径不小于 25mm 的硬质管道(钢制或塑料),供安装电线穿线用;

5)双频天线的保护罩要采用全封闭式,以起到防水、防风等效果;

6)可利用观测墩基坑,加筑用于存放蓄电池的水泥槽。

图 7 - 2 - 32   安装完成的 GPS 监测点(站)

2. 固定测斜仪和孔隙水压力计的施工安装

(A)固定测斜仪、渗压计及参数

固定测斜仪的选用 JTM - U6000K 量程为 ±15°的双轮软连接(链条连接)固定测斜仪(图 7 - 2 - 33),该测斜仪芯片采用数字倾斜加速度计,具有测量范围宽、高分辨率、高抗冲击等性能。不锈钢外壳,并有良好的密封性能,适用于测斜管内悬吊安装,监测各类建筑物结构的倾斜角度和位移量。

孔隙水压力计(渗压计)选用 JTM - V3000 系列,量程为 1MPa 的振弦式孔隙水压力计。JTM - V3000 系列振弦式孔隙水压力计是一种能长期测量土体或地基内的孔隙

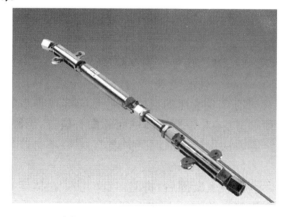

图 7 - 2 - 33   固定式倾斜仪

(或渗透)水压力,带有温度传感器(热敏电阻),可同步测量埋设点温度。配置不同的附件后可在测压管、地基钻孔等项目中使用,外形如图 7 - 2 - 34 所示。

(B)仪器的安装

本项目共有 5 个测斜孔,每个孔安装了 6 ~ 8 个传感器不等,选点位置分别在滑坡体的上部、中部和下部。

固定测斜仪是用来监测地下水平位移的传感器。在滑坡体上选定某一位置(GPS 测点周边)视测点地质情况钻孔 70 ~ 100m 深孔,先在孔内安装 ABS 测斜管,再在测斜管中安装

810

固定测斜仪。最后在测斜管周边做一个混凝土仪器保护墩和立一根直径150mm长3.5m的专用仪器安装杆（支柱），电缆需由支柱内穿后接入机箱。避雷针的安装同GPS。

（a）钻孔

本项目采用φ110钻头钻孔，为了使测斜仪测量到位，防止安装时测斜管中有沉淀，测斜孔都需比安装深度深1~2m。在遇到松散或破碎体钻孔时要用泥浆或水泥浆护壁，在测斜管安装前不可有塌孔产生。

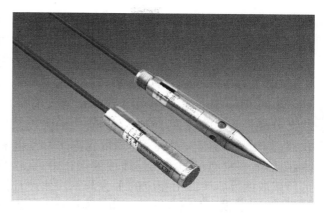

图7-2-34　孔隙水压力计

钻头钻到预定位置后，不要立即提钻，需把水泵接到清水里向下灌清水，直至泥浆水变成清水为止，提钻后立即安装测斜管。

（b）测斜管的安装

安装的全过程可分为三步进行。

第一步　测斜管的连接：

测斜管一根长度为2m，需要一根一根地连接到设计的长度。连接的方法是采用边向孔内插入边连接的方法，由于本项目的测斜孔底部需安装孔隙水压力计，最底下一根测斜管是预先准备好的花管（在测斜管底部1m长内用直径8mm钻头钻孔，每圈4个孔，每10cm钻一圈，共40个孔），在底部套上底盖，用三只M4×10自攻螺钉拧紧后再用土工布做的管套套住第一根管子，用扎带扎紧以防泥浆进入。然后插入孔中慢慢地向下放。放完一节，再向管接头内插入一节测斜管，注意一定要插到管子端面相接处为止，用自攻螺钉拧紧。接头处可用土工布裹扎，以防回填水泥砂浆时漏浆，按此方法一直连接到设计的长度（可参考本书第四章第三节有关内容）。由于测孔较深，为防下滑需用尼龙绳吊住最底部一根测斜管慢慢往下放。当遇到孔内有水测斜管向上浮放不下去时，向测斜管内注入清水，边下放边注水。

第二步　调整方向：

当测斜管长度安装到位后，需要调整凹槽的方向，把最上面一节测斜管上的接头取下，看清管内凹槽方向，把管子向上提起少许，转动测斜管，使测斜管内的一对凹槽垂直于测量面。对准后再缓慢放下，开始回填。

第三步　回填：

测斜管安装合格后开始向测斜管与孔壁之间的空隙中回填，使测斜管与周边有机结合。由于本项目孔隙水压力计与固定测斜仪安装在同一孔内，所以在回填时先回填约10~15升粗砂（回填高度约2~3m）以便底部透水，回填砂子时需不断在管外浇水，便于砂子沉入孔底。然后回填约20升晒干的小颗粒黏土，用以把底部的砂子与上部的水泥砂浆隔开。最后用低标号水泥砂浆回填，回填时用手扶正测斜管并不断向测斜管内注入清水，保持满管清水，以防回填时浆液渗入测斜管内。本项目回填的原料多为低标号水泥砂浆。填满后盖上管盖，用自攻螺丝上紧。一天后再去检查一下，回填料若有下沉再补充填满。

（c）固定测斜仪和渗压计的安装

本项目在固定测斜仪安装前需先安装孔隙水压力计。孔隙水压力计安装时先在一只尼龙袜中装入粒径 0.5～1.0mm 的洗净沙子,把孔隙水压力计放在砂子中间,用扎带扎紧,外径小于 50mm,泡入水中,使之充分饱和后读取读数。在放入测管之前先用其他仪器(如钢尺水位计、测绳等)测量孔内水面高度和水深,然后将浸泡过的渗压计缓缓放入孔内,直达孔底后读取读数。计算出相应的水深与钢尺水位计测值进行比较,误差应小于全量程的 2% FS(2m)为合格,若大于 2m 时应以实际水深作修正。然后向孔内投入 5L 左右粒径 1.0～2.0mm 的洗净粗砂(如图 7－2－35 所示),做好电缆和孔口保护后开始安装固定测斜仪。

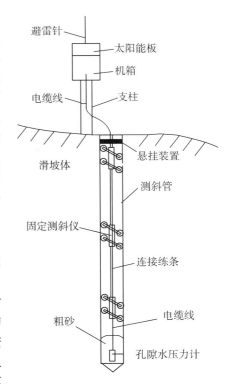

图 7－2－35　固定测斜仪及孔隙水压力计安装示意图

将固定测斜仪的传感器与安装附件(链条)按设计深度分别用链条连接于安装现场,将每只固定测仪的导向轮处于同一方向和平面内。把不同深度的测头按顺序连接后放入测斜管中(如图 7－2－36 所示),放入时注意滚轮的方向和仪器编号,作好记录(当滚轮放不下去时需提起在下一级加配重(本项目的配重用直径 36mm 长 60～100cm 的螺纹钢筋绑扎在链条上),逐一确认方向和编号后方可固定封堵孔口。

图 7－2－36　固定测斜仪的安装

最后在测斜管周边做一个混凝土仪器保护墩,电缆穿线管需由安装杆内穿过接入机箱。避雷针的安装同 GPS(见图 7－2－37)。

（d）数据通讯

本项目数据通讯系统组成如下:

图 7 - 2 - 37　固定测斜仪和渗压计的安装完成图

1）传感器部分：固定测斜仪、孔隙水压力计。

2）采集部分：数据采集模块。

3）供电部分：太阳能供电，100W 电池板，200AH 的蓄电池。

4）数据传输部分：GPRS 模块，测斜仪和渗压计分别对应一个 GPRS 模块。

设置在兰州的监控中心设有固定 IP，同时开放相应的端口，固定测斜仪和孔隙水压力计分别接到采集模块上，通过 485 转 232 的模块再接到 GPRS 模块上，通过手机信号传输到对应的 IP 地址和端口。

3. TDR 设备施工和安装

（A）TDR 原理、性能、参数

TDR 滑坡监测是将同轴电缆埋入滑坡体内，当滑坡体开始滑动时，位于滑坡界面的同轴电缆会受到挤压变形，仪器将会记录受挤压的精确位置（见图 7 - 2 - 38）。

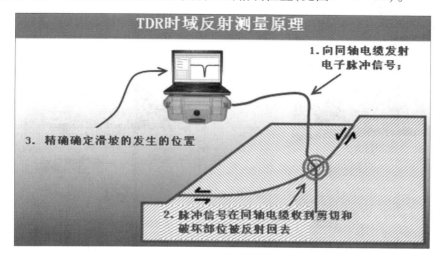

图 7 - 2 - 38　TDR 测量原理示意图

在安装 TDR 系统进行滑坡监测时,首先需要在滑坡的某个监测位置钻孔,并将 TDR 同轴电缆埋在钻孔中。然后,将 TDR 电缆与电缆测试仪相连。电缆测试仪作为信号源,发出步进的电压脉冲通过电缆进行传输,同时接收从电缆中反射回来的脉冲信号。数据记录仪连接到电缆测试仪上,记录和存储从电缆中反射回来的脉冲供分析。数据记录仪还可连接远程通讯设备,如移动电话或是短波无线电装置等,将收集的数据发送到远处。TDR 系统中还可配备多路复用器,以对多点进行同时监测。在 TDR 滑坡监测系统中,同轴电缆是直接与滑坡产生接触的部分,可以将其看作一个特殊的传感器。如果 TDR 电缆某点产生挤压变形,它的反射波中就会出现尖峰脉冲。通过读取电缆反射波形的数据,可以监测地层的移动。随着反射波形的强度增加,可以预测某个区域地层可能会发生断裂。

TDR 的性能参数

1)脉冲发生器输出:250 mV into 50 ohms。

2)输出阻抗:50 欧姆秒 ±1%。

3)脉冲发生器和取样电路组合的时间响应:≤300 皮秒。

4)脉冲发生器偏差:前 10 毫微秒内 ±5% ,后 10 毫微秒 ±0.5%。

5)脉宽:14 微秒。

6)计时分辨率:12.2 皮秒。

7)波形取样:波形值 20 to 2048 超过所选择的长度。

8)距离:(Vp = 1)时间(单行线)。

9)范围: -2 to 2100 m 0 to 7 微秒。

10)分辨:1.8 mm 6.1 皮秒。

11)波形平均值:1 ~ 128。

12)静电放电保护:内部箝位电路。

13)耗用电流:测量 270mA;睡眠模式 20mA;待命模式 2mA。

14)电源:任意 12V(9.6 V to 16 V),最大 300mA。

15)温度范围: -40° to 55°C。

16)尺寸:21 cm × 11 cm × 5.5 cm。

17)重量:700 g (1.5 lbs)。

(B)系统组成

TDR 系统的主要组件是数据采集器、TDR100 反射计、连接电缆等(见图 7 - 2 - 39)。

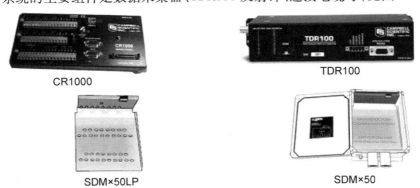

CR1000

TDR100

SDM×50LP

SDM×50

图 7 - 2 - 39 TDR 硬件图

（C）仪器安装

TDR 安装时，将同轴电缆放入到事先钻好的孔里，放置到最底部后，灌入水泥砂浆，浇筑到孔口的表面位置时安装孔口保护装置，将同轴电缆引入到周围的安装支柱上的机柜中，在机柜中，同轴电缆接到 TDR100 上，再连接 CR1000 采集模块，再连接 GPRS 模块即可见图7－2－40。

（D）数据通讯

本项目 TDR 系统采用 GPRS 模块，通讯方式是同轴电缆－TDR 主机－采集模块－GPRS 模块，传输到监控中心，监控中心采用 TDR 专用的采集软件，同时需要应用虚拟串口将 GPRS 的数据转化为串口数据，直接传到采集软件采集。

图 7－2－40　安装完成的 TDR 系统

4. 裂缝计的安装

裂缝计是测试地表某两点间相对位移的仪器，本项目采用量程为 1200mm 的拉线位移计，每组由 2 根 ϕ150mm 的无缝钢管制成安装支杆分立在裂缝两侧（见图 7－2－41），其中有 1 个用于仪器、太阳能板、避雷针等安装用，1 个为端点支杆。仪器安装支杆与端点支柱之间用 ϕ6mm 不锈钢传递杆连接，不锈钢连接杆外用 ϕ50mm 和 ϕ40mm 壁厚4mm 的厚壁高强度 PPR 塑料管套装，外套管长 2m，内套管长 1.8m，在 ϕ40mm 的内管中充填适量的塑料泡沫使传递杆居中，塑料外管和内管可自由伸缩的滑动又可保护传递杆，端点支杆与传递杆用万向节连接（见图 7－2－42）。安装完成后见图 7－2－43。

（A）安装支杆的施工

一组裂缝计有二个支杆，一个仪器安装支杆，一个端点支杆。仪器安装支杆用 ϕ150mm 长 3.5m 的无缝钢管制成，底部装连接法郎盘，在高2.5m 处开穿线孔，顶部装有避雷针连接头。安装点选择在裂缝上方，安装位置确定后，在确定位置挖一个约80cm×80cm 深约 50cm 的基础坑，用混凝土浇筑好预先制作的预埋件、出线管、接地线等。混凝土凝固后将安装支杆固定在预埋的法郎盘上，在支杆的上部安装机箱、太阳能板和避雷针等。由于拉线位移计用电量很小，不需要地埋蓄电，在仪器箱中放一 20AH 小蓄电池即可。

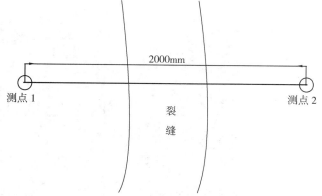

图 7－2－41　裂缝计测点布置示意图

（B）端点支杆的施工

端点支杆也用 ϕ150mm 长 2.5m 的无缝钢管制成，底部装连接法郎盘，安装埋设方法同安装支杆,顶部装有定位板和万向节用于连接在支杆顶端。

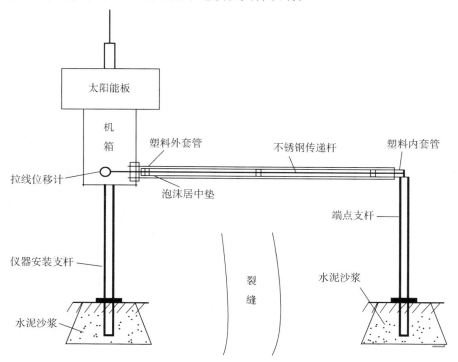

图 7 - 2 - 42　裂缝计测点安装示意图

图 7 - 2 - 43　安装完成的裂缝计测点

　　有些裂缝跨度较大时,内外 PPR 护管也要加长,并在两个支柱之间增加了一个 $\phi100mm$ 顶部带钢板托的钢管立杆,用来支撑 PPR 管,使之尽量不产生下垂弧度和风摆。

816

（C）避雷针的安装同 GPS(略)。

5. **量水堰的施工与安装**

量水堰是用来测量地表水沟中泉水流量的仪器。锁儿头滑坡体上共安装了两台量水堰计,由于本项目中泉流量均小于 10L/S。因此,选用三角堰。根据现场具体情况,本项目量水堰有集水井、拦污栅、堰槽、堰板、量水堰水位计及数据采集通讯系统等组成。其中集水井、堰槽是用砖混砌成,如图 7－2－44 所示。堰槽的内表面用高标号水泥沙浆抹光。为了防止向堰槽中落物,整个量水堰均用 100cm×60cm×5cm 的混凝土预制盖板覆盖。集水井是一个集聚水源的水潭,作用是将上游流来的泥沙等物沉入井底,每年雨季前需清理一次,以免在堰槽中集聚。堰槽是一个尺寸要求严格的平直沟渠,堰槽进口处装有拦污栅,拦住水中的漂浮物。向下游 5m 处装有不锈钢堰板,堰板上游一侧的地下是一个与堰槽底部相通的积水坑,在积水坑中安装量水堰水位计。在积水坑周边 1m 以内选择合适的位置竖立仪器安装支柱,支柱尺寸和建造方法参考两向裂缝计的安装支柱(见图 7－2－45),电缆由支柱内穿埋后接入机箱。避雷针的安装同 GPS,数据通讯系统采用 GPRS 模块与裂缝计相同。

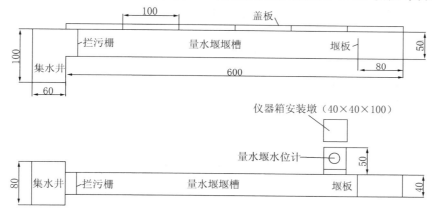

图 7－2－44　量水堰建造示意图(尺寸单位:cm)

图 7－2－45　安装完成后的量水堰

817

六、国内外边（滑）坡工程及安全监测统计

（一）我国水电工程近期主要边坡工程及监测情况（见表7-2-7）

表7-2-7　　　　　　　我国水电工程近期主要边坡工程及监测情况

序号	边坡名称	边坡规模	边坡地质情况	边坡或构造要素	监测情况
1	湖北隔河岩引水隧洞出口及厂房边坡	施工期最大坡高220m左右，边坡范围约350m	上部为灰岩，下部为页岩，逆向坡，含断层、夹层、裂隙、危岩体、逆向坡	边坡走向N30°E转N70°E，倾NW岩层走向70°～80°，倾角SE25°～30°	有5个监测断面，布置有钻孔倾斜仪、多点位移计、渗压计、测缝计及地表变形网
2	河南小浪底进水口边坡	坡高约120m，长约280m	砂岩、泥岩互层、含多条断层、泥化夹层，逆向坡	边坡走向N23°E，倾NW，岩层走向近南北，倾向E，倾角8°～12°	有3个监测断面布置有钻孔测斜仪、多点位移计、渗压计、锚杆应力计
3	湖北五强溪左岸船闸边坡	坡高150～200m坡长约400m	板岩和砂岩，含断层，岩体较破碎	高程100～400m以上为逆向坡，中间为平缓过渡段	经纬仪、水准仪、多点位移计、收敛计、测缝计、断层位移计、伸缩仪等
4	广西岩滩左岸导流明渠上游段边坡	开挖最大坡高210m，长1140m	大部分为辉绿岩，少部分为大理岩和灰岩	边坡可分为5段，各段各异	
5	贵州东风电站左岸溢洪道边坡	坡高100余m，长约300m，垂直人工边坡	灰岩、白云岩、夹层页岩，较完整，层状明显，节理发育，夹层夹泥		有8个监测断面，布置有钻孔，倾斜仪、多点位移计、锚杆应力计
6	北京十三陵抽水蓄能电站上池北岸滑坡	坡高约50m，18万m³	砾岩、安山岩，有正长斑岩脉穿插	断裂发育，岩体破碎，断层以NW300°～340°近南北两组为主	地表变形网（经纬仪、红外测距仪）、钻孔倾斜仪、钻孔测压管
7	四川碧口电站溢洪道倾倒体边坡	100～165m高，厚一般20m	石英千枚岩为主，次为变质凝灰岩，夹少量石英岩透镜体	有EW、NE、SN和NW4类构造	
8	四川碧口电站导流泄洪洞出口倾倒体边坡	70～80m高，厚一般约20m	石英千枚岩为主，次为变质凝灰岩，夹少量石英岩透镜体	有EW、NE、SN和NW4类构造	在高程730～770m间布置有4个水平位移观测点，1991年最大累计位移约87mm

序号	边坡名称	边坡规模	边坡地质情况	边坡或构造要素	监测情况
9	青海李家峡左拱端下游边坡	约 150m 高	混合岩及片岩，层理发育，层间断层分布密集	边坡内有 F_{26}，NNE 张裂隙，走向为 NW315° 的层理发育等	多点位移计
10	四川二滩水电站库首滑坡	滑坡分成 3 个区，无统一滑面，1 区 380 万 m^3，2 区 180 万 m^3，3 区 16 万 m^3	上部为玄武岩，下部为白云岩、灰岩、石英砂岩、黏土岩等	无大断层，有节理裂隙及小型构造破碎带、高倾角裂隙	有变形网、钻孔倾斜仪、渗压计、平洞位移、应力等监测
11	湖北长江黄腊石滑坡	约 2000 万 m^3，宽 300～800m，平均坡度 30°，面积 0.85m^2	由泥岩、粉砂岩、泥灰岩、细砂岩、页岩夹煤层和长石石英砂岩组成	岩层走向 265°～280°，倾向 355°～10°，倾角 15°～35°，断层有 3 条，裂隙 3 组	有变形网、短基线、钻孔倾斜仪等监测
12	四川瀑布沟水电站坝前大拉裂体	300 万～400 万 m^3，长 250m，宽 200m，水平裂隙发育，深 100～400m	玄武岩致密坚硬，隐裂隙发育，完整性差，属倾倒变形体	发育一系列 NNW 向压扭性断裂构造，伴生有与其相关的 4 组构造裂隙	目前属稳定
13	湖南涔天河水库雾江滑坡	2050 万 m^3，宽 300～700m，长 1000m	变质石英砂岩、夹砂质板岩，含破碎夹层和泥化夹层	有 4 条断层，6 组主要裂隙，滑面主要受砂质板岩、NW 向组裂隙控制	系水库蓄水引起滑动
14	青海李家峡水电站导流洞进口边坡	边坡高 200 余 m，约 35 万 m^3	上覆坡积碎石土，基岩为混合岩，夹斜长片岩，穿插花岗伟晶岩脉	单斜构造为主，岩层走向与坡向近正交，Ⅱ、Ⅲ级结构面发育，以陡倾角裂隙最发育	
15	四川二滩水电站 2# 尾水渠内侧边坡	144m 高，总体坡度 63°	上覆坡积堆积基岩为玄武质火山角砾集块岩，一条正长岩脉	有 4 组节理，3 条软弱结构面和一条 0.2～0.3m 宽的断层破碎带	属蠕滑拉裂变形，有多点位移计、倾斜仪监测
16	湖北大冶矿露天采场边坡	边坡设计高 600～700m，已挖成的高达 230m	边坡由大理岩、闪长岩及铁矿体组成	存在褶皱、冲断层及伴生扭性、张性裂隙，存在压性结构面、扭裂面等	作过多点位移计、倾斜仪、锚杆应力计等监测
17	青海李家峡水电站 I# 滑坡	700 万 m^3，坡高约 260m，宽 470～520m，长 390m	由黑云母变质带混合岩夹斜长片岩和厚度不一的花岗伟晶岩脉组成	变质岩产状为 NW300°～330° 倾 SW，倾角 40°～50°，主滑方向 NW290°	进行地表裂缝、地表变形、钻孔倾斜及渗压监测（系大滑坡复活，顺层滑坡）

序号	边坡名称	边坡规模	边坡地质情况	边坡或构造要素	监测情况
18	青海李家峡水电站Ⅱ#滑坡	1845万m³,坡高约260m,宽470~520m,长390m	由黑云母变质带混合岩夹斜长片岩和厚度不一的花岗伟晶岩脉组成	变质岩产状为NW300°~330°,倾SW,倾角40°~50°	进行地表裂缝、地表变形、钻孔倾斜及渗压监测(系大滑坡复活,顺层滑坡)
19	湖北清江茅坪滑坡	1390万~1670万m³,前后缘高程分别为155m和525m	主要是块石、碎石夹土,结构松散,基岩为泥盆系上绕砂、页岩地层系大滑坡	滑坡地表以下47~63m存在1.5m左右厚的破碎砂岩滑动带	有地表变形网、钻孔倾斜仪、渗压计、雨量计监测(系大滑坡)
20	湖北清江杨家槽滑坡	滑坡体约280万m³,前缘高程130m,后缘高程470m,面积0.3km²	滑体由亚黏土夹灰岩、砂岩碎块石组成,基岩为灰岩、砂岩、页岩、泥灰岩等组成	裂隙发育,构成滑移面的为NWW组,倾向180°~200°,倾角30°~55°,平移断层,F_2贯穿全边坡	有地表变形网、钻孔倾斜仪、渗压计、雨量计监测(系大滑坡)
21	贵州东风水电站左岸坝肩下游边坡	边坡高100余m	中厚层白云质灰岩和隐晶灰岩。单斜构造断层发育	岩层走向北东45°,倾向北西,倾角11°~20°,有断层F18,泥化类层,属顺层坡	监测有多点位移计、钻孔测斜仪
22	湖北三峡工程茅坪溪防护工程泄水洞进口高边坡	边坡高70余m	闪云斜长花岗岩,风化,裂隙发育,次生充泥缓倾角裂隙对稳定不利	次生充泥缓倾角裂隙,倾向与边坡近乎一致,它们与其他两组裂隙以及边坡临空面组成不利稳定的块体	钻孔测斜仪、多点位移计、测缝计和锚杆测力计
23	四川柳洪电站拉马阿觉滑坡	宽3~3.5km,长6~6.5km,面积19km²	地层从老到新为玄武岩、黏土岩、铝土岩、砂岩夹泥质粉砂岩、黏土岩灰岩	软弱夹层的存在,夹层倾向与地形向一致,河床下切形成临空面是滑坡的内因	(地震和暴雨是外因)
24	天生桥一级电站厂房高边坡	施工期边坡高157m,运行期高130m	泥岩为主,较软弱,夹有少量砂岩和粉砂岩	边坡走向NE66°(与岩层基本一致)倾向NW,倾角40°~70°(主厂房)或35°~55°(副厂房)	布置有多点位移计、测斜仪、钻孔水位计、测缝计、锚索测力计、渗压计、钢筋计、应变计以及表面变形监测等
25	青海拉西瓦水电站果卜岸坡体	果卜岸坡位于右岸坝前上游,距大坝500~1300m。相对高差约700m,变形方量约6000万m³		2009年5月电站蓄水后果卜平台地表出现大量倾倒裂缝,坡面崩塌掉块逐渐增多	于2010年增加布置35个GPS测点,实现实时自动化监测

（二）我国近期发生的某些大滑坡（见表7－2－8）

表7－2－8　　　　我国近期发生的某些大的滑坡情况

序号	边（滑）坡名称	滑坡发生时间	滑坡规模	滑坡位移（速率）及其他	备 注
1	长江新滩滑坡	1985年6月12日凌晨3：45发生滑坡	滑体约3000万m^3，滑坡涌浪高49m	滑坡前1个月内最大水平位移13.7m，下座13.5m，边坡冒水、冒沙、鼓胀作响，临滑前350m/h	大雨后大滑坡复活，有预报
2	湖南柘溪圹岩光滑坡	1961年3月6日滑坡	滑体165万m^3，滑速20～25m/s，涌浪高21m，坝前涌浪2.5～3.0m	滑坡前13h有小型坍落，坡顶出现弧形裂缝	库水位以7～11m/d上升，浸泡滑体34m深；降雨
3	漫湾左岸边坡	1989年1月7日18：55发生滑坡，历时17s	滑体10.6万m^3，宽70～80m，滑体高112m，厚10～15m	2.65～6.43m/s，顺坡结构面的存在，施工又被挖断，锚固质量差，施工顺序不当以及水作用是滑坡的原因	爆破为失稳的诱发因素
4	天生桥二级电站下山包滑坡	由于及时整治滑坡未发生	约140万m^3	整治前最大位移每天达8～9mm	大滑坡复活
5	李家峡大坝Ⅱ#滑坡	目前处于正体蠕滑	1850万m^3	地表位移达每月7～13mm	系大滑坡复活
6	龙羊峡虎山坡Ⅱ#塌滑体	1989年7月26日发生塌滑	滑体87万m^3	滑前水平位移速率每日最大136mm，垂直日位移199mm，历时30分钟，滑体滑前有"呼呼"响声	
7	湖北盐池河磷矿滑坡	1980年6月3日凌晨5：35	70万～80万m^3	6.1～6.2垂直相对位移1m，滑塌时先下座，紧接着倾复	连续大雨后，地下开采扰动
8	四川云阳鸡扒子滑坡	1982年7月17日	1500万m^3	向江心推移50m，河床填高30余米	特大暴雨后部分大滑坡复活发生，最大日降雨201mm
9	甘肃洒勒山滑坡	1983年3月7日下午历时55秒	约5000万m^3	滑距1740m，最大计算滑速近30m/s，平均15.3～16.4m/s	无直接触发因素情况下发生
10	四川红崖山崩塌体	滑动兼崩塌1988年1月10日18：37发生，历时4分	相对坡高800余m，约1000万m^3，爬高60余m	后缘有250m长的裂缝，1987.9.3缝宽30cm，9.13达60cm，发生前下沉量达4.1m	有预报
11	湖北鸡鸣寺滑坡	1991年6月29日4：58顺层滑坡，历时4分	约60万m^3，毁柑桔林7万m^2，房屋76间，无人员伤亡	垂直位移由5.9cm增大到80cm，此期间水平缝增宽122.3cm	有准确预报
12	贵州天生桥二级厂房滑坡	1986年11月中旬	约150万m^3，东西向长500余m，南北向宽250余m		
13	福建大目溪水电站珍山渠道滑坡	1967年12月5日	3万m^3，坡高45m，长90m，宽40m	滑距80m，加剧变形历时约1个月	推移式滑坡
14	福建玉山水电站前池渠道滑坡	1969.7电站建成首次通水后数小时发生	约9万m^3，长190m，宽80m，前后缘高差160m		推移崩塌性滑坡
15	福建华安水电站平安亭渠段滑坡	1989年2月至5月	30万m^3，前缘宽120m，长175m，高约50m	滑坡后缘下座0.3～0.8m，前缘膨胀，公路抬高0.9m，平移1～2m	牵引～推移式滑坡
16	福建顺昌水泥厂改河工程滑坡	1985年8月～1986年3月10日	27万m^3，前缘宽120m，长130m，高54.4m，下座最大11m	后缘滑壁2～3m，张裂缝十分发育，裂隙宽30～50cm，深50～150cm	牵引式滑坡
17	四川唐古栋滑坡	1967年6月8日	前后缘高差1000m，1.7km^2，6800万m^3	雅砻江堆成355m高的堆石坝，9天后坝溃决	切层大滑坡
18	内蒙古包头市白灰厂滑坡		456万m^3	座落式子推滑移滑坡，滑坡前缘每天滑出约10cm	降雨和地下开采扰动

（三）国外发生的某些大滑坡（见表7-2-9）

表7-2-9   国外发生的某些大滑坡情况

序号	边（滑）坡名称	滑坡发生时间	滑坡规模	滑坡位移（速率）及其他迹象	备注
1	意大利瓦依昂（Vaiont）大滑坡	1964年10月9日	2.7~3.0亿m³，滑速25m/s，历时20s，滑体爬高140m，涌浪250m高	滑坡前几天，位移速度达20~30cm/d，前一天为40cm/d，当天速度为80cm/d	死亡2400余人，朗格尼镇大部被毁
2	阿尔巴尼亚菲尔泽泄洪洞	1976年10月9日		滑塌前最大滑速每日约2.9cm	
3	智利Chugucamate矿边坡	1969年2月18日	边坡高350m，600万m³	开采11个月后位移速率达20mm/d	
4	意大利亚得里亚海安科纳大滑坡	1982年12月13日10:00	滑坡面积340hm，前缘长1.7km，持续2h	最大垂直位移约6m，最大水平位移约11m	毁300余幢建筑，3000人无家可归
5	日本岛原海湾大滑坡	1792年	约5.35亿m³，从海拔520m高沿4.8km滑入海	涌浪淹没了该海岸到10m高程，死亡1.5万多人	
6	阿拉斯加利通亚海湾大滑坡	1958年	约3000万m³，从高约900m的陡崖落下	涌浪高速冲到对岸的陡壁，高达海拔530m	由地震诱发
7	美国Brieeiant大滑坡		约600万m³	开始每天位移2.7mm，破坏时每小时0.3mm	
8	奥地利吉帕施水电站滑坡	1964年8月	2000万m³，前缘宽1080m，结晶片麻岩	滑坡中心位移11.15m	由于大坝蓄水引起古滑坡复活
9	意大利庞特塞电站滑坡	1957年3月22日	300万m³石灰岩，强烈破碎	形成20m高涌浪，漫顶水深5m	由于水库蓄水引起
10	苏联契尔盖依水电站滑坡	1970年5月14日，在大坝上游1.0km处大坝施工中发生	300万m³		由于7.5~8.5级地震引起滑坡
11	日本鸣子水电站滑坡	1957年4月及1964年10月	80万m³		蓄水6天后发生，1964年10月库水迅速下降，又发生滑坡
12	日本影森石灰岩采石场	1973年9月20日半夜	30万~40万m³	从发现裂缝到崩塌，时间约一年，累计变形最大约450mm	因有表面简易测点观测，无伤亡损失

第三节 水电站地下工程安全监测实例

一、鲁布革水电站地下厂房的安全监测

（一）工程概况

鲁布革水电站位于云南省南盘江支流的黄泥河上，为一引水式电站，首部为黏土心墙堆右坝，坝高101m，经左岸长约9.4km的引水隧洞至地下厂房发电。电站设计水头327.7m，最大引用流量230m³/s，装机容量60万kW，年发电量27.5亿kWh。地下厂房由主副厂房主变室及尾水闸门室等三排沿NW45°大致平行的洞室组成；上游有4个进水管支洞；下游有4个母线洞和尾水洞；此外还有运输洞、交通洞等共计42个洞室重叠、纵横交叉构成厂区地下洞室群。厂房尺寸为125m×18m×38.4m（长×宽×高），距厂房39m平行布置主变室，尺寸为82.5m×12.5m×25.7m；距主变室50m布置尾水闸门室，厂区布置如图7-3-1。

地下洞室群埋深约300m，围岩以三叠系T_{2g}中厚层状的灰色白云岩及白云质灰岩间有角砾状灰质白云岩为主，岩体呈块状，较坚硬完整，层理不明显，节理短小闭合，方解石脉发育，胶结紧密，稳定性好，其次在主厂房北西端墙附近出现白云质灰岩夹灰质白云岩。

白云岩（T_{1y}），中厚及厚层状，层面清晰，局部夹泥质灰岩及黏土岩，各向异性明显。岩体质量中等，厂区最大断裂F_{203}，走向N10°~45°E倾向NW∠25°~45°，断层带宽度10m，破碎影响带宽10~20m，经优化

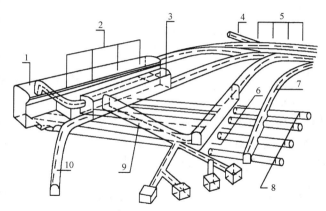

图7-3-1 鲁布革地下洞室分布图

1—主厂房；2—母线洞；3—主变室；4—钢管通道；5—运输洞；6—尾水闸门室；7—尾水交通洞；8—尾水洞；9—出线洞；10—通风洞

布置后主厂房安装间底板距离该破碎带为45m，厂区小断层主要有NWW向及N80°~85°W向倾向SW倾角45°，另有NE向倾向NW∠45°~55°，其走向与厂房轴线有一定交角。

在前期勘测阶段，对岩体力学基本特性进行了系统的综合性研究，包括岩（土）层物理力学性质室内试验及现场承压板试验，三轴试验，直剪试验，流变及断裂研究，岩体应力测试研究，在此基础上进行了有限元、边界元，光弹及相似材料模型研究，对地下厂房围岩位移应力应变进行了充分可靠的论证，此外还进行了监测研究。

（二）原位模型试验洞量测

模型试验洞选择在厂房105#勘探洞内175m处，靠上游一侧，厂房待开挖的岩体内试洞方向与主厂房长轴方向（N45°W）平行，高程在厂房吊车梁附近，考虑到原位模型洞监测能提供最有效的成果，试洞必须满足尺寸效应及几何相似等因素；量测范围应包括足够数量的块体，断面尺寸10:1开挖，即5m×2.6m（高×宽），洞长根据试验布置要求至少需32.68m，

断面形状为圆拱直墙。洞内布置 3 个用多点位移计观测位移的主观测断面 Ⅰ、Ⅱ、Ⅲ,9 个用收敛计观测位移的辅助断面 1～9,1 个格鲁采尔(Clotzel)型液压应力计断面,布置见图7－3－2。

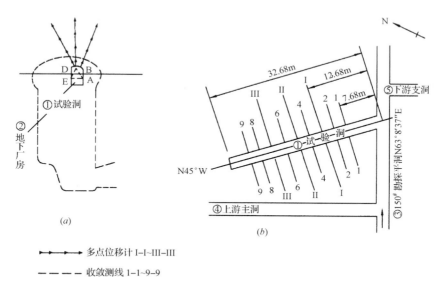

多点位移计 I－I～III－III

收敛测线 1－1～9－9

图 7 - 3 - 2　模型试验洞监测布置

鲁布革试验洞内的量测元件的布置和选择,不仅考虑了岩性和岩体结构的特征,而且还结合了地应力、地形和洞型,以及现场条件,使测孔和测点布置合理、操作方便,满足了监测的要求。在仪器选择方面,力求结构简单、性能可靠、抗震性好,有一定的精度和量程,在恶劣环境下能正常运行。埋设仪器见表 7－3－1。

表 7－3－1　　　　　　　　　　　模型试验洞的监测仪器

序号	测 表 名 称	接 收类 型	规　　　　格			
			孔径(mm)	测 点	量程	敏 度
1	CD－1 型弦式多点位移计	电 感机 械	56	4～6 6	20mm 100mm	0.005mm 0.01mm
2	YDW 型弦式多点位移计	滑阻			30mm	0.025mm
3	YJD 型弦式多点位移计	电阻	56	8	150mm	$0.003mm/\mu\varepsilon$
4	杆式多点位移计	钢弦	56	4	100mm	0.015mm
5	KDY 型弦式多点位移计		56	6	2mm	0.001mm
6	MKⅡ尺式收敛计		130		20mm	0.05mm
7	YJS 型弦式收敛计				50mm	0.01mm
8	液压应力计				20MPa	

为了求得试洞开挖边墙随时间位移过程,了解试洞开挖围岩变形释放的机理。事先从上游支洞,分别向试验洞Ⅰ、Ⅱ、Ⅲ号主观断测面边墙腰部钻水平孔(孔深约15m),埋设多点位移计。然后,随着试验洞的开挖,观测在这些断面释放的变形。试验洞是采用断面光面

爆破施工开挖的。图7-3-3反映了试洞开挖边墙围岩位移的过程。曲线说明,当开挖到距观测断面前约4倍洞高时,在量测断面处的位移即产生位移;随着掌子面逐渐向量测断面接近,量测断面处的位移开始为收缩挤压,测点位移呈压缩状态;及至距约1倍时,位移急剧变化从压缩转为扩张;直到掌子面超越量测断面的洞高约0.5倍时,位移才逐渐趋于稳定,过1倍时,基本稳定,时间效应尚不明显。

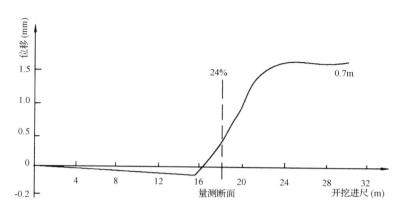

图7-3-3　位移与开挖进尺关系(Ⅲ断面)

上述特征反映了这种坚硬岩石的空间效应占主导地位。即掌子面对洞室挖空部分的围岩的影响程度十分显著。例如,从Ⅰ、Ⅱ、Ⅲ断面预埋孔量测的围岩位移来看,掌子面开挖引起围岩产生的位移分别为总位移的22%、50%、24%,表7-3-2列出实测围岩位移与开挖进尺的关系。

表7-3-2　　　　　　　　　　　　围岩位移与开挖进尺关系

开挖进尺(m)	-H	-1/2H	0	1/4H	1/2H	3/4H	H
位移释放率 S/S₀(%)	-0.8	10	24	64	89	95	100

表中可以看出,当开挖掌子面推进到量测断面位置时,即紧靠掌子面的围岩位移占全部位移的24%,当掌子面超越断面0.5倍洞高距离时为89%,1倍时100%,这个分布范围与理论分析基本上是吻合的。

围岩位移影响的深度,从Ⅰ、Ⅱ、Ⅲ号主断面预埋孔的位移(表7-3-3)大致看出,位移沿孔深变化,靠近洞壁的位移量大,深部则小,一般埋深在1.3m内的位移占总位移的90%。围岩松弛的范围约为2倍洞高的深度。

表7-3-3　　　　　　　　　　　　预埋孔不同深度的位移

Ⅰ-Ⅰ	孔深(m)	0.65	1.40	5.40	7.80	0		15.340
	位移(mm)	1.90	-0.21	0.21	0.90	0.08		
Ⅱ-Ⅱ	孔深(m)		1.30	2.60	3.20	7.80	10.40	13.640
	位移(mm)		0.54	0.37	0.15	0.05	0.08	
Ⅲ-Ⅲ	孔深(m)	0.7	1.70	3.00	4.90	8.00	11.10	13.170
	位移(mm)	1.706	0.27	0.217	0.18	-0.026	-0.02	

从图 7 - 3 - 4 还可看出,各测孔的绝对位移,边墙为 0. 6 ~ 1. 2cm,顶拱为 0. 5 ~ 0. 8cm,内 30°斜孔大于外 30°斜孔,这些值与地应力分布、洞室高跨比、测压力系数等有关,量测结果符合一般规律。

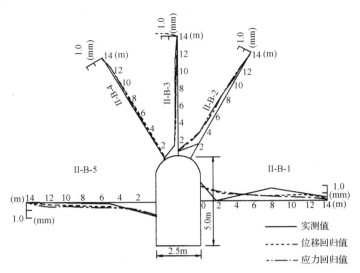

图 7 - 3 - 4　量测和分析的位移比较曲线

围岩收敛量测是用收敛计测量断面上对应测点的相对位移,是比较简单的位移量测方法。通过断面上许多测线,便可近似地计算是点的绝对位移。典型的收敛量测位移值和开挖进尺的关系曲线如图 7 - 3 - 5。由于收敛量测的标点能紧靠掌子面,因而空间效应影响较小(也进行修正)。随着洞室的开挖,围岩表面位移释放,在 1 倍洞高时,位移基本稳定,时间效应不显著,表 7 - 3 - 4 列出 4 个观测断面的收敛计量测最终成果。

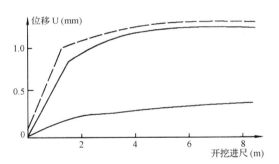

图 7 - 3 - 5　收敛位移与开挖进尺关系曲线

表 7 - 3 - 4　　　　　　　　　　　　　收敛计算的绝对位移值

桩　号 (m)	测　点　值		
	A = E(mm)	B = C(mm)	C(mm)
0 + 21. 00	0. 250	0. 05	0. 33
0 + 22. 45	0. 425	0. 15	0. 725
0 + 25. 18	0. 250	0. 55	0. 478
0 + 27. 50	0. 475	1. 10	0. 05

3 个断面的孔口的位移变化,大致可分三种类型:一是孔口位移最大,位移随孔深有规律的减小,全孔呈压缩型;二是孔口位移最大,全孔位移的总趋势是随孔深增加而减小,而且

都向洞内收敛,全孔呈拉伸型,但数值时有波动;三是全孔位移总的趋势是随孔深增加而减小,数值波动,拉压交替。上述情况的出现,主要与围岩的结构和弱面密切相关。

试验洞的围岩在离洞壁 $0 \sim 2m$ 范围内,岩体大部分是拉伸(收敛),变形较大;超过 $2m$ 以上则出现拉伸或压缩位移,直到 $7.5m$ 以后岩体基本处于稳定状态。这个结果与钻孔声波测试相似。

根据监测和计算分析,预计实际地下厂房围岩顶拱变形约 $10 \sim 20mm$,边墙 $30 \sim 40mm$,岩体综合弹模 $E_0 = 28GPa$,初始地应力场 $\sigma_x = 5.34MPa$;$\sigma_y = 10.0MPa$;$\tau_{xy} = 1.98MPa$。厂房围岩应力均匀,位移小,松动范围不大,适当喷锚,围岩稳定性是有保证的。

(三)施工及运行期监测

通过一系列的研究,并吸收国内外专家的建议,厂房由原选用的钢筋混凝土衬砌改为喷锚支护,见图 7-3-6。在洞室掘进过程中,根据揭露的地质情况及施工期监测,调整喷锚支护参数。

地下厂房布置了多点位移计、锚杆应力计、收敛计、测缝计、钢筋计、渗压计,以及爆破震动、声波等量测。在主厂房布置了 3 个观测断面,I断面在安装间桩号 $0+18m$ 处,为白云质灰岩,构造发育 f_1、f_3 断层通过;II断面在厂房中部 $0+68m$,为角砾状灰质白云岩;上游有 4 个进水管支洞,下游有 4 个母线洞和 4 个尾水洞,此断面边墙最高,地质条件又具有代表性,上、下游边墙上的洞室又多,是整个厂房的关键部位;III断面设在附厂房 $0+115m$ 处,为

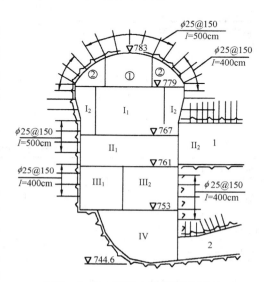

图 7-3-6 喷锚支护及开挖顺序
1—母线洞;2—尾水洞

薄层泥质灰岩,质地软弱,且有一组与厂房边墙近平行的陡倾角节理,对边墙稳定性极为不利。每个断面分主断面和副断面,主断面设 4 点式多点位移计 7 套;副断面设 3 点式锚杆应力计 5 套,其监测内容详见表 7-3-5,仪器布置见图 7-3-7。

表 7-3-5　　　　　　　　　　　　　　鲁布革地下厂房原位监测仪器

序号	监测项目	仪器名称	数量(支)	测点数
1	围岩位移	多点位移计	21	84
2	锚杆轴力	锚杆应力计	14	42
3	内空变位	收敛计	1	
4	岩壁吊车梁与岩壁缝隙	测缝计	2	2
5	吊车梁锚杆受力情况	钢筋计	2	6
6	岩石内部温度变化	电阻温度计	4	4
7	岩石松动范围	声波仪	1	
8	爆破振动	测震仪		
9	相邻洞影响	单点位移计		
10	地下水	渗压计	2	2
11	锚杆抗拉拔力	锚杆拉拔计	1	

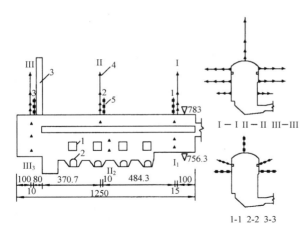

图 7 - 3 - 7　厂房长期观测仪器布置图

1—母线洞;2—尾水洞;3—电梯竖井;
4—钻孔多点位移计;5—锚杆应力计

监测共有 182 个测点,为进行施工期监测,一般每天测读一次,施工期用手动监测人工读数记录,再用微机处理。运行期用电缆联结各测点,集中沿吊车梁走线到仪器间,资料与整理用自动巡检,自动记录,计算及打印,如图 7 - 3 - 8 所示。

从 1985 年 5 月底起直到 1986 年 12 月厂房全部开挖完毕,以及开挖完后所获资料均说明位移及应力都趋于稳定。个别测点虽有变化,但其测值也呈收敛趋势。表 7 - 3 - 6 为观测到的最大值。

表 7 - 3 - 6　　　　　　　　　　围岩最大位移及锚杆最大应力

断　　面	I					II					III				
部　　位	顶拱	拱　座		边　墙		顶拱	拱　座		边　墙		顶拱	拱　座		边　墙	
		上游	下游	上游	下游		上游	下游	上游	下游		上游	下游	上游	下游
位移(mm)	8.5	7.1	4.5	3.1	15.5	8.2	2.8	13.6	6.7	15.8	7.2	14.3	18.9	30.5	23.3
应力(MPa)	37	18	17.2		218	51.7	85.7	312	138	245	77.2	92.2	200	496	140

由于蠕变所产生的时间效应并不显著,故可认为,开挖以后所产生的位移基本上是瞬时弹性变形。开挖所产生的空间效应影响范围为距掌子面 1.5 ~ 2 倍洞径,与模型试验预测结果一致。但应指出的是,在主要洞室边墙上开挖支洞(如母线洞开挖),会引起新的位移和应力变化。如图 7 - 3 - 9 所示,母线洞的开挖不仅引起母线洞本身围岩的应力重分布,而且使地下厂房高边墙的应力重新调整,带来新的位移,构成新的威胁。因此,研究交叉洞室的"空间效应"有着重要的实用价值。

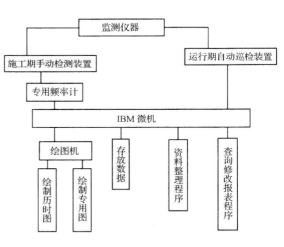

图 7 - 3 - 8　监测及处理框图

(四)监测在施工中的作用

1. 测定断层处理效果

厂房上游边墙与 f_3 断层以 35° 夹角相交,倾角 45°,沿层断面溶蚀严重,顺层面常见扁平状的溶洞,充填有大量的红色黏土夹碎石。在 I 断面处有一个 1.0m × 3.0m 的溶洞,在岩壁吊车梁位置又有一个 0.5m×5.0m 的溶洞，二者有相同的充填物。在这里埋设一套多点位移计，于 10.5m 处穿过 f_3 断层。1985 年 12 月初，当 I 层开挖时，测得断层处向厂房内移动 5mm，表层总位移为 6mm。当 I 层挖完后，对断层作了锚固处理。结果在扩大开挖中仅增加 1mm。至今总位移 7.1mm，边墙总位移才 3.1mm，可见锚固效果很好。

2. 控制围岩有害位移

随着地下厂房的开挖，纵横断面不断扩大，围岩位移不断增加。在 III 观测断面附近开挖 II 层时，且在上下岩体都挖空的情况下，一次爆破进尺 15m，位移猛增至 17.34mm，总位移量

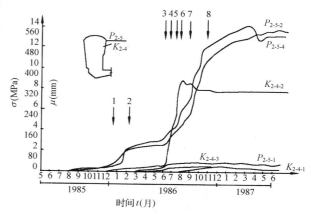

图 7-3-9　地下厂房围岩原位观测曲线图
1—I 层开挖；2—I 层边墙锚喷；3—II 层开挖；4—II 层边墙锚喷；5—母线洞开挖；6—母线洞口锁口并锚喷；7—III 层开挖；8—III 层边墙锚喷；μ—变形（mm）；σ—应力（MPa）；t—时间（月）

已达 30.2mm，同部位的锚杆应力计测得的应力值也由 128.3MPa 增到 450MPa。而后，开挖层虽已停止，位移仍按 2mm/d 的速度增加，锚杆应力以 10MPa/d 增加。观测值的变化，使设计和施工人员极为关注。为此，加速施工，一星期内完成了出渣、处理危石、喷锚，并适当增加了锚杆数量。三天后，位移速率就降为 0.03mm/d，半年后位移速率仅为 0.002mm/d。现在围岩位移和锚杆应力都已稳定，证明支护效果完全可以信赖。

3. 监测资料是事故分析的依据

当厂房高边墙形成时，发现已锚喷过的 4 个母线洞都产生了与边墙约平行的裂缝，愈接近边墙裂缝张开愈大，最宽 3mm，往里逐渐减少，10m 以后就极少了。当时正在开挖 III 层台阶，观测到边墙位移 15mm。上述情况引起了大家的忧虑。设计提出几种处理方案：一是增加母线洞附近长锚杆，但作业点过高，需回填数万立方米石碴后才能施工。二是在母线洞内打斜长锚杆，也尚无合适的打锚杆孔设备。

根据观测资料我们认为，当时围岩变形速率不大，且有收敛趋势，接连数日观测，收敛特征明显（见图 7-3-10）。分析认为，高边墙形成后，在地应力作用下必然有较大的位移。而围岩位移大量是以裂缝（或节理）张开来表征的。如位移停止，裂缝也停止发展。观测资料也证实了这一论点。因此并未采取处理措施，至今裂缝并没有继续发展。

4. 岩壁吊车梁的监测

（A）开挖过程中锚杆轴向应力

1986 年 6 月 20 日，当开挖 0+58m 桩号附近 II 台阶时，吊车梁 II 观测断面上的锚杆轴向应力增大到 100MPa。在这种情况下，边墙上 2 号母线洞用 2m×2m 小导洞开挖，每排炮进尺限在 2m 以内。虽然施工时已如此小心谨慎，但应力仍然以 10MPa/d 的速率递增（见图 7-3-11），不到半月，锚杆应力很快上升到 320MPa。直到母线洞全部锚喷支护后，应力才停止继续增加。

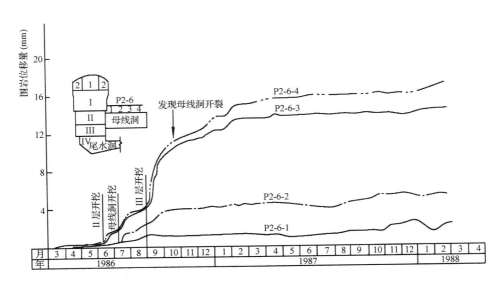

图 7-3-10　母线洞顶多点位移计实测位移历时曲线

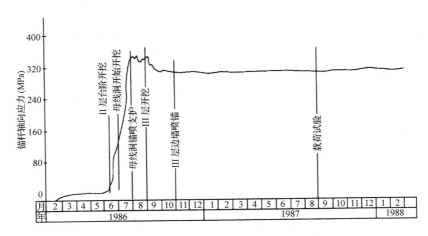

图 7-3-11　Ⅱ断面下游岩壁吊车梁锚杆轴向应力变化过程线

1986 年 6 月中旬至 7 月下旬,在 0+18m 附近边墙修规格时,Ⅰ断面吊车梁上斜锚杆应力从 11.5MPa 升到 322.5MPa;与此同时,吊车梁与围岩之间的测缝计也测到了新张开的裂隙约 0.2mm。Ⅱ台阶喷锚支护后未见发展。

(B) 吊车梁荷载试验

1987 年 8 月 27 日对岩壁吊车梁作了荷载等级为 1200、1600kN 和 1720kN 的承载试验。当荷载为 1720kN 时,测试结果是,每根锚杆上的最大拉力为 60kN 左右,轴向力传递深度为 0.5~0.75m。试验表明,岩壁吊车梁的承载力将超过设计能力。

开挖结束后,围岩处于正常蠕变之中,锚杆轴向力几乎不再增加。个别蠕变稍大,但都呈明显收敛。

根据鲁布革地下厂房工程实践的经验,容许变形量控制在 20~30mm 范围是可行的。至于变形速率用位移速率的变化趋势来判断围岩稳定较为合适,围岩速率单向递增是不稳定的先兆。如围岩位移速率单向递减,则趋于稳定,这种变化趋势,反映厂房围岩真实动态。

经过近几年的运行期监测,围岩已趋于稳定,蠕变位移不明显。通过岩行力学试验,原位模型试洞量测,地下厂房原型观测及其反分析研究,鲁布革地下厂房围岩特性综合比较见表 7-3-7。

表 7-3-7　　　　　　　　　　　　鲁布革地下厂房围岩特性综合比较

内　容	基本参数					洞室位移			反分析结果			
	v	E_0 (GPa)	σ_x (MPa)	σ_y (MPa)	σ_{xy} (MPa)	S(顶拱) (mm)	S(边墙) (mm)	R (m)	E_0 (GPa)	σ_x (MPa)	σ_y (MPa)	τ_{xy} (MPa)
原位测试与预测	0.22~0.27	22~56.4 30 *	7.2	10.8	3.5	8.30~8.4	21.1~23.9					
原位模型试洞量测及反馈分析						0.50~0.8 (10)**	0.60~1.2 (12.5~29.07)**	2	28.0	5.34	10.00	1.98
地下厂房监测及反馈分析						8.20~3.20	15.5~30.5	1.40~4.5	32.5	6.72	10.12	-23***

*　测试建议值。

**　有限元预测主厂房值。

***　剪应力方向,估计受边墙孔洞的影响。

从表 7-3-7 分析,变模的误差为 8.3%~6.7%;应力 σ_x 误差为 25.8%~6.7%;σ_y 为 7.4%~6.8%;τ_{xy} 为 43%~34.3%。可以看出,除剪切因受到岩壁孔洞影响无法考虑外,其余各值比较接近,从地下厂房顶拱及边墙位移比较,用原位模型洞按弹性反分析预测地下厂房的顶拱位移观测值十分接近。综观上述成果,我们可以得到以下认识:

1)通过模型试洞监测,地下厂房施工期监控和运行期观测,可以看出地下洞室开挖释放位移的特点是,释放快、位移小、流变不明显,具有弹性的特征。经各种子段验证,围岩选用的力学参数是合理可行。采用弹性或弹脆性模型比较简单,能反映实际的性态。

2)掌握了施工中围岩的动态发展过程,了解喷锚支护的工作状况,及时反馈设计和施工,修改和调整不合理的支护参数,确保围岩的稳定性,从而杜绝了塌方,保证了工程安全,加快工程进度,为我国大型地下洞室建设采用喷锚技术起到积极的推动作用。

3)监测设计基本合理,仪器选型可靠,埋设方法正确,达到预期目的,仅地下厂房的仪器完好率 95% 以上,实属罕见,并摸索了一套监测技术,取得了大量的监测数据,为丰富地下工程设计理论,开展新奥法施工,保证施工及运行期的安全,提供厂依据和工程实例。

4)本工程的监测成果与计算采用的弹性或弹脆性反分析结果,都有良好的一致性,就某种意义而言,为了做好及时反馈,优化支护,提高管理水平,可以采用简便的计算反分析,以满足现场的需要。

二、二滩水电站地下建筑物安全监测

（一）地下厂房监测系统

二滩水电站地下厂房洞室群布置于左岸，垂直埋深 200~300m，水平埋深 300m。地下主厂房、主变室和尾水调压室平行布置，主厂房与主变室相距 35m，主变室与尾水调压室相距 30m。其尺寸（长×宽×高）：主厂房为 280.29m×25.5m×65.0m，主变室为 199.0m×17.4m×24.9m，尾水调压室 1# 为 92.9m×19.5m×65.3m，2# 为 92.9m×19.5m×65.3m。围岩以正长岩为主，新鲜、完整，局部有绿泥石化玄武岩，主要为 1 组节理，闭合紧密。洞室开挖初期多次发生岩爆，监测仪器主要为多点位移计和锚杆应力计，所有监测仪器将通过集线箱引入监测室进行永久观测。

（二）应力和变形监测

为监测围岩 30m 以内的岩石变形和应力分布情况，多点位移计和锚杆应力计一般成对布置，间距 1m；共安装注浆杆式多点位移计 83 套；锚杆应力计 82 组；防水型多点位移计 12 套；差动电阻式渗压计 12 只；1000kN 级锚索测力器 8 支，详见表 7-3-8 和图 7-3-12~图 7-3-14。

表 7-3-8　　　　　　　　　　　监测仪器安装统计

部 位	断 面	多点位移计（套）	锚杆应力计（组）	锚索测力计（支）	渗压计（支）
主厂房	A-A	3			
	B-B	9	9		
	C-C	9	9	1	
	D-D	9	9		
	E-E	9	9		1
	K-K	7	7		
主变室	B-B	5	5	1	
	C-C	7	7	1	
	D-D	4	4	1	
	E-E	4	4		
尾水调压室	C-C	7	7		3
	D-D	6	6		
	E-E	6	6		
交通洞	A1-A1	3			
尾水管				4	8
总　计		88	82	8	12

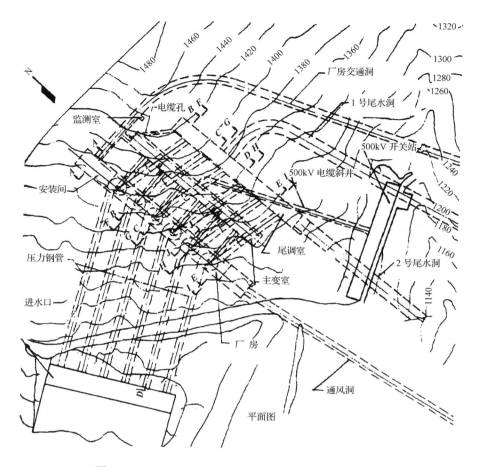

图 7 - 3 - 12　二滩水电站地下厂房安全监测断面布置图

（三）围岩应力监测

为掌握地应力分布情况，1996 年初在厂房上游拱角（桩号 0 + 104m、0 + 105m、0 + 106m，孔深分别为 5m、10m、22m）；1033m 高程和调压室下游边墙底部（桩号 0 + 154m、0 + 156m，孔深分别为 5m、20m），991m 高程共安装了 5 组应变计组；仪器采用 2 单元四分向环式钻孔应变计，即应变计内含 8 个钢环，各钢环互成 45°，共有两组 0°、45°、90°、135° 4 个方向的钢环。测读仪器为国产静态数字式应变仪。观测时间为：安装后 3 天、7 天、15 天、30 天间隔进行。以后按每月 1 次进行；在特殊情况下可加大观测密度。

（四）2# 机蜗壳应力、应变监测

为获得机组在运行过程中钢蜗壳和外围混凝土受力和变形情况，1997 年 11 月在 2# 机蜗壳安装了监测仪器，在 2# 机蜗壳冲水打压的各种工况进行测试，机组运行的头 3 个月将进行观测。分 3 个断面进行观测；项目有蜗壳的钢板应力、外围混凝土及其钢筋的应力、蜗壳钢板与外围混凝土的缝隙及其蜗壳的内水压力。安装的仪器全部为美国新科公司的产品，其中钢板应变计 18 支、钢筋应变计 8 支、埋设式应变计 31 支、测缝计 4 支、水压计 1 支。测读仪器采用 2 台数据采集仪。

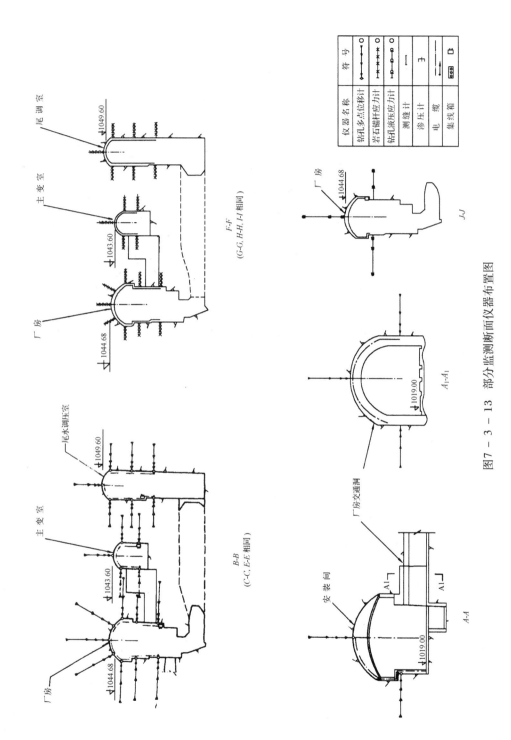

图7－3－13　部分监测断面仪器布置图

仪器名称	符号
钻孔多点位移计	○
岩石锚杆应力计	✱
钻孔液压应力计	○
测缝计	—
渗压计	コ
电缆	←
集线箱	▭

834

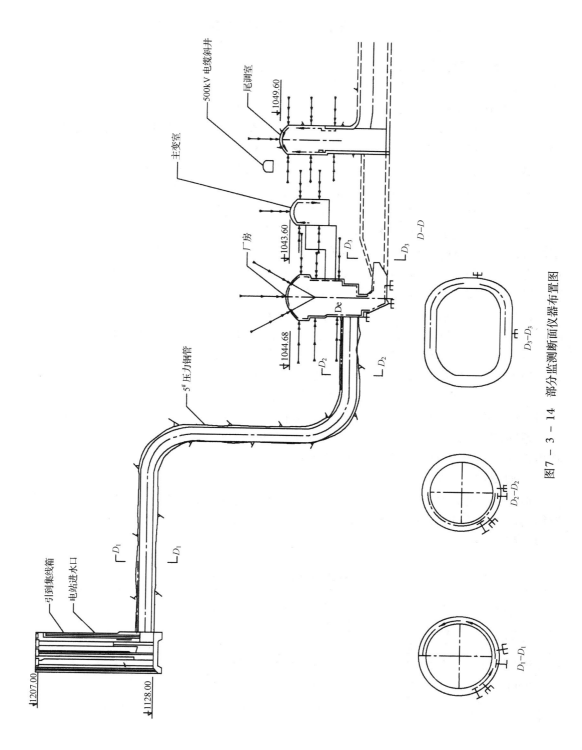

图 7 - 3 - 14　部分监测断面仪器布置图

三、小浪底水电站地下建筑物安全监测设计

（一）地下厂房观测设计

1. 工程概况及地质条件

地下厂房由主厂房、主变室组成。地下厂房长 250.15m，最大开挖跨度 26.2m，总高度 64.39m，主变室长 164m，开挖跨度 15.2m，高 18.3m。厂房纵轴基本近南北方向即 NW355°；主变室与厂房平行布置，两者间岩柱厚度 32m。

地下厂房的位置选在左岸山体灌浆帷幕下游侧，泄水建筑物洞群的北侧，位于左岸"T"型山梁交汇处的腹部。地下厂房南端距 3# 明流洞最小距离约为 22.6m，北端与主排水帷幕最小距离为 14m，满足相邻洞之间厚度和夹泥层允许水力坡降的要求。

厂区地质构造条件简单，未发现有大断层通过，构成围岩的有 $T_{13-1} \sim T_{17-1}$ 岩组地层，地层产状稳定，呈单向倾斜，岩层倾向 SE98°，倾角 9.5°，且有软弱夹层，这对厂房上游侧墙的稳定有一定影响。厂房顶拱边墙置于 T_{14} 岩层中，T_{14} 岩层为本区最坚硬完整的岩石。厂房顶拱以上岩层厚度在 70m 以上，其中主要为软硬相间的砂岩、泥质页岩，软岩层含量在 50% 左右，故对厂房顶拱稳定不利。地应力以自重应力为主，对厂房布置基本无影响。主要地层构造节理有三组，其中一组走向 NE20° 左右，（与厂房轴线呈 25° 夹角，对厂房下游侧墙稳定有影响）倾向 NW，倾角 80° 以上。因此，需要加强观测，以便监视其围岩的稳定。

地下厂房虽然位于本区较好岩层地段，由于小浪底坝址区本身地质条件较差，分水岭单薄，加之地下厂房洞室尺寸大，洞群纵横交错，而且所有洞室全部采用喷锚作为永久支护。虽然设计上作了有限元分析计算，由于边界条件复杂和模拟上的差异，计算成果与实际状态会有差别，为此需要设置仪器设备以监测施工期、运行期洞室的稳定状况，并对洞室的安全作出正确评价，以便及时反馈设计、修正喷锚支护参数。

2. 观测项目

地下厂房观测项目主要有：主厂房、主变室、安装场围岩变形和应力观测设计；岩壁吊车梁结构观测设计；厂房渗流和渗流量观测设计；肘管段结构应力应变观测设计。详见表 7-3-9，图 7-3-15 ~ 图 7-3-21。

表 7-3-9　　　　　　　　小浪底水电站地下建筑物监测仪器汇总

序号	仪器名称	埋设部位	数量（套、支）	序号	仪器名称	埋设部位	数量（套、支）
1	预应力测力计	吊车梁	19	8	静力水准	工作廊道	16
2	锚杆测力计	主厂房、主变室	27	9	引张线		9
3	渗压计	上、下游侧墙	13	10	收敛观测断面	上游侧墙	6
4	测缝计	侧墙吊车梁	40	11	钢筋计	顶部、底部、吊车梁	67
5	水准点	侧墙	7	12	应变计	混凝土内	30
6	量水堰	排水洞	8	13	6 点位移计	观测断面	32
7	无应力计	上、下部	12				

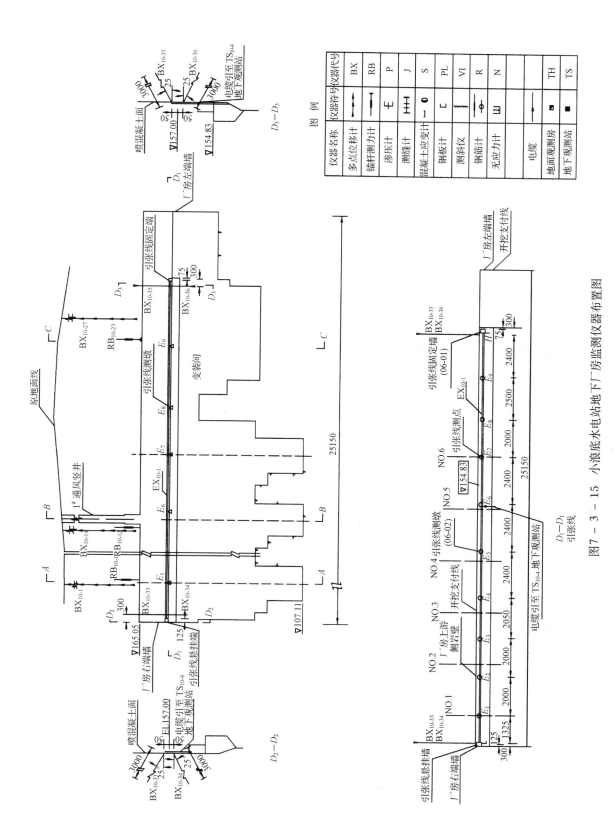

图7-3-15 小浪底水电站地下厂房监测仪器布置图

837

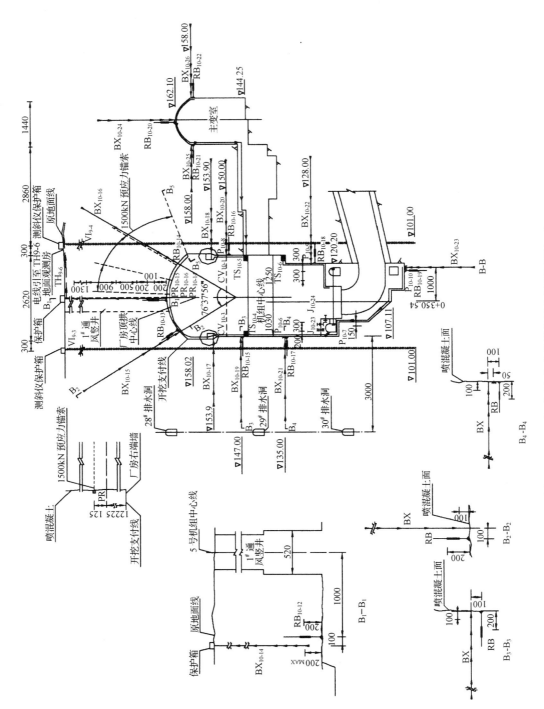

图 7-3-16 地下厂房安全监测仪器布置断面图（一）

838

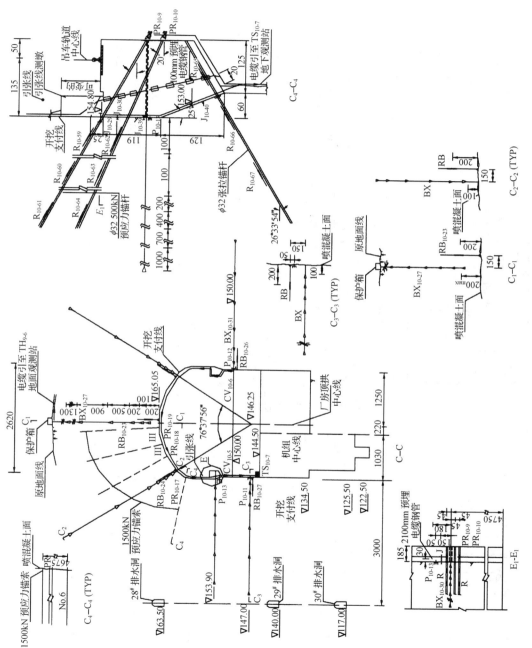

图 7 – 3 – 17　地下厂房安全监测仪器布置断面图 (二)

839

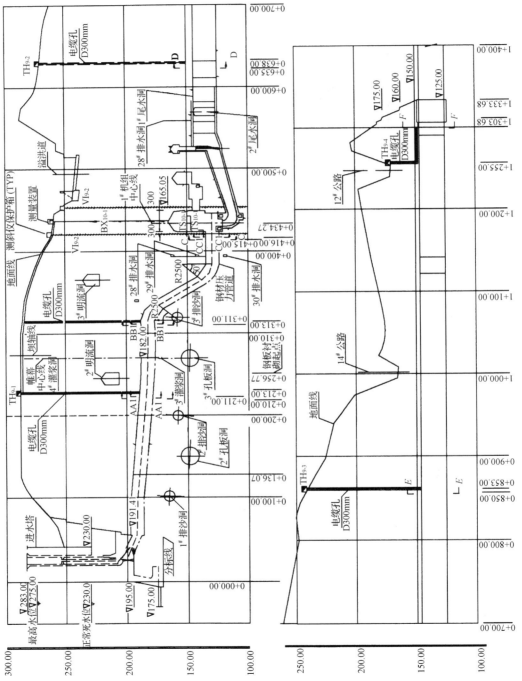

图 7-3-18 小浪底水电站发电、尾水洞监测器布置图

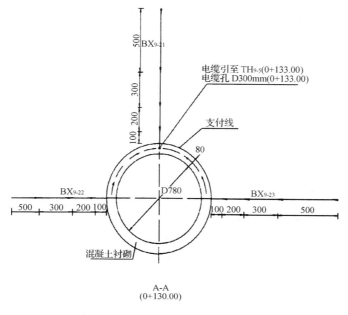

電缆引至 TH₉₋₅(0+133.00)
電缆孔 D300mm(0+133.00)

A-A
(0+130.00)

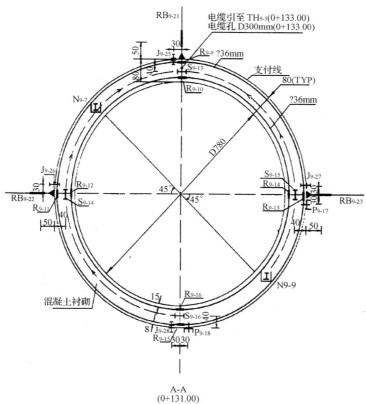

A-A
(0+131.00)

图 7 – 3 – 19　发电洞监测仪器布置断面图(一)

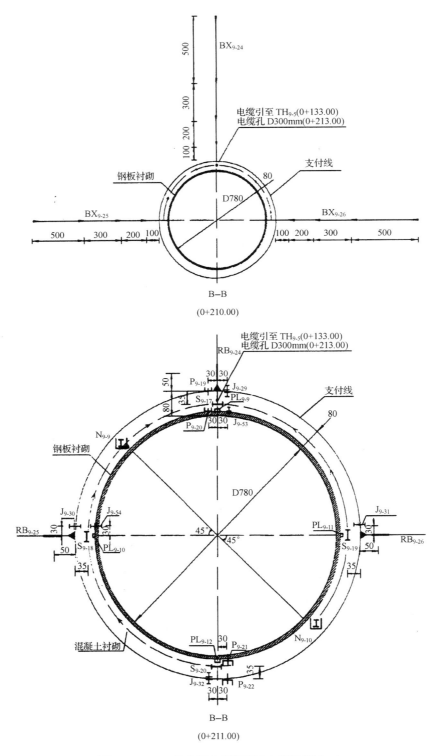

图 7-3-20　发电洞监测仪器布置断面图(二)

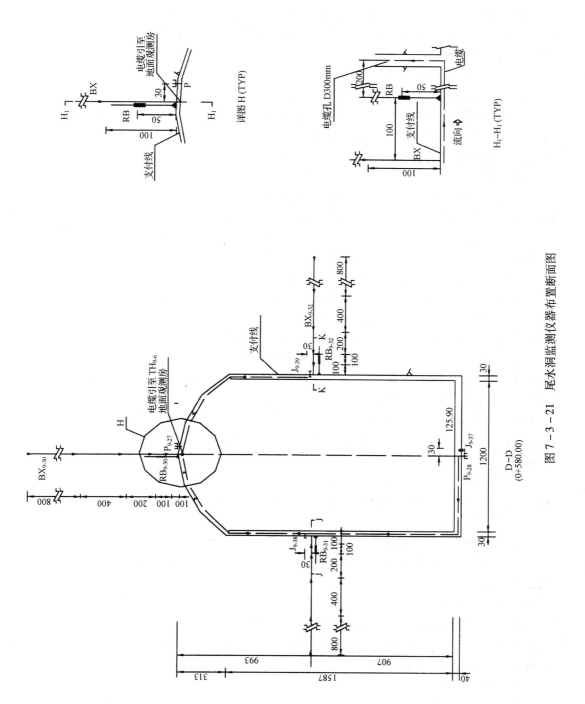

图 7 - 3 - 21　尾水洞监测仪器布置断面图

843

3. 主厂房、主变室、安装场围岩变形和应力观测设计

观测断面共选 3 个横断面,分别位于 1#、5# 机组段和安装间,沿厂房纵轴选择一个观测断面(仪器布置详见岩壁吊车梁观测)。1#、5# 机组段向下游延伸到主变室,构成上、下游对应的观测断面,这些观测断面的位置可根据施工开挖实际情况进行调整。主厂房、主变室围岩变形和应力观测的观测仪器主要采用测斜仪、钻孔多点位移计和收敛计,并采用锚杆测力计和渗压计观测围岩的受力情况。

(A)顶拱围岩变形和应力观测设计

地下厂房、主变室顶拱以上主要为 T_{15} 岩层,且距地表较近,裂隙发育,对顶拱稳定不利,而顶拱的安全稳定对整个施工期和运行期都是极为重要的,故拟在每个观测断面的顶拱设置 5 支多点位移计和锚杆测力计,分别位于顶拱拱中 1 支;两拱脚、1/4 拱跨处各两支,沿径向呈辐射状布置。多点位移计埋设深度为 30m,约大于 1 倍拱跨度。

(B)两边墙围岩变形和应力观测设计

地下厂房的上游侧与六条发电洞(开挖直径 8.5m)相交,下游侧上部有母线洞(6 条 8m×8m),下部有尾水管(6 条),这些交叉洞段,挖空跨度大,周边的岩体因承受着大的集中应力,产生较大的变形,甚至导致岩体失稳,影响地下厂房的安全。尤其是母线廊道与主厂房交叉段,因母线洞顶距厂房顶拱较近,开挖尺寸又较大,不仅影响主厂房边墙稳定,还将使吊车梁岩壁处产生较大的变形,影响吊车安全。

国内外实测资料表明地下洞室的侧墙变形都很大,无论何种岩体,也无论施工期和运行期表现都很明显。本地下厂房虽然岩层倾向平缓,地应力也较小,但由于边墙高,岩体被裂隙切割成块状,且有软泥夹层,因此本地下厂房高边墙倾向变形量列为重点观测项目。

按围岩和夹层产状,上游边墙变形量要大于下游,稳定问题也较下游突出,但由于下游边墙被母线廊道和尾水管挖空,且有一组倾向厂房内裂隙的影响,故下游边墙稳定、变形也很突出。根据上、下游边墙的不同情况在不同的高程各设 3 支多点位移计,即上游布置于高程 153.90m、144.50m、136.00m,下游布置于高程 153.90m、141.00m 和 125.50m。还有与多点位移计相对应的位置锚杆测力计。多点位移计和锚杆测力计均水平向布置,其他仪器的布置同顶拱相似。

在厂房的上、下游围岩布置 4 支测斜仪。上游 2 支分别位于 1#、5# 发电引水洞右侧;下游 2 支分别位于 2#、6# 尾水洞右侧,从基岩面至 105.00m 高程,穿越整个厂房围岩,和多点位移计作对比观测。

(C)洞身净空的收敛变形观测设计

在上述 3 个断面边墙 150.50m 高程处,设有收敛仪锚固点进行洞身净空的收敛观测(人工测读)。

(D)厂房基础沉降观测设计

在厂房两个观测断面 C－C 的基础岩层中设 1 支多点位移计,其埋设深度为 20m,以便通过观测校对设计计算结果。基础廊道采用静力水准配几何水准法,静力水准上下游廊道连通,用几何水准校测其绝对沉降值。

(E)主变室观测设计

主变室开挖跨度 15.2m,高 18.3m,其观测断面为主厂房观测断面的延长,拟定在每个观测断面设 5 支多点位移计和相应的锚杆测力计,其中 3 点分别位于拱中和两拱座,另两点

分别位于上、下游侧墙上。多点位移计孔深按 20m 计,与多点位移计对应的位置布设锚杆测力计。

（F）安装场观测设计

安装场开挖跨度同主厂房,开挖高度较主厂房低,其仪器布置是:顶拱同主厂房即分别于顶拱中部和两拱座各布置 1 支多点位移计;在上游岩壁吊车梁位置 153.9m 高程处布置 1 支多点位移计。上述 4 支仪器打入基岩的深度均为 30m。在上游围岩 144.5m 高程处布置 1 支多点位移计;在下游围岩 158.0m 高程处布置 1 支多点位移计。在与上述多点位移计相对应的位置各布置 1 支锚杆测力计。

4. 岩壁吊车梁结构观测设计

岩壁吊车梁为一悬臂结构,长 1.85m,高 2.43m,总长 219m。由钢筋混凝土浇筑而成,靠 3 排 ϕ32 精轧螺纹钢筋锚固在厂房边墙的倾斜岩石上。支撑两台(2×250t)吊车。吊车梁承担巨大的动荷载,而且又是悬挂于岩壁的悬臂结构,故其稳定、变形需要加强监测。岩壁吊车梁观测项目有:

（A）岩壁吊车梁的变形和应力观测设计

岩壁吊车梁的变形和应力观测采用多点位移计和锚杆测力计进行观测。在厂房和安装间的 3 个剖面的岩壁吊车梁的 3 根岩壁锚杆上各布置 3 支锚杆测力计,以监测岩壁应力应变的分布和变化情况。多点位移计位于第 2 和第 3 排锚杆之间,方向水平(在厂房应力应变节已介绍)。下游岩壁吊车梁仪器布置与上游相同。

（B）混凝土吊车梁与岩壁接缝的开合度观测设计

混凝土吊车梁与岩壁接缝的开合度观测采用测缝计进行观测,每个观测断面共设两点,分别位于吊车梁的中部和中部偏上。下游岩壁吊车梁仪器布置与上游相同。

（C）吊车梁的变位观测设计

沿厂房纵轴的观测断面上(详见观测断面的选取和仪器的布置),在上游岩壁吊车梁上布置双向引张线仪观测吊车梁的水平、垂直方向的变位,每个机组段设 1 个测点,安装场段设 3 个测点,共设 8 个测点。由于引张线为相对变形量测,故两端延伸至岩壁内不动岩体内,采用 4 支单点的位移计打入基岩深度 30m,用来校测引张线的两个端点。

5. 厂房渗流和渗流量观测设计

为了降低地下水对地下洞室围岩稳定的影响,沿地下厂房周围设有排水隧洞,并于厂房基础设有排水系统,以降低基础扬压力。厂区地下水、渗压力观测,与北岸分水岭地下水位、渗流观测配合布置,形成统一的地下水位、渗流观测系统,只是厂区加密布设了渗流测点。为监测厂区地下水位(扬压力)状况,以及排水效果,分别在厂房的两个剖面上下游围岩、上游基础廊道底部、肘管段底部布置渗压计;在安装间的上下游围岩布置渗压计,进行观测整个厂区的渗流分布情况。

为了监测厂房基础的渗流量,要求基础的排渗系统与厂房的工作、生活排水系统分开布置。基础渗流量观测采用在厂房上游的 3 条排水洞内设量水堰的方法进行。

6. 肘管段结构应力应变观测

厂房肘管段属厂房建筑物特殊构件,其特点是:结构形体复杂、受力大、实体为空间厚壁受力构件。在设计计算中作了许多简化和假定,因此需要设置仪器设备,以校核设计计算。

此项观测于 1#、5# 机组段肘管段布置仪器进行。观测项目和仪器布置如下:肘管段也是体形复杂的结构,沿水流方向截取 $d-d$、$e-e$、$f-f$ 3 个剖面布置钢筋计、混凝土应变计、无应力计,同时垂直于剖面方向也布置一定数量的混凝土应变计,以监测肘管段结构的应力应变。

（二）引水发电洞及高压钢管观测设计

1. 工程及地质概况

本工程共有引水发电洞 6 条,均布置在 f_{28} 断层以东,f_{236}、f_{238} 断层以北。组成 6 条发电洞的绝大多数洞段的围岩为 T_{13-1} ~ T_{14} 岩组地层。6 条发电洞中 $1^{\#}$ 引水洞最长,达 414.42m（其中压力钢管段长 170.5m）,6 条引水洞的直径均为 7.8m,帷幕以前的引水洞为钢筋混凝土衬砌,其厚度 80cm,帷幕以后采用钢板衬砌,钢板厚度分 32mm 和 40mm 两段,混凝土衬砌厚度为 60cm。考虑 $1^{\#}$、$6^{\#}$ 洞为边机组引水洞,$5^{\#}$、$6^{\#}$ 引水洞为提前投入运用的机组引水洞,并且在引水发电系统地下洞室分布的范围内,规模最大的断层为 f_{240},它与 $1^{\#}$ 发电引水洞相交,造成一定影响。故选 $1^{\#}$、$5^{\#}$ 引水洞为代表进行观测。

2. 观测项目

本工程观测项目有:洞身沿程外水压力观测;洞身围岩变形和应力观测;隧洞衬砌结构应力应变观测;洞身混凝土衬砌结构和围岩接缝的开合度的观测。

3. 观测断面的选择

$1^{\#}$、$5^{\#}$ 洞分别选取 3 个观测断面,即 $A-A$、$B-B$、$C-C$,其中 $A-A$ 断面位于帷幕前混凝土衬砌的引水洞段,$B-B$、$C-C$ 两断面位于高压钢管段。$B-B$ 剖面为上平直段,$C-C$ 剖面为下平直段,且 $C-C$ 剖面接近厂房高压钢管,系按明埋管设计（即不计围岩影响）。

4. 钢管沿程外水压力观测

钢管沿程外水压力也是发电洞的主要荷载之一,除在北岸山体观测设计中埋设渗压计,观测整个北岸山体的地下水位的分布和变化外,在本设计中发电洞每个观测断面都布设渗压计。其中 $A-A$ 剖面布置 2 支,分别位于洞底和洞身右侧中部,$B-B$、$C-C$ 剖面布置 4 支,分别位于洞底和洞顶高压钢管外的衬砌结构内和围岩内。

5. 洞身围岩变形观测

沿洞身全长选取 3 个横剖面布置多点位移计和锚杆测力计。多点位移计选用 4 点的,沿每个横断面布设 3 支,其深度采用大于 1 倍洞径选为 10m;锚杆测力计与多点位移计位置对应。

6. 隧洞混凝土衬砌及高压钢管衬砌结构的应力应变观测

该项观测采用钢筋计、应变计、无应力计、钢板计,以监测钢筋的应力、混凝土的应力应变、洞壁的渗水压力、钢板的应力等。在 $A-A$ 剖面的衬砌结构内分别选 4 个结构应力特征点布置 $2×4$ 支钢筋计,每个测点的两支钢筋计中间布置 1 支混凝土应变计。这 4 个测点分别位于洞顶、洞底、洞两侧中部,在洞顶和洞身右侧中部与应变计对应位置布置一支无应力计。$B-B$、$C-C$ 剖面的衬砌钢板上布置 4 支钢板计,分别位于洞顶、洞底、洞身两侧中部,监测钢板的应变;在混凝土衬砌结构内与钢板计对应的位置布置混凝土应变计,在洞顶和洞身右侧中部与混凝土应变计对应位置各布置 1 支无应力计,监测钢板外混凝土衬砌结构的应力应变。

7. 洞身混凝土衬砌结构和围岩开合度的观测

在 $A-A$、$B-B$、$C-C$ 3 个剖面的顶部、底部和洞身两侧中部各布置 1 支测缝计,以监测洞身混凝土衬砌结构和围岩的接缝情况。

（三）尾水洞观测设计

尾水洞为 3 条明流洞,其编号分别为 $1^\#$、$3^\#$、$5^\#$,长度 800～900m,其横断面的尺寸为 12m×18m 的城门洞型,采用喷锚作为永久支护。尾水洞尺寸大,组成 3 条尾水洞围岩的为 $T_{14}～T_{17-1}$ 岩组地层,且埋藏较浅,岩体裂隙发育,经比较研究并与发电洞对应观测选取 $1^\#$、$5^\#$尾水洞埋设仪器进行观测。

$1^\#$、$5^\#$的观测断面和观测项目及仪器布置均相同。

1. 观测断面选择

选择了 3 个观测断面,即: $D-D$、$E-E$、$F-F$,其中 $D-D$ 在尾水洞的前部;$F-F$ 位于末端,可配合出口高边坡的监测;$E-E$ 位于尾水洞中部。

2. 观测项目

尾水洞观测项目有:外水压力、围岩变形、混凝土衬砌与岩石接缝开合度。

3. 外水压力观测

外水压力采用渗压计进行观测,$D-D$、$E-E$、$F-F$ 剖面各布置 2 支渗压计,监测外水压力的变化情况。

4. 围岩变形观测

采用多点位移计和锚杆测力计进行观测。其布置为 $D-D$、$E-E$ 剖面顶拱、两边墙各设一支多点位移计,与其对应的位置各设 1 支锚杆测力计。多点位移计的埋设深度顶拱为 20m,边墙为 15m。$F-F$ 剖面共设 5 支多点位移计,其中拱顶 1 支、两拱座各 1 支、两边墙中部各 1 支,与其对应的位置各设 1 支锚杆测力计。多点位移计的埋设深度为顶拱为 20m,边墙为 15m。

5. 混凝土衬砌与岩石接缝开合度观测

采用测缝计观测混凝土衬砌与岩石接缝的开合度。分别在 3 个剖面的拱顶、两侧墙中部、底板中部布置 4 支测缝计,监测洞身不同部位混凝土衬砌与岩石接缝的开合度。

第四节　交通岩石隧道安全监测实例

一、南岭铁路隧道安全监测

（一）工程概况及支护参数

南岭隧道是京广复线上一座双线铁路隧道,全长 6043m,开挖跨度约 12m,高约 9.5m,穿过地层十分复杂,借助新奥法的基本原则,采用控制爆破、喷锚支护和施工监测等技术措施,在软岩中实现机械化大断面开挖和支护,已形成修建软岩隧道工程的一套新技术。在特浅的低洼地段,引用这套技术,取得了较好的效果。

特浅的低洼地段,全长 24m（里程 +919 +943）,原为冲沟沟底,常年流水,覆盖厚 6.5～8.1m,仅为隧道跨度 1/2～2/3。主要岩层是下石炭统大塘测水段煤系砂页岩互层,构造十分发育,邻近洼地段即为一倒转背斜和断层,岩体多小型褶皱和错动,极其破碎,加之地表渗水的长期侵蚀,裂岩风化成土块,砂岩多呈 30cm 的块状,位于隧道部位岩体呈土夹石状,遇水成泥夹石,属铁Ⅱ二类软弱围岩的下限。围岩几乎无自承能力,自稳时间仅 0.5 小时,力学参数 $E_0 = 120MPa, \mu = 0.3, R = 46MPa, \phi = 28, c = 0.06MPa$。经过初期施工经验教训,修改后的加强型支护参数如表 7 - 4 - 1 及图 7 - 4 - 1。

表 7 - 4 - 1　　　　　　　　　　　　加强型支护参数

项　　目			材料及规格	支　护　参　数
初期支护	锚杆	超前	ϕ22 螺纹钢筋	长 3m 间距 20～25cm,向上倾 20°～25°
		径向	ϕ22 螺纹钢筋	长 3m 间距 0.8 交错布置
	钢筋网	一层网	ϕ6～8 钢筋	网格 30cm×30cm 紧跟开挖面
		二层网	ϕ6～8 钢筋	网格 20cm×20cm
	喷层	多次喷射	200# 混凝土	一次喷 5～7cm 喷至 18～20cm
二次支护	衬砌	拱圈	200# 混凝土	由 70cm 增至 90cm 厚
		边墙	200# 混凝土	90cm 厚

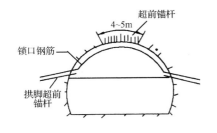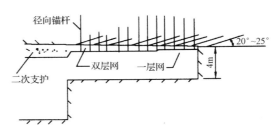

图 7 - 4 - 1　开挖和支护方法示意图

(二) 监测措施及效果

为了确保工程的安全,对施工提出了下列问题:施工方法和决策;施作二次支护时对围岩稳定性的判断;地表竖向锚杆的加固效果检验;设计参数的验证。因此,布设了较完整的监测系统,对围岩和支护进行全面监视和及时地信息反馈。监测共选择了 7 个项目,其中地表 4 项;洞内 3 项,详见表 7 - 4 - 2 及图 7 - 4 - 2。

表 7 - 4 - 2　　　　　　　　　　　　监　测　表

位　置	监　测　项　目	测　试　仪　表	测　点　数　量
地表	地表下沉	普通光学水准仪和水准尺	共 45 个,24m 段内 35 个
	地中相对位移	GST - 80 型三点位移计、百分表	3 组共 9 个测点
	锚杆和应力	钢筋计、比例电桥	3 根共 19 个测点,中间断面上
	围岩应变变化	DI - 10 型小应变计、比例电桥	3 孔,共 9 个测点
洞内	拱顶下沉	普通光学水准仪和钢卷尺	4 个断面,共 12 个测点
	净空收敛	SWJ - 83 型收敛计	4 个断面,水平斜向共 36 条测仪线
	围岩内部相对位移	GSJ - 80 型三点位移计、百分表	8 断面,先后共 16 个

将实测数据绘制各监测指标与时间的散点图(又称时态曲线),并进行回归分析,典型的地表下沉—时间曲线如图 7 - 4 - 3,表 7 - 4 - 3 为地表下沉测点动态曲线回归分析表。

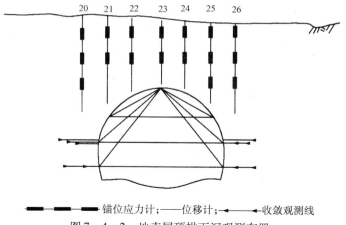

━━━■━━━ 锚位应力计；——位移计；◄—►收敛观测线

图 7-4-2 地表层顶拱下沉观测布置

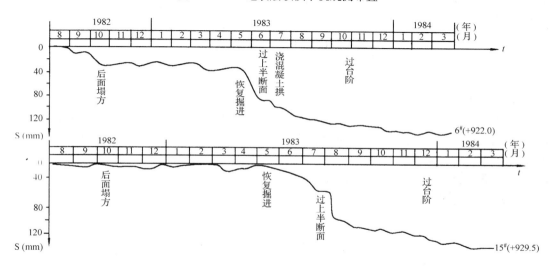

图 7-4-3 隧道中线测点地表下沉与时间关系曲线

表 7-4-3   隧道中线地表下沉测点动态曲线回归分析   下沉单位:mm

测点编号	测点位置	开挖面到达测点前总下沉量	开挖下台阶前总下沉量	二次衬砌施工前的总下沉量	$\mu = t/(a+bt)$		相应参数	回归速度	最终下沉量预估值 U_{max}	围岩基本稳定时间（d）
					a	b				
$6^{\#}$	+922.0	72	138	150	0.5298	0.01586	0.98	7.65	144	70
$11^{\#}$	+925.5	44	97	116	0.5000	0.01511	0.95	6.84	110	82
$15^{\#}$	+929.5	32	104	121	0.5289	0.00837	0.97	7.04	132	131
$23^{\#}$	+931	31	119	131	0.3507	0.00845	0.97	5.82	144	110
$31^{\#}$	+932.5	36	129	142	0.2841	0.00785	0.97	10.46	163	110
D-1	+934	32	144	154	0.2053	0.00680	0.97	10.21	179	118
$35^{\#}$	+935.5	30	134	144	0.1543	0.00865	0.97	4.23	146	84

（三）信息反馈

1. 指导施工方法的决策及实施

当开挖上半断面进入地段 5m 时，停止掘进，设二层网，喷锚后便衬砌拱圈，恢复上半断面的掘进中，发现拱圈外测点 15# 地表下沉时态曲线与拱圈上 6# 测点的性态规律相似，表面拱圈对阻止上部围岩变形的作用不十分明显，且上半断面开挖时，各时态曲线，明显变缓，趋向稳定，因此决定改变下阶段的 11.7m 段暂不设拱，喷锚完成后，继续监测其动态，在以后的 69 天～109 天平均下沉量：地表中线各测点 9～18mm；拱顶 7～13mm；平均下沉速度：地表 0.13～0.18mm/d；拱顶 0.10～0.18mm/d；达到基本稳定限度（$\alpha\mu/\alpha t = 0.10～0.20$mm/d），于是决定取内拱衬顶裂爆破开挖下台阶，此时，趋向发生起伏，地表下沉速率上升到 0.17～0.21mm/d 接近限度，但边墙水平收敛仍处于发展阶段，于是提前施工仰拱，使收敛稳定后，再进行先墙后拱二次支护。

2. 围岩稳定性判断

从回归分析中得出，地表中线各测点下沉速度 $\alpha\mu/\alpha t \approx 0$ 的稳定时间，平均 115 天，即在上半断面开挖后 84～132 天，其余各测点更短，实际上，二次衬砌在上半部开挖后 6～7 个月，下台阶未开挖后 2～3 个月施工，此时围岩均已基本稳定。

3. 地表竖向锚杆加固效果的检查

在洞内径向锚杆的方案中，加设地表竖向砂浆锚杆加固，加固范围厚度 24m 或 15m，交错排列（横向间距 2.5m，纵向间距 1.5m），锚杆 $\phi22$mm 螺纹钢并列插入 $\phi100$mm 的孔内灌浆直到拱外轮廓线。监测结束，锚杆最大拉应力达 289MPa 接近螺纹钢的屈服强度，而与锚杆同部位的多点位移计，仅为其他单独孔多点位移计实例值的 1/6，说明地表竖向锚杆发挥了加固效果。

4. 地表竖向锚杆加固宽度的验证

从地表沉陷槽可看出，当开挖面超前 1.5 倍洞跨时，两侧 7.5m 处各点（20 及 26）下沉了 22mm 及 28mm（沉陷槽Ⅲ），槽的范围涉及到两侧 17～18m 处，但两侧 9.5m 处为主沉陷区，约占总面积的 70%。整个沉陷槽形状大体相似。另外，两侧锚杆在 2.5m 处受力最大，左侧 7.5m 处受压，右侧 7.5m 处受拉，最大拉应力达 23MPa。说明加固宽度在隧道中线的 7.5m，1.5D 范围是适宜的。

5. 回归分析

由地表下沉实测数据的回归分析可看出，当开挖面到监测断面前，地表下沉 20%，上半断面开挖后至下台阶开挖前，地表下沉 60%；下台阶开挖后二次衬砌施工前，地表下沉 8%，二次 12% 的变形，这就说明围岩变形只要发生在上半断面施工阶段，全断面挖成后仅增加 8%，再则二次衬砌只需承受因 12% 的变形所产生的"形变压力"，该压力较小。因此，证明用大断面开挖法代替半断面先拱后墙的施工法的可行性。

二、特殊地质结构公路隧道的监控量测（一）

云南元磨高速公路是昆曼公路的主要路段，该段高速公路穿越连绵不断的哀牢山脉，其所经区域，山高谷深，地形险峻，地质复杂，气候多变。全线长 147.35km，海拔最高处为 2030m，最低处为 470m，相对高差为 1560 m，建设桥梁 445 座，隧道 23 座。在 23 座隧道中，大风垭口隧道是一座特长隧道。

大风垭口隧道,横穿哀牢山主峰,处于全线海拔最高处。主峰两侧,山峦起伏,地势陡峻,沟壑交错,河谷下切。元江和墨江水系,从主峰分道扬镳。元江上游系南溪河,其干流与隧道平行,山间纵横交错的河水,汇入南溪河干流。在元江县一侧山坡,开垦有农田,修筑有两条灌溉渠。隧道两端的进出口,均处在河谷交汇之处,无一平地。

隧道区属上三叠统一碗水组和路马组地层分布区。主干褶皱安定向斜的轴部,从西北端仰起,向东南端延展,幅宽达24km,岩层倾角40°~60°,次级褶皱发育,地层重复,构造重叠、错叠,向斜面支离破碎,残缺不全。

通过地质勘测显示,区内地层一般比较破碎,沿断裂带岩石,常见的有片麻岩、糜棱岩、碎裂岩、挤压角砾岩及岩石破碎带等,并有超基性岩浆岩侵入。断面多倾向北东,局部倾角45°,为压扭性构造。

隧道所经地段内,地质构造以单斜层岩层为主,倾向总体为北东向,局部见有小褶皱发育。由于受到断裂活动影响,隧道区域断层交错,围岩破碎,节理裂隙发育,且地下水补给充足,隧道整体所处的工程水文地质条件较差。

（一）监控量测目的

1）通过监控量测,了解和掌握大风垭口隧道的动态信息,如隧道围岩受力和变形状态等,以判断衬砌结构和围岩是否稳定和安全,进行信息反馈及预测预报,优化施工组织设计,以指导现场安全施工,确定不同地质条件下合理的开挖方法、支护方式、支护时间,为变更设计、修改支护参数、指导施工提供直接信息。

2）通过监控量测数据,反验预设计或动态设计水平,检查施工质量,总结经验,积累资料,供同行借鉴和参考,使云南公路隧道建设水平不断提高,施工技术不断发展。

（二）监控量测项目

特殊地质条件下的复合式衬砌,预设计时通常采取工程类比法,因此,强调现场监控量测,根据量测数据,实施动态反馈设计,及时修改支护参数。

大风垭口隧道地质条件特殊,为了及时判断出围岩稳定状况,保证隧道安全施工,必须经常性对地质和支护状况进行观察,对拱顶下沉、周边收敛、地表沉降进行量测,以判断围岩稳定状况。在隧道施工中,对于复合式衬砌,上述4项观察和量测项目对监控围岩稳定、指导施工,具有非同小可的作用。因此,在施工组织设计中,列入必测项目。

一般地说,隧道的支护结构,伴随着围岩类别而变化。当遇到软弱地层、断层破碎带、溶洞、溶缝,以及地层富水情况,表明地质条件发生重大变化,因此,对这类特殊洞段,选择一些代表性断面,进一步观测围岩内部位移,量测支护结构实际内力状况,以便对已施工的洞段作出评价,对于未施工洞段具有指导意义。这类项目并不是必须量测的项目,而是按照地质条件变化,根据施工需要确定的监控量测项目,通常称为选测项目,如涌水、突泥量测、围岩内部位移、围岩压力、锚杆轴力、钢支撑内力及外力量测等。

在特殊地质条件下,为保持围岩稳定,提高其强度,目前,普遍采用锚杆对围岩进行加固。像大风垭口这样的隧道,锚杆数量是可观的,然而锚杆效果如何,直接左右着隧道永久性稳定。因此,还经常随机的抽测一些项目,例如,检查一些锚杆的抗拉拔的能力,以作为评价隧道工程质量的依据。这类项目称为抽检项目。

大风垭口隧道以上必测、选测、抽检项目具体要求和所用仪器设备,列于表7-4-4。

表 7 - 4 - 4　　　　　　　　　　　大风垭口隧道监控量测项目表

编号	量测项目及类别		仪器设备	要求及目的
1	必测项目	地质和支护状况观察	地质罗盘数码相机	对岩性、岩层产状、结构面、溶洞、断层进行描述,支护结构裂缝观察
2		拱顶下沉	高精度全站仪	监视隧道拱顶下沉,了解断面的变形状态,判断隧道拱顶的稳定性
3		周边收敛	收敛计	根据位移、收敛状况、断面变形状态等量测,对以下项目做出判断: ① 周边围岩体的稳定性; ② 初期支护的设计与施工方法是否妥善; ③ 二次衬砌的浇注时间等
4		地表下沉边坡稳定监测	高精度全站仪	从地表设点观测,根据下沉位移量判定开挖对地表下沉的影响,以确定隧道支护结构。根据边坡变形量判定开挖对边坡变形的影响,以确定边坡加固、隧道支护结构
5		围岩内部位移量测	多点位移计	了解隧道围岩的松弛区、位移量,为准确判断围岩的变形发展提供数据
6		围岩和初衬间接触压力	压力盒、频率计	判断围岩荷载大小,初期支护承担围岩压力情况
7		初衬和二衬间接触压力	压力盒、频率计	判断复合式衬砌中围岩荷载大小,判断初期支护与二次衬砌各自分担围岩压力情况
8	选测项目	钢拱架应力	钢筋应力计、频率计	量测钢拱架应力,推断作用在钢拱架上的压力大小。判断钢拱架尺寸、间距及设置钢拱架的必要性
9		衬砌内力	钢筋应力计、频率计	量测二次衬砌内应力、喷混凝土内轴向应力。了解支护衬砌内的受力状态
10		锚杆轴力量测	钢筋应力计、频率计	根据锚杆所承受的拉力,判断锚杆布置是否合理。了解围岩内部应力的分布情况
11		衬砌裂缝监测	测缝计频率计	监测衬砌裂缝的运动及发展趋势
12	抽检项目	锚杆拉拔力检测	锚杆拉拔计	检查锚杆抗拔能力,检查锚杆砂浆饱满程度

(三) 施工监控量测方法

1. 监控量测的测点布置原则

(A) 监控量测断面布设原则

隧道是一个地下的狭长结构,任何一段洞室都必须是稳定、安全的,否则就会导致全局性瘫痪。对于这样的狭长结构,不可能也无必要对每个断面进行监控量测,因此,隧道监控量测断面的布设应当遵循以下原则:

1) 对于锚喷支护结构,每 10 ~ 50m 量测一个断面。对于洞口、浅埋地段,特别是软弱地层、地质条件差的地段,量测断面应当加密,间距应小于 20m。上述原则可按下列关系描述:

设定洞跨为 B,埋深为 h,当 $2B < h$,量测断面间距为 20 ~ 50m;当 $B < h < 2B$,量测截面间距为 10 ~ 20m;当 $h < B$,量测间距为 5 ~ 10m。

2) 地表下沉测点位置,应与洞内水平收敛和拱部下沉量测点布置在同一横断面上。

3) 施工进深 200m 之前,每 20m 应设置一个量测断面,200m 之后,每 30m 量测一个断面。测点距离开挖面应小于 2m。

4）埋深小于 40m 的 III～I(新 IV～VI) 类围岩,应进行地面沉降观测。

（B）测线和测点布设原则

监控断面上的测线布设与开挖方式密切相关。全断面开挖布设一条水平测线,特殊地质条件下,施做超前支护后,采用全断面开挖,测线布设 3 条或 6 条。短台阶法布设 2 条水平测线,特殊地质条件下,布设 4 或 6 条测线。多台阶法每一台阶布设 1 条水平测线,特殊地质条件下,每台阶布设 3 条测线(图 7-4-4)。

监控断面上的测点布设与开挖方式和测点的性质密切相关。拱顶下沉量测点,一般布置在拱顶中心线上,布置 3 个测点。围岩体内位移量测项目,每个断面可以布设 3～5 个点,位移计安放位置尽量靠近位移量测点;接触压力一般每断面布设 3～7 个测点,且尽量靠近实际锚杆位置(图 7-4-5)。

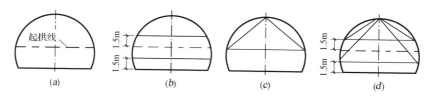

图 7-4-4　净空变形和拱顶下沉测线布设示例

（a）1 条水平测线;（b）2 条水平测线;（c）3 条测线;（d）6 条测线

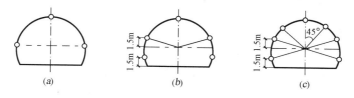

图 7-4-5　选测项目量测仪器布设位置示例

（a）3 个测点;（b）5 个测点;（c）7 个测点

2. 监控量测方法

（A）地质及支护状况观察描述

在每次爆破后,对地质和支护状况进行观测,并对围岩状况、地下水情况、衬砌支护状态进行描述,观察使用地质罗盘、地质锤、钢卷尺、放大镜、秒表、手电、照相机或摄像机等。

（B）拱顶下沉

拱顶下沉量测数据,主要用于确认围岩的稳定性。测点布设方法是在拱顶中心及两侧各 2m 位置(图 7-4-5),用凿岩机钻成 3 孔,然后,将带膨胀管的收敛预埋件敲入,旋紧收敛钩,在挂钩表面缠绕胶带后,安装全站仪反射贴片。反射贴片宜略向下倾斜,以利全站仪对准和观测。拱顶下沉量测采用高精度全站仪进行数据采集。

（C）周边收敛量测

收敛量测是最基本的主要量测项目之一,与拱顶下沉点布置在同一断面。先在测点处用凿岩机在待测部位成孔,然后将带膨胀管的收敛预埋件敲入,尽量使两预埋件轴线在基线方向上,旋紧收敛钩后即可量测(图 7-4-6)。周边收敛量测采用收敛计进行数据采集。

（D）地表下沉

1）基点埋设在隧道开挖纵、横向(3～5)倍洞径外的区域,参照标准水准点埋设方法,埋设 2 个基点, 以便互相校核, 所有基点应和附近水准点联测以取得原始高程 (图 7-4-7)。

2）在测点位置, 开挖成长、宽、深均为 200mm 的坑, 然后, 放入地表测点预埋件 (自制), 测点四周用混凝土填实, 在预埋件顶端安装全站仪反射贴片, 待混凝土固结后即可量测。

3）地表下沉用高精度全站仪进行观测。要求：

a）应在仪器检验合格后, 且测站和标尺无振动时进行观测；

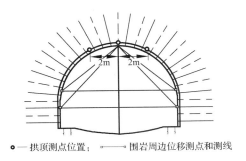

○—拱顶测点位置；——围岩周边位移测点和测线

图 7-4-6　拱顶和周边位移布设图

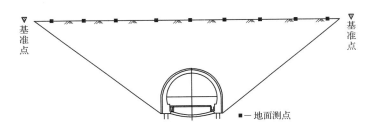

图 7-4-7　地面下沉测点布设图

b）尽量选择在每一天同一时间内进行观测；

c）在气候变化较大时, 需对气压和气温进行校正。观测时坚持四固定原则, 即施测人员固定, 测站位置固定, 测量延续时间固定, 施测顺序固定, 且应每隔 30 天用精密水准测量的方法进行基点与水准点的联测, 其误差不得超过 $\pm 0.5\sqrt{n}$ mm（n 为测站数）。

每次观测结束后可绘制时间—位移与距离—位移图, 对数据进行简要分析。如果曲线正常, 说明位移随施工的进行渐趋稳定；如果出现反常, 出现反弯点, 说明地表下沉出现急骤增加现象, 表明围岩和支护已呈不稳状况, 应立即采取措施。

（E）围岩内部位移监测

围岩内部位移监测有两种方法, 一是在洞室内设点, 二是在地表设点。

（a）洞室内设点（图 7-4-8）

用于监测隧道围岩的径向位移分布和松弛区域范围, 获得决定锚杆长度的判断资料, 隧道每一量测断面布设 3~5 组测点。

量测仪器：多点位移计。使用 4 点钻孔伸长计进行量测。它由 4 个锚头、4 根量测传递杆、一个测筒、4 个传感器和其量测仪器组成。

（b）地表设点

从地表钻孔埋设, 可以在隧道开挖前预埋在设计位置, 因而能测得隧道开挖过程中围岩体内的全过程位移变化。其设点与围岩体内位移监测相同。

（F）围岩与初衬、初衬与二衬间接触压力

使用界面压力盒量测两支护层之间的接触压力。把压力盒布设在围岩与初衬之间, 即测得围岩压力；压力盒布设在初衬与二衬之间, 即测得两层支护间压力（图 7-4-9）。

（1）测点布设　应把测点布设在具有代表性的断面的关键部位上, 如拱顶、拱腰、拱脚、

854

边墙仰拱等,并对各测点逐一进行编号。埋设压力盒时,要使压力盒的受压面向着围岩。在隧道壁面,当所测围岩施加给喷混凝土层的径向压力时,先用水泥砂浆或石膏把压力盒固定在岩面上,再谨慎施作喷混凝土层,不要使喷混凝土与压力盒之间有间隙,保证围岩与压力盒受压面贴紧。记下压力盒型号,并将压力盒编号用透明胶布将写在纸上的编号紧密粘贴在导线上。注意将导线集结成束保护好,避免在洞内被施工所破坏。

（2）量测仪器　采用频率计采集压力盒频率,根据压力盒的频率—压力标定值,将量测数据直接换算成相应的接触压力。

图 7 - 4 - 8　围岩体内部位移测点布设图

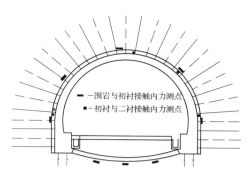

图 7 - 4 - 9　围岩与初衬、初衬与二衬接触内力测点图

（G）钢拱架应力

（a）测点布设

钢格栅的钢筋计分别沿钢架的内外边缘成对布设（图 7 - 4 - 10）。安装前,在钢拱架待测部位并联焊接振弦式钢筋计,在焊接过程中注意对钢筋计淋水降温,然后将钢格栅或钢拱架由工人搬至洞内安装或立好,填写考证表,记下钢筋计型号,并将钢筋计编号用透明胶布将写在纸上的编号紧密粘贴在导线上。注意将导线集结成束保护好,避免在洞内被施工所破坏。

对于型钢拱架,用表面应变计或钢筋应力计量测,与格栅钢拱架的钢筋计量测法相同。

（b）量测

根据钢筋计的频率—轴力标定曲线可将量测数据来直接换算出相应的轴力值,然后根据钢筋混凝土结构有关计算方法可算出钢筋轴力计所在的拱架断面的弯矩,并在隧道横断面上按一定的比例把轴力、弯矩值点画在各钢筋计分布位置,并将各点连接形成隧道钢拱架轴力及弯矩分布图。

（H）衬砌内力

（a）测点布设

在衬砌内外层钢筋中成对布设（图 7 - 4 - 9）。安装前,在主筋待测部位并联焊接振弦式钢筋计,在焊接过程中注意对钢筋计淋水降温,记下钢筋计型号,并将钢筋计编号,用透明胶布将写在纸上的编号紧密粘贴在导线上。注意将导线集结成束保护好,避免在洞内被施工所破坏。

（b）量测

根据钢筋计的频率—轴力标定曲线可将量测数据来直接换算出相应的轴力值,然后根据钢筋混凝土结构有关计算方法可算出钢筋计所在断面的轴力、弯矩,并在隧道横断面上按一定的比例把轴力、弯矩值点画在各钢筋计分布位置,并将各点连接形成隧道轴力及弯矩分布图。

（I）锚杆轴力及锚杆拉拔力试验

（a）锚杆轴力

锚杆轴力测试点布设,见图7-4-11。

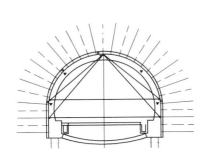
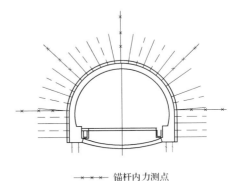

○ 钢支架应力测点；·二衬内力测点　　　　　　　—×—×— 锚杆内力测点

图7-4-10　钢支架和二衬监测点布设图　　　　图7-4-11　锚杆内力监测点布设图

（1）测点安装　安装前,在锚杆待测部位并联焊接振弦式钢筋计,在焊接过程中注意对钢筋计淋水降温,然后将锚杆按设计进行安装和注浆,记下钢筋计型号,并将钢筋计编号,用透明胶布将写在纸上的编号紧密粘贴在导线上。注意将导线集结成束保护好,避免在洞内被施工所破坏。

（2）量测　采用频率计采集钢筋计频率,根据钢筋计的频率—轴力标定曲线,将量测数据直接换算成相应的锚杆轴力。

（b）锚杆拉拔力试验

（1）试验操作程序：

1）使用前,在具有相应资质的实验室对仪器进行标定。

2）测试前,现场加工一块铁（或钢）垫板,中间孔径不小于锚杆直径,一侧带有凹槽,凹槽长、宽及厚度稍大于锚杆垫板的相应尺寸。

3）测试时,将预先加工的垫板放在锚杆垫板上,其带有凹槽的一面朝向岩石墙面。

4）将锚杆拉拔计的接口与待测锚杆的外露端连接紧固。

5）拉拔计百分表归零,然后人工摇动油泵手柄,使油泵压力逐渐升高。

6）油泵压力达到150kN,可停止继续加压,记录锚杆位置及油泵压力值,油泵卸压,如果油泵压力未达到150kN时,锚杆被破坏,则该锚杆可认为安装质量不合格。

7）量测结束,填写锚杆拉拔测试报表,检查核实后,上报主管部门。

锚杆拉拔力最大值根据设计提供值最终确定。

（2）数据计算　根据锚杆拉拔试验的油泵压力与试验标定数据或曲线,即可换算出锚杆拉拔力。

（J）衬砌裂缝监测

（1）测点布设　在待测裂缝左右采用凿岩机钻成2孔,然后在孔内塞入水泥等固结物,按设计要求安装测缝计。也可在裂缝附近进行钢板二维和钢钉一维简易测缝,即在待测裂缝附近安装简易钢板测缝计(自制)或打入水泥钢钉,作为裂缝宽度的测点。

测缝计还可以测角,即用于监测连拱隧道等拱脚和中墙顶的夹角,以确定拱脚和中墙顶相对角度的变化,以确定中墙受力后运动的方向和趋势。

(2)量测 测缝计采用频率计采集,按标定曲线可以直接得到裂缝宽度的变化。钢板二维和钢钉一维简易测缝计可采用数显式游标卡尺直接读数。

(K)边坡稳定性监测

基准测点布设及量测方法,同地表下沉监测方法。数据的简要分析,可绘制时间—位移图,计算边坡竖向位移和矢量位移大小及方向,用于判断边坡变形的趋势和稳定性。

3. 监测频率及监测进度安排

根据《公路隧道施工技术规范》的有规定,围岩周边位移、拱顶下沉、锚杆或锚杆内力及拉拔力、地表下沉、围岩体内位移、围岩压力及两层支护间压力、钢拱架内力、支护、衬砌内力等监测项目的监测频度与监测次数,详见表 7 - 4 - 5。

表 7 - 4 - 5　　　　　　　　各监测项目的监测频度与监测次数

洞内埋设项目	1 ~ 15d	16d ~ 1 个月	1 ~ 3 个月	大于 3 个月	量测次数
埋设项目	$L < 2B$	$2B < L < 5B$	$L > 5B$		
监测频度	1 ~ 2 次/天	1 次/2 天	1 ~ 2 次/周	1 ~ 3 次/月	32 次

注　1. L 开挖面距量测断面的距离,B 隧道开挖宽度。

　　2. 有些监测项目的监测频度与监测次数待开挖宽度确定后再详细确定。

实际测量频率,根据前两次测量情况而定。当观测值相对稳定时,可适当降低观测频率;当达到报警指标或观测值变化速率加快或出现危险事故征兆时,应加密观测。

4. 监测数据分析方法

在复杂多变的隧道施工条件下,如何进行准确的信息反馈与可靠的预测预报是本监控量测试验的主要内容之一。迄今为止,信息反馈与预测预报通过两个途径来实现,即力学分析法和经验法。

5. 大风垭口隧道监控断面布设

根据 JTJ042—94《公路隧道施工技术规范》规定,结合大风垭口隧道具体情况,监控量测断面分 A、B 两种:一是 A 型,系必测项目,布设在隧道进出洞口、围岩类别变化处和地质条件复杂区段。二是 B 型,系选测项目,每一类围岩、进出洞口、地质条件复杂区段等部位,均予以布设。必测项目监测断面的测点布设,详见图 7 - 4 - 12。大风垭口隧道必测项目,上、下行线按预设计,共布设 55 个监控量测断面。

图中说明:围岩初衬系围岩与初期支护之间的接触压力;初衬二衬系初期支护与二次衬砌之间的压力。

6. 工作程序拟定

(A)报警指标

根据 JTJ042—94《公路隧道施工技术规范》规定,结合大风垭口隧道具体工程,隧道周边最大允许相对位移为 0.20% ~ 0.80%。

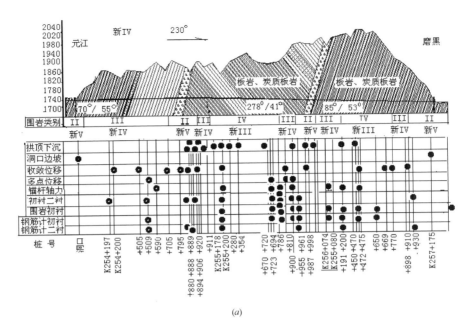

(a)

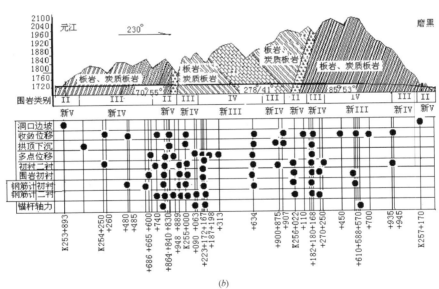

(b)

图 7-4-12 监控量测断面布设示意图

(a) 上行线监控量测断面；(b) 下行线监控量测断面

最大允许相对位移指实测位移值与两测点间距离之比,或拱顶位移实测值与隧道宽度之比,具体数值会同业主、设计、监理、施工确定。

二衬施工时机,应在满足下列要求时进行:

1) 各测试项目的位移速率明显收敛,围岩基本稳定。

2) 已产生的各项位移已达预计总位移量的 80% ~ 90% 。

3) 周边位移速率小于 0.1 ~ 0.2mm/d,或拱顶下沉速率小于 0.07 ~ 0.15mm/d。

监测警戒值也可由设计单位提出,经有关单位认可后执行。

（B）监控量测提交的资料

在隧道施工监控量测过程中提交如下资料：

（a）公文

根据监测资料,对下一阶段的变形情况进行预测,当有危险时,及时向业主及施工方提交监控联系单或专门的计算分析报告,并提出合理化建议。

（b）周报和月报

将每周和每月监测工作的进展、仪器埋设、监测成果图表汇总成表,阶段性的结论、建议汇总成文,并按正规报告格式提交出周报、月报。

（c）总报告

在隧道主体工程完成,以及隧道跟踪监测工作结束后,一个月内提交监测工作移交报告。

（C）监控量测工作要求

为保证量测数据的真实可靠及连续性,特采取以下措施:

1）量测人员相对固定。

2）仪器的管理采用专人使用专人保养,专人检验的方法。

3）量测设备,传感器等各种元器件在使用前均经检查校准合格后方投入使用。

4）在监测过程中,各量测项目必须严格遵守相应的监测项目实施细则。

5）量测数据均经现场检查,室内复核两次检查后方可上报。

6）量测数据的存储计算管理均采用计算机系统进行。

7）各量测项目从设备的管理,使用及量测资料的整理均设专人负责。

（D）监控量测数据处理与分析

特长深埋高速公路隧道,一般情况地质情况复杂、多变,相应的施工困难,事故多发,技术复杂,设计变更频繁。因此,隧道的监控量测工作变得极其重要。

为叙述方便,在本书中对围岩压力、初衬与二衬间压力、钢拱架钢筋受力、二衬钢筋受力、锚杆轴力、混凝土表面应变、拱顶下沉、收敛位移和围岩内部位移数值的符号作了统一的规定:"＋"表示围岩与初衬间、初衬与二衬间受压,钢拱架钢筋、二衬钢筋受拉,锚杆轴向受拉,混凝土表面受拉,拱顶测点下沉,收敛位移增大;"－"则反之。地表沉降量的符号与拱顶下沉的规定相同。

（四）资料分析

1. 收敛位移—时间数据分析

监控量测后期,在对上行线 K255＋146 ～ ＋289 洞段注浆时,布置了 8 个收敛量测断面,分别是 K255＋146、＋160、＋180、＋200、＋220、＋240、＋260、＋278。

从 2004 年 3 月 3 日到 5 月 7 日注浆结束后,K255＋146 断面的最大水平收敛值 2mm,K255＋160 断面的最大水平收敛值 39mm,后者水平收敛值之大,主要是注浆引起的,为此,监测组按规定,及时通报业主及相关方,引起各方密切关注。在注浆结束之后,经月余时间,即 4 月 20 日后收敛已经稳定。K255＋180 断面的水平收敛值为 8mm,该收敛值也偏大,右侧产生了大量裂缝,裂缝最大宽度 1mm,其主要原因也是注浆所故。监控组及时发出信息,通报业主及相关方,待注浆结束之后,也就是 4 月 12 日以后,其收敛值也已经稳定;K255＋200 断面的最大水平收敛值 0.3mm;K255＋220 断面的最大水平收敛值 0.7mm;K255＋240 断面最大水平收敛值 0.5mm;K255＋260 断面的最大水平收敛值 0.8mm;K255＋278 断面的最大水平收敛值 0.8mm。

自该隧道通车之后，监测组共对上行线 K255 + 160、+ 283 断面进行过六次量测。根据测量数据，这两个断面在 2004 年 2 月份已基本稳定。

2. 接触压力数据分析

围岩与初期支护、初期支护与二次衬砌之间的接触压力数据，其具体情况见表 7 - 4 - 6。

表 7 - 4 - 6　　　　　　　大风垭口隧道接触压力历史最大值统计一览表

衬砌类型	监测断面	接触压力历史最大值			变化趋势
		大小（MPa）	出现位置	出现时间（年 - 月 - 日）	
初衬	MS2：K256 + 650	0.05824	拱顶	2003 - 1 - 30	稳定
	MS3：K256 + 470	0.0882	拱顶	2001 - 11 - 6	稳定
	MS4：K256 + 202	0.1219	拱顶左侧	2004 - 5 - 9	稳定
	MS5：K256 + 074	0.2695	拱顶	2002 - 6 - 16	稳定
	MS：K255 + 900	0.1457	拱顶右侧	2004 - 3 - 31	稳定
	MS：K255 + 810	- 0.2773	左边墙	2004 - 3 - 31	稳定
	MS：K255 + 723	0.3506	左边墙上部	2002 - 12 - 9	稳定
	MS：K255 + 720	0.1477	拱顶右侧	2004 - 3 - 31	稳定
	MS：K255 + 694	0.2641	拱顶	2002 - 12 - 11	稳定
	MX3：K256 + 250	0.1296	右边墙	2003 - 9 - 22	稳定
	MX4：K256 + 180	0.2171	左边墙	2003 - 10 - 22	稳定
	MX：K256 + 023	0.1374	拱顶	2002 - 5 - 16	稳定
	MX：K255 + 634	0.1897	右边墙	2003 - 3 - 7	稳定
	YS：K254 + 888	0.0538	仰拱右侧	2003 - 7 - 22	稳定
	YS：K254 + 920	0.1157	拱顶左侧	2003 - 11 - 28	稳定
	YS：K255 + 019	0.1368	拱顶	2003 - 9 - 24	稳定
	YS：K255 + 200	0.0707	拱顶右侧	2003 - 5 - 28	稳定
	YX：K255 + 265	0.3663	拱顶	2003 - 12 - 14	稳定
	YX2：K254 + 665	0.1065	拱顶	2003 - 10 - 18	稳定
	YX3：K254 + 840	0.0805	右边墙	2004 - 2 - 29	稳定
	YX：K254 + 948	0.0739	拱顶右侧	2004 - 2 - 21	稳定
	YX：K255 + 000	0.1509	拱顶右侧	2004 - 3 - 31	稳定
	YX：K255 + 275	0.3411	拱顶	2003 - 12 - 31	稳定
	YX：K255 + 284	0.0063	拱顶	2004 - 4 - 15	有所波动
二衬	MS1：K256 + 925	0.1394	拱顶右侧	2003 - 10 - 5	稳定
	MS：K256 + 310	0.1021	左边墙	2003 - 4 - 15	稳定
	MS4：K256 + 200	0.1194	拱顶右侧	2004 - 3 - 31	有波动
	MS：K256 + 074	0.0770	拱顶右侧	2004 - 3 - 31	基本稳定
	MS：K255 + 900	0.3154	左边墙	2002 - 12 - 25	略有增大
	MS：K255 + 810	0.3109	左边墙	2004 - 5 - 9	增大
	MS：K255 + 723	0.0333	左边墙下部	2004 - 5 - 9	基本稳定
	MS：K255 + 720	0.0276	右边墙上部	2004 - 4 - 23	略有波动
	MS：K255 + 694	0.0661	右边墙	2004 - 4 - 23	略有波动
	MX：K256 + 935	0.6335	左边墙	2004 - 3 - 31	略有波动
	MX：K256 + 270	0.0638	右边墙	2004 - 3 - 31	稳定
	MX：K256 + 182	0.1484	拱顶右侧	2004 - 3 - 31	有波动
	MX：K256 + 023	0.0851	左边墙	2003 - 12 - 23	稳定
	MX：K255 + 634	0.0167	拱顶右侧	2003 - 12 - 29	稳定
	YS1：K254 + 197	0.1017	拱顶	2004 - 3 - 31	略有波动

衬砌类型	监测断面	接触压力历史最大值			变化趋势
		大小(MPa)	出现位置	出现时间（年 - 月 - 日）	
二衬	YS:K254 +509	0.0760	拱顶右侧	2004 - 3 - 12	稳定
	YS:K254 +888	0.4287	拱顶右侧	2003 - 9 - 29	略有波动
	YS:K255 +019	0.1534	拱顶左侧	2003 - 10 - 8	略有波动
	YS:K255 +200	0.2596	拱顶	2003 - 12 - 18	稳定
	YX1:K254 +260	0.0541	左边墙	2004 - 5 - 9	有波动
	YX:K254 +750	0.3010	拱顶右侧	2003 - 9 - 3	基本稳定
	YX:K254 +948	0.5622	右边墙	2003 - 2 - 11	基本稳定
	YX:K254 +840	0.4843	左边墙	2003 - 9 - 24	稳定
	YX:K255 +000	0.4756	拱顶右侧	2004 - 4 - 24	稳定
	YX:K255 +172	0.3606	拱顶右侧	2004 - 2 - 21	稳定
	YX:K255 +265	0.767	左边墙	2004 - 5 - 9	有波动
	YX:K255 +275	0.0572	右边墙	2004 - 5 - 6	稳定
	YX:K255 +284	0.5120	拱顶左侧	2004 - 1 - 11	稳定

注 MS—从磨黑端进洞,上行线桩号;MX—下行线桩号;YS—元江端进洞,上行线桩号;YX—下行线桩号。

从表 7 - 4 - 6 中可以看出:

1)围岩和初衬间接触压力最大值为 0.3506MPa,位于上行线 K255 +723 断面左边墙,出现在 2002 年 12 月 9 日,该断面测值已稳定。

2)初衬和二衬之间的接触压力,最大值为 0.767MPa,在下行线 K255 +265 断面左边墙,该最大值出现在 2004 年 5 月 9 日。其原因与该断面及其附近的注浆有着密切关系,这一点从其他测值也能明确反应,包括埋设仪器测得值和二次衬砌收敛值。

总体上来看,上行线和下行线各断面接触压力在监测结束时基本稳定;但还有个别断面的量测值有所波动,如下行线 K255 +146 ~ +279 区段,其波动原因与近期注浆密切相关。随着 2004 年 5 月 7 日的注浆结束,该区段内的测值也趋于稳定。

3. 拱顶下沉数据分析

隧道拱顶下沉的监测数据,能够较好地反应出围岩状况(包括围岩岩性和扰动状况)、测站的空间位置对隧道变形的影响。对隧道拱顶下沉动态进行监视,可以了解断面的变形状态,判断隧道拱顶的稳定性。大风垭口隧道共布置了 25 个拱顶下沉监测断面,以下列举一些典型拱顶下沉—时间关系曲线,分别进行分析研究。

1)从观测数据来看,拱顶下沉量较大。最大的拱顶下沉量为 101.3mm,系上行线 K255 +280 断面拱顶右侧。其下沉量的原因是该断面位于 K255 +230 ~ +284 断层破碎带内,而且在上行线 K255 +284 处发生了突泥病害。自 2 月 13 日以后,下沉量迅速增大,直至 3 月 9 日下沉量基本稳定,这段时间日平均下沉量为 4.6mm/d;在 5 月 10 ~ 14 日下台阶通过更改断面时,下沉量又有所增大,然后,趋于稳定,如图 7 - 4 - 13。

2)拱顶测点上扬最大值为 29.4mm,位置在下行线 K255 +187 断面左侧 G3 点。在该断面,拱顶和拱顶右侧测点同样是上扬,上扬量 G2 为 20.8mm、G1 为 14.2mm(图 7 - 4 - 14)。该断面拱顶 G1、G2、G3 后又下沉,下至 27mm 左右,后开挖下台阶时上扬,其下沉和上扬不均,表现为受偏压的特征。

3)2002 年 11 月 6 ~ 21 日,当下行线 K255 +634 断面开挖下台阶,发现拱顶出现上扬现

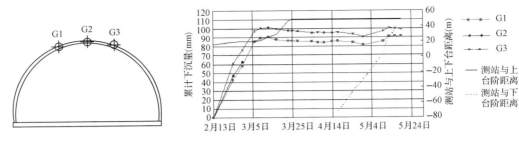

图 7 - 4 - 13 上行线 K255 +280 初期支护拱顶下沉位移—时间曲线

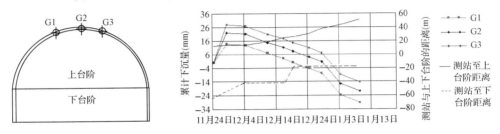

图 7 - 4 - 14 下行线 K255 +187 初期支护拱顶下沉位移—时间曲线

象（13mm），分析为下台阶围岩开挖卸除后,两侧扰动围岩向洞内变形,导致拱顶抬升所致;
11 月 21 ~ 29 日数据基本稳定下来,且又有所沉降,说明两侧围岩的变形已趋于完成(图 7 -
4 - 15)。

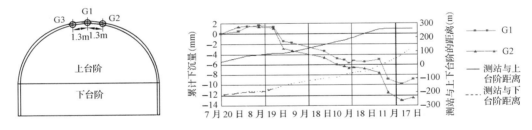

图 7 - 4 - 15 下行线 K255 +634 初期支护拱顶下沉位移—时间曲线

4）上行线 K255 +961 断面,在下台阶经过时,测点出现明显上扬现象,下沉量从
-7.3mm(2002 年 5 月 31 日)变为 -25.8mm(2002 年 6 月 1 日),然后开始下沉,最终
稳定。

5）下行线 K255 +223 断面拱顶右侧测点变化也很大,从 2003 年 3 月 25 日的 1.95mm
增大到 4 月 10 日的 32.75mm,日平均下沉量 1.93mm。该断面处于断层破碎带内,下行线
K255 +152 ~ +165 发生塌方,K255 +283 发生突泥。在断层破碎带内隧道,拱顶下沉很大
的原因主要有两个:一个拱顶处的围岩压力很大;另一个是拱脚处的围岩软弱。

6）上行线 K255 +200 断面拱顶下沉量,在 2002 年 12 月上旬数据变化很大,出现明显
上扬,拱顶左侧测点从 14.3mm(12 月 4 日)降到 2.5mm(12 月 11 日),拱顶测点下沉量从
12.5mm(12 月 4 日)降到 -3mm(12 月 11 日);随后在下台阶经过该断面时,测点又出现
明显下沉,下沉量又分别增大到 6.3mm、3.2mm(12 月 16 日);然后趋于稳定。下台阶施工
对围岩变形有较大影响,为防止围岩过度变形侵入隧道净空或发生失稳塌方事故,建议施工

单位进行专业配合,统一调度,放慢下台阶开挖速度,加快二衬施作,避免二衬和下台阶相距过远。

4. 支护内力数据分析

对支护内力监测数据,详见表7-4-7。

表7-4-7　　　　　　　　　　　　　钢筋计最大受力统计

衬砌类型	监测断面	钢筋计历史最大受力			最近变化趋势
		大小(kN)	发生位置	发生时间(年-月-日)	
初衬	MX1:K256+570	-24.0799	拱顶内侧	2001-07-03	稳定
		6.6673	左边墙外侧	2001-08-22	基本稳定
	MX2:K256+250	-3.1884	左边墙内侧	2002-01-03	基本稳定
		2.6086	右边墙外侧	2002-04-16	略有减小
	MX3:K256+180	-13.9931	拱顶右部内侧	2002-02-28	稳定
		8.8403	拱顶左部内侧	2001-10-18	稳定
	MX:K256+023	-9.9691	拱顶左部内侧	2002-05-21	基本稳定
		3.3175	左边墙内侧	2004-02-11	基本稳定
	MX:K255+634	-1.0274	拱顶左部内侧	2003-01-28	稳定
		9.1215	左边墙外侧	2002-11-08	稳定
	MS2:K256+650	-0.8402	拱顶右部内侧	2001-07-20	略有波动
		4.1219	拱顶右部内侧	2001-06-12	基本稳定
	MS3:K256+470	-2.0408	拱顶内侧	2001-10-24	有波动
		1.9484	拱顶右部内侧	2001-08-19	有波动
	MS4:K256+202	-20.0845	拱顶内侧	2002-03-17	基本稳定
		1.6480	拱顶右部外侧	2002-02-18	稳定
	MS:K256+074	-2.7623	拱顶左部外侧	2002-03-22	基本稳定
		7.4233	左边墙外侧	2004-01-28	趋于稳定
	MS:K255+900	-17.8688	拱顶外侧	2002-06-10	稳定
		10.3840	右边墙内侧	2004-01-15	稳定
	MS:K255+810	-6.0986	拱顶左部内侧	2002-11-08	稳定
		12.0596	拱顶内侧	2004-01-30	趋于稳定
	MS:K255+723	-29.450	拱顶右部内侧	2002-11-16	稳定
		20.5765	左边墙内侧	2003-03-11	稳定
	MS:K255+720	-5.8727	拱顶左部内侧	2002-12-15	略有增大
		2.9762	拱顶右部外侧	2002-07-24	基本稳定
	MS:K255+694	-3.3501	右边墙外侧	2002-12-01	基本稳定
		9.8790	右边墙内侧	2003-04-03	基本稳定
	YS1:K254+520	-2.1322	拱顶内侧	2001-06-19	趋于稳定
		5.6033	拱顶右部外侧	2004-02-21	趋于稳定
	YS:K254+888	-3.1152	仰拱右部内侧	2002-05-22	稳定
		2.3045	仰拱左部外侧	2002-06-26	稳定
	YS:K254+920	-13.1235	拱顶内侧	2002-06-04	稳定
		16.8558	拱顶左部内侧	2002-08-27	稳定
	YS:K255+200	-22.0834	拱顶左部内侧	2003-05-24	缓慢增大
		3.9276	拱顶左部外侧	2002-12-29	略有减小
	YS:K255+019	-11.9025	拱顶外侧	2002-07-14	稳定
		12.4000	拱顶右部内侧	2002-09-28	稳定
	YX1:K254+485	-1.1023	拱顶右部内侧	2001-06-10	有波动
		4.1982	拱顶外侧	2004-02-11	趋于稳定

衬砌类型	监测断面	钢筋计历史最大受力			最近变化趋势
		大小（kN）	发生位置	发生时间（年－月－日）	
初衬	YX2：K254＋660	－1.1187	右边墙外侧	2004－04－24	趋于稳定
		5.6033	拱顶左部外侧	2004－02－11	趋于稳定
	YX3：K254＋830	－2.7726	左边墙外侧	2002－06－10	基本稳定
		5.9064	拱顶右部外侧	2001－11－15	基本稳定
	YX：K254＋948	－13.2385	拱顶外侧	2002－09－28	基本稳定
		5.3064	拱顶右部外侧	2002－04－12	稳定
	YX：K255＋000	－9.076	拱顶外侧	2002－11－05	稳定
		2.745	左边墙外侧	2002－08－23	基本稳定
	YX：K255＋172	－17.760	左边墙内侧	2003－04－26	测点破坏
		6.651	拱顶右部外侧	2002－12－17	测点破坏
	YX：K255＋265	－8.015	拱顶右部外侧	2003－12－26	略有波动
		0.6810	拱顶右部外侧	2003－11－01	趋于稳定
	YX：K255＋275	－1.052	边墙右部外侧	2004－05－03	趋于稳定
		4.501	拱顶左部内侧	2003－12－01	缓慢增大
	YX：K255＋284	－4.991	拱顶内侧	2004－04－27	趋于稳定
		1.721	左边墙内侧	2004－03－17	略有减小
二衬	MS1：K256＋925	－5.641	拱顶内侧	2004－05－09	波动
		1.8061	左边墙内侧	2001－05－08	波动
	MS4：K256＋200	－4.9594	左边墙内侧	2003－01－02	略有波动
		9.6934	右边墙内侧	2002－04－05	基本稳定
	MS5：K256＋074	－2.6554	拱顶左部内侧	2004－03－31	略有波动
		1.6530	拱顶内侧	2004－01－30	基本稳定
	MS：K255＋900	－3.7502	拱顶右部外侧	2004－05－09	略有增大
		4.8214	拱顶左部外侧	2004－05－09	略有增大
	MX：K256＋023	－3.8335	拱顶左部内侧	2003－10－22	略有波动
		3.4610	右边墙外侧	2004－02－11	基本稳定
	MX：K256＋182	－5.2045	右边墙外侧	2002－05－02	稳定
		2.9623	拱顶内侧	2002－04－25	稳定
	YS：K254＋888	－3.2200	拱顶内侧	2002－06－09	略有波动
		3.5450	左边墙外侧	2002－08－03	略有波动
	YS：K254＋510	－5.1977	拱顶外侧	2004－03－12	趋于稳定
		4.8412	拱顶左部外侧	2002－01－11	略有减小
	YS：K255＋019	－5.3021	左边墙内侧	2002－10－08	略有增大
		2.5144	拱顶左部内侧	2002－10－08	略有减小
	YS：K255＋200	－7.8693	拱顶右部外侧	2004－05－09	缓慢增大
		2.1685	右边墙外侧	2003－10－15	增大
	YX3：K254＋830	－4.8263	右边墙内侧	2002－06－20	基本稳定
		5.9249	拱顶外侧	2002－07－04	基本稳定
	YX：K254＋948	－1.0651	左边墙外侧	2003－09－13	趋于稳定
		2.9899	拱顶外侧	2004－02－29	趋于稳定
	YX：K254＋740	－2.3783	左边墙外侧	2001－12－18	略有波动
		1.6144	拱顶外侧	2002－01－17	趋于稳定
	YX：K255＋000	－3.489	左边墙外侧	2003－07－04	略有波动
		1.612	拱顶右部外侧	2003－01－05	略有波动
	YX：K255＋172	－10.2714	左边墙外侧	2004－03－31	趋于稳定
		7.72	拱顶右部外侧	2004－05－09	趋于稳定

衬砌类型	监测断面	钢筋计历史最大受力			最近变化趋势
		大小（kN）	发生位置	发生时间（年 - 月 - 日）	
二 衬	YX：K255 + 265	- 1.021	右边墙内侧	2004 - 03 - 04	稳定
		15.3757	右边墙外侧	2004 - 04 - 26	略有减小
	YX：K255 + 275	- 13.4856	左边墙内侧	2004 - 01 - 26	趋于稳定
		5.1584	拱顶内侧	2004 - 01 - 19	稳定
	YX：K255 + 284	- 5.300	拱顶左部外侧	2004 - 01 - 07	趋于稳定
		5.502	左边墙内侧	2004 - 05 - 09	略有增大

从表 7 - 4 - 7 可以看出：

1）初衬钢筋计最大的受拉荷载值为 20.5765kN，出现在上行线 K255 + 723 断面左边墙内侧，出现时间为 2003 年 3 月 11 日，其后不久受力稳定，该断面其他位置的钢筋计荷载也基本稳定。初衬钢筋计最大的受压荷载为 - 29.450kN，出现在上行线 K255 + 723 断面拱顶右部内侧，出现时间为 2002 年 11 月 16 日，基本稳定。

2）二衬上的钢筋计荷载最大的受拉荷载值为 15.3757kN，在下行线 K255 + 265 断面右边墙外侧处，发生时间为 2004 年 4 月 26 日，变化趋势为缓慢减小。

3）最大受压荷载位于下行线 K255 + 275 断面左侧边墙内侧，其值为 - 13.4856kN，发生时间为 2004 年 1 月 26 日，监测结束时该位置的测点被破坏，但从该断面其他测点判断，变化趋势为基本趋于稳定。

5. 锚杆轴力数据分析

对锚杆轴力监测数据，详见表 7 - 4 - 8。

表 7 - 4 - 8　　　　　大风垭口隧道锚杆轴力历史最大值统计一览表

监测断面	锚杆轴力历史最大值			变化趋势
	发生位置	大小（kN）	出现时间（年 - 月 - 日）	
MS1：K256 + 472	拱顶左侧	0.3068	2004 - 02 - 11	趋于稳定
	拱顶	0.8777	2003 - 11 - 07	稳定
	拱顶右侧	16.6698	2004 - 01 - 30	稳定
MS：K256 + 200	左拱腰	1.2518	2003 - 08 - 22	稳定
	拱顶	- 3.6430	2004 - 05 - 09	略有增大
	右拱腰	1.4026	2004 - 01 - 30	稳定
MS：K256 + 080	左拱腰	1.0969	2004 - 02 - 21	稳定
MS：K255 + 694	左拱腰	1.1414	2004 - 01 - 30	稳定
MS：K255 + 810	左拱腰	0.5776	2004 - 03 - 31	稳定
	拱顶	2.9479	2004 - 01 - 10	稳定
	右边墙	- 3.5941	2004 - 01 - 19	稳定
MX1：K256 + 610	左拱腰	- 1.2739	2002 - 10 - 02	稳定
	拱顶左侧	0.9432	2004 - 02 - 11	稳定
MX：K255 + 634 加宽段	右边墙	1.624	2004 - 02 - 21	稳定
	左边墙	1.3588	2003 - 12 - 17	稳定
YS1：K254 + 590	拱顶左侧	1.4080	2004 - 02 - 11	稳定
	拱顶	0.1807	2003 - 01 - 19	稳定
	拱顶右侧	2.3364	2001 - 06 - 01	稳定
	右边墙	1.6245	2001 - 07 - 22	稳定

监测断面	锚杆轴力历史最大值			变化趋势
	发生位置	大小（kN）	出现时间（年 - 月 - 日）	
YS：K255 + 019	左边墙	0.7326	2004 - 01 - 30	稳定
	拱顶左侧	1.2490	2002 - 06 - 29	稳定
	拱顶右侧	- 2.1586	2002 - 07 - 22	稳定
YS：K255 + 200	右边墙	0.6070	2003 - 01 - 05	稳定
	拱顶右侧	- 0.4633	2003 - 06 - 09	稳定
	左边墙	0.7813	2003 - 12 - 18	稳定
YX3：K254 + 840	拱顶右侧	0.7383	2004 - 02 - 11	波动
YX4：K255 + 063	右边墙	0.9960	2004 - 03 - 31	稳定
	拱顶左侧	0.6233	2004 - 03 - 31	稳定
YX：K255 + 198	左边墙	2.7480	2004 - 04 - 24	波动剧烈（注浆之因）

在大风垭口隧道监测断面中，最大的锚杆轴力为 16.6698kN，位于上行线 K256 + 472 断面拱顶右侧，出现在 2003 年 11 月 7 日 ~ 2004 年 4 月已基本稳定。

1）除下行线 K255 + 198 断面外（该断面也是由于注浆导致锚杆受力有所波动），上、下行线所布设测力锚杆测值都基本稳定。

2）除上行线 K256 + 472 断面，锚杆最大轴力达到近 17kN，其余锚杆受力均没有超过 4kN，一些锚杆受力的绝对值不超过 1kN，说明锚杆的承载安全系数较大。

6. 混凝土表面应变分析

2003 年 10 月下旬，分别在上行线 K255 + 260、K255 + 285、K255 + 298、K255 + 305 等在 4 个断面，布设了混凝土表面应变计，对衬砌混凝土表面应变进行监测。经过半年的观测，从获得的数据显示：

1）在 K255 + 305 断面，测得的应变值一直保持稳定；

2）K255 + 260 断面，布设的 5 个应变计中，其中 4 个测值一直较稳定，只有拱顶右侧的测值一直未能稳定，其应变值为 $- 1.11 \times 10^{-3}$，而且该测值还有继续增大的趋势；

3）K255 + 285 断面，除左边墙位置处应变值从安装之日起变化明显，目前的应变值为 $- 8.3 \times 10^{-4}$，其余测点的测值保持稳定，总体上近段时间的各测点的测值都已稳定；

4）K255 + 298 断面，混凝土表面应变近期变化很小，最大值 1.7×10^{-4}，发生在拱顶右侧。

7. 围岩内部位移分析

围岩内部位移用 DW - 3A 型的多点位移计量测，并与钢筋计和压力盒布置在同一断面上，每一量测断面布设 5 组测点。

大风垭口隧道共布置了 7 个围岩内部位移监测断面。总体上看，围岩内部位移经过初期的变化后，趋于稳定。

下行线 K255 + 090 断面围岩内部位移安装后变化较大，但经过一个月后数据基本稳定，最大相对位移值 2.2mm，量值不大（图 7 - 4 - 16）。

下行线 K255 + 634 断面围岩内部位移安装后变化较大，经过一个月后数据基本稳定。其中拱顶左侧围岩内部位移的方向是向内的，而拱顶右侧围岩内部位移方向恰恰相反是向外的，且右侧位移明显大于左侧位移。

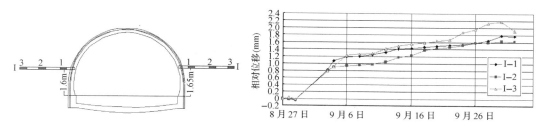

图 7 - 4 - 16　下行线 K255 + 090 多点位移—时间曲线

上行线 K255 + 810 断面,在围岩内部安装的位移计后,量测数据波动变化较大,经过一个月后,数据基本稳定。右侧拱腰 2 号点和 3 号点间的距离基本不变,1 号点和 2 号点的距离则呈波动变化,先是增大,后减小,再增大,最后基本稳定,最大的间距增大了 0.9mm;同时可以看出 1 号点处基本处于受压状态,2 号、3 号点处于受拉状态。左侧拱腰 1 号点显示受压,再变为受拉,2 号点则相反,先受拉,后受压,3 号点基本处于受拉状态。

8. 边坡位移分析

边坡的安全监测,以监测边坡的岩体整体稳定性为主,兼顾监测局部滑动楔体稳定性。为此,监测组采取了以全站仪量测为主,人工巡视、宏观调查为辅的方法,力求仪器量测与人工巡查相结合,做到万无一失。主要工作是,使用全站仪对所布的测点进行长期观测,对所测的数据进行总结、分析,最后准确把握边坡变形的规律,再去指导施工,确保安全。

大风垭口隧道边坡测点的位移值总体较大,而且变化也比较大。最大的位移值出现在磨黑口边坡 P2 测点,最大累计位移值为 350.9mm(2002 年 7 月 29 日),其次是 P6 点,最大累计位移值为 79.5mm(2003 年 1 月 22 日)。这两个测点的沉降也非常大,分别为 39mm(2002 年 7 月 29 日)、16.9mm(2003 年 1 月 22 日)(图 7 - 4 - 17)。

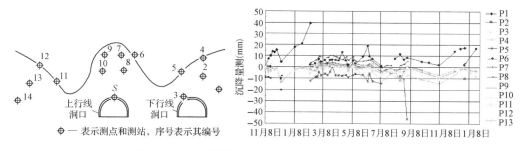

图 7 - 4 - 17　磨黑洞口边坡地面沉降—时间曲线

元江口边坡位移的变化相对较小。最大累计位移值为 P7 点的 91.9mm(2002 年 11 月 20 日),其次是 P6 点,最大累计位移值为 72.4mm(2002 年 11 月 20 日)。最大沉降为 P4 点的 23.3mm(2002 年 11 月 20 日),其次是 P9 点 23.1mm(2002 年 11 月 20 日)(图 7 - 4 - 18)。

(五)特殊地质洞段监控量测实例

监控量测重要目的之一,就是了解隧道围岩的受力、变形状态,判断隧道围岩是否稳定,衬砌结构是否安全,及时进行预测预报,反馈信息,指导现场施工。特别是在特殊地质地段,例如熔岩、断层破碎带施工时,通过监控量测,能够提前预测一些可能发生的意外事故,采取必要的工程措施,以避免造成更大的事故,从而实现隧道安全施工,保证工程质量,提高工程

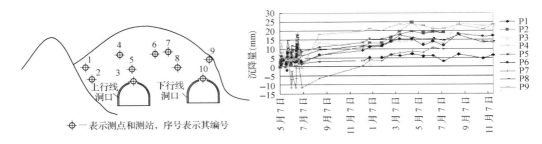

图 7 - 4 - 18　元江洞口边坡地面沉降—时间曲线

的社会、经济效益。大风垭口隧道所经地段,断裂缝隙纵横交错,涌水、多种地质病害并存,监控量测反馈信息,在动态反馈设计中,发挥了重要的作用。

1. 突泥洞段监控量测实例

2003 年 9 月 20 日,下行线 K255 + 283 断面发生了特大泥石流病害,而后相当一段时间内,塌方口正上方及附近的围岩处于应力调整时期,加之地表南溪河的河水仍在不断的向山体内渗入,因此,该洞段的围岩处于不稳定状态,即使发生任何小的坍塌、突泥,如不及时治理,都有可能再次造成大的事故。

2003 年 12 月上旬,下行线坍塌段还未再贯通,掌子面还位于 K255 + 279。在此段,曾先后布置了 4 个收敛观测断面,1 个钢拱架应力监测断面,及围岩与初衬间接触压力、初衬与二衬接触压力观测断面各 1 个(表 7 - 4 - 9)。

表 7 - 4 - 9　　　　　　　　　　　　监测断面布置及监测情况

监测项目	开始时间(年 - 月 - 日)	里　　　程
收敛位移	2003 - 10 - 24	K255 + 267
钢拱架应力	2003 - 11 - 20	K255 + 275
接触压力	2003 - 11 - 20	K255 + 275

(A)钢拱架监测数据分析受力(图 7 - 4 - 19)

从图 7 - 4 - 19 可以看出,在 2003 年 11 月 20 日监测仪器安装后,左拱腰内侧的钢筋计,在 11 月 25 日 ~ 12 月 7 日基本处于较为稳定的受拉状态;从 12 月 8 日开始,直到 9 日下午 6 时,其受力状态由受拉时的 2.8026kN 急剧减小至 - 1.1245kN(受压)。拱顶内侧的钢筋计在安装后,一直不稳定,处于跳跃变化的状态,而从 12 月 1 日开始,其承受的压力开始逐步减小,至 12 月 8 日,所受应力已转为受拉;但是,从 12 月 9 日上、下午两次量测得知,其所承受的拉力开始急剧减小,具体数值从 12 月 8 日下午 6 时的 0.3113kN 变为 12 月 9 日下午 6 时的 - 1.7769kN(压力)。这表明围岩压力正在发生急剧变化,已经对初衬支护产生了影响。

(B)接触压力监控数据分析

从 11 月 22 日起,在下行线 K255 + 275,安装压力盒后,拱顶及左拱腰位置围岩与初期支护的接触压力,开始缓慢增加;11 月 30 日 ~ 12 月 4 日期间基本稳定,其压力值分别为 0.1003、0.0568MPa。但是,在 12 月 5 日上午 9 时的量测中,拱顶及左拱腰位置的接触压力分别增至 0.2248、0.1083 MPa,增幅均在 1 倍左右。其中左拱腰位置的压力持续增加,一直

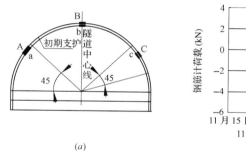
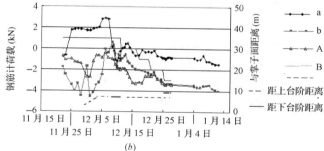

(a)

(b)

图 7 - 4 - 19　下行线 K255 + 275 钢拱架监控量测

（a）断面初衬钢筋计布置图；（b）衬钢筋计应力—时间曲线图

到 12 月 7 日增至 0.1749 MPa（图 7 - 4 - 20）。

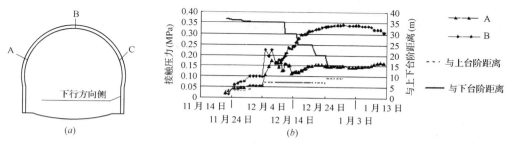

(a)

(b)

图 7 - 4 - 20　下行线 K255 + 275 接触压力监控量测

（a）初期支护与围岩间压力盒布置；（b）初期支护与围岩间接触压力—时间曲线图

（C）收敛位移监控量测

从图 7 - 4 - 21 收敛位移曲线图来看,在二次衬砌浇筑后隧道净空断面一直在缓慢收缩。由于该洞段的围岩极为破碎,二次衬砌浇筑一般紧随初期支护衬之后,因此,收敛变化与围岩的压力逐步增大可能有关;但是,在 12 月 7 日前,其增幅基本稳定。在 12 月 7 日晚 8 时的监控量测中,发现与前一天相比收敛值相比,又有较大幅度增加,AC 与 BC 测线,分别收敛了 0.34mm、0.55mm。

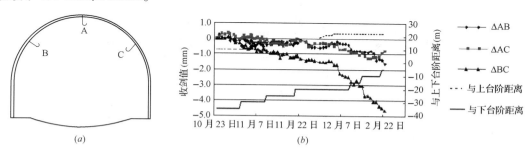

(a)

(b)

图 7 - 4 - 21　下行线 K255 + 267 收敛位移监控量测

（a）上台阶收敛挂钩布置图；（b）上台阶收敛—时间曲线图

（D）突泥病害经过

12 月 5 日监测组发现,围岩压力变化出现异常现象,随即加强了监测频率,每天进行三次进洞量测;12 月 7 日晚,初期支护的钢支架应力开始急剧减小,为此,随即在现场通报施工方,希望在施工中严密监视围岩和支护的变化状态。但是,从 5 日到 7 日这段时间,收敛位移没有大的变化,掌子面附近亦无异常发生。7 日晚,K255 + 267 断面有较大收敛出现;8 日上午,在 K255 + 277 断面,在上台阶左拱腰部位,开始向外涌出黄色泥浆,流量约 0.2L/S。立即向墨江指挥部电话汇报了情况。

指挥部领导接到汇报后,及时赶到现场,组织施工方在 K255 + 275 ~ + 279 段浇筑套拱,并增设 3 ~ 6m 锚杆进行加固。

(E)处理结果及结论

根据现场及监测结果等资料,及时有效的浇筑了套拱,阻止流量尚小的突泥进一步增大;同时,现场决定增设的锚杆,也对围岩起到了加固作用。12 月 9 日起,初期支护的钢支架应力和围岩压力变化开始减缓。至 12 日,掌子面水流已基本变清,应力也基本稳定。

2. 地层中涌水地段监控量测实例

2001 年 8 月,磨墨端下行线开挖中,遇到的岩石为紫红色砂岩,短小节理较发育,从 K256 + 280 开始,砂岩中节理极为发育,岩体破碎,地下水丰富,涌水量较大。鉴于该段岩溶水较为发育,而且,在前几个月的施工过程中,在多处已出现涌水现象。为此,监测组及时提出,开挖时务必注意前方有可能出现的涌水和局部坍塌病害,并要紧随掌子面开挖,并在 K256 + 262 断面布置拱顶下沉观测点及收敛挂钩,见图 7 - 4 - 22 和图 7 - 4 - 23。

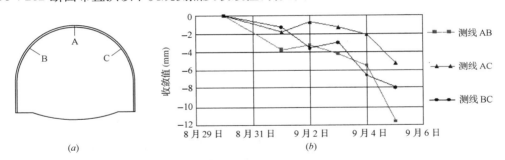

图 7 - 4 - 22 下行线 K256 + 262 断面收敛监控量测

(a)收敛观测点布置;(b)收敛—时间曲线

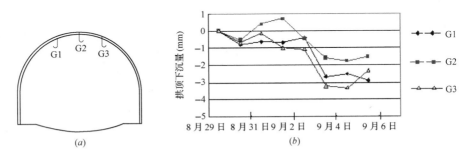

图 7 - 4 - 23 下行线 K256 + 262 断面拱顶下沉监控量测

(a)拱顶下沉测点布置;(b)拱顶下沉—时间曲线

(A)监测数据分析

由于施工干扰,K256 + 262 断面在开挖 4 天后,即 8 月 30 日重新布置了观测点,所以收敛位移及拱顶下沉的绝对值均不大,且在 9 月 3 日前,变化速度较稳定。但是,在 9 月 4 日上午 8 点的观测中,发现收敛值及拱顶下沉值均有较大增加。其中收敛值最大增加了

3.4mm,拱顶下沉最大增加了 2.2mm。同时发现掌子面 K256 + 259 断面拱顶有小股水流涌出。

（B）涌水经过及治理

由于该次涌水十分突然,在监测到有较大变形发生后的不久,掌子面的涌水即越来越大,最大一股涌水射程达 14m 之远,整个掌子面涌水量达每小时 446.4m³。

针对涌水压力大特征,经现场研究确定,采取排、堵结合的方法治理涌水。首先,在掌子面下方钻 2 ~ 3 个孔,将水引入泄水管道排出,从而减小涌水对上半部施工的影响;在涌水点周边注 C.S 浆液堵水,加强初期支护;在涌水地点前后 5m 范围内,注浆固结围岩。在浇筑二次衬砌时,增设一层防水层和若干环向弹簧排水管,将初期支护表面的渗水引至隧道边沟进行排走,从而确保隧道不渗漏水。

3. 裂缝、断层和断层破碎带监控量测实例

（A）裂缝、断层带监测描述

下行线 K255 + 150 ~ K255 + 300 洞段,由于受到了强烈地质构造作用影响,断层、褶皱发育。隧道围岩的岩性,主要是断层角砾岩、断层泥、紫红色风化泥岩、灰黄色膨胀泥岩、黑色中薄层软弱碳质板岩,节理裂隙十分发育,裂隙中充满泥沙,无黏性,围岩被揉搓、错动,严重破碎,为典型的断层破碎带。从 2003 年 1 月 9 日 ~ 9 月 20 日,前后共发生了 5 次不同规模的塌方、突泥及涌水事故。

9 月 20 日特大洞内泥石流发生后,为防止再次发生类似事故,监测组加大了监测力度,每天至少进行两次量测。10 月初,下行线元江端未进行开挖,上台阶掌子面位于 K255 + 264。监测组在此段共布置了两个收敛观测断面,分别位于 K255 + 254、+260。由于空间狭小,在 K255 + 260 断面只布置了一条收敛测线（图 7 - 4 - 24）。

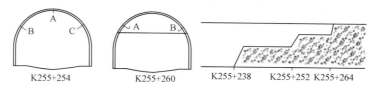

图 7 - 4 - 24　下行线 K255 + 254、+260 断面收敛测线示意图

（B）量测简况数据分析

2003 年 9 月 23 日开始测量,至 28 日早 8 时,这两个断面收敛情况基本稳定。但是,在下午 1 时测量中,监测人员发现 K255 + 254 断面 AB、AC、BC 三根测线收敛值,均有大幅度增加,分别增大了 1.57mm、2.37mm、0.70mm（图 7 - 4 - 25）;K255 + 260 断面的 AB 测线收敛值,由 0.24mm 增大至 1.61mm,增加幅度达 5 倍之多（图 7 - 4 - 26）。尽管收敛绝对值并不大,但考虑到此断面开挖已近 1 个月,而且处于极度破碎的围岩地段,因此,应该引起高度重视。同时,现场监测时发现,此段隧道拱顶滴水也有明显增大迹象。

（C）处理结果

监测组在测量完成之后,立即向隧道建设指挥部作了电话汇报,同时也通报了施工方。指挥部领导随即赶赴现场,在掌子面及附近组织进行抢险加固。主要措施是对掌子面进行封堵,同时在 K255 + 252 ~ K255 + 262 段架立 50 余个工字钢竖向支撑。监测人员现场随时观察围岩变化情况。

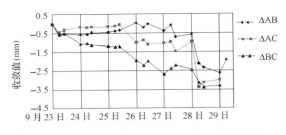 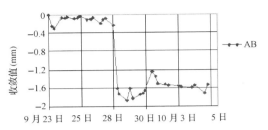

图 7-4-25　下行线 K255+254 断面收敛曲线　　图 7-4-26　下行线 K255+260 断面收敛曲线

整个抢险工作一直进行到下午 7 时。在晚上 8 时进行的观测中,收敛已基本稳定。在随后的一周时间里,直至 B 单元开始开挖,亦无大的收敛发生。

(六)结束语

大风垭口隧道工程,在历时三年多的建设过程中,遭遇到的突泥、涌水、洞内泥石流、岩溶、瓦斯等大小地质病害灾害共计 26 次。因此,对于复杂地质环境下特长隧道的监控量测,也积累了许多宝贵的经验,也有许多深刻的教训。以下是几点认识:

1)在复杂地质条件下,建设特长隧道时,常遇到不少预想不到的地质问题。因此,在隧道建设期间,必须进行动态反馈设计,实施信息化施工。这是一个完整的信息管理体系、灵活的信息化流程,不仅依靠监控量测的反馈来修正设计,还根据地质预报、现场采集的信息源,结合理论分析,对安全性做出量化预测与预报,并进行动态设计,进而调整和确定合理的开挖方法、顺序以及支护方法、参数。

2)通过监控量测信息,获取的围岩和初期支护结构变形信息,是评价二次衬砌的主要信息,是确定其施作时机的主要依据。根据施工观察、现场地质调查、现场监控量测等信息,对各种信息进行综合分析,互相印证,对预设计支护参数的修正和施工方法的改进是不可缺少的过程。

3)特长隧道在施工中,相同的或相近的不良地质情况,可能会重复出现。因此,针对相似的地质条件,设计单位和施工单位可以采用工程类比、力学分析等方法进行设计和施工。

4)在监控量测过程中,对出现的问题,特别是异常现象,应立即口头报警,然后,以公文的方式进行分析,并提出建议,有效地避免了隧道施工中危险事件的发生。建议在类似的工程中,应成立动态监测组,建立更为快捷有效的报警和信息反馈机制,以便尽快地反馈信息并能够有效地指导施工、完善设计。

5)特长隧道在施工过程中,很难避免不发生一些事故。在查明原因综合各方的意见和建议的基础上,事故的处理一定要及时。事故处理完成后,各方都要总结经验教训,以防类似事故以后再次发生。

6)在进行注浆作业中,应严格控制注浆的压力,注意隧道衬砌的异常变化,及时调整注浆的压力。在下行线的注浆作业中,曾出现局部衬砌裂缝,经调整注浆的压力后,衬砌逐步恢复了稳定状态。

7)目前,大风垭口大部分断面是稳定、安全的。但是,由于云南地区特殊的地质特点,地下水十分丰富,且处于动态变化之中,所监测的部分断面的衬砌内力和围岩的压力,并未完全稳定,但是,其变化幅度已经不大,而且量值较小,因此,可以讲是足够安全的。建议两个月左右作一次观测,进行长期监控量测。

8）大风垭口隧道 K255 + 140 ~ + 300 洞段,特别是下行线的该段,仍值得继续给予关注。从目前的监测数据来看,注浆加固后该洞段的受力基本稳定,无明显收敛变形。但是,考虑到施工中曾多次发生遭遇溶洞、涌水、突泥(石)病害,而且,地表南溪河水仍在源源不断渗入山体,从长期的安全角度出发,有必要在一年内 1 ~ 2 个月作一次观测,以后观测频率可减小。

9）从隧道永久稳定出发,建议对涌水洞段的地表径流,继续进行观察,列入日常维修养护工作内容,发现问题及时进行治理,保证水畅通,减少地表水的下渗水量。

三、特殊地质结构公路隧道的监控量测(二)

(一)工程概况

云南元磨高速公路有 23 条隧道,本例为量测为墨江—通关段的 8 座隧道,其中有 5 座隧道为分离的双洞隧道,3 座隧道为连拱隧道,即布陇箐隧道、老苍坡 1 号隧道、老苍坡 2 号隧道、老苍坡 5 号隧道、忠爱桥隧道、芭蕉箐隧道、通关隧道和桥头隧道。这些隧道工程地质、水文地质、施工要求都各具特色。针对不同的工程地质环境,为保证隧道的安全掘进,监测组根据规范、合同和量测大纲的规定认真全面开展现场围岩监控量测工作,主要监测内容如下。

(二)主要监测内容

必测量测项目包括围岩地质和支护描述、地表沉降观测、拱顶下沉量测、周边收敛量测。这类量测是为了确保在施工过程中的围岩稳定和施工安全而进行的常规性量测工作。量测方法简单,量测密度大,量测信息直观可靠,贯穿整个施工过程中,对监视围岩稳定,指导设计和施工有巨大的作用,随着土建施工的完成量测工作亦告结束。

包括围岩内部位移量测、锚杆轴力量测、围岩与喷射混凝土间接触压力量测、喷射混凝土与二次衬砌间接触压力量测、喷射混凝土内应力量测、二次衬砌内应力量测、钢支撑内力量测、衬砌裂缝及表面应力量测。这类量测是必测项目的拓展和补充,对特殊地段、危险地段或有代表性的地段进行量测,以便更深入地掌握围岩稳定状态与支护效果。对未开挖地段提供参考信息,指导未来设计和施工。选测项目安装埋设比较困难,量测项目多、时间长,但工程竣工后可进行长期观测。

监控量测具有很强的实践性,由于隧道内地质环境复杂多变,量测的具体布置需根据现场施工情况调整。

(三)量测手段和方法

1. 地质及支护状况观察

隧道掌子面每次爆破和初喷后通过肉眼观察、地质罗盘和锤击检查,描述和记录围岩的岩层产状、裂隙、溶洞、地下水情况,判断围岩类别是否与设计相符,变化较大时拍摄照片,量测地下水流量,观察支护效果。

2. 拱顶下沉量测

拱顶下沉量测是在隧道开挖毛洞的拱顶及轴线左右各 2m 设 3 个带挂钩的锚桩,测桩埋设深度 30cm,钻孔直径 ϕ42,用快凝水泥或早强锚固剂固定(见图 7 - 4 - 29),测桩头需

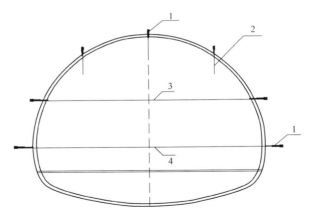

图 7-4-27 单洞隧道必测断面测点布置图

1—锚桩;2—拱顶测点;3—周边收敛测线1;4—周边收敛测线2

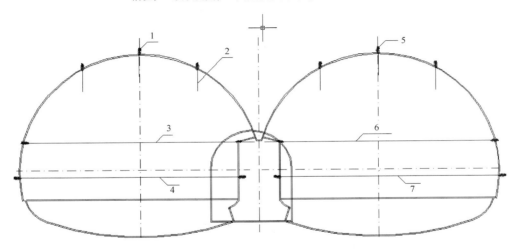

图 7-4-28 连拱隧道必测断面测点布置图

1—锚桩;2—拱顶测点;3—测线1;4—测线2;5—锚桩;6—周边收敛测线1;7—周边收敛测线2

设保护罩。量测仪器为精密水准仪、钢卷尺。为了便于相互验证,选测项目与必测项目量测断面布置在同一断面上。断面的测点布置见图7-4-27、图7-4-28。

3. 隧道围岩周边位移量测

隧道开挖爆破以后,沿隧道周边的拱腰和边墙,在预设点的断面分别埋设测桩(每一断面2组共4根)。测桩埋设深度30cm,钻孔直径$\phi42$,用快凝水泥或早强锚固剂固定(见图7-4-29、图7-4-30),测桩头需设保护罩。量测仪器为钢尺式收敛仪。

4. 地表沉降观测

在洞口浅埋地段的施工过程中,由于隧道埋深较浅,围岩条件较差,地面沉降是经常出现的现象,通过地表沉降观测,了解沉降的发展情况,为施工提供信息,是隧道洞口施工安全,洞口衬砌结构稳定的重要保证。地表量测一般沿轴线方向设3排量测断面,断面间距10~15m,地面测点布置见图7-4-31、图7-4-32。测量放线定位,测点埋水泥桩,使用仪器为精密水准仪、塔尺。隧道开挖距测点前30m处开始量测,开挖超过测点30m、并待沉降稳定以后停止量测。

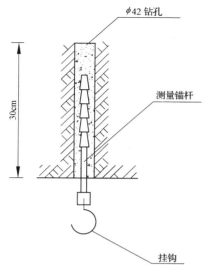

图 7 - 4 - 29 拱顶下沉测桩埋设图

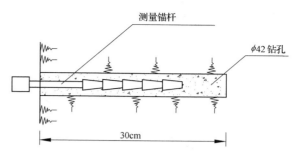

图 7 - 4 - 30 周边收敛测桩埋设图

5. 围岩内部位移量测

沿隧道周边的拱顶、拱腰和边墙打孔深为 3.7 ~5m、孔径 φ50,采用杆式多点位移计量测(测孔安装见图 7 - 4 - 35)。每个量测断面单洞隧道 4 ~5 个孔,一个断面共 20 ~25 测点;连拱隧道 6 个孔,一个断面共 30 个测点。量测断面尽可能靠近掌子面,及时安装,尽早测取初始读数。量测断面

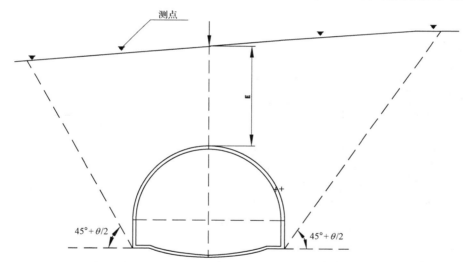

图 7 - 4 - 31 单洞隧道地表下沉量测断面

的测点布置位置、测点编号,量测断面的传感器数量见图 7 - 4 - 33、图 7 - 4 - 34。

6. 锚杆轴力量测

沿隧道周边的拱顶、拱腰和边墙打设深为 3.7 ~5m、直径 φ50 的测孔。本量测项目采用钢筋计量测,每一孔内设 4 个传感器,测孔安装见图 7 - 4 - 36。对于单洞隧道,每个量测断面布设 5 个孔,共 20 个测点;对于连拱隧道,每个量测断面布设 6 个孔,共 24 个测点。量测断面的测点布置位置、测点编号,每量测断面的传感器数量见图 7 - 4 - 33、图 7 - 4 - 34。

7. 喷射混凝土环向应力量测

沿隧道的拱顶、拱腰和边墙在喷射混凝土层内埋设 5 个应变计。围岩初喷以后,在初喷面上将应变计沿断面切向固定,再复喷,将应力计全部覆盖并使应力计居于喷层的中央,传

875

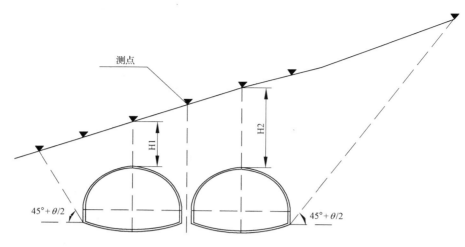

图 7 - 4 - 32　连拱隧道地表下沉量测断面

感器安装见图 7 - 4 - 37。喷射混凝土达到初凝时开始测取读数。量测断面的测点布置位置、测点编号,每量测断面的传感器数量见图 7 - 4 - 33、图 7 - 4 - 34。

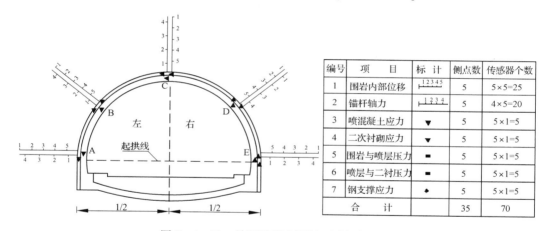

编号	项　　目	标　计	侧点数	传感器个数
1	围岩内部位移	⊢¹²³⁴⁵	5	5×5=25
2	锚杆轴力	⊢¹²³⁴	5	4×5=20
3	喷混凝土应力	▼	5	5×1=5
4	二次衬砌应力	▼	5	5×1=5
5	围岩与喷层压力	▬	5	5×1=5
6	喷层与二衬压力	▬	5	5×1=5
7	钢支撑应力	♣	5	5×1=5
合　　计			35	70

图 7 - 4 - 33　单洞隧道选测断面测点布置图

8. 二次衬砌应力量测

二次衬砌应力量测与喷射混凝土轴向应力量测相同,应力传感器埋设在二次衬砌混凝土内,传感器安装见图 7 - 4 - 38。一个断面 5 个测点。量测断面的测点布置位置、测点编号,每量测断面的传感器数量见图 7 - 4 - 33、图 7 - 4 - 34。

9. 复合式衬砌围岩压力及接触压力量测

沿隧道周边拱顶、拱腰和边墙埋设压力传感器,将双膜钢弦式压力盒分别埋设在围岩与喷射混凝土之间、喷射混凝土与二次衬砌之间。围岩与喷射混凝土之间的压力盒是在喷混凝土施工以前埋设,喷射混凝土与二次衬砌之间的压力盒是在挂防水板之前进行安装,分别测取围岩对喷射混凝土压力;喷射混凝土对二次模注混凝土衬砌的压力,传感器安装见图 7 - 4 - 39、图 7 - 4 - 40。混凝土达到初凝强度以后开始测取读数。每个断面 5 个测点,共 10 个测点。量测断面的测点布置位置与喷射混凝土轴向应力测点布置位置相同;喷射混凝土对二次模注混凝土衬砌的压力、每个断面 5 个测点。量测断面布置在周边位移量测的同一

876

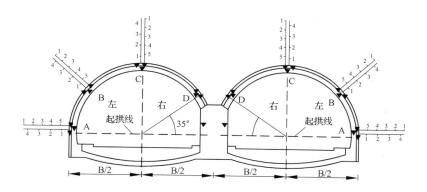

编号	项　　　目	标　计	测点数	传感器个数
1	围岩内部位移	1 2 3 4 5	6	5×6=30
2	锚杆轴力	1 2 3 4	6	4×6=24
3	喷混凝土应力	▼	8	8×1=8
4	二次衬砌应力	▼	10	10×1=10
5	围岩与喷层压力	▬	8	8×1=8
6	喷层与二衬压力	▬	8	8×1=8
7	钢支撑应力	●	8	8×1=8
8	中墙顶压力	▬	2	2×1=8
9	衬砌表面应力	w	8	8×1=8
	合　　　计		64	106

图 7－4－34　连拱隧道选测断面测点布置图

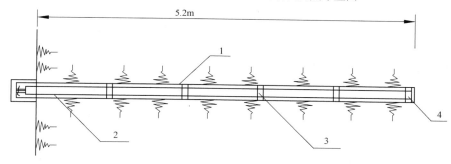

图 7－4－35　多点位移计安装图
1—钻孔 φ52；2—多点位移计；3、4—锚固点

断面上。量测断面的测点布置位置、测点编号,每量测断面的传感器数量见图 7－4－33、图 7－4－34。

10. 型钢支撑和格栅钢支撑应力量测

型钢支撑、格栅支撑应力量测仅限于Ⅱ、Ⅲ类围岩地段,采用仪器为钢筋计。该仪器焊接在钢支撑上,安装完毕即可测取读数。量测断面的测点布置见图 7－4－33、图 7－4－34。

（四）量测频率数据采集

每个断面的量测频率见表 7－4－10,并且要满足工程实际需要。对于采用分部开挖的地段,如正台阶开挖,上半断面开挖与下半断面开挖不在同一时间,当量测断面工作状态发

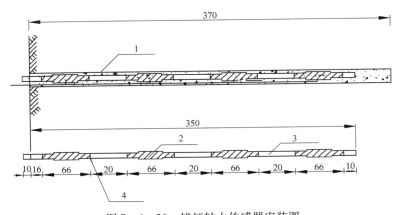

图 7 – 4 – 36　锚杆轴力传感器安装图
1—钻孔 φ50；2—钢筋计；3—φ22 钢筋；4—焊接头（对焊）

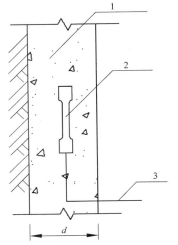

图 7 – 4 – 37　初期支护应力传感器埋设图
1—喷射混凝土；2—应变计；3—引出导线

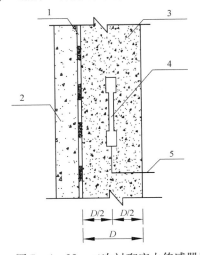

图 7 – 4 – 38　二次衬砌应力传感器埋设图
1—防水层；2—喷射混凝土；3—模注混凝土；4—传感器；5—导线

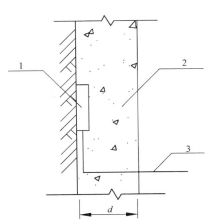

图 7 – 4 – 39　初期支护接触压力传感器埋设图
1—压力盒；2—喷射混凝土；3—引出导线

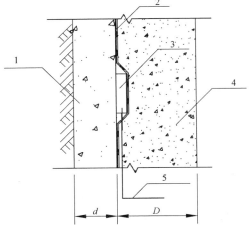

图 7 – 4 – 40　二次衬砌接触压力传感器埋设图
1—喷射混凝土；2—防水层；3—压力盒；4—二次衬砌；5—导线

生改变的前后一个星期之内或距离测点一倍洞跨以内按 1 次/天的频率采集数据。另外，如埋设的测点量测期间遭到破坏，恢复以后按新买测点要求采集读数，这样增加了数据采集的次数和数量，保证数据的可靠性和有效性。

表 7-4-10　　　　　　　　　　　　量 测 频 率 表

序号	项目名称	方法及工具	布　置	量测间隔时间				量测次数
				1～15 天	16 天～1 月	1～3 月	3 个月以后	
1	地质及支护状况观察	围岩地质描述，支护观察，罗盘仪	开挖后及初期支护后进行	每次爆破后进行				
2	周边位移	收敛计	每 5～50m 一个断面，每断面 2～6 对测点	1～2 次/天	1 次/2 天	1～2 次/周	1～3 次/月	57
3	拱顶下沉	精密水准仪、塔尺、钢卷尺	每 5～50m 一个断面每断面 3 个测点；连拱 6 个	1～2 次/天	1 次/2 天	1～2 次/周	1～3 次/月	57
4	地表下沉	精密水准仪、塔尺	每 10～15m 一个断面，每断面 5～11 个测点	开挖面距量测断面前后 <3B 时，1～2 次/天；<5B 时，1 次/2 天；>5B 时，1 次/周				60
5	地质超前预报	地质超前预报仪	每 100～150m 探测一次					
6	围岩内部位移（洞内设点）	杆式多点位移计	每地质围岩变化处设一个断面，每断面 5 个测点；连拱 9 个	1 次/天	1 次/2 天	1～2 次/周	1～3 次/月	57
7	锚杆内力	钢筋计	每地质围岩变化处设一个断面，每断面 5 个测点；连拱 9 个	1 次/天	1 次/2 天	1～2 次/周	1～3 次/月	57
8	喷射混凝土轴向应力	应力计	每地质围岩变化处设一个断面，每断面 5 个测点；连拱 9 个	1 次/天	1 次/2 天	1～2 次/周	1～3 次/月	57
9	二次衬砌应力	应力计	每地质围岩变化处设一个断面，每断面 5 个测点；连拱 9 个	1 次/天	1 次/2 天	1～2 次/周	1～3 次/月	57
10	围岩压力及两层支护间压力	双膜压力盒	每地质围岩变化处设一个断面，每断面 2×5 个测点；连拱 2×9 个	1 次/天	1 次/2 天	1～2 次/周	1～3 次/月	57
11	钢支撑内力	钢筋计	每地质围岩变化处设一个断面，每断面 5 个测点；连拱 9 个	1 次/天	1 次/2 天	1～2 次/周	1～3 次/月	57
12	衬砌表面应力及裂缝量测	手持应变仪	连拱必测项目量测位置、出现裂缝位置	1 次/天	1 次/2 天	1～2 次/周	1～3 次/月	57
13	锚杆抗拔力试验	锚杆拉拔器	300 根一组，每组 3 根	—	—	—	—	
14	地质雷达	地质雷达	每 100m 检测一次，一次检测长度 10m	—	—	—	—	

（五）进场时间及组织机构

量测组于 2001 年 5 月 10 日进驻现场，分别在墨江、通关各设一量测办事处。在布陇箐隧道、老苍坡 1 号隧道、老苍坡 2 号隧道、老苍坡 5 号隧道、忠爱桥隧道、芭蕉箐隧道、通关隧道和桥头隧道共设 8 个监控量测工点，具体见组织机构图 7-4-41。

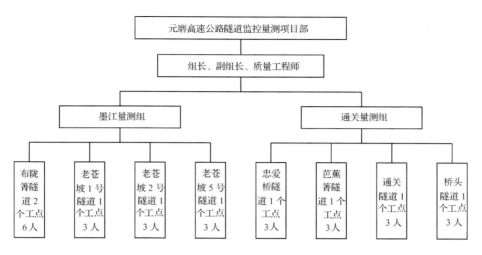

图 7 – 4 – 41　监控量测工点组织机构图

同时进场的交通工具与设备有：三菱吉普越野车 2 辆；DSZ – 2 自动安平精密水准仪 9 台、周边收敛仪 10 台、频率仪 12 台、手持应变仪 1 台、台式电脑 6 台、笔记本电脑 2 部、摄像机 2 部、照相机 1 部、打印机 2 台，扫描仪一台；传感器包括：多点位移计、压力盒、应力计、钢筋计以及相关的工具、导线附件等。

（六）数据管理和数据处理

为了真实、准确、及时地反映施工现场信息，监测组的数据主要经历如下的整理与分析过程为：数据采集→数据传输→数据整理→绘制曲线→输入计算机→生成图表→分析判断→信息反馈。

下面就以布陇箐隧道监控量测为例具体介绍实施过程。

（七）布陇箐隧道

1. 工程概况

布陇箐隧道位于思茅地区墨江县境内，为双洞四车道山岭隧道，下行线全长 1755m，里程桩号为 XK285 + 445 ～ XK287 + 200，最大埋深 241m；上行线全长 1725m，里程桩号为 SK285 + 505 ～ SK287 + 230，最大埋深 249m，两隧道轴线间距二塘桥口约为 62m，磨黑口约为 50m，隧道净宽 10.90m，净高 7.2m。围岩类别为 Ⅱ、Ⅲ 类。

监控量测组驻布陇箐隧道 6 位技术人员于 2001 年 4 月 5 日进驻施工现场开展工作，并于 2002 年 11 月 21 日退场。

2002 年 4 月 2 日该隧道下行线上台阶土石方开挖及初期支护完成，2002 年 4 月 20 日下行线下台阶、仰拱施作完成，2002 年 5 月 10 日下行线二次衬砌施作全部施作完成。

2002 年 6 月 26 日上行线上半部土石开挖及初期支护施作完成，2002 年 7 月 2 日上行线下半部开仰拱施作及边墙施作完成，2002 年 7 月 26 日下行线二次衬砌全部施作完成。

2. 监控量测计划

根据监控量测大纲、合同要求及进场时隧道的工程进展，该隧道计划埋设量测断面 30 个，其中选测项目量测断面 10 个，必测项目量测断面 20 个。

3. 量测过程

（A）断面埋设

由于施工方法对量测断面测点埋设的影响，同一个断面各测点埋设需根据具体的开挖方法及开挖进度确定，各量测断面地质条件及支护措施见表7－4－11，本隧道量测断面的埋设情况如下：

（a）必测项目

1）2001年4月28日，布陇箐隧道元江端地表埋设 SK285＋554、SK285＋565、XK285＋496、XK285＋508 断面共12个地表下沉测点。

2）2001年5月21日，在 XK286＋144 断面埋设拱顶下沉测点3个和周边收敛测点1组。

3）2001年6月13日，在 SK286＋156 断面埋设拱顶下沉测点3个和周边收敛测点1组。

4）2001年6月15日，上行线元江端埋设11个地表下沉测点，6月25日，部分测点和基点被破坏，7月15日重新埋设，9月15日，部分测点和基点又被施工锚索破坏，9月18日又重新埋设。

5）2001年7月26日，在 SK286＋995 断面埋设拱顶下沉测点3个和周边收敛测点1组。

6）2001年7月27日，在 XK286＋766 断面埋设拱顶下沉测点3个和周边收敛测点1组。

7）2001年7月28日，在 XK286＋759 断面埋设拱顶下沉测点3个和周边收敛测点1组。

8）2001年8月12日，在 SK287＋313 断面埋设二次衬砌必测项目：拱顶下沉3个点。

9）2001年8月15日，在 SK287＋272、SK287＋249、SK287＋210 等断面埋设二次衬砌拱顶下沉测点，每个断面3个。

10）2001年8月16日，在 SK286＋949 断面埋设拱顶下沉测点3个和周边收敛测点1组。

11）2001年8月21日，在 XK286＋723 断面埋设拱顶下沉测点3个和周边收敛测点1组。

12）2001年9月21日，在 SK286＋882 断面埋设拱顶下沉测点3个和周边收敛测点1组。

13）2001年9月23日，在 XK286＋268 断面埋设拱顶下沉测点3个和周边收敛测点1组。

14）2001年10月8日，在 XK286＋660 断面埋设拱顶下沉测点3个和周边收敛测点1组。

15）2001年11月6日，在 XK286＋650 断面埋设拱顶下沉测点3个和周边收敛测点1组。本断面埋设4天后，由于二次衬砌施作，所以量测工作结束。

16）2001年11月22日，在 SK286＋752 断面埋设拱顶下沉测点3个和周边收敛测点1组。

17）2001年11月25日，在 XK286＋612 断面埋设拱顶下沉测点3个和周边收敛测点1组。

18）2001年11月28日，在 SK286＋292 断面埋设拱顶下沉测点3个和周边收敛测点1组。

19）2001年11月30日，在 XK286＋295 断面埋设拱顶下沉测点3个和周边收敛测点1组。

20）2001 年 12 月 1 日,在 XK286 + 312 断面埋设拱顶下沉测点 3 个和周边收敛测点 1 组。

21）2001 年 12 月 8 日,在 SK286 + 733 断面埋设拱顶下沉测点 3 个和周边收敛测点 1 组。

22）2001 年 11 月 28 日,在 SK286 + 390 断面埋设拱顶下沉测点 3 个和周边收敛测点 1 组。

23）2002 年 3 月 1 日,在 XK286 + 476 断面埋设拱顶下沉测点 3 个和周边收敛测点 1 组。

24）2002 年 4 月 6 日,在 SK286 + 511 断面埋设拱顶下沉测点 3 个和周边收敛测点 1 组。

25）2002 年 5 月 8 日,在 SK286 + 459 断面埋设拱顶下沉测点 3 个和周边收敛测点 1 组。

26）2002 年 7 月 30 日,在 XK286 + 264 和 XK286 + 281 两断面分别埋设拱顶下沉测点 3 个和周边收敛测点 1 组。

（b）选测项目(每个选测项目断面位置同时埋设了一个必测项目断面)

1）2001 年 4 月 27 日在 XK286 + 078 断面两侧拱脚、两侧拱腰和拱顶埋设钢筋计、围岩与喷射混凝土间压力盒、喷射混凝土内应变计各 5 个,埋设拱顶下沉测点 3 个和周边收敛测点 1 组。5 月 5 日和 5 月 7 日埋设锚杆轴力计和围岩内部位移计各 4 套。2001 年 9 月 19 日埋设该断面喷射混凝土与二次衬砌间压力盒和二次衬砌内应变计各 5 个。

2）2001 年 5 月 6 日在 SK286 + 123 断面两侧拱脚、两侧拱腰和拱顶埋设钢筋计、围岩与喷射混凝土间压力盒、喷射混凝土内应变计各 5 个,埋设拱顶下沉测点 3 个和周边收敛测点 1 组。5 月 12 日埋设锚杆轴力计和围岩内部位移计各 4 套。2001 年 11 月 1 日埋设该断面喷射混凝土与二次衬砌间压力盒和二次衬砌内应变计各 5 个。

3）2001 年 5 月 16 日在 SK286 + 979.5 断面两侧拱脚、两侧拱腰和拱顶埋设钢筋计、围岩与喷射混凝土间压力、盒喷射混凝土内应变计各 5 个,埋设拱顶下沉测点 3 个和周边收敛测点 1 组。5 月 25 日埋设锚杆轴力计和围岩内部位移计各 4 套。2001 年 7 月 2 日埋设该断面喷射混凝土与二次衬砌间压力盒和二次衬砌内变计各 5 个。

4）2001 年 5 月 15 日在 XK286 + 848 断面两侧拱脚、两侧拱腰和拱顶埋设钢筋计、围岩与喷射混凝土间压力盒、喷射混凝土内应变计各 5 个。埋设拱顶下沉测点 3 个和周边收敛测点 1 组。2001 年 6 月 4 日埋设该断面喷射混凝土与二次衬砌间压力盒和二次衬砌内应变计各 5 个。

5）2001 年 6 月 21 日在 XK286 + 205 断面两侧拱脚、两侧拱腰和拱顶埋设钢筋计、围岩与喷射混凝土间压力盒、喷射混凝土内应变计各 5 个,埋设拱顶下沉测点 3 个和周边收敛测点 1 组。7 月 23 日埋设锚杆轴力计和围岩内部位移计各 4 套。2001 年 8 月 12 日埋设该断面喷射混凝土与二次衬砌间压力盒和二次衬砌内应变计各 5 个。

6）2001 年 8 月 16 日在 SK286 + 235 断面两侧拱脚、两侧拱腰和拱顶埋设钢筋计、围岩与喷射混凝土间压力盒、喷射混凝土内应变计各 5 个,埋设拱顶下沉测点 3 个和周边收敛测点 1 组。8 月 19 日埋设锚杆轴力计和围岩内部位移计各 4 套。2002 年 2 月 15 日埋设该断面喷射混凝土与二次衬砌间压力盒和二次衬砌内应变计各 5 个。

7）2001 年 10 月 5 日在 SK286 + 810 断面两侧拱脚、两侧拱腰和拱顶埋设钢筋计、围岩与喷射混凝土间压力盒、喷射混凝土内应变计各 5 个，埋设拱顶下沉测点 3 个和周边收敛测点 1 组。10 月 17 日埋设锚杆轴力计和围岩内部位移计各 4 套。2001 年 11 月 17 日埋设该断面喷射混凝土与二次衬砌间压力盒和二次衬砌内应变计各 5 个。

表 7 - 4 - 11　　　　　　　　　各量测断面地质条件及支护措施表

线路	桩 号	围岩类别	埋深（m）	支护措施	围岩地质条件
	XK286 + 078	III 类	140	型钢支撑，钢纤维喷混凝土，系统锚杆，超期小导管	薄层状泥岩，发育 4 组节理，围岩破碎，大面积滴水
	XK286 + 144	III 类	134	型钢支撑，钢纤维喷混凝土，系统锚杆，超期小导管	薄层状泥岩，发育 5 组剪性节理，节理产状对围岩稳定不利，岩石破碎，大面积滴水
	XK286 + 848	III 类	194	型钢支撑，钢纤维喷混凝土，系统锚杆，超期小导管	薄层状泥岩，发育 4 组剪性节理，节理产状对围岩稳定不利，岩石破碎，少许滴水
	XK286 + 205	III 类	130	格栅拱支撑，钢纤维喷混凝土，系统锚杆	紫红色薄层块碎状泥岩夹泥质粉砂岩，发育 4 组剪性节理，滴水
	XK286 + 268	III 类	156	I16 工字钢支撑，间距 1m，钢纤维喷混凝土 18cm，φ42 超前小导管长 4.5m，系统锚杆和锁脚锚杆按 S5 施工	块碎状泥岩，发育 5 组节理，围岩破碎，大面积滴水
	XK286 + 723	II 类	140	按 S3 衬砌断面施作。应明确支护措施	薄层状泥岩夹砂岩，发育 5 组节理，节理面有泥质充填，岩石破碎，局部有滴水
下	XK286 + 766	III 类	130	I16 工字钢支撑，间距 0.8m，钢纤维喷混凝土 18cm，系统锚杆和锁脚锚杆按 S5 施作	薄层状泥岩，发育 4 组剪性节理，节理产状对围岩稳定不利，岩石破碎，少许滴水
行	XK286 + 759	III 类	136	I16 工字钢支撑，间距 0.8m，钢纤维喷混凝土 18cm，系统锚杆和锁脚锚杆按 S5 施作	紫红色薄层块碎状泥岩夹泥质粉砂岩，发育 4 组剪性节理，滴水
线	XK286 + 660	II 类	162	按 S3 衬砌断面施作	薄层状泥岩夹泥质粉砂岩，发育 4 组剪性节理，左侧拱腰处一条小断层，岩石破碎，滴水
	XK286 + 650	II 类	165	按 S3 衬砌断面施作	薄层状泥岩夹泥质粉砂岩，发育 4 组剪性节理，左侧拱腰处一条小断层，岩石破碎，滴水
	XK286 + 296	III 类	165	按 S3 衬砌断面施作	薄层状泥岩夹泥质粉砂岩，发育 4 组剪性节理，左侧拱腰处一条小断层，岩石破碎，滴水
	XK286 + 650	II 类	176	按 S3 衬砌断面施作	薄层状泥岩夹砂岩，发育 5 组节理，节理面有泥质充填，岩石破碎，局部有滴水
	XK286 + 612	II 类	183	I16 工字钢支撑，间距 0.8m，钢纤维喷混凝土 18cm，系统锚杆和锁脚锚杆按 S5 施作	薄层状泥岩，发育 4 组剪性节理，节理产状对围岩稳定不利，岩石破碎，少许滴水
	XK286 + 570	III 类	192	I20 工字钢支撑，间距 0.8m，其他参数按原设计施作	薄层状泥岩夹泥质粉砂岩，围岩极为破碎，节理发育，滴水
	XK286 + 312	III 类	176	I16 工字钢支撑，间距 1m，钢纤维喷混凝土 18cm，φ42 超期小导管长 4.5m，每排 20 根，其他参数按原设计施作	中薄层状泥岩夹泥质粉砂岩，层理和节理均较发育，地下水极少
	XK286 + 476	III 类	238	I16 工字钢支撑，间距 1m，钢纤维喷混凝土 18cm，φ42 超期小导管长 4.5m，每排 20 根，其他参数按原设计施作	中薄层状泥岩夹泥质粉砂岩，层理和节理均较发育，地下水极少

线路	桩 号	围岩类别	埋深（m）	支 护 措 施	围岩地质条件
上行线	SK286＋123	Ⅲ类	186	型钢支撑，钢纤维喷混凝土，系统锚杆，超期小导管	薄层状泥岩，发育5组剪性节理，节理产状对围岩稳定不利，岩石破碎，大面积滴水
	SK286＋979	Ⅲ类	86	型钢支撑，钢纤维喷混凝土，系统锚杆，超期小导管	薄层状泥岩，发育4组节理，节理产状对围岩稳定不利，岩石破碎，地下水极少
	SK286＋156	Ⅲ类	190	格栅拱支撑，钢纤维喷混凝土，系统锚杆	薄层状泥岩，发育3组剪性节理，节理产状对围岩稳定不利，岩石破碎，滴水
	SK286＋235	Ⅲ类	190	I16 工字钢支撑，间距1m，钢纤维喷混凝土18cm，φ42超期小导管长4.5m，每排21根，系统锚杆锁脚锚杆按S5施作	块碎状泥岩，发育3组剪性节理，节理产状对围岩稳定不利，岩石破碎，拱部有滴水
	SK286＋995	Ⅱ类	78	按S3衬砌断面施作	薄层状泥岩，节理、层理均很发育，岩石破碎，自稳能力差，少许滴水
	SK286＋949	Ⅱ类	105	按S3衬砌断面施作	薄层状泥岩，节理、层理均很发育，岩石破碎，自稳能力差，少许滴水
	SK286＋882	Ⅱ类	126	按S3衬砌断面施作	薄层状泥岩，节理、层理均很发育，岩石破碎，自稳能力差，少许滴水
	SK286＋810	Ⅲ类	160	I16 工字钢支撑，间距1m，钢纤维喷混凝土18cm，φ42超期小导管长4.5m，每排20根，系统锚杆锁脚锚杆按S5施作	块碎状泥岩，发育3组剪性节理，节理产状对围岩稳定不利，岩石破碎，拱部有滴水
	SK286＋292	Ⅲ类	192	I16 工字钢支撑，间距1m，钢纤维喷混凝土18cm，φ42超期小导管长4.5m，每排21根，系统锚杆锁脚锚杆按S5施作	块碎状泥岩，发育3组剪性节理，节理产状对围岩稳定不利，岩石破碎，拱部有滴水
	SK286＋752	Ⅲ类	156	按S3衬砌断面施作	薄层状泥岩，节理、层理均很发育，岩石破碎，自稳能力差，少许滴水
	SK286＋337	Ⅲ类	200	I16 工字钢支撑，间距1m，钢纤维喷混凝土18cm，φ42超期小导管长4.5m，每排15根，系统锚杆锁脚锚杆按S5施作	块碎状泥岩，节理发育，岩石破碎，地下水较少
	SK286＋706	Ⅲ类	168	I20 工字钢支撑，间距0.8m，其他参数按原设计施作	薄层状泥岩，节理、层理均很发育，岩石破碎，自稳能力差，少许滴水
	SK286＋733	Ⅲ类	162	I16 工字钢支撑，间距1m，钢纤维喷混凝土18cm，φ42超期小导管长4.5m，每排20根，系统锚杆锁脚锚杆按S5施作	薄层状泥岩与泥质粉砂岩互层，节理发育，岩石破碎，自稳能力差，无地下水
	SK286＋511	Ⅲ类	256	I16 工字钢支撑，间距1m，钢纤维喷混凝土18cm，φ42超期小导管长5.0m，每排15根，系统锚杆锁脚锚杆按S5施作	薄层状泥岩与泥质粉砂岩互层，节理发育，岩石破碎，自稳能力差，无地下水
	SK286＋443	Ⅲ类	220	格栅拱钢支撑，间距1m，钢纤维喷混凝土18cm，系统锚杆、锁脚锚杆按S5施作	薄层状泥岩与泥质粉砂岩互层，节理发育，岩石破碎，自稳能力差，有少量滴水

8）2001 年 12 月 10 日在 XK286＋570 断面两侧拱脚、两侧拱腰和拱顶埋设钢筋计、围岩与喷射混凝土间压力盒、喷射混凝土内应变计各 5 个，锚杆轴力计和围岩内部位移计各 4

套;埋设拱顶下沉测点 3 个和周边收敛测点 1 组。2002 年 1 月 4 日埋设该断面喷射混凝土与二次衬砌间压力盒和二次衬砌内应变计各 5 个。

9）2001 年 12 月 22 日在 SK286 +706 断面两侧拱脚、两侧拱腰和拱顶埋设钢筋计、围岩与喷射混凝土间压力盒、喷射混凝土内应变计各 5 个，锚杆轴力计和围岩内部位移计各 4 套;埋设拱顶下沉测点 3 个和周边收敛测点 1 组。2002 年 1 月 21 日埋设该断面喷射混凝土与二次衬砌间压力盒和二次衬砌内应变计各 5 个。

10）2001 年 12 月 25 日在 SK286 +337 断面两侧拱脚、两侧拱腰和拱顶埋设钢筋计、围岩与喷射混凝土间压力盒、喷射混凝土内应变计各 5 个，锚杆轴力计和围岩内部位移计各 4 套;埋设拱顶下沉测点 3 个和周边收敛测点 1 组。2002 年 3 月 5 日埋设该断面喷射混凝土与二次衬砌间压力盒和二次衬砌内应变计各 5 个。

11）2002 年 5 月 6 日在 SK286 +443 断面两侧拱腰和拱顶埋设钢筋计、围岩与喷射混凝土间压力、盒喷射混凝土内应变计各 3 个，锚杆轴力计 1 套;埋设拱顶下沉测点 3 个。5 月 8 日埋设该断面两拱脚的钢筋计、围岩与喷射混凝土间压力盒、喷射混凝土内应变计各 2 个，锚杆轴力计和围岩内部位移计各 2 套;周边收敛测桩 1 对。2002 年 5 月 25 日埋设该断面喷射混凝土与二次衬砌间压力盒和二次衬砌内应变计各 5 个。

（B）数据采集

量测数据在正常变化情况下,量测频率按规范和隧道施工监控量测实施大纲的要求进行,并在本断面埋设 24 小时后进行数据采集。若当量测结果出现异常现象时,量测频率根据现场情况加密,或根据量测断面与掌子面的距离和施工进度而适当调整量测频率。每次采集的数据都立即输入自行开发的公路隧道围岩现场监控量测数据管理系统,该系统可以对原始数据进行计算,处理和管理,并能自动生成时空曲线图。这样将量测信息可及时反馈到施工现场,以便在施工过程中掌握围岩及支护结构的动态变化,从而对围岩及支护结构的稳定进行判断,对支护参数作出调整。

4. 完成的量测工作

布陇箐隧道共埋设了 45 个量测断面 ,其中选测项目量测断面 11 个,测点共 637 个;必测项目量测断面 34 个,测点共 130 个,完成综合地质特征、围岩类别、设计变更等因素的地质纵断面图 2 张 ,完成监控量测阶段报告 11 期,紧急报告 11 次,共采集量测数据 22153 个。参加围岩变更及有关业主、监理组织的会议共 28 次。

5. 信息反馈

该隧道在监控量测过程中量测数据变化比较大,监控量测组以紧急报告和阶段报告的形式向各方反馈监控量测信息,使得监控量测信息直接服务于施工现场,同时为及时调整施工方法提供依据,其中在下列断面出现紧急或异常情况。

（A）XK286 +205

本断面埋设时间 2001 年 6 月 20 日,二次衬砌施作时间 2001 年 8 月 20 日。

该断面为选测项目,采用格栅拱钢支撑,围岩为紫红色薄层块碎状泥岩夹泥质粉砂岩,发育 4 组剪性节理,滴水,围岩类别Ⅲ类。

2001 年 8 月 3 日量测数据出现异常,拱顶下沉值变化 8.65mm,周边收敛值变化 30.284mm,钢支撑应力累积值为 43.522kN,围岩与初期支护间的接触压力值为 43kPa,喷射混凝土内部应力为 19.211MPa,左侧拱腰初期支护纵向开裂,鉴于这种危险情况,监控量测组立即将该情况向业主、监理、承包等有关单位作了通报。8月4日,该断面量测数据进一步增大,拱顶下沉值变化17.56mm,周边收敛值变化12.595mm,钢支撑应力值达到43.950kN,围岩与初期支护间的接触压力值为64kPa,喷射混凝土内部应力为19.356MPa,左侧拱腰初期支护纵向开裂变形又有所发展。于是,监控量测组再次将此情况向业主、监理、承包等有关单位作了通报。承包人立即采取了措施,重新喷射混凝土,并及时施做仰拱混凝土。8月6日上午,发现掌子面K286+239~+232段初期支护严重开裂,监控量测组将此情况向墨江分指作了汇报,并向现场监理作了通报,承包人事后作了重新喷射混凝土的处理。从8月7日的监控量测数据看,XK286+205断面数据变化正常,变形得到了控制,初期支护表面未发现裂纹;8月8日K286+205断面开始铺挂防水板,8月9日开始浇注二次衬砌。至此,XK286+205断面的险情得到控制。分析造成围岩变形和结构受力明显增大的原因有:①该段围岩为紫红色块碎状泥岩夹泥质粉砂岩,节理发育,岩石极为破碎,强度低,有少许地下水;②格栅拱底部基础不牢固;③下台阶采用对称开挖的方式。因此监控量测组根据监控量测数据对该段施工提出了以下建议:①工字钢底部应作用于牢固的基础上;②下台阶采用左右拉槽开挖,左右槽前后间距保持20m。

该断面的支护结构受力状态分析如下:

钢支撑内力:该断面为格栅拱钢支撑,5个测点在量测一段时间后其中有3个测点破坏,A、B、C3个测点钢支撑受力在测点破坏时(在2001年8月13日)还没有完全趋于稳定;2002年1月9日D、E测点钢支撑受力完全稳定,此时钢支撑内力均不大。

围岩与喷射混凝土间接触压力:A、B测点分别在2001年6月25日和2001年8月24日被破坏,两测点没有趋于稳定。C、D、E三测点压力比较小,在2001年12月24日后完全趋于稳定。

喷射混凝土内部应力:该断面的喷射混凝土内部应力相当大,A、C、D分别于2001年9月21日、7月25日和8月21日破坏,其中A点应力9月15日后已稳定,C、D点在测点破坏时没有稳定。未破坏的B、E两测点的应力在2001年9月15日后趋于稳定。

拱顶下沉:该断面拱顶下沉变形略大,8月5日后基本趋于稳定,且于2001年8月8日由于二次衬砌施作而量测结束。

该断面周边收敛变形很大,8月5日后变形基本趋于稳定,量测于2001年8月8日因二次衬砌施作结束。

喷射混凝土与二次衬砌间的接触压力:各测点的层间接触压力非常小,可认为于2002年1月9日后即完全趋于稳定。

二次衬砌内部应力:二次衬砌内部应力比较大,各测点应力变化趋势比较平缓,但应力变化经历了较长的时间,2002年6月7日后才完全趋于稳定。

以上数据显示,初期支护结构受力在2001年8月初变化比较大,围岩变形速率相当快。监控量测组将这一变化情况向相关单位做了汇报并提出了处理意见,施工单位立即进行处理,围岩变形得到控制,并于2002年6月已完全稳定。该断面的围岩及支护结构已稳定、安全。该断面的时空曲线图见图7-4-42~图7-4-58。

(B)布陇箐隧道磨黑端

从2001年5月以来,布陇箐隧道磨黑端下行线已出现三次初期支护开裂情况,第一次是5月27日,开裂位置是K286+848~+830段,该段采用工字钢钢纤维喷混凝土支护,工

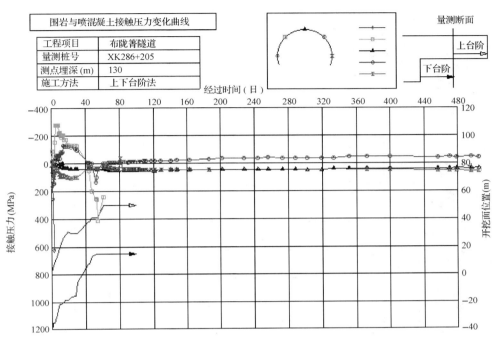

图 7 - 4 - 42　XK286 + 205 围岩与喷混凝土接触压力变化曲线图

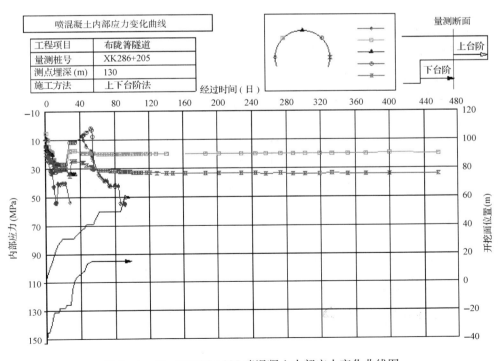

图 7 - 4 - 43　XK286 + 205 喷混凝土内部应力变化曲线图

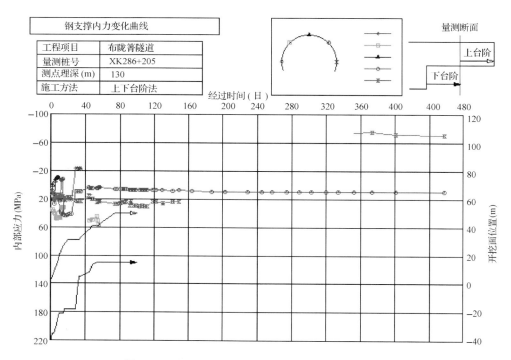

图 7 - 4 - 44　XK286 + 205 钢支撑内力变化曲线图

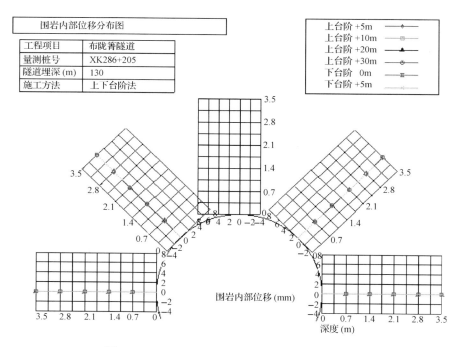

图 7 - 4 - 45　XK286 + 205 围岩内部位移分布图

888

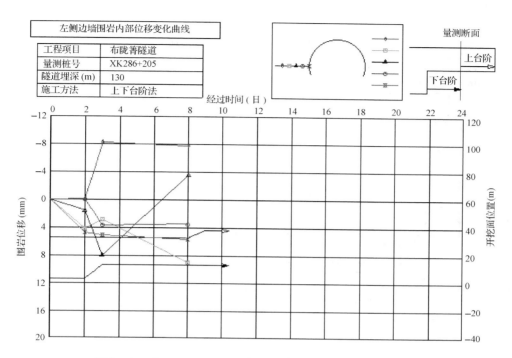

图 7 - 4 - 46　XK286 + 205 左侧边墙围岩内部位移变化曲线图

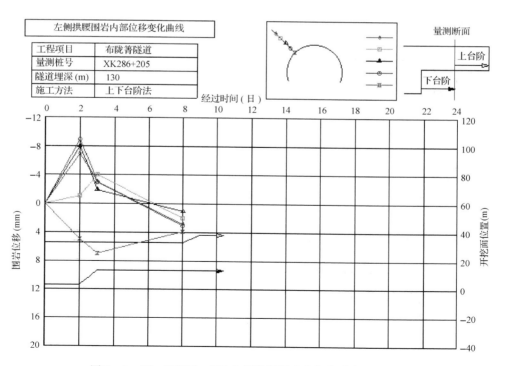

图 7 - 4 - 47　XK286 + 205 左侧拱腰围岩内部位移变化曲线图

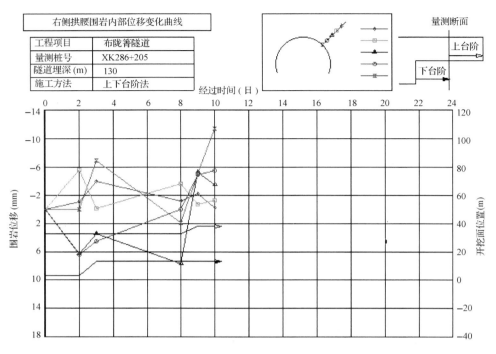

图 7 - 4 - 48　XK286 + 205 右侧拱腰围岩内部位移变化曲线图

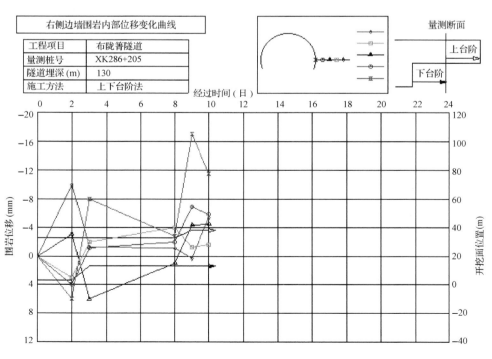

图 7 - 4 - 49　XK286 + 205 右侧边墙围岩内部位移变化曲线图

890

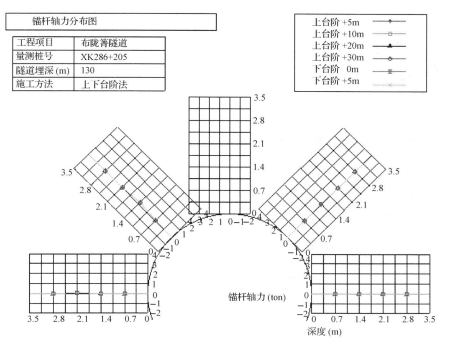

图 7－4－50　XK286＋205 锚杆轴力分布图

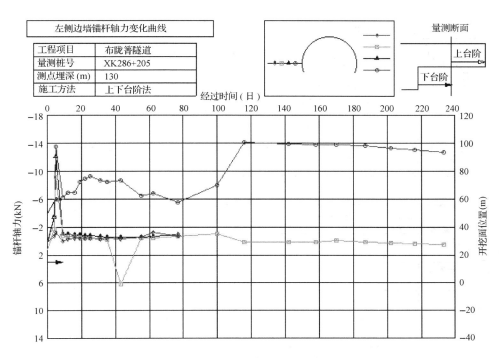

图 7－4－51　XK286＋205 左侧边墙锚杆轴力变化曲线图

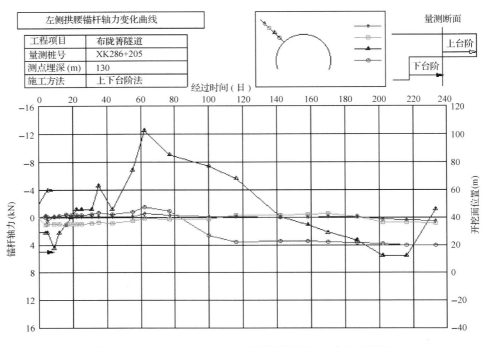

图 7 - 4 - 52　XK286 + 205 左侧拱腰锚杆轴力变化曲线图

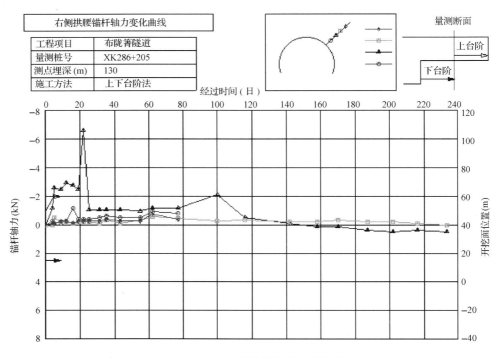

图 7 - 4 - 53　XK286 + 205 右侧拱腰锚杆轴力变化曲线图

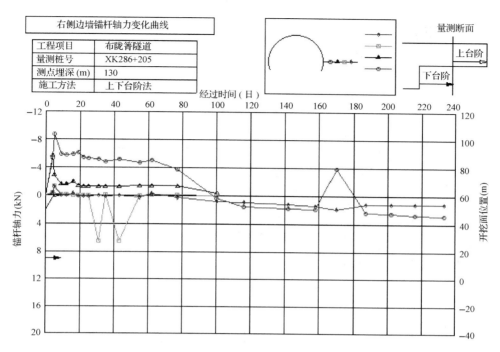

图 7 - 4 - 54　XK286 + 205 右侧边墙锚杆轴力变化曲线图

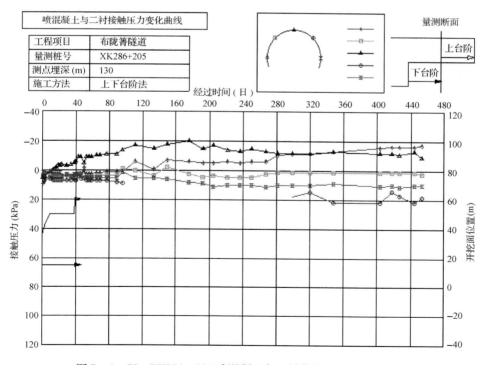

图 7 - 4 - 55　XK286 + 205 喷混凝土与二衬接触压力变化曲线图

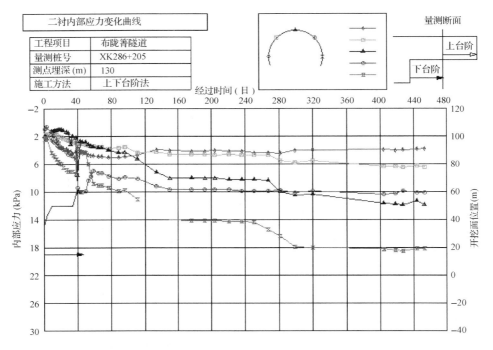

图 7-4-56 XK286+205 二衬内部应力变化曲线图

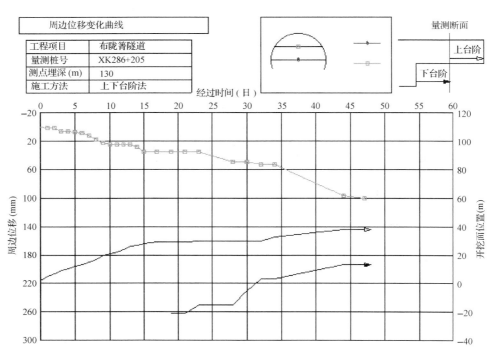

图 7-4-57 XK286+205 周边位移变化曲线图

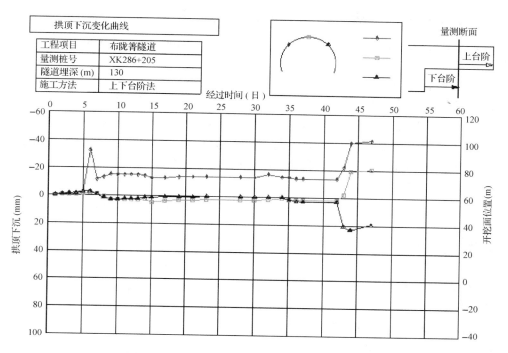

图 7 - 4 - 58   XK286 + 205 拱顶下沉变化曲线图

字钢间距 1m;第二次是 6 月 8 日,在 K286 + 757 ~ +739 段,其中 K286 + 757 ~ +745 段采用工字钢钢纤维喷混凝土支护,工字钢间距 0.8m,K286 + 745 ~ +739 段采用工字钢钢纤维喷混凝土支护,工字钢间距 1m;第三次是 8 月 27 日,在 K286 + 723 ~ +688.5 段,该段采用工字钢钢纤维喷混凝土支护,工字钢间距 1m,从这三次初期支护开裂来看,其主要原因与开挖二、三台阶时左右侧前后距离太小、工字钢持力层强度不够和开挖仰拱等因素有关。其施工方法为七步流水平行作业法,也叫多台阶法,该施工方法理论上是可行的,但其适用条件为:

1)掌子面核心土不能自稳。

2)开挖侧墙时围岩不能自稳,接边墙钢支撑或格栅拱很困难,而本隧道掌子面岩石基本能够自稳,接侧墙工字钢也无困难,因此用于本隧道就显得过于保守,况且也有它不足之处:

a)它会对围岩产生多次扰动,造成围岩变形过大。

b)为了方便施工,一般台阶之间的距离较小,开挖下台阶时,不论采用左右拉槽或拉中槽法,它都会不可避免地造成"对称开挖",后果是可能导致初期支护拱顶纵向开裂,如遇围岩稍差,地下水丰富时极易造成连锁反应的大塌方。因此,我们建议采用正台阶法施工,下台阶采用左右拉槽法开挖,左右侧前后间距 20m。值得注意的是工字钢应作用在牢固的基础上,同时加强监控量测工作,如果仍采用七步流水平行作业法施工,当遇地质条件差时,很可能会发生大的塌方。

(C)XK286 + 688.5 ~ XK286 + 697.5

由于布陇菁隧道下行线 XK286 + 688.5 ~ XK286 + 697.5 段初期支护变形开裂,承包人担心发生塌方,因此决定先施做拱部二次衬砌混凝土,监控量测组则认为该施工方法有很多局限。

1）其整体性很差——侧墙施工时不可能一次浇筑完毕，它必须分多次施工，且拱墙结合处难浇筑密实，另外，由于混凝土本身有收缩性，因此，拱部混凝土与侧墙混凝土之间必然存在着缝隙。

2）施工侧墙时，如方法不当，可能造成拱部二次衬砌整体下沉。

3）根据当时的施工看，其拱部二次衬砌配筋与侧墙衬砌配筋不能很好连接。

4）由于分多次施工，防水层的铺挂质量必然会受到影响，造成二次衬砌漏水。

5）由于该段围岩较差，围岩压力较大，初期支护开裂，如果衬砌厚度得不到保证，二次衬砌的结构安全就有隐患。所以，建议最好不采用该方法施工。

（D）SK286 + 235

2001 年 8 月 28 日，布陇箐隧道 SK286 + 235 断面围岩变形和结构受力都出现异常，围岩变形和结构受力变化速率很快，喷混凝土表面拱顶纵向出现开裂，监控量测组将这一监控量测到的信息立即向有关单位汇报，并提出建议立即对该段采取加固措施，先施作该段拱部二次衬砌，增加配筋，避免塌方，后封闭仰拱，因为先施作仰拱。施工单位立即采取加固围岩，稳定围岩，控制变形，同时采取拱部施作二次衬砌。从以后的量测数据可以看出围岩变形速率很快减小，并且逐渐稳定，结构受力也同时得到了稳定，并且有的甚至有所减小。总之，通过监控量测，很快得到了围岩和支护结构状态的第一手信息，并立即反馈到施工中，对施工起到指导作用，更重要的是防止了可能的塌方事故。

在施工过程中，监控量测组人员经常参与业主、监理主持的有关会议，提供技术咨询，通过监控量测数据，对围岩支护参数的合理性做出评价，提出支护参数的变更意见，量测结果统计见表 7 - 4 - 12。

表 7 - 4 - 12　　　　　　　　　布陇箐隧道必测项目量测结果统计表

序号	桩　号	量测项目	最大值（mm）	稳定时间（d）	变形速率（mm/d）	稳定评价
1	sk286 + 123	拱顶下沉	- 36.01	30	- 12.00	稳定
		周边收敛	44.841	70	0.64	稳定
2	sk286 + 156	拱顶下沉	- 32.33	50	- 0.64	稳定
		周边收敛	58.804	10	5.880	稳定
3	sk286 + 235	拱顶下沉	- 88.44	90	- 0.98	稳定
		周边收敛	167.505	40	4.110	稳定
4	sk286 + 292	拱顶下沉	- 43.41	25	- 1.72	稳定
		周边收敛	30.192	15	2.015	稳定
5	sk286 + 337	拱顶下沉	- 23.25	15	- 1.53	稳定
		周边收敛	15.779	35	0.431	稳定
6	sk286 + 390	拱顶下沉	- 37.44	3	- 12.21	稳定
		周边收敛	80.347	6	13.350	稳定
7	sk286 + 443	拱顶下沉	- 14.77	6	- 2.46	稳定
		周边收敛	9.027	3	3.007	稳定
8	sk286 + 459	拱顶下沉	- 3.93	2	- 1.96	稳定
9	sk286 + 511	拱顶下沉	- 4.4615	4	- 1.11	稳定
		周边收敛	76.061	8	9.500	稳定
10	sk286 + 706	拱顶下沉	- 7.59	6	- 1.26	稳定
		周边收敛	28.791	10	2.879	稳定
11	sk286 + 733	拱顶下沉	- 18.05	量测 5 天结束	- 3.60	未稳定
		周边收敛	4.864		0.972	未稳定

序号	桩　　号	量测项目	最大值（mm）	稳定时间（d）	变形速率（mm/d）	稳定评价
12	sk286 + 752	拱顶下沉	- 12. 26	4	- 3. 06	稳定
		周边收敛	29. 987	3	9. 997	稳定
13	sk286 + 810	拱顶下沉	- 4. 91	量测 5 天结束	- 0. 98	未稳定
		周边收敛	7. 346	10	0. 734	稳定
14	sk286 + 882	拱顶下沉	- 10. 2787	2	- 5. 138	稳定
		周边收敛	- 4. 829	4	- 1. 206	稳定
15	sk286 + 949	拱顶下沉	- 34. 61	12	- 2. 85	稳定
		周边收敛	8. 710	9	0. 966	稳定
16	sk286 + 979	周边收敛	10. 208	8	1. 251	稳定
17	sk286 + 995	拱顶下沉	- 21. 17	15	- 1. 400	稳定
		周边收敛	8. 640	15	0. 576	稳定
18	sk287 + 210	拱顶下沉	- 2. 4377	15	- 0. 13	稳定
19	sk287 + 249	拱顶下沉	- 5. 41	12	- 0. 45	稳定
20	sk287 + 271	拱顶下沉	- 1. 61	5	- 0. 32	稳定
21	sk287 + 313	拱顶下沉	- 4. 85	5	- 0. 970	稳定
22	xk286 + 078	拱顶下沉	- 1. 74	20	- 0. 08	稳定
		周边收敛	119. 194	20	5. 959	稳定
23	xk286 + 144	拱顶下沉	- 4. 73	20	- 0. 23	稳定
		周边收敛	55. 925	20	27. 961	稳定
24	xk286 + 205	拱顶下沉	- 41. 70	44	- 0. 93	稳定
		周边收敛	100. 421	44	2. 272	稳定
25	xk286 + 264	拱顶下沉	- 2. 72	2	- 1. 36	稳定
		周边收敛	4. 012	15	0. 266	稳定
26	xk286 + 281	拱顶下沉	- 22. 51	10	- 2. 25	稳定
		周边收敛	1. 231	3	0. 410	稳定
27	xk286 + 268	拱顶下沉	- 117. 72	70	- 1. 68	稳定
		周边收敛	121. 533	60	2. 025	稳定
28	xk286 + 295	拱顶下沉	- 79. 68	24	- 3. 29	稳定
		周边收敛	11. 765	16	0. 680	稳定
29	xk286 + 312	拱顶下沉	- 56. 15	50	- 1. 12	稳定
		周边收敛	3. 751	3	1. 250	稳定
30	xk286 + 476	拱顶下沉	- 6. 53	3	- 2. 17	稳定
		周边收敛	34. 513	量测 5 天结束	6. 810	未稳定
31	xk286 + 570	拱顶下沉	- 4. 97	3	- 1. 65	稳定
		周边收敛	30. 527	10	3. 052	稳定
32	xk286 + 612	拱顶下沉	4. 20	4	1. 05	稳定
		周边收敛	16. 904	4	4. 201	稳定
33	xk286 + 650	拱顶下沉	- 14. 77	二衬施作，量测 2 天结束	- 7. 38	未稳定
		周边收敛	- 19. 743		- 9. 871	未稳定
34	xk286 + 660	拱顶下沉	- 1. 81	1	- 1. 81	稳定
		周边收敛	10. 840	1	10. 840	稳定
35	xk286 + 723	拱顶下沉	- 21. 50	8	- 2. 64	稳定
36	xk286 + 759	拱顶下沉	- 1. 43	5	- 0. 28	稳定
		周边收敛	- 9. 27	5	- 1. 850	稳定
37	xk286 + 766	拱顶下沉	- 10. 33	二衬施作，量测 6 天结束	- 1. 72	未稳定
		周边收敛	10. 780		1. 790	未稳定
38	xk286 + 848	拱顶下沉	- 31. 32	4	- 7. 80	稳定
		周边收敛	18. 192	4	4. 547	稳定

序号	桩　　号	量测项目	最大值(mm)	稳定时间(d)	变形速率(mm/d)	稳定评价
39	sk287 + 187	地表沉降	- 0.45	5	- 0.09	稳定
40	sk287 + 197	地表沉降	- 0.71	5	- 0.14	稳定
41	sk287 + 207	地表沉降	- 0.49	5	- 0.09	稳定
42	sk287 + 216	地表沉降	- 0.69	5	- 0.13	稳定
43	sk287 + 233	地表沉降	- 1.72	17	- 0.01	稳定
44	sk287 + 260	地表沉降	- 0.23	10	- 0.02	稳定
45	sk287 + 268	地表沉降	- 3.32	28	- 0.01	稳定
46	sk287 + 288	地表沉降	- 1.17	36	- 0.005	稳定
47	sk287 + 302	地表沉降	- 2.39	31	- 0.01	稳定
48	sk287 + 308	地表沉降	- 7.11	15	- 0.005	稳定

6. 结论与建议

通过对布陇箐隧道量测数据进行整理分析可得出以下结论和不足：

1）隧道结构总体处于较高的受力状态，局部地段受力相当高，并且趋稳经历时间比较长，个别断面在二次衬砌施作 10 个月才完全稳定。

2）锚杆轴力不大，但趋稳时间缓慢，这是由于初期支护施作后二次衬砌没有及时跟上，致使围岩产生一定变形逐渐稳定后，再次出现新的变形，且向围岩深部逐渐扩大，塑性区范围增大。因此在后建工程中，应适时施作二次衬砌。

3）隧道围岩总体变形较大，并且多个断面出现拱顶下沉变形很小，而周边收敛变形很大的现象，这主要是在下台阶开挖时采用先拉中槽，后开挖马口的施工方法造成的，因此为了隧道安全应避免这种方法，可采用左右边墙错开 20～30m 的开挖方法。

4）从量测数据曲线分析，目前隧道支护措施可靠，围岩已稳定。

5）在本断面埋设后，测点的保护是监控量测中所普遍存在的问题。由于隧道内空间狭小，工作面的光线暗淡，同时由于施工单位现场施工人员对监控量测测点的保护意识不够，在施工过程中测点容易被破坏。在今后的工作中，量测组自己对测点要进行保护，同时要求施工单位加强对监控量测的认识，引起他们对保护测点的重视，以保证测点数据的连续、完整。

6）由于受施工方法的影响，量测组在测点埋设后无法及时量测数据，如掌子面拱顶下沉和周边收敛量测，在本断面埋设后，由于施工单位的施工架不能短时间移开。因此，我们量测到的结果，只是围岩和支护结构变形的一部分。

四、小净距公路隧道的监控量测

（一）隧道设计概况

东楼隧道位于京福高速公路三明市境内，是不等间距的小净距隧道，左洞起讫桩号为 ZK162 + 431.8～ZK162 + 605，长 173.2m；右洞起讫桩号为 YK162 + 435～YK162 + 570，长 135m。最小净距在进口端，中夹岩净宽 4.785m，出口段双洞净距为 12.74m。图 7 - 4 - 59 为东楼隧道进、出口。

图 7 - 4 - 59　在建中的东楼隧道进、出口

（二）工程地质及水文地质概况

东楼隧道进、出口端均为强风化白云母片岩和碎块状白云母片岩,围岩工程分级为 V 级,中间段分别为弱风化云母岩和微风化云母岩,围岩分类为 Ⅳ 级,实际开挖出口段 V 级围岩长度比地勘资料上要长,后经过工程变更,隧道内围岩均定为 V 级,采用 V 级围岩支护。

（三）监控量测断面埋设情况

根据监控量测合作协议书的要求,东楼隧道埋设了 A、C 两种类型监控量测断面,埋设状况详见表 7 - 4 - 13。

表 7 - 4 - 13　　　　　　　东楼隧道监控量测断面布设状况汇总表

序号	东 楼 隧 道				
	埋设桩号	断面类型	围岩类别	量测断面埋设时间（年 - 月 - 日）	备 注
1	ZK162 + 596	C	Ⅱ	2002 - 2 - 4	
2	ZK162 + 559	A	Ⅱ	2002 - 4 - 8	
3	YK162 + 558	C	Ⅱ	2002 - 5 - 24	
4	YK162 + 447	A	Ⅱ	2003 - 1 - 19	
5	YK162 + 517	A	Ⅲ	2003 - 3 - 1	
6	YK162 + 565	A	Ⅱ	2003 - 3 - 29	
7	ZK162 + 514	A	Ⅱ	2003 - 5 - 20	
8	ZK162 + 450	A	Ⅱ	2003 - 5 - 27	
9	ZK162 + 601	C	Ⅱ	2003 - 11 - 2	应业主要求新增
10	ZK162 + 591	C	Ⅱ	2003 - 11 - 2	应业主要求新增
11	ZK162 + 581	C	Ⅱ	2003 - 11 - 2	应业主要求新增
12	ZK162 + 562	A	Ⅱ	2003 - 9 - 18	应业主要求新增

表中 A 型监控量测断面量测内容详见图 7 - 4 - 60 所示,C 型断面量测内容仅为拱顶沉降和周边收敛 。其中,现场监控组的工作内容是进行现场监控点埋设、数据采集。现场监控量测项目为:

1）地表沉降。

2）拱顶下沉。

3）周边收敛。

4）围岩与初期支护压力。

5）初期支护钢支撑应力。

6）围岩内部位移（多点位移计）。

7）锚杆轴力、初期支护喷射混凝土内部应力应变。

8）二次衬砌与初期支护压力、二次衬砌混凝土内部应力应变。

9）震动测试。

10）声波测试。

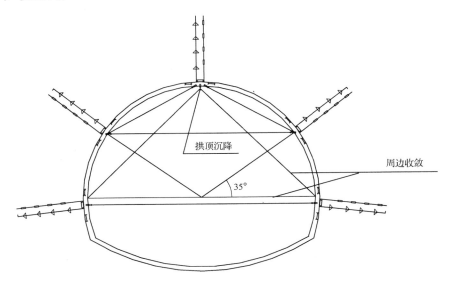

编号	项　　目	标　　记
1	围岩内部位移	
2	锚杆轴力	
3	喷射混凝土应力	
4	围岩与喷层间应力	
5	钢支撑应力	

图 7-4-60　A 型监控量测断面传感器布置图

（四）量测频率及仪器设备

每一量测断面的量测次数在隧道施工全过程预计为 48 次左右。埋设传感器后立即测量初值,量测频率如下:

1）1~7 天:每天 1~2 次。

2）8~15 天:每两天 1 次。

3）16~30 天:每两天 1 次。

4）1~3 个月:每周 1~2 次。

5）大于 3 个月:每月 1~3 次。

量测作业具体时间结合施工循环进行,一般选择在打眼与装药时进行,尽量不干扰施工的正常进行。现场监控量测人员按监控量测大纲规定的频率,坚持定时到隧道内采集数据,克服了隧道内烟雾大、噪音大、能见度低、潮湿、粉尘多、施工干扰等困难,并将采集的数据及时输入到计算机进行处理,发现量测数据出现有异常变化,则及时通知有关各方,并尽可能提交紧急量测报告,使问题得到及时处理。

（五）东楼隧道监控量测数据分析

以 ZK162+559 为例说明隧道监控量测数据分析。

本量测断面为 A 型断面,围岩设计类别为Ⅳ级,实际采用Ⅴ级围岩支护参数进行支护,由于此量测断面距已施工的开裂二衬约 5m。因此,本断面一直是东楼隧道监控工作的重点。本断面量测时间长达 18 个月,其间多次因施工破坏而中断。

1. 拱顶沉降

本断面拱顶沉降量测结果见图 7-4-61,量测主要由三阶段组成,量测结果显示,本断面拱顶沉降总量达 34.23mm。量测后期,量测数据已基本趋于稳定,但从量测数据的变化来看,本断面量测数据在长时间降雨后一般量测数据会出现跳跃性下沉变化,说明本断面上游围岩稳定性受气候影响较大,尚未完全自稳。

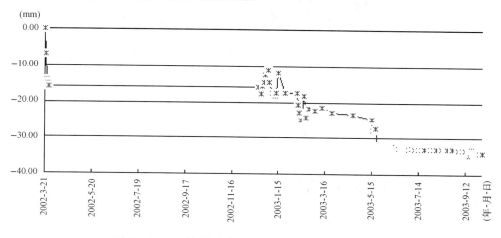

图 7-4-61　东楼隧道 ZK162+559 断面拱顶沉降图

2. 周边收敛

量测结果见图 7-4-62,量测结果显示,本断面周边收敛量测值总体不大,量测后期,周边收敛已趋于稳定。

3. 多点位移

量测结果见图 7-4-63~图 7-4-67,量测结果显示,本断面各点围岩松动圈范围均已超过 3.5m 量测范围。

4. 锚杆轴力

量测结果见图 7-4-68~图 7-4-71,量测结果显示,本断面锚杆轴力总体很小。

5. 钢支撑内力

量测结果见图 7-4-72,量测结果显示,本断面钢支撑各量测点处均承受压应力,最大压力在 B 点处,为 166kN,E 点量测结果异常与该点受损失效有关。

6. 初期支护与围岩接触压力

量测结果见图 7-4-73,量测结果显示,本断面 E 点、C 点量测值最大分别达 125~133kPa,略微偏高。B 点 E 点量测值较低,中夹岩边墙 A 点处初支与围岩有相对滑移趋势。

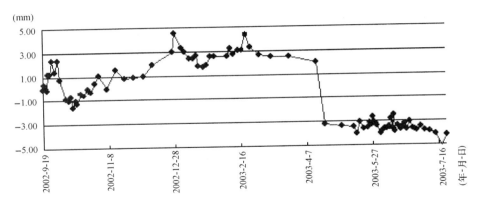

图 7 - 4 - 62　东楼隧道 ZK162 + 559 断面周边收敛图

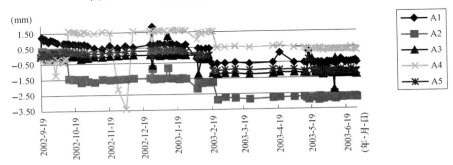

图 7 - 4 - 63　东楼隧道 ZK162 + 559 断面多点位移(A)

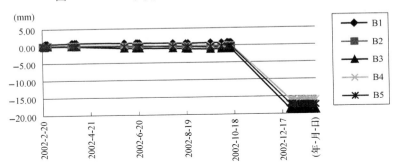

图 7 - 4 - 64　东楼隧道 ZK162 + 559 断面多点位移(B)

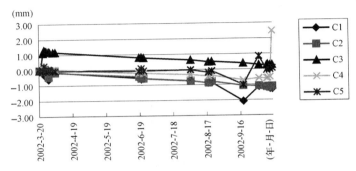

图 7 - 4 - 65　东楼隧道 ZK162 + 559 断面多点位移(C)

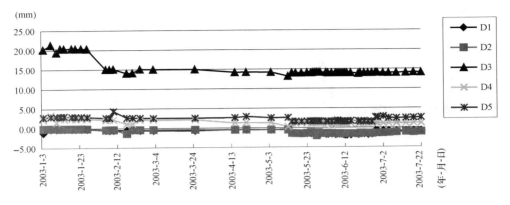

图 7 - 4 - 66 东楼隧道 ZK162 + 559 断面多点位移(D)

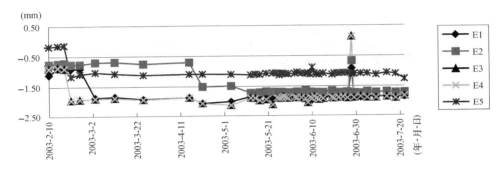

图 7 - 4 - 67 东楼隧道 ZK162 + 559 断面多点位移(E)

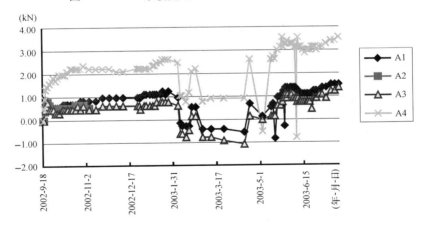

图 7 - 4 - 68 东楼隧道 ZK162 + 559 断面锚杆轴力图(A 点)

7. 喷射混凝土内部应力

量测结果见图 7 - 4 - 74 ～图 7 - 4 - 76,量测结果显示,本断面喷射混凝土内部应力值总体较高,其中 A 点处最大拉应力达约 8MPa,B 点在量测期间最大压应力达 32MPa。

8. ZK162 + 559 量测结果汇总分析

本断面各项量测数据汇总分析表明,本断面由于围岩自稳性较差,使初期支护承受较大荷载,因此,拱顶沉降、钢架内力、喷射混凝土内应力等量测数值总体较大,且变化较复杂。此外,因为岩体松散,锚杆作用较微弱。本断面初期支护安全性一般。

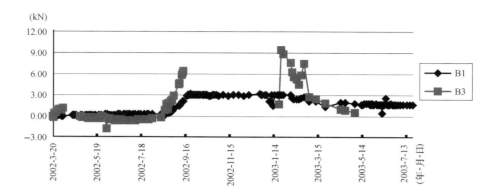

图 7 - 4 - 69　东楼隧道 ZK162 + 559 断面锚杆轴力图（B）

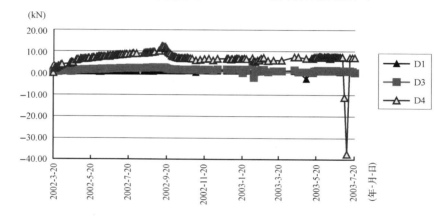

图 7 - 4 - 70　东楼隧道 ZK162 + 559 断面锚杆轴力图（D 点）

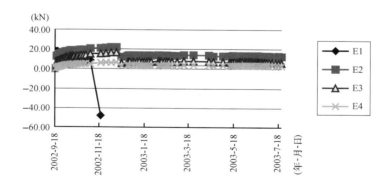

图 7 - 4 - 71　东楼隧道 ZK162 + 559 断面锚杆轴力图（E 点）

（六）东楼隧道爆破震动测试

1. 测试方法

根据监控量测计划，监控量测组应对东楼隧道均进行爆破震动测试。

对东楼隧道进行的爆破震动测试，一部分为左洞上半断面开挖时右洞中夹岩的震速，一部分则测试了上台阶贯通后左洞下台阶爆破时引起的中夹岩震速。还有一部分测试了左洞开挖侧壁导坑时的爆破震动速度。

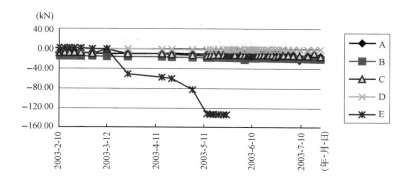

图 7 - 4 - 72　东楼隧道 ZK162 + 559 断面钢支撑内力图

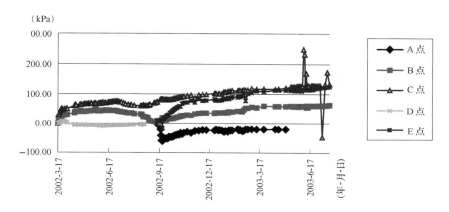

图 7 - 4 - 73　东楼隧道 ZK162 + 559 断面围岩与喷混凝土间接触压力图

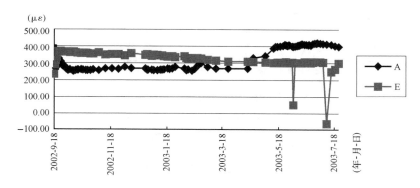

图 7 - 4 - 74　东楼隧道 ZK162 + 559 断面喷混凝土应变图

测试点传感器安设横断面示意图及平面示意图见图 7 - 4 - 77、图 7 - 4 - 78 所示。

2. 测试仪器

本项目采用的震动测试系统为四川拓普数字有限公司生产的 TOP - BOX 爆破震动自记仪和 TOP - VIEW 爆破震动波分析软件。传感器为北京测振仪器厂生产的 CD21 - 2S 型水平向速度计和 EG - 10 垂直向速度计,传感器频响范围为 20 ~ 1000Hz。

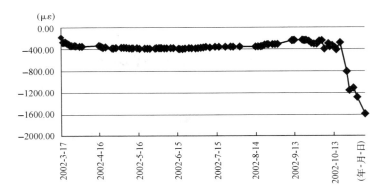

图 7 - 4 - 75 东楼隧道 ZK162 + 559 断面喷混凝土应变图(B 点)

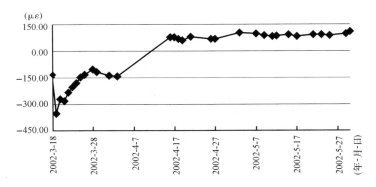

图 7 - 4 - 76 东楼隧道 ZK162 + 559 断面喷混凝土应变图(D)

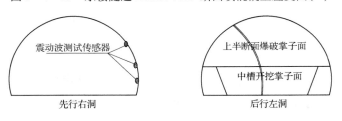

图 7 - 4 - 77 震动爆破测试头安设横断面示意图

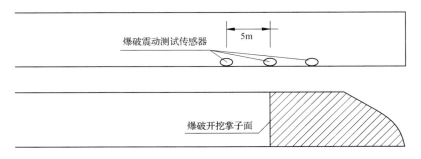

图 7 - 4 - 78 震动测试点平面布置示意图

3. 测试过程

现场测试工作主要包括以下内容,掌子面场地及爆破要素记录(表 7 - 4 - 14、表 7 - 4 - 15)、传感器安设、震动数据自记仪采集、震动数据计算机录入分析等。

906

表 7 - 4 - 14　　　　　　　　　D 型量测断面场地要素记录表　　　　　　表格编号

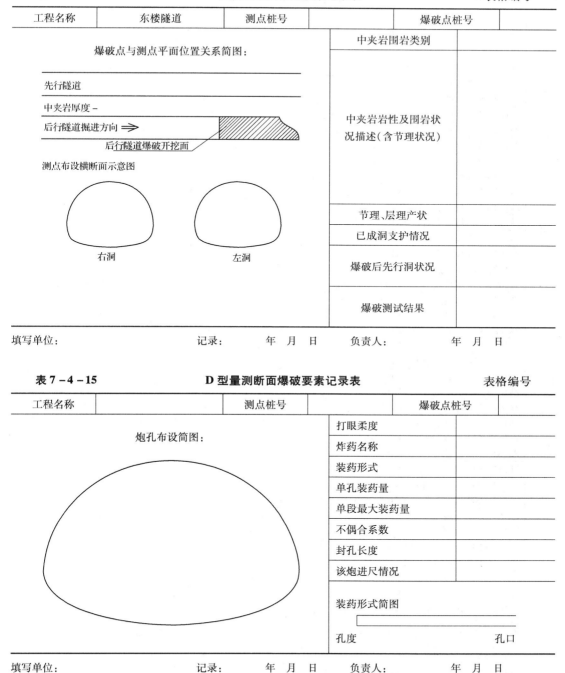

工程名称	东楼隧道	测点桩号		爆破点桩号	

爆破点与测点平面位置关系简图：

先行隧道

中夹岩厚度 −

后行隧道掘进方向 ⟹

后行隧道爆破开挖面

测点布设横断面示意图

右洞　　　　左洞

中夹岩围岩类别

中夹岩岩性及围岩状况描述（含节理状况）

节理、层理产状

已成洞支护情况

爆破后先行洞状况

爆破测试结果

填写单位：　　　　记录：　　年　月　日　　负责人：　　　年　月　日

表 7 - 4 - 15　　　　　　　　　D 型量测断面爆破要素记录表　　　　　　表格编号

工程名称		测点桩号		爆破点桩号	

炮孔布设简图：

打眼柔度

炸药名称

装药形式

单孔装药量

单段最大装药量

不偶合系数

封孔长度

该炮进尺情况

装药形式简图

孔度　　　　　　　　　孔口

填写单位：　　　　记录：　　年　月　日　　负责人：　　　年　月　日

4. 测试结果

按监控量测合作协议书的要求，为确保施工安全和收集相关科研信息，监测组在东楼隧道共进行 28 次不同的测试，结果见表 7 - 4 - 16，从传感器转入的爆破震动波形图例见图 7 - 4 - 79。

表 7－4－16　　　　　　　　　　　　　　　　**东楼隧道爆破震动汇总**

次数	测试点说明	通道一		通道二		备注
		最大值（cm/s）	最小值（cm/s）	最大值（cm/s）	最小值（cm/s）	爆破点部位
1	Zk162＋523 爆破点后方 YK162＋530 测二号盒	10.31	－9.87	5.29	－18.80	上半断面
	Zk162＋523 爆破点前方 YK162＋525 测四号盒	4.01	－57.00	5.18	0.00	
2	Zk162＋521 爆破点后方 YK162＋530 测二号盒	3.41	－0.36	6.82	－1.65	上半断面
	Zk162＋521 爆破点前方 YK162＋525 测四号盒	3.38	0.00	4.37	0.00	
	Zk162＋521 爆破点前方 YK162＋525 测五号盒	3.34	－3.43	4.80	－4.46	
3	Zk162＋518 爆破点前方 YK162＋520 测二号盒	8.25	0.00	11.52	－3.06	上半断面
	Zk162＋518 爆破点前方 YK162＋523 测三号盒	4.11	－4.28	3.26	－4.66	
	Zk162＋518 爆破点后方 YK162＋525 测四号盒	8.37	0.00	9.20	0.00	
	Zk162＋518 爆破点后方 YK162＋525 测五号盒	4.06	－2.78	5.49	－4.46	
	Zk162＋518 爆破点前方 YK162＋520 测六号盒	2.68	－2.06	11.01	－7.11	
4	Zk162＋516 爆破点前方 YK162＋520 测二号盒	3.41	0.00	4.47	0.00	上半断面
	Zk162＋516 爆破点后方 YK162＋525 测五号盒	3.70	－2.26	5.72	－3.20	
5	Zk162＋514 爆破点相应 YK162＋520 测二号盒	6.46	－22.96	9.87	－1.18	上半断面
	Zk162＋514 爆破点前方 YK162＋515 测三号盒	6.85	－2.91	9.56	－8.16	
	Zk162＋514 爆破点前方 YK162＋517 测四号盒	12.29	－1.43	11.50	0.00	
	Zk162＋514 爆破点前方 YK162＋515 测五号盒	5.42	－2.89	6.18	－6.98	
	Zk162＋514 爆破点相应 YK162＋520 测六号盒	2.06	－2.32	7.91	－5.96	
6	Zk162＋443 爆破点相应 YK162＋446.5 测二号盒	3.59	0.00	4.47	0.00	上半断面的侧壁导坑
	Zk162＋443 爆破点相应 YK162＋446.5 测六号盒	1.88	－0.72	3.56	－1.15	
7	Zk162＋524 爆破点前方 YK162＋528 测二号盒	5.96	0.00	12.46	0.00	下半断面
	Zk162＋524 爆破点相应 YK162＋530 测六号盒	1.52	－1.52	3.56	－3.21	
8	Zk162＋512 爆破点相应 YK162＋517 测二号盒	22.78	0.00	29.85	0.00	上半断面
	Zk162＋512 爆破点前方 YK162＋515 测三号盒	8.22	－4.45	13.99	－10.49	
	Zk162＋512 爆破点前方 YK162＋515 测五号盒	6.14	－3.79	9.04	－5.03	
	Zk162＋512 爆破点相应 YK162＋517 测六号盒	6.26	－4.83	9.74	－6.08	
9	Zk162＋451 爆破点后方 YK162＋453 测二号盒					上半断面的侧壁导坑
	Zk162＋451 爆破点相应 YK162＋455 测三号盒					
	Zk162＋451 爆破点前方 YK162＋457 测四号盒					
10	Zk162＋509 爆破点前方 YK162＋514 测一号盒	7.74	－1.80	10.80	－14.63	上半断面
	Zk162＋509 爆破点前方 YK162＋512 测三号盒	4.80	－2.91	6.29	－6.76	
	Zk162＋509 爆破点后方 YK162＋516 测五号盒	5.06	－4.34	14.64	－11.44	
	Zk162＋509 爆破点后方 YK162＋518 测六号盒	5.54	－4.29	12.39	－29.36	
11	Zk162＋507 爆破点后方 YK162＋514 测一号盒	3.42	0.00	4.28	0.00	上半断面
	Zk162＋507 爆破点前方 YK162＋512 测三号盒	4.80	－4.97	6.99	－29.84	
	Zk162＋507 爆破点后方 YK162＋516 测五号盒	5.51	－4.88	12.12	－29.28	
	Zk162＋507 爆破点后方 YK162＋518 测六号盒	11.08	－7.51	20.87	－14.22	
12	Zk162＋457.6 爆破点前方 YK162＋464 测六号盒	3.93	－5.36	19.73	－19.50	上半断面的侧壁导坑
13	Zk162＋504 爆破点前方 YK162＋506 测一号盒	13.32	－3.24	20.25	－8.10	上半断面
	Zk162＋504 爆破点后方 YK162＋512 测三号盒	2.91	－3.43	5.60	－6.53	
	Zk162＋504 爆破点前方 YK162＋508 测六号盒	5.01	－6.08	8.49	－15.83	
14	Zk162＋460 爆破点相应 YK162＋464 测五号盒	3.61	－3.43	4.12	－2.75	上半断面的侧壁导坑
15	Zk162＋462 爆破点前方 YK162＋465 测五号盒	2.53	－6.86	14.18	－29.28	上半断面的侧壁导坑

908

次数	测试点说明	通道一		通道二		备 注
		最大值 (cm/s)	最小值 (cm/s)	最大值 (cm/s)	最小值 (cm/s)	爆破点部位
16	Zk162+502 爆破点前方 YK162+506 测一号盒	14.58	-5.76	17.55	-12.15	上半断面
	Zk162+502 爆破点后方 YK162+512 测三号盒	2.91	-3.60	4.43	-3.73	
	Zk162+502 爆破点后方 YK162+510 测五号盒	5.96	-23.12	6.18	-7.09	
	Zk162+502 爆破点后方 YK162+508 测六号盒	5.01	-5.01	9.41	-9.86	
17	Zk162+500 爆破点后方 YK162+506 测一号盒	12.78	-9.36	6.98	-7.88	上半断面
	Zk162+500 爆破点前方 YK162+502 测三号盒	12.50	-8.39	18.65	-20.49	
	Zk162+500 爆破点后方 YK162+504 测五号盒	11.74	-10.48	16.01	-18.76	
	Zk162+500 爆破点后方 YK162+508 测六号盒	3.93	-5.36	6.42	-6.65	
18	Zk162+498 爆破点前方 YK162+500 测一号盒	14.40	-23.04	15.75	-4.95	上半断面
	Zk162+498 爆破点前方 YK162+502 测三号盒	9.93	-9.76	12.36	-23.55	
	Zk162+498 爆破点后方 YK162+504 测五号盒	7.95	-23.12	12.35	-7.78	
	Zk162+498 爆破点后方 YK162+506 测六号盒	7.87	-6.44	6.19	-29.36	
19	Zk162+496 爆破点前方 YK162+500 测一号盒	13.86	-4.14	12.6	-1.35	上半断面
	Zk162+496 爆破点后方 YK162+502 测三号盒	8.905	-7.021	8.859	-29.84	
	Zk162+496 爆破点前方 YK162+504 测五号盒	7.406	-3.974	9.836	-5.948	
	Zk162+496 爆破点前方 YK162+506 测六号盒	4.648	-4.29	4.358	-3.211	
20	Zk162+493 爆破点后方 YK162+500 测一号盒	22.86	-23.04	28.575	0	上半断面
	Zk162+493 爆破点后方 YK162+502 测三号盒	11.474	-12.33	7.227	-29.84	
	Zk162+493 爆破点前方 YK162+496 测五号盒	9.754	-8.309	29.052	-27.91	
	Zk162+493 爆破点相应 YK162+498 测六号盒	10.904	-10.904	20.644	-21.33	
21	Zk162+474 爆破点相应 YK162+478 测一号盒	22.86	0	28.575	-11.25	上半断面的侧壁导坑
	Zk162+474 爆破点前方 YK162+480 测三号盒	15.413	-7.878	20.515	-29.84	
22	Zk162+490 爆破点前方 YK162+493 测一号盒	37.351	-57.601	36.001	-12.38	上半断面
	Zk162+490 爆破点相应 YK162+495 测三号盒	12.844	-7.706	24.478	-24.48	
	Zk162+490 爆破点后方 YK162+497 测六号盒	14.747	-9.831	25.232	-13.19	
23	Zk162+476 爆破点前方 YK162+480 测三号盒	5.566	-4.709	13.405	-74.6	上半断面的侧壁导坑
	Zk162+476 爆破点相应 YK162+480 测五号盒	1.806	-1.625	1.258	-1.258	
	Zk162+476 爆破点后方 YK162+482 测六号盒	23.685	-14.3	34.847	-61.93	
24	Zk162+483 爆破点前方 YK162+485 测五号盒	5.058	-11.56	3.66	-14.64	上半段面
25	Zk162+478 爆破点后方 YK162+482 测一号盒	11.43	-11.52	14.288	0	上半段面的侧壁导坑
26	Zk162+500 爆破点前方 YK162+505 测三号盒	4.966	-0.856	0.233	-0.233	下半段面
27	Zk162+497 爆破点前方 YK162+498 测一号盒	1.8	-2.07			下半段面
	Zk162+497 爆破点前方 YK162+498 测三号盒	8.733	-5.308			
	Zk162+497 爆破点前方 YK162+500 测五号盒	3.883	-2.529			
	Zk162+497 爆破点前方 YK162+500 测六号盒	4.2	-5.094			
28	Zk162+495 爆破点前方 YK162+498 测三号盒	3.939	-5.48			下半段面
	Zk162+495 爆破点相应 YK162+500 测五号盒	1.987	-2.438			
	Zk162+495 爆破点前方 YK162+500 测六号盒	3.128	-4.29			

5. 测试结果分析

根据测试数据,得出以下分析结果:

1）后行洞全断面爆破在先行洞中夹岩壁上引起的震动,就其速度峰值而言,Z 方向（垂直中夹岩洞壁方向）比 Y 方向（与地面垂直方向）大。统计数据显示,Y 方向爆破震动速度平均为 Z 方向的 69%。

909

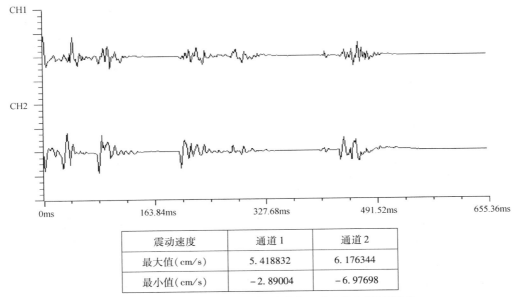

震动速度	通道 1	通道 2
最大值(cm/s)	5.418832	6.176344
最小值(cm/s)	-2.89004	-6.97698

注:通道 1 为 Y 方向、通道 2 为 Z 方向,Z 方向为隧道径向方向,Y 方向为垂直地面方向

图 7 - 4 - 79 ZK162 +514 爆破点 YK162 +515 测试五号盒测试波形数据

2)在沿隧道纵向方向上,测试数据表明,与后行洞掌子面相同桩号的先行洞中夹岩处测得震动速度最大。

3)东楼隧道二次衬砌上测得后行洞上台阶爆破时,平均震动速度沿隧道轴向的变化情况详见图 7 - 4 - 80,测试数据同样表明,在开挖掌子面前后 3m 范围内,震动速度的变化不大。但在距爆破掌子面 5m 处,震动速度有较大衰减。

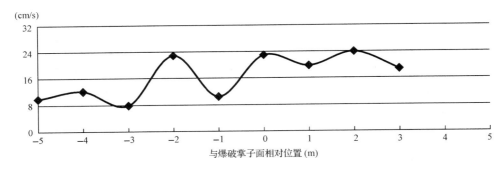

图 7 - 4 - 80 东楼隧道平均震动速度沿隧道轴向的变化情况

4)对爆破震动测试结果的波形分析表明,只要每段爆破时差在 100ms 以上,实际施工时使用的毫秒雷管(5 段以上的)段差在两段或以上,各段爆破将不会出现爆破震动波重叠加大现象,一段一段进行分开起爆一样安全。波形分析见图 7 - 4 - 81。

5)波形分析还表明,最大震速一般出现在掏槽爆破时,这与以往一些文献资料所述相同。因此,控制掏槽孔单段总装药量可较好地起到控制最大爆破震速的作用。

6)东楼隧道在二次衬砌拱脚处测得垂直中夹岩方向的平均震速为 20.07cm/s,测得最大震速为 74cm/s,钢筋混凝土二次衬砌未发现开裂或不稳定现象。以上测试结果说明围岩和初期支护的稳定性在这说明爆破安全规程的规定值有相当大的工程潜力可挖。

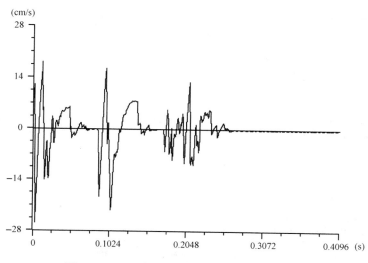

图 7 – 4 – 81　分三段起爆的爆破震动波形记录

（七）围岩松动圈（声波）测试

为确定松动圈范围,同时为科研课题广泛收集相关信息,按监控量测计划,监控组在东楼隧道进行了 8 个断面的围岩松动圈（声波）测试。

1. 测试方法

本测试采用中国科学院武汉岩土力学研究所 RSM – SY5 声波测试仪,测试精度 1m/s,测试系统见图 7 – 4 – 81。

测试原理见图 7 – 4 – 82,将测试传感器组件插入预先打好的钻孔内,将钻孔中注满水,启动发射接收器,声波发射器发射出特定波长声波,透过水的耦合作用,声波通过传递速度最快的岩体传播,接收器 1、2 分别在不同延时后接收到该波,记录下该波到达的起始时间,除以传递时间,可以得到声波在该位置处岩体中的传播速度,该速度可通过与传感器组件连接的电脑程序获得,见图 7 – 4 – 83。

得到该点传播速度后将传感器组件延钻孔壁拉出一定的距离即变换测试点位置,可测得不同深度处的岩体传播速度,将此速度点对比分析,可得到松动圈范围的相关信息。

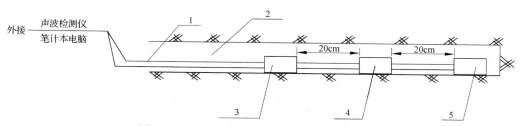

图 7 – 4 – 82　声波测试围岩松动圈范围原理图

1—倍号线;2—钻孔(深 3.5m);3—声波发射器 2;4—声波发射器 1;5—声波发射器

2. 测试结果

YK162 + 510 测试断面测试结果见图 7 – 4 – 84 ~ 图 7 – 4 – 86。测试结果可以明确了解该处围岩结构状况,同时可按《公路隧道设计规范》提供的围岩分级对该点围岩进行分级。

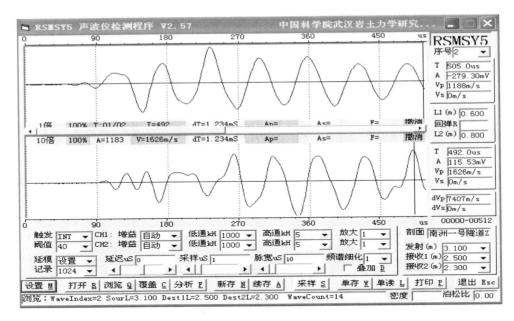

图 7 - 4 - 83   经程序处理后的声波波形数据

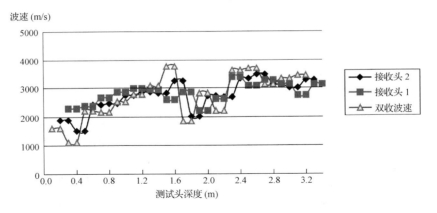

图 7 - 4 - 84   东楼隧道 YK162 + 510 中夹岩处拱部测试结果

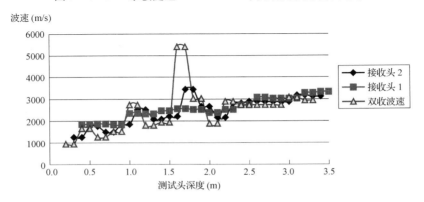

图 7 - 4 - 85   东楼隧道 YK162 + 510 靠山处拱部测试 2

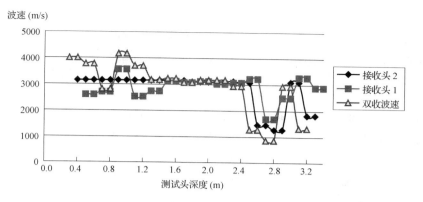

图 7 - 4 - 86　东楼隧道 YK162 + 510 中夹岩处拱脚测试

3. 测试结果汇总分析

按《公路隧道设计规范》，围岩类别与岩体中波速有以下关系见表 7 - 4 - 17，从以上测试结果可以得到以下结论：

1）各断面左右侧相近部位处岩体相似性较差。

2）深度较浅处波速明显较小于深度较深处，这与围岩受爆破震动及围岩应力集中而产生松动变形有关。

3）钻孔口部，一般 1m 范围内，声波速度难以准确测得，这与钻孔口部围岩裂隙发育，测试时注入钻孔的水不能饱满钻孔有关。

4）从测得的声速分析，随桩号增大，围岩条件逐渐有好转趋势。ZK162 + 510 处围岩按波速分类可达到Ⅲ类，这与现场开挖状况相符。

表 7 - 4 - 17　　　　　　　　　围岩类别与岩体内波速关系表

围岩类别	Ⅰ类	Ⅱ类	Ⅲ类	Ⅳ类	Ⅴ类	Ⅵ类
波速（km/s）	<1.0	1.0 ~ 2.0	1.5 ~ 3.0	2.5 ~ 4.0	3.5 ~ 4.5	>4.5

注　Ⅰ类时如果围岩为饱和态的土应取 <1.5。

（八）结论及建议

京福高速公路三明段小净距隧道监控量测工作共历时 23 个月，在这 23 个月的工作期间，监控组得到了业主、施工、监理、设计等各部们的大力支持和协助，工作得以较为顺利地开展。

在确保隧道安全、为小净距隧道科研课题全面收集必要数据的工作目标指导下，监控组通过严格的内部管理，较好地按合同预定完成本项任务。

现将监控量测所得到的结论及建议总结如下：

1）监控量测的各项数据表明，中胜隧道各监控断面围岩及初期支护稳定性较高，二次衬砌结构安全。

2）监控量测数据表明，东楼隧道已开裂二次衬砌段围岩尚未完全稳定，二次衬砌裂纹还有可能进一步扩展，因此，有必要对该段二次衬砌采取进行加强、加固措施。同时，由于该段山体围岩稳定性受气候影响较大，自稳性差，建议应采取必要措施对山体进行加固，达到治本的目的。

3）东楼隧道进口中夹岩厚度仅3.2m,由于采用了先行洞上下（短）台阶法、后行洞侧壁导坑法的开挖方法,使开挖对围岩的扰动降至最低,监控量测数据表明,该段初期支护、二次衬砌安全性均较高。进口段顺利、成功完成,为将来小净距隧道的施作提供了宝贵的工程实践经验。

4）爆破震动测试表明,虽然《爆破安全规程》对交通隧道爆破震动的引起的震速有不大于15cm/s的要求,但在实际施工中,这一要求有较大的工程潜力可挖。

5）对爆破震动规律进行回规分析表明,由于地质条件的差异性,在后行洞采用某个回归公式进行爆破震动速度预测和控制是很困难的,因此,建议在今后的小净距隧道施工中,仍以先从小药量试爆测速来最终确定最大单段装药量。

6）爆破震动测试表明,只要每段爆破时差在100ms以上,实际施工时使用的毫秒雷管（5段以上）的段差在两段以上,各段爆破将不会出现爆破震动波重叠加大现象,同一段一段进行分开起爆一样安全。

五、隧道远程自动监测

（一）工程概况

广州龙头山隧道位于同三、京珠国道主干线绕广州公路东环段,地处黄埔区南岗大庄村,进口为村西南侧,出口为龙头山森林公园。隧道设计行车速度为100 km/h,路线按上、下行分离式隧道设计,左线长1010m,右线长1006m,最大开挖宽度为21.47m,最大开挖高度为13.56m（含仰拱）,最大开挖面积为229.4m^2,隧道净宽18.0m,净高5m。

传统的隧道监测,在现场通过二次仪器采集传感器读数或观测点读数,经过数据处理可掌握隧道的受力和变形情况,但在特定情况下其适应性受到限制,如现场环境较为恶劣,存在流沙、塌方和有毒气体等安全隐患,可能对监测人员造成人身安全;在监测点众多情况下,现场监测人员劳动强度较大;人工监测还会影响监测数据的及时处理和上报。

远程自动监测是掌握隧道施工和运营期潜在安全隐患的重要手段,通过对隧道围岩变形、支护结构受力等进行实时监测,可及时掌握隧道的安全性状,发现潜在安全隐患,为隧道安全预防、加固、维修及耐久性评估等提供依据。

（二）远程自动监测系统

隧道远程自动监测系统主要由现场数据自动采集系统、数据传输技术和远程监控系统三大部分组成,如图7-4-87。各远程自动监测系统的差异主要体现在数据传输技术方面。目前采用的数据传输方式主要包括有线、无线和组合方式,如图7-4-88。有线数据传输主要表现为通过电缆线、光纤和电话线+Internet。其中电缆线和光纤方式受成本约束,不适合于远距离传输数据;电话线+Internet方式受施工工地和当地电话网络入口之间的距离约束,在距离太远时不适合采用。无线数据传输方式包括无线载波和电信数据服务。其中无线载波方式通过发射和接收电波进行数据传输,其传输距离受到限制,一般不超过5km。电信数据服务（手机模块）主要包括移动无线数据网GPRS和联通CDMA无线数据网,该数据传输方式分别适合于中国移动、联通网信号覆盖区域,在电信信号不覆盖区域不适用。组合数据传输方式主要为无线载波+电信数据服务,该方式首先通过无线载波将数据传输到电信网络信号覆盖区域,然后通过电信提供的数据服务将数据传输到远程监测终端,提高了数据传输系统的灵活性。

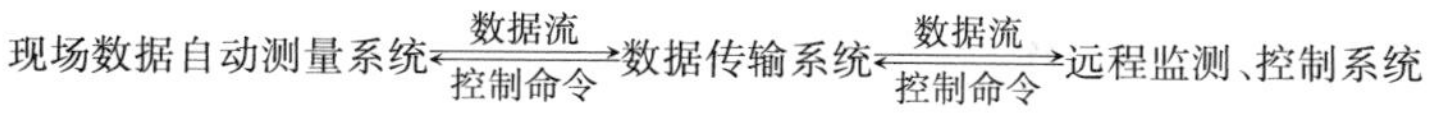

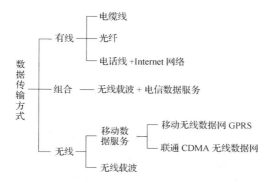

图7-4-87 远程自动监测系统流程示意图

图7-4-88 远程数据传输方式

(三)远程自动监测方案

根据广州龙头山隧道施工现场,采用图7-4-89所示的隧道远程无线自动化长期监测系统和图7-4-90所示的远程无线数据传输系统。

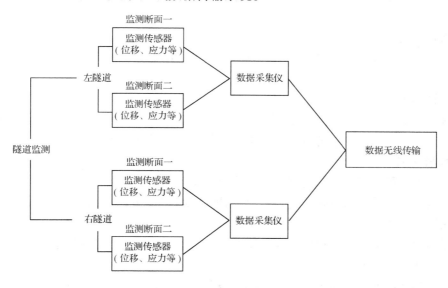

图7-4-89 龙头山隧道远程自动监测方案

龙头山隧道距离远程监测终端距离约30km,不适合采用无线载波作为远程数据传输方式。由于移动网络信号覆盖该隧道区域,且信号良好,因此采用移动公司提供的GPRS无线数据服务作为远程数据传输方式。

GPRS是通用分组无线业务(General Packet Radio Service)的英文简称,是一种新的分组数据承载业务和传输方式。作为一种先进的、全新的无线网络承载手段,它将无线通信与

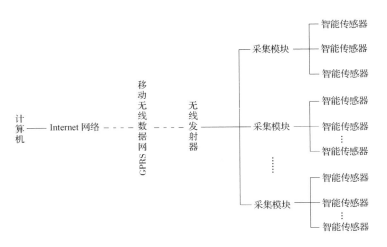

图 7 - 4 - 90　龙头山隧道远程无线数据传输系统

因特网紧密结合,全面提升了无线数据通信服务。GPRS 具有"快捷登录"、"实时在线"、"按量计费"、"高速传输"等优点,特别适用于间断的、突发性的或频繁的、少量的数据传输,也适用于偶尔的大数据量传输。GPRS 的这些特点能较好地满足远程自动监测系统需要。

采用 GPRS 无线数据传输系统时需在隧道现场安置一台无线发射仪,在远程监测终端放置一台无线接收仪,同时需开通移动通讯公司提供的 GPRS 无线数据服务。无线收发仪与计算机连接组成无线监测主机,负责计算机与采集模块之间的无线通讯,下达测试指令和数据传输。

1. 监测项目

龙头山隧道进行的监测项目为围岩内部位移、锚杆轴力、二衬钢筋应力、二衬混凝土应变等。

2. 监测断面

根据隧道工程地质和施工特点,在隧道左线、右线出口端分别布置两个监测断面(受费用制约),图 7 - 4 - 91 为左线两个监测断面及数据发射器布置断面。

3. 仪器安装

隧道施工阶段数据发射器需临时挂放在隧道离出口处 5～15m 断面,场强可通过普通手机拨打电话检测手机信号强弱进行确定,高度约为 2.5m 处的二次衬砌上,发射器通过四个膨胀螺钉固定在二次衬砌上。数据采集箱需固定在二衬结构侧壁。隧道施工阶段需为数据发射器和数据采集箱同时提供 220V 临时电源。隧道运营阶段需为数据采集箱和数据发射器提供 220V 长期电源。

第一监测断面处预留监测数据采集箱洞室和套管如图 7 - 4 - 92 所示。采集箱上方预留套管对第一监测断面处的 8 条测线进行保护。采集箱下方预留套管对第二监测断面 8 条测线进行保护,并对一条 220V 电源线进行保护。第二监测断面处预留管线如图 7 - 4 - 93 所示,预留套管对第二监测断面处的 8 条测线进行保护。在第一监测断面与第二监测断面之间,采用一条塑料管对 8 条监测线进行集中保护,塑料管放置在电力电缆沟内。

第一、第二监测断面仪器布置如图 7 - 4 - 94 所示,监测仪器为多个单点位移计,钢筋应力计和埋入式应变计。单点位移测量钻孔位置为拱顶,钻孔深度分别为 6.5、4.5、2.5m,沿

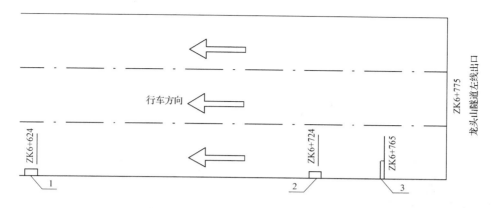

注:1. 本图用于确定左线隧道内数据发射器、第一、第二监测断面位置;

2. 第一、第二监测断面具体位置应根据实际施工等情况进行适当调整;

3. 电力电缆沟内预留220V电源接口,为运营阶段第一监测断面处的数据采集器提供电源;

4. 隧道施工阶段,需为数据发射器和第一测断面处的数据采集箱提供220V临时电源;

5. 第二监测断面的8条数据测线,采用一条塑料管进行保护,连接至第一监测断面处。

图7-4-91　左线隧道监测断面及数据发射器布置断面

1—第二监测断面;2—第一监测断面;3—数据发射器

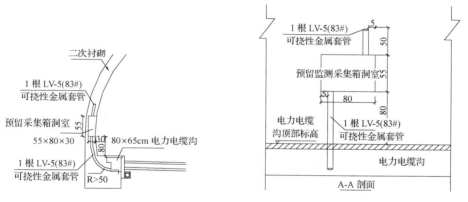

图7-4-92　第一监测断面预留数据采集箱、套管

隧道纵向间距分别为0.5m,钻孔孔径为70~80mm。

远程自动监测系统传感器安装与常规隧道监测中的仪器安装要求基本一致。

4. 智能传感器

自动监测系统需采用智能型数码传感器或加接传感器智能化系统。智能数码传感器通过将微电子智能芯片、内存和处理电路内置于传感器内部,具备以下功能:① 测量数字化。数字信号远距离传输不失真,抗干扰能力强,不受引线长度的影响;② 智能记忆功能。具备电子编号功能,将传感器型号、编号存储在传感器内,不需进行人工线头编号,可避免因测试线被剪断而导致的线头编号混乱现象发生;③ 直接输出被测物理量,不需进行人工转换,方便实时监测和数据分析处理;④ 传感器内置内存,可保障测量数据的安全性,避免测量数据的丢失。

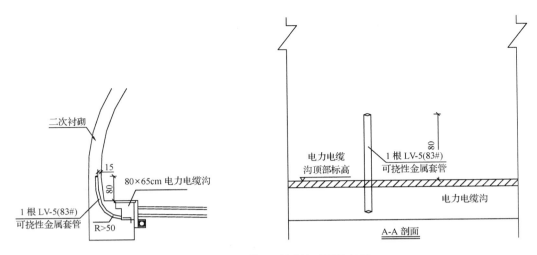

图 7 - 4 - 93　第二监测断面预留套管

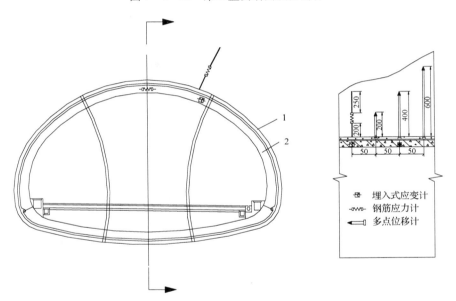

图 7 - 4 - 94　第一、第二监测断面监测仪器布置

1—初衬；2—二衬

5. 采集模块

采集模块为二次仪器，主要接受计算机下达的命令，完成各类传感器的信号采集，并负责与计算机之间的数据传输。采集模块可完全独立工作，其内部时钟控制电路可依据设置好的状态参数进行定时测量，并将定时测量的数据存储在采集模块内部的电子硬盘中，当接收到下载命令后，将测量的数据发射到无线收发仪，从而完成现场数据的自动监测。采集模块的通道可配接钢筋应力计、压力盒、锚索计、位移传感器等各式智能传感器，可识别各通道所接智能传感器的型号、编号，并可显示其相应的被测物理量。

6. 监测终端

远程自动监测终端系统为监测指挥系统，一般由计算机 + 自动化监测系统软件组成。

其中自动化监测系统软件需具备如图 7-4-95 所示的功能。通过数据传输方式与现场采集模块建立通讯联系,完成系统管理、数据采集等功能,同时具备进行数据处理、数据管理、可视化显示和图表输出等基本办公功能。

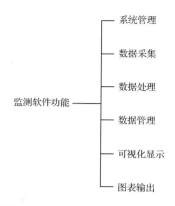

图 7-4-95　监测软件主要功能

（四）数据实时采集与控制

主要通过厂商所提供监测软件完成数据的实时采集与控制,具体操作可参考厂商所提供的软件说明书。以下仅列举龙头山隧道所采用的监测数据实时采集与控制基本流程。

1. 数据实时采集流程

1）通过域名服务商软件,将终端电脑的 IP 地址与自动测量模块中设定的域名绑定。

2）启动无线服务,并拨打无线自动综合监测系统发射器中安装的 SIM 卡所对应的手机号码,触发发射器的 DTU 启动,并自动搜寻 GPRS 网络。

3）查询模块时间,确认监测者与发射模块、发射模块与自动采集模块的有效连接。

4）设定需要读取数据的时间区间。

5）读取相应模块的数据,保存数据,并可导出为 Excel 格式。

2. 监测参数远程控制

可通过无线数据业务中心（GPRS 网络）软件,设置自动采集模块的监测频率,并可通过该软件查询各通道所对应的仪器编号及其监测数据。

（五）监测数据曲线

以下仅列举广州龙头山隧道进行远程自动监测的部分数据曲线。图 7-4-96 为某拱顶沉降随时间发展曲线,图 7-4-97 为某测点钢筋应力随时间发展曲线,图 7-4-98 为某测点混凝土应变随时间发展曲线。

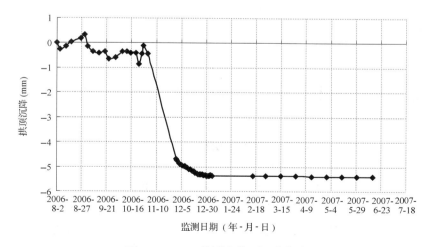

图 7-4-96　某测点拱顶沉降曲线

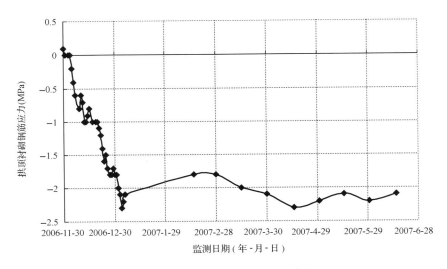

图 7 - 4 - 97 某测点钢筋应力曲线

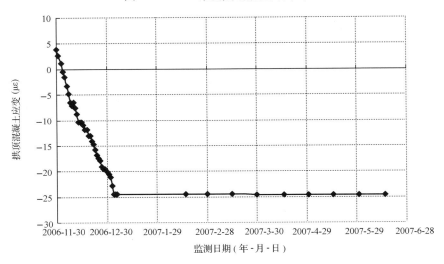

图 7 - 4 - 98 某测点混凝土应变曲线

第五节 城市软土深基坑及盾构隧道安全监测实例

一、基坑支撑结构体系的监测

基坑支护体系由围护墙和内支撑或者土层锚杆两部分组成。它们与挡土桩墙一起,以增强支护结构的整体稳定。内支撑可以直接平衡两端围护墙上所受到的侧向压力,其构造简单,受力明确。内撑式围护结构的主要优点是,施工质量较容易控制,能充分发挥支撑材料在性质上的优势,而其承载力与土的性质没有关系(而土锚的拉力与土的性质有关系)。内撑式围护结构可适用于各种地质条件下的基坑工程,适用的基坑深度在技术上不受限制,适用于平面尺寸特别是跨度不太大的周围维护或对边围护的基坑。跨度过大的基坑必然导致内支撑的长度与断面太大,以至于可能出现经济上不合理的情况。而采用锚拉结构时,每延米基坑所需的锚拉力与平面尺寸大小无关。由于存在这种性质,内撑式维护仅适合作为平面尺寸不是很大的深基坑维护结构形式。采用空间结构支撑体系可应用于平面尺寸较大基坑中。

(一)内撑式维护结构的缺点和局限性

1)形成内撑并令其具备必要的强度,需占用一定的工期。

2)内支撑的存在有时对大规模机械化开挖不利。

3)四周维护后当开挖深度大时,机械进出基坑不甚方便,尤其是开挖最后阶段挖土机械退出基坑得整体或解体吊出。

(二)支撑体系的布置

一般情况下,支撑布置的基本形式有水平支撑体系和竖向斜支撑体系两种。

1)水平支撑体系由围檩(即布置在维护墙内侧,并沿水平方向四周兜转的圈梁)和立柱组成,见图 7-5-1(a)。水平支撑可以分为:贯通对撑或对撑桁架端部的八字撑,由围檩和靠近基坑边的对撑为弦杆的边桁架,支撑之间的边系杆等。水平支撑体系整体性好,水平力传递可靠,平面刚度较大,适合大小深浅不同的各种基坑,适用范围较广。

2)竖向斜支撑体系由围檩、竖向斜撑、斜撑基础、水平联系杆以及立柱等组成,如图 7-5-1(b)所示。

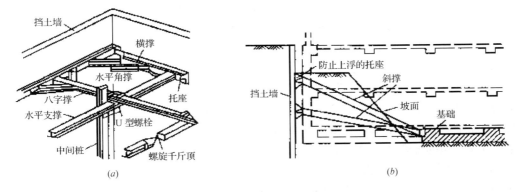

图 7-5-1 基坑支撑体系结构图

(a)平面支撑体系;(b)竖向斜支撑体系

竖向斜支撑体系要求土方采取"盆形"开挖,即先开挖中央部土方,沿四周护墙边预留土坡,待斜撑安装后,再挖除四周土坡。基坑变形受到土坡和斜撑基础变形的影响,一般适用于环境保护要求不高,开挖深度不大的基坑。对于平面尺寸较大,形状复杂的基坑,采用竖向斜撑方案可以获得较好的经济效果。

(三)基坑支撑体系监测的目的

1)检验设计所采取的各种假设和参数的正确性,指导基坑开挖和支护结构的施工。基坑支护结构设计尚处于半理论半经验的状态,土压力计算大多采用经典侧向的方法计算基坑周围土体土压力公式,与现场实测值相比较有一定的差异,因此,在施工过程中需要知道现场实际的受力和变形情况。基坑施工总是从点到面,从上到下分工况局部实施,可以根据由局部和前一工况的开挖产生的应力和变形实测值与预估值的分析,验证原设计和施工方案的正确性,同时可对基坑开挖到下一个施工工况时的受力和变形的数值和趋势进行预测,并根据受力和变形的实测或预测结果与设计计算时的相应值进行比较,必要时对设计方案和施工工艺进行修正。

2）确保基坑支护结构和相邻建筑物的安全。在深基坑开挖与支护施筑过程中,必须在满足支护结构及被支护土体的稳定性,避免破坏和极限状态发生的同时,不产生由于支护结构及被支护土体的过大变形而引起邻近建筑物的倾斜或开裂,邻近管线的渗漏等。从理论上讲,如果基坑围护工程的设计是合理可靠的,那么表征土体和支护系统力学形态的一切物理量都随时间而渐趋稳定,反之,如果测得表征土体和支护系统力学形态特点中的某几种或某一种物理量,其变化随时间而不是渐趋稳定,则可以断言土体和支护系统不稳定,支护必须加强或修改设计参数。在工程实际中,基坑在破坏前,往往会在基坑侧向的不同部位上出现较大的变形,或变形速率明显增大。在 20 世纪 90 年代初期,基坑失稳引起的工程事故比较常见,随着工程经验的积累,这种事故越来越少。但由于支护结构及被支护土体的过大变形而引起邻近建筑物和管线破坏则仍然时有发生,而事实上大部分基坑维护的目的也就是出于保护邻近建筑物和管线。因此,基坑开挖过程中须进行周密的监测,当建筑物和管线的变形在正常的范围内时可保证基坑的顺利施工,当建筑物和管线的变形接近警戒值时,可及时采取对建筑物和管线本体进行保护的技术应急措施,在很大程度上避免或减轻破坏的后果。

3）积累工程经验,为提高基坑工程的设计和施工的整体水平提供依据。支护结构上所承受的土压力及其分布,受地质条件、支护方式、支护结构刚度、基坑平面几何形状、开挖深度、施工工艺等的影响,并直接与侧向位移有关,而基坑的侧向位移又与挖土的空间顺序、施工进度等时间和空间因素等有复杂的关系。现行设计分析理论尚未完全成熟,基坑围护的设计和施工,应该在充分借鉴现有成功经验和吸取失败教训的基础上,根据自身的特点,力求在技术方案中有所创新、更趋完善。对于某一基坑工程,在方案设计阶段需要参考同类工程的图纸和监测成果,在竣工完成后则为以后的基坑工程设计增添了一个工程实例。现场监测不仅确保了本基坑工程的安全,在某种意义上也是一次 1∶1 的实体试验,所取得的数据是结构和土层在工程施工过程中力学行为的真实反应,是各种复杂因素影响和作用下基坑系统力学行为的综合体现,因而也为该领域的科学和技术发展积累了第一手资料。

（四）基坑支撑体系监测内容

基坑工程施工现场监测的内容分为三大部分,即维护结构和支撑体系、周围地层和相邻环境。其中支撑体系监测的内容包括支撑和土层锚杆、围檩和立柱等部分,具体见表7－5－1。

表 7－5－1　　　　　　　　　　基坑支撑体系现场监测内容

序号	监测对象	监测项目	监测元件和仪器
1	水平支撑	轴力	钢筋应力传感器、应变计、频率仪
2	立柱	垂直沉降	水准仪
3	围檩	（1）内力	钢筋应力传感器、频率仪
		（2）水平位移	经纬仪、全站仪

1. 基坑支撑体系监测方法

（A）肉眼观察

肉眼观察是不借助于任何量测仪器,而用肉眼凭经验观察获得对判断基坑稳定和环境

922

安全性有用的信息,这是一项十分重要的工作,需在进行其他使用仪器的监测项目前由有一定工程经验的监测人员进行。主要观察维护结构和支撑体系的施工质量、维护体系是否有渗漏水及其渗漏水的位置和多少、施工条件的改变情况、坑边的堆载的变化、管道渗漏和施工用水的不适当排放,以及降雨等气候条件的变化等对基坑稳定和环境安全性关系密切的信息。同时需密切注意基坑周围的地面裂缝、围护结构和支撑体系的工作异常情况、邻近建筑物和构筑物的裂缝、流土或局部管涌现象等工程隐患的早期发现,以便发现隐患苗头及时处理,尽量减少工程事故的发生。这项工作应与施工单位的工程技术人员配合进行,并及时交流信息和资料,同时,记录施工进度与施工工况。这些内容都要详细地记录在监测日记中,重要的信息则需写在监测报表的备注栏内,发现重要的工程隐患则要专门出监测备忘录。

（B）支撑监测

采用钢筋混凝土材料制作的维护支挡构件,其内力或轴力通常是在钢筋混凝土中埋设钢筋计,通过测定构件受力钢筋的应力或应变,然后根据钢筋与混凝土应变相等的变形协调条件计算得到。钢筋计有钢弦式和电阻应变式两种,二次仪表分别用频率计和电阻应变仪。

对于型钢、钢管等钢支撑轴力的监测,可通过串联安装轴力计或压力传感器的方式来进行,用支撑轴力计价格略高,但经过标定后可以重复使用,测试简单,测得的读数根据标定曲线可直接换算成轴力,数据比较可靠。在施工单位配置钢支撑时就要与施工单位协调轴力计安装事宜,由于轴力计是串联安装的,安装不好会影响支撑受力,甚至引起支撑失稳或滑脱。在现场监测环境许可条件下,亦可在钢支撑表面粘贴钢弦式表面应变计、电阻应变片等测试钢支撑的应变,或在钢支撑上直接粘贴底座并安装电子位移计、千分表来量测钢支撑变形再用弹性原理来计算支撑的轴力。

（C）土层锚杆监测

在基坑开挖过程中,锚杆要在受力状态下工作数月,为了检查锚杆在整个施工期间是否按设计预定的方式起作用,有必要选择一定数量的锚杆作长期监测,锚杆监测一般仅监测锚杆拉力的变化。锚杆受力监测有专用的锚杆轴力计,锚杆轴力计安装在承压板与锚头之间。钢筋锚杆可采用钢筋应力计,其埋设方法与钢筋混凝土中的埋设方法相类似,但当锚杆由几根钢筋组合而成时,必须每根钢筋上都安装钢筋计,钢筋计和锚杆轴力计安装好并锚杆施工完成后,应进行锚杆预应力张拉,这时要记录锚杆钢筋计和锚杆轴力计上的初始荷载,同时也可根据张拉千斤顶的读数对锚杆钢筋计和锚杆轴力计的结果进行校核。在整个基坑开挖过程中,每天宜测读一次,监测次数宜根据开挖进度和监测结果及其变化情况而适当增减。当基坑开挖到设计标高时,锚杆上的荷载应是相对稳定的,但监测应继续进行。如果每周荷载的变化量大于锚杆所受的荷载,就应当查明原因,采取适当措施。

现将有关工程事例如下:

例1：上海某商务中心工程基坑支撑监测

（一）工程简介

某商务中心工程位于上海市普陀区金沙江路、真北路交叉口。建筑基坑直径近 200 m,地下两层,地上为 7 栋单体组成的联合体;基坑维护由同济大学设计。基坑属 1～2 级基坑,维护结构采用水泥搅拌桩加钢筋混凝土灌注排桩方案,并设置两道钢筋混凝土环型内支撑。基坑开挖深度9.0 m,超深部位达11.5 m。为目前国内外最大直径的深基坑。

(二)工程地质概况

工程场地属滨海平原地貌类型,场地浅部土层中的地下水属于潜水类型,其水位动态变化主要受控于降水和地面蒸发等影响。实测取土孔内的地下水静止水位埋深在0.50 ~ 1.30 m之间,标高为2.38 ~ 4.18 m。

(三)支撑体系监测的主要目的

基坑位于繁忙的交通路口,施工场地周围有建筑物和地下管线,基坑开挖所引起的土体变形将直接影响这些建筑物和地下管线的正常状态。在基坑开挖与支护过程中,要满足支护结构及被支护土体的稳定,首先要防止破坏或极限状态发生。因此,只有对基坑支护结构、基坑周围的土体和相邻的构筑物进行综合、系统的监测,如有险情出现,可在第一时间内进行及时处理,围绕以下目的开展监测、信息反馈、分析等"信息化施工"。

1)确保工程基坑施工期间基坑的稳定性、结构体本身的安全和稳定。
2)确保施工影响区域内的已有建筑物及市政管线的安全性,提供信息数据。
3)及时为施工提供反馈信息,随时根据监测资料调整施工程序,消除安全隐患。
4)为验证理论计算、优化施工方案提供依据。
5)积累深基坑设计、施工、监测等方面的经验。

(四)支撑体系监测内容及测点布置

根据监测系统的设计原则,监测点的布置应满足监控要求,从基坑边缘以外1~2倍开挖深度范围内的需要保护的物体均作为监控对象。根据监测内容及系统设计,测点布置见图7-5-2、图7-5-3。主要对维护桩倾斜,桩顶水平位移和沉降、基坑水位、环形支撑轴力进行监测。

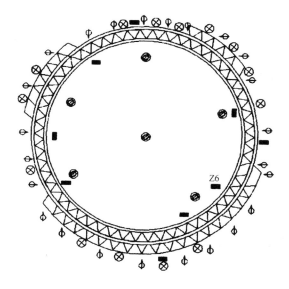

图7-5-2 首道支撑测点布置图

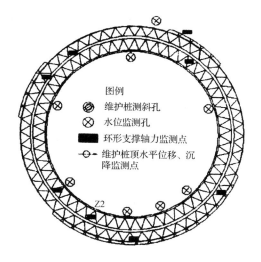

图7-5-3 二道支撑测点布置图

（五）支撑体系监测成果分析

1. 钢立柱沉降监测

根据监测数据分析,外环钢立柱总体呈下降趋势,当基坑开挖至底部时略有反弹,最小沉降 -16.2 mm（D2）,最大沉降 -18.2 mm（D6）,内环钢立柱总体呈上升趋势,最小上升 7.4 mm（D21）,最大上升 12 mm（D6）。以 D1、D13 为例,累计变化曲线见图 7-5-3。

2. 钢筋混凝土水平环形支撑轴力监测

首道支撑随着土方开挖轴力逐渐增大,至二道支撑完成后轴力明显减弱,随着基坑开挖轴力又逐渐增大,以 Z6 为例,至 9 月 19 日累计达到 3866.7kN,累计变化见图 7-5-4。

第二道支撑轴力随着基坑开挖的加深,深层土体向基坑位移逐渐加大。因此,支撑受力也明显大于第一道支撑,与第一道支撑受力不同的是内环梁大于中环梁,外环梁受力最小。底板浇注完成后,轴力逐渐稳定甚至有所减小。以内环梁 Z24 为例,最终累计变量变化曲线见图 7-5-5。

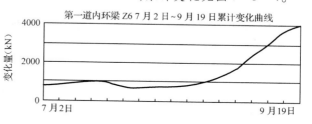

图 7-5-4 环形支撑轴力变化曲线图

从以上监测数据可以看出,基坑施工期间的各项数值均在报警值范围内。坑内水位随雨天有所变动,说明搅拌桩加灌注桩的止水帷幕效果不是太理想。

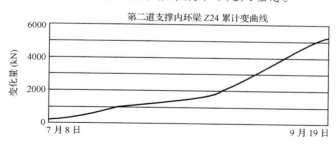

图 7-5-5 二道支撑内环梁轴力变化曲线图

例 2：广州地铁某站工程支撑监测

（一）工程概况

工程位于广州市中心区东南侧,为广州地铁二号线及四号线换乘站。基坑工程分为两部分:第一部分为沿二号线基坑总长 525 m,二号线站位标准段宽度 20.1 m,折返线标准宽度为 13 m,基坑深约 11 m;第二部分为沿四号线基坑总长约 236 m,站位标准段宽 31.1 m,深约 17 m。基坑深度三倍范围内的地面建筑包括:原"中南人武人才培训中心"的建筑群,有单层至三层的砖混结构房屋,在基坑施工时位于本段基坑一倍深度范围内的建筑,要求拆迁,剩余的留作施工用房;在中南人武人才培训中心南侧有四栋四层钢筋混凝土房屋,一栋单层钢筋混凝土框架结构建筑,与基坑的最近距离为 7.40 m。在上述基坑三倍开挖深度范围内管线包括:基坑东侧 $\phi800$ mm 供水管,与基坑的最近距离为 24.30 m;基坑东侧电信管线,与基坑的最近距离为 19.70 m;基坑东侧 $\phi1000$ mm 供水管,与基坑的最近距离为 30.3

m。本区段不良地质为海陆交互相淤泥质粉细砂以及淤泥质软土,地下水丰富。

(二)基坑支护

本站的基坑深度最大值为 18.70 m,由于四周场地开阔空旷,基本上没有什么重要建筑物及重要的管线,基坑对周围环境的影响不大。根据有关规范标准,综合分析本基坑支护工程的破坏后果、基坑和周边环境,确定本基坑工程安全等级为二级。本区段揭露的地层如下:人工填土层,淤泥,淤泥质土层,淤泥质粉细砂层,粉土、粉质黏土,全风化岩层,强风化岩层,中风化岩层,微风化岩层。考虑不同地层特点、厚度以及埋深,对多种支护形式进行比较和选型,决定分段采用如下的多种综合支护方式(见表 7 - 5 - 2)。

表 7 - 5 - 2   基坑综合支护表

编号	支护类型	平面位置	构件尺寸
1	钻(冲)孔灌注桩加内支撑	盾构始发井	采用 ϕ1000 的钻(冲)孔灌注桩,桩心距为 1100mm,在桩间采用高压旋喷桩作为桩间止水。桩与冠梁采用 C30 混凝土,钢筋采用 HRB335,嵌入微风化层 1.5m。腰梁采用 2150c 的工字钢组合而成,腰梁与钻(冲)孔灌注桩之间的间隙用 C30 混凝土填充,冠梁截面 $b \times b = 1000\text{mm} \times 1000\text{mm}$。喷锚而层采用钢筋网喷锚混凝土面层,钢筋网采用 ϕ6@150×150mm,喷射混凝土为 C20,厚 100mm。
2	钻(冲)孔灌注桩加预应力锚杆	①四号线明挖区间设计终点 SYDK14 + 207.800 ~ 四号线明挖区间设计里程 SYDK14 + 193.700; ②四号线车站设计里程 SYDK14 + 157.600 ~ 车站主体里程 SYDK14 + 126.800	桩、冠梁、面层、钢筋网、腰梁等构件尺寸要求同上。
3	加筋深层搅拌桩与土钉、预应力锚杆相结合的组合支护	①二号线里程 EYDK1 + 326.8EYDK1 + 500.9; ②二号线站前区间段 EYDK1 + 268.086 ~ EYDK1 + 326.8; ③站后折返线里程 EZDK1 + 500.9 ~ EZDK1 + 793.000	围护结构中止水桩幕采用两排 ϕ600 搅拌桩,桩体互相咬合 150mm,进入相对不透水层(即强风化岩层)0.5m,深层搅拌桩采用四搅二喷法施工。在深层搅拌桩施工完后应钻孔插入 ϕ114,厚 4mm 的超前钢管,嵌入岩层(其中如桩底为强风化岩则嵌入 1.0m,如桩底为中风化岩则嵌入 1.0m,如桩底为微风化岩则嵌入 0.5mm),侧向用 ϕ120 的土钉,土钉平均长度约 14m,水平间距平均 1000mm,竖向间距平均 1000mm,土钉内放置注浆花管(ϕ48×3.5 或 ϕ60×4),如土钉土压力较大或设置在强、中风化岩,则放置粗钢筋,采用 HRB335。腰梁采用钢筋混凝土,腰梁与搅拌桩之间的间隙用 C20 混凝土填充。而层除厚度为 150mm,其他同上。

(三)支撑系统监测

1. 基坑锚杆预应力实测

锚杆应力监测表明,基坑锚杆应力随着基坑深度增加,锚杆应力增减幅度不大,基坑开挖到底部时,锚杆最终应力约占设计应力值的 45% ~79.5%,且大部分在 50% ~60% 范围内(见表 7 - 5 - 3),因而可以说锚杆的应力未能得到充分发挥。另外由于在锚杆张拉过程中第一根锚杆张拉完毕后,第二根张拉会导致第一根锚杆周围土体松弛,进而导致第一根锚杆应力值降低。

926

表 7－5－3		锚杆应力实测值表	
锚杆编号	应力实测值 （kN）	锚杆应力设计值 （kN）	应力实测值与设计值百分比 （％）
Y1－03－03	135.4	300	45.1
Y1－06－13	159.5	300	53.2
Y1－09－09	230.6	300	76.9
Y1－11－09	194.2	300	64.7
Y1－14－01	167.3	300	55.8
Y1－19－06	164.4	300	54.8
Y1－20－01	238.6	300	79.5
Y1－20－24	207.4	300	69.1
Y2－02－11	201.6	300	67.2
Y2－02－44	168.5	300	56.2
Y2－05－04	169.8	300	56.6
Y2－05－08	129.7	300	43.2
Y2－07－18	163.9	300	54.6
Y2－09－04	168.5	300	56.2
Y2－11－07	183.8	300	61.3
Y2－12－14	208.3	300	69.4
Y2－16－22	165.6	300	55.2
Y2－20－42	205.7	300	68.6
Y3－16－05	173.3	300	57.7
YD1－01－01	294.0	500	58.8
YD－02－13	225.9	500	45.2
D3－03－08	459.3	630	72.9

2. 钢管支撑轴力监测

根据钢管支撑构件的特点及施工现场的实际情况,采用支撑轴力计进行监测,选用振弦式轴力计和振弦读数仪。现以第801#轴力计测量数据为例,将其测量结果列于表7－5－4及图7－5－6。

表 7－5－4		钢支撑轴力监测数据	
测量日期（年－月－日）	测量时间	频率（Hz）	轴力（kN）
2001－3－26	10:00	1439.5	155
2001－4－27	11:30	1444.6	152
2001－5－3	11:00	1405.9	281
2001－6－4	10:30	1431.9	200
2001－7－3	10:30	1406.8	278

（四）结论

基坑监测过程中及时发出预报采取措施控制险情,突出了基坑工程信息化施工的必要性与重要性。不同支护方式基坑开挖水平影响范围差别较大,就本基坑监测结果分析来看,锚杆支护基坑开挖影响范围大于内支撑基坑开挖影响范围。水管监测结果表明在基坑开挖影响范围内线状地下构筑物沉降规律是相似的,但沉降量因受到各种因素影响而有较大差别。锚杆应力监测结果表明基坑锚杆应力未得到充分发挥,此外锚杆张拉顺序也影响锚杆应力大小。

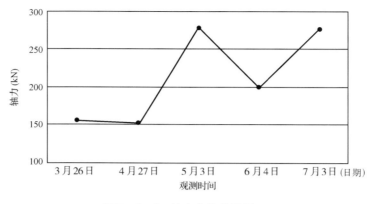

图 7 - 5 - 6　轴力变化曲线图

例3：润扬长江公路大桥南锚碇基坑内支撑监测

（一）工程概述

润扬长江公路大桥位于长江下游镇江、扬州、瓜洲渡口上游约 1.5km，全长约 4.7km，其中南汉桥采用大跨径悬索桥方案，跨度 1490m，为国内第一悬索大桥。主体工程由两锚、两塔、大缆及箱梁组成。其中南锚锚碇位于镇江市五摆渡村，周围为居民房屋及耕地，其地基岩土体由第四系松散层和基岩组成。南锚碇基坑尺寸为长 69m，宽 51m，深 29m，其顶面标高 3.0m，底面标高 -26.0m。由于排桩冻结施工法是一种新的施工工艺，尚存在着一些难点尚待认识和解决。特别是内支撑轴力的分布和变化与其他结构类型基坑有很大区别。因此，须通过施工过程中的基坑内支撑轴力的分布与变化的监测，才能保障基坑开挖过程的安全与稳定，也为今后类似工程的建设积累经验。

（二）工程地质情况

1. 第四系覆盖层

南锚碇位于下扬子板块前陆褶皱冲断区宁镇冲断带。锚区上覆盖第四系总厚 27.80 ~ 29.40m，起伏不定，东南偏高，东北低，土性自上而下分别为灰色亚黏土、淤泥质亚黏土、亚黏土与粉砂互层、粉细砂。土层砂性逐渐增强。各土层地质情况见表 7 - 5 - 5。

表 7 - 5 - 5　　　　各层土的主要力学性质指标

土层编号	土层名称	含水量（%）	重度（kN/m³）	摩擦角（°）	内聚力（kPa）	渗透系数（10^{-6}cm/s）
1	亚黏土	37.5	18.7	18	44	1.9
2 - 1	淤泥质亚黏土	43.5	18.7	20.5	22	9.34
2 - 2	亚黏土、粉砂互层	34.5	19.0	31	23	
2 - 3	粉细砂	37.0	18.5			898

2. 基岩地层

南锚碇下伏基岩为燕山期侵入岩体，岩性主要为二长花岗岩，伴有后期煌斑岩脉穿插，其矿物成分以夹长石、斜长石、石英、黑云母为主。该岩体具有不同程度蚀变，局部受构造影

928

响,基岩岩性为碎裂结构适应二长岩、钾长石等。基岩面总体较为平缓,东南见岩早,东北见岩迟,四周高,中间低,漏斗状曲面, −26m 深锚体全坐落在风化岩上,嵌岩深度在 1 ~ 2m 深。

3. **F7 断裂构造带**

在锚区地表采用浅层地震折射法勘探,并辅以电测探法。测试结果在南锚碇基坑的西北侧存在 30 ~ 40m 的低速带,该带在基坑范围内经钻探查证:基坑西侧岩石呈碎裂结构,岩石破碎,蚀变相对严重,不规则隐裂隙发育,具绿泥石化、碳酸盐化、高岭土化等特点,可判为断裂构造影响带。断层走向为 N5°W ~ N5°E,倾 NE 或 SE,倾角 55° ~ 70°,断层宽 2.0 ~ 5.2m,呈波状延展,南宽北窄,为压扭性断层。

(三)水平内支撑布置

基础共布设 7 道钢筋混凝土支撑来承担结构水平荷载,其本身的竖向荷载由 29 根立柱钢结构承担。支撑体系布置见图 7 − 5 − 7、图 7 − 5 − 8。

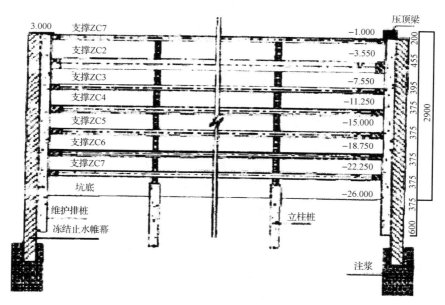

图 7 − 5 − 7　基坑剖面图(单位:cm)

(四)支撑监测方案

支撑轴力监测七道支撑共布置 28 个断面,每道支撑布置 4 个断面图,每个断面由两个应力监测点和 2 个应变监测点,通过应力应变监测值换算成支撑轴力值。图 7 − 5 − 9 是支撑轴力监测点位平面布置图。

(五)支撑轴力监测信息分析

1. **支撑轴力监测值与设计值对比分析**

根据设计计算在考虑正常的水位、土压力时同时考虑大小为 0.1MPa 的冻胀力时,第一道和第二道支撑中 1 ~ 44 个测点的轴向压力应为表 7 − 5 − 6,三月初强制补冻后期实测轴力表 7 − 5 − 7。由此可见在冻土壁生成的期间,作用到挡土结构上的冻胀力是非常大的,第一道支撑的实测轴力大于原来设计计算所估计值的五倍。

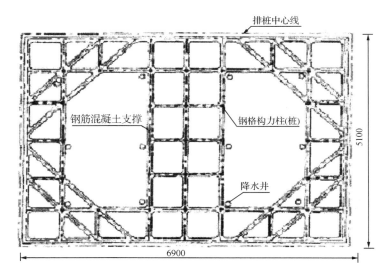

图 7-5-8 基坑内支撑及降水井平面图(单位:cm)

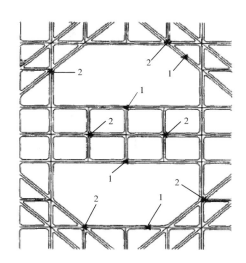

图 7-5-9 支撑轴力监测点位平面布置图
1—应变计测点;2—轴力计测点

表 7-5-6 原计算支撑轴力(kN)

测 点	第一道支撑	第二道支撑
1	2355	8210
2	1530	5090
3	1530	5090
4	2029	5723

表 7-5-7 三月初强制补冻后期实测轴力(kN)

测 点	第一道支撑	第二道支撑
1	12507.0	4957.0
2	10744.9	5862.0
3	10785.1	3377.1
4	10267.9	4557.5

2. 支撑轴力随时间变化分析

第一道支撑:在第二道支撑浇筑前,轴力随时间增加很快,最大达1100t,第二道支撑浇

930

筑后及卸压后,明显减小,积极冻结期有所增加,之后随开挖有所降低,基础浇筑期趋于稳定。如图7-5-10。

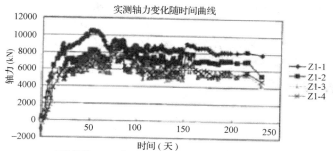

初始日期:2001年12月25日;结束日期:2002年8月29日

图7-5-10 第一道支撑轴力随时间变化曲线

第二道支撑:第二道支撑浇筑后,轴力随时间增加达300t后趋于稳定,第二道加固支撑浇筑后进行开挖时轴力明显增大达900t,第三道支撑浇筑后有所降低,基础浇筑期趋于稳定。如图7-5-11。

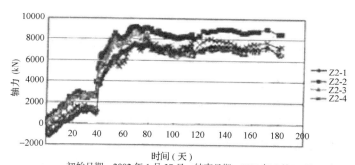

初始日期:2002年1月27日;结束日期:2002年4月29日

图7-5-11 第二道支撑轴力随时间变化曲线

第二道加固支撑:在第三道支撑浇筑前,轴力随时间增加,最大达200t,之后随开挖有所波动,基础浇筑期趋于稳定。

第二道支撑加第二道加固支撑:在第三道支撑浇筑前,轴力随时间增加,最大达1100t,之后随开挖有所波动,基础浇筑期趋于稳定。

第三道支撑:在第四道支撑浇筑前,轴力随时间增加较快,最大达500t,第四道支撑浇筑后,有所减小,基础浇筑期趋于稳定。

第四道支撑:在第五道支撑浇筑前,轴力随时间增加较快,最大达300t,第五道支撑浇筑后,有所波动,略有增加,基础浇筑期趋于稳定。

第五道支撑:开挖期间轴力随时间逐渐增加,基础浇筑期间有所波动。

第六道支撑:开挖期间及基础浇筑期间轴力随时间逐渐增加,如图7-5-12。

第七道支撑:开挖期间及基础浇筑期间轴力各点轴力变化不同,Z7-2较大,Z7-4达300t后趋于稳定。

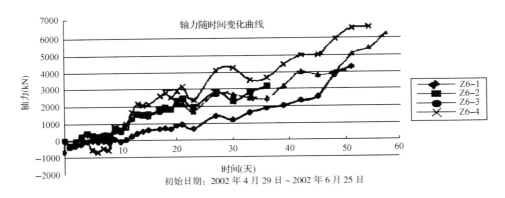

初始日期：2002年4月29日~2002年6月25日

图7-5-12 第六道支撑轴力随时间变化曲线

综上,在第二道加固支撑浇筑前,第一道支撑和第二道支撑承受了较大的轴力,在第三道支撑浇筑后,第一道支撑和第二道支撑承受了的轴力有所下降,趋于稳定。

第二道加固支撑及以下三道各支撑承受的轴力相对较小,在基坑浇筑期间都趋于稳定。

第六道和第七道支撑承受的轴力相对较小,在基坑浇筑期间轴力仍在增加,与混凝土浇筑产生热量有关。

二、上海地铁二号线某车站施工监测❶

(一) 工程概况及监测目的

上海地铁二号线某车站长227.8m,宽23.2m,埋深14.89m,顶部覆盖层厚2.6m。采用二层三跨钢筋混凝土结构,其护围结构采用0.8m厚单衬地下连续墙,同时作为车站结构的外侧墙。地下连续墙接头采用"十"字钢板止水接头。

车站东西端井及标准段的西二、三、四施工段采用顺作法施工;其他施工段采用逆作法施工。基坑先开挖至中楼板底部,然后浇筑中楼板,再浇筑顶板,顶板浇后即可恢复路面交通,中楼板以下土体从预留孔中用长臂挖掘机挖出,最后浇筑底板。

由于本车站地处繁华市区,在施工期对周围环境的影响不能太大。为确保护围结构、支撑结构及周围建筑物的安全,必须进行安全监测。监测成果除了指导安全施工外,还可验证、改进设计。

(二) 监测内容及测点布置

1）地下连续墙顶部沉降及水平位移监测。

2）墙体倾斜、支撑轴力观测。

3）地下水位观测。

4）土体分层沉降观测。

5）灌注桩的承载力差异沉降观测。

6）周围建筑物沉降观测等项目,见表7-5-8和图7-5-13。

❶ 文中内容摘自水利部上海勘测设计研究院科研所《地铁二号线某车站施工阶段安全监测报告》。

序号	观测点位置	沉降点（个）	水平位移测点（个）	测斜管（根）	轴力计（支）	地下水位测孔（个）
1	东端头井	5	3	1	9	1
2	西端头井	6	3	1	9	1
3	标准段侧墙	7	20	4	8	1
4	管线及周边建筑物	53	—	—	—	—
5	灌注桩差异沉降观测	28	—	—	—	—

表 7 - 5 - 8　　　　上海地铁二号线某车站测点布置情况

（三）测试方法及量测仪器

1. 沉降观测

沉降观测采用瑞士 WILD 公司的 NA₂ 型精密水准仪，以三等水准施测。在离基坑 70m 以外设两个水准工作基点，加上常德路东侧的一个，组成复合水准网。

2. 水平位移观测

水平位移采用瑞士 WILD 公司的 T₂ 型 2″级的经纬仪以视准线法施测。设 6 个视准基点，其中两个用以观测东、西端头长边的水平位移，4 个用于观测标准连续墙顶部位移。

3. 墙体倾斜观测

在地下连续墙钢筋笼中预先埋设长 30m 的测斜管，采用美国 Sinco 公司 50325 型伺服加速度式测斜仪和该公司的 Data Mata 接收仪。该仪器是通过测试探头的倾角变化而推算连续墙的倾斜变位。

4. 支撑轴力观测

支撑轴力用南京自动化厂钢板计施测，在钢支撑安装前，先将钢板计底座焊在其表面，在支撑梁安装完毕未加预应力时将钢板计安装在底座上，同时测得初始电阻读数 R_0 和电阻比 Z_0。设支撑受力后所测得的电阻为 R，电阻比为 Z，则支撑应变量 ε 的计算公式如下：

$$\varepsilon = f\Delta Z + b\Delta t = f(Z - Z_0) + ba'(R - R_0) \qquad (7 - 5 - 1)$$

式中　f——应变计的最小读数（灵敏度），由厂家给出；

　　　Δt——温度相对于基准值的变化，升为正，降为负，℃；

　　　b——温度修正系数，10^{-6}/℃；

　　　a'——仪器温度系数，℃/Ω。

支撑轴力 T 可用下式计算：

$$T = A \cdot E_s(\varepsilon - B_s \cdot \Delta t)$$
$$= A \cdot E_s(f\Delta Z + b\Delta t - B_s\Delta t) \qquad (7 - 5 - 2)$$

式中　A——钢支撑截面积；

　　　E_s——钢支撑弹模值；

　　　B_s——钢支撑的膨胀系数。

在式（7 - 5 - 2）中，假定 $b = B_s$，则 $T = A \cdot E \cdot f(Z - Z_0)$。

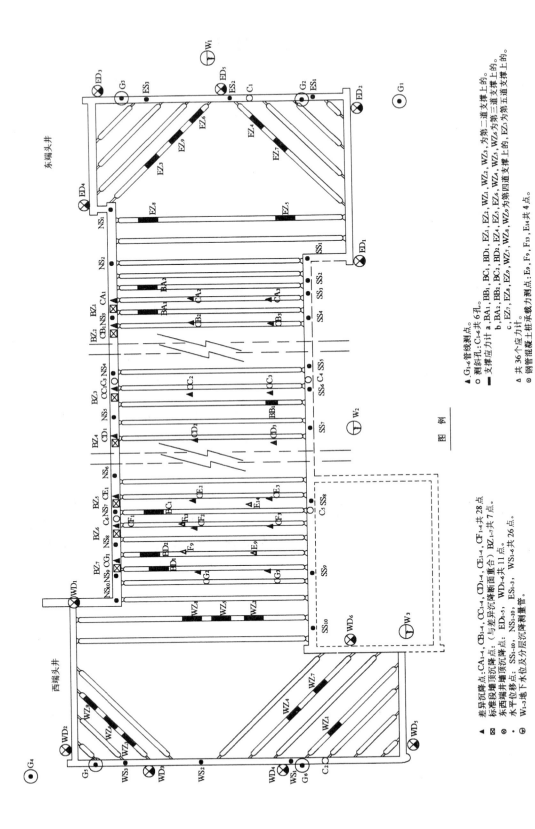

图7－5－13　地铁某站安全监测各测点布置示意图

934

由于钢支撑不一定是轴心压,因此在同一轴面上安装 3~4 支同样的钢板计算出平均应变量,以确切反应钢支撑的轴力。

5. 地下水位观测

在墙体外土体中先埋设深为 20m 的 PVC 水管,采用水位仪测出管口至水面的距离 Δh,再根据管口高程 $H_{管}$ 即可算出水位 $H_{水}$ 计算公式如下:

$$H_{水} = H_{管} - \Delta h$$

$H_{管}$ 可由水准仪测得。

6. 土体分层沉降观测

利用土体中安装的地下水位测管时,在管外同时安装 4 支测沉降的分层沉降磁环,深度分别为 2m、6m、10m、15m。采用电磁式沉降仪测得各磁环与管口的距离 Δh,再测得管口高程 $H_{管}$,从而算出每个磁环的高程 $H_{磁}$,可用下式计算:

$$H_{磁} = H_{管} - \Delta h$$

每次测得磁环高程的变化即为该处土体的垂直变化量。

7. 钢管混凝土桩承载力的测试

钢管混凝土桩的承载力测试方法与支撑梁相同,把钢板计安装在钢管混凝土桩的钢管表面,同时装 3 支按 120° 均布,用平均值参加计算,承载力 F 可用下式计算:

$$F = A_s \cdot E_s \cdot f(Z - Z_0) + A_c \cdot E_c(\varepsilon_0 - B_c \Delta t) \qquad (7-5-3)$$

式中　　A_s——混凝土桩截面积;

E_s——钢管弹模值;

E_c——混凝土弹模值;

B_c——混凝土膨胀系数;

ε_0——钢板计的平均应变(假设钢管与混凝土变形相等)。

(四)监测资料及分析

由于工程中测得资料很多,现仅列举其中部分资料供参考。

1. 东端头井连续墙顶部沉降

东端头井共设墙顶沉降观测点 5 个,从 1997 年 3 月基坑挖土开始,各测点均有上抬现象(见表 7-5-9)。ED_5 点上抬量稍大。3 月 20 日第二道支撑完成后由于挖土速度较慢,各测点变化不大,4 月 15~24 日各测点上抬至最高值。4 月 30 日挖土结束后各测点开始下沉,底板浇筑完成后各测点又略有下沉,10 天后基本稳定,其中只有 ED_5 变化较大,但均未达到报警值(30mm)。因此施工始终处于安全状态。

表 7-5-9　　　　　　　　　东端头井连续墙最大测值表

测点编号	ED_1	ED_2	ED_3	ED_4	ED_5
上升最大值(mm) (发生日期) (年-月-日)	8 (1997-4-25)	5 (1997-4-30)	8 (1997-4-25)	8 (1997-4-30)	11 (1997-4-25)
下沉最大值(mm) (发生日期) (年-月-日)	-4 (1997-3-11)	-4 (1997-3-14)	-4 (1997-3-14)	-3 (1997-5-9)	-3 (1997-3-15)

2. 东端头井连续墙顶部水平位移

根据顶部 3 个观测点 ES_{1-3} 观测资料给出位移过程线见图 7-5-14,图中向土体方向位移为正,向基坑方向位移为负。初始值于 4 月 6 日测定,此时东端头井已开挖至第二道支撑。由图中看出 ES_1、ES_2 的位移量均不大,且与测斜管 C_1 测的管口位移基本一致。在 5 月 9 日底板浇筑完成后各测点均向基坑内移动,由厂需要进行通风井施工,ES_3 附近的第一道支撑提前拆除,因此 ES_3 的位移量较大达到 20mm,但也均未达到报警值(50mm),始终处于安全状态。

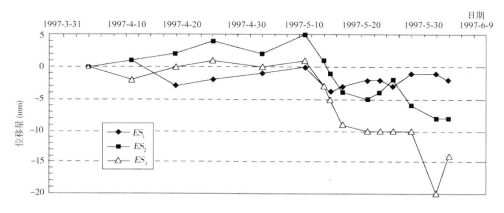

图 7-5-14 东端头井水平位移过程线

3. 东端头井连续墙倾斜观测

C_1 测斜管为该点倾斜测点,管口位移及最大过程线见图 7-5-15(向土体方向为正,向基坑方向为负)。

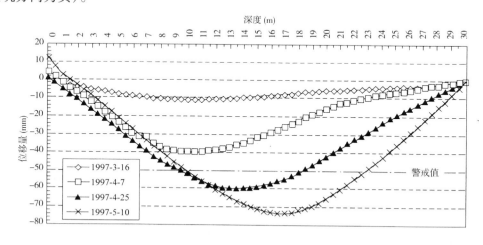

图 7-5-15 C_1 测斜管位移变化过程图

从图中可以看出,在基坑开挖前管口已向土体位移 4.04mm。3 月 12 日基坑开挖后测斜管整体向基坑变形,位移随开挖进程逐渐增大,于 4 月 18 日基坑开挖至第四道支撑后位移值已达 -52.04mm,超过警界值(-50mm),此时施工单位采取了增加支撑数量、加大支撑预应力等措施,取得一定效果。到 5 月 9 日底板浇筑完成后,整个连续墙开始趋于稳定。

4. 标准段支撑轴力的观测

标准段共装轴力计 8 支,分 4 个断面,每断面 2 只。现以 BD_1、BD_2 为例分析,见图 7−5−16。

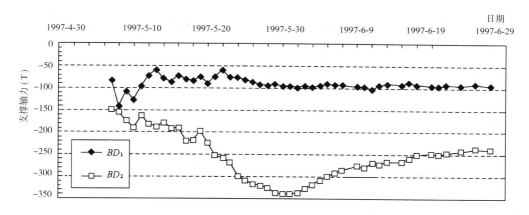

图 7−5−16 标准段 BD_1、BD_2 支撑轴力过程线

BD_{1-2} 所在断面为顺作法施工,BD_1 和 BD_2 均于 5 月 7 日安装,轴力分别为 −822kN 和 −1480kN,到 5 月 21 日 BD_2 轴力已升到 −2523kN,超过报警值(2500kN),5 月 30 日达最大值 −3390kN,于是安装第 2 道支撑,并增加支撑数量,测值有了明显的减小且趋于稳定。

5. 差异沉降观测

连续墙与钻孔灌注桩之间差异沉降共设 7 个断面,每断面 4 个水准测点,共 28 个测点。测试方法是在中楼板浇筑前,在中楼板与顶板之间的 2 根灌注桩和与之对应的南北两侧连续墙上,设置的沉降点每组共 3 个点与北侧连续墙某点的高差,以后根据高差的变化即可推算出连续墙与灌注桩沉降的差别,见图 7−5−17。

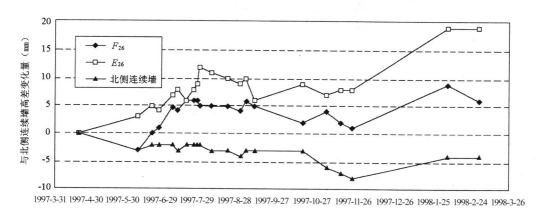

图 7−5−17 钻孔灌注桩 F_{26},E_{26} 与北侧连续墙高差变化量过程线

图中 F_{26} 与北侧墙最大差异沉降为 9mm,与北侧墙距离 6.4m,最大沉降坡度为 9/6400 = 1.41/1000,E_{26} 与 F_{26} 之间最大差异为 13mm,距离为 6m,坡度为 13/6000 = 2.17/1000。

6. 周围管线和建筑物沉降

周围管线和建筑物比较多,共设 53 个水准测试点,大多变化不大,说明施工对周围建筑物无大影响,现例举较有代表的、变化明显的 G_3 测点供参考,见图 7 – 5 – 18 中的 G_1 和 G_3 测点沉降过程线。

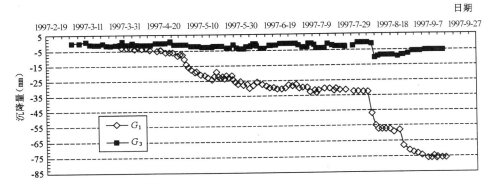

图 7 – 5 – 18　东侧管线测点 G_1、G_3 沉降过程线

G_1 离东端头井较近约 8m,4 月 30 日东端头井开挖开始后下沉加快,加之维护桩侧移较大且有漏水现象,造成土体下沉较大,最大到 –77mm,开挖结束后趋于稳定。

7. 地下水位观测

地下水位共埋设了 3 条测管,图 7 – 5 – 19 给出了 2 个测孔的水位变化过程线。

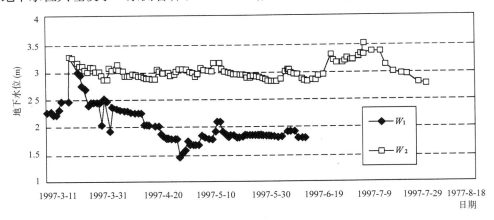

图 7 – 5 – 19　W_1、W_2 测点地下水位变化过程线

W_1 在东端头井外,离基坑约 5m,3 月 12 日开始测试,3 月 20 日一场大雨后孔内水位突然升高达 3.245m,经检查后发现是有部分雨水流入管内所致,其后随基坑挖深水位下降并逐渐稳定。W_2 测点设在标准段南侧土体中,离基坑约 6m,测得地下水位一直在 3m 上下波动,说明地下连续墙挡水性良好。

8. 土体分层沉降观测

在 3 个地下水观测孔的管外分别安装 4 个沉降磁环,深度为 2、6、10、15m,W_1 测孔土体沉降变化过程线见图 7 – 5 – 20。

由图中可以看出 1# 磁环由于埋深线,在吊车的碾压下已有沉降,其余基本不变。当 3 月 19 日东端头井外侧土体进行加固注浆时造成管口和各测点大幅上升,注浆结束后稳定并逐渐下降,随着基坑开挖造成连续墙内移,使各测点几次下降突变,底板浇筑后稳定。

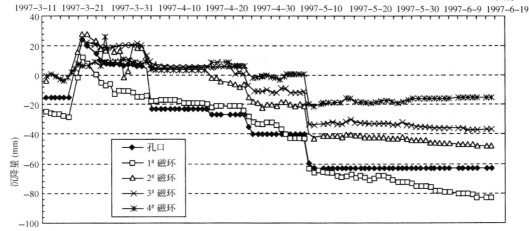

图 7 - 5 - 20　W_1 土体分层沉降变化过程线

（五）结语

地铁二号线某车站在整个施工过程中监测与施工密切配合,并根据现场施工需要确保施工安全,随机增加了一些临时监测项目,在此未作介绍。当测值接近警戒值时及时向施工单位和业主报告,并积极协助、参与讨论、采取紧急措施,加密观测和增加测点,正确及时地指导施工,保证了施工和周围环境的安全。

三、上海地铁徐家汇车站施工安全监测

徐家汇地铁车站是上海地铁一号线中最大的一个车站。全长约 600m,地铁车站所处地质条件很差,地表一层为 4m 左右的填土和褐黄色亚黏土组成的硬壳层,下面为约 11m 厚的淤泥或淤泥质黏土,再向下为约 30m 厚的灰色黏土及亚黏土。基坑开挖深度为 17m,为上海条形开挖中较深的。设 5 道支撑,地下墙厚 80cm,再加内衬 35cm。基坑底部采用倒滤层以降低底板压力,基坑外有多根地下管线及建筑物。施工采用基底预先降低水位,分段开挖,及时支撑并预加轴力,跟踪注浆技术。为了及时掌握施工过程中各项参数的变化情况,确保施工安全,做到车站施工影响范围内的地下管线、道路以及邻近建筑物的及时安全报警,进行了墙体测斜、基底隆起、墙外土层测斜与分层沉降、孔隙水压力、支撑轴力、土压力、地下管线保护、地表沉降、房屋变形等的监测工作。

在监测范围内埋设了地下连续墙体测斜管 9 根,基坑外土体变形测斜管 11 根,基坑外土体分层沉降管 11 根,基坑底部隆起测点 2 个,地下连续墙内外与地层接触面的侧向压力盒 8 个,孔隙水压力盒 3 只,支撑轴力计 10 只。具体布置见图 7 - 5 - 21 和图 7 - 5 - 22。

在施工期间(1990 年 12 月 15 日~1991 年 11 月 30 日),每根测斜管平均测量 231 次,其他测试内容平均每周测量 1~2 次,直到因施工原因而撤除为止。基坑外土体分层沉降平均每根分层沉降管测量 56 次,孔隙水压力测量 30 次,基坑底部回弹测量 16 次。

图 7 - 5 - 23 支撑轴力—时间曲线,图 7 - 5 - 24 墙体内外侧土压力曲线,图 7 - 5 - 25 为墙体水平位移—时间曲线,图 7 - 5 - 26 为分层沉降—时间曲线。

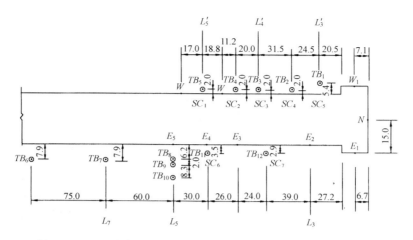

图 7 - 5 - 21　徐家汇地下铁道车站(北段)施工监测平面布置概图

TB—测斜、分层、孔隙水压力(*TB*$_8$);*SC*—土压力盒;*N*、*E*、*W*—墙上测斜

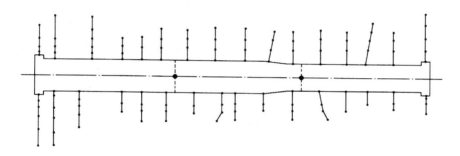

图 7 - 5 - 22　地表沉降测点分布图

在监测期间多次准确地预报险情,使施工单位有时间提前采取预防措施,有效地防止了事故的发生。

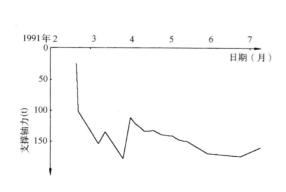

图 7 - 5 - 23　2#支撑轴力—时间曲线

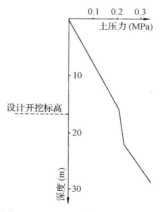

图 7 - 5 - 24　墙体内外侧土体压力曲线

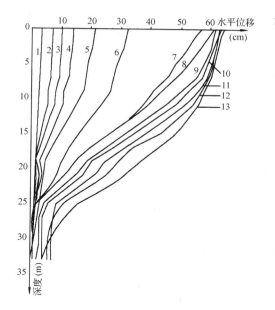

图 7-5-25　测点 N_1 墙体水平位移—时间曲线
1—6 月 14 日;2—6 月 17 日;3—6 月 20 日;4—6
月 26 日;5—6 月 28 日;6—7 月 1 日;7—7 月 3 日;
8—7 月 29 日;9—8 月 14 日;10—9 月 6 日;11—9
月 19 日;12—10 月 7 日;13—10 月 14 日

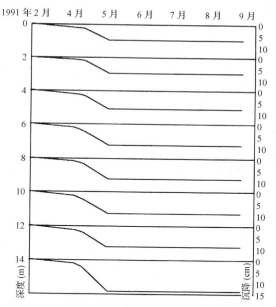

图 7-5-26　测点 TB_4 分层沉降—时间曲线

四、复杂环境条件下地铁车站的基坑监测

(一)工程概况

上海地铁某车站全长 617.79m,宽 13.2~20.2m,为地下双跨(局部加宽处为双柱三跨)双层车站,板底埋深 15.0~19.8m,顶部覆土厚度 2.5m。主体结构可分为南端井、标准段、北端井、存车段等几部分;其中南端井、存车段采用明挖顺作法施工,标准段采用明挖顺作法辅以局部半逆作法的方式施工。围护体为 800mm(标准段、端头井)和 600mm(存车段)地下连续墙,基坑内采用 $\Phi609$ mm 钢支撑/钢筋混凝土混合支撑和立柱桩支护体系,南、北端头井设 6 道支撑,标准段设 5 道支撑。主体基坑开挖深度为 15.45(20.74m 处于饱和淤泥质粉质黏土及淤泥质黏土范围内)。地下水位在 12m 左右,开挖范围已进入地下水水位之下,所以开挖前实施坑内降水和坑内土体加固。

该(地下)车站西侧与已在运营中的另一个(高架)轨道交通的车站一线路平行地延伸,重合范围达 650m。地下车站紧贴高架结构的桩基础,相距很近(主体最近处仅 2.7m),高架结构的基础采用 600mm 的 PHC 桩,桩长 45m,分为 15m 的三段,上、中两段的接头在基坑深度范围内。

显然,如不加有效的控制,在这样近的危险距离下进行地下车站的施工时必定会严重影响和干扰高架结构的稳定状态,甚至造成影响运营,影响和谐的交通秩序。设计和施工方均为此采取了很多措施,轨道交通高架线路的管理部门也提出了具体的要求。但这些措施在执行中的效果,都必须要用一系列的监测数据来证明;而采取的措施,要用监测的结果不断进行动态优化;是否达到管理部门提出的具体要求,也要用监测数据来说明。所以,如何准确、及时、全面地得到监测的结果,就成为在确保近距离的高架车站/线路正常运营的前提下,完成地下车站施工的技术关键之一。这也是现代地下工程中"信息化"施工理念的生存基础和魅力所在。

(二)保护的标准和方法

1. 保护的标准

按照 SZ—08—2000《上海地铁基坑工程施工规程》的要求和规定,周边以外 $0.7H$(H 为开挖深度)范围内有地铁、共同沟、煤气管、大型压力总管等重要建筑和设施的基坑,按一级基坑的要求制定该基坑施工时的变形标准。本地下车站的基坑符合"一级基坑"的标准,开挖施工时变形应控制在① 地面最大沉降量 $\leqslant 0.1\%H$;② 围护墙最大水平位移 $\leqslant 0.14\%H$ 的范围内。

再根据上海市标准 DGJ08—11—97《基坑工程设计规程》、"地铁结构保护技术标准"、"地铁运营线路轨道静态尺寸容许偏差管理值"的要求和规定,具体细化到本工程:

1)运营车站和高架立柱基础最大允许沉降值(累计)为 20mm,控制值 10mm;同一承台立柱沉降差按 2mm(按轨道横向高差推算)要求。

2)基础水平位移最大允许位移值为 20mm,控制值 10mm。

3)在建车站围护体(连续墙)最大允许水平位移值(累计):控制值 21.6~29.0mm(因 H 不同而异)。

以上数值在制定过程中与运营中的高架车站和高架线路的管理单位进行了充分的协商和论证,取得了一致的意见。

2. 监测项目和特殊的监测方法

为确保在工程中满足高架、车站结构的变形控制指标,保证列车的运营安全,监测项目设置时要从满足下列三方面的要求来考虑:

1)高架结构的倾斜。

2)高架和车站结构的(水平/垂直)位移。

3)基坑围护体的水平位移。

结合某大学的科研要求,还增加了围护体与土体界面上的水/土压力和结构内部应力的监测要求。

以上各项监测要求是对严格受保护的环境条件(即运营中的高架车站和线路结构)的综合监测。为此设置的各监测项目看似独立,但必须达到表征整个"基坑——环境(高架结构)"体系稳定的监测系统的要求方能满足工程需要。在这个监测系统中,监测者不但要注意各项监测数据的变化,更要了解和关注数据的变化过程和相互的关系。

要满足这样复杂的监测要求,已非一般的、常规的、内容上相对独立的数据所能做到的。必须使用一种全新的、高科技的监测仪器和计算机技术,必须具备有自动的、连续的监测和自动整理数据功能的综合监测系统。

根据实际情况,本工程对复杂环境的监测使用了以电水平尺、测量机器人、固定式测斜仪及多种振弦式传感器和数据自动采集系统等监测仪器的有机组合,应用互联网数据传输系统和专用监测软件为主构成的综合自动监测系统。

（三）自动监测系统

1. 组成和功能

自动监测系统采用电水平尺（与 CR10 型数据自动采集器组合）、测量机器人（与精密光学棱镜组合）、固定式测斜仪、振弦式传感器（与 DT515 型数据自动采集器组合），组成 4 个子系统，实现了对高架结构的倾斜、高架和车站结构的（水平/垂直）位移、基坑围护体的水平位移、围护体与土体界面上的水/土压力和结构内部应力监测的要求。结合对本自动监测系统工作的要求，还专门编写了实用、直观、人机界面友好的监测系统软件，实现了远程实时监控、数据分析、结果处理和网络通讯；由现场一台计算机（或多台）监控，通过无线通讯或互联网实现远程数据实时传送，自动监测系统构成见图 7－5－27。

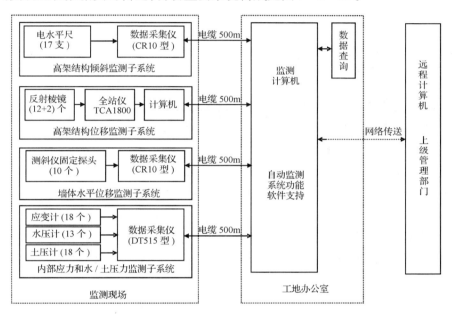

图 7－5－27　自动监测系统构成

2. 各子系统的设备及实施

（A）电水平尺（EL－Beam）高架结构倾斜监测子系统

电水平尺具极好的长期稳定性和抗干扰能力，是结构类倾斜监测的首选仪器。它的核心部分是一个电解质倾斜传感器（图 7－5－28）。它是利用电解质来进行水平偏差（即倾斜角）测量的仪器，它的显著特点是测角的灵敏度很高，可达 1 秒（相当于在 1m 长的直尺上两端有 5cm 高差形成的倾角），而且有极好的稳定性。将上述电解质倾斜传感器（组件）

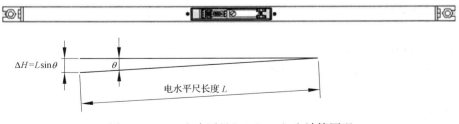

图 7－5－28　电水平尺（EL-Beam）和计算原理

943

安装在一支空心的刚性直尺内,就构成了电水平尺(EL Beam)。

本项目使用了 19 支美国 SLOPE INDICATOR 公司出品的电水平尺,分别固定在高架结构(立柱)之间的联系梁上(见图 7 - 5 - 29)。当一处安装电水平尺的高架结构(立柱)发生倾斜时,倾斜的角度就会表现在联系梁上,立刻就会被安装在联系梁上的电水平尺感知,产生一个相应的电量变化。该电量变化就由与电水平尺相连接的 CR10 数据采集器测量和存储,即完成了电水平尺的数据采集。

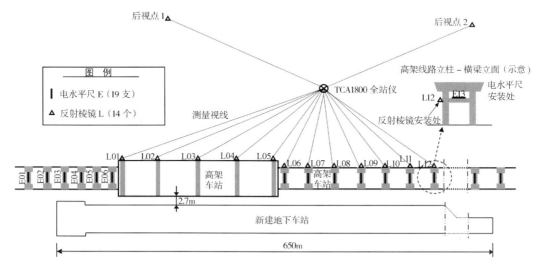

图 7 - 5 - 29　立柱倾斜电水平尺监测点和结构位移全站仪监测点位置分布

数据采集器通过铺设在监测现场的电缆与工地办公室的监测计算机联系,接入监测系统。现场的数据采集器的工作程序是预先由内置的程序控制的,可以自动连续进行数据的采集。

由于电水平尺的长度是已知的(L),得到其倾角的变化量(θ)后,由监测计算机进行数据处理时,进行"$\Delta H = L \sin\theta$"的换算便可得到同一承台左右两立柱的沉降差(ΔH)(图 7 - 5 - 28)。

通过这个子系统,现场高架结构(立柱)任意时刻的倾斜状态和变化过程都能实时地为监测系统所掌握(数据实时显示在监测计算机上)。实现了远程采集数据、实时显示的自动监测功能。

(B) TCA1800 全站仪(测量机器人)高架和车站结构的(水平/垂直)位移监测子系统

在大范围内连续监测高架和车站结构的位置变化(即水平和垂直位移)用一般的方法不容易实现。带有 ATR(目标自动识别装置)技术的高精度全站仪 TCA1800(测角精度 1s,测距精度 1mm + 2ppm,又称"测量机器人")的出现,为实现此监测任务提供了设备和方法的支持。

监测子系统由硬件(TCA1800 全站仪、反射棱镜、计算机)、APS - Win 控制和处理软件组成。在高架和车站结构 300m 范围内的 12 个监测目标点上个各布置一个反射棱镜,全站仪设在与 12 个测点均有良好通视的一座 4 层小楼的楼顶,同时在远离施工区域的大楼顶上设了两个基准点(后视点)上也安装了反射棱镜。工作时仪器通过物镜发送的红外激光光束被反射棱镜返回并被接收判别后,马达驱动全站仪通过望远镜精确照准设各个目标棱镜和基准点棱镜,然后进行正倒镜测量,结合 APS-Win 软件,可以实现全过程自动跟踪测量。将全站仪和计算机相连,实现测量数据实时显示、处理、存储;在计算机的控制下,全站仪自动以设定的时间间隔(15min)依次对所有目标点的棱镜进行扫描和测量。经过计算机的计算处理,从测量所得的数据中可求得各监测点的三维坐标,比较前后测量所得的坐标值,就得到了两次测量期间目标的水平方向和垂直方向的位移。测点布置见图 7 – 5 – 29,现场的情景见图 7 – 5 – 30(图中"1"处为安装在高处的 TCA1800 全站仪和特设的保护架和遮雨棚,"2"处为高架车站和固定在其外墙上作为监测点的反射棱镜,"3"处为在建的地下车站基坑,"4"处为高架线路的立柱和固定在其外表面上作为监测点的反射棱镜)。该系统连续无故障工作了 10 个多月,经历了上海地区酷暑和严寒的气候条件,满足了监测的要求。

图 7 – 5 – 30　结构位移全站仪监测现场

(C) 固定式测斜仪(IN-PLACE INCLINOMETER)墙体水平位移监测子系统

用测斜仪来监测地下连续墙在施工过程中因受力改变而引起的变形(墙体水平位移)是基坑监测中最常用的方法。

为满足对抗外环境(紧邻的高架和车站结构)严格的保护要求,需要从对地下连续墙水平位移的监测数据所得到的信息来严格控制施工,以使基坑开挖所致的结构变形尽量的小。在这样的要求下,常规监测使用的通过人工操作滑动式测斜仪实施监测的方法,其测量的时效和数据的密度都难以满足要求。

固定式测斜仪可以在施工期间全程不间断的进行监测,从它高密度的测量数据,可以得到变化的详细过程。将若干个测斜仪探头组合,按不同深度上下成串地安装在同一个测孔中。固定式测斜仪在信号传输上最突出的特点是采用了基于现代计算机技术的数据编码技术,使得同在一孔中若干个探头只需共用一根多芯电缆(一般为四芯线,其中二芯传送经编码的数据,另二芯为电源供电用),就可将所有(可多达几十个)探头的数据传到地面。经过编码的数据在地面用数据采集器采集、解码、存贮,与计算机联机,实现对地下连续墙指定位置的连续监测。

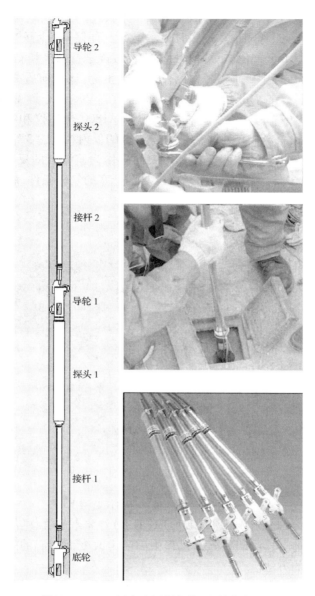

图 7 – 5 – 31　固定式测斜仪外形、结构与安装

　　探头安装在预埋于地下连续墙混凝土内的测斜管中。安装时,探头由连接管和万向接头依次连接后,放入测斜管中。每个探头的顶部滑轮都要卡入测斜管的导向槽中,用于保证探头敏感方向的定位。通过改变接杆长度可以调整上下各个探头的距离,以保证各探头被固定在指定的深度位置上。

　　由于固定式测斜仪价格较高,不可能在每个测斜孔中都安装,项目选择了和高架车站最近处的最关键位置的地下连续墙内布置了一个固定式测斜仪的测孔。孔深30m,从下向上以均匀的间隔安装了 10 个美国 SLOPE INDICATOR 公司生产的固定式测斜仪,其他位置的测斜孔仍用活动式测斜仪施测。

　　10 个探头的输出信号编码后经过一条 4 芯的总线电缆送到地面,就近接入 CR10 型数据自动采集器,该采集器将信号解码还原成各相应深度探头的数据。采集器的输出端通过电缆与监测计算机相连,进入固定式测斜仪的数据库,最后由该计算机完成所有探头读数的综合计算,得到该处地下连续墙不同深度部位的水平位移量。计算机不断地读取数据(15min 一次),并将这些数据表示的位移与前一时刻所得到的位移进行比较,就能轻易地得到各时刻地下连续墙上下各处连续的变化曲线。监测人员只需在监测计算机上就可以了解任意时刻的测斜数据。在现场巡视、监测人员也可以用随身携带的手提电脑直接连接数据采集器,现场监视数据。图 7-5-31 是固定式测斜仪的构造(左)外形(右下)和安装的现场(右中、右上)。图 7-5-32 是 CR10 型数据采集器的外形。

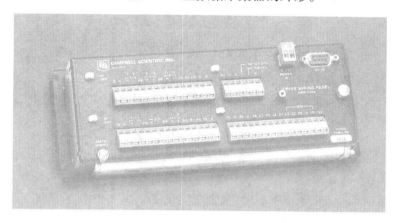

图 7-5-32　CR10 型数据采集器的外形

（D）内部应力和水/土压力监测子系统

科研人员处于对上述基坑与高架车站距离最近处的地下连续墙内部应力和连续墙与基坑外侧土层接触界面的水/土压力同样高度关心。应其要求,在上述安装固定式测斜仪的同一幅地下连续墙的钢筋上分层安装了振弦应变片式应变计(18 个),在连续墙与基坑外侧土层接触界面上分层安装了孔隙水压力计(13 个)和土压力计(18 个)。为在观察时与固定式测斜仪的连续数据作配套分析,这些应变计、孔隙水压力计和土压力计均接入附近的DT515 型数据自动采集器(图 7-5-33),同样实现每 15min 一次的数据自动采集。并一同接入监测计算机系统,监测数据统一由监测系统软件管理。

3. 计算机控制及数据加工流程

监测计算机在"自动监测系统"功能软件的支持下,实现下述功能:

1）统一管理、协调各子系统的工作状态;4 个子系统分别由各自的控制程序完成数据采集和接收,并统一转换 ASCII 格式,暂存、打包、发送。

2）向各子系统发送上传数据的指令,完成对各子系统数据的接受、存储、计算整理和监测结果的实时显示。

3）根据监测的现场实际要求,各子系统自动采集数据的时间间隔设置可以在计算机中更改。

4）按预先设定的"报警值"过滤所有项目的监测结果数据,具有"预警"(85%)和"报警"的功能。

5）通过互联网向上级管理者发送监测数据。

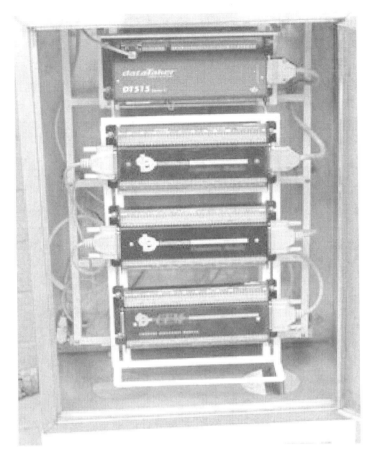

图 7 – 5 – 33　安装在现场的一组 DT515 型数据采集器

6）应答操作人对历史数据的查询。

系统结构框图见图 7 – 5 – 27，自动监测系统功能软件进行"现场数据采集、传送"的操作界面见图 7 – 5 – 34，对查询的应答界面见图 7 – 5 – 35。

（四）使用效果

本系统自安装到工程结束历时近两年，经历了上海地区酷暑和严寒等气候条件，四个子系统现场运行正常，满足了监测的要求，为指导安全施工和科研、设计提供了大量的数据。图 7 – 5 – 36 和图 7 – 5 – 37 是 2 个典型的变形数据。本监测系统的使用经验表明：在施工的关键时刻，与施工密切相关的数据变化关键信息若能被及时发现和捕捉，能为科研、设计、特别是为安全施工赢得宝贵的时间。本监测系统为在基坑施工期间保证相邻的轨道交通高架线路和车站的正常运行，维护基坑围护体系和结构的安全，起了不可缺少的作用。

（五）结束语

面对地处建筑密集繁华的市区深基坑施工，往往因场地狭窄，严格的环境保护要求带来很多困难。必须利用多个单项监测的成熟技术，合理控制监测项目，结合数据采集、计算机管理、网络传输等现代技术，组成实时高效的监测系统，由此获取可靠的基坑和周围重要构筑物的变形数据。这对控制施工变形、保护环境公共设施正常运行和保证基坑自身的施工

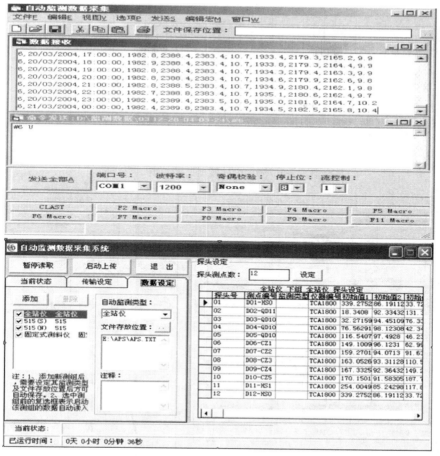

图 7-5-34 计算机上进行"现场数据采集、传送"的操作界面

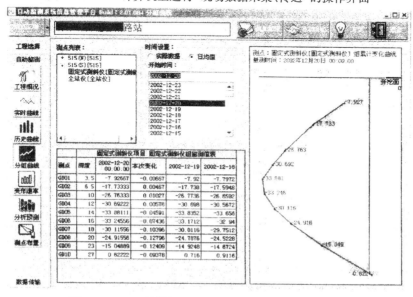

图 7-5-35 计算机上"对查询的应答"的操作界面

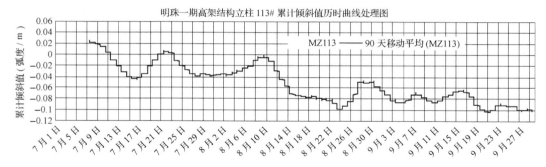

图 7-5-36 立柱倾斜监测数据一例

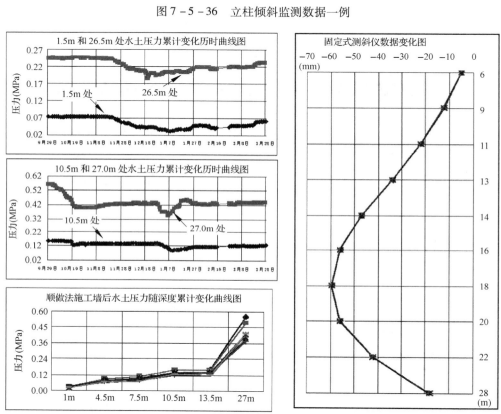

图 7-5-37 水/土压力和地下连续墙监测数据一例

安全,作用和效果都很明显,具有普遍的实际意义。

五、上海某地铁盾构隧道监测

(一)工程概述

某地铁区间隧道,建址位于长江三角洲某中心城市市区内,盾构穿越深厚的第四纪软土沉积层,线路上方为25m宽的城市次干道,路面下有多条重要市政管线,路旁有多栋重要建筑物。隧道内径5500mm,外径6200mm,单线隧道长度1306.900m,埋深8~12m。隧道衬砌采用预制钢筋混凝土管片,错缝拼装。

（二）监测项目

在盾构施工过程中由于土体的缺失而导致不同程度的地面和隧道沉降，从而会影响到周围的地面建筑、地下管线等设施的正常使用。针对盾构法隧道施工过程中隧道沿线的建（构）筑物及地下管线设施的保护和盾构推进施工参数有效性的掌握，进行了如下监测内容：

1）隧道轴线附近地表沉降监测。

2）始发推进段深层沉降监测。

3）市政管线沉降监测。

4）一般建（构）筑物沉降、裂缝监测。

（三）监测方案编制依据

1）隧道设计平面图及隧道沿线建、构筑物调查报告。

2）城乡建设环境保护部颁布的 CJ8—99《城市测量规范》。

3）GB50026—93《工程测量规范》。

4）GB/T 12897—91《国家一、二等水准测量规范》。

5）GB/T15314—94《精密工程测量规范》。

6）相关的一些行业规范。

（四）监测内容的实施

1. 沉降监测控制网的布设

沉降监测控制网的起算点或终点要有稳定的点位，应布设在牢靠的非沉降区。为了减少观测点误差的累积，距观测区不能太远。同时，为便于迅速获得观测成果，沉降监测控制网的图形结构应尽可能的简单。在确保沉降监测控制网具有足够精度的条件下，控制网应尽量布设一次全面网，只有在特殊条件下才允许分层控制。沉降监测控制网应与盾构掘进施工采用相同的坐标系统。

2. 工作基点的布设与检验

工作基准点是直接用于对沉降观测点进行观测的控制点，其埋设位置既要考虑到便于观测，又要考虑它的稳定性。因此，本工程工作基准点拟定每150m设一个工作基准点。为检测工作基准点稳定性，根据施工进度情况，拟定每两周监测一次，监测时按国家二等水准规范观测的技术要求进行往返观测。

3. 地表沉降和深层沉降点布设

盾构隧道施工中的地表沉降监测点布置一般包括平行于盾构中心线的沉降监测剖面和垂直于盾构中心线的沉降监测剖面，前者主要用于观测盾构施工时对地面的影响程度；后者主要用于观测盾构施工时对地面的影响范围。

对于盾构正常推进的区段，本工程拟在轴线上每5m布设一个沉降点，形成连续的纵向监测剖面，每50m布置1条的横向监测剖面。如图7-5-38所示。

一般盾构自工作井始发后50～100m范围称为"始发段"，在这一段范围内将摸索盾构施工特性。因此，要求监测数据更为丰富。为此，本工程从盾构始发段50m范围内沿隧道中心线每3m布置1个沉降监测点，同时，在盾构始发9m、21m、42m处各增加一监测横剖面，测点距离中线分别为1m、3m、5m、11m。为进一步掌握土体变形规律，在工作井外15m和36m处布设2个深层沉降监测剖面，监测深度为盾构上方2m，采用磁环式分层沉降点，

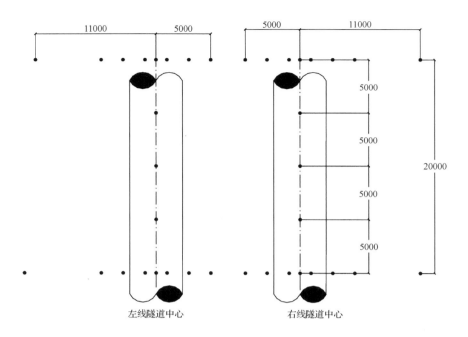

图 7 - 5 - 38　正常推进地表测点布置

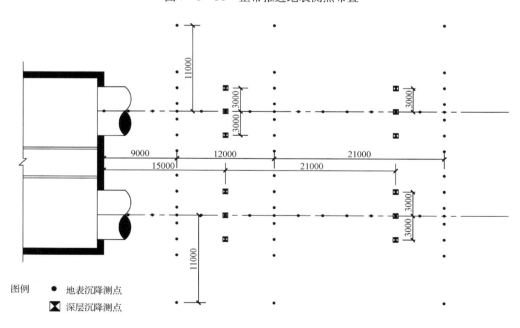

图例　● 地表沉降测点
　　　▣ 深层沉降测点

图 7 - 5 - 39　始发段监测点布置

测点布置如图 7 - 5 - 39 所示。推进的最后 50m 范围内称为"收尾段",沉降点布设与始发段类似,但不设深层沉降点。

4. 地下管线沉降点的布设

对一般管线的监测可利用地表沉降监测网,为了更直接地了解盾构施工对管线的影响程度,对轴线两侧各 5m 范围内各种管线的设备点(如阀门井、抽气井、人孔、窨井等)可进行直接监测。

对重要管道必须布设直接监测点,测点布设数量根据实际情况与管线单位协商而定。本工程中煤气 $\phi500mm$ 和 220kV 电力电缆,上水 $\phi1000mm$ 均须埋设直接测点,埋设方法见图 7 - 5 - 40。

5. 建(构)筑物沉降点的布设

为了及时反映隧道推进影响区内的建、构筑物沉降情况,本工程在隧道轴线两侧 20m 范围内建、构筑物上设置沉降监测点。测点标志采用墙面标志,布设时,采用冲击钻成孔,然后用水泥将道钉封牢,具体测点数量视现场情况而定。对于重要建筑物需要进行重点监测,须进行测点加密,在建筑物的外墙角、门窗边角、建筑物等突出部位均布设沉降观测点,观测建筑物在盾构穿越前后所发生的变化。建筑物测点布设如图 7 - 5 - 41 所示。

由于该区间内有些建筑物年代久远,测点布设应根据建筑物的基础形式、年代远近酌情而定。在施工前在隧道沿线巡视、观察,若发现先天裂缝,应采取贴石膏饼的方法观测裂缝的后期变化,必要时拍照存档。

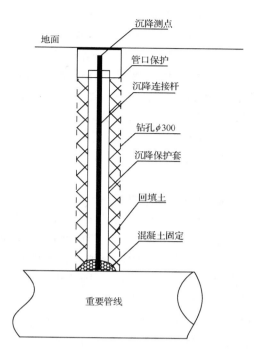

图 7 - 5 - 40 测点布置示意图

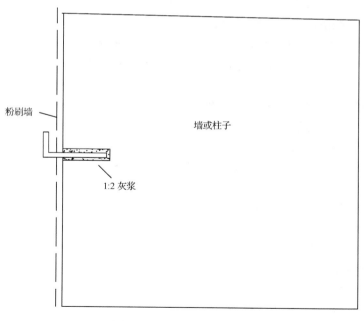

图 7 - 5 - 41 建筑物测点

（五）监测技术要求

施工前应进行测量仪器的检校,包括水准仪的送检;标尺的送校。每天工作开始前检查标尺水泡、仪器气泡,发现异常应停止工作,仔细检查仪器,改正合格后方可施工。定期检查水准仪 i 角,i 角不得大于 15″。测站高差观测中误差不大于 0.15mm。

观测按二等水准测量要求采用单路线往返测量,测量时应遵循同一人观测;同一仪器测量;同一标尺立尺;同一线路进行的原则。

测站的设置视线长度不得大于 40m。前后视距差不得大于 1.0m。任意一测站上的视距差累计值不得大于 3.0m。

（六）监测频率

监测频率具体如下:

盾构始发沉降监测:早晚各提供一次沉降资料,必要时进行连续跟踪监测;

正常掘进监测:地表沉降和管线直接点监测范围为盾构前 20m,后 50m,盾构推进期间每天测量 2 次。当盾构穿越重要管线以及建筑物时应增加测量频率;盾构尾脱离测点后 7d 或沉降量小于 ±0.2mm/d,则停止跟踪监测。

建筑物沉降监测:根据盾构推进里程、建筑物距隧道轴线的远近,和建筑物的结构情况可采用不同的监测频率,在上述 70m 范围内,监测频率均为每天 2 次,其余可酌情递减。在盾构穿越危房时要增加监测频率,根据沉降量及沉降速率随时调整监测频率,直至跟踪监测。

推进过后需加强对长期沉降的监测,至少要持续 2 个月并提交相关监测资料。

整个工程结束后进行全线复测。

（七）警戒值

警戒值确定的原则,应由设计、施工、监理和管线单位及重点保护的对象的原设计单位共同商定,本工程经协商后明确警戒值如下:

1）地表最大沉降量范围为 10 ~ −30mm,速率 ≤ 3mm/24h。

2）管线的局部最大沉降量 ≤10mm,变化速率 ≤3mm/24h;管线最大沉降量 >8mm 时要报警。

3）建筑物沉降警戒值为 $\delta/h < 1/300$（δ—差异沉降值,h—建筑物高度）。

（八）资料处理与报送

正常情况下监测资料每日以报表形式提交该次测量的变化量,并附有该次的工况。如发生沉降较大的情况,可计算建筑物倾斜度和管线沉降曲率半径,供施工单位和管线单位参考。

资料以报表形式提交有关各方,提交资料及报表内容为:

1）施工工况及资料分析。

2）测点平面布置图。

3）原始数据报表。

4）沉降监测报表。

5）监测技术报告（或阶段小结报告）。

（九）人员、设备配备

本工程隧道盾构掘进监测小组人员组成见表 7 - 5 - 10。

表 7-5-10

序号	岗位	人数	序号	岗位	人数
1	监测负责人	1	4	测量人员	3
2	各盾构隧道监测主管	1	5	安全员	1
3	测量技术员	1	6	资料内业	1

主要监测设备配备如下：

1）全站仪：日本生产的 SOKKIA－SET2100 全站仪两台，精度为测角 2″，测距 3＋2ppm。

2）水准仪：采用瑞士 WILD NA2 水准仪，瑞士 WILD N3 水准仪配备 GPM3 测微器，精度为 ±0.7mm/km，测微器最小值读数为 0.1mm，估读到 0.01mm。水准仪各 2 台。

3）水准标尺：2m 铟钢标尺 3 把。

4）记录设备：PC－E500 电子手簿 3 个。

5）计算机：采用内含奔腾 4 处理器的电脑一台。

6）打印机：EPSON 激光、彩色喷墨打印机各一台。

7）绘图仪：HP Design Jet 220 高精度绘图仪一台。

第六节　软土地基的安全监测实例

一、洋山深水港地基加固工程施工监测

（一）工程概况

洋山深水港区一期工程，位于杭州湾东北部、南汇芦潮港东南的崎岖列岛海区，该岛屿群由大洋山和小洋山为主的南北列岛链构成。工程东南距大洋山约 4km，东北距嵊泗菜园镇约 40km，西北离上海芦潮港约 32km，北距长江口灯船约 72km，南至宁波北仑港约 90km，经黄泽洋直通外海，与国际远洋航线相距约 104km。洋山深水港区一期工程陆域形成区位于小洋山岛东南侧（即小洋山～镬盖塘岛之间）见图 7-6-1。该港区总面积 173.34 万 m^2，水域面积占总面积的 84.36%，陆域形成面积约 130 多万 m^2。一期工程港区海底标高为 0.4～－32.9m，港区设计标高为 7.3m，陆域形成和地基加固整平后标高为 6.5m，主要由吹填砂和抛填开山石形成，由于港区陆域原始地质条件比较复杂，局部区域分布有较厚的淤泥质黏土。因此，需根据各区域情况采取相应的地基加固处理方法。

其中小洋山 II8、II9 区地基主要是松散砂土夹部分淤泥，而且设计为重箱区，为了满足使用要求，提高地基承载力，在铺设箱场之前要求对地基进行加固处理。施工采用砂井堆载预压加固方法，即在地基中打入排水砂井，从而缩短地基在地面堆载作用下的固结过程。

（二）地基处理设计要求及施工监测控制标准

1）II8、II9 区地基处理工程，覆盖 II8－1、II8－3、II8－5、II9－1、II9－2、II9－3、II9－4、II9－5、II9－6 等 9 个区，见图 7-6-2。

砂井间距为 1.2m，井径为 0.4m，正方形布置，砂井所用填料为中粗砂，含泥量小于 3%。砂井要求打穿软黏土层，控制底标高：II8－5、II9－6 区为－17.0m；其他区域为－13.0m。

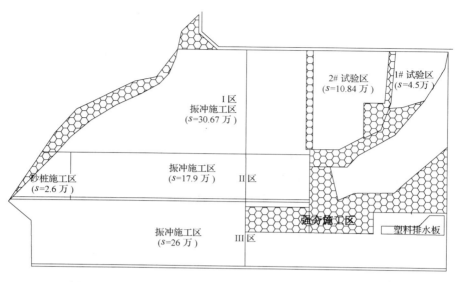

图 7 - 6 - 1 洋山一期陆域地基加固工程平面图 （单位：m²）

图 7 - 6 - 2 西 II8、II9 区平面图

设计堆载预压分为两级：

第一级堆载，9 月 10 日 ~ 9 月 20 日堆载约为 0.5m 的中粗砂，标高约从 7.5m 堆至 8.0m；9 月 20 日 ~ 9 月 29 日堆载约为 1.5m 的石料，标高约从 8.0m 堆至 9.5m，累计约 20d。

第一级预压，9 月 30 日 ~ 10 月 13 日，累计约 14d。

第二级堆载，10 月 14 日 ~ 10 月 27 日堆载约为 2.0m 的石料，标高约从 9.5m 堆至 11.5m，累计约 14d。

第二级预压，10 月 28 日 ~ 12 月 14 日，累计约 48d。

2）在堆载预压施工时，宜根据设计要求加载，每级加载需通过水平位移、垂直位移和孔隙水压力控制加载速率。控制标准如下：

a）边桩水平位移每昼夜应小于 4mm。

b）基底的中心沉降每昼夜应小于 15mm。

c）孔隙水压力的增量与荷载的增量比应小于 0.5。

卸载标准：根据实测资料推算的剩余沉降量及差异沉降量满足设计要求，且在压缩层的平均总固结度大于 95% 时可进行卸载。

（三）施工监测测点布置

根据设计要求，考虑现场实际的施工情况，确定监测仪器布置情况见表 7－6－1、图 7－6－3。

表 7－6－1　　　　　　施工监测测点位置及仪器数量一览表

测点编号	区号	坐标		观测项目			
		X	Y	测斜	孔隙水压力	分层沉降孔/点	沉降板
1	Ⅱ8－1	3390052.097	505433.272	—	7	1/6	1
2	Ⅱ9－1	3390067.053	505377.940	—	7	1/6	1
3	Ⅱ8－5	3389989.626	505380.852	—	9	1/8	1
4	Ⅱ9－6	3390014.695	505350.977	—	9	1/7	1
5	Ⅱ9－5	3390044.698	505315.221	—	7	1/6	1
A	Ⅱ8－3	3390008.096	505396.350	1	—	—	—
B	Ⅱ9－6	3390001.697	505314.615	1	—	—	—
合计				2	39	5/33	5

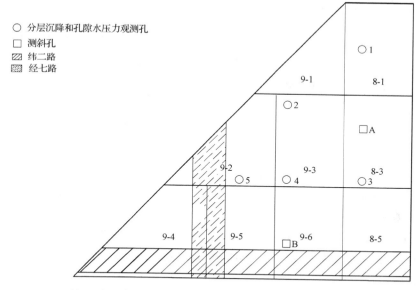

注：坐标系统为北京 54 坐标系统，高程为小洋山理论高程。

图 7－6－3　施工监测测点布置平面图

1. 深层土体水平位移观测

深层土体水平位移观测管（测斜管）共埋设 2 根，分别在测点 A、测点 B。测斜管采用 PVC 塑料管，管内有特制的内十字槽，便于测斜仪在管内定向测量。埋设深度：测点 A 管底标高约为 －19m；测点 B 管底标高约为 －22m。管口可随堆载加高而接长。

2. 孔隙水压力观测

采用振钢弦式孔隙水压力计,分设 5 个坐标点,共 39 个孔隙水压力计。

3. 分层沉降观测

深层土体分层沉降管,共埋设 5 根,每个测点 1 根,共 33 个有效磁环,沉降磁环标高范围约在 1.0 ~ -20.0m,环与环之间的间距约为 3m,管口可随堆载加高而接长。

4. 表层沉降板

5 个测点共埋设 5 个沉降板,埋设高程为 7.5m。

5. 仪器保护

所有施工都要以不损坏观测仪器的方式进行,特别要注意以下几点:

1)及时接管。当沉降管、测斜管、沉降标的顶部距堆载面高度很近时,须及时接管,接管要牢固、紧密、不得漏沙。

2)及时扎电缆。电缆线每次观测后要拉直,牢固绑扎在观测管上,并随着堆载面的加高而及时接长。

3)距观测管 2m 内禁止碾压和各种有损于观测仪器的活动。

一旦有任何异常迹象,请即与负责人员联系,以便及时采取措施。

(四)数据分析(选取部分测点)

观测工作开始于 9 月 9 日,结束于 12 月 14 日。

1. 堆载过程

1)5 个测点的平均堆载过程线如图 7 - 6 - 4(起点为 9 月 9 日)。

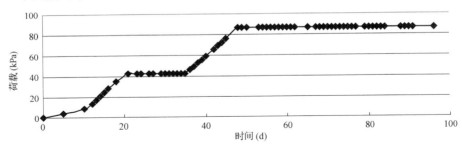

图 7 - 6 - 4　测点的平均堆载过程线

2)从加载过程线分析:加载过程为二级加载,累计荷载总量约 86.5kPa。

2. 深层地基水平位移(测点 A)

测斜管会随着深层土体的水平位移而变化,在施工期间不间断地对测斜管进行观测,可掌握深层地基土的水平位移量、水平位移速率和发生水平位移的深度,以此来调整施工速率,达到安全施工的目的。

图 7 - 6 - 5、图 7 - 6 - 6 为测点 A 的南北和东西水平位移曲线,上部变化异常主要是因为现场施工情况过于复杂,使得测斜管一度产生较大的倾斜,但还是没有超出堆载预压控制标准;下部曲线有个小突起,离管口 26.0m 到 28.0m,标高为 -15.0m 到 -17.0m。

3. 孔隙水压力(测点 1、4)

由图 7 - 6 - 7、图 7 - 6 - 8 两个孔隙水压力观测过程线可知:

1)超静水压力的消长与堆载预压呈现出很好的规律性,施工加载期间超静水压力随荷

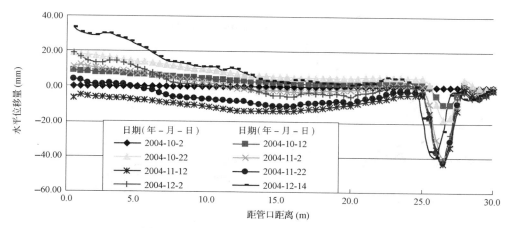

图 7-6-5　测点 A 南北方向水平位移曲线

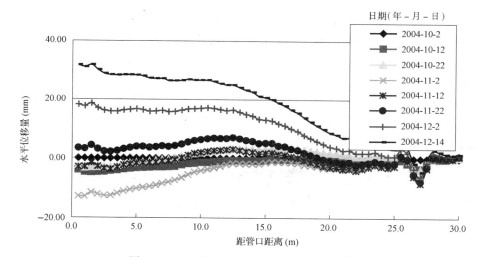

图 7-6-6　测点 A 东西方向水平位移曲线

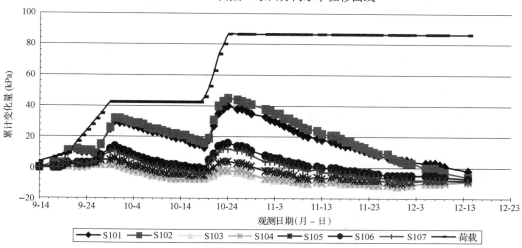

图 7-6-7　Ⅱ8-1(1 号测点) 孔隙水压力观测过程线

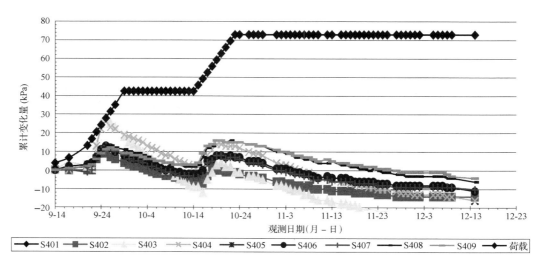

图 7-6-8 Ⅱ9-6(4 号测点)孔隙水压力观测过程线

载的增加而增长,预压期间超静水压力即开始消散,地基强度随着孔压的消散而提高。

2)到观测结束时,超静水压力基本上已经消散完毕。

4. 分层沉降(测点 1、2、4)

每个测点埋设 1 根分层沉降管,共 33 个磁环。在堆载预压期间不间断的观测各磁环的垂直变化过程,以此分析在堆载作用下深层地基的压缩量及压缩率。

通过分层沉降管测量沉降环的沉降过程,其典型曲线见图 7-6-9～图 7-6-11。

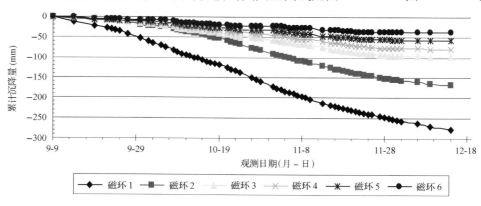

图 7-6-9 Ⅱ8-1(1 号测点)分层沉降观测过程线

5. 分层沉降最终沉降量和固结度计算

利用早期实测沉降量推算最终沉降量,有很多种经验方法。本推算是采用比较接近的双曲线法来进行。

双曲线型公式表示 St 与 S 的关系如下:

$$St = S \times t/(a + t)$$
$$Ut = St/S \qquad\qquad (7-6-1)$$

式中 S——基础的最终沉降量;

St——t 时的实测沉降量;

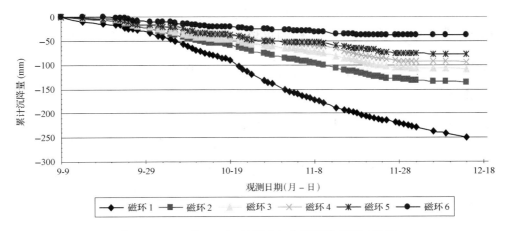

图 7 - 6 - 10　Ⅱ9 - 1(2 号测点)分层沉降观测过程线

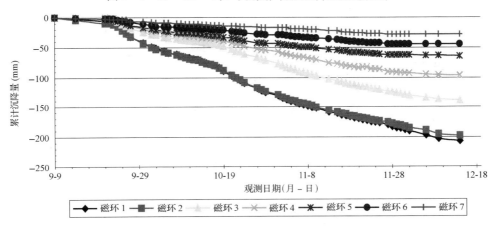

图 7 - 6 - 11　Ⅱ9 - 6(4 号测点)分层沉降观测过程线

　　a——待定的经验系数;

　　U_t——任意时间 t 时的固结度。

将式(7 - 6 - 1)改写为:$1/S_t = 1/S + a/S \times (1/t)$

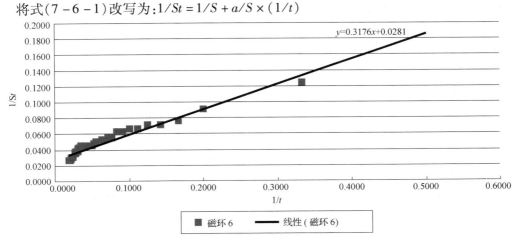

图 7 - 6 - 12　推算基础最终沉降量散点图

以为 $1/St$ 纵坐标,以 $1/t$ 为横坐标,将实测资料的 $1/St$ 和 $1/t$ 点绘在坐标图上得散点图,求出回归直线(如图 7 - 6 - 12)。确定该直线在垂直轴上的截距 $1/S$ 后,即可求得 S 值。

根据 2004 年 9 月 9 日~2004 年 12 月 14 日的现场观测资料,推算 2004 年 12 月 14 日各测点各磁环代表的相应土层的固结度和剩余沉降量如表 7 - 6 - 2。

表 7 - 6 - 2　　　　　　　　　　　各测点沉降量计算表

测点编号	磁环编号	标高 (m)	实测沉降量 (mm)	最终沉降量 (mm)	剩余沉降量 (mm)	固结度 (%)
测点 1	磁环 1	-4.22	279	294	15	95
	磁环 2	-5.92	168	172	4	98
	磁环 3	-8.66	99	99	0	100
	磁环 4	-11.59	78	79	1	99
	磁环 5	-14.68	56	57	1	98
	磁环 6	-17.58	36	36	0	100
测点 2	磁环 1	-2.79	251	263	12	95
	磁环 2	-5.62	137	139	2	99
	磁环 3	-8.60	110	111	1	99
	磁环 4	-11.56	95	95	0	100
	磁环 5	-14.65	79	80	1	99
	磁环 6	-17.53	39	40	1	98
测点 4	磁环 1	0.17	207	217	10	95
	磁环 2	-2.75	198	208	10	95
	磁环 3	-5.82	139	143	4	97
	磁环 4	-8.71	96	99	3	97
	磁环 5	-11.73	64	65	1	98
	磁环 6	-14.62	44	46	2	96
	磁环 7	-17.72	28	29	1	97

由上述统计资料可以看出,根据实测资料推算的剩余沉降量满足设计要求,且压缩层的平均总固结度大于 95%。

6. 深层地基压缩量及压缩率

计算各个沉降环的垂直变化量,来分析不同深度土层的压缩率见图 7 - 6 - 13。

图 7 - 6 - 14 反映出:高程 -10m 以下土体的压缩率均在 10mm/m;高程 -10 ~ -6m 的土体压缩率在 10 ~ 20mm/m 之间。

7. 卸载过程

截至 2004 年 12 月 14 日,根据以上实测资料推算的剩余沉降量及差异沉降量满足设计要求,且在压缩层的平均总固结度大于 95%,进行卸载,卸载标高至设计标高 +7.0m。

（五）结论

1）软基安全监测对工程的施工安全和工程造价有着直接的影响。

2）在软土地基加固处理过程中,软基安全监测起到了指导施工的作用,为施工中控制加载速率、确定预压时间、计算土层的固结度,判断是否达到卸载标准等提供依据。

3）对类似的地基加固处理工程具有一定的借鉴和推广作用,可以采用相同的施工监测方案进行控制。

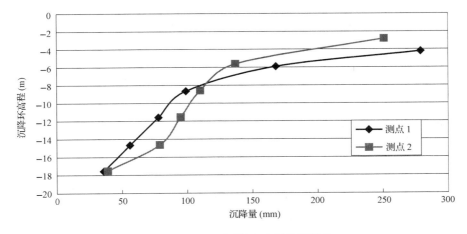

图 7-6-13　不同深度土层的沉降量

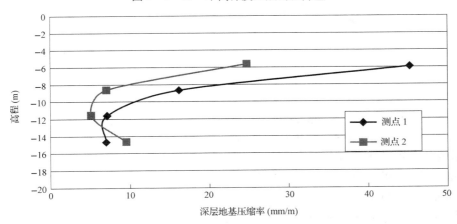

图 7-6-14　不同深度土层的压缩率

二、储罐地基充水预压监测

（一）概述

储罐地基充水预压监测是软土地基处理的一个重要组成部分,可加速地基土体的固结,在较短时间内完成地基土体的大部分沉降量,减少工后沉降,也可检验罐体的泄漏情况,对出现的问题给出及时的解决办法,确保罐体正常使用。充水预压监测主要以中华人民共和国行业标准 SH/T 3123—2001《石油化工钢储罐地基充水预压监测规程》为依据,并参照现行相关标准、规范的规定。

本例为 3 个 5 万 m^3 储罐进行充水预压监测的实例,见图 7-6-15。储罐地基用振冲碎石桩加固,储罐中心部分的桩长为 27m,外侧部分为 17m,碎石桩间距为 2.10m。

（二）场地地层分布

原场地地貌属长江下游河漫滩相,地形平坦,高程一般在 +6.00 m 左右。现场地为粉煤灰填筑,填堆年限超过十年,填堆厚度约 5.00 m,现场地面高程约在 +11.00m 左右。场地类别为Ⅲ类场地,地震设防烈度为 7 度。

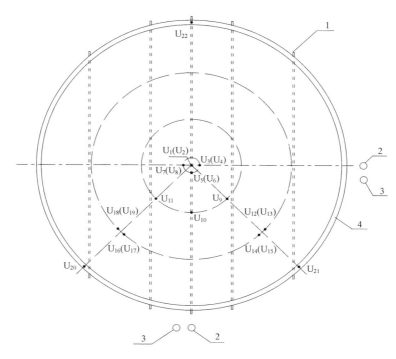

图 7－6－15　5 万 m^3 储罐监测仪器平面布置示意图

1—锥面沉降管;2—测斜管;3—分层沉降管;4—环墙

储罐地基主要以软土为主,土层厚度不均,其地层自上而下如图 7－6－16 所示。

0A 层素填土,褐黄色,主要由粉质黏土组成,新近堆填,可塑,层厚约 0.5 m。

0B 层冲填土,浅灰—褐灰色,工业粉煤灰为主,夹少许碎石,稍密—中密,饱和。

0C 层冲填土,浅灰—褐灰色,以工业粉煤灰为主,偶夹有少许碎石,松散—稍密,饱和。

1B1 层淤泥质粉质黏土,灰色,含有机质及腐殖质,夹有少许粉土或粉砂薄层,流塑。

1B2 层粉土,灰色,含云母及少许有机质,夹有黏性土薄层,稍密,饱和。

1B3 层淤泥质粉质黏土,灰色,含有机质,夹有粉土或粉砂薄层,呈千层饼状,流塑。

1C2 层粉土,灰色,含有机质,夹有黏性土薄层,局部为粉砂,稍密,饱和。

1C3 层淤泥质粉质黏土,灰色,褐灰色,含少许粉土层,含有机质及腐殖质,略具小鳞片状构造,流塑。

1D1 层粉质黏土,褐灰色,含有机质及腐殖质,夹有粉砂薄层,呈千层饼状,局部以粉土为主,软塑,局

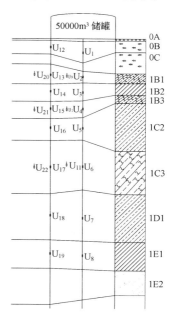

图 7－6－16　储罐地层分布及孔隙
水压力计布置平面示意图

964

部流塑。

1E1 层粉土,灰—青灰色,含云母,夹有薄层黏性土,局部为粉砂,稍密,局部中密,饱和。

1E2 层粉砂,灰—青灰色,含云母,夹有少许黏性土薄层,局部夹有较厚的黏性土夹层,中密—密实,饱和。

场地地下水类型上部为孔隙潜水,深部砂层中为微承压水。地下水位埋深 2.0 m 左右。

地基土各土层的基本物理力学指标见表 7-6-3。

表 7-6-3　　　　　　　　　　　各土层的基本物理力学指标

土层编号	土层名称	ω (%)	γ (kN/m³)	e	I_P (%)	K_v ×10⁻⁶ (cm²/s)	a_{1-2} (kPa)	C_C	E_S (MPa)	C_V ×10⁻⁴ (cm²/s)	C_S	f_k (kPa)
0A	素填土											
0B	冲填土	47.7	14.5	1.058		33.30	0.19	0.183	10.0	12.57	0.008	160
0C	冲填土	50.3	14.7	1.086			0.17	0.158	7.0	10.2	0.01	120
1B1	淤泥质粉质黏土	38.7	18.0	1.114	15.4	32.00	0.65	0.297	3.0	6.36	0.034	80
1B2	粉土	32.1	18.4	0.953	8.5	14.30	0.33	0.168	6.0	12.64	0.014	100
1B3	淤泥质粉质黏土	37.6	17.9	1.096	13.4	51.70	0.61	0.271	3.5	7.59	0.028	85
1C2	粉土	30.1	18.3	0.939	8.5	111.0	0.35	0.165	6.0	12.85	0.011	110
1C3	淤泥质粉质黏土	37.2	17.7	1.127	13.9	3.84	0.62	0.299	3.5	6.29	0.034	90
1D1	粉质黏土	33.7	17.9	1.038	11.9	53.70	0.5	0.263	4.0	8.88	0.027	100
1E1	粉土	29.6	17.7	0.995	8.4	764.0	0.38	0.134	5.5	15.3	0.008	170
1E2	粉砂	23.6	19.0	0.734	7.5	45.90	0.17	0.149	9.5		0.007	200

(三) 监测仪器的埋设与布置

监测内容及仪器设备如表 7-6-4、表 7-6-5 所示。

表 7-6-4　　　　　　　　50000m³ 储罐监测仪器数量表

位号	罐容(m³)	观测项目				
		沉降观测标 (个)	孔隙水压力计 (只)	锥面沉降点 (个)	测斜孔 (个)	深层沉降孔 (个)
A	50000	24	22	20	2	2
B	50000	24	22	20	2	2
C	50000	24	22	20	2	2

(四) 测点的布设

监测仪器的布设见图 7-6-15、图 7-6-16。

1. 环墙沉降标点

环墙沉降点按规程及设计要求沿环墙圆周均匀布设 24 个测点。

2. 孔隙水压力计

孔隙水压力计系根据设计要求埋设在三角形布置碎石桩中心的桩间土内。

3. 锥面沉降管

锥面沉降管按设计要求埋设在储罐环墙基础内,每个基础内埋设5根沉降管,沉降管的两端从环墙的预留孔内穿出。

4. 测斜管

测斜管埋设在环墙外 1～1.5m,平面上为两正交直径的延长线上。

5. 深层土垂直位移沉降管

埋设在测斜管附近。

表 7 - 6 - 5   监测内容及仪器设备

序号	监测内容	一次仪器	二次仪表
1	环墙沉降	沉降测点	水准仪
2	罐基础锥面变形	剖面沉降管	剖面沉降仪
3	孔隙水压力	钢弦式孔隙水压力计	钢弦频率测定仪
4	深层土水平位移	PVC 测斜管	测斜仪
5	深层土垂直位移	沉降管、磁环	沉降仪

（五）监测方法

1. 监测过程

监测主要分充水、恒压和泄水三部分。

2. 暂停加荷条件

根据"石油化工钢储罐地基充水预压监测规程"及设计要求,在监测过程中出现下列情况之一,必须停止加荷,分析其原因,并采取相应的措施。

1）竖向位移速率大于 15 mm/d。

2）水平位移速率大于 5 mm/d。

3）超静孔隙水压力增量超过预压荷载增量的 60%。

4）罐基础累计差异变形值不超过下列控制值。

a）50000m^3 储罐基础任意直径上的差异沉降不大于 0.004D。

b）储罐基础沉降基本稳定后的锥面坡度 >0.8%。

在加载（充水）过程中,任何关于垂直沉降,水平位移,孔隙水压力和罐底平面倾斜等异常值出现时,加载都应立即停止,并对加载方案进行调整。

3. 泄水标准

当地基的充水预压沉降量满足设计要求,且环墙下受压土层的平均固结度达到 80% 后即可泄水。

4. 监测依据

1）SH/T 3123—2001《石油化工钢储罐地基充水预压监测规程》

2）JGJ/T8—97《建筑变形测量规范》

3）GB50027—93《工程测量规范》

4）GJJ8—99《城市测量规范》

5）GB/T 13606《岩土工程用钢弦式压力传感器标准》

6）JGJ79—2002《建筑地基处理技术规范》

5. 荷载

储罐的预压荷载为向储罐内分级充水，一般分为10级左右，实际施工过程中根据监测指标及加载设备能力作相应调整。

荷载的施加按储罐的日平均沉降量、地基水平位移值和孔隙水压力值控制，沉降控制值为不大于15mm/d，水平位移控制值为不大于5mm/d，孔隙水压力系数 B 控制值为 <0.6（$\Delta u / \Delta p$），如控制值超过设定值，则停止加荷，待控制值回落后才可重新加荷。

（六）监测资料分析

1. 储罐基础（环墙）沉降

（A）沉降监测

监测采用三等变形水准方法，测量每施加一级荷载环墙的沉降量，使日均沉降量控制在15mm/d 以内，并控制储罐对径点沉降差不大于规程值。

（B）沉降曲线

根据实测资料绘制的"荷载—时间—竖向位移"曲线见图7-6-17。

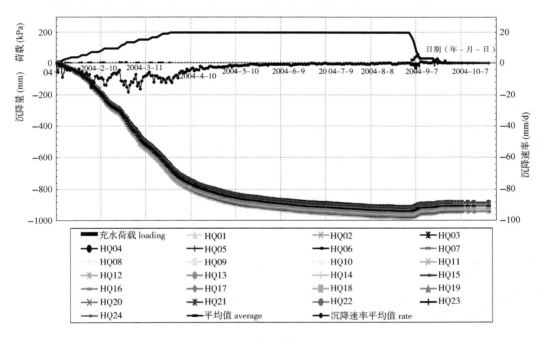

图7-6-17　B罐荷载—时间—竖向位移图

（C）地基最终沉降量及固结度

地基最终沉降量的确定：罐地基最终沉降量根据储罐充满水恒压期间的实测荷载—时间—沉降关系曲线特性，选用指数曲线拟合推算地基最终沉降量：

$$S_\infty = \frac{S_3(S_2 - S_1) - S_2(S_3 - S_2)}{(S_2 - S_1) - (S_3 - S_2)}$$

$$t_2 - t_1 = t_3 - t_2$$

式中　　　S_∞——地基最终沉降量，mm；

S_1、S_2、S_3——地基固结时段内的 3 个沉降量,分别为荷载—时间—沉降关系曲线中 t_1、t_2、t_3 对应的沉降值,mm;

t_1、t_2、t_3——分别为加载停止后从零算起的 3 个历时时间,d。

根据荷载—沉降曲线计算的地基最终沉降量与固结度值见表 7 - 6 - 6。

地基固结度的确定:罐地基固结度根据储罐充满水恒压期间的实测荷载—时间—沉降关系曲线特性,用下列方法推算:

$$U_t = \frac{S_t - S_d}{S_\infty - S_d} = 1 - a \times e^{-\beta,t}$$

$$\beta = \frac{1}{\Delta t} \times \ln \frac{S_2 - S_1}{S_3 - S_2}$$

式中　U_t——t 时刻的固结度,%;

S_d——瞬间沉降量,mm;

β——固结参数,1/d;

a——固结参数,应按现行 SH3068《石油化工企业钢储罐地基与基础设计规范》的有关规定采用。

由表 7 - 6 - 6 可知,3 个储罐在泄水卸载时的地基固结度均已超过 80%,符合设计及规程要求。

(D)沉降速率

沉降速率与充水加荷速率密切相关,整个充水预压期的平均沉降速率,大部分时间维持在 10mm/d 以下,虽然极少几天达到 16 ~ 18mm/d,但连续超限天数没有大于 2d,从沉降曲线可以看到,一旦停止充水加载,沉降速率即收敛减小,这表明地基未发生塑性变形,待沉降速率降至小于 15mm/d 以下时又可开始充水加下一级荷载。从监测数据和现场实际观察,都说明充水过程中储罐地基是稳定、安全的。

表 7 - 6 - 6　　　　　　　　　储罐沉降及固结度计算表

序号	罐号	罐容 (m^3)	泄水前沉降量 (mm)	预估最终沉降量[①] (mm)	工后沉降量 (mm)	地基固结度 (%)
1	A	50000	871	882	11	98.6
2	B	50000	935	940	5	99.1
3	C	50000	823	840	17	98.2

① 系根据泄水卸载时的沉降曲线推算的。

恒载期的沉降速率明显小于充水加载期的沉降速率,至泄水前已基本稳定,从表 7 - 6 - 7 可以看到,泄水卸载前的沉降速率已降至零。

表 7 - 6 - 7　　　　　　　　　储罐沉降速率表

序号	罐号	罐容 (m^3)	充水预压时间 (d)	恒载时间 (d)	最大沉降速率[①] (mm/d)	泄水前沉降速率 (mm/d)
1	A	50000	245	143	16	0
2	B	50000	234	159	18	0
3	C	50000	237	151	16	0

① 最大沉降速率为 24 个沉降观测点的平均值。

2. 罐基础倾斜

储罐地基是由非均质材料组成的,加荷受压后各监测点的沉降量也是不均匀的,如罐基不均匀沉降量过大,可能会使储罐浮顶不能正常使用,严重时可能导致储罐倾覆事故,所以在充水预压期间尤其注意控制不均匀沉降,将不均匀沉降值控制在规程规定的范围内。

储罐基础的平面和非平面倾斜计算值见表7-6-8,由表7-6-8可知,全部3个储罐的平面倾斜都在允许值范围内,A及B两个储罐的非平面倾斜也在允许范围之内,C罐的非平面倾斜为0.0035,超过允许值。

表7-6-8　　　　　　　　　　　　储罐基础倾斜统计表

罐　号	罐容 （m³）	基础直径 （m）	平面倾斜（mm）		非平面倾斜（mm）	
			实测值	允许值	实测值	允许值
A	50000	57.0	106	228	0.0024	<0.0025
B	50000	57.0	70	228	0.0016	<0.0025
C	50000	57.0	194	228	0.0035	<0.0025

3. 罐基础锥面变形

储罐基础锥面典型沉降曲线见图7-6-18,沉降后锥面的坡度值见表7-6-9,充水预压完成时的罐底坡度均大于规定值,符合规范要求。

表7-6-9　　　　　　　　　　　　储罐基础锥面坡度计算表

罐号	罐容 （m³）	沉降管号	沉降管长度（m）	预压后锥面坡度（%）	规程规定值
A	50000	1	44	2.00	>0.8%
		2	55	2.30	
		3	57	2.10	
		4	55	2.26	
		5	44	1.49	
B	50000	1	44	1.82	
		2	55	2.00	
		3	57	1.52	
		4	55	1.59	
		5	44	1.60	
C	50000	1	44	1.47	
		2	55	1.67	
		3	57	1.43	
		4	55	1.77	
		5	44	1.34	

4. 地基土深层水平位移

地基土深层水平位移测量管(测斜管)埋设在储罐基础外侧附近,一般每个罐的监测数量为2根测管,埋设平面示意图见图7-6-15。

(A) 水平位移值

储罐地基正常充水加载后,地基除大部分为固结沉降外,另一部分为侧向挤出,本次充

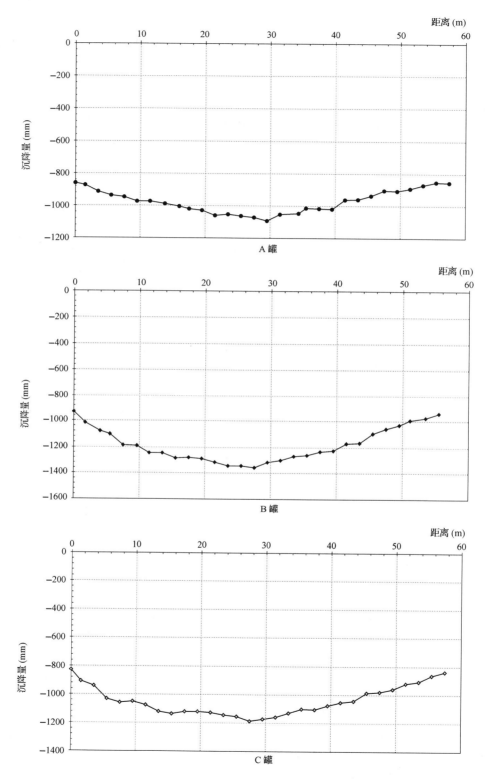

图 7 - 6 - 18　储罐基础横剖面沉降曲线

水预压过程经监测,日均侧向位移控制在5mm/d之内,符合要求。

各罐的水平位移典型曲线见图7-6-19。

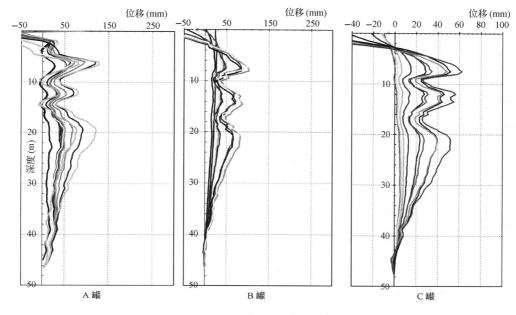

图7-6-19 储罐地基深层水平位移曲线

(B)最大水平位移值

最大水平位移值发生的深度在地面下6~8m间,经查阅勘察报告,该深度为冲填土及淤泥质粉质黏土的交界处,是相对软弱层。

5. 地基深层垂直位移

分层垂直位移(沉降)管埋设在环墙外约1m处,埋设平面示意图见图7-6-15。荷载与分层垂直位移的典型关系曲线见图7-6-20。

6. 地基孔隙水压力

(A)现场情况

1)部分储罐地基已作振冲碎石桩处理,由于碎石桩的施工工艺决定了桩体是一不等直径的圆柱体,主要由地基土的类别所决定的,软土层内的桩体直径一般比较大一些。

2)孔隙水压力计的埋设位置是在三角形布置的三根碎石桩的形心位置上,理论上是埋设在桩间土内,但由于桩径不一,孔隙水压力计可能离桩体的距离不一。

3)在充水预压监测过程中,整个罐区的地下管线开挖施工,施工单位为防止塌方用井点降水后开挖,降水设备时开时停,使整个罐区的地下水位系统非常紊乱,导致所测的部分孔隙水压力值失真。具体表现在孔隙水压力曲线上为短时期内没有增量外荷的条件下,孔隙水压力增量却较大。

(B)超静孔隙水压力

储罐地基在充水荷载作用下产生的超静孔隙水压力与荷载及时间之间关系的过程曲线典型图见图7-6-21。

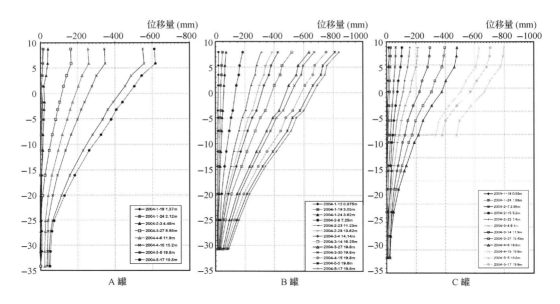

图 7 - 6 - 20　储罐地基深层垂直位移曲线

从实测曲线可以看出,荷载(充水)增加,超静孔隙水压力即发生,但超静孔隙水压力增长的速率远比荷载的增加速率小,超静孔隙水压力在加载(充水)、停歇、卸载(泄水)阶段都非常有规律。最大超静孔隙水压力发生在淤泥质粉质黏土层内(1C3 层),该层土距地面 $18 \sim 29 m$。加载(充水)停止,超静孔隙水压力即开始消散,而且消散速率较快,这是振冲碎石桩的排水效应。

(C)超静孔隙水压力增量 Δu 与荷载增量 Δp 的关系

淤泥质黏土层内的孔隙水压力系数 B 值均大于其他土层,超静孔隙水压力增量与荷载增量的比值($\frac{\Delta u}{\Delta p}$)均小于 0.6,1C3 淤泥质粉质黏土层内的 B 为 $0.35 \sim 0.38$,其余大部分都小于 0.1,储罐地基在充水预压阶段始终处于安全状态。

(七)结论

A、B、C 3 个 $50000 m^3$ 储罐充水预压监测结果表明:

1)经振冲碎石桩处理后的储罐地基,在正式使用前进行的充水预压消除了地基的大部分沉降量,控制充水速率从而使储罐地基变形在允许范围内,故充水预压过程中的监测是必要的。

2)储罐的平面倾斜符合规程要求值,非平面倾斜值 A、B 罐小于规程允许值,C 罐为 0.0035,大于规程值,但环墙及结构外表未发现裂缝等不安全因素。

3)储罐地基的深层水平位移较小,充水预压过程中的日位移量控制在规定值范围内。

4)罐区地下管线开挖及井点施工对孔隙水压力的观测有影响,特别是井点降水。

5)超静孔隙水压力较大值发生在 1C3 层淤泥质粉质黏土内,但充水过程中其 $\frac{\Delta u}{\Delta p}$ 值未超过 0.6,充水过程中储罐地基没有安全隐患。

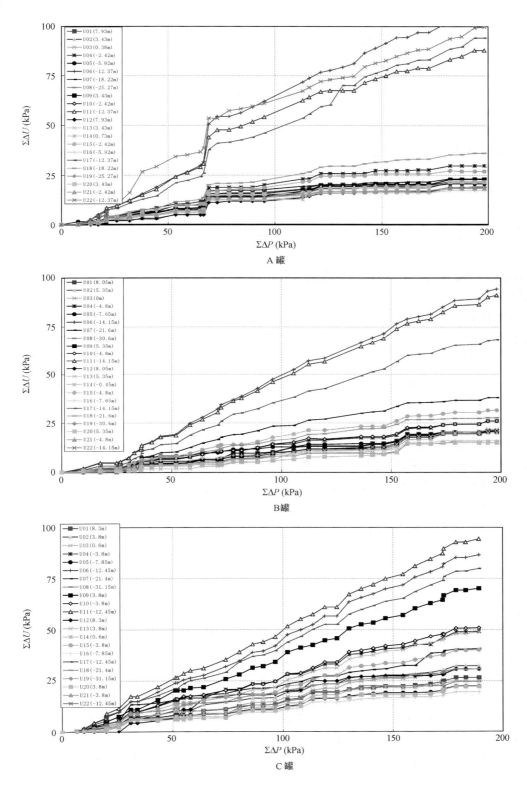

图 7 - 6 - 21　储罐地基荷载—超静孔隙水压力—时间关系曲线

6）根据泄水前监测的基础（环墙）沉降曲线推求的地基度均已超过80%，满足设计及规程要求。

三、软基公路监测

（一）工程概况

江门市九江大桥至潮莲大桥路线全长24.964 km，路面宽29.5m（不含匝道）。

该公路的特点主要有3个。一是路基软土层厚且地质条件差，其主要为高含水量、高孔隙比、低强度、高压缩性、低渗透性的深厚软土，全线80%为软土路基，软土层平均厚度约为15 m，最厚超过30 m，；二是高填方或超高填方，路堤高度在2~8 m之间，大部分软土路段路堤填高在4~8 m，属于高填方、超高填方路基，此类路段约占软土路基总长的80%，部分路段沉降补方后填土高度达到10 m以上；三是与西江大堤并线，该公路约10 km左右的路段与西江大堤并行，并行路段约占路线全长的40%，部分并行路段的路堤堤脚与江堤的二级戗台相连。

针对本工程的特点，软基处理采用以排水固结法为主，辅以水泥搅拌桩复合地基的软土路基处治方法，并在软土路基处治过程中，进行软土路基和西江大堤安全监测，以保证软土路基处治施工安全、软土路基处治效果及西江大堤的安全。

（二）软土层分布及其处治方法

1. 软土层分布及其特点

本工程软土地层自上而下分为：层①高液限黏土，平均厚度为2.6 m，最大厚度约为3.0 m，部分路段缺失；层②淤泥、淤泥质土，平均厚度为18 m，最大厚度约为30.0 m，除山体外全线均有分布；层③高液限黏土，平均厚度为3 m，最大厚度约为6.0 m，大部分路段均有分布；层④低液限黏土，平均厚度为6 m，大部分路段均有分布。全线软土层特性概括如下：

1）含水量高。淤泥质土平均值49%，最大68.7%，流塑状。

2）天然孔隙比大。淤泥质土的天然孔隙比平均值为1.42，最大达到1.88；高液限黏土的天然孔隙比平均值为1.0，最大达到1.60。

3）压缩性高。淤泥质土的压缩系数为1.08 MPa^{-1}，属高压缩性土；高液限黏土的压缩系数为0.4 MPa^{-1}，属高压缩性土。

4）抗剪强度小。淤泥质土快剪凝聚力平均值12.5 kPa，内摩擦角7.5°，平均十字板剪切强度为25.0 kPa。

5）固结系数小。淤泥和淤泥质土固结系数约为3.0 × 10^{-4} cm^2/s。

2. 软土路基处治方法

针对本工程的特点，软土路基处治必须考虑的问题是：① 施工期路基稳定和西江大堤的安全；② 为达到理想的处治效果，必须加强施工过程中质量的控制；③ 必须有足够的满载预压时间，以利于软土固结，减小和控制工后沉降，使运行期间不发生较大的沉降和不均匀沉降，保证路面结构完整和车辆行驶平稳、安全、舒适。

按2年工期考虑的软土路基处治方案，不同处治方法的统计见表7-6-10。

表 7 - 6 - 10　　　　　　　　　　　**路段软土路基特点及其处理方法统计表**

序号	路段特点	路基处治方法	处治长度(m)	占总路线
1	工期容许、其工后沉降能控制的	排水板 + 等载预压	6600	32%
2	路堤填高 >4.0 m,软土层厚度 >10.0 m,路基稳定和固结时间难以控制的	真空联合堆载预压	4200	20%
3	路堤填高 >4.0 m,软土层厚度 >10.0 m,路基稳定和固结时间难以控制的,且距西江大堤近	真空联合堆载预压 + 水泥搅拌桩墙	4500	22%
4	路段地质状况好(基岩等)	不需处理	2700	13%
5	桥头、箱涵及其过渡段(大部分)	水泥搅拌桩复合地基	1500	7%
6	其他		1350	6%

(三) 软土路基处治监测结果与分析

1. 监测内容

软土路基监测分为两个部分,一部分是一般性观测,本部分观测按 JTJ017—96《公路软土地基路堤设计与施工技术规范》的要求,主要观测内容是施工期的地面沉降、路基水平位移;另一部分是重点监测,主要针对本工程的软土层厚、土性很差,以及路堤与西江大堤并线等特点,选取典型的且具有控制性的断面进行实时监测,本例选取了真空预压路段的K8 + 690 和等载预压路段 K19 +720 两个断面作重点分析,主要监测内容为路基和江堤的地表沉降与水平位移、路基和江堤深层土体水平位移、地基土孔隙水压力、路基土体分层沉降等,具体监测项目见表 7 - 6 - 11。路基监测典型布置断面图见图 7 - 6 - 22。

表 7 - 6 - 11　　　　　　　　　**软土路基处治与西江大堤安全监测主要项目汇总表**

监测项目 断面分类	新建公路					西江大堤		
	地表沉降	路基分层沉降	地表水平位移	土体水平位移	孔隙水压力	沉降与水平位移	土体水平位移	孔隙水压力
一般路段	√	√	√	√	√	×	×	×
桥头过渡段	√	×	√	√(双向)	√	×	×	×
路堤与江堤结合段	√	√	√	√	√	√(双向)	√	√
路堤与电塔结合段	√	×	√	√	×	×	×	×

2. 监测目的

软土路基处治监测和处治效果检测的目的概括为:

1)指导施工,控制路堤填筑速率和绿化带填筑速率,确保施工期路基安全。

2)监测西江大堤的变形,确保西江大堤安全、稳定。

3)掌握地基软土固结情况,控制工后沉降,评价软土路基处治效果,以便决定下一步的工作进行。

3. K8 +690 断面监测结果与分析

(A)地表沉降

在路基的左肩、路中和右肩分别设置地表沉降观测点。沉降观测资料取自 2005 年

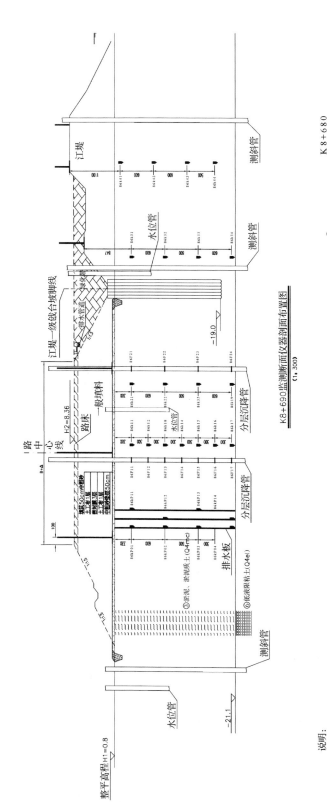

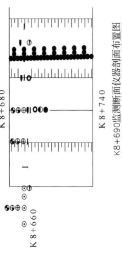

K8+690监测断面仪器剖面布置图

图 7 − 6 − 22　路基监测典型布置断面图

说明：
1. 图中尺寸以厘米计。
2. 图中 Ⅰ—地面沉降板；⊙—边桩；○—分层沉降点；▮—孔隙水压力测点；◐—深层水平位移测点；
　⊕—路堤填筑前十字板孔；◑—路面施工前十字板孔；◉—路面施工前取土孔；
　●—路堤填筑完成十字板孔；■—路堤填筑完成取土孔。
3. 为检测软土路基处治效果，分别在路堤填筑前，路堤填筑完成和路面施工前进行原位十字板测试和原位取土。

12 月~2007 年 9 月,也就是从铺设砂垫层开始,到公路通车试运行后 4 个月结束。此断面的沉降—荷载—时间曲线,如图 7-6-23 所示。

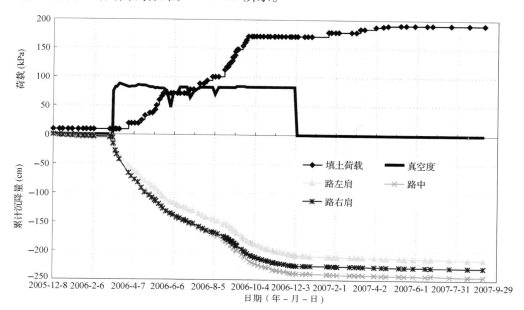

图 7-6-23　K8+690 沉降—荷载—时间曲线

从曲线可以看出,地表沉降大致可以分为如下 5 个阶段:

(1)路堤填筑前期　该时段(2005 年 12 月 8 日~2006 年 3 月 6 日)沉降速率较小,沉降量约占总沉降量的 2.7%。

(2)路堤填筑期　该时段(2006 年 3 月 7 日~2006 年 9 月 23 日)的初始阶段,随着真空荷载以及填土荷载的加入,沉降速率很大;随着施工的不断进行,绝大部分填土荷载的加入,曲线有呈缓和趋势,但沉降量依然较大。路堤填筑期的沉降量约占总沉降量的 85.1%。

(3)预压期　该时段(2006 年 9 月 24 日~2007 年 3 月 2 日)前期,真空荷载依然存在,沉降速率逐渐减小;当取消真空荷载之后,曲线趋于平缓。此时期的沉降量约占总沉降量的 11.0%。

(4)路面施工期　该时段(2007 年 3 月 3 日~2007 年 5 月 7 日)沉降速率较小,沉降量约占总沉降量的 0.5%。

(5)试运行期　该时段(2007 年 5 月 8 日~2007 年 9 月 9 日)主要为通车后的 4 个月,沉降速率也较小,沉降量约占总沉降量的 0.7%。

(B)深层土体水平位移

在路基的左右坡脚线外侧 2m 处和江堤左肩各埋设一测斜管。深层土体位移观测资料取自 2006 年 1 月~2007 年 6 月。曲线如图 7-6-24、图 7-6-25、图 7-6-26 所示。

从曲线可以看出,路左肩深层土体水平位移可以分为如下 3 个阶段:

(1)路堤填筑前期　该时段(2006 年 1 月 14 日~2006 年 3 月 6 日)位移量较小,大面积施工尚未进行。

(2)路堤填筑期　该时段(2006 年 3 月 7 日~2006 年 9 月 23 日)的初始阶段,随着真空荷载的加入,位移变化相当明显,最大位移发生在抽真空开始后 10d 左右,为测斜管管口,

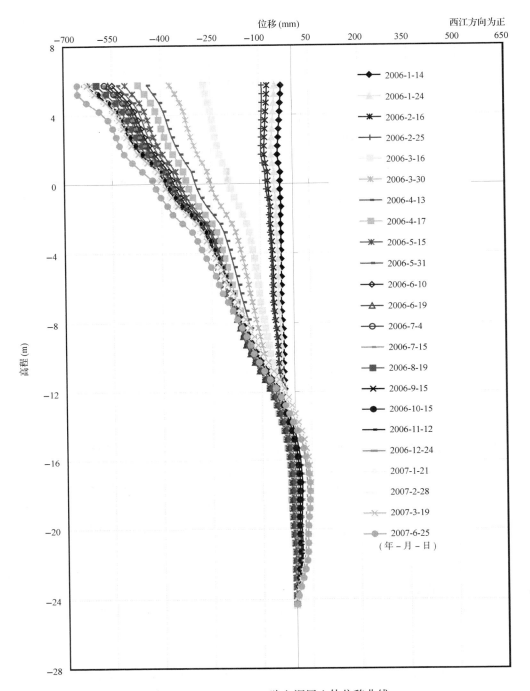

图 7 - 6 - 24　K8 + 690 路左深层土体位移曲线

方向指向路堤中心,最大位移速率为 20mm/d;随着大量填土荷载的加入,位移量依然较大,但位移速率减小。

（3）路堤填筑期后期　该时段（2006 年 9 月 24 日 ~2007 年 6 月 25 日）位移速率显著减小,但总位移量仍然在不断增大,2007 年 6 月 25 日达到最大值为 655mm。

因为路右深层土体水平位移为路堤填筑期埋设,所以,路右肩深层土体水平位移可以分

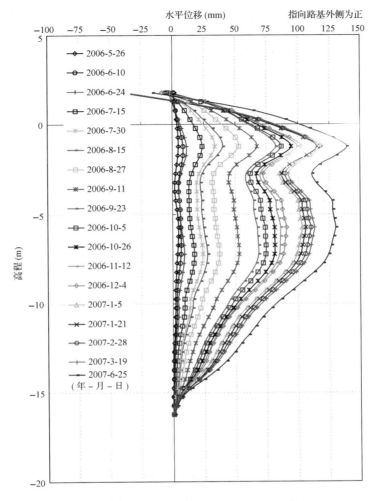

图 7 - 6 - 25　K8 + 690 路右深层土体位移曲线

为如下 2 个阶段:

(1) 路堤填筑期　该时段(2006 年 5 月 26 日~2006 年 9 月 23 日)的前期,真空荷载已经加入,填土施工正在进行,最大位移处为测斜管管口以下 4m 的位置,方向指向路堤外侧;随着填土荷载的增加,位移量逐渐增大,其位移速率相应增大。

(2) 路堤填筑期后期　该时段(2006 年 9 月 24 日~2007 年 6 月 25 日)的位移量受荷载的影响较大,2007 年 6 月 25 日位移量达到最大值为 139mm。

从曲线可以看出,江堤深层土体水平位移受路堤施工影响较明显,位移主要集中在测斜管管口以下 10m 向上的区域,其变化过程大致也可以分为如下 3 个阶段:

(1) 路堤填筑前期　该时段(2006 年 1 月 14 日~2006 年 3 月 6 日)位移量已经呈增大趋势。

(2) 路堤填筑期　该时段(2006 年 3 月 7 日~2006 年 9 月 23 日)的初始阶段,随着路堤真空荷载的加入,位移变化相当明显,最大位移处为测斜管管口,方向指向路堤中心;随着路堤大量填土荷载的加入,位移量减小,位移速率也相应减小。

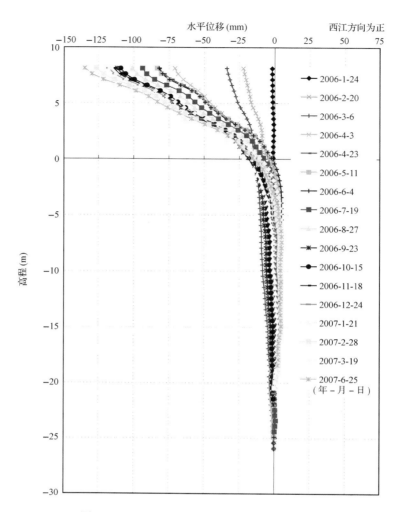

图 7 - 6 - 26　K8 + 690 江堤深层土体位移曲线

（3）路堤填筑期后期　该时段（2006 年 9 月 24 日 ~ 2007 年 6 月 25 日）位移速率显著减小，偶尔有回弹迹象，但总位移量仍然在不断增大，2007 年 3 月 19 日达到最大值为 137mm。

综上所述，路左、江堤深层土体深层水平位移方向都是指向路堤中心，路右深层土体水平位移方向则是指向路堤外侧的；越靠近路堤施工区域，土体位移量越大，且深度越深；整个土体是向较软弱的土层位移的。

（C）孔隙水压力

取路中、路中排水板和江堤的较完整孔隙水压力观测资料作为分析对象，观测时间是从 2006 年 1 月 13 日 ~ 2007 年 3 月 19 日。曲线如图 7 - 6 - 27、图 7 - 6 - 28、图 7 - 6 - 29 所示。

从以上 3 根曲线可以看出，超静孔隙水压力受路堤真空荷载和填土荷载影响较明显，其变化过程大致也可以分为如下 3 个阶段：

（1）路堤填筑前期　该时段为仪器埋设完毕至真空荷载前期，超静孔压有逐渐减小并且向"0"接近的趋势。

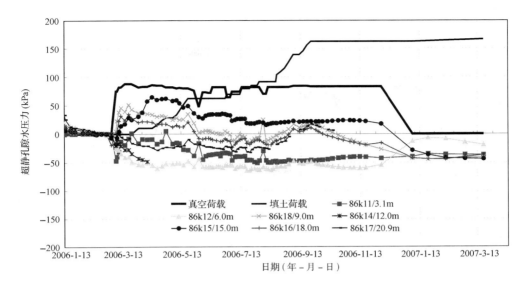

图 7 - 6 - 27　K8 + 690 路中孔压—荷载—时间曲线

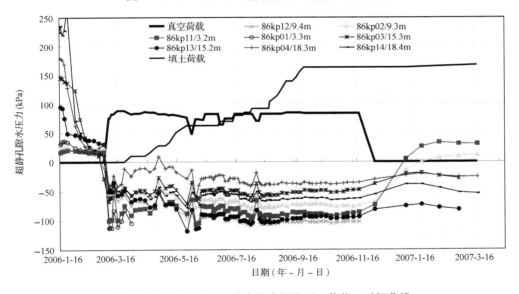

图 7 - 6 - 28　K8 + 690 路中排水板孔压—荷载—时间曲线

（2）路堤填筑期　该时段（2006 年 3 月 7 日 ~ 2006 年 9 月 23 日）的路堤内孔压变化较大，尤其受真空度的影响较明显。江堤孔压变化较平缓。

（3）路堤填筑期后期　超静孔压变化很小。

综上所述，超静孔隙水压力受抽真空的影响引起的变化大于填土荷载；路堤外的超静孔隙水压力受施工荷载的影响很小。

（D）分层沉降

取路中分层沉降作为分析对象，时间是从 2006 年 1 月 14 日 ~ 2007 年 2 月 28 日。曲线如图 7 - 6 - 30 所示。

从曲线可以看出：分层沉降每一土层的沉降变化规律和地表沉降相似；每一土层的沉降

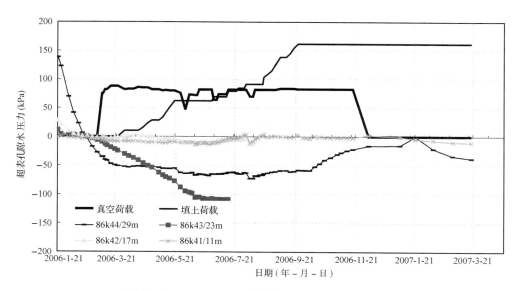

图 7 - 6 - 29　K8 + 690 江堤孔压—荷载—时间曲线

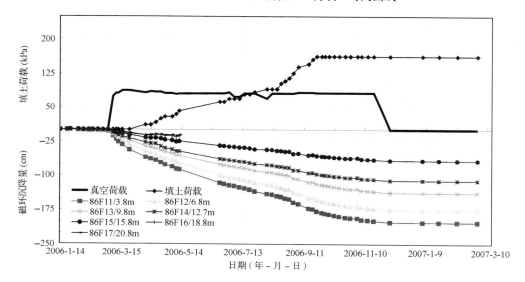

图 7 - 6 - 30　K8 + 690 路中分层沉降—荷载—时间曲线

量不相等,土层越深,总沉降量越小;土层越接近地表,其总沉降量越接近路中地表沉降。

4. K19 + 720 断面监测结果与分析

（A）地表沉降

在路基的左肩、路中和右肩分别设置地表沉降观测点。沉降观测资料取自 2005 年 11 月 ~ 2007 年 9 月,也就是从铺设砂垫层开始,到公路通车试运行以后 4 个月结束。此断面的沉降—荷载—时间曲线,如图 7 - 6 - 31 所示。

由于沉降标在路堤填筑之前埋设,地表沉降大致可以分为如下 4 个阶段:

（1）路堤填筑期　该时段(2005 年 11 月 12 日 ~ 2006 年 7 月 9 日)随着填土荷载的增加,沉降量逐渐增大,曲线缓和。路堤填筑期的沉降量约占总沉降量的 70.8%。

（2）预压期　该时段(2006 年 7 月 10 日 ~ 2007 年 2 月 25 日)沉降速率逐渐减小曲线

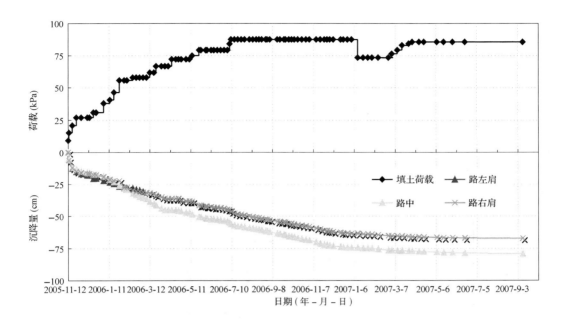

图 7 - 6 - 31　K19 + 720 沉降—荷载—时间曲线

趋于平缓。此时期的沉降量约占总沉降量的 25.7% 。

（3）路面施工期　该时段（2007 年 2 月 26 日 ~ 2007 年 4 月 1 日）沉降速率较小,沉降量约占总沉降量的 0.9% 。

（4）试运行期　该时段（2007 年 4 月 2 日 ~ 2007 年 9 月 10 日）沉降速率也较小,沉降量约占总沉降量的 2.6% 。

（B）深层土体水平位移

在路基的左右坡脚线外侧 2m 处和江堤左肩各埋设一测斜管。深层土体位移观测资料取自 2006 年 1 月 ~ 2007 年 6 月。曲线如图 7 - 6 - 32 ~ 图 7 - 6 - 34 所示。

从曲线可以看出,测斜管管口的位移方向是指向西江的,最大位移量为 82mm,而管口以下 13m 处位移方向则是指向路堤中心的,最大位移量是 20 mm。路右深层土体水平位移方向指向路基外侧,且位移量随着施工的进行不断增大,最大位移处在管口以下 6.5m 处,最大位移量为 42 mm。江堤深层土体水平位移受路堤施工影响较小,位移主要集中在测斜管上部,管口最大位移量为 17 mm。

综上所述,路左、江堤深层土体深层水平位移方向都是指向路堤中心,路右深层土体水平位移方向则是指向路堤外侧的;越靠近路堤施工区域,土体位移量越大,且深度越深;整个土体是向较软弱的土层位移的。

（C）孔隙水压力

取路中、路左和江堤的较完整孔隙水压力观测资料作为分析对象,时间是从 2005 年 12 月 13 日 ~ 2007 年 3 月 18 日。曲线如图 7 - 6 - 35 ~ 图 7 - 6 - 37 所示。

从以上 3 根曲线可以看出,路堤填筑期超静孔隙水压力变化较大;路堤填筑前期及后期,超静孔隙水压力变化很小,有向"0"接近的趋势;路堤外的超静孔隙水压力受施工荷载的影响相对较小。

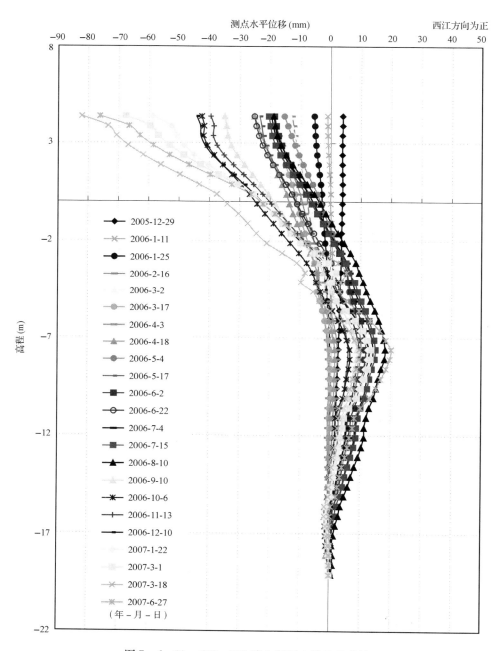

图 7 - 6 - 32　K19 + 720 路左深层土体位移曲线

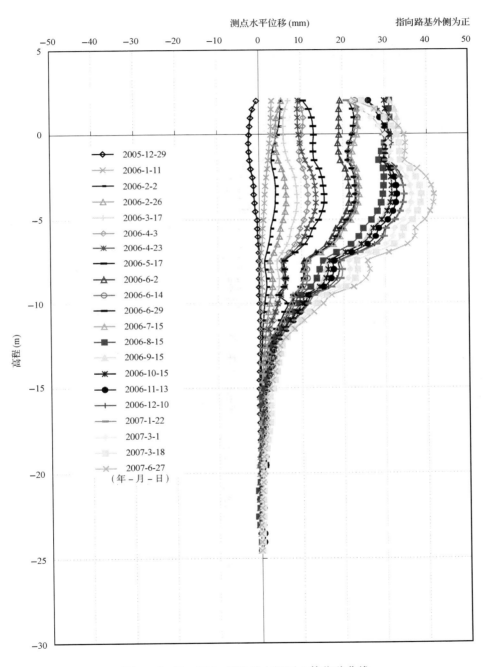

测点水平位移 (mm)　　　　　指向路基外侧为正

图 7 - 6 - 33　K19 + 720 路右深层土体位移曲线

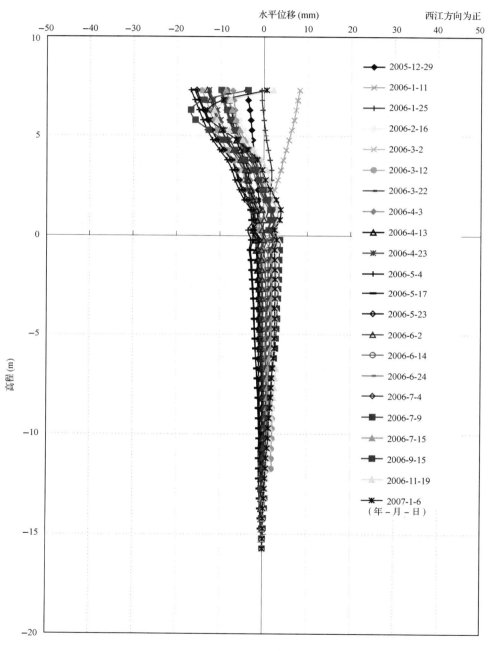

图 7 - 6 - 34　K19 + 720 江堤深层土体位移曲线

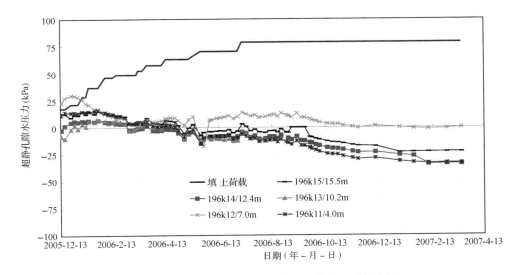

图 7 - 6 - 35　K19 + 720 路中孔压—荷载—时间曲线

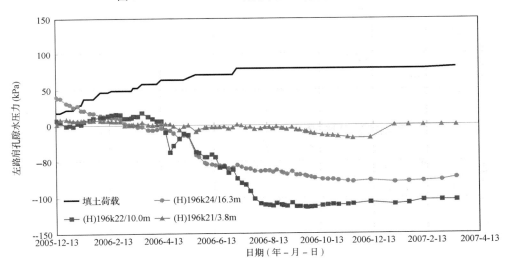

图 7 - 6 - 36　K19 + 720 路左孔压—荷载—时间曲线

（D）分层沉降

取路中分层沉降作为分析对象,时间是从 2005 年 12 月 13 日~2007 年 1 月 23 日。曲线如图 7 - 6 - 38 所示。

从曲线可以看出,分层沉降每一土层的沉降变化规律和地表沉降相似;每一土层的沉降量不相等,土层越深,总沉降量越小;土层越接近地表,其总沉降量越接近路中地表沉降。

（四）结论

根据对以上两个断面的不同监测手段的分析和比较,得出结论如下:

1）真空预压路段和等载预压路段的地表沉降主要集中在路堤填筑期和预压期,而前者在路堤填筑期占的比重较大,后者在预压期占的比重更大。

2）由于滨江大道的路堤结合段的左侧是江堤,右侧以较软弱的土层为主,所以深层土体位移都是指向较软弱的土层,且真空预压路段的位移量大于等载预压路段的位移量。

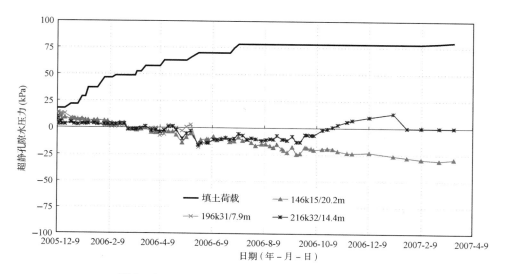

图 7 - 6 - 37　K8 + 690 江堤孔压—荷载—时间曲线

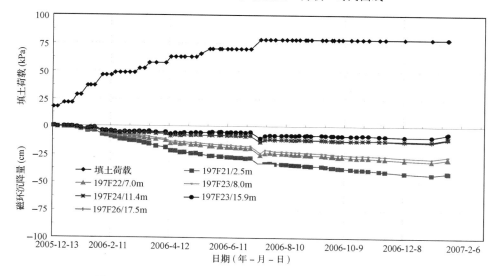

图 7 - 6 - 38　K19 + 720 路左肩分层沉降—荷载—时间曲线

3）真空预压路段的超静孔隙水压力在填筑期的变化明显大于等载预压路段的超静孔隙水压力的变化,且向"0"接近,基本消散完毕。

4）由于软土层厚度不同,真空预压路段的各层沉降量大于等载预压路段对应深度的沉降量。

四、某港口工程吹填陆域软基处理监测

（一）概况

1. 工程概况

深圳港大铲湾港区位于珠江口矾石水道南部,是深圳港未来发展的重点港区,整个工程分四期建设。本工程位于西乡大道末端,大致呈方形,围堰轴线内面积为 71724.97m^2,其平面位置见图 7 - 6 - 39。

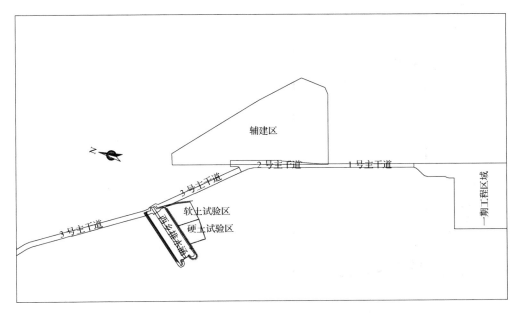

图 7 - 6 - 39　港区平面示意图

2. 地层概况

本试验区地质情况大致分 7 层:

第一层吹填土,平均厚度 1.9m。

第二层淤泥,平均厚度 3.8m。

第三层淤泥混贝壳,平均厚度 3.5m。

第四层砂混贝壳,平均厚度 0.4m。

第五层中砂,平均厚度 0.5m。

第六层残积土,平均厚度 4.3m。

第七层花岗岩,未揭穿。

3. 设计概况

因为该工程为试验,各分区采用了不同的处理方法,通过采集监测的数据,对比处理的效果,为二期工程设计提供设计资料。

SY1 区处理方法为真空联合堆载预压,采用普通 B 型排水板,正方形布置,间距 1.2m,下端 1.5m 剥去滤膜,粒土密封墙打设 7m,即未打设至透水层第五层中砂。

SY2 区处理方法为真空联合堆载预压,采用加宽型排水板,宽度 150mm,正方形布置,间距 1.2m,下端 1.5m 剥拨去滤膜,粒土密封墙打设 7m,未打至透水层的第五层沙中。

分区的堆载相同,吹沙堆载高度约 3.5m,最终持续高程 7.2m。

(二) 监测内容和监测频率

1. 监测内容

根据施工设计的要求,监测的主要工作内容见表 7 - 6 - 12。各监测点的位置详见图 7 - 6 - 40 监测点平面布置图,各监测仪器埋设位置详见图 7 - 6 - 41 观测仪器剖面布置示意图。

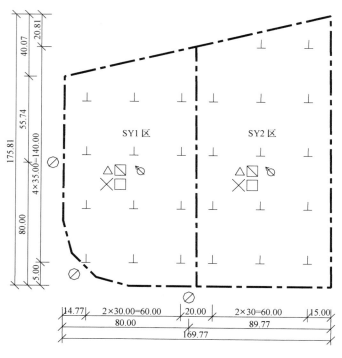

图例：

△ 孔隙水压力传感器

⊘ 测斜仪

□ 磁性分层沉降仪

⊥ 沉降盘

✕ 水位仪

⊘ 排水板内真空度传感器

对应土体内孔隙水压力传感器

图 7 - 6 - 40　监测点平面布置图

表 7 - 6 - 12 监测内容统计表

序号	工作内容	单位	SY1	SY2	合计
1	地面沉降	点	12	14	26
2	土体分层沉降	组	1	1	2
3	深层土体水平位移	组	3	0	3
4	地基土内孔隙水压力	组	1	1	2
5	排水板内孔隙水压力	组	3	3	6
6	对应孔隙水压力	组	1	1	2
7	排水板内真空度	组	1	1	2
8	地下水位	点	1	2	3
9	卸载回弹观测	点	12	14	26

2. 监测频率

根据设计拟定的计划加荷过程线见图 7 - 6 - 42(实际加荷过程须根据实时的监测结果进行调整),监测工作主要分为加载前期、试抽真空期、加载期、联合预压满载前期(满载第一个月)、联合预压满载后期(满载一个月后)5 个阶段,监测频率按各阶段需要确定(表 7 - 6 - 13)。

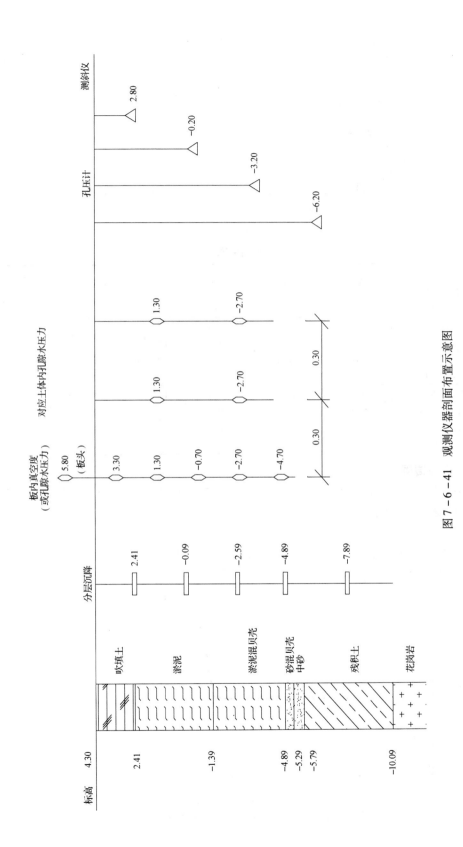

图 7 – 6 – 41 观测仪器剖面布置示意图

991

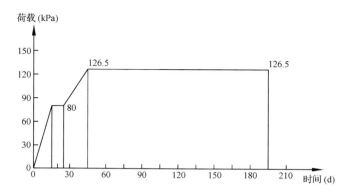

图 7 - 6 - 42　计划加荷过程线

表 7 - 6 - 13   监测频率表

阶段 观测项目	加载前期	试抽真空	加载期	满载第一个月	满载一个月后	一个/组测点 总次数
预计时间（d）	15	10	20	30	120	—
地表沉降	5 次	1 次/d	1 次/d	1 次/2d	2 次/7d	84
分层沉降	5 次	1 次/d	1 次/d	1 次/2d	2 次/7d	84
深层土体位移	5 次	1 次/d	1 次/d	1 次/2d	2 次/7d	84
地基土内孔隙水压力	5 次	1 次/d	1 次/d	1 次/2d	2 次/7d	84
排水板内孔隙水压力	5 次	1 次/d	1 次/d	1 次/2d	2 次/7d	84
对应孔隙水压力	5 次	1 次/d	1 次/d	1 次/2d	2 次/d	365
排水板内真空度	5 次	2 次/d	2 次/d	2 次/d	2 次/d	365
地下水位观测	5 次	1 次/d	1 次/d	1 次/2d	2 次/7d	84

（三）观测结果

从 2007 年 4 月 17 日开始测试工作，截止到 2007 年 10 月 12 日。SY1 区堆载已经完成 90%，SY2 区堆载已经结束，监测工作均在进行中。

1. 堆载

根据现场实际堆载情况，绘制加载时程如图 7 - 6 - 43、图 7 - 6 - 44。

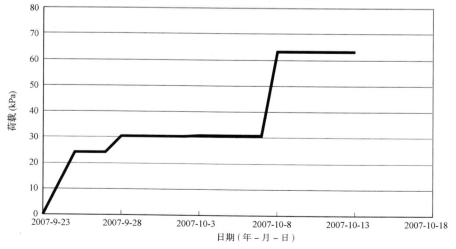

图 7 - 6 - 43　SY1 区荷载时程线

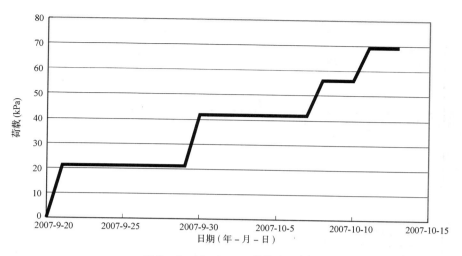

图 7 - 6 - 44　SY2 区荷载时程线

2. 地表沉降

按确定的监测方案开展监测工作,地表沉降结果规律性较好。各区的沉降荷载—时间变化过程曲线,如图 7 - 6 - 45 ~ 图 7 - 6 - 46。各区打设排水板期间和加荷载期间的地表沉降量汇总见表 7 - 6 - 14。

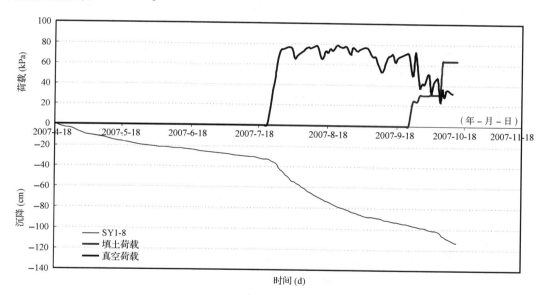

图 7 - 6 - 45　SY1 - 8 测点沉降—荷载时程线

表 7 - 6 - 14　　　各区打设排水板期间和加荷载期间的地表沉降量汇总如表

项目 \ 分区	SY1 区(SY1 - 8)	SY2 区(SY2 - 2)
打设排水板期间沉降量(cm)	32.8	38.0
加荷载期间沉降量(cm)	78.7	100.6
总沉降量(cm)	111.5	138.6

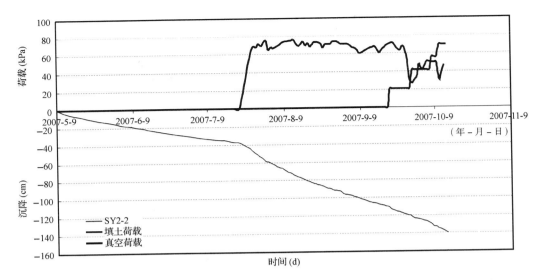

图 7 - 6 - 46　SY2 - 2 测点沉降—荷载时程线（SY2 - 2 点）

从表 7 - 6 - 14 数据来看，不论是打设排水板期间沉降量还是加荷载期间沉降量，SY2 区都比 SY1 区要大，尤其是加载期间沉降差值达 20cm，说明 SY2 区的加宽形排水板比普通 B 型排水板处理地基效果要好，排水固结速度更快，缩短了工期，降低了工程造价。

3. 分层沉降

分层沉降测试结果符合理论规律，越向下沉降越小，SY1 和 SY2 区的分层沉降—时间过程线如图 7 - 6 - 47 和图 7 - 6 - 48。

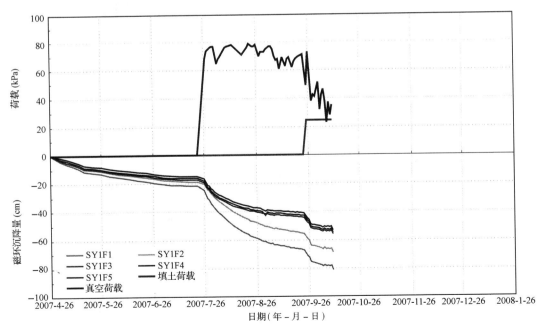

图 7 - 6 - 47　SY1 区分层沉降—荷载—时程线

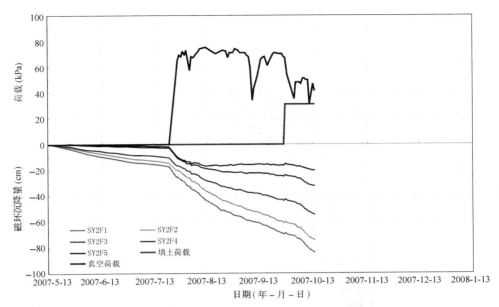

图 7 - 6 - 48　SY2 区分层沉降—荷载—时程线

表 7 - 6 - 15　　　　　　　　　　　　分层沉降量汇总表

分区 项目	SY1 区					SY2 区				
	SY1F1	SY1F2	SY1F3	SY1F4	SY1F5	SY2F1	SY2F2	SY2F3	SY2F4	SY2F5
打设排水板期间沉降量（cm）	21.6	18.6	17.2	16.2	14.8	17.3	14.7	10.4	3.0	2.1
加荷载期间沉降量（cm）	59.6	50.2	38.9	38.7	38.3	66.2	59.2	44.0	29.5	18.0
总沉降量（cm）	81.2	68.8	56.1	54.9	53.1	83.5	73.9	54.4	32.5	20.1

从表 7 - 6 - 15 数据来看，在加荷载期间，SY2 区比 SY1 区的分层沉降量要大，说明 SY2 区的加宽形排水板比 SY1 区的普通 B 型排水板排水固结沉降速度更快。

4. 深层土体水平位移

深层土体水平位移观测正常，规律性也较好，真实反映了侧向变形。在抽真空之前，由于打设排水板引起地基沉降，使得侧向位移方向向试验区内，位移速率较小，一般在 0.5mm/d 左右。在试抽真空初期，侧向位移稍微增大，地表下约 7m 范围内侧向位移速率约 1.5mm/d，其余基本没有变化。在堆载初期，侧向位移向试验区外位移，位移速率超过设计要求的 4mm/d，达到 8mm/d 左右，侧向位移影响深度在 0 ~ 12m 左右，最大位移均发生在地表。各深层土体水平位移观测结果见表 7 - 6 - 16，水平位移曲线如图 7 - 6 - 49 ~ 图 7 - 6 - 51。

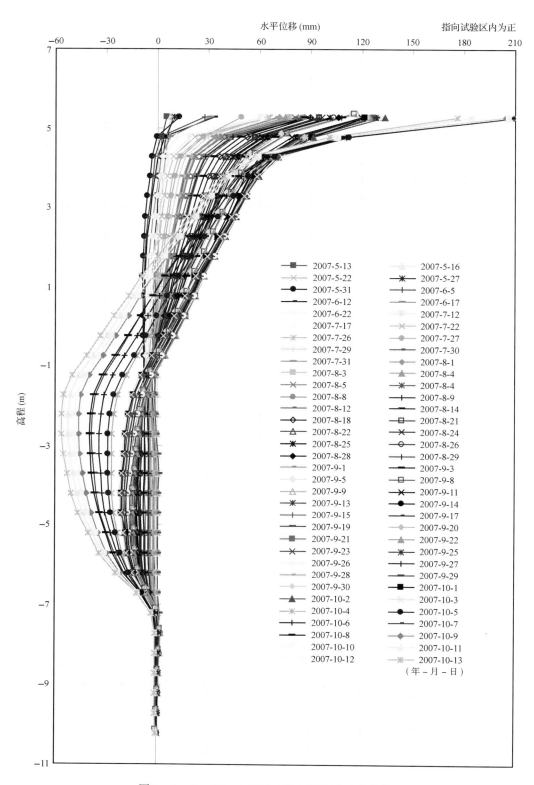

图 7 - 6 - 49　SY - 1 深层土体水平位移变化曲线

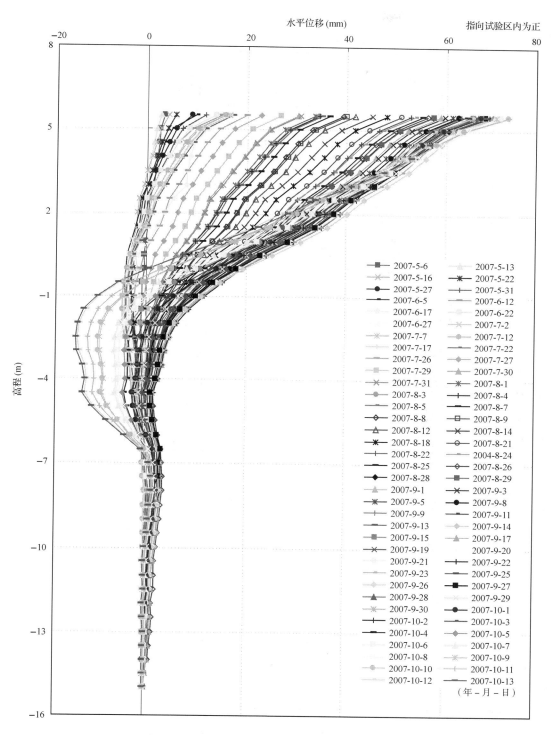

水平位移 (mm)　　　　　　　　　　指向试验区内为正

图 7 - 6 - 50　SY - 2 深层土体水平位移变化曲线

水平位移 (mm)　　　　　　　　　　　　　　　　　指向试验区内为正

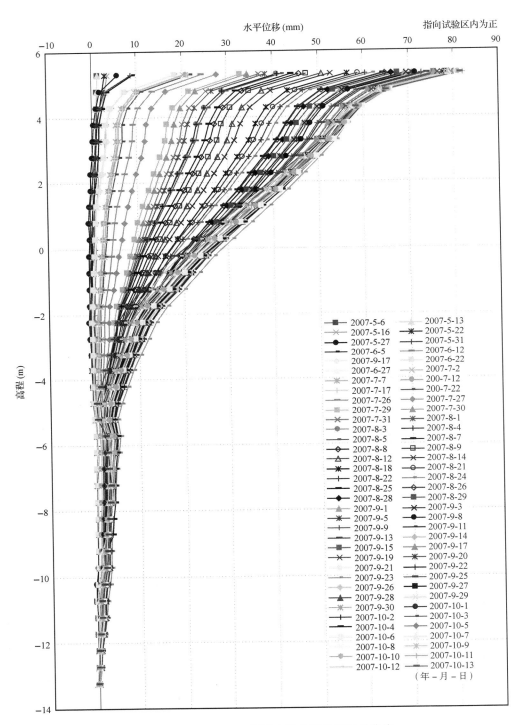

图 7 − 6 − 51　SY − 3 深层土体水平位移变化曲线

表 7 - 6 - 16 **水平位移观测结果**

编号	最大侧向位移量						最大影响深度(m)
	抽真空前期		抽真空期		吹砂加载期		
	日期(月-日)	数值(mm)	日期(月-日)	数值(mm)	日期(月-日)	数值(mm)	
SY-1	7-26	12.29	9-19	64.64	10-13	52.23	12.5
SY-2	7-26	17.08	9-19	66.07	10-13	68.03	13.5
SY-3	7-26	21.87	9-19	76.54	10-13	81.50	11.0

5. 排水板内孔隙水压力观测

排水板内超静孔隙水压力和膜下真空压力是同步的,但排水板内超静孔隙水压力比膜下真空压力要小。膜下真空压力减小,排水板内超静孔隙水压力迅速消散,见图 7 - 6 - 52、图 7 - 6 - 53。

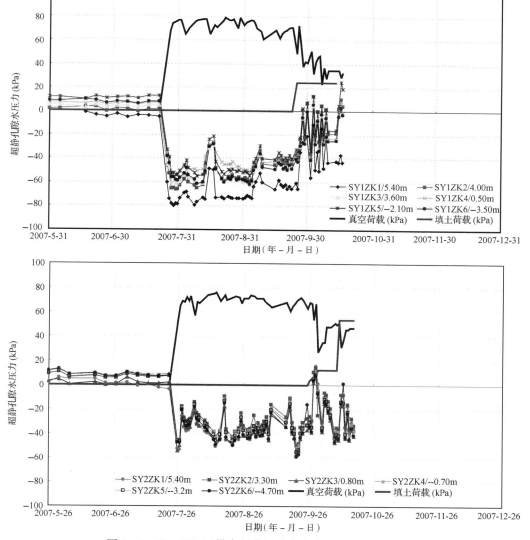

图 7 - 6 - 53　SY2 区排水板内超静孔隙水压力—荷载过程线

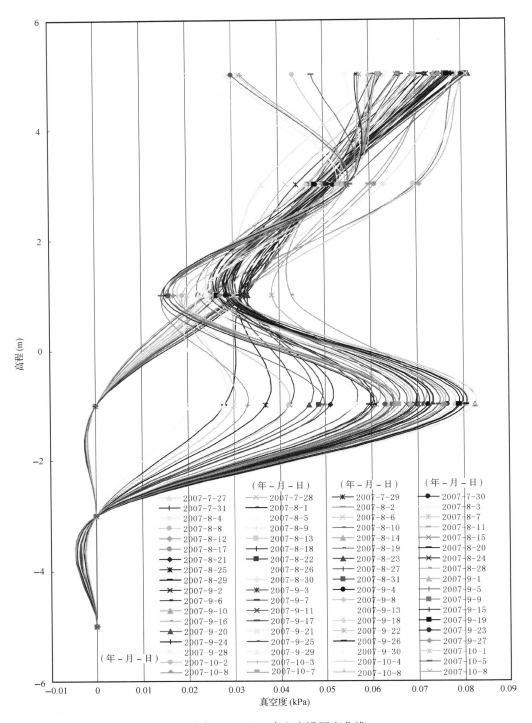

图 7 - 6 - 54　真空度沿深度曲线

6. 排水板真空度观测

在试抽真空的前40d左右,排水板内仅上部4m的吹填砂中存在真空压力,下部淤泥层中未传递到真空压力。在吹填砂过程中,真空压力沿深度方向基本上呈线性衰减,深度每增加1m,真空压力衰减约12kPa。在抽真空约40d后,在6m位置出现了真空压力,且增加较快,6m位置的真空压力和地表的真空压力差不多,有时比地表的真空压力还要稍大一些,说明真空压力在淤泥中消散很慢。从图7-6-54可以看出,排水板内的真空压力传递深度在地表下6~8m之间,8m以下没有真空度。

7. 地下水位

在试验区外埋设了一个水位管,用于观测在抽真空堆载预压过程中地下水位的变化,在抽真空之前,地下水位高程在4.8m左右;在试抽真空过程中,地下水位显著下降,基本保持在0.4m左右;在堆载过程中,基本上所有水泵全停止工作,使得地下水位明显上升,上升约2.3m,达到高程2.7m。地下水位变化曲线如图7-6-55。

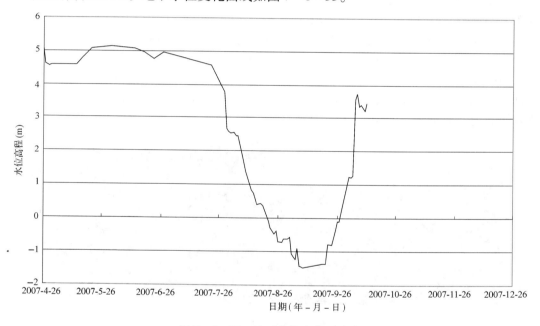

图7-6-55 地下水位变化过程线

(四)结论

1)加宽型排水板比普通B型排水板处理软土地基排水固结沉降速率大,固结速率约提高10%~20%。

2)软土层下部为强透水层时,可采用下部剥去滤膜,解决下部漏气问题,扩大真空预压应用范围。

五、长寿路面结构监测

(一)工程概述

"长寿命路面"亦称"永久性路面",是指设计年限达30~50年的沥青路面。这种路面结构,在设计年限内无结构性修复和重建,仅需根据表面层损坏状况进行周期性的修复。长寿路面采用较厚沥青层的柔性路面,可降低传统的沥青层底开裂和避免结构性车辙。由于沥青层相对较厚,传统的疲劳开裂可能性大大降低。路面的损坏主要位于面层的顶部,一旦路面表面损坏达到临界水平,其经济性处理方法就是将损坏的顶层或面层铣刨、罩面或者加铺面层,沥青面层材料可以再生利用。使得沥青路面在使用年限内不需要大的结构性重修或重建,可长期使用下去。

长寿路面是近年来国内外新的设计理念,具有良好的社会经济效益,符合今后公路路面修筑的发展方向,已在国内开始推广应用。本项目选择在长寿命路面结构内埋设相应监测传感器和测试仪器设备,进行远程自动化监测。通过对长寿路面结构的长期监测,评估路面结构的稳定性,从而评判道路结构是否真正达到设计标准。

本项目选取 108 国道(南村—石门营段)改建工程进京方向 AK14+420 两侧长寿命路面的一个车道结构断面为监测断面,对道路结构各层的受力状态、含水量、温度等进行在线监测,记录路面结构的相关物理参数的变化,提供对路面结构参数的变化进行定性或定量评价的监测数据,从而为更经济地维护、构筑道路,摸索和发展新的铺筑设计标准等提供参考。

在 108 国道的改建工程南村至石门营段上,监测位置分布在进京方向对侧,现场状况如图 7-6-56。现场隧道口有一个配电房,监测工程可由此取电,电缆沿着中间隔离带地埋入两个监测站房。现场监测中心位置(见图 7-6-57)两侧预留有管道井配有走线架,走线架预留有通往监测中心的穿线管。

图 7-6-56　监测工程现场及配电房位置图

(二)DT 自动化监测系统

DT 自动化监测系统是北京数泰科技有限公司开发的一种在线监测系统,是集传感器系统、采集系统及数据分析处理系统为一体的远程自动化监测系统,以下简称 DT 系统。道路结构监测项目要求从测量传感器到监测中心软件,力求整个监测系统性能稳定、可靠性高,测试精度满足要求,在施工和运行阶段可以长时间不间断地对目标参数进行监测。该系统具有高兼容适用性、高可靠耐久性、高智能管理和远程维护特性,可满足本项

图 7-6-57　监测工程现场监测中心位置图

目对各类仪器设备的测量要求。

1. 系统硬件功能

1)根据项目的监测要求,确定各项监测参量,配备道路结构监测所需的各种测试仪器设备,满足测试项目的需求和测试精度。

2)配备远程监测采集单元(MCU)和其他监测设备的机箱、电缆及接口装置以符合实际监测环境,系统具有电源保护装置、隔离装置等硬件设备,把信号受干扰程度降至最低,尽量减少系统的安装误差。

3)采用有线光纤传输方式与监测中心通讯。应用 TCP/IP 网络通信技术,采用高速光纤网,确保数据传输的可靠性。

4)保障 DT 监测系统各个仪器设备的正常运行,满足今后系统在硬件节点的增加等要求。

2. 系统软件功能

1)可实时监测各测点测量参数,数据以数字或曲线图形式实时显示、记录和打印。

2)能够对监测数据进行计算等处理,并可以多种数据库形式保存,可进行历史数据查询,还可以直接生成 EXCEL 或其他形式报表等。

3)操作界面清晰直观,工具条与按钮操作。各界面间切换灵活,界面图案可按客户要求绘制改动。

4)具有数据越限报警和用户权限管理功能,现场即时上传报警信息。

5)根据实际需求,开发适用性的软件功能模块。

(三)路面结构监测系统组成

本项目的 DT 自动化监测系统主要由现场监测仪器、DT MCU 监测单元、监测中心数据处理与分析三部分构成。构架图示意如图 7-6-58 所示。

1. 现场监测仪器选定

本项目选取两个监测路段的长寿路面结构进行在线监测,监测路段分别为 A1、A2 结构。监测对象主要针对两个路段的路面体结构内参数,包括沥青应变、土层应变、土压力、水压力、温度、土壤水分、位移及车轮识别等。根据道路结构现场测试的要求选定的传感器主要有以下几种:

1)应变传感器,采用沥青应变计及三向埋入式应变计。

2)竖向压力传感器,采用土压力盒。

3)位移传感器,采用沉降板位移计。

4)水压力传感器,采用振弦式孔隙水压力计。

5)温度传感器,采用 PT100 型温度传感器。

6)含水量传感器,采用土壤水分传感器。

7)土体竖向应变传感器,采用土层应变计。

8)车轮识别,采用轮胎感应器。

2. 传感器布设原则

(1)沥青应变传感器 为了获取沥青混合料层底的应变数据,在两路段沥青混合料层底布置沥青应变计,用来测量沥青层底部的弯拉应变,应变计沿行车方向埋设,第 1 排和第 4 排是纵向埋设,中间 2、3 排横向埋设,分别得到纵向应变和横向应变。

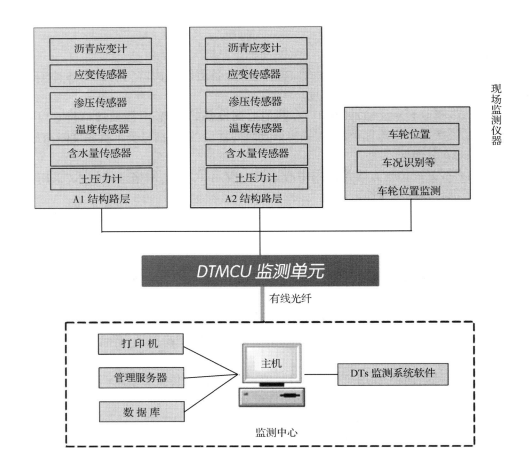

图 7 - 6 - 58　DT 监测系统构架图

（2）埋入式应变传感器　在土基层顶面,采用三向应变组合方式,获取路基层三向应变数据。

（3）土压力盒　土压力盒用于测量动态荷载作用下土基顶面的垂直压力,压力盒布置在各基层及土基的顶面,位于外车道上,因为预期在该位置车轮对路面结构产生的压力最大。

（4）土层水分传感器　在外车道外硬路肩及改善土层布设土壤水分传感器。

（5）温度传感器　在外车道外,沥青层按每 4cm 梯度均匀布设。沥青层以下层,按每 8cm 梯度均匀布设。

（6）沉降板位移计　在行车道外布置沉降板,通过定期对伸出路面的探头进行人工检测,可得到基层的变化位移。在本项目中,这项测量不作为自动监测项目。

以上布设的传感器,沥青层的底面应变计初期采用动态采集,其他参数采用静态采集。

3.结构监测平面布设

（A）A1 结构的传感器平面布设图

A1 结构的传感器平面布设图如图 7 - 6 - 59 所示。

（B）A2 结构传感器平面布设图

A2 结构的传感器平面布设图如图 7 - 6 - 60 所示。

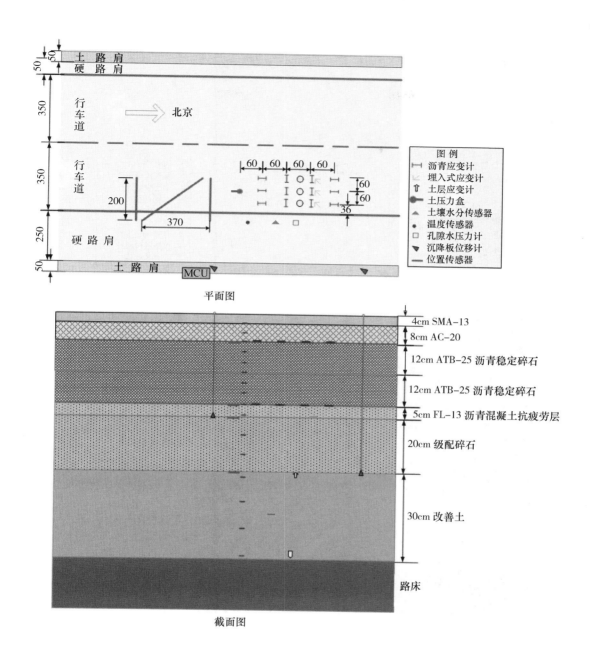

平面图

截面图

4cm SMA-13
8cm AC-20
12cm ATB-25 沥青稳定碎石
12cm ATB-25 沥青稳定碎石
5cm FL-13 沥青混凝土抗疲劳层
20cm 级配碎石
30cm 改善土
路床

图 7-6-59 A1 结构传感器平面布设图

（C）沥青应变计

沥青应变计测试数据对研究沥青混合料动态应变与疲劳性能之间的关系非常重要。采用进口 KM-l00HAS 动态沥青应变计如图 7-6-61 所示,该应变计能适用于大多数路面结构组合。应变计本身是一个 350 欧姆的惠斯通电桥,装在钢筋棒上。应变计的最大测量范围是 ±5000με,该范围在大多数沥青路面预期的应变范围之内。

KM-100HAS 沥青应变计测量电路采用惠斯通全桥电路,强化材料被设计成能够经受住沥青道路结构施工时的高温和压力。由于采用了全桥的构造形式,对温度及电缆电阻具有补偿,所以适用于大部分数据采集系统,不需要额外的信号调节设备。

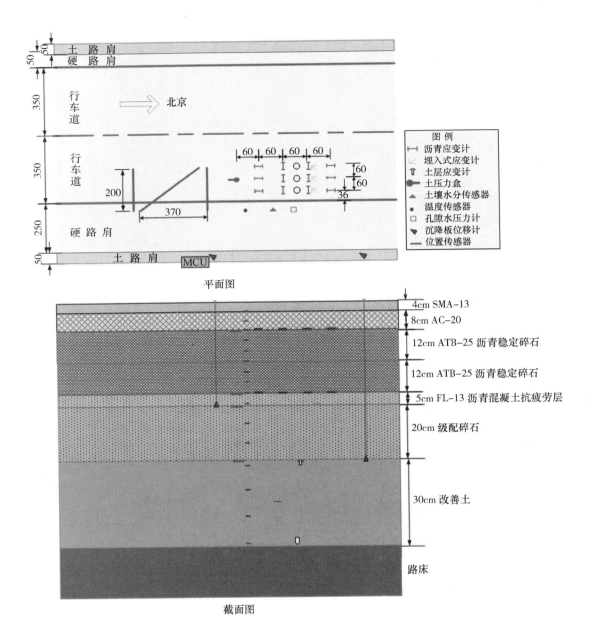

平面图

截面图

图 7 - 6 - 60　A2 结构传感器平面布设图

主要技术参数：

1）量程：±5000 微应变。

2）非线性：1% RO（ ±50 微应变）。

3）表面弹性模量：约 40MPa（可以测量沥青从柔软状态到硬化后的整个过程）。

4）应变计电阻：全桥 350Ω。

5）激励电压：推荐 1 ~ 2V，最高达 10V。

6）输出：≈ 2.5mV/V@ 5000 μɛ。

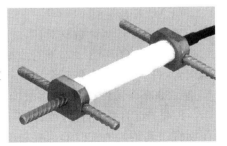

图 7 - 6 - 61　沥青应变计

7)温度范围: −20 ~ 180℃(指测量时的温度保证范围,事实上完全可以承受沥青浇筑时的200℃以上高温)。

8)最大尺寸:长×宽×厚 147mm×84mm×24mm。

(D)电阻式应变计

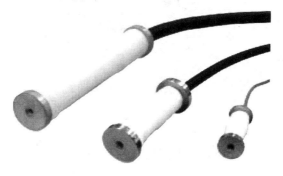

图 7-6-62 电阻式应变计

本项目采用进口动态电阻式应变计,安装三向支杆支坐后埋入,如图 7-6-62 所示,测量基层三个方向的应变。

主要技术指标:

1)量程: ±5000×10⁻⁶应变。

1)量程: $\pm 5000 \times 10^{-6}$ 应变。

2)长度:100mm(直径17mm)。

3)表观弹性模量:40MPa。

4)非线性:1%。

5)输入/输出:350Ω 全桥。

6)温度范围: −20 ~ 80℃。

7)最大尺寸:长×直径 104mm×20mm。

(E)土层应变计

JMDL-41XX 智能数码土应变计如图 7-6-63 所示,是一种埋入式电感调频位移计,由底座、测杆和顶板组成。适用于各层填土的垂直向变形的测量,适应长期监测和自动化监测。安装采用预埋方式,即在拟观测填土层填筑前先预埋底座,再填土碾压并开挖至拟观测填土层顶部,然后组装配件完成埋设安装。通常应用于路堤、大坝、边坡等工程的土体垂直应变测量。

技术参数指标:

1)量程:100mm。

2)灵敏度:0.01mm。

3)标距:30cm。

4)尺寸:长×直径 300mm。

(F)土压力计

道路结构监测的液压土压力盒如图 7-6-64 所示,测量道路结构各接触层间的压力。此土压力计是埋入式土压力计,采用分离式结构,主要由压

图 7-6-63 土层应变计

1007

力盒、压力传感器、油腔、承压膜、连接管和屏蔽电缆等组成。

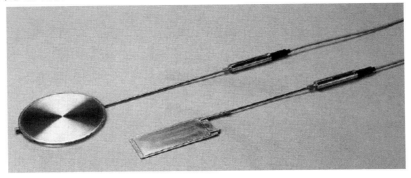

图 7 – 6 – 64　土压力盒

土压力计的两个不锈钢面板的周边焊到一起,两个面板之间窄小的空腔内充满除净空气的防冻油,通过液压管接到压力传感器上,直径与厚度之比远大于 10 倍,对周围土体应力场的扰动影响不大,且空隙充满油、刚度大,所以土压力计与土体匹配误差小,测量精度高(参数见表 7 – 6 – 17)。作用在两个面板上土压力的变化引起盒内流体压力的增加,输出信号经电缆输送到数据采集器。

表 7 – 6 – 17　　　　　　　　　　　土压力盒技术参数

量程	1MPa
分辨率	0.01% FS
精度	<0.3% FS
温度范围	– 10 ~ 55℃
过载能力	30% FS
传感器尺寸	直径 28mm,长度 180mm
方盘尺寸	150mm × 150mm
圆盘尺寸	直径 500mm

(G)沉降板位移计

对于路面结构沉降位移监测,一般选用多点位移计和沉降板位移计两种方式。在道路结构监测项目中,由于土层结构硬度不同,不建议采用多点位移计方式,道路结构沉降位移可选用沉降板定期人工检测的方式。

采用进口 0D 型沉降板位移计。

固定式沉降板式位移计如图 7 – 6 – 65 所示,通常作为设备埋入钻孔中用来测量两个点之间的位移变化,固定式沉降板式位移计测量单元由沉降杆、护管、方形盘、顶盖及位移测头(用电传感器可实现自动遥测)组成。

具体尺寸参数:

1)沉降杆:长 × 直径 2000mm × 25mm,M25 螺纹连接,不锈钢。

2)护管:直径 55mm,PVC。

3)方形盘:500mm × 500mm,镀锌钢。

4)顶盖及测头:长 × 直径 50mm × 40mm,黄铜。

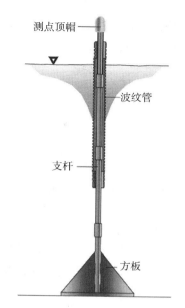

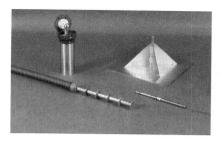

图 7 - 6 - 65　沉降板位移计

（H）电阻式温度计

路面结构内部温度场的监测采用 TH - T 型温度传感器。TH - T 型温度传感器见图 7 - 6 - 66 所示,由一个对温度非常敏感的铂金电阻构成,其高温性能稳定。四芯或三芯电桥连接方式使得用便携式读数仪或数据采集系统可获得良好的测试分辨率。

TH - T 温度传感器密封在不锈钢空腔内,可以抵抗外部变形。该传感器经常被应用到道路结构、大坝等岩土监测项目中,传感器图片及具体参数见表 7 - 6 - 18。

图 7 - 6 - 66　TH - T 温度传感器

表 7 - 6 - 18	TH - T 技术参数
型　号	TH - T
测量范围	- 50 ~ 300℃
精度	±0.1°(0℃时)
分辨率	取决读数仪
传感器	100Ω 电阻,A 级 PT100
适用规范	IEC 751
温度系数	0.385Ω/℃
最大电流	5mA
传感器外壳	外径 6mm 不锈钢,长 51mm

（I）土壤水分传感器

采用 AQUA 土壤水分传感器（图 7 - 6 - 67）,它适用于测量任何类型土壤的体积含水率,可以直接输出电信号,可配备专用的手持读数表直接显示土壤体积含水率,广泛应用于节水灌溉、农业生产、科学研究等领域。

特点:

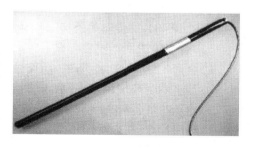

图 7 - 6 - 67　土壤水分传感器

1009

1）杆式设计,感应部分48cm,可保证测量结果准确性。

2）可长期埋设在土壤中。

3）功耗低,重量轻,便于携带。

4）可接数据采集器使用。

技术参数:

1）测量范围:0%～100%。

2）误差:<3%。

3）重复性误差:<1%。

4）尺寸:长×直径68cm×1.9cm。

(J)孔隙水压力计

路面结构的土层水压力采用SisgeoPK45S型振弦式渗压计(见图7-6-68)来测量。振弦式渗压计适用于长期埋设在水工结构物或其他混凝土结构物及土体内,测量结构物或土体内部的渗透(孔隙)水压力,并可同步测量埋设点的温度。渗压计加装配套附件可在测压管道、地基钻孔中使用。振弦式渗压计全不锈钢结构,体积灵巧,可方便的放置在需要测量的狭小部位。PK45S型渗压计规格及主要技术参数见表7-6-19。

图7-6-68　孔隙水压力计

表7-6-19　　　　孔隙水压力计技术参数

尺寸	最大外径 D	（mm）	28
	长度 L	（mm）	200
参数	测量范围	（kPa）	350
	灵敏度 k	FS(%)	0.025
	测量精度	FS(%)	<0.5
	温度测量范围	（℃）	-20～100

(K)轮胎感应系统

近年来,利用石英晶体的压电效应来测力的设备逐步得到了应用和推广,YD型轮胎识别器就是应用石英晶体作为测量传感器的汽车胎型识别设备,微型测量传感器均布于轮胎感应器的底座内,相邻传感器距离一致,每只传感器分别测量轮胎压在其上面的重量,利用测量传感器的受力情况,来对通过它的汽车轮胎宽度进行识别。

YD型轮胎识别器由轮胎感应器和轮胎识别控制器组成(见图7-6-69),当该轮胎感应器上全部或部分区域有轮胎通过时,就会有信号输出,经过轮胎识别控制器放大、计算处理后通过RS485口传输给外接采集显示系统。

YD型轮胎识别器主要有以下特点:

1）全密封结构,防水、防砂、耐腐蚀,坚固耐用、免维护。

2）几乎不受环境温度限制,工作特性长期稳定。

3）轮胎感应器外形尺寸2000mm×49mm×28mm,内部有14个微型测量传感器。

4）输出接口:DB15。

5）输出引线长度:3.5m。

图 7 - 6 - 69　YD 型轮胎识别器

6）防护等级：IP68。

轮胎识别控制器技术参数：

1）RS485 信号输出。

2）正常工作电压范围：4～6V。

3）正常工作电流：<10mA。

4）通讯波特率：9600bps。

5）最低工作电压：3.3V。

6）极限工作电压范围：12V（过电压将造成永久损坏）。

4. 采集监测单元（DT MCU）

DT 采集监测单元（MCU）见图 7 - 6 - 70，以澳大利亚 dataTaker DT80G 和 DT800 数据采集器为核心，专门用于各类工程安全自动化监测，由于它性能稳定、技术先进可靠、耐用、精度高等特点，各项技术指标均满足自动化监测的国家规范及标准要求，近年来在我国应用较多。监测单元（DT MCU）系统主要由数据采集系统、内部备份电池、防雷器件、接线与通讯接口、密封防水机箱等组成。

图 7 - 6 - 70　采集监测单元

采集监测单元的工作原理为：各种传感器信号按顺序接入输入信号模块中，经由防雷板处理后，进入 DT 采集器中传感器采集通道，采集的数据通过有线光纤网连接后，便可按 TCP/IP 协议远程与数据存储与处理系统进行通讯了。采集监测单元（MCU）的工作、结构示意如图 7 - 6 - 71。

DT MCU80G - 20 的技术指标与性能：

1）通道数：DT MCU80G - 20 主机测量模块具有 10 个 2 线制通道，连接 1 个 CEM20 通道扩展测量模块，通道数是 40 个 2 线制通道，可以连接 40 个 2 线制差分输入。

2）通讯接口：具有 1 个 USB 通讯口、1 个以太网通讯口、1 个串行通讯口（RS232）、1 个 RS485 通讯口和 1 个 U 盘存储接口（方便现场下载暂存的数据）。利用内置的以太网通讯

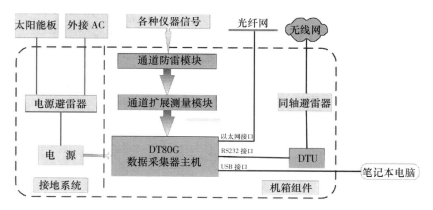

图 7 – 6 – 71　采集监测单元 MCU 内部结构示意图

接口形成全网络结构,传输距离不受限制,同时可以对 DT MCU 进行网络远程管理和维护。利用内置的 RS232 串口可与 GPRS 或 CDMA 无线通讯设备进行无线的远程数据传输。

3) 通讯协议:DT MCU 提供开放的数据通讯协议 PPP、ASCII、MODBUS,开放上传的数据结构,数据传输包括:帧同步、帧起始、点号、测点类型、监测数据、采集时间、故障、帧校验。

4) 测量方式:通过重复计划、即时计划、X 计划等方式实现定时、间断、单检、巡检、选测或任设测点群测量,同时可实现分类、分部位仪器的不同测量周期测量。

5) 定时间隔:10ms ~ 180d 重复采样,可任意设置。

6) 采样时间:50ms ~ 2s/点,巡检时间可设置,在一个管理处范围内巡检一遍时间小于 1h。

7) 数据存储容量:可提供 128M 的内部存储空间,可存储 10000000 个数据点的数据。

8) 工作环境:具有防尘、防腐蚀、防潮密封及可加热干燥等保护措施,工作温度: – 45 ~ 70℃,相对湿度≤95%,DT MCU 能在极端寒冷的气温下正常工作。

9) 电源管理:工作电压宽范围 10 ~ 30VDC,采用交、直流两种供电方式,具有 6V4AH 免维护蓄电池,支持 24h 不间断运行,可控制休眠状态模式,达到最长的连续工作时间,在 1h 采样频率下,可正常工作 30d 以上。可通过内部通道查看电源的电压和电流,及时了解现场供电状况。

10) 系统平均无故障时间(MTBF):≥10000h。

11) 现场数据采集单元平均无故障时间(MTBF):≥30000h。

12) 现场数据采集单元平均维修时间(MTTR):≤1h。

13) 监测系统设备传输的误码率:≤10⁻⁴。

14) 系统防雷电感应:≥1500W。

15) 重要部件具有冗余备份:大容量备用的内部存储器、18 位的 A/D 转换分辨率、宽范围电压输入、宽范围温度环境、备用传感器激励采集通道及每个监测站内 MCU 配置时至少留有 5% 的剩余通道等。

16) 具备高抗干扰能力:每周测量一次,年数据采集缺失率小于 1%。

17) 采样对象:支持电压、电流、频率、电阻、桥路、差阻、温度等信号,能接入不同类型和不同生产厂家的传感器,包括各种振弦式仪器和电阻式温度计等。

18) 弦式仪器测量范围:频率:400 ~ 6000Hz,温度: – 50 ~ 150℃。

1012

19）标准信号测量范围：电压：±30V，电流：0～20mA。

20）数字信号测量类型：RS232、RS422、RS485、SDI-12、开关量和高频计数等。

21）密封防护机箱，防护等级：IP66，适合野外恶劣环境。主机箱：600mm×380mm×210mm，重量19kg。

5. 通讯传输系统

本项目DT采集系统内采用的数据传输系统网络结构图如图7-6-72所示，是有线光纤网络通讯的方式。现场各监测点数据通过采集监测单元的网络接口接入网络交换机，再进行光纤转换，通过光纤网络将数据传输到监测中心电脑上。

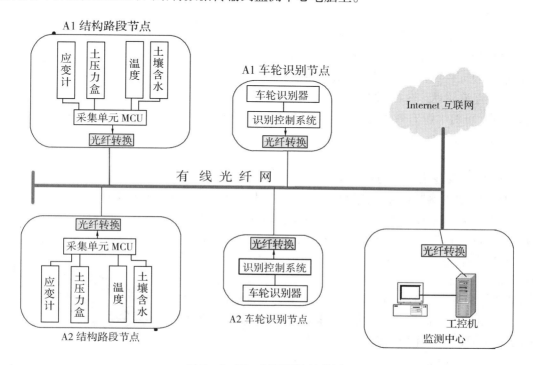

图7-6-72　通讯网络结构图

（A）供电系统

对于自动化监测系统中的DT80G静态监测单元，每套DT MCU自带有6V 4AH的蓄电池，当每1小时巡测一次时的平均能耗只有60mW，功耗非常低；当外部电源中断时，数据和参数也不丢失，可以靠本身电池自动上电，能维持自身7d以上正常运行。对于自动化监测系统中的DT800动态监测单元，每套DT MCU自带有12V 2.2AH的蓄电池，当以15Hz的采集频率运行时，平均能耗在5W左右；当外部电源中断时，能维持自身5h以上正常运行。对于传感器及其他监测设备，有的需要外部直流供电，这时需提供外部供电系统。

根据现场的实际供电情况，选择从就近配电室取220V交流电，引至监测站房，再经由配电箱线性电源进行AC-DC交直流转换，以提供给监测单元及传感器供电。

（B）防雷及接地系统

本监测系统防雷保护系统工程包括电源线路防雷保护、信号与通讯线路防雷保护、接地系统。

（a）电源线路防雷保护

经实际运行验证，由电源系统耦合进入的感应雷击造成设备的损坏占雷击灾害损失60%以上的概率。因此，对电源系统的避雷保护措施是整个监控系统防雷工程中必不可少的一个环节。

本监测系统的电源线路防雷保护包括现场数据采集室电源线路和控制中心电源线路的防雷保护，拟采用电涌保护器进行防雷。设备安装箱采用金属机柜，并连接地线，以加强避雷效果，确保安全使用。在地下室或在靠近地平面处。连接导线到连接板（连接母线）上，连接板的构成和安装要易于接近检查。连接板应与接地装置连接。接地装置埋设深度不小于 0.7～0.8m。

电源避雷器采用国产 REP 型交、直流电源电涌保护器。该产品采用最新大容量的浪涌吸收元件，经严格老化筛选，质量稳定，具有通流量大、输出残压低、响应迅速等特点，可对电源有效进行保护。交、直流电源电涌保护器的主要技术参数见表7-6-20。

表 7-6-20　　电源避雷器技术参数

项目	直流	交流
额定工作电压	$12V_{DC}$	$220V_{AC}$
通流容量（8/20us）	≤5kA	≤10kA
响应时间	<25ns	<25ns
绝缘电阻	>200MΩ	>200MΩ
接线方式	并联	并联

（b）信号及通讯线路防雷保护

所有测量传感器在接入监测单元时，先通过信号防雷器进行浪涌保护。

所有输入信号接入保护等级为 IP00 的信号防雷器（图 7-6-73）进行过压保护。系统与大地之间应用专用防雷接地线连接，确保整个系统不遭受雷击和其他高电压破坏。

各传感器接入 DT MCU 系统时需通过通道防雷模块，dataTaker 的通道防雷模块是澳大利亚的产品，具有先进的防雷技术，是经过 20 多年、多个工程验证过的性能稳定可靠的产品，雷击感应符合正态分布曲线。防雷模块从起始端开始防雷，一直到终端，使整个 DT MCU 系统完全处于防雷保护状态。

主要技术指标如下：

1）型号：dataTaker LSA-20。

2）通道数：4 线 20 通道，80 芯线。

图 7-6-73　信号防雷器

3）防雷电感应：≥1500W。

（c）接地系统

接地装置采用非常可靠的专业标准接地极产品，从"引雷入地"的观点出发，工频接地电阻值不大于4Ω，装置的安装将按相关标准执行。

本接地系统主要包括现场监测站房的接地系统。

6.现场监测中心

（A）现场监测中心配置

现场监测中心设置在隧道口处，数据采集设备全自动实时获取现场数据，采集的数据除在采集器本地内存存储外，要通过网络上传到监测中心，形成本地处理分析结果。

现场监测中心主要配置有：高性能工控机一台、液晶显示器一台、网络机柜一套、网络设备及 DTs 监测软件等，详见表 7-6-21。

1014

序号	名称	数量	单位
1	高性能工控机	1	套
2	液晶显示器	1	套
3	网络机柜	1	套
4	网络设备	1	套
5	DTs 监测软件	1	套

表 7 – 6 – 21   现场监测中心配置清单

（B）DTs 监测软件

监测采集软件应用 DTsMonitor 软件（简称 DTs 监测软件）。DTs 监测软件是信息管理及分析软件，主要用于实时监测道路结构参数并进行监测资料分析，具体包括单点或多点数据显示、浏览过程线及图形绘制等功能界面。该软件完全按照 dataTaker 集成、简约、方便的设计理念进行设计，并对于接入系统的传感器进行了优化管理。用户在使用的时候，仅仅只需要点击软件界面的可视化按钮，就能轻松管理一个或者多个 MCU，展现给用户的是操作简单、功能健全、易于管理、简洁实用的自动采集监测系统。本系统软件已成功运行于多个采集管理数据的监测项目上，是一套比较成熟的数据自动采集监测系统软件，DTsMonitor 软件的架构见图 7 – 6 – 74。

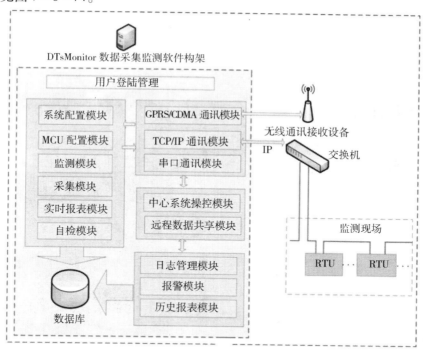

图 7 – 6 – 74   DTs 监测软件架构图

DTs 监测软件安装在具有良好开放性、可扩充性和高可靠性等技术性能指标的中文WINDOWS XP SP3 操作系统上，并构建于时下流行的.NET 框架结构。数据库默认采用具有集成 Internet、可伸缩性和可用性、拥有企业级数据库功能的 SQL SERVER，也可定制为其他数据库，如 Access 或 ORACLE。

监测软件截取界面图见图 7 – 6 – 75。

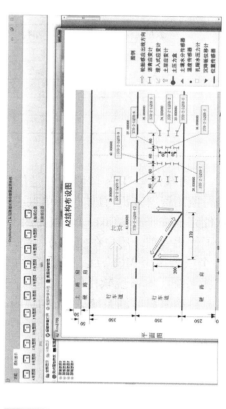

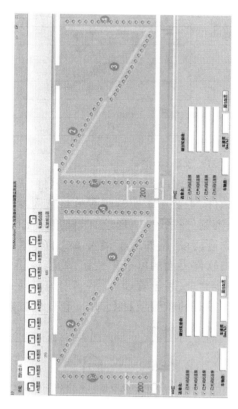

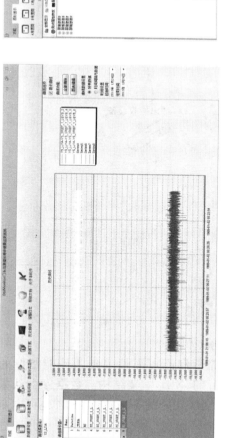

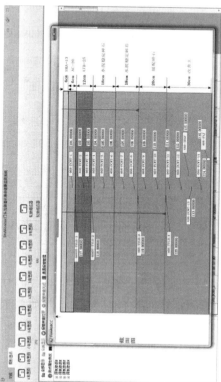

图 7 - 6 - 75　监测软件界面图

(四)仪器设备安装埋设

1. 沥青应变计的安装

沥青应变计布置在沥青混合料层底,目的是为了获取沥青混合料层态应变数据。这些测试对研究沥青混合料动态应变与疲劳性能之间的关系非常重要。应变计横向布置,以捕获轮迹分布。应变计的布置方向有纵向排列和横向排列以测量直角方向上的应变。由于应变计安装在沥青混合料层底,在施工过程不可避免受到压路机的强振和碾压,有些应变计可能失效,多布置一些应变计,以防止施工过程中应变计失灵,布置示意见图7-6-76。

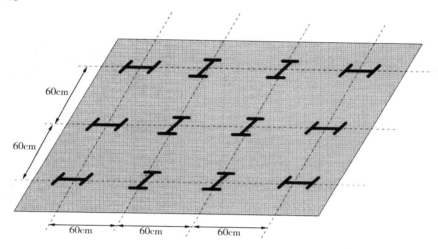

图7-6-76 沥青应变计布置示意图

具体安装步骤如下:

1)要联系施工单位先找到基准线(行车车道方向和垂直车道方向),通过皮尺测量按设计方案位置布点画线,在测点位置用"+"字标记好。

2)将传感器电缆引线开槽(传感器安装不再开槽,直接放于表面)。

3)在安装表面,先浇上沥青透层,大小约160mm×100mm;再涂些乳化沥青(粘接性强),用于传感器初始固定,并将引线引出、汇集,沿电缆槽引出,电缆加保护管保护,并留有伸缩余量,电缆引出道路,如图7-6-77示意。

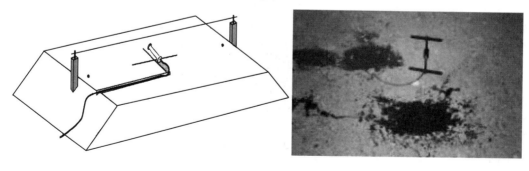

图7-6-77 沥青应变计安装示意图-1

4)在传感器两脚上分别两边都绑上橡皮带(见图7-6-78),给传感器施加预应力。

5)传感器的电缆根部处钉一个5cm长的水泥钉,把电缆用扎带绑扎固定。

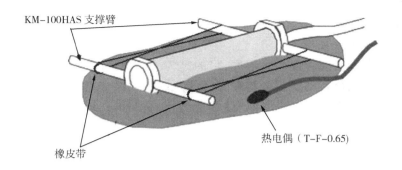

图 7 - 6 - 78　沥青应变计安装示意图 - 2

6）传感器保护，在传感器上铺盖本层相同级配的沥青混凝土（直径小于 5mm），面积包裹住传感器即可，待固化后，可以摊铺沥青混凝土（可以在碾压时开震动碾压），如图 7 - 6 - 79 所示。

7）传感器读数，在传感器安装期间不时的读取传感器读数，观察读数变化，确认传感器是否正常；如不正常马上停止施工，即时更换传感器，如果已经摊铺完毕，采用回挖办法补救传感器。

图 7 - 6 - 79　沥青应变计安装示意图 - 3

2. 电阻应变计的安装

电阻应变计布置在 20cm 级配碎石的顶面，三向立体埋入式安装，布置三组，每组三支应变计，布置示意见图 7 - 6 - 80。

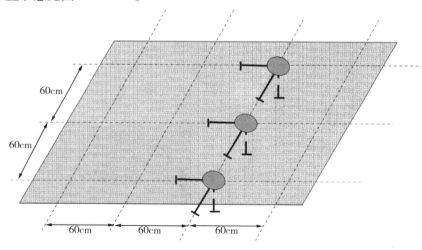

图 7 - 6 - 80　电阻应变计布置示意图

电阻应变计安装在级配碎石中，级配碎石层碾压压实完毕时，在具体传感器安装位置画线标记，然后开挖出适合安装电阻应变计的位置，直接埋入应变计（适当可用环氧树脂填充固定），同时做好电缆线的穿管保护并及时测量，发现问题及时调整（安装前先做好实验，有条件可作传感器再标定）。

1018

3. 土层应变计的安装

土层应变计安装在 30cm 改善土中（见图 7 - 6 - 81），测量垂直向的土应变，布置 3 支，安装步骤如下：

1）根据试验要求选定测试点。

2）改善土施工完成后，开挖出约 180cm × 100cm × 30cm（长 × 宽 × 深度）的土坑，拆下传感器堵头取出测杆（注意：测杆不能互换），安装土应变计上半部中心，下半部装入塑料保护套管，然后将上半部套入完成安装。

3）开出走线槽将传感器电缆穿管引出。

4）土应变计上面用土填满，并适当压实。

5）连接采集设备读取传感器数值，保证正确后记录初始读数，同时登记好每个测试点安装的应变计编号并保存好记录资料。

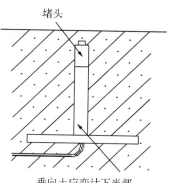

图 7 - 6 - 81　土层应变计安装示意图

6）将引出导线穿入保护管内引出，以保护导线不致因变形太大而拉断。

4. 土压力盒的安装

土压力计用于测量动态荷载作用下土基表面的垂直压力，压力计应布置在外轮道的中心位置，因为预期在该位置车轮对路面结构产生的应力最大。

土压力计安装 ATB - 25 沥青层的顶面和底面、安装在 20cm 级配碎石的顶面和底面，共安装 4 支，安装步骤如下：

1）安装在接触面上，水平安装，确定测点位置。

2）基本原则是：一层结构施工完毕，在测点位置开挖合适大小，埋入传感器后进行人工夯实，防止机械碾压造成传感器超过量程而损坏。

3）在填筑面上测点位置制备仪器基面，基面必须平整、均匀、密实。

4）用水泥砂浆或中细砂将基面垫平。

5）安装应力计，与受压板接触的材料采用中细砂掩埋上保护层，铺平压实，仪器周围安全覆盖厚度以内的填方，应采用薄层铺料、人工夯实方法，确保仪器安全，并尽量使仪器周围材料的级配、含水量、密度等与邻近填方接近。

6）待数据稳定后测量初始值。

7）因为安装压力计的最终目的是测量土体中或结构界面上的应力。因此，在安装过程中一定要切记的要点是，在安装过程尽可能减少由于安装压力计而对应力计的影响。

8）应力计安装应尽量采用周围的材料进行覆盖，可以避免干扰。

9）把压力计放在一个完全无负载，并且没有阳光直射的位置等待到达热平衡（2h 应该足够了，可取决于现场的条件）。

5. 沉降板位移计的安装

沉降板位移计采用固定式，安装在土层的顶面和级配碎石层的顶面。固定式沉降板式位移计测量单元由沉降杆、护管、方形盘、顶盖及位移测头组成。

安装步骤如下：

1）沉降杆先插入到合适长度的螺纹护管（见图 7 - 6 - 82）中。

2）安装方形盘锚固平台，使用混凝土进行固定。

3）插入沉降杆并固定好。

4）路面施工单位施工时不会碰到沉降杆，沉降杆周围人工压实。

5）最好安装上顶盖和测头，进行必要的读数。

6）路面结构铺设完毕，可在表面砌小的水泥平台进行固定。

6. 电阻温度计的安装

沥青层按每4cm梯度均匀布设。沥青层以下层，按每8cm梯度均匀布设。

图7-6-82　沉降板位移计螺纹护管

具体安装要和路面施工进度保持一致，根据每层结构情况，可提前预埋一定直径的钢管或一层结构完工后在预定温度传感器安装位置开孔，预埋管径或开孔直径取决于所安装层材料的最大工程粒径，按照梯度分布，把绑扎好的传感器串（如图7-6-83所示）放入孔中，拔除预埋管回填或直接回填同样的路面材料并做人工压实，电缆经开出的线缆槽穿管保护，不时的使用采集设备进行数值读取，保证成活率。

图7-6-83　温度传感器串

7. 土壤水分传感器的安装

土壤水分传感器安装在土体中，测量体积含水量，安装方式为水平安装，安装比较简单，在改善土施工完毕，在预定的安装位置开挖70cm×5cm×15cm深槽水平放置，对电缆线做好保护，同时注意不要将传感器在太阳光下直射。

最好在实验室将现场实际测量的土取样进行传感器的标定，得到标定拟合曲线（见图7-6-84），从而得到准备的数据。

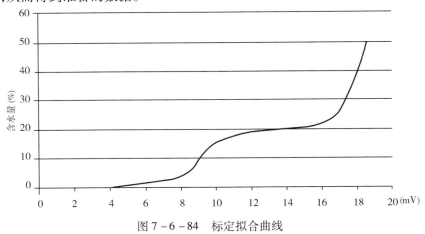

图7-6-84　标定拟合曲线

8. 孔隙水压力计的安装

孔隙水压力计安装在土体的最底部上边 2cm,测量渗水的压力,安装方式为垂直安装,安装步骤如下:

1)使过滤器饱和,安装前把渗压计整夜置于水中,这样一来更有利于仪器的温度稳定,任何温度的突变都应该避免。

2)现场安装为防止沙土等进入过滤器造成阻塞,把传感器装入透水的布袋中,布袋中可填入适当大小的粗沙,如图 7-6-85 所示。

3)安装时开孔后直接埋入。

4)安装后保护好电缆,传感器稳定后读取初始数值。

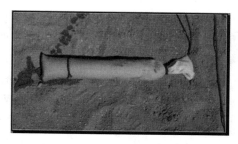

图 7-6-85 孔隙水压力计安装图

9. 轮胎感应系统的安装

轮胎感应系统由轮胎识别感应器和轮胎识别控制器组成。轮胎识别感应器安装在成型的路面上,识别轮胎的位置。轮胎感应器外形尺寸 2000mm×49mm×28mm,内部有 14 个微型测量传感器。布置成"Z"字形,垂直于车道 2 条,斜边 2 条,现场布置示意图 7-6-86,具体施工流程如图 7-6-87 所示。

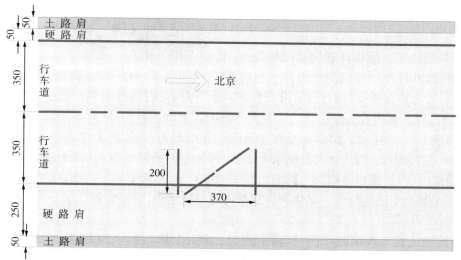

图 7-6-86 轮胎识别感应器布置示意图

压电轮判施工流程图

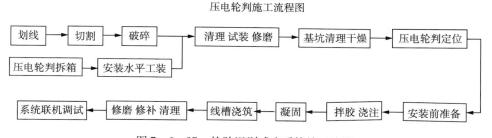

图 7-6-87 轮胎识别感应系统施工流程

具体步骤如下:

(1) 画线　确定压电轮判安装位置,要求压电轮判轴线与行车方向垂直。压电轮判安装槽尺寸为:2030×70×45(长×宽×高),压电轮判出线电缆槽尺寸为:50×45(宽×高)。

(2) 切割　将切割机深度定为2mm,沿划线切割出浅显的定位线;调整切割机深度到45mm,为保证切割边缘整齐,可由专人使用开槽模板辅助切割,切割过程中使用清水冷却切割片;两线交界处,严禁切割超出划线,边角切割不到的地方由人工手工清角,如果切割超出划线,后面需清理干净后用环氧胶填充,否则会影响路面强度。

(3) 破碎　破碎过程中注意对槽体边缘的保护,不可伤及切割区域之外的路面,以免造成路面的早期破坏;破碎见图7-6-88,一般由中间向四周破碎,不能从切割边缝向中间破碎,否则极其容易将切割边破坏,影响浇注后的美观,即边缘不整齐。

(4) 清理试装修磨　将压电轮判槽内碎石清理干净;使用破碎电锤、扁铲、榔头、凿子等对轮判槽体不合适处精修,直至安装成功,见图7-6-88。

(5) 基坑清理干燥　在角磨机上安装圆钢丝刷,打磨基坑槽所有表面,直到表面露出坚硬石头,并用吹风机清理干净。使用强力吹风机、热风枪或碘钨灯等工程加热器对槽体干燥和加热,保证槽体混凝土充分干燥干净,槽体温度不低于15℃,否则,环氧砂浆将无法与混凝土黏合。

图7-6-88　轮胎识别感应系统施工图

(6) 拌胶浇筑　准备环氧树脂结构胶,一个轮拌半组胶即可,所以建议两个轮拌一起浇注不浪费胶;冲击钻安装搅拌器搅拌,沿一个方向上下左右搅拌,必须顾及桶边、角落处,搅拌5分钟左右,直至桶内胶液颜色均匀。将搅拌好的胶液倒入槽内,同时使用腻刀或批灰刀在槽体四周壁上均匀挂胶;胶倒入后底部刮平,直至所有胶层上面与路面高度差大概为10~20mm左右即可;两人分别把握水平工装,并注意电缆线的摆放,将传感器电缆线压入电缆线槽体内,将传感器两端头与路面的端线标记对齐,然后一同、一次将传感器准确落位,按压水平工装直至试装位置。尽快将流到路面的胶液清除,对缺胶处尽快补胶,溢出胶可用于线槽内。

(7) 线槽浇筑　清除泥墙,全部露出胶层;理顺出线电缆,电缆和接地线穿管,管口保护,防止浇筑时混凝土进入;线槽混凝土浇筑。

(8) 修磨修补清理　根据检测标记,将高出路面的余胶和高出路面的传感器部分进行小心打磨,切记传感器自身打磨厚度小于2mm;局部高于传感器的路面也要进行打磨,直至与传感器上表面平齐(见图7-6-89);打磨后检查是否有缺胶等浇筑不良现象,补胶凝固后再次打磨。

(9) 系统联机调试　压电轮判传感器、轮判模块和仪表,联机检测。

10. 监测单元的安装

自动采集系统设备的安装包括MCU、供电系统、接地装置、通讯系统等现场硬件设备。在设备安装前严格按有关要求进行检验,合格后才会应用到现场。

将遵循以下条目来安装自动采集系统设备:

图7-6-89 轮胎识别感应系统安装施工图

1）提供设备安装调试技术说明书、现场安装计划，并按业主方确定的安装日期，派相关人员到现场进行合同设备的现场安装及技术服务。

2）将对所提供的自动采集系统设备安装指南和图纸正确性负责，对安装设备的质量和工艺负责。对安装过程中发现的不合格设备做到及时更换，对于未达到质量要求的安装进行重新安装。

3）将确保系统设备安装及电缆布线整齐，尽量使每个设备都有必要的防护措施。监测设备支座安装牢固，确保与被测对象联成整体，同时各支架一定进行防锈处理，保证设备的长期监测。

4）将对接入自动化监测系统的监测仪器进行严格的检查或比测。

11．通讯系统的安装

有线光纤组成局域网络，按照通讯系统布设图安装。具体包括五部分内容，如表7-6-22所示。

表7-6-22　　　　　　　　　　通讯系统工程清单

序号	项目名称	描　述	单位	数量
1	光缆	可直埋铠装4芯单模通讯光缆	m	1900
2	光缆护管	光缆穿管，地埋保护光缆	m	1900
3	光缆配件	光纤盒、耦合器、跳线、尾纤等	套	1
4	光缆熔接施工	监测站房、监测中心光缆熔接	项	1
5	光缆铺设施工	约2000m铺设施工	m	2000

12．供电系统的安装

就近引设电源，直接利用电源电缆引入系统，按照供电系统布设图安装。具体包括三部分内容，如表7-6-23所示。

13．防雷及接地的安装

设备安装箱采用金属机柜，并连接地线，以加强避雷效果，确保安全使用。避雷器的接地端与避雷网连接，连接处采用涂抹防锈漆等手段保证导电，接地电阻不大于4Ω。

接地系统安装在地下室或在靠近地平面处。连接导线连到连接板（连接母线）上，连接板的构成和安装要易于接近检查。连接板应与接地装置连接。接地装置埋设深度不小于0.7~0.8m。

表 7 - 6 - 23

序号	项目名称	描　述	数量
		供电系统工程清单　　　　　　　　　　　　单位:m	
1	电缆	交联电缆,铜芯国标线,2mm×6mm	500
2	电缆护管	电缆穿管,地埋保护电缆	500
3	电缆铺设施工	近500m铺设施工	500

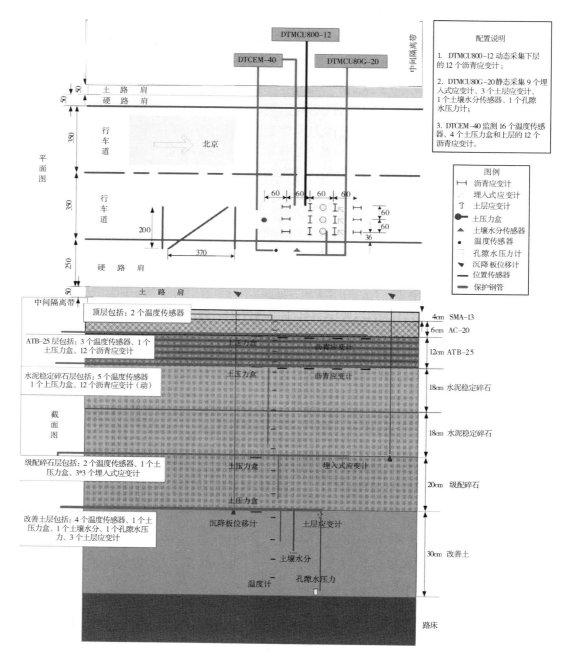

图 7 - 6 - 90　A1 结构传感器走线示意图

14. 电缆铺设布线

本路面结构监测工程,需进行路面开槽、路侧隔离带挖掘电缆沟与传感器电缆铺设施工等,传感器的布置走线示意见图7-6-90、图7-6-91。

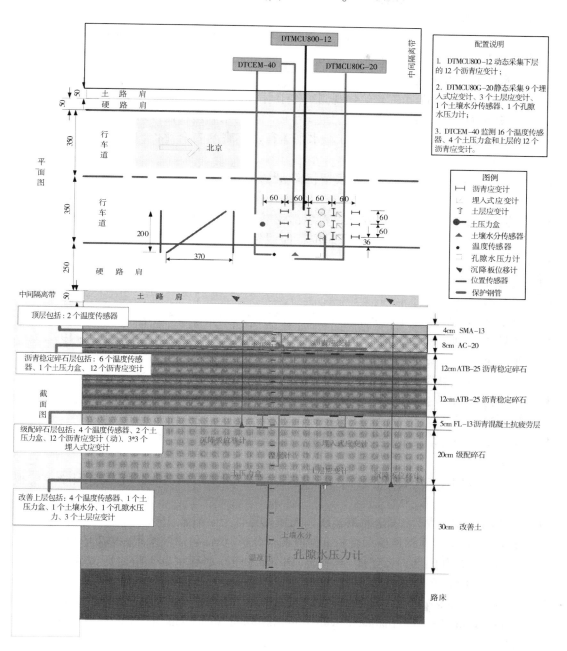

图7-6-91 A2结构传感器走线示意图

参 考 文 献

1　谷兆祺等.地下洞室工程.北京:清华大学出版社,1994

2　Monitoring of Dam & Their Foundations,Stata - of - Art ICOLD Bulletin No68

3　中华人民共和国能源部、水利部.SDJ 336—89.混凝土大坝安全监测技术规范(试行).北京:水利电力出版社,1990

4　水利电力部水利司.水工建筑物观测工作手册.北京:水利出版社,1980

5　水电建设总局.水利水电工程施工组织手册.北京:水利出版社,1987

6　冯兴常,代贞龙.葛洲坝工程二江泄水闸运行六年来的安全评价,观测技术,1989.(4):71~78

7　李珍.土石坝中测斜管接头处预留沉降量的探讨.大坝观测与土工测试,1998.(4):28~29

8　李迪,应向东,钟式范.新滩滑坡前沿深部变形监测.长江科学院院报,1988.(3):80~83

9　李迪,马水山.岩体边(滑)坡深部位移曲线解释和稳定性判识.岩石力学.1994(3):1~11

10　付有才,钱喜萍.YBJ - 1型爆破自记仪设计与研制.长江科学院院报,1991增刊:64~72

11　董学晟,李迪,叶查贵.新滩滑坡位移及分析.岩石力学与工程学报,1992.(1):44~52

12　刘景禧,李迪,邓德润.清江隔河岩水利枢纽工程安全监测设计.人民长江,1992.(3):20~26

13　钟式范.清江隔河岩水利枢纽两岸坝肩施工期位移监测.人民长江,1993.(11):28~34

14　刘泽钧.天生桥二级电站厂房高边坡稳定性的探讨.大坝观测与土工测试,1995.(6):27~32

15　马水山,李迪,张保军.茅坪滑坡位移特征及其发展趋势预测.长江科学院院报,1994.(3):72~79

16　李迪,杨智生,朱红五.隔河岩电站厂房高边坡监测变形稳定性分析.长江科学院院报,1994.(3):64~71

17　李迪.岩石边(滑)坡安全监测实践.大坝观测与土工测试,1995.(5):3~12

18　李迪.三峡工程库岸重点滑坡稳定性监测及分析.长江科学院院报,1992增刊:83~91

19　中华人民共和国电力工业部、水利部.DL5006—92.水利水电工程岩石试验规程(补充部分).北京:水利电力出版社,1993

20　S. Sakurai. Interpretation of the results of displacement measurements in cut slopes. Proceed - ings of the 2nd International Symposium on Field Measurements in Geomechanics. In:S. Sakurai Field Measurements in Geomechanics. Balkema. Rotterdam:1988.1155~1166

21　李燕东.二滩水电站泄洪洞进口边坡变形及稳定性分析,人民长江,1997.(2):33~35

22　吴铭江,袁培进.天生桥水电站厂房边坡滑移监测.观测技术,1989.(4):3~8

23　黄家然.李家峡水电站水库滑坡监测成果分析.观测技术,1989.(4):37~44

24　徐建平,王全才．手提式倾斜仪在滑坡量测中的应用．观测技术,1989.(4):53~57

25　顾淦臣．大坝强震监测仪器布置安装述评．大坝观测与土工测试,1998.(4):18~21

26　邵乃辰．滑坡及其监测．水电工程研究,1994.(1-2):104~110

27　水利水电规划设计总院．水利水电工程地下建筑物设计手册．成都:四川科学技术出版社,1993

28　〔日〕樱井春辅等．新奥法量测．周增富译,田裕甲校．岩石力学,1994.(1):53~61,1994.(3):59~69

29　王永年等．十三陵蓄能电站地下洞室原位观测技术总结．岩石力学,1997.(1):1~10,1997(4):1~20

30　赵长海,董遵德等.小浪底水利枢纽地下工程技术专题研究．岩石力学,1995.(1~2):71~101

31　李珍.小浪底工程安全监测设计概述．大坝与安全,1998.(2):26~34

32　高鸣安,边智华,江德运．引水隧洞爆破开挖动态监测与分析．工程爆破,1998.(1):50~55

33　张喜发．岩土工程勘察与评价．长春:吉林科学技术出版社,1995

34　冯兴常．葛洲坝工程内部监测设备的设计及应用．长江科学院院报,1987.(1):55~64

35　南京航空学院,北京航空学院合编,传感器原理．北京:国防工业出版社,1980

36　袁希光主编．传感器技术手册．北京:国防工业出版社,1986

37　储海宁．混凝土坝内部观测技术．北京:水利电力出版社,1989

38　赵志仁,叶泽荣．混凝土坝外部观测技术．北京:水利电力出版社,1988

39　张启岳．土石坝观测技术．北京:水利电力出版社,1993

40　曹健人．土石坝观测仪器埋设与测试．北京:水利电力出版社,1990

41　刘宝有．钢弦式传感器及其应用．北京:中国铁道出版社,1986

42　任泉．大坝变形观测．南京:河海大学出版社,1989

43　Bartholomen,C. L. B. C. Murray,and D. L. Goins,Embankment Dam lnstrumentation Manual,U. S. Department of the Interior,Bareau of Reclamation,Denver,CO 1987

44　Dewayne L. Mistenk. Cnarles L. Bartholomew,Michacl L. Haverland. Cancrete Dam Instrumentation Manual. U. S. Department of the Interior,Bareau of Reclamation Denver. CO 1987

45　中华人民共和国行业标准 SL 60—94 土石坝安全监测技术规范．北京:水利电力出版社,1994

46　吕刚．我国大坝安全监控系统自动化技术的发展．大坝观测与土工测试,1996.(1):3~7

47　彭宏．大坝安全监测系统及其自动化、大坝观测与土工测试,1995.(4):3~8

48　华锡生等．主要水工建筑物安全监测信息管理系统的研制和应用．大坝观测与土工测试,1994.(4):5~11

49　胡代清等.北美大坝自动化监测自动化系统的发展.大坝观测与土工测试,1994.(2):9~18

50　陈婉瑜等.广东省几座电站大坝安全监控自动化系统的实施概况.大坝观测与土工测试,1995.(5):27~31

51 王绍民等. 激光真空测坝变形概述. 大坝观测与土工测试,1985.(3):3~9

52 魏寿松. 鲁布革水电站大坝原型观测实现遥测自动化. 大坝观测与土工测试,1993. (5):11~13

53 邵乃辰. 大坝安全监测自动化进展和发展前景. 大坝观测与土工测试,1993.(4):4~8

54 曹乐安,朱丽如. 建筑物及其基础的安全监测. 北京:水利电力出版社,1990

55 任权. 大坝变形观测. 南京:河海大学出版社,1989

56 冯兴常,李小平. 葛洲坝工程基岩变形监测成果分析. 长江科学院院报,1992.(3): 57~64

57 冯兴常. 丹江口水利枢纽大坝工作性态分析. 长江科学院院报,1992.(2):36~44

58 冯兴常. 混凝土大坝安全监控方法与监控指标的研究. 人民长江,1994.(7):20~26

59 李珍照. 混凝土坝观测资料分析. 北京:水利电力出版社,1989.7

60 吴中如等. 水工建筑物安全监控理论及其应用. 南京:河海大学出版社,1990.8

61 刘锦华等. 块体理论在工程岩体稳定分析中的应用. 北京:水利电力出版社,1988

62 于学馥等. 地下工程围岩稳定分析. 北京:煤炭工业出版社,1983

63 郑颖人等. 地下工程锚喷支护设计指南. 北京:中国铁道出版社,1988

64 李世辉. 隧道围岩稳定系统分析. 北京:中国铁道出版社,1991

65 冯夏庭等. 岩石力学与工程专家系统. 沈阳:辽宁科学技术出版社,1993

66 潘家铮. 岩土力学与反馈设计. 地下工程技术,1994.37(3),(中国,水利水电地下工程建筑物信息网,1994.9)

67 王建宇. 隧道工程信息化设计施工法. 北京:中国铁道出版社,1996

68 Xue Ling, Yang Zhifa. The Principle of Back – analysis From Displacement for Viscoelastic Rock Mass Represented by Maxwell, Poyting – Thomson and H – K Body. Proceedings of Int. Sympo. on Geological Environment in Mountainous Areas, Beijing, China, 1987, 871~880

69 Sakurai. S. Direct Strain Evaluation Technique in Construction of Underground Opening. Proc. 22nd U. S. Sympo. Rock Mech. MIT, 1981, 278~282

70 Sakurai. S. Monitoring of Caverns During Construction Period. ISRM Symposium, Aachen. 1982, 98~106

71 Sakurai. S. & Takenchi. K. Back Analysis of Measured Displacements of Tunnels. Rock Mech. and Rock Eng, Vol. 16/3, 173~180, 1983

72 Cividini. A. & Gioda. C. el. Some Aspects of Characterization Problems in Geomechanics. Int. J. Rock Mech. Min. Soil & Geomech. Abstr. Vol. 18, 487~503, 1981

73 Gioda G. & Sakurai S. Back Analysis Procedures for The Interpretation of Field Measurements in Geomechanics. Vol. 11, 555~583, 1987

74 赵锡宏等. 高层建筑探基坑围护工程实践与分析. 上海:同济大学出版社,1996

75 中华人民共和国行业标准. JTJ042—94. 公路隧道施工技术规范. 北京:人民交通出版社,1994

76 中华人民共和国国家标准. GBJ50086—2001. 锚杆喷射混凝土支护技术规范. 北京:中国计划出版社,2001

77 陈建勋. 马建秦. 隧道工程试验检测技术. 北京:人民交通出版社,2006

78 王毅才. 隧道工程. 第二版. 上册. 北京:人民交通出版社,2006

79 黄成光. 公路隧道施工. 北京:人民交通出版社,2001

80 吴睿. 软土水利基坑工程的设计与运用. 北京:中国建筑工业出版社,2004

81 卢礼顺,刘建航. 明珠线二期宜山路车站深基坑工程施工与监测. 地下工程与隧道, 2003. (4):24 ~ 31

82 王永哲. 广州万木草堂复建商场基坑施工监测. 四川测绘,2006.29(1):32 ~ 35

83 楼云仙,程勤功,金振. 杭州市金融大楼. 湖滨公寓深基坑监测分析. 浙江建筑,2005, 22(5):43 ~ 45

84 江权,谭松林,张建龙. 深圳地铁罗湖车站深基坑位移监测结果分析. 安全与环境工程, 2003,10(3):66 ~ 68

85 裘洪明,沈涛,张文健,陈李. ϕ200 m 特大基坑的支撑围护及其施工监测. 建筑施工, 28(5):341 ~ 343

86 秦江红,袁宝远. 排桩冻结法深基坑内支撑轴力变化规律研究,江苏建筑,2005. (2): 43 ~ 45

87 林宗元. 岩土工程试验监测手册. 沈阳:辽宁科学技术出版社,1994

88 刘建航. 侯学渊. 基坑工程手册. 北京:中国建筑工业出版社,1997

89 黄运飞. 深基坑实用工程. 北京:兵器工业出版社,1996

90 刘建航,侯学渊. 软土市政地下工程施工技术手册. 上海:上海市市政工程管理局, 1990

91 林宗元. 岩土工程治理手册. 沈阳:辽宁科学技术出版社,1993

92 黄太平,姜荣梅. 龙滩水电站左岸进水口边坡锚固预应力的实测研究. 水电自动化与 大坝监测. 2004(4):45 ~ 48

93 赵维炳. 排水固结加固软基技术指南. 北京:人民交通出版社,2005

94 上海岩土工程勘察设计研究院. 孔隙水压力测试规程. 北京:中国工程建设标准化协会, 1994

95 周汉民. 尾矿库建设与安全管理技术. 北京:化学工业出版社,2012

96 中华人民共和国安全生产行业标准. AQ2030—2010. 尾矿库安全监测技术规范. 国家 安全生产监督管理总局

97 黄铭. 数学模型与工程安全监测[M]. 上海:上海交通大学出版社,2008

98 张尧庭,方开泰. 多元统计分析引论[M]. 北京:科学出版社,1982

99 丁士晟. 多元分析方法及其应用[M]. 长春:吉林人民出版社,1981

100 中华人民共和国国土资源部. DLT0221—2006. 崩塌、滑坡、泥石流监测规范. 北京:中 国标准出版社

101 中华人民共和国电力行业标准. DLT5178—2003. 混凝土坝安全监测技术规范. 北京: 中国水利水电出版社

102 中华人民共和国住房和城乡建设部. GB50497—2009. 建筑基坑工程监测技术规范. 北 京:中国建筑工业出版社

103 中华人民共和国水利部. SL60—94. 土石坝安全监测技术规范. 北京:中国电力出版社

104 中华人民共和国水利部. SL169—96. 土石坝安全监测资料整编规程. 北京:中国水利 水电出版社

105 国家环境保护总局. HJT164—2004. 地下水环境监测技术规范. 北京:中国环境科学 出版社

106 黄铭,李珍照. 大坝监测空间位移统计模型研究[J]. 武汉水利电力大学学报. 1999, 32(3)

107 Huang Ming,Li Zhenzhao. Research on dam space displacement monitoring model and con- fidence region[A],Proceedings of'99 international conference on dam safety and monito- ring[C],China Book Press,Beijing,1999. 10

108 黄铭. 岩土工程位移空间向量监测模型的建立[A],科技前沿——上海交通大学博士 后论文集粹[C]. 上海交通出版社. 2000

109 黄铭,葛修润,刘俊. 大坝安全监测的多测点位移向量模型[J]. 上海交通大学学报. 2001,35(4)

110 黄铭,葛修润,王浩. 灰色模型在岩体线法变形测量中的应用[J]. 岩石力学与工程学 报. 2001,20(2)

111 黄铭,刘俊. 广义回归神经网络在土石坝沉降监测中的应用[J]. 人民长江,2006,37 (8):96~97,100

112 黄铭,刘俊. 高坝基岩多点变形监测的 GRNN 模型研究[J]. 水力发电. 2007,33(3): 84~86

113 邓聚龙. 灰色控制系统(第二版)[M]. 武汉:华中理工大学出版社,1993.1-23,329 ~417

114 刘思峰. 灰色系统理论的产生. 发展及前沿动态[J]. 浙江万里学院学报,2003.(10)

115 阴江宁,肖克炎. Hopfield. 神经网络在矿产资源评价中的应用[J]. 地球物理学进展, 2012.(8)

116 马兴峰,胡庆国,谭洁琼. 基于 GM(1,1)模型的高速公路边坡变形预测[J]. 公路工 程,2012.(10)

117 周开利,康耀红. 神经网络模型及其 MATLAB 仿真程序设计[M],清华大学出版社. 2004

118 杨建刚. 人工神经网络实用教程[M]. 杭州:浙江大学出版社,2001

119 Specht D F. A general regression neural network[J]. IEEE TRANSA CTIONS ON NEURAL NETWORKS,VOL. 2. NO. 6. NOVEMBER 1991

120 王晓光,周慧,张有君. 应用 GRNN 模型对给水管网水质的综合评价[J]. 沈阳理工大 学学报,2011.(8)

121 黄铭,刘俊. 海堤渗压多测点径向基函数监测模型的建立[J]. 上海交通大学学报, 2012.(10)

122 李端有,周元春. 甘孝清. 混凝土拱坝多测点确定性位移监控模型研究[J]. 水利学 报,2011.(8)

123 刑晓哲,骆伟. GRNN 算法在电力系统状态估计中的应用[J]. Heilongjiang Electric Power,2011,(2)

124 黄铭,葛修润,刘俊. 大坝安全监测的多测点位移向量模型[J]. 上海交通大学学报. 2001.(4)

125 张进平,庄万康. 大坝安全监测的位移分布数学模型[J]. 水利学报,1991.(5)

126 何金平,李珍照,薛桂玉,李民. 多测点监控数学模型监控指标的分测点拟定[J]. 大坝观测与土工测试,1997,(8)

127 陆绍俊,沈长松. 混凝土坝位移空间分布监测数学模型研究[J]. 河海大学学报. 1991.(9)

128 刘绍峰. 混凝土坝空间位移场监测模型的探讨及应用[J]. 上海大学学报,2003.(10)

129 黄铭. 刘俊. 隧道位移空间向量监测模型的建立[J]. 隧道建设,2007.(8)

130 李彦军,郭秀兰. 大坝安全监测技术[M]. 西安:西安地图出版社,2000

131 毛昶熙. 堤防工程手册[M]. 北京:中国水利水电出版社,2009

132 傅琼华. 土石坝安全监测及其资料整理分析方法综述[J]. 江西水利科技,1997.(6)

133 彭虹. 大坝及工程监测资料分析的几个问题[J]. 大坝与安全,2010.(1)

134 丁陆军,刘裕红. 大坝安全监控分析模型研究现状[J]. 应用科学,2009

135 张晓林. 重力坝多测点变形监控模型的研究及应用[J]. 地壳形变与地震,1998.(5)

136 关昌余,裴玉龙. 基于 GM - GRNN 国家高速公路规模预测研究[J]. 公路交通科技,2008.(4)

137 中华人民共和国国家质量监督检验检疫总局. GB/T22385—2008.大坝安全监测系统验收规范. 中国国家标准化管理委员会